Hochschultext

Wolfgang Mathis

Theorie nichtlinearer Netzwerke

Mit 80 Abbildungen

Springer-Verlag Berlin Heidelberg New York
London Paris Tokyo 1987

Dr.-Ing. Wolfgang Mathis
Institut für Allgemeine Elektrotechnik
TU Braunschweig
Langer Kamp 19c
3300 Braunschweig

ISBN-13: 978-3-540-18365-5   e-ISBN-13: 978-3-642-83227-7
DOI: 10.1007/978-3-642-83227-7

CIP-Kurztitelaufnahme der Deutschen Bibliothek
Mathis, Wolfgang:
Theorie nichtlinearer Netzwerke/Wolfgang Mathis.
Berlin; Heidelberg; New York; London; Paris; Tokyo: Springer, 1987.
(Hochschultext)

2068/3020-543210

Vorwort

Die physikalischen Grundlagen zur Analyse elektromagnetischer Phänomene werden durch die Maxwellsche Theorie gelegt. Ihre große Allgemeinheit ist allerdings für viele Anwender der Theorie nachteilig, insbesondere dann, wenn man nur an einer eingeschränkten Klasse von Phänomenen interessiert ist. Daher haben auch diejenigen Theorien ihre Berechtigung behalten, die durch die Entwicklung der Maxwellschen Theorie eigentlich "überholt" sind. In diesem Sinne besitzen die "revolutionären" Umwälzungen in den Anwendungen der Physik nicht die Bedeutung, die sie für den Erkenntnisfortschritt der Physik selbst darstellen.

Die für die Elektrotechnik wohl wichtigste in diesem Sinne als "überholt" geltende Theorie ist die von Ohm und Kirchhoff begründete Netzwerktheorie, welche sich mit der Analyse und Synthese elektrischer Schaltungen befaßt; solche Systeme bestehen aus einfachen miteinander verbundenen elektrischen Subsystemen. Sie hat eine ähnliche Bedeutung wir die Newtonsche Mechanik im Hinblick auf die Kontinuumsmechanik. Insbesondere beim Entwurf und der Anwendung von Filtern und anderen elektronischen Schaltungen mit hohen Anforderungen haben sich die Methoden der *linearen* Netzwerktheorie glänzend bewährt. Obwohl zu dieser Thematik in den vergangenen Jahrzehnten eine unübersehbare Fülle von Arbeiten, Monographien und Lehrbüchern erschienen sind, haben sich nur wenige mit dem Aufbau einer konsequenten Theorie der Netzwerke beschäftigt. Das mag verschiedene Gründe haben. Ein wichtiger Grund dürfte darin liegen, daß die Netzwerktheorie im Reigen der anderen naturwissenschaftlichen Theorien noch immer ein Schattendasein führt; außerhalb der Elektrotechnik haben wohl nur wenige die zentrale Bedeutung begriffen, die diese Theorie für die Entwicklung unseres von der Elektronik beherrschten Zeitalters spielt. Aber auch innerhalb der Elektrotechnik scheint das Interesse an einem systematischen Aufbau dieser, hauptsächlich im Ingenieurbereich verwendeten, Theorie nicht sehr ausgeprägt zu sein. Diesen Mangel hat der Autor im Laufe seines beruflichen Werdeganges, der mit einer Lehre im Bereich der Nachrichtentechnik begonnen hat, immer wieder als schmerzlich empfunden. Nach seiner Meinung ergeben sich aus dem Fehlen eines Theorierahmens zwei wesentliche Schwierigkeiten:

1) Es wird nicht deutlich, daß sich in der Elektrotechnik aus den Grundlagendisziplinen (hauptsächlich Physik und Mathematik) eigenständige theoretische Konzepte

entwickelt haben, die sich vor allem durch die Anforderungen unterscheiden, die man an den Aufbau einer Theorien stellt. Im Gegensatz zur Physik ist es nicht die "Einfachheit" oder die "Schönheit" der Theorie, sondern deren Effizienz bei der Anwendung auf *praktische* Problemstellungen, die für den Ingenieur von Bedeutung ist.

2) Die große Anzahl von Resultaten, die von mehreren Generationen von Netzwerktheoretikern erarbeitet worden sind, können an die nachfolgenden Generationen von Ingenieuren nur dann in angemessener Form weitergegeben werden, wenn ein ordnender Theorierahmen zur Verfügung steht.

Diese Gesichtpunkte treffen insbesondere auf die *nichtlineare* Netzwerktheorie zu, der dieses Buch vornehmlich gewidmet ist. Die Grundlage dazu u.a. ist in Vorlesungen, Übungen und Forschungsarbeiten erarbeitet worden, die der Autor seit 1980 auf dem Gebiet der Netzwerktheorie durchgeführt hat. Ein zentraler Gesichtspunkt ist dabei die Vereinheitlichung und Harmonisierung der linearen *und* nichtlinearen Theorie. Die mathematischen Methoden, die zum Aufbau einer Theorie der Netzwerke notwendig sind, werden bis heute fast ausschließlich in Originalarbeiten über netzwerktheoretische Themen verwendet. Eine Ausnahme bildet das kürzlich erschienene Lehrbuch von Hasler und Neirynck [6.21], als dessen konsequente Fortsetzung das vorliegende Buch gesehen werden kann.

Das Buch ist als Begleitbuch einer Vorlesung über nichtlineare Netzwerke gedacht und soll dem Studenten neben dem Vorlesungsstoff weitere Informationen anbieten, um sich über den gegenwärtigen Stand der nichtlinearen Netzwerktheorie zu informieren; hierfür dienen auch die zahlreichen Literaturstellen. Vorausgesetzt werden solide Kenntnisse der Ingenieurmathematik und das Interesse an einem Ausbau dieser Hilfsmittel in Richtung auf moderne mathematische Methoden. Davon ausgehend sollte der Leser an der mathematischen Beschreibung elektrischer Systeme interessiert sein. Das elektrotechnische Basiswissen wird in dem einführenden Lehrbuch von R. Unbehauen [3.29] ausgezeichnet dargestellt. Die Grundgedanken der modernen mathematischen Methoden werden in der Einführung vorgestellt und die wichtigsten Fakten findet man in den Anhängen. Es kann aber nicht die Aufgabe eines Lehrbuches über Netzwerktheorie sein, diese Inhalte in voller Breite darzulegen; das ist die Aufgabe der mathematischen Lehrbücher. Die benutzte Terminologie ist aber weitgehend auf die mathematischen Gepflogenheiten abgestimmt, so daß der Leser ohne große Schwierigkeiten die in den Anhängen angegebene Literatur benutzen kann. Sie wurde derart ausgewählt, daß sie auch für den mathematisch weniger ausgebildeten Leser verständlich sein sollte (bei entsprechender Einarbeitung versteht sich).

Der Autor hofft, daß mit diesem Buch ein neuer Anstoß gegeben werden kann, auch die neusten Ergebnisse der Netzwerktheorie einem größeren Kreis nahezubringen. Da das ganze Gebiet noch sehr im Fluß ist, kann dies nur als ein Versuch begriffen werden. Der Leser mag darüber urteilen, ob dieser Versuch als geglückt betrachtet werden kann.

Es ist klar, daß eine derart umfassende Arbeit, die in vieler Hinsicht an der Grenze verschiedener Fachgebiete liegt, ohne die Hilfe vieler Studenten, Kollegen und Freunde nicht denkbar wäre. Da der Autor die vorliegende Literatur eingehend studiert und daraus auf den gegenwärtigen Stand der Theorie geschlossen hat, ist es die Gemeinschaft der Netzwerktheoretiker, denen er viele Einsichten zu verdanken hat. Insbesondere möchte der Autor die Namen W. Cauer, V. Belevitch, C.A. Desoer, I.W. Sandberg, J. Moser, R.K. Brayton, S. Smale, A.N. Willson, L.O. Chua und T. Matsumoto sowie Hasler und Neirynck hervorheben, deren Arbeiten ihn besonders beeinflußt haben. In diesem Zusammenhang möchte ich auch das Buch "Nichtlineare Elektrotechnik" von E.Philippow erwähnen, in dem zahlreiche klassische Beiträge zusammengefaßt sind und das nach wie vor eine lesenswerte, zumal deutschsprachige Monographie zu diesem Thema darstellt.

Mein besonderer Dank gilt Prof. Dr. S. Falk (TU Braunschweig), der mich im Rahmen seiner Neubearbeitung des "Matrizen-Klassikers" von Zurmühl für ein solches Projekt interessiert hat; die vorliegende Schrift ist eine stark erweiterte Fassung eines geplanten Abschnittes über die Anwendung der Matrizenrechnung in der Netzwerktheorie. Der neue "Zurmühl/Falk" ist demnach eine "Pflichtlektüre" für den Leser des vorliegenden Buches. Mein Dank gilt auch Prof.Dr.R.Elsner (TU Braunschweig), von dessen Erfahrung auf dem Gebiet der nichtlinearen Elektrotechnik ich profitiert habe und der mich zu meinem Vorhaben ermuntert hat. Des weiteren danke ich Prof. Dr. U. Varchmin (TU Braunscheig), der als kommissarischer Leiter des Instituts für allgemeine Elektrotechnik (1985-1986) dieses Buch mit initiiert hat.

Für die mathematische Beratung und die "überabzählbar vielen" Diskussionen über die mathematische Ausgestaltung der Netzwerktheorie bin ich meinem Freund, Kollegen (TU Braunschweig) und Koautor verschiedener Arbeiten Dr. rer. nat. Wolfgang Marten zu tiefem Dank verpflichtet. Ohne ihn hätte das Buch wohl nicht in der vorliegenden Form erscheinen können. Ebenso konnte die Erstellung des Manuskriptes in TEX nur durch die tatkräftige Hilfe meines Freundes Dipl.-Ing. Eberhard Peter vom Rechenzentrum der TU Braunschweig gelingen. Nicht unwesentlich war in diesem Zusammenhang auch die freundliche Hilfe, die ich durch meinen Kollegen Dr.-Ing. R. Kamitz erfahren habe; seine Fragen zur komplexen Wechselstromrechnung waren auch der Anstoß zu den Arbeiten, die schließlich zum AC-Kalkül geführt haben. Die Gespräche mit Frau Dr. Ljiljana Trajković (University of California, Los Angeles) und Prof. Fathi A. M. Salam (University of Michigan) haben mein Verständnis bei den nichtlinearen Widerstandsnetzwerken bzw. der Chaostheorie wesentlich vertieft. Den Anstoß zum Studium der Arbeiten über die Anwendung der Theorie der differenzierbaren Mannigfaltigkeiten in der Netzwerktheorie gab Prof. Dr. E. Richter, der Leiter des Institutes für mathematische Physik der TU Braunschweig, mit einer

Vorlesung über "Moderne Hamiltonsche Dynamik". Dankbar erinnere ich mich an die Zeit als Diplomand in diesem Institut, wo ich unter der Anleitung von Prof.Dr. G.Gerlich die Anwendung moderner mathematischer Methoden kennengelernt habe. Schließlich verdanke ich Prof.Dr.Janssen vom Institut für Analysis der TU Braunschweig, daß ich später meine Kenntnisse in der modernen Mathematik vertiefen konnte, da er im Rahmen mathematischer Seminare und den alljährlichen Freizeiten zu Pfingsten auch verschiedene Anwender der Mathematik interessieren konnte. Dieses Buch versteht sich als eine Ermutigung dieser Aktivitäten.

Die schwierige Arbeit des Korrekturlesens haben, außer W. Marten, mein Freund Hans-Jürgen Bödecker (Celle) und meine Frau Barbara übernommen; ihnen verdanke ich zahlreiche Verbesserungsvorschläge, die dem Buch zugute gekommen sind. Einzelne Abschnitt sind von cand.el.G.Wegener und cand.el.K.Hansen sowie Prof. Dr. E.-H. Horneber durchgesehen worden. Für die sorgfältige Erstellung zahlreicher Abbildungen danke ich Herrn R. Otterbach (TU Braunschweig).

Des weiteren möchte ich an meinen verstorbenen Doktorvater Prof. Dr. E. Schwartz erinnern, der mich für die Netzwerktheorie interessiert hat. Meinem jetzigen Institutsleiter Prof. Horneber bin ich dankbar, daß er sich nach seiner Berufung für die Erstellung dieses Buches mit Nachdruck eingesetzt hat und mir für die letzte Phase den nötigen Freiraum ermöglicht hat.

Meine Familie hat naturgemäß an (zu) vielen Wochenenden auf mich verzichten müssen. Mir bleibt, meiner Frau Barbara und meiner Tochter Marie sehr dankbar zu sein. In diesem Zusammenhang danke ich auch Claudia und Lutz Hübner.

Schließlich danke ich dem Springer-Verlag und insbesondere Herrn Dr. rer. nat. H. v. Riedesel und Frau D. Franke für die angenehme Zusammenarbeit, die Geduld und das große Verständnis, das sie dem Erstlingswerk des Autors entgegen gebracht haben.

Alle vorstehend Genannten haben dazu beigetragen, daß, so hoffe ich, ein Werk entstanden ist, das dem Sinn der Worte des Physikers L. Boltzmann "Nichts ist praktischer als eine gute Theorie" genügen mag.

Wolfenbüttel, im Oktober 1987
Wolfgang Mathis

Inhalt

1 Einleitung

1.1 Tendenzen der modernen System- und Netzwerktheorie

Die verschiedenen Zweige der Elektrotechnik haben in den letzten Jahren eine stürmische Entwicklung durchgemacht und noch heute ist kein Ende abzusehen. Geradezu kennzeichnend dafür ist die immer stärkere Verbreitung der digitalen Elektronik und ihrer jüngsten Variante, der Mikroelektronik. Mit Hilfe dieser Technologien konnten Problemlösungen erzielt werden, die zuvor aus Platz- und Kostengründen als visionär angesehen werden mußten. Wer hätte in den fünfziger Jahren für möglich gehalten, daß dreißig Jahre später Computer zur Verfügung stehen, die nicht nur die damals vorhandenen Rechenanlagen um ein Vielfaches an Rechenleistung übertreffen, sondern auch auf dem Schreibtisch eines Sachbearbeiters Platz finden können.

Der Einsatz neuer Technologien hat auch die Arbeitsweise des Elektroingenieurs völlig verändert. War es noch vor etwa zwanzig Jahren ein wesentlicher Bestandteil seiner Tätigkeit, elektrotechnische Geräte (Hardware) zu entwickeln, so entwirft und programmiert er heute Software, die auf einem Computer ablauffähig sein muß und elektrische Anordnungen steuert und regelt. Das Grundprinzip einer Problemlösung mit Hilfe eines Computers besteht darin, mathematische Aufgabenstellungen und manuell oder mechanisch ausgeführte Gerätefunktionen, Meß-, Steuerungs- oder Regelungsprobleme, die eigentlich "analoger Natur" sind, in aufeinanderfolgende kleine Schritte zu zerlegen, wobei in jedem dieser Schritte eine JA/NEIN-*Entscheidung* zu treffen ist. Schon diese einfachen Überlegungen weisen auf zwei zentrale Schwierigkeiten dieser Vorgehensweise hin, welche an folgende Tatsachen anknüpfen:

1) Eine elektronische Anordnung, die JA/NEIN-Entscheidungen realisiert, muß sehr schnell arbeiten, und die Entscheidung muß in allen sinnvollen Betriebssituationen entsprechend den vorgegebenen Kriterien getroffen werden können.

2) Eine hinreichend genaue digitale Nachbildung analoger Vorgänge erfordert eine große Anzahl von JA/NEIN-Entscheidungen.

Bei einer technisch befriedigenden Lösung dieser Schwierigkeiten werden wir in zweifacher Weise auf ein Komplexitätsproblem geführt. Wir wollen keine formale Definition des in der modernen Systemtheorie so wichtigen Begriffs der *Komplexität* versuchen, sondern nur feststellen, daß es sich dabei um ein "Maß" dafür handelt, wie kompliziert sich das Problem in dem entsprechenden Kontext darstellt. Erfahrungsgemäß kann der erste Punkt nur dann erfüllt werden, wenn man elektrische Schaltungen verwendet, die ein starkes *nichtlineares Verhalten*, wie etwa der *Schalterbetrieb* bei Transistoren, realisieren. Das führt zu einer hohen *Komplexität* in Bezug auf die möglichen Verhaltensweisen des Systems oder Netzwerkes; *Grenzzyklen, Lösungsverzweigungen* und sogar *chaotisches Verhalten* sind Beispiele dafür. Der zweite Punkt führt zu System- und Netzwerkmodellen digitaler Schaltungen, die eine hohe *Komplexität* in Bezug auf die Anzahl der Subsysteme bzw. Netzwerkelemente haben (*Large Scale Systems*). In beiden Fällen gilt: Die zur Grundausbildung des Ingenieurs gehörenden Methoden der *linearen* System- und Netzwerktheorie können nicht mehr in direkter Weise verwendet werden. Da eine System- und Netzwerktheorie für hochkomplexe nichtlineare Systeme bisher nur in Ansätzen existiert (siehe Wunsch [1.1]. Chua [1.2]), bleibt dem in der Praxis digitaler Systeme arbeitenden Ingenieur gegenwärtig nur eine Möglichkeit offen; er verzichtet beim Design digitaler Schaltungen weitgehend auf eine elektrische Beschreibung und verwendet *diskrete Beschreibungen* mit Differenzengleichungen und Methoden der Schaltalgebra aus der Theorie diskreter und digitaler Netzwerke, die zur Beschreibung der *Signale* und nicht der elektrischen Vorgänge in der Schaltung dienen. Der Aufbau dieses Zweiges der Netzwerktheorie wurde möglich, weil die idealisierten Signalverläufe in einer digitalen Schaltung im Gegensatz zur analogen Schaltung oftmals bekannt sind oder aus der Realisierung der Systemspezifikationen ermittelt werden können. Fluidische und optische Realisierungen digitaler Konzepte machen allerdings deutlich, daß bei der diskreten und digitalen Modellbildung alle diejenigen Effekte eliminiert werden, die elektrischen Ursprungs sind. In der Praxis des elektronischen und mikroelektronischen Designs können diese Effekte durch die Anwendung von Simulatoren für elektrische Schaltkreise wieder berücksichtigt werden, wenn geeignete Modellbildungen für die Schaltungskomponenten vorliegen. Daher kann festgestellt werden, daß die Situation für den praktisch arbeitenden Ingenieur trotz zahlreicher noch offener Wünsche als befriedigend bezeichnet werden kann, wenn man voraussetzt, daß er die *Kunst des Schaltungsdesigns* durch Anleitung eines erfahrenen Kollegen und durch die "Trial and Error"-Methode erlernt hat.

Weniger zufriedenstellend ist die Lage für die Ingenieure, die sich dafür interessieren, in welcher Weise der Praktiker eine Schaltung entwirft, um auf der Grundlage einer Analyse dieser meistens intuitiven Vorgehensweisen systematische Konzepte zu entwickeln, die wiederum dem Praktiker helfen sollen, zu einem zeitlich effizienten und optimal arbeitenden, insgesamt also kostengünstigen Entwurf zu kommen. Die rasche technologische und technische Weiterentwicklung in der Elektronik hat wohl mit dazu beigetragen, daß eine systematische Aufarbeitung vieler intuitiv entstandener Problemlösungen, die praktikabel, aber nicht notwendigerweise optimal im Hinblick auf die Aufgabenstellung sind, nur selten erfolgt und eine darauf aufbauende umfassende Theorie für die in Rede stehende Systemklasse bisher nicht vorgelegt wurde.

Die Grenzen dieser Entwicklung werden bereits heute sichtbar. Immer weniger Ingenieure *beherrschen* die von ihnen realisierten Systeme; pragmatische und damit nur fallweise anwendbare oder sogar ineffiziente Methoden haben den Vorrang. Aber noch wichtiger ist, daß sich diese eingeschränkte Form projektbezogener Vorgehensweise bereits zunehmend in der Ausbildung der Ingenieure etabliert. Nicht unwesentlich tragen die überall verfügbaren Computer zu dieser Entwicklung bei. Anstatt die Möglichkeiten dieses Hilfsmittels durch eine gute methodische Vorbereitung auf die Problemstellung voll auszunutzen, wird der Computer nicht selten dazu benutzt, schlechte oder mittelmäßige Problemlösungen überhaupt erst einsetzbar zu machen.

Die eben beschriebene Situation erfordert aber gerade im Hinblick auf die Möglichkeiten eines Computereinsatzes wesentlich umfassendere theoretische Kenntnisse als früher. So konnte ein Röhrenverstärker oder ein Röhrenoszillator mit Hilfe einfacher Überlegungen ohne den Einsatz von Computern entwickelt werden. Anhand einer Versuchsschaltung konnte eine Optimierung der Schaltungsfunktion bezüglich der praktischen Vorgaben durchgeführt werden. Bei der Entwicklung mikroelektronischer Schaltungen mit *geringem Ausschuß* kann man sich eine *"Trial and Error"-Methode* aus Kostengründen nicht mehr leisten; ein Versuchsaufbau kommt nicht mehr in Frage, weil der Technologie-Wechsel von der *diskret aufgebauten Brettschaltung* zum *integrierten Schaltkreis* unterschiedliche parasitäre Effekte bedingt. Stattdessen müssen CAD-Hilfsmittel entwickelt werden, die sich auf die Grundlagen einer neuen, die lineare Theorie umfassenden System- und Netzwerktheorie stützen können. Eine solche Theorie erfordert, wie den verschiedenen Ansätzen zu entnehmen ist, den Einsatz moderner mathematischer Hilfsmittel, welche den Rahmen der traditionellen *Mathematik für Ingenieure* erheblich überschreitet. Um den Einstieg in die neuere mathematische Literatur zu erleichtern, haben wir in den folgenden Abschnitten der Einleitung versucht, die hinter den mathematischen Begriffen stehenden Intuitionen deutlich zu machen. Durch das Fehlen solcher Hinweise in vielen mathematischen Lehrbüchern wird vielen Anwendern der Zugang zu neueren mathematischen Methoden nicht unbedingt erleichtert. Es soll noch angemerkt werden, daß in diesem Buch neben einer konzeptionellen Darstellung für eine Theorie nichtlinearer Systeme und Netzwerke auch deren Grenzen sichtbar werden sollen. Auf diese Weise wollen wir betonen, daß praktische Erfahrung nicht wegzudenken ist, sondern daß Theorie und Praxis zwei sich ergänzende Faktoren auf dem Weg zu einer ingenieurmäßig befriedigenden Problemlösung sind. In diesem Sinne ist die bereits im Vorwort zitierte Aussage des großen Theoretikers *Boltzmann* zu verstehen: *Nichts ist praktischer, als eine gute Theorie.*

1.2 Systemtheorie und ihre praktische Anwendung

Die Kernfrage dieses Abschnittes lautet, was kann der in der Praxis stehende Ingenieur von der Systemtheorie erwarten. Eine vollständige Antwort auf diese Frage kann wohl nur dann gegeben werden, wenn man eine Theorie als Ganzes kennengelernt hat. Daher bleibt einem letztlich nichts anderes übrig, als sich durch dieses (oder ein anderes) Buch "hindurch zu beißen". Das ist aber sicherlich eine unbefriedigende Auskunft, denn der Anwender einer Theorie hat in der Regel nur wenig Zeit für eine Einarbeitung und wenn möglicherweise am Ende seiner Bemühungen die Antwort "diese Theorie ist für meine Zwecke nicht brauchbar" steht, dann wird er (mit Recht) kaum eine derartige Unternehmung wagen. Am Beginn jeder theoretischen Abhandlung sollte zumindest eine Teilantwort auf die am Anfang dieses Abschnittes gestellte Frage gegeben werden. Daher werden wir jetzt die "Philosophie" dieses Buches näher erläutern.

Wir gehen davon aus, daß der wesentliche Gehalt der experimentell ermittelten Tatsachen in einer mathematischen Theorie formalisiert ist. Dafür sind Modellbildungsprozesse notwendig, die in Bezug auf die realen Systeme durchgeführt werden. Bei jeder Modellbildung muß eine gewisse Ungenauigkeit in Kauf genommen werden, die ungewollt, oft aber auch gewollt ist, wenn man nur eine bestimmte Genauigkeit seiner Systembeschreibung benötigt. Demzufolge kann auch das mathematische Modell nur in gewissen Grenzen festgelegt werden. Die vorhandenen Freiheitsgrade sollten nun so bestimmt werden, daß man eine Theorie der Systeme erhält, mit der man mathematisch möglichst effizient arbeiten kann. Diese Forderung kann beispielsweise dadurch verwirklicht werden, daß eine Differentialrechnung verwendet wird, bei der es nur beliebig oft differenzierbare Funktionen gibt und man eine Matrizenrechnung benutzt, in der alle Matrizen invertierbar sind. Beispielsweise sind reellwertige Funktionen $f : I\!R \to I\!R$, die nicht differenzierbar aber dennoch stetig sind, der Vorstellung kaum zugänglich. Desweiteren gibt es bei der Lösung von Differentialgleichungen immer dann Schwierigkeiten, wenn man unstetige Funktionen, wie etwa die Sprungfunktion, ableiten will. Verwendet man den Heaviside-Yosida-Kalkül, dann entfallen diese Schwierigkeiten in allen für die System- und Netzwerktheorie interessanten Fällen.

Es ist daher ein zentrales Anliegen dieses Buches zu zeigen, daß der Standpunkt, nur "anwenderfreundliche" mathematische Methoden zu verwenden, im Rahmen der modernen Mathematik eine Rechtfertigung erfährt. Wir werden begründen, warum die unendlich oft differenzierbaren Funktionen und die invertierbaren Matrizen in gewissem Sinne den Regelfall darstellen; wir sprechen in diesem Zusammenhang von *generischen Eigenschaften*. So wird in Abschnitt 2.3.3 dargestellt, daß die nicht invertierbaren Matrizen geometrisch gesehen eine "sehr kleine" Menge sind und durch invertierbare Matrizen beliebig genau approximiert werden können. Experimentell ist demnach nicht zu unterscheiden, ob die Funktionen- und Matrizenklassen, die schwächere mathematische Eigenschaften besitzen, "besser" zur Systembeschreibung geeignet sind oder nicht. Leider werden für diese Beweise mathematische Hilfsmittel benötigt, die dem Ingenieur im Rahmen der herkömmlichen mathematischen Ausbildung nicht zur Verfügung stehen. Daher haben diese Ergebnisse bisher in den Anwendungen noch nicht die Verbreitung gefunden, die ihnen eigentlich zusteht. Bis heute werden noch die Methoden der klassischen Analysis verwendet, die rein mathematisch bedingte Schwierigkeiten beinhalten. Dadurch wird die Arbeit mit einem darauf basierenden Kalkül unnötig erschwert.

Eine maßgebliche Forderung sollte demnach lauten, daß in der System- und Netzwerktheorie für die Grundkonzeptionen nur solche mathematischen Hilfsmittel verwendet werden, die möglichst einfache Rechenregeln besitzen und die in Bezug auf die fachspezifischen Inhalte der Theorie intuitiv leicht erfaßbar sind. Das bedeutet allerdings, daß der Abstraktionsgrad bei der Formulierung der Theorien ansteigt. Dieser Vorgang ist dem Systemingenieur nicht neu, benutzt er doch zur Formulierung seiner Software-Aufgaben immer aufwendigere Programmiersprachen, um bei dem großen Umfang der Software-Produkte überhaupt noch eine Übersicht zu behalten. Moderne mathematische Theorien verwenden ähnlich wie höhere Programmiersprachen (PASCAL, MODULA oder C) sehr kompakte Schreibweisen, um bei sehr verwickelten Aufgabenstellungen *strukturelle Fragen* untersuchen zu können. In gleicher Weise ist es bei nichtlinearen Netzwerken ungünstig, bei der Formulierung der Gleichungen sofort ein Koordinatensystem vorzugeben, da man auf diesem Weg oft zu unübersichtlichen Gleichungen gelangt und dadurch eine Diskussion des qualitativen Lösungsverhaltens erschwert wird. Es soll aber nicht verschwiegen werden, daß bei einer *konkreten* Berechnung etwa von Näherungslösungen ein *problemangepaßtes* Koordinatensystem eingeführt werden muß. Ebenso muß auch ein Programmierer unter Umständen auf einen Maschinencode zurückgreifen, damit eine bestimmte Aufgabe noch effizienter gelöst werden kann als in einer Hochsprache. Um den mit den geometrischen mathematischen Methoden nicht vertrauten Ingenieuren die Einarbeitung in Begriffe wie *Vektorräume* und *differenzierbare Mannigfaltigkeiten* zu erleichtern, haben wir die Abschnitte 1.5 und 1.6 vorgesehen, wo deren wesentliche Grundlagen motiviert und in einer eher intuitiven Art und Weise formalisiert werden.

Die modernen mathematischen Methoden sind also "im Regelfall" besser für die Beschreibung von Systemen und Netzwerken geeignet. Desweiteren können die strukturellen Gesichtspunkte der Systeme mit kompakten Formulierungen übersichtlicher herausgearbeitet werden, als mit den klassischen Methoden. Schließlich ergeben sich damit Kriterien, die anzeigen, ob und unter welchen Voraussetzungen der Regelfall vorliegt. Natürlich ist der Ingenieur nicht nur an dem Regelfall interessiert, der besagt "everything goes". Mathematisch bedeutet diese Situation, es gibt mindestens lokal Existenz- und Eindeutigkeitssätze. Vielmehr möchte er auch die unterschiedlichen Merkmale seines speziellen Systems kennenlernen. Dazu ist, wie später genauer ausgeführt wird, eine Analyse der Systeme erforderlich, die nicht den Regelfall darstellen. Eine solche Untersuchung muß jedoch gesondert erfolgen und erfordert meistens komplizertere mathematische Hilfsmittel als der Regelfall. Dadurch gewinnt man Einblicke in das Systemverhalten von *regulären* Systemen, die sich aber in der "Nähe" eines nicht regulären Falles befinden. Demzufolge werden viele Vereinfachungen bei der Systemanalyse nicht deshalb vorgenommen, weil sie zu einem brauchbareren Modell eines realen Systems führen, viele der vereinfachten Modelle sind gar nicht realisierbar, sondern sie dienen der Untersuchung besonderer Merkmale von regulären Systemen.

Einige klassische mathematische Theorien können diesen Forderungen der modernen Systemtheorie nicht Rechnung tragen, da sie zur übersichtlichen Darstellung struktureller Gesichtspunkte von Systemen ungeeignet sind. Deshalb ist ein Umdenken in diesem Sinne notwendig, um der nichtlinearen System- und Netzwerktheorie neue Anstöße und den linearen Theorien eine effizientere Form zu geben. Bei der Software-Entwicklung hat man ein solches Umdenken bereits vollzogen; so gibt es sicherlich keinen Programmierer mehr, der noch heute darauf besteht, im Binärcode zu programmieren, nur weil er sich die Zahlen 0 und 1 und deren Rechenregeln besser merken kann. Zwar hinkt dieser Vergleich (wie viele andere), aber es gibt vergleichbare Züge in beiden Bereichen. Insbesondere der steigende Einsatz mathematischer Methoden bei Computerrechnungen zwingt zu einem derartigen Umdenken. Behandelt man ein reguläres Problem, das in der "Nähe" eines Ausnahmefalles liegt mit einem Standardalgorithmus, erhält man oft numerische Ergebnisse, die extrem von den richtigen abweichen können; man spricht von Problemen mit *schlechter Kondition.* Werden strukturelle Gesichtspunkte bei der Systemanalyse in den Vordergrund gestellt, ist es sehr viel leichter möglich, diese Situationen zu erkennen. Daher ist es eine Aufgabe dieses Buches, die Hilfsmittel bereit zu stellen, durch die diese Gesichtspunkte hervorgehoben werden können. Somit kann diese Abhandlung auch gerade dem Praktiker wertvolle Einsichten für seine Arbeit liefern.

1.3 Geometrisierung der System- und Netzwerktheorie

Die Anwendung mathematischer Methoden war grundlegend für den Erfolg der modernen System- und Netzwerktheorie. Das wird besonders deutlich, wenn man sich mit der historischen Entwicklung dieser ingenieurwissenschaftlichen Disziplinen beschäftigt. In Abschnitt 1.7 werden die wichtigsten Stationen aufgezeigt. Im Unterschied zur theoretischen Physik ist es weniger die Ästhetik des Theoriegebäudes, welche im Vordergrund des Interesses der Systemtheorie steht, sondern vielmehr die praxisnahe Verwertbarkeit der Algorithmen, die sich aus den Theorien ergeben. Danach richtet sich auch die Auswahl der *Mathematik für Ingenieure.* Dieser Standpunkt hat sich als außerordentlich erfolgreich erwiesen. Insbesondere die Entwicklung der *linearen* System- und Netzwerktheorie mit ihren unzähligen Anwendungen unterstreicht diese Aussage. Die Erfolge sind umso bemerkenswerter, als nur relativ geringe mathematische Vorkenntnisse zur Anwendung dieser Theorien erforderlich sind. In der Mathematik haben sich die *linearen Theorien* begrifflich als auch rechentechnisch bedeutend weiterentwickelt, was nicht zuletzt von den Anwendungen her beeinflußt wurde. Im Vordergrund steht dabei die Betonung struktureller Formulierungen der linearen Theorien, was für die systemtheoretischen Anwendungen von großem Interesse ist. Auf Grund des höheren Abstraktionsgrades haben sich diese Darstellungen in den Anwendungen nur sehr zögernd durchgesetzt. So gehört die lineare Algebra mit ihrer Theorie der Vektorräume nach wie vor nicht zum Standardwissen des Ingenieurs, obwohl gerade diese Theorie sehr leicht erlernbar ist und viele Vorteile in Theorie und numerischer Praxis bieten würde. Insbesondere wird daran deutlich, wie die geometrische Sprache und die algebraischen Methoden zusammenwirken. Das ist ein charakteristisches Merkmal der modernen Mathematik.

Erst in den letzten Jahren werden die Begriffe dieser mathematischen Theorien in den system- und netzwerktheoretischen Originalarbeiten und neuerdings auch in Lehrbüchern zunehmend verwendet, ein Umstand, der sich auch in der Qualität des mathematischen Grundwissens der Ingenieure niederschlagen sollte. Die Befürchtung, die fortschreitende Abstrahierung der mathematischen Methoden könnte zu einem Verlust an elektrotechnischer Anschauung führen, scheint zunächst nicht unbegründet zu sein. Man sollte sich aber klar machen, daß Anschauung auch immer von einer gewissen Subjektivität, nämlich dem Vorwissen, geprägt ist. Die Durchsetzung der komplexen Darstellung von Wechselstromvorgängen ist ein eindrucksvolles Beispiel dafür (siehe Vorwort bei Landolt [1.3]). Demnach sind radikale Standpunkte nach Meinung des Autors fehl am Platze. Vielmehr sollte versucht werden, die Grundlagen der neuen mathematischen Methoden *sinnvoll* zu motivieren und den noch nicht "Eingeweihten" den Zugang zu diesen Hilfsmitteln somit zu erleichtern. Dabei sollte bedacht werden, daß man sich bei der Anwendung leichter benutzbarer mathematischer Werkzeuge noch stärker auf das ingenieurmäßig zu lösende Problem konzentrieren kann. So lassen sich beispielsweise in der Sprache der Vektorräume viele Probleme eleganter formulieren, als mit Hilfe klassischer Darstellungen in Koordinaten. Wie im Abschnitt 1.5 ausführlich erläutert wird, besteht sogar die Möglichkeit einer geometrischen Interpretation, was von großem Wert für die intuitive Arbeit des Ingenieurs ist. Natürlich bedarf es noch einer Gewöhnung, bis die modernen mathematischen Hilfsmittel als ebenso "anschaulich" empfunden werden, wie die klassischen Begriffsbildungen. Weitere mathematische Theorien werden in der System- und Netzwerktheorie benötigt. Neben der Analysis einer reellen Variablen, einer komplexen Variablen (Funktionentheorie) und mehrerer Variablen (in

Form der klassischen Vektoranalysis), der Fourier- und Laplace-Transformation und der klassischen Theorie linearer Differentialgleichungen werden die Algebra, die lineare Algebra, die darauf basierenden fortgeschrittenen Methoden linearer und nichtlinearer Differentialgleichungen, die Theorie der differenzierbaren Mannigfaltigkeiten und Differentialformen und die Funktionalanalysis (Analysis in Funktionenräumen) zum Aufbau einer modernen Theorie der Systeme und Netzwerke benötigt. Dabei stehen geometrische und algebraische Denkweisen im Vordergrund.

Es sei darauf hingewiesen, daß eine Geometrisierung, wie sie in der Physik und Mathematik schon eine lange Tradition besitzt (Wheeler [1.4]), in der System- und Netzwerktheorie erst seit wenigen Jahren verstärkt angestrebt wird (siehe etwa Smale [1.5], Brockett [1.6], Martin und Hermann [1.7], Crouch [1.8]), da man bei der bisher verwendeten linearen Theorie, ohne wesentliche Nachteile in Kauf zu nehmen, darauf verzichten konnte. Erst die zunehmende Anwendung nichtlinearer Beschreibungsgleichungen, die von wenigen Ausnahmen abgesehen keine explizite Lösung haben, erfordert Lösungsverfahren, die qualitative Einsichten in das Lösungsverhalten liefern. Solche Verfahren basieren notwendigerweise auf geometrischen Überlegungen. Darunter ist allerdings nicht die naive Anschaulichkeit im Sinne des 3-dimensionalen Anschauungsraumes zu verstehen, sondern eine strukturorientierte geometrische Anschauung, die beispielsweise einen 3-dimensionalen und einen n-dimensionalen reellen Vektorraum strukturell nicht unterscheidet. Die Abstraktheit der modernen mathematischen Theorien wird somit für den Ingenieur vermindert, wenn er die *geometrische Sprache* der Mathematiker benutzt. Sie muß, wie jede neue Sprache, erst einmal erlernt und anhand einiger Beispiele vertieft werden. Aber sie ist, auch zur Überraschung des Autors, für die System- und Netzwerktheorie sehr zweckmäßig, weil sie oft unmittelbarer an die Denkweise des Ingenieurs anschließt, als die traditionellen Darstellungen der Mathematik.

Dieses Buch benutzt diese geometrische Sprache und verwendet die Standardbegriffe und -symbole der Mathematiker, wenn dadurch keine untragbaren Schwierigkeiten entstehen. Ein bekanntes Beispiel für eine andersartige Bezeichnungsweise in der Elektrotechnik ist die imaginäre Einheit, die in der Mathematik mit i, in der Elektrotechnik aus gutem Grund mit j bezeichnet wird. Das Buch setzt demnach voraus, daß der Leser die moderne mathematische Sprache kennt. Um dadurch den Leserkreis nicht unnötig einzuschränken und auch dem ungeübten Leser die Gelegenheit zu geben, sich in den Text einarbeiten zu können, wird nur sparsam und dann redundant davon Gebrauch gemacht. Schließlich werden die wichtigsten mathematischen Hilfsmittel, wie algebraische Begriffe, Vektorräume, lineare Abbildungen und differenzierbare Mannigfaltigkeiten, im Rahmen der Einleitung motiviert und in knappen Anhängen zusammengestellt; dabei wird auf leicht lesbare Literaturstellen hingewiesen. Dennoch wird sich der Leser oft mit viel Geduld an diese geometrische Sichtweise gewöhnen müssen; der Autor kennt diesen Vorgang aus eigener Erfahrung und der Arbeit mit vielen Studenten. Es sei aber angemerkt, daß geometrische und algebraische Ausdrucksweisen in der Elektrotechnik keine Fremdkörper sind. Schon Heaviside hat bekanntlich derartige Rechenverfahren angegeben; die Fehler, die er dabei gemacht hat, sind vor allem dem Umstand zuzuschreiben, daß zu seiner Zeit die entsprechenden mathematischen Hilfsmittel für eine exakte Beschreibung nicht zur Verfügung standen. Aber auch in Cauers *Theorie der linearen Wechselstromschaltungen* wird darauf hingewiesen, daß die lineare Algebra zu den wichtigsten Hilfsmitteln der Netzwerktheorie gehört (Cauer ([1.9], S.562ff)).

Denjenigen, die sich der Mühe der Einarbeitung in die genannten Begriffe unterziehen, stehen die wichtigsten Methoden der linearen und nichtlinearen System- und Netzwerktheorie in moderner mathematischer Sprache zur Verfügung. Damit ist der Anschluß an die neuere system- und netzwerktheoretische Literatur gegeben, ein Umstand, der auch von großem praktischen Wert sein dürfte. Des weiteren ist zu bedenken, daß viele mathematische Theorien wegen der größeren begrifflichen Klarheit in Lehrbüchern und Monographien in einer Weise dargestellt werden, daß sie dem klassisch ausgebildeten Ingenieur nicht leicht zugänglich sind. Damit wird die dringend notwendige Kommunikation zwischen Ingenieuren und Mathematikern, die in den vergangenen Jahrzehnten für *beide Seiten* so fruchtbar war, immer schwieriger. Dieses Buch soll dazu beitragen, den Dialog neu zu beleben.

1.4 Algebraische Strukturen

In den vorangehenden Abschnitten wurde dargestellt, daß die moderne System- und Netzwerktheorie mit Hilfe solcher mathematischer Methoden formuliert werden, die eine, wenn auch abstrakte, *geometrische Anschauung* gestatten. Die eigentlichen Rechnungen sollen dann möglichst mit *algebraischen Kalkülen* durchgeführt werden. Dabei ist unter *Algebra* die abstrakte Algebra zu verstehen, die trotz mancher Ansätze (siehe Wunsch [1.10] und Peschel [1.11]) noch immer nicht zum Standardlehrstoff des Ingenieurs gehört. Daher sollen die für dieses Buch wesentlichen Begriffe aus der (abstrakten) Algebra in diesem Abschnitt zusammengestellt werden.

Wenn man beginnt, sich mit mathematischen Methoden zu beschäftigen, hat man es sehr bald mit algebraischen Rechenverfahren zu tun. Dabei werden die Objekte, mit denen diese Rechnungen durchgeführt werden, in einer "spielerischen Art und Weise" eingeführt. In den einfachsten Fällen handelt es sich dabei um *Zahlen*. Die "Natur" der Zahlen bleibt verborgen. Erst später wird (gelegentlich) klar, daß die Frage *"Was ist eine Zahl wirklich"* absolut gesehen völlig sinnlos ist. Es zeigt sich, daß nur Fragen wie *"Wie bekommen wir mathematische Objekte, die sich so und so verhalten"* einen mathematischen Sinn haben. Ganz ähnlich sieht es in den Naturwissenschaften aus; es war ein entscheidender Fortschritt zu Beginn der Neuzeit, daß man, anstatt nach der "Natur" eines physikalischen Gegenstandes zu fragen, sein Verhalten beschrieben hat. Diese Bemerkungen werden insbesondere dann wichtig, wenn man sich mit den Theorien und Methoden der modernen Mathematik beschäftigt. Viele Mißverständnisse beruhen letztlich auf falschen Erwartungen in Hinblick darauf, was die Mathematik zu leisten im Stande ist. Darauf geht z.B. Meschkowski [1.12] in leicht verständlicher Weise ein. In diesem Abschnitt wollen wir auf einige algebraische Strukturen eingehen, die für das Verständnis dieses Buches wesentlich sind. Eine allgemeine Darstellung dieser Probleme findet man beispielsweise bei Behnke et al. [1.13] oder Lidl [1.14].

Wir setzen von nun an voraus, daß der Leser mit den einfachsten Begriffen der naiven Mengenlehre bekannt ist; eine Auflistung der wichtigsten Bezeichnungen, wie Vereinigung, Durchschnitt oder kartesisches Produkt, mit denen man neue Mengen bilden kann, findet man am Ende des Buches. Das kartesische Produkt $M \times N$ der Mengen M und N ist definiert als eine Menge von Paaren, d.h.

$$M \times N := \{(x,y) \mid x \in M \text{ und } y \in N\}.$$

Eine Teilmenge R des kartesischen Produktes $M \times N$ wird (zweistellige) *Relation R* genannt; man sagt, die *Koordinaten x* und y von (x,y) stehen in Relation zueinander; statt $(x,y) \in R$ schreibt man auch xRy. Falls $M = N$ ist, nennt man R eine *Relation in M*.

Beispiel 1.1: Ist $M = \{1,2,3\}$, dann ist $M \times M$ die Menge der Paare

$$\{(1,1),(1,2),(1,3),(2,1), \ldots ,(3,3)\}.$$

Die Relation "kleiner" ($<$) in M ist definiert durch die Teilmenge

$$\{(1,2),(1,3),(2,3)\};$$

das ist gleichbedeutend mit $1 < 2$, $1 < 3$, $2 < 3$.

■

Man kann sehr leicht auch Beispiele für Relationen aus dem täglichen Leben angeben (Meschkowski ([1.12], S.210ff)). Eine sehr wichtige Relation ist die *Äquivalenzrelation*.

Definition 1.1: (Äquivalenzrelation) Eine Relation in M, die wir mit $\sim$ bezeichnen, heißt *Äquivalenzrelation*, wenn für alle $x_1, x_2, x_3 \in M$ gilt

1) $x_1 \sim x_1$,

2) $x_1 \sim x_2 \iff x_2 \sim x_1$,

3) $x_1 \sim x_2$ und $x_2 \sim x_3 \implies x_1 \sim x_3$.

∎

Die Äquivalenzrelation ist eine Formalisierung des Gleichheitsbegriffes, der zur Identifizierung gewisser Objekte verwendet wird. So haben wir im täglichen Leben oft eine Menge von Gegenständen in Teilmengen einzuteilen, wobei die Elemente in jeder Teilmenge bezüglich einer vorgegebenen Vorschrift als "gleich" anzusehen sind; Beispiele sind etwa eine Menge von Bauelementen mit verschiedenen Werten oder Schrauben mit unterschiedlicher Gewindegröße. Die Unterteilung der Grundmenge wird *Klasseneinteilung* genannt, wobei eine *neue* Menge entsteht, wenn die Teilmengen oder *Äquivalenzklassen* als neue abstrakte Objekte aufgefaßt werden. Die Klasseneinteilung einer Menge mit Hilfe einer Äquivalenzrelation ist eine wichtige mathematische Technik, auf die wir am Ende des Abschnittes zurückkommen.

Der Begriff der *Funktion* kann als eine spezielle Relation formalisiert werden.

Definition 1.2: (Funktion oder Abbildung) Eine Relation $R \subset M \times N$ heißt *Funktion* oder *Abbildung* genau dann, wenn für alle $x \in M$ und alle $y_1, y_2 \in N$ gilt: $(x, y_1) = (x, y_2) \in R \iff y_1 = y_2$.

∎

Dieser Funktionsbegriff ist vielleicht etwas fremdartig, aber er ist gegenüber der üblichen Definition insofern präziser, als hier das nicht spezifizierte Wort "Vorschrift" nicht auftritt.

Definition 1.3: (Alternative Definition der Funktion) Seien M und N zwei Mengen, dann wird eine Vorschrift, die jedem Element $x \in M$ *genau ein* Element $y \in N$ zuordnet, eine *Funktion* genannt; man führt folgende Bezeichnungen ein:

1) $f : M \longrightarrow N$.

2) $f : x \longmapsto y = f(x)$.

∎

Eine spezielle Art der Abbildung wird in der Algebra benötigt.

Definition 1.4: (Verknüpfung) Eine Abbildung des kartesischen Produktes $M \times M$ in die Menge M heißt (zweistellige) *Verknüpfung* (in M).

∎

Beispiele für solche Verknüpfungen sind etwa die *Addition* $+$ und die Multiplikation $\cdot$ in den natürlichen Zahlen $I\!N$. Mit dem Studium der Mengen, in denen Verknüpfungen definiert sind, befaßt sich die (abstrakte) Algebra. Dabei werden außer den Verknüpfungen noch weitere Bedingungen vorgegeben. Eine Menge, in der Verknüpfungen zusammen mit gewissen Bedingungen definiert sind, heißt eine *algebraische Struktur*; sie sind Gegenstand der Algebra.

Beispiel 1.2: (Gruppe) Eine Menge G heißt eine *Gruppe*, wenn für ihre Elemente eine Verknüpfung $\circ$ so definiert ist, daß die folgenden Postulate erfüllt sind:

G_1: Abgeschlossenheit der Verknüpfung: Für $g_1, g_2 \in G \Longrightarrow g_1 \circ g_2 \in G$,

G_2: Assoziativität: $g_1 \circ (g_2 \circ g_3) = (g_1 \circ g_2) \circ g_3$,

G_3: Existenz des Einselementes: es gibt genau ein Element $e \in G$, für das für alle $g \in G$ die Beziehung $g \circ e = e \circ g = g$ gilt,

G_4: Existenz des Inversen: zu jedem Element $g \in G$ gibt es genau ein Element $g^{-1} \in G$, das der Gleichung $g \circ g^{-1} = e$ genügt.

Viele Mengen bilden bezüglich der in ihnen definierten Verknüpfungen eine Gruppe. So etwa die reellen Zahlen und die Matrizen bezüglich der entsprechenden Additionen aber auch die *invertierbaren* Matrizen bezüglich der Matrizenmultiplikation.

∎

Andere algebraische Strukturen sollen genauer betrachtet werden: kommutative Ringe und Körper. Dabei besitzen die zugrundeliegenden Mengen *zwei* Verknüpfungen; man nennt solche Mengen auch *Algebren*. Da sich diese Begriffe aus der Gleichungslehre heraus entwickelt haben, werden sie oft als *Addition* und *Multiplikation* bezeichnet. Die definierenden Eigenschaften werden in der folgenden Definition zusammengestellt.

Definition 1.5: (Kommutative Ringe) Eine Menge R heißt *kommutativer Ring*, wenn auf $R \times R$ die Verknüpfungen Addition und Multiplikation erklärt sind, für die folgende Postulate erfüllt sind ($r_1, r_2, r_3 \in R$):

R_1: Die Addition ist eine Gruppe mit additivem Einselement 0,

R_2: Kommutativität der Addition: $r_1 + r_2 = r_2 + r_1$,

R_3: Die Multiplikation ist eine zweistellige Relation in R,

R_4: Assoziativität der Multiplikation: $r_1 \cdot (r_2 \cdot r_3) = (r_1 \cdot r_2) \cdot r_3$,

R_5: Distributivgesetze:
$$r_1 \cdot (r_2 + r_3) = r_1 \cdot r_2 + r_1 \cdot r_3,$$
$$(r_1 + r_2) \cdot r_3 = r_1 \cdot r_3 + r_2 \cdot r_3,$$

R_6: Kommutativität der Multiplikation: $r_1 \cdot r_2 = r_2 \cdot r_1$.

∎

Bemerkungen 1.1: 1)Ist auch R bezüglich der Multiplikation eine Gruppe ($0 \neq 1$), nennt man einen solchen kommutativen Ring einen *Körper* oder eine *Divisionsalgebra*. Danach muß ein Körper auch ein multiplikatives Einselement enthalten. Körper benötigt man u.a. zur Definition von Vektorräumen (Abschnitt 1.5).

2) Es gibt auch *nicht kommutative Ringe*, bei denen die Bedingung R_6 entfällt. Das bekannteste Beispiel dafür ist wohl der Ring der $n \times n$-Matrizen.

3) Eine reelle Divisionsalgebra entspricht einem reellen Vektorraum, der zusätzlich eine Körperstruktur besitzt.

∎

Für das (immer vorhandene) Nullelement 0 von R gilt die Beziehung $r \cdot 0 = 0 \cdot r = 0$. In manchen Ringen gibt es Produkte $r_1 \cdot r_2$, die auch dann verschwinden, wenn $r_1, r_2 \neq 0$ sind. Solche Elemente heißen *Nullteiler*.

Beispiel 1.3: In dem Ring der 2×2-Matrizen sind

$$\begin{pmatrix} a & 0 \\ 0 & 0 \end{pmatrix} \quad \text{und} \quad \begin{pmatrix} 0 & 0 \\ 0 & 1 \end{pmatrix}$$

mit $a \in I\!R$ Nullteiler.

∎

Ein kommutativer Ring ohne Nullteiler, der kein Körper ist, kann stets zu einem Körper erweitert werden. Dazu wird eine Standardtechnik benutzt, die wir anhand der Erweiterung des Ringes der ganzen Zahlen $Z\!\!\!Z$ zu den rationalen Zahlen $Q\!\!\!\!Q$ erläutern wollen. Eine ähnliche Konstruktion wird benutzt, um den Ring der stetigen Funktionen so zu erweitern, daß Integration und Differentiation in dieser Funktionenklasse rein algebraisch ausgeführt werden können (siehe Abschnitt 4.7.2).

Ausgangspunkt sind die ganzen Zahlen $Z\!\!\!Z$, die bezüglich der gewöhnlichen Addition und Multiplikation einen kommutativen Ring bilden. Wir stellen fest, daß es in $Z\!\!\!Z$ keine Nullteiler gibt. Dieser Ring soll nun so erweitert werden, daß die Lösung einer jeden Gleichung $z_2 = z \cdot z_1$ mit $z, z_1, z_2 \in Z\!\!\!Z$ in $Z\!\!\!Z$ enthalten ist. Symbolisch könnte man eine Lösung als Paar (z_1, z_2) notieren. Aber die Beispiele $2 = z \cdot 1$ und $4 = z \cdot 2$ zeigen, daß in beiden Fällen die ganze Zahl $z = 2$ eine Lösung ist, während man diesen Gleichungen die voneinander verschiedenen symbolischen Lösungspaare $(2, 1)$ und $(4, 2)$ zuordnen müßte. Wenn man diese Idee der "Paarbildung" formalisieren will, dann müssen gewisse Zahlenpaare *identifiziert* werden. Es liegt nahe, dazu eine passende Äquivalenzrelation zu verwenden.

Gehen wir von der Menge der Paare des kartesischen Produktes $Z\!\!\!Z \times Z\!\!\!Z$ aus, dann wird durch

$$(z_1, z_2) \sim (z_3, z_4) \quad :\Longleftrightarrow \quad z_1 \cdot z_4 = z_2 \cdot z_3$$

eine Relation definiert. Man kann leicht zeigen, daß es sich um eine Äquivalenzrelation handelt; in den Beweis geht die Nullteilerfreiheit der ganzen Zahlen ein. Die äquivalenten Paare fassen wir in Klassen zusammen und kennzeichnen sie mit einem Repräsentanten $[z_1, z_2]$ Wir definieren nun zwei neue Verknüpfungen in dieser Menge durch ihre Repräsentanten

Addition: $[z_1, z_2] \oplus [z_3, z_4] := [z_1 \cdot z_4 + z_2 \cdot z_3, z_2 \cdot z_4]$,

Multiplikation: $[z_1, z_2] \odot [z_3, z_4] := [z_1 \cdot z_3, z_2 \cdot z_4]$,

wofür gezeigt werden kann, daß sie von der Wahl der Repräsentanten unabhängig sind. Damit bilden die Äquivalenzklassen versehen mit diesen Verknüpfungen einen neuen Ring, dessen Elemente in naheliegender Weise mit z_1/z_2 bezeichnet werden. Diejenigen Klassen, die ein Paar der Form $(z, 1)$ enthalten, sind mit den ganzen Zahlen zu identifizieren. Die Äquivalenzklassen formalisieren also den *Wert* eines Bruches und nicht das spezielle *Verhältnis*. Demnach ist es uns gelungen. einen Ring zu konstruieren, der alle Eigenschaften der rationalen Zahlen realisiert. Damit wollen wir unseren kleinen Exkurs in die abstrakte Algebra beschließen.

1.5 Vektorräume und lineare Abbildungen

Die für die System- und Netzwerktheorie wichtigste mathematische Theorie ist wohl die Theorie der Vektorräume mit den linearen Abbildungen, welche die Grundlage der linearen Algebra sind. In diesem Abschnitt sollen deren wesentliche Grundgedanken vorgestellt werden, die zum Verständnis der folgenden Abschnitte von großer Bedeutung sind. Dabei geht es weniger um eine Auflistung der Grundbegriffe der Theorie, was Aufgabe des Anhangs A ist, sondern vielmehr um eine Motivation der Begriffe und Aufgabenstellungen. Dabei soll immer wieder auf *konkrete* Mengen hingewiesen werden, die eine Vektorraum-Struktur besitzen. Der entscheidende Grund für die Verwendung von Begriffen der linearen Algebra ist, daß viele Überlegungen und Rechnungen durchgeführt werden können, ohne mit Koordinaten von Vektoren und Koeffizienten von Matrizen rechnen zu müssen. Damit können ganze Problemklassen auf einmal betrachtet werden und strukturelle Gesichtspunkte im Vordergrund stehen. Erst bei der Behandlung einzelner konkreter Probleme ist es sinnvoll, mit Koordinaten und Koeffizienten zu arbeiten.

Ausgangspunkt für diese mathematische Struktur ist eine Menge V, deren Elemente *additiv* verknüpft werden können, so daß auch die *Summen* der Elemente in V liegen; in Symbolen ausgedrückt

$$+ : (v_1, v_2) \quad \longmapsto \quad v_1 + v_2 \in V$$

für $v_1, v_2 \in V$. Diese Vektor(raum)Addition soll kommutativ und assoziativ sein.

Es gibt zahlreiche Mengen, in denen eine solche Addition erklärt ist und welche die genannten Bedingungen erfüllen und somit als Vektorraum in Frage kommen; die reellen und komplexen Zahlen oder n-Tupel dieser Zahlen, Matrizen mit reellen oder komplexen Koeffizienten und reelle oder komplexe Funktionen seien als Beispiele genannt. Andererseits gibt es auch Mengen, in denen eine solche Addition nicht definiert werden kann. Ein Beispiel dafür ist der in die Ebene $I\!R^2$ eingebettete Kreisring S^2. Man kann sich leicht überlegen, daß die Summe zweier Elemente des Kreisringes bezüglich der Vektoraddition im $I\!R^2$ nicht in S^2 liegt. Ein anderes Beispiel ist die Menge der Punkte einer Geraden, die nicht durch den Nullpunkt geht.

Außer der Menge V wird für eine Vektorraum-Struktur eine zweite Menge K benötigt, in der eine Addition und eine Multiplikation zusammen mit verschiedenen Verträglichkeitsbedingungen zwischen diesen Verknüpfungen erklärt ist, so daß K ein *Körper* ist (siehe Abschnitt 1.4). In den Anwendungen nur die reellen Zahlen $I\!R$ oder komplexen Zahlen $\mathbb{C}$ in Frage kommen. Mit Hilfe der Elemente aus K können die Elemente aus V mittels der *skalaren Multiplikation*

$$\odot \; : (k, v) \quad \longmapsto \quad k \odot v \in V$$

(für $k \in K$ und $v \in V$) "verlängert" oder "verkürzt" werden, wobei zwischen dieser Verknüpfung und der Vektoraddition weitere Verträglichkeitsbedingungen hinzugefügt werden müssen. Wie in der Algebra der reellen Zahlen wird das Multiplikationssymbol $\odot$ sehr oft weggelassen. Wir nennen zwei Mengen V und K mit definierten Verknüpfungen und zusätzlichen Verträglichkeitsbedingungen eine *Vektorraum-Struktur* oder kurz einen *Vektorraum*. In den genannten konkreten Mengen existiert eine skalare Multiplikation, und es kann gezeigt werden, daß diese Mengen sogar eine Vektorraum-Struktur besitzen. Es ist zu beachten, daß konkrete Mengen meistens noch viele weitere Strukturen besitzen. So besitzt etwa die Menge der $n \times n$-Matrizen die Struktur eines Vektorraumes, ist aber gleichzeitig eine nichtkommutative Algebra.

Eine wichtige Eigenschaft von Vektorräumen ist, daß es "kleinste" Teilmengen B von Vektoren gibt, mit Hilfe derer alle anderen Vektoren aus V erzeugt werden können. Die Anzahl der Vektoren in B wird *Dimension* von V (dim V) und B eine *Basis* von V genannt. Dabei ist je nach dem Körper $K = I\!R$ oder $K = \mathbb{C}$ eine *reelle* oder eine *komplexe* Dimension zu unterscheiden. So besitzt etwa der Vektorraum der reellen n-Tupel $I\!R^n$ die reelle Dimension n. Der Vektorraum der komplexen Zahlen $\mathbb{C}$ mit dem Körper $I\!R$ hat die reelle Dimension 2, während er mit dem Körper $\mathbb{C}$ die komplexe Dimension 1 besitzt. Man kann zeigen, daß die Vektorräume $I\!R^n$, auch arithmetische

Vektorräume genannt, Prototypen für *endlich-dimensionale* Vektorräume sind, d.h. zwischen allen anderen Vektorräumen der gleichen endlichen Dimension gibt es ein-eindeutige Beziehungen. Der Vektorraum der reellen Funktionen über dem Körper $I\!R$ hat allerdings keine endliche Dimension.

Der bekannteste Vektorraum ist der Raum $I\!R^3$ der 3-Tupel, der ein Modell für un-seren Anschauungsraum ist. Eine wesentliche Tatsache ist nun, daß man alle wichti-gen Eigenschaften dieses Raumes, außer denjenigen natürlich, die von der Dimension abhängen, auf jeden anderen Vektorraum mit *endlicher* Dimension übertragen kann, ohne daß dabei Fehler auftreten. Damit kann der $I\!R^3$ als Grundtyp betrachtet werden und für die Entwicklung einer "abstrakten Anschauung" in Vektorräumen dienen. Da Vektorräume auch in der linearen Geometrie grundlegend sind, lassen sich viele Begriffe auch *geometrisch* deuten. Diese Wechselbeziehung zwischen Algebra und Geometrie ist für die moderne Mathematik als auch für die moderne System- und Netzwerktheorie von wesentlicher Bedeutung.

Ein weiterer zentraler Begriff ist der einer *linearen Abbildung*. Darunter versteht man eine Abbildung $\varphi : V \longrightarrow W$, die von einem n-dimensionalen Vektorraum V in einen m-dimensionalen Vektorraum W abbildet und welche die Bedingung

$$\varphi(k_1 v_1 + k_2 v_2) = k_1 \, \varphi(v_1) + k_2 \, \varphi(v_2)$$

erfüllt; d.h. die Addition der Vektoren in V kann durch die Addition in W er-setzt werden. Sind V und W arithmetische Vektorräume $I\!R^n$ und $I\!R^m$, dann sind die linearen Abbildungen bekanntlich *Matrizen* mit der Spaltenanzahl $\dim V$ und der Zeilenanzahl $\dim W$. Im folgenden wollen wir Vektoren in arithmetischen Vek-torräumen und Matrizen immer mit fetten Buchstaben bezeichnen, wobei für die Vektoren kleine und für die Matrizen große Buchstaben verwendet werden. Bei endlich-dimensionalen Vektorräumen ist nach Auszeichnung einer Basis immer eine *Matrixdarstellung* möglich. Der zentrale Gesichtspunkt für die Anwendungen der Theorie der Vektorräume ist jedoch gerade darin zu suchen, daß viele Überlegungen auch *basisfrei* durchgeführt werden können.

Wir wollen nun einige Grundaufgaben der linearen Algebra mit Hilfe der Theorie der Vektorräume formulieren:

1) Gegeben ist ein Vektor $w_0 \in W$ und eine lineare Abbildung φ, gesucht wird ein Vektor $v \in V$, der die Gleichung

$$\varphi(v) = w_0$$

erfüllt. Für $V = I\!R^n$ und $W = I\!R^m$ erhalten wir die Matrizengleichung

$$\mathbf{A}\mathbf{v} = \mathbf{w}_0.$$

Ist $\mathbf{w}_0 \neq \mathbf{0}$, dann sprechen wir von einem *inhomogenen* Gleichungssystem und für $\mathbf{w}_0 = \mathbf{0}$ von einem *homogenen* Gleichungssystem. Man kann nun leicht zeigen, daß der Lösungsraum eines homogenen Gleichungssystems ein Untervektorraum von V (Teilmenge von V, die ebenfalls eine Vektorraum-Struktur besitzt) ist, der als *Kern* von φ bzw. von $\mathbf{A}$ bezeichnet wird. Die Differenz der Dimension von V und der Dimension des Kerns von φ oder $\mathbf{A}$ wird *Rang* genannt. Der Lösungsraum des inhomogenen Gleichungssystems ist kein Vektorraum, sondern eine *affine Mannigfaltigkeit*, die man sich als einen um einen konstanten Vektor (spezielle Lösung des inhomogenen Systems) "verschobenen" Vektorraum vorstellen kann.

2) Gegeben sei eine lineare Abbildung $\varphi : V \longrightarrow V$ und gesucht sind diejenigen Vektoren, die von φ (bis auf einen skalares Vielfaches von $\lambda \in I\!\!R$) in sich abgebildet werden; d.h. es gilt

$$\varphi(v) = \lambda\, v.$$

Wir sprechen von einer *Eigenwertaufgabe*. Im Fall $V = I\!\!R^n$ ergibt sich die Matrizengleichung $\mathbf{A}\mathbf{v} = \lambda\mathbf{v}$. Bei dieser Aufgabe handelt es sich um die Lösung eines speziellen homogenen Gleichungssystems, das nur dann eine nichttriviale Lösung ($v \neq 0$) besitzt, wenn die Abbildung ($\varphi - \lambda\, id_V$) (id_V: Identität auf V) oder die Matrix ($\mathbf{A} - \lambda\mathbf{1}$) nicht invertierbar ist. Wir erhalten eine Bedingung für die λ in Form des Polynoms $det(\mathbf{A} - \lambda\mathbf{1}) = 0$; die Lösungen werden *Eigenwerte* genannt. Die zugehörigen Lösungen des homogenen Gleichungssystems nennt man *Eigenvektoren*. Die Eigenwertaufgabe hat zahlreiche Anwendungen im Bereich der System- und Netzwerktheorie, wobei in vielen Fällen die Diagonalisierung von Matrizen zur *Entkopplung* von Gleichungssystemen und Berechnung von Matrizenfunktionen eingesetzt wird.

Für eine geometrische Interpretation der Vektoren sind auch Begriffe wie seine Länge, der Abstand und das Senkrechtstehen zweier Vektoren von Bedeutung. Die ersten beiden Begriffe werden als *Norm* $\|\mathbf{x}\|$ und *Metrik* $\|\mathbf{x} - \mathbf{y}\|$ formalisiert, die sich besonders einfach von einem *inneren Produkt* oder auch *Skalarprodukt* $(\mathbf{x} \mid \mathbf{y})$ ableiten lassen durch $\|\mathbf{x}\| := \sqrt{(\mathbf{x} \mid \mathbf{x})}$ (mit $\mathbf{x} \in V$). Mit einem inneren Produkt kann auch ein Kriterium für die *Orthogonalität* zweier Vektoren angegeben werden zu $\mathbf{x} \perp \mathbf{y} \iff (\mathbf{x} \mid \mathbf{y}) = 0$. Für reelle arithmetische Vektorräume $I\!\!R^n$ kann ein inneres Produkt $(\cdot \mid \cdot) : I\!\!R^n \times I\!\!R^n \longrightarrow I\!\!R$ durch

$$(\mathbf{x} \mid \mathbf{y}) := \mathbf{x}^T\mathbf{y} := \sum_{i=1}^{n} x_i y_i$$

definiert werden. Ein inneres Produkt kann jedoch auch anders interpretiert werden. Dazu fassen wir die Gesamtheit der *Zeilenvektoren* $\mathbf{x}^T$ als Elemente eines neuen Vektorraumes V^* auf, die auf Vektoren aus V wirken und ihnen reelle Zahlen zuordnen. Es ist klar, daß diese Abbildung linear ist. Sie werden daher als *Linearformen* oder auch *1-Formen* bezeichnet; der Vektorraum V^* heißt *Dualraum* von V. Sind $\mathbf{x}_1, \ldots, \mathbf{x}_n$ orthogonale Basisvektoren von V mit der Länge 1, dann bilden die Vektoren $\mathbf{x}_1^T, \ldots, \mathbf{x}_n^T$ eine Basis des Dualraumes V^* mit $\mathbf{x}_i^T \mathbf{x}_j = \delta_{ij}$ mit $\delta_{ij} := \{1 \ (i = j) \text{ und } 0 \ (i \neq j)\}$; diese Basis heißt dann *duale Basis*.

Schließlich wollen wir noch kurz auf die Bildung neuer Vektorräume aus vorgegebenen Vektorräumen eingehen; dabei setzen wir V mit $\dim V = n$ und W mit $\dim W = m$ voraus.

1) Sind V und W zwei Vektorräume über dem gleichen Körper $K = (I\!R, \, \mathbb{C})$ und $V \times W$ das kartesische Produkt. $V \times W$ können wir in folgender Weise mit einer Vektorraum-Struktur versehen, wobei die Vektorraum-Struktur von V und W benutzt wird:
   a) Addition: $(v_1, w_1) \oplus (v_2, w_2) := (v_1 + v_2, w_1 + w_2)$ für $(v_i, w_i) \in V \times W \ (i = 1, 2)$,
   b) $\alpha \odot (v, w) := (\alpha \cdot v, \alpha \cdot w)$ für $(v, w) \in V \times W$.
   Dieser Raum heißt (äußere) direkte Summe und wird mit $V \oplus W$ bezeichnet; es gilt $\dim(V \oplus W) = n + m$.

2) Seien V und W zwei Vektorräume, die ein inneres Produkt besitzen, dann können wir auf $V \oplus W$ durch

$$(v \otimes w)(\tilde{v}, \tilde{w}) := (v \mid \tilde{v})(w \mid \tilde{w})$$

eine Abbildung definieren, die in beiden Argumenten $\tilde{v}$ und $\tilde{w}$ linear ist; sie heißt *Tensorprodukt* von v und w. Die Menge aller Linearkombinationen dieser Tensorprodukte bildet den *Tensorraum* $V \otimes W$. Dieser Vektorraum kann sehr leicht aufgebaut werden, wenn man von den Basen $v_1, \ldots, v_n$ und $w_1, \ldots, w_m$ in V und W ausgeht, und das Tensorprodukt $v_i \otimes w_j \ (i = 1, \ldots, n; j = 1, \ldots, m)$ dieser Basisvektoren bildet. Es ist sofort einsichtig, daß die Dimension des Tensorraumes $V \otimes W$ gleich $n \cdot m$ ist.

Damit wollen wir unseren Überblick über die wichtigsten Begriffe der linearen Algebra abschließen.

1.6 Differenzierbare Mannigfaltigkeiten

Im Abschnitt 1.5 haben wir uns mit Vektorräumen beschäftigt, die man zur koordinatenfreien Beschreibung linearer Systeme und Netzwerke benötigt. Typischer Repräsentant für endlich-dimensionale Vektorräume sind die arithmetischen Vektorräume $I\!R^n$. Im Unterschied dazu gibt es eine unübersehbare Vielfalt von "nichtlinearen Räumen". Es ist daher sinnvoll, sich auf eine Teilklasse dieser Räume einzu-

schränken, die für praktische Rechnungen besonders geeignet sind. In der System-
und Netzwerktheorie beschreibt man oft das *Kleinsignal-Verhalten* nichtlinearer Systeme. Dabei werden die nichtlinearen Kennlinien in einem gewählten *Arbeitspunkt*
durch Geraden approximiert, so daß man wiederum die Methoden der linearen Theorie anwenden kann. Diese Vorgehensweise setzt voraus, daß die nichtlinearen Kennlinien tatsächlich "im Kleinen linear aussehen". Diese auch in anderen Bereichen der
nichtlinearen Theorie wichtige Voraussetzung ist die Grundlage der *Theorie der differenzierbaren Mannigfaltigkeiten.* Dort werden gerade diejenigen nichtlinearen Räume
ausgezeichnet, die "im Kleinen" einem $I\!R^n$ ähnlich sind. Dazu gehören natürlich
beliebige Gebiete des $I\!R^n$ (einschließlich des $I\!R^n$ selbst), Kreisringe, Kugeln oder
allgemeine Sphären, Tori im $I\!R^n$ und schließlich auch beliebige "glatte" Flächen.
Zur Beschreibung werden in der klassischen Analysis geeignete Koordinatensysteme,
wie etwa Kugelkoordinaten, eingeführt. Bei einer Formalisierung dieser Vorstellungen gelangen wir zum Begriff der differenzierbaren Mannigfaltigkeit. Demnach liegt
der wesentliche Grund für den Aufbau der Theorie der differenzierbaren Mannigfaltigkeiten darin, diejenigen Begriffsbildungen zusammenzustellen, für welche die
Einführung eines Koordinatensystems nicht erforderlich ist. Das bedeutet, daß viele
strukturelle Probleme einer damit aufgebauten nichtlinearen System- und Netzwerktheorie beantwortet werden können, ohne daß man Details des Systems festlegen
muß. Die Einführung von Koordinaten wird erst dann erforderlich, wenn man *ein*
konkretes System untersuchen will. In diesem Abschnitt geht es wie im vorherigen
vor allem darum, die wichtigen Begriffsbildungen zu motivieren und dabei nicht immer Rücksicht auf mathematische Strenge zu nehmen. Im Anhang B werden wir
dann einige mathematische Einzelheiten der Theorie der differenzierbaren Mannigfaltigkeiten zusammenstellen.

Eine differenzierbare Mannigfaltigkeit kann man sich im folgenden immer als eine
"glatte" Fläche vorstellen. Bei der Formalisierung dieser Vorstellung geht man von
einer Menge $\mathcal{M}$ aus, der eine Menge von Abbildungen φ zugeordnet wird; diese
Abbildungen bilden Teilmengen von $\mathcal{M}$ in einen geeigneten $I\!R^n$ mit festem n ab.
In naheliegender Weise werden diese Abbildungen *Karten* oder auch *Koordinatensysteme* genannt. Diese Situation kann in Analogie zu den Landkarten der Erdkugel
gesehen werden. Die Dimension des $I\!R^n$ legt auch die Dimension der Mannigfaltigkeit fest. Die Art der Beschreibung der Teilmengen hängt von der Bedeutung der
Koordinaten des $I\!R^n$ ab. Beispielsweise kann man kartesische oder Polarkoordinaten
benutzen.

Erfüllen diese Abbildungen φ gewisse Verträglichkeitsbedingungen, dann nennen wir
die Menge dieser Abbildungen eine *differenzierbare Struktur*; die Bedingung lautet
wie folgt: Wir bilden zwei Teilmengen U und V von $\mathcal{M}$ mit nichtleerem Durchschnitt $U \cap V$ mit Hilfe der Karten φ und ψ in Teilmengen des zugehörigen $I\!R^n$
ab und betrachten die Abbildung $\Theta : I\!R^n \longrightarrow I\!R^n$, die zwischen den Bildern des
Durchschnittes beider Karten φ und ψ vermittelt (Bild 1.1). Zwei Karten heißen

miteinander verträglich, wenn die Abbildung Θ invertierbar und in beiden Richtungen differenzierbar ist (Diffeomorphismen). Diese etwas kompliziert erscheinende Bedingung entspricht einfach der Vorstellung, daß ein Wechsel des Koordinatensystems in differenzierbarer Weise vor sich gehen soll.

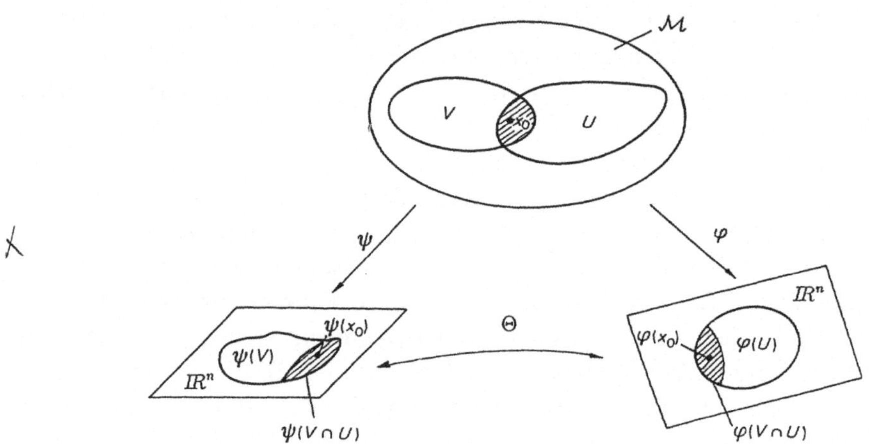

Bild 1.1. Mannigfaltigkeit und Karten

Wird die Menge $\mathcal{M}$ vollständig von miteinander verträglichen Karten überdeckt, dann nennt man die Kartenmenge wiederum naheliegend einen *Atlas*. Ein solcher Atlas legt im wesentlichen eine differenzierbare Struktur der Mannigfaltigkeit fest. Manchmal genügt bereits eine Karte, um die Menge $\mathcal{M}$ zu beschreiben; wir sprechen in diesen Fällen von einer *globalen* Karte. Um mathematische Schwierigkeiten zu vermeiden, werden noch einige zusätzliche Bedingungen hinzugefügt, die im Anhang B angegeben werden.

Die Idee, die einer differenzierbaren Mannigfaltigkeit zugrunde liegt, ist also leicht zu verstehen. Der Prototyp einer solchen Mannigfaltigkeit ist eine gekrümmte Fläche, die keine Ecken besitzt, und wobei man lediglich "zu vergessen" hat, daß diese Fläche in einen Vektorraum "eingebettet" ist. Es zeigt sich, daß dieser Standpunkt sogar dann nützlich sein kann, wenn eine Fläche eine globale Karte besitzt. Andererseits gibt es auch Flächen, bei denen dies nicht möglich ist; Kugeln sind Beispiele dafür. In solchen Fällen werden mehrere Karten zur vollständigen Beschreibung benötigt. Es sei noch darauf hingewiesen, daß man viele differenzierbare Mannigfaltigkeiten als Nullstellen einer Funktion $f : \mathbb{R}^n \longrightarrow \mathbb{R}^n$ auffassen kann. So ist die Nullstellenmenge der Funktion $f(\mathbf{x}) := x_1^2 + x_2^2 - 1$ ein Kreisring mit dem Radius 1. Dieser Gesichtspunkt ist für die nichtlineare Netzwerktheorie von großer Bedeutung.

Wir können auf einer differenzierbaren Mannigfaltigkeit $\mathcal{M}$ Abbildungen $f : \mathcal{M} \longrightarrow I\!R$ definieren, die jedem Punkt der Mannigfaltigkeit eine reelle Zahl zuordnet. Sind die Abbildungen *unendlich oft differenzierbar*, so bilden sie einen Teilvektorraum der reellwertigen Funktionen auf $\mathcal{M}$, den wir mit $C^{\infty}(\mathcal{M})$ bezeichnen wollen. Solche Abbildungen benötigt man, um die Begriffe *Tangentialvektor* und *Tangentialraum* an einem Punkt der Mannigfaltigkeit derart zu definieren, daß nur solche Größen benutzt werden, die keine Einbettung der Mannigfaltigkeit voraussetzen. Zur Motivation dieser Begriffe stellen wir uns zunächst eine in den $I\!R^{n}$ eingebettete gekrümmte Fläche vor und "heften" an irgendeinen Punkt dieser Fläche eine Tangentialebene an. Aus dieser Ebene wählen wir einen Tangentialvektor aus und beschreiben ihn mit Hilfe einer Formel, die nicht von einer konkreten Koordinatenwahl abhängt. Wir gelangen auf diese Weise zu Definitionen für den Tangentialvektor und damit auch die Tangentialebene, die von einer Einbettung der Fläche unabhängig sind und daher auf (*nicht eingebettete*) differenzierbare Mannigfaltigkeiten übertragen werden können.

Wir beginnen mit einer in den $I\!R^{n}$ eingebetteten k-dimensionalen Fläche $\mathcal{M}$, an die in irgendeinem Punkt $\mathbf{x} \in \mathcal{M}$ eine Tangentialebene angeheftet wird, und wählen aus dieser Ebene irgendeinen Tangentialvektor $\mathbf{v}_{x}$ aus. Flächenintern kann dieser Tangentialvektor wie folgt charakterisiert werden: Sei $c : I\!R \longrightarrow \mathcal{M}$ eine *Kurve*, die durch $c : t \longmapsto \mathbf{c}(t)$ jedem Parameterwert t einen Punkt $\mathbf{c}(t)$ der Fläche zuordnet. Dabei soll der Tangentialvektor $\mathbf{c}'(0)$ an $\mathbf{c}$ zum Zeitpunkt $t = 0$ mit dem oben gewählten Tangentialvektor $\mathbf{v}_{x}$ übereinstimmen.

Eine derartige Charakterisierung eines Tangentialvektors hängt natürlich noch von der gewählten Kurve $\mathbf{c}$ ab. Da nur das *lokale* Verhalten der Kurve maßgebend ist, gibt es auch andere Kurven, die ebenfalls zur Festlegung von $\mathbf{v}_{x}$ geeignet wären. Eine weitere Schwierigkeit besteht darin, daß die Ableitung $\mathbf{c}'$ von $\mathbf{c}$ von der Einbettung in den $I\!R^{n}$ abhängt. Benutzen wir eine C^{∞}-Funktion $f : \mathcal{M} \rightarrow I\!R$ und schalten f und $\mathbf{c}$ hintereinander, dann haben wir eine reellwertige auf $I\!R$ definierte Funktion $(f \circ \mathbf{c}) : I\!R \rightarrow I\!R$, die natürlich elementar differenziert werden kann. Wir zeigen nun, daß die Abbildung

$$v : f \longrightarrow \frac{d(f \circ \mathbf{c})}{dt}(0) \tag{1.1}$$

für beliebige f unter den oben vorgegebenen Voraussetzungen dem Punkt $\mathbf{c}(0)$ den Tangentialvektor $\mathbf{v}_{x}$ zuordnet. Man beachte, daß wir die Kettenregel in (1.1) nicht ausnutzen können, weil f auf $\mathcal{M}$ definiert ist, und dort flächeninterner Differenzierbarkeitsbegriff durch Bildung eines Differenzenquotienten nicht eingeführt werden kann. Deshalb benötigen wir irgendeine Karte φ, die ein Flächenstück, das den Punkt $\mathbf{x} \in \mathcal{M}$ enthält, in eine Teilmenge des $I\!R^{k}$ abbildet. Auf diese Weise können wir die *lokalen Darstellungen* von f und $\mathbf{c}$ angeben

$$\tilde{f} = (f \circ \varphi^{-1}) : \mathbb{R}^k \longrightarrow \mathbb{R},$$
$$\tilde{\mathbf{c}} = (\varphi \circ \mathbf{c}) : \mathbb{R} \longrightarrow \mathbb{R}^k.$$

Schalten wir $\varphi^{-1}\varphi$ zwischen f und $\mathbf{c}$ in (1.1), dann erhalten wir eine lokal gültige Formel für $v(\cdot)$

$$v : f \longrightarrow \frac{d(\tilde{f} \circ \tilde{\mathbf{c}})}{dt}(0). \tag{1.2}$$

Jetzt können wir auch die Kettenregel anwenden und es ergibt sich

$$v(f) = \frac{\partial \tilde{f}}{\partial \mathbf{x}}\bigg|_{\mathbf{x}=\tilde{\mathbf{c}}(t)} \dot{\tilde{\mathbf{c}}}(0). \tag{1.3}$$

In (1.3) erkennt man, daß $v(\mathbf{f})$ im wesentlichen dem Tangentenvektor an die Kurve $\mathbf{c}$ im Punkt $t = 0$ und damit $\mathbf{v}_x$ entspricht. Alle Kurven $\mathbf{c}$ für die $\mathbf{v}_x = \mathbf{c}(0)$ gilt, legen den gleichen Tangentialvektor fest. Man definiert daher einen Tangentialvektor auch als Äquivalenzklasse aller Kurven, die für $t = 0$ durch $\mathbf{x} \in \mathcal{M}$ gehen und alle den gleichen Tangentenvektor $\mathbf{c}'(0)$ besitzen (siehe etwa Arnol'd ([1.15], S.232ff)).

Ein gleichwertiger Standpunkt folgt ebenfalls aus (1.1). Untersucht man die Abbildung $v(\cdot)$, dann kann man leicht nachweisen, daß sie die folgenden Eigenschaften besitzt:

1) *Linearität:* $v(\alpha f + \beta g) = \alpha v(f) + \beta v(g)$,

2) *Leibniz-Regel:* $v(f \cdot g) = v(f)\, g(\mathbf{c}(0)) + v(g)\, f(\mathbf{c}(0))$, für alle C^∞-Funktionen f, g auf $\mathbb{R}^n$.

In Umkehrung dieses Gedankenganges sagen wir nun, daß wir *jede* eine lineare Abbildung, die auf dem Vektorraum der unendlich oft differenzierbaren Funktionen $C^\infty(\mathcal{M})$ definiert ist, als *Tangentialvektor* bezeichnen, wenn sie die Leibniz-Regel erfüllt. Die Menge der Tangentialvektoren an einem Punkt $\mathbf{x}$ besitzt die Struktur eines reellen Vektorraumes, d.h. es gilt

$$(v_1 + v_2)(f) = v_1(f) + v_2(f),$$

für alle $f \in C^\infty(\mathcal{M})$; er heißt *Tangentialraum am Punkt* $\mathbf{x}$ und wird mit $T_x\mathbb{R}^n$ bezeichnet.

Man rechnet leicht nach, daß die partiellen Ableitungen angewendet auf C^∞-Funktionen und genommen am Punkt $\mathbf{x} \in \mathcal{M}$ die Eigenschaften 1) und 2) besitzen. Demnach handelt es sich bei diesen Abbildungen um Tangentialvektoren im oben genannten Sinne. Im Sinne des Gradienten in (1.3) können sie sogar als Basisvektoren des Tangentialraumes am Punkt $\mathbf{x}$ aufgefaßt werden; sie werden durch

$$\left\{ \frac{\partial}{\partial x_1}\bigg|_x, \ldots, \frac{\partial}{\partial x_k}\bigg|_x \right\}$$

bezeichnet, wobei die Angabe des Punktes $\mathbf{x} \in \mathcal{M}$ aus Bequemlichkeit vielfach weggelassen wird.

Diese Definition ist nun unabhängig von der Einbettung der Fläche $\mathcal{M}$ in den $I\!R^n$ und kann daher auf beliebige Mannigfaltigkeiten übertragen werden. Ist also $\mathcal{M}$ eine k-dimensionale differenzierbare Mannigfaltigkeit, dann ist $T_x\mathcal{M}$ der zugehörige Tangentialraum im Punkt x von $\mathcal{M}$, dessen Elemente lineare Abbildungen sind, welche außerdem noch die Leibniz-Regel erfüllen. Zwar ist eine konkrete geometrische Deutung wegen der fehlenden Einbettung nicht mehr möglich, aber dennoch handelt es sich wie bei einer "anschaulichen" Tangentialebene weiterhin um einen Vektorraum, der jedem Punkt $x \in \mathcal{M}$ zugeordnet ist. Daher kann man auch für diese Situation eine *abstrakte* Anschauung entwickeln, wenn man sich vergegenwärtigt, daß der Begriff der differenzierbaren Mannigfaltigkeit eine koordinatenfreie Formalisierung einer gekrümmten Fläche im Raum ist. Auch die Basisvektoren des Tangentialraumes werden weiterhin mit $\partial/\partial x_i$ ($i = 1, \ldots, k$) bezeichnet, wenn die $x_1, \ldots, x_k$ die Koordinaten einer Karte einer Umgebung $\mathcal{U}_x$ des Punktes $x \in \mathcal{M}$ sind.

Außer dem Tangentialraum $T_x\mathcal{M}$ kann man an einen Punkt $x \in \mathcal{M}$ noch weitere Vektorräume "anheften". So läßt sich nach Abschnitt 1.4 der zum Tangentialraum duale Vektorraum $T_x^*\mathcal{M}$ bilden. Die zu der Basis $\partial/\partial x_i$ duale Basis wird mit $dx_1, \ldots, dx_k$ bezeichnet; es gilt $(\partial/\partial x_i)dx_j = \delta_{ij}$. Ein bekanntes Beispiel einer 1-Form aus $T_x^*\mathcal{M}$ ist das sogenannte *totale Differential*

$$df = \sum_{i=1}^{k} \frac{\partial(f \circ \varphi^{-1})}{\partial x_i}(\varphi(\mathbf{x})) \, dx_i \tag{1.4}$$

einer Funktion $f \in C^\infty(\mathcal{M})$, wobei φ eine lokale Karte auf $\mathcal{M}$ ist mit $x \in \mathcal{M}$.

Bemerkung 1.2: An dieser Stelle wollen wir noch einmal sehr deutlich darauf hinweisen, daß man in der differentialgeometrischen Literatur aus schreibtechnischen Gründen oft nicht in expliziter Weise zwischen lokaler und abstrakter Darstellung unterscheidet. So findet man statt (1.4) die Abkürzung

$$df = \sum_{i=1}^{k} \frac{\partial f}{\partial x_i} \, dx_i.$$

Das ist insbesondere für einen unerfahrenen Leser ein großes Hindernis beim Verständnis solcher Arbeiten. In den mathematischen Lehrbüchern wird aber in den einführenden Kapiteln auf diese Abkürzungen hingewiesen, so daß wir empfehlen, bei der Einarbeitung in dieses Gebiet diese Hinweise genau zu beachten. Erschwerend kommt nämlich hinzu, daß diese abkürzenden Schreibweisen durchaus nicht eindeutig sind.

∎

Ein Koeffizient dieser 1-Form kann sehr leicht berechnet werden, wenn man df auf einen Basisvektor $\partial/\partial x_j$ von $T_x\mathcal{M}$ anwendet; wir erhalten

$$df\left(\frac{\partial}{\partial x_j}\right) = \left(\sum_{i=1}^{n} \frac{\partial f}{\partial x_i}\, dx_i\right)\left(\frac{\partial}{\partial x_j}\right) = \sum_{i=1}^{n} \frac{\partial f}{\partial x_i}\left(dx_i\, \frac{\partial}{\partial x_j}\right) = \sum_{i=1}^{n} \frac{\partial f}{\partial x_i}\, \delta_{ij} = \frac{\partial f}{\partial x_j}.$$

Weiterhin kann die direkte Summe $T_x\mathcal{M} \oplus T_x\mathcal{M}$ gebildet werden und dem Punkt $x \in \mathcal{M}$ zugeordnet werden. Darauf wirken dann die 2-Formen $\sum_{i,j=1}^{n} a_{ij}(x)\, dx_i \otimes dx_j$ des Tensorraumes $T_x^*\mathcal{M} \otimes T_x^*\mathcal{M}$. Im Bild 1.2 kennzeichnen wir die "angehefteten" Räume durch "Fahnen" an dem entsprechenden Punkt der Mannigfaltigkeit. Die letzten Ausführungen zeigen, daß bei dieser abstrakteren Sichtweise der Flächen im Raum auch andere Vektoren als die Tangentialvektoren eine (abstrakt) geometrische Deutung erhalten. Das ist ein nicht unwesentlicher Vorteile der Theorie der differenzierbaren Mannigfaltigkeiten. Schließlich sei noch darauf hingewiesen, daß für die praktische Rechnung auf solchen Mannigfaltigkeiten Umrechnungsvorschriften zur Verfügung stehen müssen, mit denen man die in *verschiedenen* Karten formulierten Gleichungen ineinander umrechnen kann.

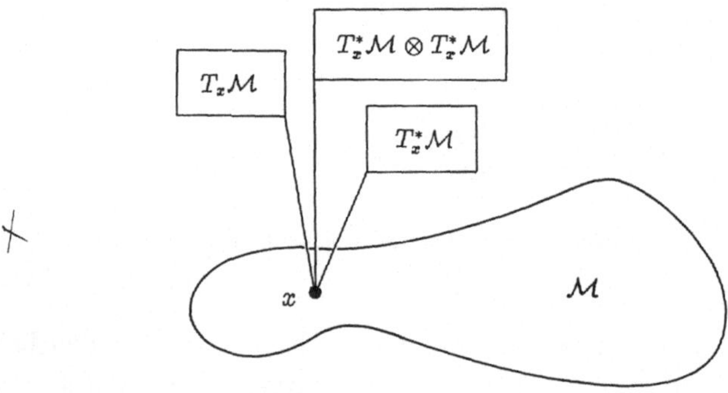

Bild 1.2. "Angeheftete" Vektorräume

1.7 Historische Anmerkungen zur System- und Netzwerktheorie

In einem Buch über System- und Netzwerktheorie sollte natürlich auch ein kurzer Abriß der Geschichte dieser Theorien nicht fehlen, damit der Leser eine Möglichkeit zur Einordnung der hier ausgewählten Resultate hat. Das ist auch deshalb umso wichtiger, als es bisher immer noch zu wenige Abhandlungen über die Geschichte dieser zumindest für Elektroingenieure grundlegenden Theorie gibt. Eine Ausnahme bilden nur das kürzlich erschienene Buch von G. Wunsch *"Geschichte der Systemtheorie"* [1.1], in dem die historische Entwicklung der System- und Netzwerktheorie ausgelegt wird. Einen Überblick insbesondere über die Geschichte der Netzwerksynthese gibt ein Artikel von Belevitch [1.16]. Schließlich weisen wir auf eine biographische Arbeit des Autors über *"Wilhelm Cauer"* [1.17] hin, in der sich auch eine kurze Darstellung der Geschichte der Schwachstromtechnik befindet. In diesem Abschnitt wollen wir auf die wesentlichen Stationen der historischen Entwicklung insbesondere der linearen und nichtlinearen Netzwerktheorie eingehen. Dabei verzichten wir auf Zitate; diese findet man entweder in den entsprechenden Abschnitten dieses Buches, im Buch von Wunsch oder in der erwähnten Arbeit des Autors. Desweiteren soll auf eine in Vorbereitung befindliche historische Abhandlung des Autors [1.18] zur Geschichte der Netzwerktheorie hingewiesen werden.

Die Entstehung der Systemtheorie und der Netzwerktheorie als eigenständige Theorien kann nicht unabhängig von der historischen Entwicklung der physikalischen Theorien gesehen werden. So bilden die ersten systematischen Untersuchungen an elektrischen Stromkreisen den Ausgangspunkt für die Entstehung der Netzwerktheorie. Die ersten erfolgreichen experimentellen und theoretischen Ergebnisse wurden von G. Ohm in den Jahren ab 1824 durchgeführt. Bereits drei Jahre später legte er ein Buch mit dem Titel *"Die galvanische Kette, mathematisch bearbeitet"* vor, das alle wesentlichen Grundgesetze für elektrische Stromkreise enthält. Doch war er in erster Linie an der Entdeckung physikalischer Gesetzmäßigkeiten interessiert, so daß er seine Ergebnisse nicht zur Berechnung größerer Stromkreise benutzte. Die Resonanz auf seine Arbeiten war zunächst gering. Erst der bekannte englische Physiker Wheatestone erkannte den Wert der Ohmschen Arbeiten und machte sie einem größeren Kreis zugänglich. Den wohl bedeutensten Beitrag zur Entstehung der Netzwerktheorie leistete Gustav Kirchhoff, der in seiner ersten Arbeit aus dem Jahre 1845, die noch als Student bei F. Neumann in Königsberg verfaßte, die er nach ihm benannten Gesetze in einer etwas allgemeineren Form als Ohm formulierte. Die eigentliche Geburtstunde der Netzwerktheorie muß aber in das Jahr 1847 gelegt werden, in dem Kirchhoff eine Arbeit mit dem Titel *"Über die Auflösung der Gleichungen, auf welche man bei der Untersuchung der linearen Vertheilung galvanischer Ströme geführt wird"* veröffentlichte, in der sich zum ersten Male eine abstrakte Behandlung elektrischer Netzwerke auf der Grundlage der Graphentheorie findet. Auf diese Weise wird er ganz nebenbei auch zu einem Begründer dieser mathematischen Theorie. Weitere Beiträge zur Entwicklung einer physikalischen Theorie der Netzwerke lieferten Kirchhoffs Lehrer F. Neumann mit seiner Theorie der Induktivitäten von 1845 und H. Helmholtz mit Arbeiten *"Über die Erhaltung der Kraft"* (1847), in der er einige Grundlagen zu einer dynamischen Netzwerktheorie legte, und *"Über einige Gesetze der Vertheilung elektrischer Ströme in körperlichen Leitern mit Anwendungen auf die thierisch-elektrischen Versuche"* (1853), in der er die Zweipoltheorie (heute: 1-Tor-Theorie) begründet. Die nächsten Impulse für die Herausbildung einer eigenständigen Netzwerktheorie ging von Maxwells berühmten Werk *"A Treatise on Electricity and Magnetism"* (deutsch 1883) und von seiner letzten Vorlesung aus, deren Ergebnisse sein Schüler J.A. Flemming erst posthum (1885) mitteilte. In seinem Buch gab er erstmals eine systematische Darstellung der Methoden der Netzwerktheorie (damals noch: Theorie der Systeme von linearen Leitern genannt), formulierte die Maschengleichungen und die Knotengleichungen. Außerdem verallgemeinerte er die Lagrangegleichungen der Mechanik auf dynamische elektrische Netzwerke. Kurze Zeit später war es O. Heaviside, der sich aufgrund seiner Studien des Maxwellschen Buches mit verschiedenen Themen aus der Elektrodynamik befaßte. Mit seinen autodidaktischen Kenntnissen und außergewöhnlichen Fähigkeiten lieferte er auch zahlreiche Beiträge zur Weiterentwicklung der Netzwerktheorie. Dabei legte er großen Wert auf effiziente Rechenverfahren. Er engagierte sich besonders für "algebraische Formulierungen"; aber durch die damals noch ausstehende Herausbildung einer modernen Algebra konnte er nicht vollständig erfolgreich sein. So brachte ihm seine berühmte Operatorenrechnung zwar unsterblichen Ruhm ein, aber er geriet damit auch in das Kreuzfeuer der Kritik. Die Durchsetzung seiner algebraischen Ideen erlebte er nicht mehr. Zunächst waren es Wagner, Campbell und Bromwich, die im Jahre 1916 Heavisides Methode mit analytischen Hilfsmitteln begründeten. Später trugen van der Pol (ab 1929), Campbell, Wagner, Doetsch (ab 1937) und andere dazu bei, daß seine Methode mit funktionentheoretischen Hilfsmitteln (Theorie der komplexwertigen Funktionen) begründet wurde. Dieser Weg führte natürlich genau in die entgegen gesetzte Richtung, welche Heaviside vorschwebte. Erst J. Mikusiński (1950) zeigte in seinen Arbeiten zur Begründung der Distributionen, wie man Heavisides algebraische Ideen verwirklichen kann. Dennoch gelang es erst Yosida (1980) daraus die für die System- und Netzwerktheorie wichtigen Teile herauszuarbeiten. Einen vorläufigen Abschluß dieser Entwicklung stellen wohl die Arbeiten dar, die der Autor mit dem Mathematiker W. Marten auf der Grundlage einiger Arbeiten von G. Wunsch vorgestellt hat [1.19]. Dabei konnte gezeigt werden, daß die auf C.P. Steinmetz (1983) zurückgehende Methode der *komplexen Wechselstromrechnung* durch einen algebraischen Kalkül (AC-Kalkül) ersetzt werden kann, der in seiner algebraischen Struktur mit einer Weiterentwicklung des Heaviside-Yosida-Kalküls eng verwandt ist. Bereits mit der komplexen Wechselstromrechnung war es Steinmetz gelungen, die Methoden für lineare Widerstandsnetzwerke auf lineare RLC-Netzwerke mit sinusförmiger Anregung zu übertragen.

Die bis zum Ende des 19. Jahrhunderts dominierende Starkstromtechnik (*das Maschinenbauzeitalter der Elektrotechnik*) war im wesentlichen an der Erfahrung orientiert und konnte die Netzwerktheorie daher nicht entscheidend fördern. In dieser Zeit wurden vereinzelte Arbeiten von zumeist mathematischem Gehalt veröffentlicht, die später teilweise eine große Bedeutung bekommen sollten. So hatte der Mathematiker Ahrends (1892) die elektrischen Netzwerke aus der Sicht der im Entstehen begriffenen Topologie behandelt. Zwei Jahrzehnte später war es dann der Mathematiker V. Veblen (1916), der die Inzidenzmatrizen von Netzwerkgraphen einführte (aufbauend auf einer Arbeit von H. Poincaré). Schließlich bewies der Mathematiker H. Weyl in einer Vorlesung (Zürich 1918) den heute zumeist nach Tellegen (1951) benannten zentralen Satz der Netzwerktheorie. Die Beschreibung von Netzwerken mit der Graphen- und Matrizentheorie wurde später durch Cauer (Dissertation), P. Franklin (Schüler Veblens) u.a. weiter ausgebaut, und ist heute ein Hauptbestandteil jeder Vorlesung über Netzwerktheorie.

Erst die zu Beginn unseres Jahrhunderts sich rasch entwickelnde Schwachstromtechnik (Telefontechnik und drahtlose Telegraphie) gab letztlich die entscheidenden Anstöße für die Etablierung einer selbstständigen Theorie elektrischer Netzwerke und wurde auf diese Weise auch ein Ausgangspunkt für zahlreiche neue mathematische Ansätze. Von nun an gingen die physikalische Theorie der Elektrodynamik und die an den Interessen der Elektroingenieure entstandene Netzwerktheorie ebenfalls eigene Wege. Nur gelegentlich holte man sich beim weiteren Ausbau der Theorie Anregungen aus dem physikalischen Bereich. Einen wesentlich größeren Einfluß hatten dagegen angewandte Mathematiker und technische Physiker auf den Fortgang der Entwicklung. So entstanden durch G.A. Campbell bei den Bell Laboratorien (AT& T) und K.W. Wagner, der bei Reichspost beschäftigt war, erste Ansätze zu einer Theorie der LC-Filtersynthese, die später u.a. durch Foster und Darlington in den USA und in Deutschland vorallem durch W. Cauer, später auch durch Piloty, Bader u.a. im wesentlichen zum Abschluß gebracht werden konnte.

Die durch den 1. Weltkrieg beschleunigte Entwicklung der drahtlosen Telegraphie, die sich in Deutschland fast ausschließlich in den Laboratorien von Telefunken abspielte, führte zu einer systematischen Untersuchung der Senderverstärker und Oszillatoren, bei denen die Nichtlinearität der Bauelemente-Charakteristiken für eine Erklärung der auftretenden Phänomene von großer Bedeutung sind. Die ersten Beiträge entstanden um 1919 in Deutschland durch Möller und Rukop, die die Begriffe der Schwingkennlinie und des Reißdiagramms zur Beschreibung von Röhrensendern einführten. Ebenfalls im Zusammenhang mit der Oszillatortheorie waren es der oben erwähnte van der Pol, der zusammen mit seinen Mitarbeitern Appleton und van der Mark seit 1920 zahlreiche Arbeiten zu diesem Thema verfaßte. Wie bereits angedeutet, ergaben sich immer wieder Berührungspunkte mit physikalischen Theorien insbesondere mit der klassischen Mechanik. So finden sich in der Arbeit von Foster über LC-Filter Hinweise auf die Theorie kleiner Schwingungen, und van der Pol benutzte Resultate aus der Himmelsmechanik für seine Störungstheorie. Die zuletzt genannte Theorie ist vorallem von Poincaré sehr weit ausgebaut worden; dabei begründete er zahlreiche Ansätze, die noch heute sehr fruchtbar in der Theorie der dynamischen Systeme wirken. Seit 1929 waren es die sowjetischen Mathematiker Andronov und Witt, die zur Behandlung von Problemen bei elektrischen Oszillatoren die Grenzzyklentheorie Poincarés anwendeten und seine Bifurkationstheorie für diese Zwecke verallgemeinerten. Die Approximationsmethode von van der Pol wurde ab 1932 im Rahmen von mehreren Arbeiten von Krylov und Bogoliubov mathematisch gerechtfertigt und wesentlich erweitert. Die Ergebnisse ihrer Arbeiten findet man in der 1937 erschienen Monographie *"Nonlinear Mechanics"*, die auch erste Ansätze zur *"Harmonischen Linearisierung"* und *"Harmonischen Balance"* enthält, worauf die Methode der *"Describing Function"* aufbaut, die später insbesondere in der Regelungstheorie zur Beschreibung von nichtlinearen Systemen große Bedeutung gewonnen hat. In einer Arbeit von van der Pol aus dem Jahre 1934 sind zahlreiche Zitate zu diesem Themenkreis zu finden. Leider haben die Arbeiten dieser sowjetischen Autoren zunächst kaum Resonanz gefunden; insbesondere die Arbeiten über die Bifurkationstheorie sind lange Zeit völlig vergessen worden, obwohl der Mathematiker K.O. Friedrichs auf dem Symposium über nichtlineare Netzwerkanalyse (1953) noch einmal darauf hingewiesen hat. Die Proceedings dieser Konferenz bieten übrigens einen umfassenden Überblick der damals verfügbaren mathematischen Methoden und zeigen einen Stand, von dem man vielfach bis heute noch weit entfernt ist. So wurde die Bifurkationstheorie bei oszillatorischen Netzwerken erst wieder durch Mees und Chua im Jahre 1979 angewendet. Dort findet man erstmals einen Beweis, daß ein Oszillatornetzwerk mit einer Wien-Brücke einen stabilen Grenzzyklus besitzt. Ein Blick in die Konferenzberichte der renomierten Tagung *International Conference of Circuits and Systems* (IEEE) zeigt, daß die Anwendungen der Bifurkationstheorie in der Netzwerktheorie erheblich zugenommen haben.

Nach den ersten Erfolgen der Filtersynthese Mitte der zwanziger Jahre erkannte Küpfmüller die prinzipielle Bedeutung dieser Übertragungssysteme als spezielle Input-Output-Systeme. Er begründet damit die Theorie der linearen zeitinvarianten Systeme, die unabhängig von einer konkreten Realisierung untersucht werden können. So charakterisierte er Systeme dieser Systemklasse durch wenige Systemfunktionen, wie etwa durch die "Sprungantwort" oder durch Amplituden- und Phasengang. Diese Arbeit wurde zum Ausgangspunkt für eine Vielzahl von Arbeiten, die schließlich heute zu einer weitgehend abgeschlossenen Theorie linearer zeitinvarianter Systeme führte. Allerdings stand bis vor kurzem eine mathematisch hinreichend einfache Begründung für die Methoden dieser Theorie aus, die im Geiste von Heaviside von algebraischer Natur sein sollte. Die beiden oben erwähnten Kalküle, der AC-Kalkül und der HY-Kalkül, die in diesem Buch ausführlich behandelt werden, schließen diese Lücke.

Zur Beschreibung linearer zeitinvarianter dynamischer Netzwerke wurden seit J.C. Maxwell vorallem die Maschengleichungen verwendet, die in den meisten Fällen mit einer geringen Anzahl von Variablen auskommen; als Variablen werden die sogenannten Maschenströme benutzt. Anfang der dreißiger Jahre wurden erste Überlegungen zur maschinellen Auflösung der linearen Gleichungssysteme angestellt, die bei der Netzwerkanalyse auftreten; in den USA war es Bush vom MIT und in Deutschland war es Cauer, der aber seine in Göttingen ausgeführten Versuche aus Geldmangel wieder einstellen mußte. Für eine maschinelle Analyse wurden neue Systeme von Beschreibungsgleichungen benötigt, deren Koeffizienten sich automatisch leicht ermitteln lassen. Die Maschenanalyse ist dazu wenig geeignet. Kron war der erste, der diese Notwendigkeit erkannte, und so legte er eine umfassende Abhandlung über die Netzwerkgleichungen vor. Leider verwendet er statt der in der Netzwerktheorie bereits bekannten Matrizenrechnung den Tensorkalkül, der für diesen Zweck unangemessen war. Seine Ideen waren jedoch so originell (und mystisch), daß er bis heute die Fantasien der Netzwerktheoretiker anregt. In Japan bildete sich Anfang der fünfziger Jahre sogar eine Gesellschaft, die sich u.a. auf die Lösung netzwerktheoretischer Probleme mit differentialgeometrischen Methoden, d.h. damals mit dem Tensorkalkül spezialisiert hatte. Einen gewissen Abschluß der Theorie linearer zeitinvarianter Netzwerke ohne gesteuerte Quellen erreichte der Schweizer Elektroingenieur A. Ghenzi, ein Schüler des Mathematikers B. Eckmann, der sich einige Jahre zuvor mit Problemen befaßt hatte, die auch für die Netzwerktheorie von Interesse sind. In seiner leider kaum bekannten Dissertation gab er eine vollständige Theorie für diese Netzwerkklasse auf der Grundlage der algebraischen Topologie. Einige seiner Ergebnisse wurden später, wohl in Unkenntnis von Ghenzis Resultaten, von Roth und daran anschließend von Brainin erneut angegben.

Eine neue Netzwerkbeschreibung wurde im Jahre 1955 von Bashkow mit der Zustandsbeschreibung vorgestellt. Prinzipiell handelt es sich darum, die ein dynamisches Netzwerk beschreibenden Differentialgleichungen in erster Ordnung aufzuschreiben. Das ist formal natürlich fast immer möglich, aber Bashkow gab mit den Kapazitätsspannungen und den Induktivitätsströmen Variablen an, die unter bestimmten Bedingungen zwangsläufig auf eine solche Form kommen. Allerdings wurde vor allem durch die Arbeiten von Campbell und seinen Mitarbeitern sowie Dzirula und Newcomb deutlich, daß die natürliche Form der Beschreibungsgleichungen für insbesondere lineare zeitinvariante Netzwerke die Form von verallgemeinerten Zustandsgleichungen besitzen, bei der vor der Ableitung des Zustandsvektors eine i.a. singuläre Matrix steht. Der Autor konnte zeigen, daß man auch gewisse numerische Schwierigkeiten bei der rechnergestützten Analyse von Netzwerken im Frequenzbereich vermeidet, wenn man von diesem Gleichungstyp ausgeht.

Während es für lineare zeitinvariante Netzwerke verschiedene Möglichkeiten zur Formulierung von Beschreibungsgleichungen gibt, gelang es erst dem Mathematiker J. Moser (1961) und später in Zusammenarbeit mit dem Industriemathematiker Brayton (1964) für eine große Klasse von nichtlinearen Netzwerken ein grundlegendes Gleichungssystem zu finden. Daneben gab es auch zahlreiche Autoren, wie Chua, Rohrer, Stern, MacFarlane und andere, die sich mit Bedingungen zur Formulierung von Zustandsgleichungen für nichtlineare Netzwerke befaßt haben. Erst die Arbeit des Mathematikers S. Smale (1972) über die Grundgleichungen nichtlinearer Netzwerke auf differentialgeometrischer Basis zeigte den fundamentalen Charakter der

Brayton-Moser-Gleichungen, bei denen die "rechte Seite" für reziproke Netzwerke sogar aus einer (gemischten) Potentialfunktion abgeleitet werden kann. Davon ausgehend waren es Desoer und Wu, Matsumoto, Ishiraku, Brayton und natürlich Chua und seine Mitarbeiter, die sich seit 1972 am Ausbau einer auf differentialgeometrischen Begriffen formulierten nichtlinearen Netzwerktheorie beteiligten. Erst durch diesen Zugang gelang es, die Netzwerktopologie und die Charakteristiken der Subsysteme bei der Aufstellung der Beschreibungsgleichungen auseinander zu halten. Daneben versuchten Chua und andere immer wieder eine Netzwerkbeschreibung mit Hilfe der Lagrange- und Hamiltonmethode durchzuführen, die in der klassischen Mechanik von zentraler Bedeutung sind. Erst in jüngster Zeit konnten der Autor und W. Marten zeigen, daß solche Versuche mit einer gewissen Willkür verbunden sind, und daher in der Netzwerktheorie einen Fremdkörper darstellen. Sie entwickelten ausgehend von der Dissertation von Ghenzi und Vorstellungen von Belevitch, der ideale Übertrager und durch Graphen beschreibbare galvanische Kopplungen in *einem* Verbindungsnetzwerk vereinte, ein neues Netzwerkmodell, mit dem sämtliche Problemstellungen der linearen *und* nichtlinearen Netzwerktheorie diskutiert werden können. Außerdem konnte auch der auf Cauer zurückgehende nur für planare Netzwerke geltende graphentheoretische Dualitätsbegriff auf beliebige Netzwerke verallgemeinert werden. Schließlich wurde eine allgemeine Transformationstheorie formuliert, die die äquivalenten Netzwerke als Spezialfall enthalten. Ein wesentlicher Vorteil dieses Netzwerkmodells liegt darin, daß die Bedingungen für die Existenz von Zustandsgleichungen auf der Zustandsmannigfaltigkeit vollständig angegeben werden können. Dabei ergibt sich, daß diese Form der Beschreibungsgleichungen durch beliebig "kleine Abänderungen" des Netzwerkes immer erreicht werden kann. Sind diese Bedingungen nicht erfüllt, dann erhält man Situationen, in denen sprungartige Phänomene möglich sind; derartige Fälle wurden in den letzten Jahren u.a. von Sastry und Takens diskutiert.

Neben der Aufstellung von Beschreibungsgleichungen für Netzwerke sind natürlich auch Lösungsverfahren zur Berechnung expliziter Lösungen von Interesse. Allerdings können solche Methoden nur für die Klasse der linearen zeitinvarianten Netzwerke angegeben werden. Bereits für die meisten linearen zeitvarianten Netzwerke kann eine explizite Lösung nicht gefunden werden. Einige Näherungsverfahren für diese Netzwerkklasse findet man in dem Buch des sowjetischen Elektrotechnikers Taft. Zu Beginn der fünfziger Jahre stellte Zadeh eine Input-Output-Theorie auf. Sie besitzt aber nur eine geringe Bedeutung, weil es i.a. nicht möglich ist, die verallgemeinerte Übertragungsfunktion zu bestimmen. Diese negative Aussage erscheint um so überraschender, weil die Struktur des Lösungsraumes als affine Mannigfaltigkeit gut bekannt ist. Bei nichtlinearen Netzwerken weiß man über die Lösungsmannigfaltigkeit meistens sehr wenig. Wir müssen uns daher wiederum auf Approximationsverfahren beschränken, wie sie auch für oszillatorische Netzwerke entwickelt worden sind. Daneben gibt es verschiedene Möglichkeiten, qualitative

Aussagen über die verschiedenen Lösungstypen der Beschreibungsgleichungen eines nichtlinearen Netzwerkes zu gewinnen. Mit der Stabilitätstheorie von Ljapunov bietet sich eine solche Methode an. Jedoch erhält man in der Regel nur lokale Aussagen über das Verhalten der Lösungen. In der Netzwerktheorie spricht man von der "Kleinsignaltheorie". Die globale Methode mit Hilfe einer Ljapunov-Funktion ist leider nur selten erfolgreich anwendbar. Mit Hilfe des gemischten Potentials der Brayton-Moser-Gleichungen, die eine gewisse Verwandtschaft mit der Ljapunov-Funktion besitzt, haben Brayton und Moser einige Resultate über Stabilität erzielt.

Ein zumindest für die Netzwerktheorie neuer Zugang betrachtet nicht mehr einzelne Netzwerke mit festgelegten Parametern, sondern ganze Familien von Netzwerken, die von einer gewissen Anzahl von Parametern abhängen; dieser Standpunkt erscheint einem Netzwerktheoretiker eigentlich nicht neu. Wesentlich dabei ist jedoch, daß neuerdings differentialgeometrisch interpretierbare Lösungsmethoden existieren, mit Hilfe derer qualitative Aussagen über die Lösungsmannigfaltigkeit der Familie und damit auch über das individuelle Netzwerk zu gewinnen sind. Erste Ansätze für eine derartige Vorgehensweise stammen von Katzenelson, Chua und Wang, DeCarlo und Saeks. Auch die bereits erwähnte Bifurkationstheorie gehört in diesen Themenkreis. Ein Sonderfall stellt dabei die sogenannte Katastrophentheorie dar, die einige besondere Aspekte der Bifurkationstheorie behandelt. Neuerdings spielt natürlich auch die Theorie des chaotischen Verhaltens von nichtlinearen Netzwerken eine bedeutende Rolle in der Netzwerktheorie. Die ersten netzwerktheoretischen Arbeiten stammen von Ueda. In den letzten Jahren hat sich auch L.O. Chua dieses Gebietes angenommen und zahlreiche Arbeiten dazu veröffentlicht; dabei arbeitete er vor allem mit Matsumoto zusammen. Zum Abschluß sei erwähnt, daß es auch für schwach nichtlineare Netzwerke eine Input-Output-Beschreibung gibt, die z.B. in der Verzerrungsanalyse verschiedene Anwendungen gefunden hat. Sie wurde erstmals von Wiener (1942) diskutiert und in den sechziger Jahren vor allem in den USA am MIT ausführlich diskutiert. In den letzten Jahren hat I.W. Sandberg zahlreiche Beiträge zur mathematischen Rechtfertigung dieser Methoden geliefert.

Damit wollen wir den kurzen Abriß über die Geschichte der System- und Netzwerktheorie beenden. Es ist wohl fast überflüssig zu betonen, daß damit kein Anspruch auf Vollständigkeit erhoben werden kann. Für eine umfassendere Diskussion sei daher noch auf das Buch von Wunsch und eine gesonderte Abhandlung [1.18] hingewiesen.

2 Grundkonzeptionen

2.1 Systeme und Netzwerke

Der Begriff *System* ist abhängig davon, in welchem fachlichen Zusammenhang er
verwendet wird. Beispielsweise unterscheidet sich die Charakterisierung eines Systems, das in der Pädagogik verwendet wird, erheblich von derjenigen, die man in
der Physik oder den Ingenieurwissenschaften anwendet. Das liegt weniger an der
Systembeschreibung selbst, die heute in den meisten Fällen mit mathematischen
bzw. aussagenlogischen Begriffen durchgeführt wird (Überlegungen zu einer allgemeinen System-Definition findet man bei Hofstadter [2.1], S.37ff). Vielmehr sind
es die unterschiedlichen Anforderungen, die man an die Beschreibungsgrößen oder
Systemvariablen in den einzelnen Disziplinen stellt. So lassen sich in der Physik, die
wichtige Grundlagen für die Ingenieurwissenschaften liefert, viele reale Sachverhalte
und Kenngrößen durch geeignete Meßanordnungen reproduzierbar und *nahezu* iso-
liert von dem *Rest der Welt* untersuchen. Das führt oft sogar dazu, daß man den
gemessenen Größen eine von der Meßapparatur unabhängige Existenz zubilligt.

So ist es für einen Elektrotechniker selbstverständlich, daß Signale mit Hilfe von
Licht- oder Mikrowellen durch den Raum übertragen werden können. Die Vorstellung, daß die Übertragung mit Hilfe elektromagnetischer Felder erfolgt, ist ihm heute
sicherlich nicht mehr fremd. Die Geschichte der Maxwellschen Theorie in der zweiten
Hälfte des 19.Jahrhunderts zeigt jedoch, wie wenig selbstverständlich eine Feldbeschreibung elektromagnetischer Phänomene gewesen ist, die ohne Rückgriff auf die
mechanische Theorie formuliert werden kann (siehe Kaiser [2.2] und Wunsch [2.3]).
Selbst Maxwell dachte noch so sehr in mechanischen Kategorien, daß er beim Aufbau
seiner Theorie mechanische Hilfsvorstellungen benötigte. Nur langsam akzeptierte
er den Feldbegriff als Grundbegriff einer neuen *feldtheoretischen Beschreibung*, die
nicht mechanisch begründet werden muß. Die meisten seiner Zeitgenossen brauchten
allerdings noch viele Jahrzehnte, bis sie ein solches Verständnis erreicht hatten.

Es sei noch darauf hingewiesen, daß die vergleichsweise geringen Erfolge der
mathematischen Theorien in den Sozialwissenschaften zumindest teilweise darauf zurückzuführen sind, daß keine Meßanordnungen zur Verfügung stehen, die
Meßgrößen in *reproduzierbarer Weise* isolieren können und die dann als Systemvariablen für eine umfassende Systemtheorie brauchbar sind.

Hat man geeignete Systemvariablen festgelegt, so geht es beim Aufbau einer Theorie zunächst darum, geeignete Modelle für sogenannte *reale Systeme* zu konstruieren. Unter realen Systemen verstehen wir konkrete Anordnungen, an denen man
(meßtechnisch) reproduzierbare Effekte beobachten kann. Diese Modelle nennen wir

im folgenden gleichfalls *Systeme*, wenn klar ist, ob das reale System oder das Modell gemeint ist.

In den Naturwissenschaften und der Technik sind zahlreiche Modelle für reale Systeme entwickelt worden. Um dem Anwender dieser Modelle eine bessere Übersicht in Hinblick auf die verschiedenen Modelltypen zu gestatten, wird eine Systemtheorie benötigt, die eine Klassifizierung dieser Systeme (Modelle) ermöglicht. Nun ist eine allgemeine Klassifizierung eine ebenso schwierige Aufgabe wie die Festlegung eines allgemeinen Systembegriffs. Beschränkt man sich wie in der Elektrotechnik auf Modelle, die mit Hilfe mathematischer Begriffe definiert werden, so ist es naheliegend, bei der Klassifizierung der Systeme von den zugrundeliegenden Formen der mathematischen Beschreibung auszugehen. Als Grundlage dazu werden verschiedene mathematische Theorien benötigt. Im Rahmen dieser Abhandlung soll zwar auf eine übermäßig starke Formalisierung verzichtet werden, um den Leserkreis nicht zu weit einzuschränken, aber andererseits wollen wir an die noch in der Entwicklung befindliche *geometrische Darstellung* der System- und Netzwerktheorie anschließen (Brockett et al.[2.4]). Dazu müssen mathematische Hilfsmittel verwendet werden, die nicht zum Standardstoff der Ausbildung von Elektroingenieuren gehören. Sie werden deshalb in Abschnitt 1 motiviert und in den Anhängen A und B zusammenfassend dargestellt. Dort findet man auch zahlreiche leicht lesbare Literaturangaben. Erst auf diese Weise wird es möglich, die *strukturellen* Gesichtspunkte der System- und Netzwerktheorie hervorzuheben. Das ist insbesondere dann von wesentlicher Bedeutung, wenn explizite Lösungen der Beschreibungsgleichungen eines Systems nicht mehr angegeben werden können. Diese Situation liegt bei den meisten linearen zeitvarianten und nichtlinearen Systemen und Netzwerken vor.

Wir gehen zunächst davon aus, daß Systemvariablen existieren, mit denen man das reale System modellmäßig beschreiben kann. Weiterhin sollten Meßanordnungen bekannt sein, die wenigstens für eine prinzipielle Messung dieser Variablen geeignet sind. Die Ergebnisse solcher Messungen sind üblicherweise *Skalenausschläge*, die auf passend geeichten Meßgeräteskalen abgelesen werden können. Eine direkte meßtechnische Interpretation der Systemvariablen ist allerdings nicht immer möglich. So können bei sehr hohen Frequenzen nicht die elektromagnetischen Felder selbst sondern nur deren *Intensitäten* (Mittelwerte) gemessen werden. Eine solche Mittelwertbildung ist ein *nichtlinearer* Prozeß, so daß Felder eingeführt werden müssen, wenn man eine *lineare Feldtheorie* wie die Maxwellsche Theorie aufbauen möchte. Auch in der Netzwerktheorie benötigt man "Leistungswellen" zum Aufbau einer *linearen* Theorie mit Leistungsgrößen, da es sich bei Leistungen ebenfalls um Mittelwerte handelt. Setzt sich das System wie im Fall elektrischer Netzwerke aus Subsystemen zusammen, dann benutzt man zur Beschreibung des Gesamtsystems oft die Systemvariablen der Subsysteme. Abhängigkeiten zwischen diesen Variablen werden dann mit Hilfe der Zwangsbedingungen der Subsystemverbindungen geschaffen.

Diese Ausführungen legen nahe, die Systemvariablen als mathematische Objekte einer gewissen Menge zu interpretieren, in der geeignete Verknüpfungen definiert werden können. Die für die Anwendungen wichtigsten Verknüpfungen sind wohl die Addition zweier Größen und die Vervielfachung einer Größe (skalares Vielfaches). Mengen, die mit diesen *linearen Verknüpfungen* versehen sind (einschließlich passender Verträglichkeitsbedingungen) werden nach Abschnitt 1.5 *Vektorräume* und die Verknüpfungen *Vektoroperationen* genannt. Ein physikalischer Grund für die Bevorzugung von Vektoroperationen ist sicherlich darin zu suchen, daß diese Operationen meßtechnisch besonders einfach zu realisieren sind, indem man Meßgrößen überlagert oder Amplituden vervielfacht. Solche Situationen lassen sich am Beispiel der meßtechnischen Untersuchung von elektrischen Schaltungen aus Widerständen sehr leicht veranschaulichen; andere Beispiele sind die bereits angesprochenen elektromagnetischen Felder. Schließlich soll nicht unerwähnt bleiben, daß die mathematischen Methoden in Vektorräumen besonders gut entwickelt sind und selbst dann von zentraler Bedeutung bleiben, wenn allgemeinere Situationen vorliegen, bei denen Überlagerungen von Systemgrößen nicht mehr zulässig sind.

Wichtige Vektorräume in der System- und Netzwerktheorie sind:

1. Reelle oder komplexe n-dimensionale *arithmetische Vektorräume* K^n, mit $K = I\!R$ oder C, deren Elemente $\mathbf{x} : \{1, ..., n\} \longmapsto (x_1, ..., x_n)^T$ Spaltenvektoren mit reellen oder komplexen Koordinaten x_i sind. Die Vektorraum-Operationen werden koordinatenweise erklärt.

2. Reelle oder komplexe *Funktionenvektorräume* $(K^n)^D$ mit $K = I\!R$ oder C und $D = Z\!\!\!Z$ oder $D = I \subset I\!R$, deren Elemente Funktionen $\mathbf{f} : D \longrightarrow K^n$ mit $\mathbf{f} : t \longmapsto \mathbf{f}(t)$ mit Werten in K^n sind; D wird Zeitintervall und t Zeitpunkt genannt. Die Vektorraum-Operationen werden punktweise erklärt, d.h. $(\mathbf{f}_1 + \mathbf{f}_2)(t) := \mathbf{f}_1(t) + \mathbf{f}_2(t)$ und $(\alpha\mathbf{f}(t)) := \alpha\mathbf{f}(t)$. Oft werden im Fall $(K^n)^I$ noch zusätzliche Eigenschaften von den Funktionen $\mathbf{f}$ wie etwa Stetigkeit, Differenzierbarkeit usw. verlangt.

3. Bei der Analyse von Wechselstromnetzwerken wird der reelle Funktionenvektorraum $\mathcal{F}_\omega$ verwendet, der durch die Basisfunktionen $\cos\omega t$ und $\sin\omega t$ erzeugt wird, d.h. es gilt: $\mathcal{F}_\omega := \{a_1 \cos\omega t + a_2 \sin\omega t \mid a_1, a_2 \in I\!R\}$.

Neben den eigentlichen Systemvariablen gibt es natürlich eine weitere Meßgröße – die *Zeit*. Sie wird als reeller Parameter $t \in I\!R$ angenommen und "mißt" die *Veränderlichkeit* des Systems bzw. der Systemgrößen in Bezug auf ein *Zeitnormal*. In diesem Sinne ist die Zeit ein *externer* Systemparameter, der allerdings für die meisten *dynamischen* Systembeschreibungen grundlegend ist. Die wichtigsten Konzeptionen zur Beschreibung physikalischer Systeme werden in dem Buch von Prigogine [2.5] beschrieben. Dort findet man auch eine ausführliche Diskussion des Zeitbegriffes unter systemtheoretischen Aspekten und Vorschläge für allgemeinere Darstellung der Meßgröße Zeit. Da diese Überlegungen für die von uns betrachteten Systeme unwesentlich sind, belassen wir es bei diesen Hinweisen.

Zur Beschreibung von Systeme werden wir folgendermaßen vorgehen:

Ausgehend von geeigneten Systemgrößen wird ein Raum der unbeschränkten Systemzustände definiert, in den der Zustandsraum des Systems eingebettet wird. Der Zustandsraum wird durch systemspezifische Zwangsbedingungen festgelegt. Besitzt das System *dynamische* Eigenschaften aufgrund vorhandener Energiespeicher, dann wird die Systemdynamik auf dem Zustandsraum beschrieben.

Dieses Konzept ist die Basis aller der in diesem Buch beschriebenen Systeme und Netzwerke und soll daher ausführlich erläutert werden. Dazu werden wir die wichtigsten Begriffe der Systemtheorie zunächst in abstrakter Form definieren und anschließend mit Hilfe von Beispielen erläutern.

Definition 2.1: (Systemzustand und Zustandsraum) Sei V ein Vektorraum, der *Vektorraum der uneingeschränkten Systemzustände* genannt werden soll. Ausgewählten Basen werde jeweils ein Satz von *Systemvariablen* zugeordnet, die mit Hilfe eines Basiswechsels ineinander umgerechnet werden können. Weiterhin sei auf V eine Abbildung $\mathbf{f} : V \longrightarrow W$ in den Vektorraum W definiert, wobei die Dimension von W die Anzahl der Zwangsbedingungen an die uneingeschränkten Systemzustände angibt. Die Abbildung $\mathbf{f}$ nennen wir *Systemfunktion*.

Die Nullstellenmenge von $\mathbf{f}$ wird *Zustandsraum S des Systems* genannt. Die Gleichungen, mit denen sich diese Nullstellenmenge bestimmen lassen, werden (Zustandsraum-)*Beschreibungsgleichungen* genannt.

∎

Beispiel 2.1: Ein lineares Eintor (früher: Zweipol) nur aus Ohmschen Widerständen werde durch *Torstrom i* und *Torspannung u* beschrieben. Diesen beiden reellen Größen sollen die Basisvektoren $e_1 = (1,0)^T$ und $e_2 = (0,1)^T$ des zweidimensionalen reellen Vektorraumes $I\!R^2$ zugeordnet werden. Die mit Hilfe des *Ohmschen Gesetzes* definierte Systemfunktion $f(i,u) := u - R\,i$ wirkt als Zwangsbedingung und legt somit den Zustandsraum dieses Systems fest. Er ist ein 1-dimensionaler Untervektorraum im $I\!R^2$. Für Leistungsbetrachtungen ist es gelegentlich nützlich, *Streuvariablen* zu verwenden, die in folgender Weise definiert sind:

$$\begin{pmatrix} a \\ b \end{pmatrix} = \frac{1}{2} \begin{pmatrix} \sqrt{R_0} & 1/\sqrt{R_0} \\ -\sqrt{R_0} & 1/\sqrt{R_0} \end{pmatrix} \begin{pmatrix} i \\ u \end{pmatrix}.$$

Diese Transformation bedingt einen Basiswechsel

$$\begin{pmatrix} 1 \\ 0 \end{pmatrix} \;\Longrightarrow\; \frac{\sqrt{R_0}}{2} \begin{pmatrix} 1 \\ -1 \end{pmatrix},$$

$$\begin{pmatrix} 0 \\ 1 \end{pmatrix} \;\Longrightarrow\; \frac{1}{2\sqrt{R_0}} \begin{pmatrix} 1 \\ 1 \end{pmatrix}.$$

∎

Definition 2.2: (nichtdynamisches System) Ein durch eine Systemfunktion **f** definiertes System heißt *zeitvariantes nichtdynamisches System* oder *gedächtnisloses System*, wenn durch **f** das System bereits *vollständig* beschrieben wird. Ist die Systemfunktion **f** nicht explizit von der Zeit t abhängig, dann besitzt das System einen *zeitinvarianten* Zustandsraum und wird daher *zeitinvariant* genannt.

∎

Bemerkung 2.1: Die Begriffsbildungen in den Definitionen 2.1 und 2.2 schließen sich eng an Begriffe der klassischen Mechanik mit *holonomen Nebenbedingungen* an. Dort nennt man Nebenbedingungen der Form $\mathbf{f}(\mathbf{x},t) = \mathbf{0}$ *rheonom* und im Fall $\mathbf{f}(\mathbf{x}) = \mathbf{0}$ *skleronom* (siehe Ludwig ([2.6], S.166ff)).

∎

Beispiel 2.2: Für $V = W = I\!R^n$ sei ein nichtdynamisches System durch die Systemfunktion

$$\mathbf{f} : \mathbf{x} \longmapsto \mathbf{A}\mathbf{x} - \mathbf{a}$$

definiert, wobei $\mathbf{x}, \mathbf{a} \in I\!R^n$ und $\mathbf{A} \in I\!R^{n \times n}$ sind. Ist $\mathbf{A}$ eine invertierbare Matrix, dann kann der Zustandsraum $\mathcal{S}$ als Lösung des linearen Gleichungssystems

$$\mathbf{A}\mathbf{x} = \mathbf{a}$$

ermittelt werden zu $\mathcal{S} = \{\mathbf{x}\} = \{\mathbf{A}^{-1}\mathbf{a}\}$; er besteht in diesem Fall aus einem Punkt. Ist die Matrix $\mathbf{A}$ nicht invertierbar, dann sind einige Zwangsbedingungen linear abhängig, und der Zustandsraum $\mathcal{S}$ wird aus dem *Kern* der Matrix $\mathbf{A}$ gebildet, der um eine spezielle Lösung von $\mathbf{A}\mathbf{x} = \mathbf{a}$ "verschoben" ist; er ist somit ein *affiner* Teilraum des $I\!R^n$. Auf diese Weise können beispielsweise Netzwerke beschrieben werden, die nur aus Widerständen und konstanten Quellen bestehen.

An der Betrachtung ändert sich nichts, wenn die Systemfunktion **f** durch die explizit zeitabhängige Systemfunktion

$$\tilde{\mathbf{f}} : \mathbf{x}(\cdot) \longmapsto \tilde{\mathbf{f}}(\mathbf{x}(\cdot), t)$$

mit $\tilde{\mathbf{f}}(\mathbf{x}(\cdot), t) := \mathbf{A}(t)\mathbf{x}(\cdot) - \mathbf{a}(t)$ für alle $t \in D$ ersetzt wird. Die Zeit t spielt dann nur die Rolle eines Parameters.

∎

Definition 2.3: (Überführungsfunktion) Sei $\mathcal{S}$ der Zustandsraum eines Systems, der durch eine Systemfunktion $\mathbf{f}$ festgelegt ist, der mehr als einen Punkt enthält, und $D \subset \mathit{I\!R}$ ein Zeitintervall. Eine Abbildung $\mathbf{g} : \mathcal{S} \times D \times D \longrightarrow \mathcal{S}$, die jedem Zustand $\mathbf{x}_1$ zum Zeitpunkt t_1 einen Zustand $\mathbf{x}_2$ zum Zeitpunkt t_2 zuordnet durch

$$\mathbf{g} : (\mathbf{x}_1, t_1, t_2) \longmapsto \mathbf{x}_2 = \mathbf{g}(\mathbf{x}_1, t_2, t_1),$$

heißt *Überführungsfunktion* des Systems; es gilt $\mathbf{g}(\mathbf{x}_1, t_1, t_1) = \mathbf{x}_1$.

Ein dynamisches System wird *autonom* genannt, wenn $\mathcal{S}$ zeitinvariant ist, und die Überführungsfunktion nicht vom Startzeitpunkt abhängt; andernfalls sprechen wir von einem *nichtautonomen* System.

■

Bezeichnung: Es ist praktisch, eine weitere Abbildung

$$\mathbf{g}_{t_1}^{t_2} : \mathcal{S} \longrightarrow \mathcal{S}$$

zu definieren, die direkt auf dem Zustandsraum arbeitet und die wir deshalb (Zustands-)Überführungsfunktion nennen werden.

■

Die Überführungsfunktion $\mathbf{g}_{t_1}^{t_2}$ besitzt eine einfache geometrische Deutung: Befindet sich das System zum Zeitpunkt $t_1 \in D$ im Zustand $\mathbf{x}_1 \in \mathcal{S}$, dann geht das System mit Hilfe der systemspezifischen Überführungsfunktion in den Zustand $\mathbf{x}_2 = \mathbf{g}_{t_1}^{t_2}\, \mathbf{x}_1$ zum Zeitpunkt t_2 über. Die Menge der Punkte $\{\mathbf{g}_{t_1}^{t_2}(\mathbf{x}_1) \mid t \in D\}$ bildet ausgehend vom Zustand $\mathbf{x}_1$ zum Startzeitpunkt t_1 eine *Bahn* oder *Trajektorie* im Zustandsraum $\mathcal{S}$. Bei autonomen Systemen hängen die Trajektorien nur vom Anfangszustand und nicht vom Startzeitpunkt ab. In diesem Fall wird die (Zustands-)Überführungsfunktion mit $\mathbf{g}^t$ abgekürzt und in Anlehnung an die hydrodynamische Sprechweise *Fluß des Systems* genannt (siehe Arnol'd ([2.7], S.12f), Wunsch ([2.3], S.123ff)). Ähnlich wie die Übertragungsfunktion eines linearen Systems mit konstanten Systemparametern, die gewisse Gemeinsamkeiten mit der Überführungsfunktion hat, so ist auch die Überführungsfunktion $\mathbf{g}_{t_1}^{t_2}$ bzw. der Fluß $\mathbf{g}^t$ nicht unmittelbar bekannt. Vielmehr werden diese Abbildungen mit Hilfe von Gleichungen festgelegt, die wir *dynamische Beschreibungsgleichungen eines Systems* nennen.

Bei kontinuierlichen Systemen ist der Zustandsraum "fast immer" eine *differenzierbare Mannigfaltigkeit*. Darunter kann man sich nach Abschnitt 1.6 eine "glatte gekrümmte Fläche" in einem geeigneten $\mathit{I\!R}^n$ vorstellen, bei der eine hinreichend kleine Umgebung eines Punktes mit Hilfe einer Karte (Koordinatensystem) als Teilmenge eines $\mathit{I\!R}^n$ dargestellt werden kann. Genügt *eine* Karte zur Beschreibung einer Mannigfaltigkeit, dann sprechen wir von einer *globalen* Karte; anders ausgedrückt, für den Zustandsraum $\mathcal{S}$ existiert ein globales Koordinatensystem. Für strukturelle Untersuchungen eines Systems ist es günstiger, die von einem speziellen Koordinatensystem unabhängige Darstellungen mit Hilfe differenzierbarer Mannigfaltigkeiten zu verwenden. Die dynamischen Beschreibungsgleichungen sind Differentialgleichungen oder Integro-Differentialgleichungen, deren allgemeine Lösung $\mathbf{g}_{t_1}^{t_2}$ bzw. $\mathbf{g}^t$ bestimmen. Im Regelfall können die dynamischen Beschreibungsgleichungen in die Normalform

$$\dot{\mathbf{x}} = \mathbf{h}(\mathbf{x}, t) \qquad \text{mit } \mathbf{x} \in \mathcal{S}$$

gebracht werden. Differentialgleichungen in Normalform können folgendermaßen interpretiert werden: Für alle Zeitpunkte $t \in D$ wird jedem Punkt $\mathbf{x}$ des Zustandsraumes $\mathcal{S}$ ein "Geschwindigkeitsvektor" $\dot{\mathbf{x}}$ mit dem Wert $\mathbf{h}(\mathbf{x}(t), t)$ zugeordnet. Denkt man sich an jeden Punkt von $\mathcal{S}$ jeweils eine *Tangentialebene* angelegt, dann wird dadurch nach Abschnitt 1.6 an jeden Punkt $\mathbf{x} \in \mathcal{S}$ ein *Tangentialvektor* "angeheftet". Die Menge der Tangentialvektoren im Punkt $\mathbf{x}$ wird *Tangentialraum* genannt und mit $T_x\mathcal{S}$ bezeichnet. Bildet man die Vereinigung aller Tangentialräume über alle Punkte des Zustandsraumes, so spricht man in naheliegender Weise vom *Tangentenbündel $T\mathcal{S}$*. Die Abbildung $\mathbf{h}$ wählt für jeden Punkt des Zustandsraumes aus dem zugehörigen Tangentialraum einen Tangentialvektor aus und wird deshalb *Vektorfeld* auf dem Zustandsraum $\mathcal{S}$ genannt. Die Trajektorien $\xi(t)$ sind dann Kurven auf dem Zustandsraum, wobei $\dot{\xi}(t) = \mathbf{h}(\xi(t), t)$ gilt. Sie existieren und sind eindeutig, $\mathbf{h}$ nach $\mathbf{x}$ und t in allen Punkten von $\mathcal{S}$ partiell differenzierbar ist, eine Eigenschaft, die bei passender Modellbildung "fast immer" erfüllt ist. In dem folgenden in Bild 2.1 dargestellten Diagramm soll diese Situation verdeutlicht werden; dabei ist das Vektorfeld mit X bezeichnet worden.

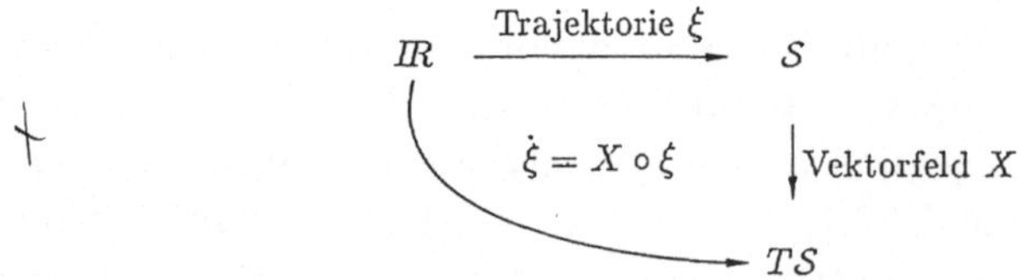

Bild 2.1. Differentialgleichungen auf Mannigfaltigkeiten

Diese geometrische Sichtweise bei Differentialgleichungen entspricht der bekannten *Isoklinenmethode* zur graphischen Lösung von Differentialgleichungen (Elsner([2.8], S.49f), Philippow ([2.9], S.294ff)). Wenn der Zustandsraum der ganze $I\!R^n$ ist, dann erhalten wir die übliche Zustandsraum-Beschreibung (siehe etwa Schüßler ([2.10], §3)), die in der System- und Netzwerktheorie sowie in der Regelungstechnik Anwendung findet. An dieser Stelle soll noch einmal darauf hingewiesen werden, daß eine wohldefinierte Dynamik erst dann gegeben ist, wenn gewisse Eigenschaften "fast immer" erfüllt sind. Wie eine derartige Aussage mathematisch präzisiert werden kann, soll erst im Zusammenhang näher erläutert werden.

Ist der Zustandsraum keine differenzierbare Mannigfaltigkeit, dann müssen diese Vorstellungen natürlich modifiziert werden. Das ist insbesondere dann der Fall, wenn der Zustandsraum nur aus diskreten Punkten besteht oder die Beschreibungsgleichungen Differenzengleichungen sind.

Die vorangegangenen Ausführungen legen mehrere Definitionen für dynamische Systeme nahe. Wir wollen eine Definition mit Hilfe der Überführungsfunktion angeben, weil diese eng an die Denkweise der linearen Systemtheorie anschließt und nicht an besondere analytische Eigenschaften der Abbildung $\mathbf{f}$ gebunden ist. Somit umfaßt sie auch die diskreten dynamischen Systeme.

Definition 2.4:(Dynamisches System) Ein System mit einem mehr als einpunktigen Zustandsraum S, der durch die Systemfunktion $\mathbf{f}$ festgelegt ist, heißt *dynamisches System*, wenn auf S eine Überführungsfunktion $\mathbf{g}_{t_1}^{t_2}$ definiert ist, mit der in S Trajektorien bestimmt werden können.

■

Diese Systemdefinition ist zwar sehr abstrakt und wir werden sie daher anhand einfacher Beispiele erläutern, aber sie bietet den Vorteil einer geometrischen Interpretation, was bei der Untersuchung von nichtlinearen Systemen von entscheidender Bedeutung ist. Allgemeinere Systemdefinitionen für mathematisch beschriebene Systeme findet man bei Locke [2.11], Mesarovic und Takahara [2.12] und Wunsch [1.3]. Eine umfassende und leicht lesbare Darstellung der geometrischen Sichtweise der Theorie gewöhnlicher Differentialgleichungen findet man in dem Lehrbuch von Arnol'd [2.7].

Beispiele 2.3: Der Einfachheit halber beschränken wir uns auf Systeme mit einem zeitinvariantem Zustandsraum S.

1) Der Raum der uneingeschränkten Zustände sei $I\!R^n$, der keinen weiteren Einschränkungen unterliegen soll; daher ist er gleich dem Zustandsraum S. Mit Hilfe des Differentialoperators d/dt können wir auf S eine Systemdynamik definieren. Die Überführungsfunktion $\mathbf{g}_{t_1}^{t_2}$ werde durch eine lineare gewöhnliche Differentialgleichung mit konstanten Koeffizienten

$$\dot{\mathbf{x}} = \mathbf{A}\mathbf{x} + \mathbf{u}_0(t)$$

mit $\mathbf{x}(t_1) = \mathbf{x}_1$ als Beschreibungsgleichung bestimmt. Deren allgemeine Lösung und damit auch die Überführungsfunktion kann unter geeigneten Voraussetzungen an $\mathbf{u}_0(t)$ mit den bekannten Integrationsmethoden ermittelt werden zu:

$$\mathbf{x}(t_2) = \mathbf{g}_{t_1}^{t_2}(\mathbf{x}_1) = e^{\mathbf{A}(t_2-t_1)}\,\mathbf{x}_1 + \int_{t_1}^{t_2} e^{\mathbf{A}(t_2-\tau)}\mathbf{u}_0(\tau)\,d\tau.$$

Einzelheiten dazu findet man im Abschnitt 4.5. Andererseits können auch algebraische Methoden wie die *Operatorenrechnung von Heaviside-Yosida* zur Bestimmung der Lösung herangezogen werden (siehe in Abschnitt 4.7.2).

2) Ist $\mathbf{u}_0$ ein Element aus $\mathcal{F}_\omega$ der periodischen Funktionen mit der Periode $2\pi/\omega$, dann ersetzen wir den Differentialoperator d/dt durch $D := 1/\omega(d/dt)$ und erhalten die Beschreibungsgleichungen in der Form

$$\omega D\, \mathbf{x} = \mathbf{A}\mathbf{x} + \mathbf{u}_0(t).$$

Die asymptotische Lösung dieser Differentialgleichung liegt nun ebenfalls in $\mathcal{F}_\omega$. Sie kann sehr elegant mit dem von Mathis und Marten [2.13] entwickelten *AC-Kalkül* berechnet werden. Als Lösung erhalten wir mit Hilfe des AC-Kalküls

$$\mathbf{x}(t) = \mathbf{g}(\mathbf{u}_0(t)) = (\omega j\mathbf{1} - \mathbf{A})^{-1} \odot \mathbf{u}_0(t).$$

In Abschnitt 4.7.3 werden wir auf die Einzelheiten dieser Methode genauer eingehen. Dort wird gezeigt, daß $\mathbf{g}$ ein zeitunabhängiger Differentialoperator ist.

3) Die allgemeine Lösung einer linearen Differentialgleichung mit zeitabhängigen Koeffizienten oder einer nichtlinearen gewöhnlichen Differentialgleichung kann nur selten explizit angegeben werden. Daher müssen andere mathematische Methoden benutzt werden, um deren Lösungsmenge zu charakterisieren. Eine Ausnahme ist die Differentialgleichung

$$\dot{x} = a\, x + (1 - a)\, x^2$$

mit dem Anfangswert $x(0) = x_0$, die bei Philippow ([2.9], S.270ff) bei der Analyse eines nichtlinearen RL-Netzwerkes auftritt. Die allgemeine Lösung lautet

$$x(t) = g_0^t(x_0) = \frac{x_0\, e^{at}}{1 - \frac{(1-a)}{a}x_0(1 - e^{at})}.$$

Man erkennt sehr leicht, daß diese Lösung für $a = 1$ in die Lösung der linearen Differentialgleichung $\dot{x} = x$ übergeht.

∎

Treten neben der Zeitableitung noch Ableitungen nach weiteren Variablen auf, wie etwa nach Ortsvariablen, so erhält man partielle Differentialgleichungen als Beschreibungsgleichungen für dynamische Systeme. Beispiele dafür sind die Maxwellschen Gleichungen oder die Transportgleichungen in Abschnitt 3.2.2.

Eine weitere wichtige System-Klasse sind die diskreten Systeme, die wir im folgenden definieren wollen.

Definition 2.5: (Diskrete Systeme) Systeme, bei denen der Vektorraum der unbeschränkten Zustände V und als auch W *diskrete Mengen* sind, heißen *diskrete dynamische Systeme*. Die dynamischen Beschreibungsgleichungen diskreter Systeme sind *Differenzengleichungen*.

■

Damit wollen wir diese erste Klassifizierung abschließen. Wir haben uns dabei auf Systeme beschränkt, für deren Festlegung eine Abbildung zwischen zwei Vektorräumen definiert werden muß. Die Klassifizierung erfolgte auf Grund der Systemfunktion, die den Zustandsraum festlegt, und der Überführungsfunktion, welche durch dynamische Beschreibungsgleichungen bestimmt wird. Die Systemvariablen sollen dabei derart ausgewählt werden, daß die interessierenden Effekte des realen Systems durch die Beschreibungsgleichungen vollständig beschrieben werden können. Oft lassen sich an einem realen System noch weitere Effekte beobachten, die aber die interessierenden Effekte nur schwach beeinflussen. Sie werden daher als *parasitär* bezeichnet. Auf diese Weise erhalten wir eine ganze Anzahl von Modellen für ein reales System, die natürlich untereinander konsistent sein sollten. Das ist jedoch nicht immer der Fall.

Die einzelnen Modelle in der Elektrotechnik basieren meistens auf bestimmten grundlegende Theorien aus der Physik und Chemie. Unter bestimmten Voraussetzungen an das Einsatzgebiet des realen elektrischen Systems kann man den Theorierahmen passend einschränken. Ludwig nennt diejenigen Theorien, auf die sich eine Theorie stützen muß, *Vortheorien* ([2.6], S.60). In diesem Sinne sind beispielsweise die Maxwellsche Theorie, Transporttheorie und die Quantenmechanik eine Vortheorien für die Modellbildung von Halbleiterbauelementen. Damit gibt es verschiedene Stufen der Modellbildung, wobei von einer "groben" Stufe der Modellbildung aus gesehen, die Systemvariablen der "feineren" Stufe als "innere" Variablen betrachtet werden können, die in der Modellierung nicht berücksichtigt werden. Geht man von einer bestimmten Modellierung eines realen Systems aus, dann kann eine Modellbeschreibung als *vollständig* bezeichnet werden, wenn es keine Stufe mehr gibt, die noch weitere "innere" Variablen besitzt; die zugehörigen Beschreibungsgleichungen als auch der Satz von Systemvariablen, mit dem die Modellbeschreibung formuliert wird, sollen ebenfalls *vollständig* genannt werden.

Jedoch ist es nicht immer möglich oder sinnvoll ein reales System mit Meßgrößen zu erfassen, die einem vollständigen Satz von Systemvariablen entsprechen. Man sagt, daß nicht *alle Systemvariablen beobachtbar* sein müssen. Daraus ergibt sich eine natürliche Strukturierung des Systems, welche ein *Input-Output-Modell* des realen Systems genannt wird. Darunter ist ein vollständiges System zu verstehen, das über die Schnittstellen *Input* und *Output* mit seiner *Außenwelt* verbunden ist. Über die Schnittstelle Input können dem System Anregungen zugeführt werden, während über die Schnittstelle Output das System beobachtet werden kann. Es handelt sich also um Systeme, die über diese Schnittstellen mit ihrer *Außenwelt* Energie austauschen können; man spricht in diesem Zusammenhang von *offenen Systemen.* In Bild 2.2 wird ein Input-Output-System mit Hilfe eines Blockschaltbildes dargestellt.

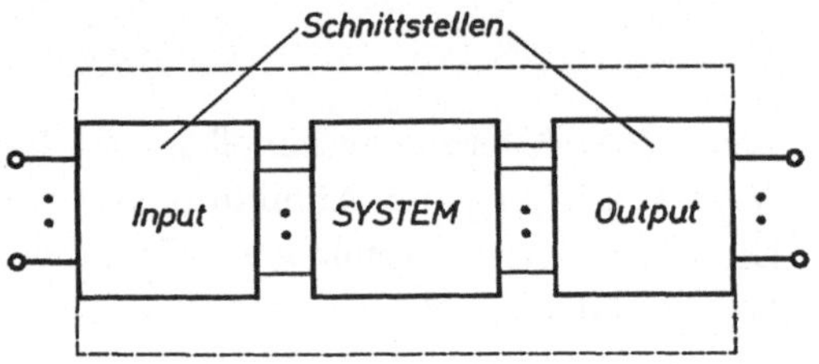

Bild 2.2. Input-Output-System

Man beachte jedoch, daß viele elektrische Systeme mit der *Außenwelt* auch dann Energie austauschen können, wenn es sich nicht um ein Input-Output-System handelt. So können elektrische Systeme beispielsweise über die im System vorhandenen Widerstände mit einem Wärmebad thermisch wechselwirken. Derartige Systeme nennt man *dissipativ.* Diese energetische Kopplung wird meistens der Einfachheit halber weggelassen. In Bild 2.3 soll daher ein entsprechend erweitertes Blockschaltbild eines elektrischen Systems gezeigt werden. Andere Kopplungen wie die Ankopplung eines Systems an ein Strahlungsfeld sind natürlich ebenfalls möglich.

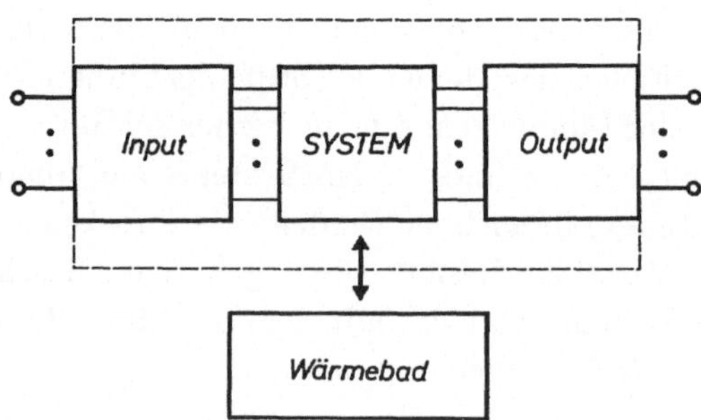

Bild 2.3. Input-Output-System mit Wärmekopplung

Obwohl bereits eine Systembeschreibung im Sinne der angegebenen Definitionen oder eine Input-Output-Beschreibung genügt, um das Verhalten einer elektrischen Anordnung zu analysieren, sind vielfach zusätzliche strukturelle Informationen über das zu untersuchende reale System bekannt. So lassen sich z.B. viele Systeme in physikalisch voneinander abgrenzbare reale Subsysteme unterteilen, die jeweils mit Hilfe eines eigenen Input-Output-Systems beschrieben werden können. Diese Subsysteme des realen elektrischen Systems sind über Koppelnetze miteinander verschaltet und können auf diese Weise elektromagnetisch wechselwirken. Eine wesentliche Aufgabe dieser Koppelnetze ist es, elektromagnetische Energie zu transportieren; daher sollten diese elektrischen Systeme nicht mit einem Wärmebad thermisch gekoppelt sein. Es gibt allerdings auch Koppelnetze, die eine solche Ankopplung besitzen; das Verbindungsmodell von Saeks in Abschnitt 4.10 ist ein solches Beispiel. Für die zuerst genannten Koppelnetze gibt es verschiedene Modellbeschreibungen, die in Abschnitt 3.3 behandelt werden; wir werden sie im folgenden als *Verbindungsnetzwerke* bezeichnen.

Definition 2.6: (Elektrisches Netzwerk) Ein elektrisches System, das aus Subsystemen besteht, die über ein Verbindungsnetzwerk energetisch miteinander wechselwirken, wird *elektrisches Netzwerk* genannt.

■

Ein reales elektrisches System, daß durch ein Netzwerk nach Bild 2.4 modelliert werden kann, werden wir *Schaltung* nennen, obwohl darunter in der Literatur vielfach auch das Netzwerk selbst verstanden wird. Zur Modellierung der elektrischen Subsysteme wird in der Netzwerktheorie eine gewisse Anzahl von Grundmodellen verwendet, die *Netzwerkelemente* heißen. Die Eigenschaften eines Grundmodelles sollten mit realen Bauelementen einer Schaltung hinreichend genau realisiert werden; Beispiele dafür sind die Spule und der Kondensator als Realisierungen für die Netzwerkelemente *Induktivität* und *Kapazität*. Es gibt allerdings auch Netzwerkelemente, die keine Realisierung besitzen; als Beispiele seien der *Nullator* und der *Norator* genannt (Bruton ([2.14], S.45f)). Eine Definition dieser Netzwerkelemente findet man in Abschnitt 4.1.

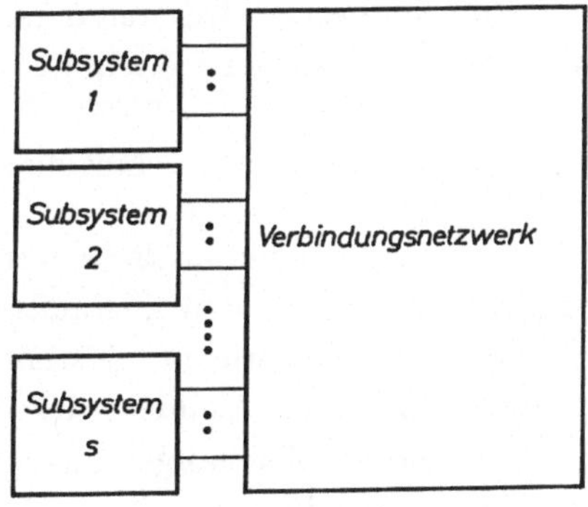

Bild 2.4. Netzwerkmodell

Die Definition elektrischer Netzwerke ist für viele neuere Anwendungen zu eng geworden, da nicht alle Systemvariablen eine *energetische Interpretation* besitzen. Eine Verallgemeinerung ist jedoch in einfacher Weise möglich.

Definition 2.7: (Allgemeine Netzwerke) Ein System, das aus Subsystemen besteht, die über ein Verbindungsnetzwerk miteinander wechselwirken, wird *Netzwerk* genannt.

■

Beispiel 2.4: Die Systemvariablen eines Netzwerkes, das aus diskreten dynamischen Subsystemen, wie etwa Gattern, Speichern, usw., besteht, können über den Signalinhalt der energetischen Variablen *Spannung* oder *Strom* eines elektrischen Netzwerkes definiert werden, mit dem sich ein solches Netzwerk elektrisch realisieren läßt. Eine derartige energetische Interpretation ist jedoch keineswegs zwingend; vielmehr können auch Realisierungen angegeben werden, die mit Hilfe optischer (Bowden et al. [2.15]) oder fluidischer Komponenten (Schaedel [2.16]) arbeiten. Solche Netzbeschreibungen, man spricht sehr oft von einer *digitalen Beschreibung*, sind dann zweckmäßig, wenn man die Beschreibungsgleichungen des elektrischen Netzwerkes nicht mehr explizit lösen kann, weil es sich beispielsweise um nichtlineare Differentialgleichungen handelt.

■

Im folgenden werden wir auch dann das Wort *Netzwerk* verwenden, wenn es sich um ein *elektrisches Netzwerk* handelt. Dann geht aus dem Zusammenhang hervor, um welchen Begriff es sich handelt.

Wir können nun die Klassifikation der Systeme auf die Netzwerke übertragen. Sind alle Subsysteme des Netzwerkes nichtdynamische Systeme, dann sprechen von einem *nichtdynamischen Netzwerk*. Ein Netzwerk wird *dynamisches Netzwerk* genannt, wenn mindestens ein Subsystem ein dynamisches System ist. Schließlich sprechen wir von einem *diskreten dynamischen* Netzwerk in den Fällen, in denen alle Subsysteme diskrete dynamische Systeme sind und mindestens eines davon dynamisch ist.

Während wir bei den oben definierten Systemen nicht weiter danach gefragt haben, wie man zu den Beschreibungsgleichungen für den Zustandsraum und die Dynamik gelangt, ist es die Aufgabe einer Systemtheorie für Systeme, die aus miteinander gekoppelten Subsystemen bestehen, also insbesondere der Netzwerktheorie, systematische Regeln für das Aufstellen dieser Gleichungen anzugeben. Dabei geht man, wie bereits erwähnt, von den Systemvariablen der Subsysteme aus und verwendet diese auch zur Beschreibung des gesamten Systems. Wir beschränken uns von nun an auf elektrische Netzwerke, auch wenn die nachfolgenden Ausführungen für eine größere Systemklasse gelten. Wie im Abschnitten 3.3 und 3.4 gezeigt wird, liefern die Beschreibungsgleichungen des Verbindungsnetzwerkes und der nichtdynamischen Subsysteme eines Netzwerkes die nach Definition 2.1 benötigten Zwangsbedingungen zur Bestimmung des Zustandsraumes S. Die konstitutiven Gleichungen der dynamischen Subsysteme dienen der Festlegung eines dynamischen Vektorfeldes X auf dem Zustandsraum, wenn dieser eine differenzierbare Mannigfaltigkeit ist. In Abschnitt 6.7.3 werden wir zeigen, daß sich dies zumindest lokal immer durch geeignete Modellbildungen erreichen läßt. Weiterhin kann man zeigen, daß die Ströme durch die Induktivitäten und die Spannungen an den Kapazitäten eines Netzwerkes in "fast allen" Fällen zur Definition einer lokalen Karte und damit für eine lokale Beschreibung mit *einem* Koordinatensystem geeignet sind. Einzelheiten dazu findet man bei Mathis und Marten [2.17], deren Resultate in Abschnitt 6.6.3 zu finden sind. Für strukturelle Überlegungen und qualitative Betrachtungen ist es aber oft nicht sinnvoll, die dynamischen Beschreibungsgleichungen in dieser globalen Karte zu formulieren.

Wir wollen nun das Diagramm zur Darstellung dynamischer Systeme in Bild 2.1 so erweitern, daß auch die *Bestimmung* des dynamischen Vektorfeldes nichtlinearer RLC-Netzwerke mit einbezogen wird. Der Einfachheit halber beschränken wir uns bei diesen prinzipiellen Überlegungen auf den Fall der zeitinvarianten Netzwerke, die nur konstante unabhängige Quellen enthalten. Das ist keine wesentliche Einschränkung, denn eine nichtautonome Differentialgleichung kann durch die Einführung einer weiteren Variablen immer "autonomisiert" werden.

Wir gehen davon aus, daß sich die Beschreibungsgleichungen dieser Netzwerkklasse in der Form expliziter Differentialgleichungen 1.Ordnung für die Ströme $\mathbf{i}_L$ durch die Induktivitäten und den Spannungen $\mathbf{u}_C$ an den Kapazitäten auf einer offenen Teilmenge von $I\!\!R_i^\lambda \oplus I\!\!R_u^\gamma$ schreiben lassen

$$\frac{di_L^k}{dt} = h_L^k(\mathbf{i}_L, \mathbf{u}_C), \qquad \frac{du_C^k}{dt} = h_C^k(\mathbf{i}_L, \mathbf{u}_C), \qquad (2.1)$$

mit

$$\begin{aligned}
L(i_L^k)^k \, h_L^k(\mathbf{i}_L, \mathbf{u}_C) &= u_L^k(\mathbf{i}_L, \mathbf{u}_C), \qquad (k = 1, \ldots, \lambda) \\
C(u_C^k)^k \, h_C^k(\mathbf{i}_L, \mathbf{u}_C) &= i_C^k(\mathbf{i}_L, \mathbf{u}_C). \qquad (k = 1, \ldots, \gamma)
\end{aligned} \qquad (2.2)$$

Der Zustandsraum S wird aber in den *Raum der uneingeschränkten Ströme und Spannungen eines Netzwerkes* eingebettet, und durch die konstitutiven Relationen der nichtdynamischen Netzwerkelemente und die Kirchhoff-Gleichungen definiert (siehe Abschnitt 3.4). Existieren die (speziellen) Zustandsgleichungen (2.2) (2.1), dann bilden die Ströme $\mathbf{i}_L$ und die Spannungen $\mathbf{u}_C$ eine lokale Karte von S. Aus diesem Grund wird der Zustandsraum S üblicherweise mit einer Teilmenge des Vektorraum $I\!\!R_i^\lambda \oplus I\!\!R_u^\gamma$ der *uneingeschränkten* Induktivitätsströme und Kapazitätsspannungen identifiziert wird. Im folgenden wollen wir aber auf eine solche Indentifikation verzichten, und stattdessen die eine geometrische Interpretation von (2.2) entwickeln, mit der die mathematische Struktur der Beschreibungsgleichungen linearer und nichtlinearer RLC-Netzwerke besser heraus gearbeitet werden kann. Liegen die Beschreibungsgleichungen schon in der Form (spezieller) Zustandsgleichungen vor, dann bringt dieser Standpunkt natürlich noch nichts Neues, denn (2.2) sichert, daß sich die Induktivitätsspannungen u_L^k und die Kapazitätsströme i_C^k allein durch $\mathbf{i}_L$ und $\mathbf{u}_C$ ausdrücken lassen. Das Vektorfeld X kann direkt ermittelt werden, in dem man die rechten Seiten durch $L(i_L^k)$ bzw. $C(u_C^k)$ teilt. Erst wenn man davon ausgeht, daß die Netzwerkelemente noch nicht gekoppelt sind, kann man Bedingungen für die Existenz der des dynamische Vektorfeld $X = (\mathbf{h}_L, \mathbf{h}_C)^T$ auf $\mathcal{S}$ angeben. Existiert das Vektorfeld, dann läßt sich X aus der Gleichung (2.2) bestimmen.

Um eine differentialgeometrische Formulierung von (2.2) zu ermöglichen, müssen die Terme dieser Gleichung als differentialgeometrische Objekte interpretierbar sein. Zu diesem Zweck fassen wir die Spannungen u_L^k und die Ströme i_C^k als Koeffizientenfunktionen einer 1-Form Ω in $I\!R_i^\lambda \oplus I\!R_u^\gamma$ auf

$$\Omega := -\sum_{k=1}^\lambda u_L^k(\mathbf{i}_L, \mathbf{u}_C)\, di_L^k + \sum_{k=1}^\gamma i_C^k(\mathbf{i}_L, \mathbf{u}_C)\, du_C^k,$$

wobei du_C^k $(k = 1, \ldots, \gamma)$ und di_L^k $(k = 1, \ldots, \lambda)$ eine Basis des zum Tangentialraum $T_{(i,u)}(I\!R_i^\lambda \oplus I\!R_u^\gamma)$ dualen Vektorraumes $T^*_{(i,u)}(I\!R_i^\lambda \oplus I\!R_u^\gamma)$ in der globalen Karte $u_C^1, \ldots, u_C^\gamma, i_L^1, \ldots, i_L^\lambda$ bilden. Mit der Basis

$$\left\{ \ldots, -\frac{\partial}{\partial i_L^k}, \ldots, \frac{\partial}{\partial u_C^k}, \ldots \right\}$$

für den Tangentialraum erhalten wir entsprechend Abschnitt 1.6 nach Anwendung der 1-Form Ω auf entsprechende Basisvektoren die zugehörige Koeffizientenfunktion zurück; beispielsweise ergibt sich

$$\Omega\left(\frac{\partial}{\partial u_C^l}\right) = i_C^l(\mathbf{i}_L, \mathbf{u}_C, t). \tag{2.3}$$

Mit Hilfe der Basis des Dualraumes $T^*_{(i,u)}(I\!R_i^\lambda \oplus I\!R_u^\gamma)$ bilden wir eine Basis

$$\left\{ \ldots, du_C^k \otimes du_C^l, \ldots, di_L^k \otimes di_L^l, \ldots \right\}$$

des Tensorraumes $T^*_{(i,u)}(I\!R_i^\lambda \oplus I\!R_u^\gamma) \otimes T^*_{(i,u)}(I\!R_i^\lambda \oplus I\!R_u^\gamma)$ der 2-Formen die zwei Tangentialvektoren X und Y aus dem Tangentialraum $T_{(i,u)}(I\!R_i^\lambda \oplus I\!R_u^\gamma)$ in C^∞-Funktionen abbildet. Gleiches gilt, wenn wir die Tangentialvektoren und 2-Formen für alle Punkte der Mannigfaltigkeit betrachten, also zu den entsprechenden Bündeln übergehen.

Damit kann die linke Seite der Gleichungen (2.1) abstrakt formuliert werden. Wir definieren die 2-Form

$$G := -\sum_{k=1}^{\lambda} L^k(i_L^k)\, di_L^k \otimes di_L^k + \sum_{k=1}^{\gamma} C^k(u_C^k)\, du_C^k \otimes du_C^k.$$

Drücken wir das Vektorfeld X in der Basis des Tangentialraumes aus

$$X = -\sum_{k=1}^{\lambda} h_L^k\, \frac{\partial}{\partial i_L^k} + \sum_{k=1}^{\gamma} h_C^k\, \frac{\partial}{\partial u_C^k}$$

und sei Y ein Basiselement $-\partial/\partial i_L^k$ oder $\partial/\partial u_C^k$ aus $T_{(i,u)}(I\!\!R_i^{\lambda} \oplus I\!\!R_u^{\gamma})$, dann können wir die Gleichungen (2.2) in folgender Weise notieren

$$G(X,Y) = \Omega(Y). \tag{2.4}$$

So gilt zum Beispiel

$$G(X,\frac{\partial}{\partial u_C^l}) = \Big(\sum_{k=1}^{\gamma} C^k(u_C^k)\, du_C^k \otimes du_C^k\Big)\Big(X,\frac{\partial}{\partial u_C^k}\Big),$$

wobei die Beziehung $di_L^k(\partial/\partial u_C^l) = 0$ benutzt wurde. Wegen $du_C^k(\partial/\partial u_C^l) = \delta_{kl}$ ergibt sich

$$C^l(u_C^l)\, du_C^l(X) = C^l(u_C^l)\, h_C^l$$

und insgesamt somit die linke Seite der entsprechenden Gleichung von (2.2). Die zugehörige rechte Seite erhalten wir aus Gleichung (2.3). In gleicher Weise ergeben sich die anderen Gleichungen von (2.2) aus (2.4). Die Gleichung (2.4) ist koordinatenunabhängig und kann nun auf den Zustandsraum $\mathcal{S}$ transformiert werden. Dieser Vorgang ist in diesem Fall natürlich trivial, weil $\mathbf{i}_L$ und $\mathbf{u}_C$ ein lokales Koordinatensystem bilden. Trotzdem wollen wir so vorgehen, als wäre uns diese Tatsache nicht bekannt. Wir benötigen dann eine Abbildung

$$\pi : \mathcal{S} \longrightarrow I\!\!R_i^{\lambda} \oplus I\!\!R_u^{\gamma},$$

die in unserem Fall in allen Punkten von $I\!\!R_i^{\lambda} \oplus I\!\!R_u^{\gamma}$, die die Zwangsbedingungen erfüllen, sogar injektiv ist. Die Umkehrfunktion (lokale Inverse) von π, die mit π^* bezeichnet wird, dient dazu, ein auf $I\!\!R_i^{\lambda} \oplus I\!\!R_u^{\gamma}$ definiertes Objekt auf den Zustandsraum "zurückzuholen". In Abschnitt 6.7.3 gehen wir genauer darauf ein. Die Bestimmungsgleichung (2.4) für das Vektorfeld X kann somit auf dem Zustandsraum $\mathcal{S}$ formuliert werden

$$g(X,Y) = \omega(Y),$$

wobei folgende Definitionen gelten $g := \pi^*G$ und $\omega := \pi^*\Omega$. Damit können wir das erweiterte Diagramm für die Dynamik von RLC-Netzwerken angeben; es wird in Bild 2.5 gezeigt.

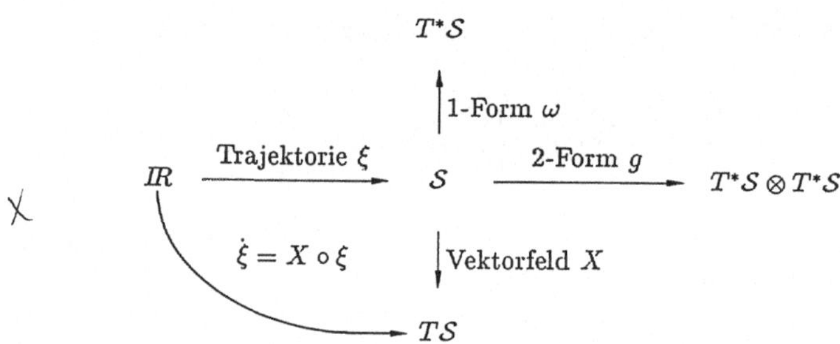

Bild 2.5. Vektorfelder und Differentialgleichungen

Diese Darstellung erscheint zwar zunächst sehr abstrakt, aber in Abschnitt 6.7.3 und 6.8.2 werden wir zeigen, daß es gelingt, auf diese Weise das Wesen netzwerktheoretischen Beschreibungen übersichtlich herauszuarbeiten. Mit Hilfe dieser Formulierung lassen sich beispielsweise *alle* Bedingungen angegeben, damit die Dynamik eines (nichtlinearen) Netzwerke sinnvoll definiert werden kann. Desweiteren wird mit Hilfe des von Mathis und Marten [2.17] entwickelten Netzwerkmodells gezeigt, daß sich diese Bedingungen durch Hinzunahme parasitärer Netzwerkelemente mit beliebig kleinen Netzwerkparametern immer erfüllen lassen; diese Aussage ist zwar für viele Netzwerkwerktheoretiker eine Erfahrungstatsache, aber sie muß natürlich begründet werden. Situationen, in denen man den Regelfall von den "wenigen" Ausnahmefällen zu unterscheiden hat, kommen in der System- und Netzwerktheorie häufig vor. Die übliche Ingenieurmathematik stellt dem Netzwerktheoretiker jedoch keine Hilfsmittel zur Verfügung, um diese Problemstellungen formalisieren zu können. In Abschnitt 2.3.3 werden wir deshalb geeignete mathematische Hilfsmittel diskutieren, mit denen sich derartige Situationen in angemessener Weise beschreiben lassen. Mit Hilfe differentialgeometrischer Methoden ist es außerdem gelungen, dynamische Grundgleichungen für die Netzwerktheorie zu formulieren, die sich nicht an mathematischen Notwendigkeiten, wie den Zustandsgleichungen, sondern an der Struktur der netzwerktheoretischen Problemstellung orientieren. Die sogenannten Brayton-Moser-Smale-Gleichungen sind demnach für die Theorie (nichtlinearer) RLC-Netzwerke ebenso fundamental, wie etwa die Hamiltonschen Gleichungen für die Theorie konservativer mechanischer Systeme. Trotz gewisser Ähnlichkeiten gibt es zwischen beiden Theorien wesentliche Unterschiede. Wir werden daraufhin Abschnitt 6.7.5 genauer eingehen. An dieser Stelle werden wir nur die Ergebnisse zitieren.

Wir haben das Diagramm nur elektrischer Netzwerke begründet, aber es kann als allgemeines Schema zur Beschreibung von Systemen angesehen werden, die aus miteinander verbundenen Subsystemen bestehen. So können wir auch mechanische Systeme, die aus Punktteilchen aufgebaut sind, mit Hilfe dieses Schemas beschreiben. Allerdings haben die 2-Form g und die 1-Form ω ganz andere Eigenschaften, wie von Mathis und Marten [2.17] näher ausgeführt wurde. Kurz gesagt besteht der wesentliche Unterschied darin, daß ein elektrisches Netzwerk, ebenso wie ein mechanisches System, einen Zustandsraum besitzt, aber es hat keinen *natürlichen* Konfigurationsraum. Er kann nur willkürlich konstruiert werden (siehe Chua und McPherson [2.18] und Szatkowski [2.19]). Der Hauptgrund dafür liegt einfach darin, daß die Grundgleichungen der Netzwerktheorie (Maxwellsche Relationen für Induktivitäten und Kapazitäten (2.1)) Differentialgleichungen 1.Ordnung sind, während die Newtonschen Bewegungsgleichungen von 2.Ordnung sind. Nebenbei bemerkt ist das auch ein tieferer Grund dafür, daß man zwar sehr leicht elektrische Analogrechner aber keine mechanischen bauen kann.

Beschränkt man sich auf Netzwerke mit speziellen Systemstrukturen, so lassen sich für viele Problemstellungen explizite Lösungen oder angepaßte Näherungslösungen finden. Beispielsweise befaßt sich die Regelungstheorie im wesentlichen mit der Untersuchung einer speziellen Netzwerk-Struktur, die *Feedback-Struktur* genannt wird In Bild 2.6 ist eine einschleifige Feedback-Struktur skizziert. Bei Wonham [2.20] werden Feedback-Strukturen mit einem höheren Vermaschungsgrad theoretisch beschrieben. Die Systemvariablen besitzen i.a. keine festgelegte energetische Interpretation. Auf Grund der vielen Anwendungen dieser Netzwerk-Struktur wurden zahlreiche mathematische Methoden entwickelt, die an den zugehörigen Beschreibungsgleichungstyp angepaßt sind. Auch die Beschreibungsgleichungen einiger beliebig strukturierter Netzwerke lassen sich so umformen, daß sie als Beschreibungsgleichungen einer Feedback-Struktur interpretiert werden können. Somit lassen sich auch auf solche Netzwerke mathematische Methoden der Regelungstheorie anwenden. Eine derartige Vorgehensweise führt allerdings nicht selten zu einem überflüssigen Rechenaufwand und erschwert die Interpretation der Ergebnisse. Der Einsatz der allgemeineren Methoden der linearen oder nichtlinearen Netzwerktheorie ist dann sinnvoller.

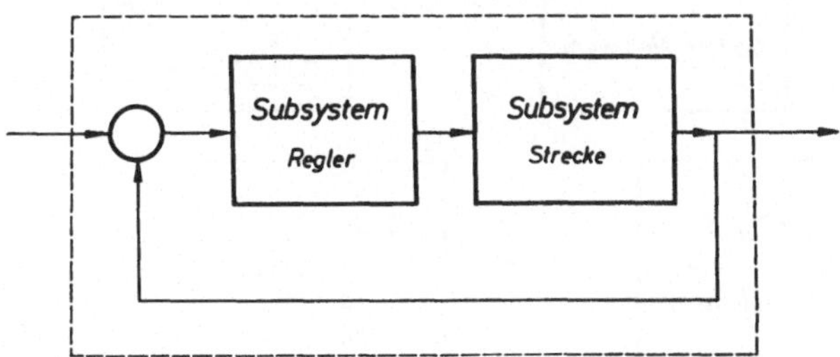

Bild 2.6. Einfache Feedback-Struktur

Eine weitere wichtige Netzwerk-Struktur ist das Sender-Kanal-Empfänger-Modell, das vor allem in der Nachrichten- und Hochfrequenztechnik eingesetzt wird (siehe Bild 2.7). Über den Sender und den Empfänger kann dieses Netzwerk auch mit nichtelektrischen Systemen wechselwirken. Der Übertragungskanal kann im Fall der Leitung oder des freien Raumes auch ein Subsystem sein, das durch partielle Differentialgleichungen beschrieben werden muß.

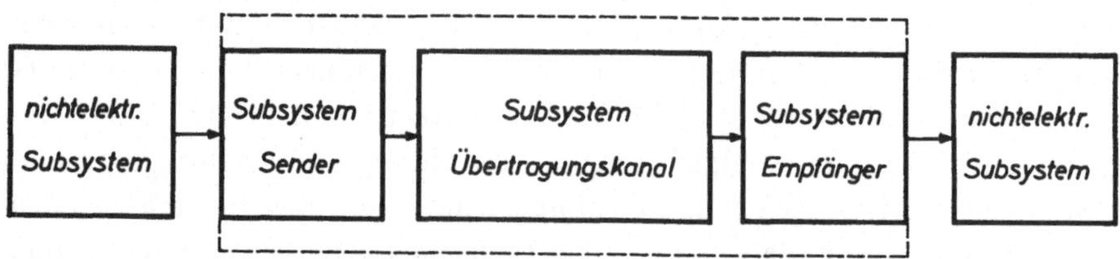

Bild 2.7. Sender-Kanal-Empfänger-Modell

Zusammenfassend kann gesagt werden, daß eine Netzwerktheorie im Gegensatz zu speziellen Systemtheorien keine bestimmten Systemstrukturen voraussetzt und daher universell auf Situationen anwendbar ist, bei denen die Systeme aus miteinander verbundenen Subsystemen bestehen. Grundlage jeder Netzwerktheorie ist daher eine mathematische Charakterisierung des Koppelnetzes und der realen Subsysteme. Wir sprechen in diesem Zusammenhang auch von der Modellbildung, auf die in Abschnitt 2.2 und 3.2 eingegangen werden soll.

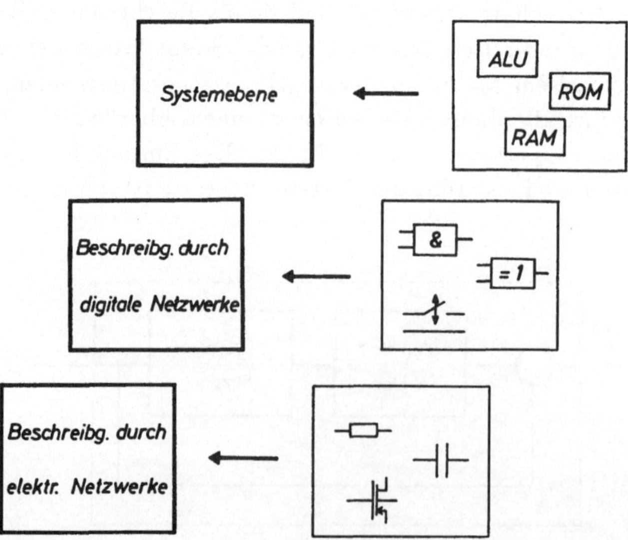

Bild 2.8. Hierarchie der Netzwerkbeschreibungen bei VLSI-Schaltungen

Insbesondere bei der Analyse hochintegrierter Schaltungen (VLSI) kommt man nicht mit *einer* Netzwerkbeschreibung aus. Vielmehr kann man die Komplexität eines solchen realen Systems nur dann beherrschen, wenn man verschiedene Netzwerk-Beschreibungen hierarchisch verwendet. In der Bild 2.8 wird ein Beispiel für eine solche Hierarchie von Netzwerk-Beschreibungen gezeigt.

2.2 Modellbildung

Jede Theorie dient der Beschreibung einer realen physikalischen Situation. Wesentlich dabei ist, daß sich die zu beschreibenden Phänomene von denjenigen eindeutig abgrenzen lassen, an denen man nicht interessiert ist. Die Gesamtheit dieser Phänomene und deren Zusammenwirken wird nach Abschnitt 2.1 reales System genannt. Ein reales System kann allerdings auch mit solchen realen Systemen wechselwirken, die nicht in die theoretische Beschreibung einbezogen werden.

Beispielsweise ist ein aus ohmschen Widerständen bestehender Gleichstromkreis ein reales System, das durch eine elektrische Theorie beschrieben werden kann. In Abschnitt 2.1 wurde aber bereits angemerkt, daß die Wechselwirkung dieses elektrischen Systems mit dem thermischen System *Wärmebad* meistens unerwähnt bleibt. Auch das chemische System *Batterie*, das den elektrischen Strom liefert, wird in der Theorie elektrischer Schaltkreise nicht explizit erwähnt. Stattdessen wird ein elektrisches Ersatzmodell für das reale System *Batterie* benutzt.

Allgemein kann gesagt werden, daß jedes reale Subsystem durch ein passendes Modell beschrieben werden muß. Dabei geht man in vielen Fällen von derjenigen Theorie aus, die für die entsprechenden Grundphänomene zuständig ist; nach Ludwig hatten wir diese Theorien als Vortheorien bezeichnet. Nach Abschnitt 2.1 sind die Modellgleichungen realer Subsysteme in der Elektrotechnik fast ausschließlich lineare oder nichtlineare algebraische Gleichungen, lineare oder nichtlineare Differential-, Integral- oder Differenzengleichungen; letztere werden zur *groben* Beschreibung elektrischer Systeme verwendet. Demzufolge verwendet die Systemtheorie in größerem Umfang Resultate verschiedener mathematischer Disziplinen. Dennoch ist die Netzwerk- und Systemtheorie mehr als nur eine Zusammenstellung ausgewählter mathematischer Sätze. Vielmehr werden ausgehend von realen Systemen und ihrer meßtechnischen Erfassung Modelle entwickelt, die für die *Anwendungen* der Theorie nützlich sind. Dieser Vorgang ist eine wichtige Grundaufgabe der Systemtheorie und wird *Modellbildung* genannt. Bei der digitalen Beschreibung von Subsystemen werden *Wahrheitstafeln* und *Zustandstabellen* benutzt. Auf die Modellbildung solcher Subsysteme soll hier nicht eingegangen werden, weil dazu andere theoretische Hilfsmittel erforderlich sind. Wir verweisen daher auf die Literatur (z.B. Tietze und Schenk ([2.21], S.454ff)).

Zur Klassifikation der Subsysteme werden entsprechend Abschnitt 2.1 mathematische Gesichtspunkte verwendet. Der Typ der Gleichungen, der das Subsystem beschreibt, gibt auch Hinweise dafür, wie gut das zugehörige Modell für praktische Rechnungen geeignet ist. So ist es zum Beispiel üblich davon zu sprechen, daß viele realistische Modelle realer Systeme *nichtlinear* sein müßten. Dennoch benutzt man in der Praxis fast ausschließlich lineare Beschreibungsgleichungen. Ein Grund dafür liegt sicher darin, daß sich nichtlineare Gleichungen nur selten explizit lösen lassen und daher aufwendige Näherungsverfahren benötigt werden. Andererseits sollte man bedenken, daß nichtlineare Gleichungen Lösungstypen besitzen, die sich teilweise wesentlich von denjenigen unterscheiden, die man bei linearen Gleichungen antrifft. Aus diesem Grunde muß man folgern, daß es nicht allein die Schwierigkeiten bei der Ermittlung der Lösungen einer nichtlinearen Gleichung sind, auf die das geringe Interesse an nichtlinearen Beschreibungsgleichungen zurückzuführen ist, sondern daß die Lösungstypen nichtlinearer Gleichungen bei realen Systemen nicht beobachtet werden *oder* ganz einfach unberücksichtigt bleiben. Man begnügt sich demzufolge oft mit Effekten, die durch die linearen Gleichungen beschrieben werden können.

Bei der Modellbildung eines realen Systems, d.h. bei der Ermittlung der entsprechenden Modellgleichungen, geht man von denjenigen physikalischen Theorien aus, die für die Beschreibung der interessierenden Phänomene geeignet sind. Bei der qualitativen Beschreibung des Hall-Effektes kommt man beispielsweise mit einfachen Überlegungen aus der Maxwellschen Theorie aus, während die feineren Phänomene nur mit Hilfe der Quantentheorie verstanden werden können; ähnliches gilt für die Modellbildung bei anderen Halbleiterbauelementen wie etwa den Transistoren. Welche physikalische Theorie zur Beschreibung der Phänomene eines realen Systems herangezogen werden muß, hängt davon ab, für welche Phänome man sich interessiert. In Abschnitt 3.2.2 geben wir ein Beispiel für eine solche physikalische Modellbildung an. Vielfach wird man sogar auf eine physikalische Modellbildung ganz verzichten, und legt mit Hilfe mathematischer Verfahren passende Kurven durch die Meßpunkte, die sich aus meßtechnische Untersuchungen des realen Subsystems ergeben haben.

Viele reale elektrische Systeme bestehen aus Subsystemen, die in einer bestimmten Weise verkoppelt sind. Nach Abschnitt 2.1 nennen wir solche Systeme Schaltungen und deren Modelle Netzwerke. Bei der Modellbildung von Schaltungen müssen demnach mathematische Modelle für das Koppelnetz und für die Subsysteme gefunden werden. Die Grundgleichungen der Vortheorien elektrischer Netzwerke sind meistens partielle Differentialgleichungen, während die Netzwerktheorie konzentrierter Netzwerkelemente mit Hilfe gewöhnlicher Differentialgleichungen formuliert wird.

Daher müssen die partiellen Differentialgleichungen in geeigneter Weise durch Gleichungen des zuletzt genannten Typs approximiert werden. Das ist jedoch nur dann erlaubt, wenn bestimmte Voraussetzungen erfüllt sind. So geht man davon aus, daß die räumlichen Ausdehnungen elektrischer Schaltungen in ihrem Anwendungsbereich keinen wesentlichen Einfluß auf deren Funktionsweise haben. Man nennt daher Modellbeschreibungen, für die solche Bedingungen gelten, (räumlich) *konzentrierte Systeme* bzw. Subsysteme im Gegensatz zu den räumlich ausgedehnten Systemen, bei denen die Ausdehnung nicht vernachlässigt werden darf. Beispiele für ausgedehnte Systeme sind Leitungen, die Ausbreitung elektrischer Wellen im freien Raum oder Diffusionseffekte.

In diesem Buch beschränken wir uns im wesentlichen auf konzentrierte Systeme. Nur bei der Modellbildung muß teilweise die Ausdehnung des Systems mit einbezogen werden, wie etwa bei den Modellen für Halbleiter-Bauelemente. Bei diesen realen Subsystemen gelangt man allerdings nur dann zu brauchbaren Modellen, wenn man auf eine vollständig quantenmechanische Beschreibung verzichtet. Stattdessen verwendet man die klassische Transporttheorie und die Maxwellsche Theorie und fügt einige Ad hoc-Annahmen hinzu, die sich mit der Quantenmechanik begründen lassen; derartige Modellbeschreibungen werden *halbklassisch* genannt. Auf weitere Einzelheiten gehen wir in Abschnitt 3.2.2 näher ein.

2.3 Lineare und nichtlineare Systeme

2.3.1 Beschreibungsgleichungen und Systeme

Der Hauptgegenstand des Abschnittes 2.3 ist die Herausarbeitung der qualitativen Unterschiede der Lösungen linearer und nichtlinearer Systeme bzw. deren Beschreibungsgleichungen. Erst in Kenntnis dieser Unterschiede kann man das Wesen linearer und nichtlinearer Modelle für reale Systeme verstehen. Des weiteren wird klargestellt, welche Phänomene mit einem linearen Modell nicht beschrieben werden können. Auf dieser Grundlage kann der Anwender sachgerecht darüber entscheiden, ob und in welchen Fällen der Einsatz eines nichtlinearen Systems gerechtfertigt ist.

In Abschnitt 2.3.2 werden wir zunächst einmal die wesentlichen Merkmale der Lösungen linearer Gleichungen und linearer gewöhnlicher Differentialgleichungen, mit denen sich lineare Systeme beschreiben lassen, zusammenstellen. Danach betrachten wir die analoge Situation bei nichtlinearen Systemen mit ihren nichtlinearen Beschreibungsgleichungen. Dabei zeigt sich, daß eine Hinzunahme von nichtlinearen Anteilen zu einer Fülle neuer, bei linearen Systemen nicht zu beobachtenden Phänomenen führt. Schon an dieser Stelle sei angemerkt, daß sich viele dieser Effekte sehr eindrucksvoll mit dem Programmpaket PHASER von Koçak [2.22] demonstrieren lassen.

Die Untersuchung einzelner Lösungen einer Gleichung oder Differentialgleichung ist dennoch eine zu eingeschränkte Vorgehensweise und sie ist auch der ingenieurmäßigen Arbeitsweise bei der Suche nach einer Problemlösung nicht angemessen. Um einen umfassenden Einblick in die Vielfalt der Phänomene bei nichtlinearen Systemen zu erhalten, ist es sehr nützlich, nicht nur einzelne Beschreibungsgleichungen sondern ganze Familien zu behandeln. Dabei verwendet man geeignete Systemparameter zur Kennzeichnung der einzelnen Beschreibungsgleichung; diesen Vorgang nennt man *Parametrisierung*. Diese zunächst mathematisch motivierte Vorgehensweise entspricht der Arbeitsweise des Ingenieurs. So verwendet man bei einem Systementwurf theoretische Überlegungen oft nur für einen "groben" Entwurf und erreicht eine hinreichend genaue Anpassung an die Entwurfsvorgaben durch Abgleichmaßnahmen bestimmter Systemparameter. Ein solcher Abgleich kann entweder durch Entwurfsoptimierung des entworfenen Modells oder experimentell am realisierten System erfolgen. Diese Situation kann auch so interpretiert werden, daß aus einer Systemfamilie dasjenige System ausgewählt wird, welches die vorgegebenen Eigenschaften in Bezug auf passende Kriterien "optimal" erfüllt. Eine Formalisierung dieses Gedankens führt auf die oben erwähnten parametrisierten Familien von Beschreibungsgleichungen.

In Abschnitt 2.3.3 wird gezeigt, wie wichtig diese Vorgehensweise für theoretische Analysen als auch für numerische Berechnungen sein kann. Es stellt sich heraus, daß sich dieser von uns gewählte Standpunkt als Rahmen zur Einordnung zahlreicher Methoden der nichtlinearen Systemtheorie eignet. Dabei soll nicht unerwähnt bleiben, daß sich eine ähnliche Entwicklung seit einigen Jahren in der Mathematik vollzieht. In dem, von dem Mathematiker Thom spektakulär "Katastrophentheorie" genannten Theorienrahmen, (siehe Arnol'd [2.23]) soll versucht werden, verschiedene aufeinander abgestimmte mathematische Theorien zur Lösung nichtlinearer Probleme heranzuziehen. Der weitgehend als abgeschlossen geltende Teil dieses Programmes konnte auf Theorien zurückgreifen, welche auf Poincaré, Ljapunov, Andronov, Pontryagin, Arnol'd und Smale bezüglich der Theorie dynamischer Systeme sowie auf Morse, Whitney und Arnol'd in Bezug auf die Singularitätentheorie, die sich mit der Klassifizierung der singulären Punkte reellwertiger Funktionen $f : \mathbb{R}^n \longrightarrow \mathbb{R}$ befaßt, zurückgeht. Mit dem differentialtopologischen Begriff *Transversalität*, der zur Charakterisierung von Mengen dient, die bei "kleinen Abänderungen" in ihrer Struktur erhalten bleiben, entwickelte Thom ein mathematisches Hilfsmittel, mit dem die obengenannten Probleme in einheitlicher Weise diskutiert werden können. Der von uns gewählte theoretische Standpunkt nimmt den Gedanken der Unterscheidung von "wesentlichen" und "unwesentlichen" Systemen auf, und erweitert ihn in Bezug auf system- und netzwerktheoretische Belange. Auf diese Weise kommt man zu zahlreichen geometrisch interpretierbaren Einsichten bei linearen und nichtlinearen Systemen, die man mit den klassischen Methoden der System- und Netzwerktheorie nicht oder nur schwer erhalten kann.

Schließlich soll noch darauf hingewiesen werden, daß die von uns eingenommene Auffassung in der Systemtheorie durch Hermann [2.24] und Brockett [2.25] und in der Netzwerktheorie durch Friedrichs [2.26], Smale [2.27], Matsumoto [2.28], Ishiraku [2.29], Saeks [2.30] und Mees [2.31] verschiedentlich benutzt wurde, ohne allerdings diese Vorgehensweise zu einem leitenden Schema auszubauen. Insbesondere ist es der Verdienst von Leon O. Chua (Berkeley), der sich seit vielen Jahren darum bemüht, die nichtlineare Netzwerktheorie mit Hilfe moderner mathematischer Methoden und computergestützter Darstellungsmittel zu einem leistungsfähigen Instrument der modernen Systemtheorie ausbauen. In diesem Buch werden zahlreiche Ergebnisse der entsprechenden Arbeiten verwendet und mit Hilfe der Konzeption der Familie von Systemen unter einheitlichen Gesichtspunkten geordnet. Dabei wird versucht, Zusammenhänge zwischen der pragmatischen Vorgehensweise des Ingenieurs und des mathematischen Formalismus aufzuzeigen, um damit ein größeres Verständnis für die komplizierten Verhältnisse der nichtlinearen System- und Netzwerktheorie zu erreichen.

2.3.2 Lösungsmannigfaltigkeiten linearer und nichtlinearer Systeme

Um die Diskussion zu erleichtern, gehen wir in diesem Abschnitt fast immer davon aus, daß der Zustandsraum eines Systems der ganze $I\!R^n$ ist. Die linearen Systeme sind dann diejenige Klasse von Modellen für reale Systeme, deren Beschreibungsgleichungen sich durch zwei Eigenschaften charakterisieren lassen (siehe Schmidt und Tondl ([2.32], S.12)):

1) Das Prinzip der *Superposition*, d.h. mit je zwei Lösungen x und y ist auch deren Summe $x + y$ eine Lösung.

2) Das Prinzip der *Proportionalität*, d.h. mit jeder Lösung x ist auch ein Vielfaches $\alpha\, x$ eine Lösung.

Diese beiden Eigenschaften werden zum Begriff der *Linearität* zusammengefaßt. Für die Lösungen der Beschreibungsgleichungen von Systemen mit linearen Subsystemen *ohne Quellen* als auch für das *Input-Output-Verhalten* solcher Systeme gilt die Linearität. Man spricht daher (etwas ungenau) von linearen Systemen, wenn die beiden Prinzipien in der eben genannten Weise anwendbar sind. Es braucht sicherlich kaum erwähnt zu werden, daß sich die lineare Systemtheorie in den Anwendungen als außerordentlich erfolgreich erwiesen hat. Die Theorie der linearen Beschreibungsgleichungen in Form linearer Gleichungen, gewöhnlicher Differential- und Differenzengleichungen gehört demnach zum Standardwissen des Ingenieurs. Da die Linearität ein Grundbegriff der linearen Algebra ist, sind Vektorräume und lineare Abbildungen (Matrizen) nützliche Hilfsmittel zur Beschreibung linearer Systeme. So besitzen die Lösungsmannigfaltigkeiten *endlich vieler homogener* linearer Gleichungen und gewöhnlicher Differentialgleichungen in Normalform $\dot{x} = \mathbf{A}x$ die Struktur eines endlich-dimensionalen Vektorraumes. Handelt es sich um *inhomogene* lineare Gleichungen oder Differentialgleichungen, dann sind deren Lösungsmannigfaltigkeiten die Vektorräume der Lösungen der zugehörigen homogenen Gleichungen (Inhomogenität gleich Null), welche jedoch um *eine* spezielle Lösung der inhomogenen Gleichungen verschoben sind; derartige Strukturen werden nach Abschnitt 1.5 affine Mannigfaltigkeiten genannt.

Ein Hauptgrund für das Vorliegen einer vollständigen Lösungstheorie linearer Gleichungen und gewöhnlicher Differentialgleichungen liegt vor allem darin, daß die Lösungsmannigfaltigkeiten Vektorräume bzw. affine Mannigfaltigkeiten mit endlicher Dimension sind. Zur Festlegung einer Lösung solcher Gleichungen werden deshalb nur endlich viele Bestimmungsstücke benötigt – die Basisvektoren. Durch bestimmte Koordinaten bezüglich einer gewählten Basis legt man anschließend spezielle Lösungen fest. Die Basisvektoren der (zugehörigen) homogenen Gleichungen lassen sich in jedem Fall explizit berechnen, während das bei gewöhnlichen Differentialgleichungen von Ausnahmen abgesehen nur dann möglich ist, wenn die Koeffizienten der (zugehörigen) homogenen Differentialgleichung konstant sind.

Betrachten wir zuerst nichtdynamische lineare Systeme, die durch lineare algebraische Gleichungen beschrieben werden. Auf Grund der vorangegangenen Überlegungen lassen sich für lineare Gleichungen, deren Koeffizienten nicht notwendig konstant sein müssen, folgende Eigenschaften ableiten:

1) Es existiert nicht mehr als eine *isolierte* Lösung.

2) Hat ein Gleichungssystem mehr als eine Lösung, dann bilden die Lösungen einen Untervektorraum von $I\!R^n$ mit einer von Null verschiedenen Dimension; es gibt demnach überabzählbar unendlich viele Lösungen. Von den Eigenschaften in der Umgebung einer Lösung kann auf die gesamte Lösungsmannigfaltigkeit geschlossen werden, d.h. die *lokalen* Eigenschaften legen die *globalen* fest.

Im Gegensatz dazu kann bei nichtlinearen Gleichungen mehr als eine isolierte Lösung auftreten, wie das Beispiel der Nullstellen Polynomen zeigt. Aus dem Hauptsatz der Algebra folgt nämlich, daß Polynome eine endliche Anzahl isolierter Nullstellen besitzen. In Abschnitt 2.3.3 wird sich allerdings zeigen, daß die Lösungsmannigfaltigkeit "fast aller" nichtlinearen Gleichungssysteme die Struktur einer differenzierbaren Mannigfaltigkeit besitzen. Nach Abschnitt 1.6 kann man sich darunter eine "glatte Fläche" vorstellen, die in einem passenden Vektorraum (o.E.d.A. ein $I\!R^n$) eingebettet ist; die Beschreibung eines solchen Objektes wird aber so vorgenommen, daß der Einbettungsraum keine Rolle spielt. Lokal "sehen" diese Lösungsmannigfaltigkeiten noch wie Teilmengen eines $I\!R^n$ aus, aber man kann nicht mehr, wie bei den Lösungsräumen linearer algebraischer Gleichungen von lokalen Eigenschaften auf die globalen Eigenschaften schließen. Diese Situation kann man sich in Bild 2.9 anhand der Tangenten einer geraden Linie, welche einer "glatten" Verformung unterworfen wird, klar machen. Zu weiteren Einsichten über die Lösungsmannigfaltigkeiten bei

Gleichungssystemen gelangt man, wenn man parametrisierte Familien von Gleichungen betrachtet. In Abschnitt 2.3.3 werden wir uns mit diesen Aspekten befassen.

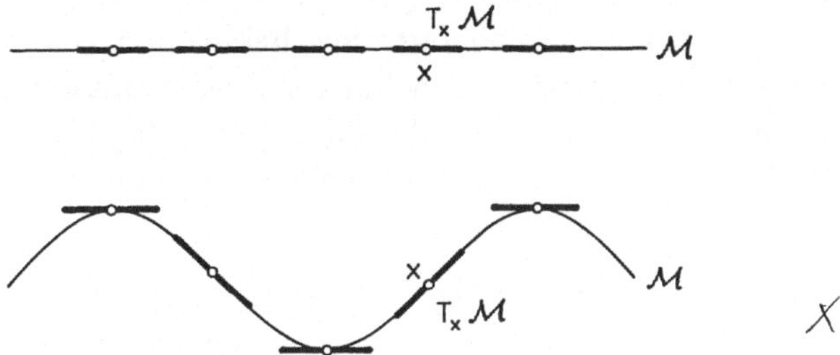

Bild 2.9. Tangentialräume bei Geraden und Kurven

Wir gehen nun zu den dynamischen Systemen über, die mit Hilfe gewöhnlicher Differentialgleichungen beschrieben werden. Wie bei den Beschreibungsgleichungen nichtdynamischer Systeme gehen wir von den Eigenschaften der linearen Systeme aus und besprechen anschließend die Veränderungen, die sich beim Übergang zu den nichtlinearen Systemen ergeben.

Wir haben bereits am Anfang dieses Abschnittes ausgeführt, daß lineare homogene Differentialgleichungen eine Lösungsmannigfaltigkeit mit einer Vektorraumstruktur besitzen, in der durch endlich viele *Grundlösungen* eine Basis festgelegt wird. Bei inhomogenen Differentialgleichungen wird der Vektorraum der Lösungen der zugehörigen homogenen Gleichungen um eine spezielle Lösung der inhomogenen Gleichungen "verschoben". Auf Grund dieser Eigenschaften besitzen die Lösungen linearer gewöhnlicher Differentialgleichungen folgende Eigenschaften:

1) Das lokale Verhalten einer Lösung in der Nähe des Nullpunktes legt das globale Verhalten im gesamten Zustandsraum fest.

2) Jede Lösung ist für alle Zeiten definiert und wird durch vorgegebene Anfangsbedingungen festgelegt.

3) Es existiert nicht mehr als *eine isolierte periodische* Lösung. Bei homogenen Gleichungen kann das nur der Nullpunkt sein, während bei inhomogenen Gleichungen die isolierte Lösung durch die Inhomogenität festgelegt wird; dabei kann es sich bei periodischer Anregung auch um eine isolierte periodische Lösung handeln.

4) Die Lösung inhomogener Gleichungen ist nicht von der Amplitude der Anregung (Inhomogenität) abhängig.

5) Es gibt Lösungen inhomogener Differentialgleichungen, die bei einer geeigneten Anregung (Inhomogenität) trotz einer *endlichen* Amplitude beliebig wachsen können; man spricht von dem Phänomen der *Resonanz(katastrophe)* (siehe Arnol'd ([2.7], S.184f)).

6) Sprungartige Erscheinungen sind nur möglich, wenn der Zustandsraum der Differentialgleichung ein Untervektorraum oder affiner Unterraum des Vektorraumes der unbeschränkten Systemzustände ist und die Anfangsbedingungen außerhalb des eigentlichen Zustandsraumes vorgegeben werden. Solche Situationen können bei zusammengesetzten Systemen auftreten, bei denen zu einem bestimmten Zeitpunkt die Kopplungen zwischen den Subsystemen verändert werden. Die Endzustände der alten Konfiguration, die gleichzeitig die Anfangsbedingungen für die neue Konfiguration sind, können bezüglich dieser möglicherweise inkonsistent sein (siehe Abschnitt 4.12.1).

Wir kommen nun zu den nichtlinearen Differentialgleichungen. Auf Grund der fehlenden Linearität lassen sich die Lösungen nicht mehr als Linearkombinationen von Grundlösungen darstellen. Das hat auch für die anderen, bei linearen Gleichungen geltenden Merkmale erhebliche Konsequenzen. Im Einzelnen gilt für die Lösungen nichtlinearer Gleichungen das Folgende:

1) Das lokale Verhalten der Lösungen in der Nähe des Nullpunktes legt das globale Verhalten im ganzen Zustandsraum nicht fest. So kann es von den Anfangsbedingungen abhängen, welche asymptotische Lösung ein Differentialgleichungssystem erreicht, d.h. man kann beispielsweise von der lokalen Stabilität nicht auf die globale Stabilität schließen; es gibt sogenannte *Einzugsbereiche* für die asymptotischen Lösungen (siehe Lichtenberg, Liebermann ([2.33], S.284f).

2) Die Lösungen sind nicht notwendigerweise für alle Zeiten definiert. Es können Lösungen auftreten, die in *endlicher* Zeit über alle Grenzen wachsen (siehe Arnol'd ([2.7], S.29f): $\dot{x} = x^2$; ein zugehöriges nichtlineares Netzwerk findet man bei Chua ([2.34], S.1063f), wo diese Lösungen als *finite-(forward)-escape-time* Lösungen bezeichnet werden). Desweiteren gibt es Lösungen, die über einen bestimmten Zeitpunkt hinaus nicht fortgesetzt werden können (Beispiel bei Chua ([2.34], S.1063f): $\dot{x} = -1/2\,x$ $(x \neq 0)$ mit der Lösung $x(t) = \sqrt{x_0^2 - t}$ $(t \geq 0)$; der Nullpunkt heißt dort *impasse point*).

Es kann mehr als eine isolierte periodische Lösung auftreten. So besitzt die logistische Differentialgleichung in Abschnitt 2.1 zwei Gleichgewichtspunkte bei $x = 0$ und $x = a/(a-1)$. Die *van der Polsche Differentialgleichung* $\ddot{x} + \varepsilon\dot{x}(x^2 - 1) + x = 0$ besitzt neben der Nullösung auch noch eine isolierte periodische Lösung mit von Null verschiedener Amplitude (siehe Arnol'd ([2.7], S.98)); eine derartige Lösung wird *Grenzzyklus* genannt.

4) Die Frequenz der Grundschwingung eines Grenzzyklus einer nicht angeregten (homogenen) Lösung als auch die Lösung einer angeregten (inhomogenen) Differentialgleichung hängt von der Amplitude der Lösung ab.

5) Resonanzen können bei nichtlinearen Differentialgleichungen nicht auftreten, da dieses Phänomen nur dann entsteht, wenn die Frequenz der Lösung der homogenen Gleichung konstant ist; das ist nur bei linearen Differentialgleichungen der Fall. Allerdings werden auf Grund der Kopplungen zwischen den einzelnen Fre-

quenzmoden *subharmonische* Frequenzen ω_0/n ($n \in I\!N$) und *superharmonische* Frequenzen $\omega_0 n$ ($n \in I\!N$) angeregt (siehe Nayfeh und Mook ([2.35], S.161ff)).

6) Es sind zahlreiche Sprungerscheinungen und Hystereseeffekte möglich (siehe Nayfeh und Mook ([2.35], S.165ff)) und für experimentelle Beispiele Pippard ([2.36], S.76ff).

7) Es können stark irreguläre Lösungen auftreten, die unter dem Namen *chaotische* Lösungen bekannt sind. Einzelheiten dazu findet man bei Schuster [2.37] sowie Guckenheimer und Holmes ([2.38], S.227ff). Beispiele für elektrische Netzwerke, deren Beschreibungsgleichungen Lösungen mit einem irregulärem Verhalten besitzen, wurden von u.a. von Ueda [2.39], Chua,Hasler,Neirynck,Verburgh [2.40], Tang,Chua und Mees [2.41], Freire et al. [2.42] und Chua und Matsumoto in verschiedenen Arbeiten [2.43] [2.44] untersucht.

Es konnten natürlich nur die wichtigsten Veränderungen beim Übergang von linearen zu den nichtlinearen Differentialgleichungen berücksichtigt werden. Weitere Einzelheiten findet man in Abschnitt 6.9, bei Andronov, Witt und Chaikin [2.45], bei Guckenheimer und Holmes [2.38], wo man zahlreiche Literaturstellen angegeben sind, und in Bezug auf experimentelle Anordnungen beispielsweise in dem Buch von Pippard [2.36]. In dem *State-of-the-Art*-Aufsatz von Chua [2.34] werden einige der genannten Punkte im Zusammenhang mit nichtlinearen Netzwerken ausführlich diskutiert. Einen sehr guten Einblick bezüglich der linearen und nichtlinearen gewöhnlichen Differentialgleichungen erhält man, wie bereits am Anfang des Abschnittes erwähnt, mit Hilfe des Computerprogramm-Labors PHASER von Koçak [2.22]. Dieses Programmsystem beinhaltet eine große Anzahl ausgewählter Differential- und Differenzengleichungen und es gibt auch die Möglichkeit der Eingabe eigener Gleichungen, deren Lösungsverhalten mit Hilfe einer Menüsteuerung und einer komfortablen Graphik mühelos untersucht werden kann. Es ist zu empfehlen, daß jeder, der sich mit der Theorie nichtlinearer Systeme und Netzwerke eingehender befassen will, mit Hilfe von PHASER die Besonderheiten nichtlinearer Gleichungen einarbeitet.

2.3.3 Lösungsmannigfaltigkeiten parametrisierter Systeme

In Abschnitt 2.3.2 haben wir Lösungsmannigfaltigkeiten einzelner Gleichungen und Differentialgleichungen und deren Änderungen beim Übergang vom linearen zum nichtlinearen Fall behandelt. Obwohl auf diese Weise wesentliche Merkmale der beiden Klassen von Gleichungen diskutiert werden können, bleiben dennoch zahlreiche Fragen offen. So sind etwa bei der Modellbildung realer Systeme immer gewisse Freiheitsgrade vorhanden. Bezüglich eines gewählten Modells treten immer parasitäre Effekte auf, deren Größe nicht genau bekannt ist und die gegenbenenfalls in den Beschreibungsgleichungen des Modells durch "kleine" (nichtlineare) Terme mit "freien" Parametern berücksichtigt werden. In anderen Fällen möchte man bestimmte Systemparameter insbesondere beim Systementwurf zahlenmäßig nicht festlegen und als Variablen ansehen. Solche Situationen werden nicht mehr durch einzelne Systeme, sondern durch parametrisierte Systemfamilien angemessen beschrieben. Es zeigt sich, daß dieser Standpunkt für die viele Anwendungen im Ingenieurbereich nützlicher ist, als die klassische Sichtweise. So können auf Grund dieses Standpunktwechsels diejenigen Systemeigenschaften herausgearbeitet werden, welche der großen Mehrzahl der Systeme zu eigen ist. Einige Eigenschaften können sogar bei einer so großen Anzahl vorhanden sein, daß man Systeme, die diese Eigenschaft nicht besitzen, in vielen Situationen unberücksichtigt lassen kann. Bei einer weiter unten angegebenen Formalisierung dieser Vorstellung kommen wir zum Begriff der *generischen Eigenschaft*. Danach ist eine Eigenschaft als *generisch* anzusehen, wenn die Menge der Systeme, welche diese Eigenschaft *nicht* besitzen, "vom Maß Null" ist. Bevor wir diese Aussage mathematisch präzisieren, wollen wir auf die Bedeutung dieser Einteilung der Systeme in eine generische und nicht generische Teilmenge eingehen.

Wir werden anhand verschiedener Beispiele sehen, daß nicht generische Systeme oft pathologische Verhaltensweisen besitzen. Daher liegt es natürlich nahe, die nicht generischen Fälle völlig außer Betracht zu lassen. Das geht aber aus zwei Gründen nicht:

1) Ein generisches System besitzt auch die Merkmale der nicht generischen Systeme, die um so stärker in Erscheinung treten, je mehr sich ein generisches System einem nicht generischen Fall "nähert". Anders ausgedrückt, für ein generisches System gilt "everything goes", aber eine Spezifikation weiterer Systemeigenschaften ist nur dann möglich, wenn die Gesamtheit der nicht generischen Fälle bekannt ist.

2) Die meisten numerischen Algorithmen, die mit *endlicher Stellenzahl* arbeiten, sind zur Bearbeitung generischer Fälle geeignet und liefern nur in diesen Situationen "brauchbare" Ergebnisse. Handelt es sich um ein generisches System, das in der "Nähe" eines nicht generischen Falles liegt, dann reagieren die Standardalgorithmen in aller Regel sehr empfindlich und liefern stark verfälschte Resultate. Man spricht dann oft von einer *schlecht konditionierten* Problemstellung (siehe Abschnitt 4.3).

Diese beiden Situationen sollen in Bild 2.10 symbolisch veranschaulicht werden. Dabei stellen die Eckpunkte die nicht generischen Fälle dar, die von einer gestrichelt gezeichneten Gebiet umgeben sind. Diese Umgebungen kennzeichnen die generischen Fälle, welche noch "Resteigenschaften" des jeweiligen nicht generischen Falles besitzen.

Wir wollen nun die eher abstrakten Ausführungen anhand einiger ausgewählter Beispiele detaillierter erläutern. Dazu besprechen wir zunächst den Fall linearer algebraischer Gleichungen, die beispielsweise Beschreibungsgleichungen eines Netzwerkes nur aus Ohmschen Widerständen und unabhängigen Quellen sein könnten. Die Gleichungen formulieren wir mit Hilfe einer $n \times n$-Matrix $\mathbf{A} \in I\!R^{n \times n}$ im $I\!R^n$ zu

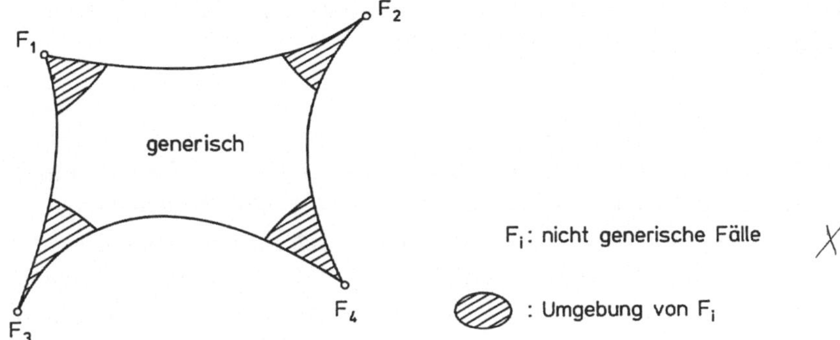

Bild 2.10. Generische und nicht generische Situationen

$$\mathbf{A}\mathbf{x} = \mathbf{b} \qquad \text{mit } \mathbf{x}, \mathbf{b} \in I\!\!R^n.$$

Ist die Matrix $\mathbf{A}$ invertierbar, dann kann mit $\mathbf{x} = \mathbf{A}^{-1}\mathbf{b}$ die explizite Lösung ange-geben werden. Ein Kriterium für die Invertierbarkeit von $\mathbf{A}$ lautet $det\,\mathbf{A} \neq 0$.

Man kann sich nun die Frage nach der "Mächtigkeit" der Teilmenge der nicht in-vertierbaren Matrizen in der Menge der $n \times n$-Matrizen $I\!\!R^{n \times n}$ stellen. Dazu lassen sich folgende Überlegungen anstellen: Es ist nicht schwierig, eine Vielzahl nicht in-vertierbarer Matrizen anzugeben. Dazu genügt es, Matrizen mit abhängigen Zeilen oder Spalten zu konstruieren. Andererseits kann eine solche *"Entartung"* durch eine beliebig kleine Abänderung einer solchen Matrix aufgehoben werden.Daher ist zu vermuten, daß die Invertierbarkeit einer Matrix eine generische Eigenschaft in der Menge $I\!\!R^{n \times n}$ ist. Zur mathematischen Präzisierung dieser Aussage müssen wir ei-nige einfache Begriffe aus der *algebraischen Geometrie* bereit stellen. Dieser Zweig der Mathematik befaßt sich (in abstrakter Form) mit der Geometrie der Nullstel-lenmenge von Polynomen mehrerer Veränderlicher. Weiterhin benötigen wir den Begriff *Menge vom Maß Null*, der mit Hilfe der Lebesgueschen Integrationstheorie begründet werden muß. Eine gut verständliche mathematische Darstellung dieser Integrationstheorie, die als eine Verallgemeinerung der Riemannschen Theorie anzu-sehen ist, findet man bei Henze [2.46]. Für unsere Zweck reicht es allerdings aus, wenn man weiß , daß man damit Teilmengen eines $I\!\!R^n$ ein *Maß* zuordnen kann. Gehen wir von einem $I\!\!R^p$ aus, dann legt die Polynomgleichungen

$$P(\mathbf{x}) = 0 \qquad \text{mit } \mathbf{x} \in I\!\!R^p$$

eine $(n-1)$-dimensionale Fläche im $I\!\!R^p$ fest. Solche Flächen bezeichnet man auch als *(algebraische) Hyperflächen*, wenn es sich nicht um ein konstantes Polynom handelt.

Die Dimension der Hyperfläche richtet sich nach Art der Zwangsbedingungen, die das definierende Polynom im $I\!R^p$ darstellt.

Beispiele 2.5 Die Nullstellenmenge des Polynoms $P(x_1, x_2) := x_1^2 + x_2^2 - 1$ ist eine eindimensionale Hyperfläche, die einen Kreis im $I\!R^2$ mit dem Radius 1 darstellt. Andere Beispiele für eindimensionale Hyperflächen sind Nullstellenmengen des Polynoms $P(x_1, x_2) := a\,x_1 + b\,x_2 + c$, die geometrisch für $a, b \neq 0$ und $c = 0$ als Gerade durch den Nullpunkt (Teilvektorraum im $I\!R^n$) und für $c \neq 0$ als Gerade interpretiert werden kann, die nicht durch den Nullpunkt geht (affiner Teilraum im $I\!R^n$).

Schließlich soll die Nullstellenmenge des Polynoms $P(x_1, x_2) := (x_1 + 1)(x_2 - 1)$ ermittelt werden (DeCarlo und Saeks ([2.47], S.100)). In einem $I\!R^n$ gibt es für $n \geq 3$ auch höher dimensionale algebraische Mannigfaltigkeiten.

∎

Als Durchschnitt endlich vieler algebraischer Hyperflächen entsteht ein Gebilde, das wir *algebraische Mannigfaltigkeit* nennen wollen. Man beachte, daß eine algebraische Mannigfaltigkeit, die durch $x^2 = y^2$ im $I\!R^2$ definiert ist, keine differenzierbare Mannigfaltigkeit sein muß, da die Umgebung des Schnittpunktes der beiden Geraden keine Teilmenge in $I\!R$ sein kann.

Man kann zeigen, daß das "Volumen" einer algebraischen Hyperfläche und damit auch das einer algebraischen Mannigfaltigkeit in Bezug auf das "Volumen" einer Kugel im $I\!R^n$ gleich Null ist. Mathematisch formuliert, das Lebesgue-Maß einer Hyperfläche im $I\!R^n$ ist gleich Null (siehe Henze [2.46]). Damit kann eine erste Definition für den Begriff der *generische Eigenschaft* angegeben werden.

Definition 2.8: (Generische Eigenschaft im algebraischen Fall) Eine Eigenschaft, die für Objekte im $I\!R^n$ gilt, heißt *generisch* (im Sinne der algebraischen Geometrie), wenn Ausnahmen dieser Eigenschaft nur auf algebraischen Mannigfaltigkeiten vorkommen.

∎

Man kann sich nun sehr leicht überlegen, daß die Invertierbarkeit in diesem Sinne eine generische Eigenschaft ist. Faßt man nämlich die Koeffizienten a_{ij} einer Matrix $\mathbf{A}$ als die $2n$ Koordinaten eines $I\!R^{2n}$ auf, dann sind nur diejenigen Matrizen nicht invertierbar, welche die Bedingung $det\,\mathbf{A} = 0$ erfüllen. Nach dem Entwicklungssatz von Laplace ist die Determinante einer Matrix bezüglich ihrer Koeffizienten ein Polynom mehrerer Veränderlicher, auf dessen Nullstellenmenge die Ausnahmen gelten. Daraus folgt die Behauptung. Liegt eine Matrix in der "Nähe" dieser algebraischen Hyperfläche, dann kann es bei der Inversion dieser Matrix mit Standardalgorithmus zu großen Fehlern kommen. In Abschnitt 4.2 wird ein solches Beispiel ausführlich diskutiert.

Der hier verwendete Begriff der Generizität ist recht einschränkend, da er nur dann geeignet ist, wenn die Nullmengen des Lebesguemaßes mit den nicht generischen Situationen übereinstimmen. Ein besserer Generizitätsbegriff beruht auf den topologischen Begriffen "Umgebung" und "Approximation"; eine Teilmenge einer Menge M heißt generisch (im topologischen Sinne), wenn es für jeden Punkt aus M *eine Umgebung* gibt, die nur Punkte der Teilmenge enthält (die Teilmenge ist offen) und jeder Punkt von M beliebig genau durch Punkte der Teilmenge approximiert werden kann (die Menge ist dicht). Demnach heißt eine Teilmenge generisch, wenn sie offen *und* dicht liegt. An Beispielen kann man sich sofort klar machen (siehe algebraische Mannigfaltigkeiten im $I\!R^2$), daß die Mengen sehr *"fett"* sind.

Nachdem man die Beschreibungsgleichungen eines Systems ermittelt hat, ist man an deren Lösungen interessiert. Dabei besprechen wir zunächst die Beschreibungsgleichungen für nichtdynamische Systeme und Netzwerke, da sich dort übersichtlichere Verhältnisse ergeben. Die Erfahrung hat gezeigt, daß eine explizite Lösung dieser Beschreibungsgleichungen nur in seltenen Fällen angegeben werden kann. Eine wichtige Ausnahme bilden die linearen Gleichungen. Für diesen Typ von Beschreibungsgleichungen steht eine vollständige Lösungstheorie in der linearen Algebra zur Verfügung, d.h. die Lösungen können explizit angegeben werden, wenn bestimmte Kriterien erfüllt sind. Außerdem gibt es eine große Anzahl numerischer Verfahren, mit denen man diese Lösungen auch dann ermitteln kann, wenn eine Handrechnung zu arbeitsaufwendig wäre.

Die Situation ändert sich, wenn die Beschreibungsgleichungen nichtlinear werden. Schon in scheinbar einfachen Situationen kann keine explizite Lösung mehr angegeben werden und mit numerischen Verfahren lassen sich nur noch lokale Näherungen berechnen.

Beispiel 2.6: In dem in Bild 2.11 gezeigten Beispiel wird ein nichtlinearer Widerstand mit einer konstanten Spannungsquelle mit Spannung U_0 versorgt. Die Lösungen

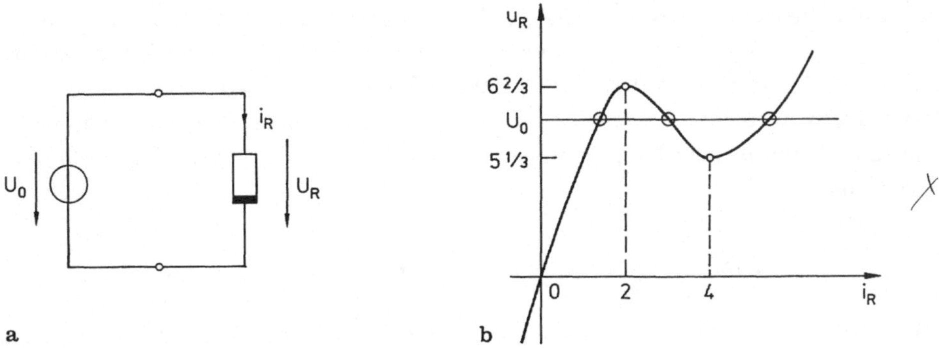

Bild 2.11. a) Nichtlineares Netzwerk, b) Kennlinie

können graphisch durch Bestimmung der Schnittpunkte der horizontalen Spannungsgeraden mit der Kennlinie des Widerstandes festgelegt werden. Aufgrund der Mehrdeutigkeit der Lösungen im Intervall $(5(1/3), 6(2/3))$ kann keine globale explizite Lösung des Problems angegeben werden. Liegt U_0 außerhalb dieses Intervalls, so kann man f in einer hinreichend kleinen Umgebung $\mathcal{U}$ von U_0 lokal umkehren, d.h. es gilt

$$I_R = f^{-1}|_{\mathcal{U}}(U_0).$$

Diese Lösung läßt sich in *diesem Fall* mit Hilfe der Cardanischen Formeln (Bronstein,Semedjajew ([2.48], S.183f)) explizit berechnen, jedoch ist es numerisch günstiger, ein Iterationsverfahren zur Ermittelung der Lösung zu verwenden.

∎

Eine andere Möglichkeit der Lösung solcher Probleme besteht darin, das vorliegende Problem in eine *ganze Familie* von Problemen *einzubetten*, wobei die Lösung für mindestens *ein* Mitglied der Familie bekannt sein muß. Unter bestimmten Voraussetzungen kann diese Lösung helfen, eine Lösung für das unbekannte Problem zu finden oder wenigstens eine Näherung dafür zu berechnen. Das Einbetten eines Problems in eine ganze Problemfamilie ist nicht neu und wurde bereits von Poincaré in der Mathematik und Himmelsmechanik [2.49] sowie von Andronov, Witt und Chaikin [2.45] in der Schwingungstheorie auch in der Anwendung auf Röhrenoszillatoren intensiv benutzt. In der netzwerktheoretischen Literatur wird diese Vorgehensweise bisher nur in seltenen Ausnahmefällen systematisch zur Problemstellung und zur Problemlösung herangezogen (siehe Richter und DeCarlo [2.50], Katzenelson [2.51]), obwohl sich verschiedene *intuitiv* gefundene Lösungsverfahren in dieser Weise deuten lassen (Warmer [2.52], Mathis und Warmer [2.53]).

In dem folgenden einfachen Beispiel soll verdeutlicht werden, was unter einer Einbettung eines Problems in eine Problemfamilie zu verstehen ist.

Beispiel 2.7: Gesucht seien die Nullstellen des Polynoms $P_1(z) = z^2 - 3z + 2$. Die Nullstellen eines quadratischen Polynoms lassen sich natürlich leicht mit Hilfe einer expliziten Lösungsformel angeben, jedoch wollen wir davon keinen Gebrauch machen. Wir gehen stattdessen von dem Polynom $P_0(z) = z^2 + (2 - j)z - 2j$ aus, dessen Nullstellen mit $z_{01} = -2$ und $z_{02} = j$ bekannt sein sollen, und definieren nun eine Einbettung in eine Familie von Polynomen $P(z, t)$, in der die Polynome P_0 und P_1 enthalten sind:

$$P(z, t) = z^2 + ((2 - j) - (5 - j)t)z - 2j + (2 + 2j)t,$$

mit $P(z, 0) = P_0(z)$ und $P(z, 1) = P_1(z)$. Wenn t von 0 nach 1 variiert, dann erhalten wir ausgehend von den bekannten Nullstellen z_{01} und z_{02} die unbekannten Nullstellen z_{11} und z_{12} des Polynoms $P_1(z)$, wenn bestimmte Bedingungen erfüllt sind, auf die wir noch näher eingehen werden.

Zur Berechnung der gesuchten Nullstellen stellen wir eine Differentialgleichung für die Kurven oder *Trajektorien* der Nullstellen z_1 und z_2 auf; sie heißt *Davindenko* Differentialgleichung. Sie lautet für unser Beispiel

$$\frac{dz_i}{dt} = \frac{(5-j)z_i - (2+2j)}{(2z_i + (2-j) - (5-j)t)}.$$

Integrieren wir diese Differentialgleichung mit einem geeigneten Integrationsverfahren, so erhalten wir die im Bild 2.12a) gezeigten Trajektorien für die Nullstellen, wobei $z =: x + jy$ gilt. Die Koeffizienten von $P(z,t)$ haben sich dabei entsprechend Bild 2.12b) geändert.

■

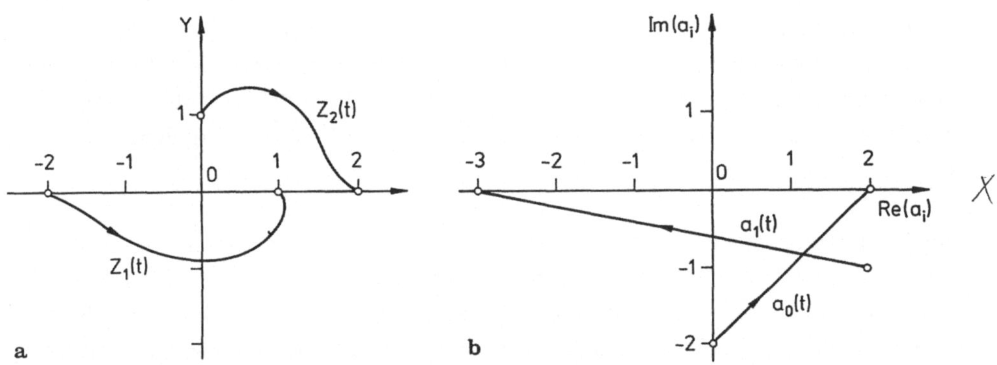

Bild 2.12. Trajektorien: a) Koeffizienten, b) Nullstellen

Im Beispiel 2.7 wurde der Einbettungsparameter willkürlich gewählt. In der System- und Netzwerktheorie sind die Beschreibungsgleichungen meistens von vornherein parameterabhängig. Man hat es demnach häufig mit einer Familie von Systemen und nicht mit einem *einzelnen* System zu tun. Während im Beispiel 2.7 die Lösungen der Polynome innerhalb der Polynomfamilie stetig ineinander übergehen, sind auch andere Situationen denkbar.

Beispiel 2.8: Eine Systemfamilie werde durch die Abbildung $f : I\!R \longrightarrow I\!R$, die definiert ist durch

$$f(x) = ax - x^3$$

mit $a \in I\!R$ beschrieben, wobei a der Einbettungsparameter ist. Der Zustandsraum $\mathcal{M}$ der Systemfamilie ist die Nullstellenmenge von f. Tragen wir $\mathcal{M}$ in Abhängigkeit von a auf, dann erhalten wir die in Bild 2.13 gezeigte Menge. Am Punkt $(x,a) =$

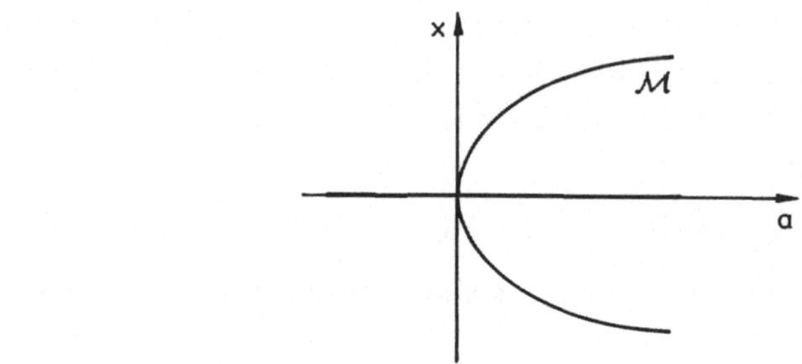

Bild 2.13. Nullstellenmenge von f in der (x, a)–Ebene

$(0, 0)$ verzweigt sich die Lösungsmenge $\mathcal{M}$; dieser Punkt wird *Verzweigungs-* oder *Bifurkationspunkt* der Systemfamilie genannt. Tritt für einen zugelassenen Wert des Einbettungsparameters eine Bifurkation auf, dann können die Trajektorien von $\mathcal{M}$ nicht mehr in einfacher Weise durch Integration der Davindenko Differentialgleichung gewonnen werden. Darauf werden wir in Abschnitt 6.4 näher eingehen.

■

Die Einbettung eines speziellen Systems in eine Systemfamilie kann also benutzt werden, um charakteristische Größen eines speziellen Systems zu bestimmen. Dazu ermittelt man zunächst grundlegende Merkmale des Zustandsraumes der Systemfamilie und schließt dann auf mögliche Verhaltensweisen des speziellen Systems. Im Gegensatz zu der expliziten Bestimmung einzelner Lösungen eines einzelnen Systems spricht man dabei von der qualitativen Untersuchung eines Systems, die immer auf der Untersuchung einer Systemfamilie basiert. So kann man beispielsweise danach fragen, ob ein Bifurkationspunkt durch *"kleine"* Störungen, d.h. dem Übergang zu einem *"in der Nähe liegenden"* Mitglied der Systemfamilie zerstört werden kann. Man spricht in diesem Zusammenhang von der *Stabilität* eines Bifurkationspunktes. Im folgenden Beispiel soll dieser Begriff veranschaulicht werden.

Beispiel 2.9: Ändert man die Abbildung f der Systemfamilie des Beispiels 2.8 in folgender Weise ab

$$\tilde{f}(x) = f(x) + b = ax - x^3 + b$$

mit $b \in I\!\!R^+$, so erhalten wir eine Systemfamilie, die von zwei Parametern abhängt. Untersucht man deren Nullstellenmenge in Abhängigkeit von *a und b*, so zeigt sich, daß sich für alle *festen* $b \neq 0$ eine Menge $\mathcal{M}$ ergibt, die sich qualitativ von der Menge $\mathcal{M}$ des Beispiels 2.8 unterscheidet (siehe Bild 2.14). Einen vollständigen Überblick über die möglichen Zustandsräume der Systemfamilie mit der Abbildung f erhält man erst dann, wenn man sich die Menge $\mathcal{M}$ im (x, a, b)-Raum ansieht. In Bild 2.15 ist eine solche Menge für die Abbildung f skizziert worden. Dieses Hinzufügen eines

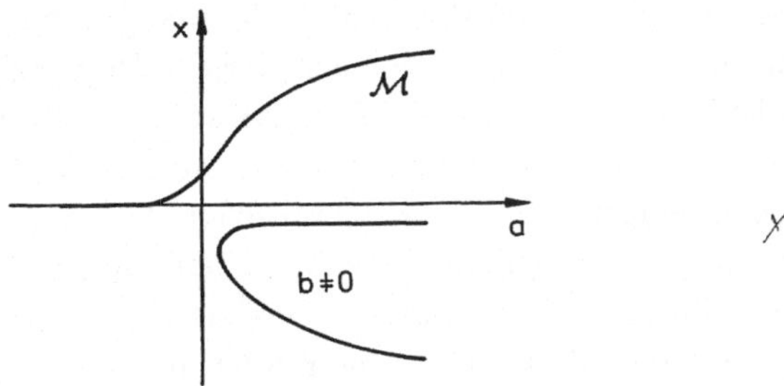

Bild 2.14. Nullstellenmenge von $\tilde{f}$ in der (x,a)–Ebene

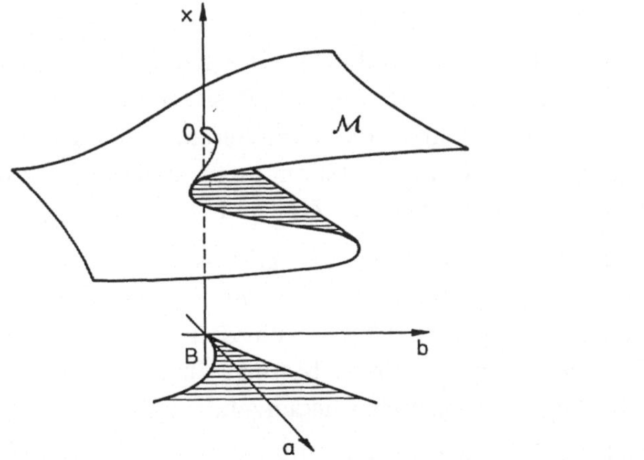

Bild 2.15. Nullstellenmenge von $\tilde{f}$ in der (x,a,b)–Ebene

zusätzlichen Parameters bzw. das Einbetten der Systemfamilie in eine umfassendere Familie zur Untersuchung der Menge der Bifurkationen wird *Unfolding* genannt. Die in Bild 2.15 gezeigte Menge B bezeichnet man als Bifurkationsmenge; wegen ihrer Spitze wird sie *Cusp* genannt und wird durch die Gleichung $27b^2 = 4a^3$ beschrieben.

■

Im Rahmen der *Singularitätentheorie* und der *Katastrophentheorie* werden die verschiedenen Unfoldings von Abbildungsfamilien klassifiziert. Dabei werden die Abbildungsfamilien bezüglich der Parameter als unendlich oft differenzierbar vorausgesetzt. Wesentlich ist, wieviele Parameter zu den vorhandenen hinzugefügt werden müssen, damit die Nullstellenmengen *stabil* gegenüber "kleinen" Störungen sind. Weitere Einzelheiten findet man bei Arnol'd [2.23].

Ähnliche Verhältnisse wie bei den Nullstellenmengen von differenzierbaren Abbildungen liegen vor, wenn es sich bei den Beschreibungsgleichungen eines Systems bzw. Netzwerkes um Differentialgleichungen handelt. Man kann sogar davon sprechen, daß die zuvor genannten Situationen Spezialfälle dieses allgemeineren Typs sind. Nullstellenmengen von nichtdynamischen Beschreibungsgleichungen können als Gleichgewichtspunkte dynamischer Beschreibungsgleichungen interpretiert werden. Unter bestimmten Bedingungen sind sie die asymptotischen Lösungen von Differentialgleichungen. Zunächst ist man allerdings an den Lösungen selbst interessiert. Wie im nichtdynamischen Fall liegt nur bei den linearen Differentialgleichungen eine geschlossene Lösungstheorie vor. Explizite Lösungen können jedoch nur dann angegeben werden, wenn die Koeffizienten der linearen Differentialgleichungen konstant sind. Systeme, die durch solche Gleichungstypen beschrieben werden, nennt man *lineare zeitinvariante Systeme* bzw. *Netzwerke*. Wir werden in Abschnitt 6.4 zeigen, daß diese Gleichungen in parameterabhängige algebraische Gleichungen transformiert werden können, so das letztlich Ähnlichkeiten mit den linearen nichtdynamischen Systemen nicht zufällig sind. Besitzen die linearen Differentialgleichungen zeitabhängige Koeffizienten, dann existieren, von Ausnahmen abgesehen, keine allgemein anwendbaren Lösungsverfahren mehr; das gilt auch dann, wenn die Koeffizienten periodische Funktionen der Zeit sind.

Für nichtlineare Differentialgleichungen gibt es nicht einmal mehr eine allgemeine Lösungstheorie. Jede Gleichung muß separat untersucht werden. Für einige nichtlineare Differentialgleichungen können allerdings Lösungen angegeben werden; in seltenen Fällen sogar die allgemeine Lösung. In der Mehrzahl der Fälle muß man sich jedoch mit Näherungslösungen begnügen.

Eine sehr erfolgreiche Näherungsmethode geht davon aus, daß sich die nichtlineare Differentialgleichung als *gestörte* lineare Differentialgleichung auffassen läßt. Dazu bettet man die zu untersuchende nichtlineare Gleichung in eine Familie von Differentialgleichungen ein, in der auch eine lineare Gleichung enthalten ist. Da die Lösung dieser linearen Gleichung bekannt ist, versucht man davon ausgehend, eine *gute* Näherungslösungen der interessierenden nichtlinearen Gleichung zu finden. In Abschnitt 6.10 werden wir die verschiedenen Verfahren der *Störungstheorie* ausführlich behandeln und an Beispielen erläutern. Eine analoge Vorgehensweise kann auch bei den Input-Output-Systemen angewendet werden. Zur Ermittelung von Näherungen für die Ausgangsfunktion des Systems werden sogenannte *Volterra-Reihen* benutzt, auf die wir in Abschnitt 6.12 eingehen werden.

Natürlich kann man sich an dieser Stelle fragen, warum man die Lösungen solcher Problemstellungen nicht mit Hilfe eines Computers errechnet. Die Antwort darauf ist sehr einfach. Wenn man sich nur für eine spezielle Lösung der Gleichung interessiert, dann ist der Computer das geeignete Hilfsmittel. Häufig ist man jedoch an qualitativen Informationen über die verschiedenen Lösungstypen eines Systems als auch an denjenigen Eigenschaften interessiert, die ungeändert bleiben, wenn man zu der betrachteten Gleichung einen Störterm hinzufügt.

Aber auch vom praktischen Standpunkt ist es nicht immer ausreichend, eine spezielle Lösung zu kennen. So startet der Ingenieur beim Entwurf eines Systems meistens mit einer *Familie möglicher Systemlösungen* und wählt dasjenige aus, welches weitere von ihm vorgegebene Eigenschaften erfüllt. In diesen Fällen müßte man eine große Anzahl von speziellen Lösungen mit dem Computer berechnen, um eine solche *Syntheseaufgabe* zu lösen. Daher ist es in solchen Situationen effektiver, Eigenschaften der Lösungsmannigfaltigkeit auszunutzen. Demzufolge muß man auf Verfahren zurückgreifen, die qualitative Informationen über diese Lösungsmannigfaltigkeit liefern, ohne daß eine explizite Lösung der Differentialgleichung erforderlich ist. Auch für diese Aufgabenstellung ist ein geometrischer Standpunkt der Systemanalyse außerordentlich hilfreich.

3 Grundlagen der Theorie elektrischer Netzwerke

3.1 Die Maxwellschen Gleichungen

Ein elektrisches Netzwerk besteht nach Abschnitt 2.1 aus Subsystemen, die miteinander über ein Verbindungsnetzwerk wechselwirken, wobei die Wechselwirkung elektrisch oder magnetisch erfolgen kann. Zur Beschreibung eines elektrischen Netzwerkes werden Systemvariablen benötigt, mit denen sich die Subsysteme als auch das Verbindungsnetzwerk charakterisieren lassen. Es ist naheliegend, daß man dazu die elektromagnetischen Größen verwendet, mit denen die Maxwellsche Theorie formuliert wird, da mit ihr eine große Anzahl elektromagnetischer Phänomene beschrieben werden können; Beispiele dafür sind elektrostatische Effekte, langsam veränderliche Stromkreise bis hin zur Ausbreitung elektromagnetischer Wellen. Die Maxwellsche Theorie ist in ihrer Grundform eine Kontinuumstheorie. Sie wurde jedoch von Lorentz [3.1] derart erweitert, daß sie der experimentellen Tatsache der Bindung von Ladungen an materielle Ladungsträger Rechnung trägt. Dementsprechend wird die Bewegung der Ladungsträger durch die Gesetze der Mechanik der Massenpunkte beschrieben. Man erhält auf diese Weise eine der möglichen Theorien der *Elektrodynamik bewegter Medien* (Abraham ([3.2], S.287ff)). In beiden Fällen sind die Beschreibungsgrößen der Theorie raum-zeitlich definierte Felder (allerdings mit unterschiedlicher Interpretation), deren gegenseitige Abhängigkeiten mit Hilfe von partiellen Differentialgleichungen formuliert werden. Die Grundgleichungen der Maxwellschen Theorie lauten im Fall *ruhender Medien*

$$rot\ \mathbf{E} = -\frac{\partial \mathbf{B}}{\partial t}, \qquad rot\ \mathbf{H} = \frac{\partial \mathbf{D}}{\partial t} + \mathbf{j}(t),$$
$$div\ \mathbf{B} = 0,$$
$$div\ \mathbf{D} = \varrho(t), \tag{3.1}$$

wobei $\mathbf{j}(t)$ die vorgegebene Stromdichte- und $\varrho(t)$ die vorgegebene Ladungsdichteverteilung ist. Außerdem müssen noch die Materialgleichungen

$$\mathbf{D} = \varepsilon\ \mathbf{E}, \qquad \mathbf{H} = \frac{1}{\mu}\ \mathbf{B} \tag{3.2}$$

hinzugefügt werden. Dabei sind die vier Vektorfelder

$$\mathbf{E} : \text{elektrisches Feld} \qquad \mathbf{H} : \text{magnetisches Feld}$$
$$\mathbf{D} : \text{elektrische Verschiebung} \qquad \mathbf{B} : \text{magnetische Induktion}$$

die elektromagnetischen Grundgrößen der Theorie. Schließlich kommen noch Rand- und Anfangsbedingungen hinzu, die u.a. durch die Geometrie der Anordnung bestimmt sind.

Eine explizite Lösung der Maxwellschen Gleichungen kann nur in den wenigen Fällen angegeben werden, bei denen eine Separation der räumlichen Variablen möglich ist; kugel- oder zylindersymmetrische Probleme sind Beispiele dafür. Ein wesentlicher Grund für die Schwierigkeiten bei der Lösung sind die engen Kopplungen der elektrischen und magnetischen Vektorfelder über die partiellen Ableitungen. Daher versucht man diese Kopplungen zu verringern, wenn eine explizite Lösung unmöglich ist. Auf diese Weise gelangt man zu Näherungstheorien, die jedoch nur in bestimmten Situationen brauchbare Resultate liefern. Eine ausführliche Beschreibung dieser Näherungstheorien findet man in ungezählten Büchern, die sich seit dem Erscheinen der berühmten Maxwellschen Abhandlung *"A Treatise on Electricity and Magnetism"* [3.3] mit der Theorie der Elektrizität befassen. Wir stützen uns insbesondere auf das Buch von Meetz und Engl [3.4], das neben einer ungewöhnlich ausführlichen Diskussion der theoretischen Grundlagen eine Fülle von Anwendungen aus der Physik und Elektrotechnik enthält. Da wir für die Netzwerktheorie einige Grundkenntnisse der Maxwellschen Theorie benötigen, stellen wir kurz einige der Näherungstheorien vor.

Bei *zeitunabhängigen* Ladungsverteilungen ϱ_0 und Stromdichten $\mathbf{j}_0$ erwarten wir auch *zeitunabhängige* Felder. Infolgedessen verschwinden die partiellen Zeitableitungen der magnetischen Induktion $\mathbf{B}$ und der elektrischen Verschiebung $\mathbf{D}$. Damit zerfallen die Maxwellschen Gleichungen in zwei voneinander unabhängige Teile

$$rot\ \mathbf{E} = \mathbf{0}, \quad div\ \mathbf{D} = \varrho_0, \quad \mathbf{D} = \varepsilon\ \mathbf{E}$$

und

$$rot\ \mathbf{H} = \mathbf{j}_0, \quad div\ \mathbf{B} = 0, \quad \mathbf{H} = \frac{1}{\mu}\ \mathbf{B}.$$

Der erste Satz von Gleichungen bildet die Grundlage für die *Elektrostatik*, während der zweite Satz die Basis der *stationären Theorie des magnetischen Feldes* ist. Diese Gleichungen sind für zahlreiche Aufgabenstellungen gelöst worden. Den Leser verweisen wir auf Meetz und Engl.

Sind die Quellen $\mathbf{j}(t)$ und $\varrho(t)$ zeitabhängig, so müssen die *vollen* Maxwellschen Gleichungen (3.1) gelöst werden. Es liegt aber nahe, unter bestimmten Voraussetzungen den Term $\partial \mathbf{D}/\partial t$ gegenüber der Stromdichte $\mathbf{j}$ zu vernachlässigen. Das ist jedoch mit der Kontinuitätsgleichung,

$$div\ \mathbf{j} + \frac{\partial \varrho}{\partial t} = 0 \qquad\qquad (3.3)$$

nicht verträglich. Der Widerspruch folgt aus der Maxwellschen Gleichung für *rot* **H**; wegen *div rot* **H** $\equiv 0$ ergibt sich mit $\partial \mathbf{D}/\partial t = \mathbf{0}$ die Beziehung *div* **j** $= 0$. Die Beziehung (3.3) muß aber erfüllt sein, denn bekanntlich handelt es sich um das experimentell sehr gut bestätigte Gesetz von der *Ladungserhaltung*. Daher muß man zumindest einen Teil des Verschiebungsstromes auch weiterhin berücksichtigen.

Meetz und Engl schlagen vor, den Anteil $\partial \mathbf{D}_0/\partial t$ von $\partial \mathbf{D}/\partial t$ mit

$$div \ \mathbf{D}_0 = \varrho(t)$$

in den Feldgleichungen zu berücksichtigen; sie gelangen so zu einer Theorie des *quasistationären* elektromagnetischen Feldes. Die Begründung von Meetz und Engl basieren auf einer *formalen* Reihenentwicklung und ist daher von eher heuritischer Natur. Wir wollen stattdessen die Überlegungen von Ludwig [3.5] vorstellen, die nicht nur zu einer mathematisch einwandfreien Begründung der quasistationären Näherung führen, sondern auch einen besseren Einblick in die physikalischen Zusammenhänge erlauben. Der Einfachheit halber beschränken wir uns auf die Maxwellschen Gleichungen im Vakuum. Dazu werden zunächst Potentiale eingeführt und die entsprechenden Feldgleichungen formuliert. Wir machen den Ansatz

$$\mathbf{B}(\mathbf{r},t) =: rot \ \mathbf{A}(\mathbf{r},t), \tag{3.4}$$

wobei $\mathbf{A}(\mathbf{r},t)$ *Vektorpotential* heißt. Mit Gleichung (3.1) folgt somit

$$rot \ (\mathbf{E}(\mathbf{r},t) + \mathbf{A}'(\mathbf{r},t)) = \mathbf{0}, \tag{3.5}$$

d.h. es existiert ein skalares Potential $\varphi(\mathbf{r},t)$ (wegen *rot grad*$(\cdot) \equiv \mathbf{0}$)

$$-grad \ \varphi(\mathbf{r},t) = \mathbf{E}(\mathbf{r},t) + \mathbf{A}'(\mathbf{r},t). \tag{3.6}$$

Setzen wir (3.6) in (3.1) ein und verwenden die Materialgleichung (3.2) dann ergibt sich

$$\triangle\varphi(\mathbf{r},t) + div \ \mathbf{A}' = -\frac{\varrho(\mathbf{r},t)}{\varepsilon_0}. \tag{3.7}$$

Das Einsetzen von (3.4) und (3.7) in Gl.(3.1) ergibt schließlich

$$\triangle\mathbf{A} - grad \ div \ \mathbf{A} - \mu_0\varepsilon_0 \ (grad \ \varphi' - \mathbf{A}'') = -\mu_0 \ \mathbf{j}(\mathbf{r},t) \tag{3.8}$$

Die Gleichungen (3.7) und (3.8) müssen bei vorgegebener Ladungsverteilung $\varrho(\mathbf{r},t)$ und Stromdichteverteilung $\mathbf{j}(\mathbf{r},t)$ gelöst werden.

Bemerkung 3.1: Ein Übergang von den Potentialen **A** und φ auf die neuen Potentiale

$$\begin{aligned} \tilde{\mathbf{A}} &= \mathbf{A} + grad \ \phi(\mathbf{r},t), \\ \tilde{\varphi} &= \varphi - \phi'(\mathbf{r},t). \end{aligned} \tag{3.9}$$

ändert die Felder nicht, denn es gilt

$$rot\ \tilde{\mathbf{A}} = rot\ \mathbf{A} + rot\ grad\ \phi(\mathbf{r},t) = rot\ \mathbf{A},$$

da $rot\ grad\ \equiv 0$ ist, und

$$\tilde{\mathbf{E}} = -grad\ \varphi + grad\ \phi'(\mathbf{r},t) - \mathbf{A}' - grad\ \phi'(\mathbf{r},t) =$$
$$= -grad\ \varphi - \mathbf{A}' = \mathbf{E}.$$

Die Transformation (3.9) wird *Eichtransformation* genannt. Sie kann so gewählt werden, daß für die Potentiale beispielsweise eine der beiden Beziehungen gilt:

$$div\ \mathbf{A} = -\varepsilon_0\mu_0\ \varphi' \qquad \text{(Lorentz-Eichung)}, \qquad (3.10)$$
$$div\ \mathbf{A} = 0 \qquad \text{(Coulomb-Eichung)}. \qquad (3.11)$$

Allgemein muß $\phi(\mathbf{r},t)$ die Gleichung

$$\triangle\phi - \varepsilon_0\mu_0\ \phi'' = -(div\ \mathbf{A} + \varepsilon_0\mu_0\ \varphi') \qquad (3.12)$$

erfüllen. Die Bedingungen (3.10) und (3.11) schränken die möglichen Eichtransformationen ein.

∎

Im Fall der Coulomb-Eichung vereinfachen sich (3.7) und (3.8) zu

$$\triangle\varphi = -\frac{\varrho(\mathbf{r},t)}{\varepsilon_0} \qquad (3.13)$$

und

$$\triangle\mathbf{A} - \varepsilon_0\mu_0\ \mathbf{A}'' = -\mu_0\ \mathbf{j}(\mathbf{r},t) + \mu_0\varepsilon_0\ grad\ \varphi'. \qquad (3.14)$$

Die Lösung von (3.13) lautet (siehe Ludwig)

$$\varphi(\mathbf{r},t) = \frac{1}{4\pi\varepsilon_0}\ \int \frac{\varrho(\tilde{\mathbf{r}},t)}{|\ \mathbf{r} - \tilde{\mathbf{r}}\ |}d\tilde{\mathbf{r}}^3; \qquad (3.15)$$

sie wird *nicht retardiertes* oder *momentanes Coulombpotential* genannt.

Mit $\mathbf{J}(\mathbf{r},t) := \mathbf{j}(\mathbf{r},t) - \varepsilon_0\ grad\ \varphi'$ erhalten wir die Lösung von (3.14) zu

$$\mathbf{A}(\mathbf{r},t) = \frac{\mu_0}{4\pi}\ \int \frac{\mathbf{J}(\tilde{\mathbf{r}},t - \frac{|\mathbf{r}-\tilde{\mathbf{r}}|}{c})}{|\ \mathbf{r} - \tilde{\mathbf{r}}\ |}d\tilde{\mathbf{r}}^3; \qquad (3.16)$$

wobei $c := 1/\sqrt{\varepsilon_0\mu_0}$ die Lichtgeschwindigkeit im Vakuum ist.

Zerlegen wir das elektrische Feld $\mathbf{E}$ wegen (3.6) in einen rotationsfreien Anteil $\mathbf{E}_i$ und einen divergenzfreien Anteil $\mathbf{E}_c$ (was immer möglich ist)

$$\mathbf{E} = \mathbf{E}_i + \mathbf{E}_c, \qquad (3.17)$$

wobei die Anteile definiert sind durch $\mathbf{E}_i := -\mathbf{A}'$ und $\mathbf{E}_c := -grad\ \varphi$, so gelten folgende Aussagen:

$$
\begin{aligned}
&1)\ rot\ \mathbf{E}_c = \mathbf{0} \quad (\text{wegen } rot\ grad\ \varphi = \mathbf{0}),\\[4pt]
&2)\ div\ \mathbf{E}_i = 0 \quad (\text{wegen } div\ \mathbf{A} = 0),\\[4pt]
&3)\ div\ \mathbf{E}_c = \frac{\varrho(\mathbf{r},t)}{\varepsilon_0} \quad (\text{wegen } div\ \mathbf{E} = div\ \mathbf{E}_c),\\[4pt]
&4)\ rot\ \mathbf{E}_i = -\frac{\partial \mathbf{B}}{\partial t} \quad (\text{wegen } rot\ \mathbf{E} = rot\ \mathbf{E}_i).
\end{aligned}
$$

Weiterhin läßt sich $\mathbf{J}$ schreiben zu

$$\mathbf{J}(\mathbf{r},t) = \mathbf{j}(\mathbf{r},t) + \varepsilon_0\,\frac{\partial \mathbf{E}_c}{\partial t} \tag{3.18}$$

mit $div\ \mathbf{J}(\mathbf{r},t) = 0$ (wegen $0 \equiv div(rot\ \mathbf{B}) = div(\varepsilon_0\ \partial \mathbf{E}_i/\partial t + \varepsilon_0\ \partial \mathbf{E}_c/\partial t + \mathbf{j}(\mathbf{r},t)) \overset{2)}{=} div(\varepsilon_0\ \partial \mathbf{E}_c/\partial t + \mathbf{j}(\mathbf{r},t)))$.

Der Term $\varepsilon_0 \partial \mathbf{E}_c/\partial t$ wird nach Maxwell *Verschiebungsstrom* genannt; er tritt in der *Coulomb-Eichung* formal als Inhomogenität auf.

Lassen wir in (3.16) die *Retardierung* weg

$$\mathbf{A}(\mathbf{r},t) = \frac{\mu_0}{4\pi}\ \int \frac{\mathbf{J}(\tilde{\mathbf{r}},t)}{|\,\mathbf{r} - \tilde{\mathbf{r}}\,|} d\tilde{\mathbf{r}}^3, \tag{3.19}$$

dann erhalten wir die Potentiale und damit auch die Felder in *quasistationärer Näherung*. Diese Näherung ist mit den abgeänderten Maxwellschen Gleichungen

$$
\begin{aligned}
rot\ \mathbf{E}_c &= \mathbf{0}, & div\ \mathbf{E}_c &= \frac{\varrho(\mathbf{r},t)}{\varepsilon_0},\\[6pt]
div\ \mathbf{E}_i &= 0, & rot\ \mathbf{E}_i &= -\frac{1}{\varepsilon_0}\frac{\partial \mathbf{B}}{\partial t},\\[6pt]
rot\ \mathbf{B} = \mu_0\ (\varepsilon_0\ \frac{\partial \mathbf{E}_c}{\partial t}) + \mathbf{j}(\mathbf{r},t), & & div\ \mathbf{B} = 0
\end{aligned}
$$

mit $\mathbf{E} = \mathbf{E}_i + \mathbf{E}_c$ äquivalent. Eine andere Form lautet

$$\triangle\varphi = -\frac{\varrho(\mathbf{r},t)}{\varepsilon_0}, \qquad \mathbf{E}_c = -grad\ \varphi,$$

$$\triangle\mathbf{A} = -\mu_0\ (\varepsilon_0\ \frac{\partial \mathbf{E}_c}{\partial t} + \mathbf{j}(\mathbf{r},t)), \tag{3.20}$$

$$\mathbf{E}_i = -\mathbf{A}', \quad \mathbf{B} = rot\ \mathbf{A}, \quad div\ \mathbf{A} = 0.$$

Daran ist zu erkennen, daß sich diese Gleichungen von den *vollen* Maxwellschen Gleichungen lediglich um den Term $\mu_0\varepsilon_0\partial \mathbf{E}_i/\partial t = \mu_0\varepsilon_0\mathbf{A}''$ unterscheiden. Ein praktischer Vorteil bei der Verwendung der quasistationären Näherung ergibt sich dadurch, daß man bei einer vorgegebenen Ladungsverteilung $\varrho(\mathbf{r},t)$ zunächst das Potential $\varphi(\mathbf{r},t)$

und damit das elektrische Feld $\mathbf{E}_c(\mathbf{r}, t)$ bestimmt; anschließend berechnet man bei vorgegebener Stromdichteverteilung $\mathbf{j}(\mathbf{r}, t)$ das Vektorpotential $\mathbf{A}(\mathbf{r}, t)$ und schließlich die Felder $\mathbf{B}(\mathbf{r}, t)$ und $\mathbf{E}_i(\mathbf{r}, t)$. Durch diese Vorgehensweise werden die elektrischen und die magnetischen Gleichungen der vollständigen Maxwellschen Theorie entkoppelt.

Diese Näherungstheorie der Maxwellschen Theorie kann allerdings nur auf Raumbereiche angewendet werden, deren Durchmesser d der Ungleichung

$$d \ll c\,T = \lambda \tag{3.21}$$

genügt; dabei ist T die zeitliche Periode der Änderung der Quellengrößen ϱ und $\mathbf{J}$, c die Lichtgeschwindigkeit und λ die entsprechende Wellenlänge. In den elektrotechnischen Anwendungen ist diese Bedingung bei vielen praktischen Problemstellungen in sehr guter Näherung erfüllt.

Die Netzwerktheorie konzentriert sich auf die Analyse von Phänomenen, die mit der quasistationären Theorie des elektromagnetischen Feldes hinreichend genau beschrieben werden können. Eine Feldbeschreibung ist aber für viele elektrotechnische Anordnungen aufgrund ihrer großen Komplexität nicht möglich. Daher arbeitet man mit räumlich gemittelten Größen, so daß die Ausdehnungen einer Anordnung in der Netzwerktheorie nicht berücksichtigt werden können. Die wichtigsten Mittelwertgrößen sind Strom und Spannung, die mit Hilfe passender Oberflächen- bzw. Weg-Integrale definiert werden

$$
\begin{aligned}
i(t) &:= \int_{\mathcal{D}} \left(J(t) + \frac{\partial D}{\partial t}(t) \right)\, dA, \\
u(t) &:= \int_{\Gamma} E(t)\, ds;
\end{aligned}
\tag{3.22}
$$

die Größe der Integrationsgebiete $\mathcal{D}$ und Γ muß sich an der Ungleichung (3.21) orientieren.

Strom und Spannung sind die *Systemvariablen* der Netzwerktheorie. Demzufolge müssen sie zur Charakterisierung der Subsysteme und des Verbindungsnetzwerkes verwendet werden. Die partiellen Differentialgleichungen der quasistationären Theorie benutzt man zur Ableitung der Beschreibungsgleichungen der Subsysteme, wobei die Feldgrößen mit Hilfe von Mittelungen durch Ströme und Spannungen ersetzt werden müssen. Darauf gehen wir in den folgenden Abschnitten 3.2 und 3.3 näher ein.

3.2 Modellbildung für die Subsysteme

3.2.1 Prinzipien der Modellbildung

Die Beschreibung der Elemente in der Netzwerktheorie erfolgt mit Strömen und Spannungen. Demzufolge muß das Verhalten eines Bauelementes mit Hilfe dieser physikalischen Größen spezifiziert werden. Um die Problematik zu verdeutlichen, betrachten wir ein Bauelement mit zwei meßtechnisch zugänglichen Klemmen. Diese Klemmen verbinden wir mit einer Quellenanordnung. Entsprechend den Maxwellschen Gleichungen fließt über die Zuleitung ein Strom, den wir mit einem Strommeßgerät messen, und über den Klemmen liegt eine Spannung, die mit einem Spannungsmeßgerät gemessen wird. Wir nehmen nun an, daß wir *ideale* Meßgeräte verwenden, die auf die Schaltung keinen Einfluß ausüben. In der Praxis lassen sich die störenden Effekte nichtidealer Meßgeräte meistens herausrechnen. Um das Bauelement bezüglich der Größen Strom und Spannnung eindeutig festzulegen, müssen alle Strom/Spannungspaare gemessen werden. Diese Aussage ist natürlich sehr unscharf, denn es ist nicht leicht zu sagen, was man unter *allen Strom/Spannungspaaren* meßtechnisch zu verstehen hat. Geht man beispielsweise davon aus, daß es sich um *alle* sinusförmigen Spannungen und Ströme handelt, so müßte man das Subsystem unter dem Einfluß sämtlicher Amplituden, Frequenzen und Phasenlagen dieser sinusförmigen Größen untersuchen – eine sicherlich gigantische Aufgabe. Dabei sind Störeffekte des ”Sinus-Generators” nicht einmal berücksichtigt worden.

Eine alternative Vorgehensweise besteht darin, ein Modell für das zu untersuchende Bauelement zu entwickeln, daß in seinem Strom-Spannungsverhalten die Meßergebnisse ”gut” reproduziert. Dabei kann man z.B. so vorgehen, daß man die entsprechenden physikalischen Grundgleichungen, wie die Maxwellschen Gleichungen, Transportgleichungen, quantenmechanischen Gleichungen usw., benutzt, um daraus unter Verwendung gewisser Näherungen, ein einfacheres Gleichungssystem zur Beschreibung des Bauelementes zu erhalten. Können die Gleichungen mit Hilfe von Netzwerkelementen gedeutet werden, so erhält man ein *Netzwerkmodell* für dieses Bauelement. Andernfalls können die freien Konstanten der Gleichungen mit geeigneten numerischen Methoden an die Meßergebnisse angepaßt werden. Insbesondere bei linearen Modellen und nichtlinearen Modellen, die nur wenig vom linearen Fall abweichen, benutzt man allgemeine funktionale Abhängigkeiten und paßt die freien Parameter an die Meßergebnisse an. Von den dahinterliegenden physikalischen Gesetzmäßigkeiten wird dann kaum Gebrauch gemacht. Beispiele dafür sind einfache Modelle für aktive Bauelemente wie Röhren und Transistoren.

Ein realistisches mathematisches Modell oder Netzwerkmodell sollte jedoch nach Chua [3.6] gewisse grundlegende Eigenschaften haben:

1) *Wohldefiniertheit:* Ein Modell ist wohldefiniert, wenn es nicht zu unphysikalischen Situationen kommt, nachdem das Modell mit anderen wohldefinierten Modellen

zusammengeschaltet wird. Beispiele: nicht eindeutige Lösungen, *impasse point*, *finite-forward-escape-time solution* usw. (siehe Abschnitt 6.9.4).

2) *Simulationsfähigkeit:* Wenn eine endliche Menge von zuvor gemessenen zugelassenen Strom/Spannungspaaren des Bauelementes vorliegt, d.h. eine unvollständige Datenmenge, so sind die entsprechenden Ergebnissen einer Simulation hinreichend gut.

3) *Qualitative Ähnlichkeit:* Das Modell sollte das gleiche qualitative Verhalten wie das Bauelement besitzen, wenn es in entsprechender Weise angeregt wird.

4) *Vorhersagbarkeit:* Mit dem Modell sollte es möglich sein, unbekannte Arbeitszustände vorherzusagen.

5) *Strukturstabilität:* Die qualitativen Eigenschaften des Modells sollten sich bei "kleinen" Störungen nicht ändern.

Die Definition der Wohldefiniertheit ist sicherlich etwas zu streng, denn eine ideale Spannungsquelle ist beispielsweise in diesem Sinne *kein* wohldefiniertes Modell des Bauelementes *Batterie*, weil zwei solche Spannungsquellen mit verschiedenen Spannungen nicht parallel verbunden werden können. Das zeigt, daß die Eigenschaften 1) bis 5) für eine *allgemeine Modellbildung* zwar wünschenswert sind, aber daß in besonderen Fällen unter Einhaltung gewisser Vorsichtsmaßnahmen (z.B. keine Parallelschaltung idealer Spannungsquellen usw.) auch Modelle verwendet werden können, die eine oder mehrere dieser Eigenschaften nicht besitzen.

Ein allgemeines Modell enthält immer freie Parameter, die an die Messungen angepaßt werden müssen. Diese Modellparameter sollten jedoch nur von dem Bauelement und nicht von der externen Beschaltung abhängen.

3.2.2 Die physikalische Modellbildung

Der Sinn eines Modells für ein Bauelement besteht in der genügend genauen Simulation aller meßtechnisch ermittelbaren Spezifikationen. Dazu ist es notwendig, daß man alle wesentlichen Eigenschaften und Verhaltensweisen des Bauelementes nachbildet. Der zuverlässigste und logisch befriedigenste Weg, Informationen über die Eigenschaften des Bauelementes zu gewinnen, ist eine genaue Analyse der physikalischen Mechanismen. Bei dieser Vorgehensweise hängt der Gültigkeitsbereich des Modells davon ab, wie "gut" die physikalischen Theorien diese Mechanismen beschreiben. Desweiteren hängt der Gültigkeitsbereich auch von der Güte der Näherungen ab, die während der *Ableitung* der Beschreibungsgleichungen durchführt werden, ehe man daraus das Netzwerkmodell gewinnt.

Die physikalische Modellbildung erfolgt demgemäß in vier Grundschritten:

1) Analyse der Bauelemente-Physik und Unterteilung der Geometrie des Elementes,
2) Formulierung der physikalischen Gleichungen,

3) Vereinfachung der Gleichungen und Lösungen,
4) (Nicht)lineare Netzwerk-Synthese.

Diese Vorgehensweise soll nun anhand der Modellbildung eines Halbleiter-Bauelementes beispielhaft erläutert werden. Dazu müssen wir zunächst die physikalischen Grundlagen zur Beschreibung solcher Subsysteme zusammenstellen.

Die wesentlichen Eigenschaften von Halbleiter-Bauelementen lassen sich mit Hilfe eines halbklassischen Modells in befriedigender Weise erklären, das auf van Roosbroeck [3.7] zurückgeht. Eine ausführliche Behandlung findet man in dem Buch von Selberherr [3.8]. Zur phänomenologischen Beschreibung der Vorgänge in einem Halbleiter werden die Maxwellsche Theorie, die statistische Thermodynamik und die Transporttheorie herangezogen, denen einige nur quantenmechanisch erklärbare Annahmen hinzugefügt werden:

1) Im Halbleiter existieren zwei Arten quasifreier Ladungsträger, Elektronen und Löcher; man spricht von *Quasiteilchen* (siehe Fritzsch [3.9]). Diese gehorchen den Maxwell-Lorentzschen Gleichungen und den Gesetzen der statistischen Thermodynamik. Eine Begründung für diese Annahmen wird in der Festkörpertheorie gegeben (siehe beispielsweise Haug [3.10]). Dabei wird den Quasiteilchen eine *effektive Masse* zugeordnet, in der die Wechselwirkung mit dem Kristallgitter teilweise berücksichtigt wird.

2) Quasifreie Elektronen und Löcher sowie ionisierte Störstellen, die je nach Atomtyp *Donatoren* oder *Akzeptoren* genannt werden, lassen sich zu Kollektiven zusammenfassen, welche dem Massenwirkungsgesetz folgen.

3) Der Transport der beweglichen Ladungsträger geschieht durch Drift und Diffusion. Die Ursache des *Driftstromes* ist der Gradient des elektrischen Potentials, während die thermische Bewegung der Ladungsträger bei ortsabhängiger Dichte p(r) der Löcher und n(r) der Elektronen den *Diffusionsstrom* hervorruft. Je eine Transportgleichung für das Kollektiv der Löcher und Elektronen beschreibt diesen Vorgang.

Man beschränkt sich also auf diese beiden Transportphänomene und setzt voraus, daß die absolute Temperatur T im ganzen Halbleitervolumen gleich und unabhängig von den Strömen ist. Der Einfluß äußerer magnetischer Fremdfelder bleibt unberücksichtigt. Die uns interessierenden Phänome lassen sich nun auf dieser Basis rein klassisch beschreiben. Rückgriff auf quantenmechanische Betrachtungsweisen ist nur dann notwendig, wenn man in einem Grenzfall die Zuverlässigkeit der Effektiv-Massen-Näherung überprüfen muß.

Die Grundgleichungen zur halbklassischen Beschreibung sind, wie bereits erläutert, die Maxwellsche Gleichungen nach (3.1). Die Raumladungsdichte $\varrho(\mathbf{r}, t)$ teilt entsprechend der beiden Ladungsträgersorten auf

$$\varrho = e(p - n + C).$$

Dabei gilt für den Fall, daß alle Fremdatome einfach ionisiert sind, die Beziehung $C := N_D^+ - N_A^-$, wobei N_D^+ die Dichte der ionisierten Donatoren und N_A^- die Dichte der ionisieten Akzeptoren ist. Der Gesamtstrom $\mathbf{j}(\mathbf{r}, t)$ setzt sich nach dem Ohmschen Gesetz der Maxwellschen Theorie und den Transportgesetzen der Diffusionstheorie und dem Verschiebungsstrom aus fünf Anteilen zusammen:

$$\mathbf{j}_p = \underbrace{e\mu_p p\, \mathbf{E}}_{Driftterm} - \underbrace{eD_p\, grad\ p}_{Diffusionsterm} \quad (\text{Löcherstromdichte}) \tag{3.23}$$

$$\mathbf{j}_n = e\mu_n n\, \mathbf{E} + eD_n\, grad\ n \quad (\text{Elektronenstromdichte}) \tag{3.24}$$

$$\mathbf{j}_v = \frac{\partial \mathbf{D}}{\partial t} \quad (Verschiebungsstromdichte).$$

Insgesamt also

$$\mathbf{j} = \mathbf{j}_p + \mathbf{j}_n + \mathbf{j}_v =: \mathbf{j}_l + \mathbf{j}_v. \tag{3.25}$$

Dabei sind μ_p und μ_n die *Beweglichkeiten* und D_p und D_n die *Diffusionskonstanten* der entsprechenden Ladungsträger. Die Bilanzgleichungen der Ladungsträger, d.h. die Ladungsträgeränderungen pro Zeiteinheit, werden nicht nur durch die Divergenzen der Stromdichten sondern auch *Generationsrate g* und die *Rekombinationsrate r* der Ladungsträgersorte bestimmt. Wir definieren die Rekombinationsüberschüsse zu

$$R_p(n,p) := r_p - g_p \qquad \text{bzw.} \qquad R_n(n,p) := r_n - g_n. \tag{3.26}$$

Wegen der zeitlichen Konstanz der Dotierungen sind die Rekombinationsüberschüsse gleich. Es ergeben sich folgende Bilanzgleichungen:

$$\begin{aligned}
\frac{\partial p}{\partial t} &= -R_p(n,p) - \frac{1}{e}\, div\ \mathbf{j}_p, \\
\frac{\partial n}{\partial t} &= -R_n(n,p) + \frac{1}{e}\, div\ \mathbf{j}_n.
\end{aligned} \tag{3.27}$$

Aufgrund der Kontinuitätsgleichung

$$div\ \mathbf{j}_l + \frac{\partial \varrho}{\partial t} = 0$$

erhalten wir die Beziehung

$$R_p(n,p) - R_n(n,p) = \frac{\partial}{\partial t}(N_D^+ - N_A^-). \tag{3.28}$$

Ist die Aufnahme von Elektronen bzw. von Löchern durch die Störstellen erschöpft, so spricht man von *Störstellenerschöpfung* ; für diesen Fall gilt

$$N_D^+ = N_D \qquad \text{und} \qquad N_A^- = N_A$$

wobei N_D die Donatorkonzentration und N_A die Akzeptorkonzentration ist. Unter der Annahme, daß die magnetische Induktion **B** zeitunabhängig ist, verschwindet auch $\partial \mathbf{A}/\partial t$ und somit gilt nach (3.6)

$$\mathbf{E} = -grad\ \varphi.$$

Das vollständige System von Beschreibungsgleichungen für einen Halbleiter somit nach van Roosbroeck:

Transportgleichungen:

$$
\begin{aligned}
\mathbf{j}_p &= -e\mu_p p\ grad\ \varphi - eD_p\ grad\ p, \\
\mathbf{j}_n &= -e\mu_n n\ grad\ \varphi + eD_n\ grad\ n, \\
\mathbf{j} &= -\mathbf{j}_p + \mathbf{j}_n - \varepsilon\ \frac{\partial}{\partial t}(grad\ \varphi)
\end{aligned}
\tag{3.29}
$$

Bilanzgleichungen:

$$
\begin{aligned}
\frac{\partial p}{\partial t} &= -R_p(n,p) - \frac{1}{e}\ div\ \mathbf{j}_p, \\
\frac{\partial n}{\partial t} &= -R_n(n,p) + \frac{1}{e}\ div\ \mathbf{j}_n.
\end{aligned}
\tag{3.30}
$$

Poisson-Gleichung für φ:

$$\varepsilon\ \triangle\varphi = -\varrho \tag{3.31}$$

mit $\varrho = e(p - n + N_D^+ - N_D^-)$.

Das ist ein vollständiges Gleichungssystem für die insgesamt 9 unbekannten Vektorkomponenten von $\mathbf{j}$, $\mathbf{j}_p$ und $\mathbf{j}_n$ sowie p, n, φ und ϱ. Außerdem gelten folgende Beziehungen:

1) Mit der Boltzmann-Statistik für quasifreie Teilchen läßt sich begründen, daß die Einstein-Relationen gelten:

$$\frac{D_p}{\mu_p} = \frac{D_n}{\mu_n} = \frac{k\,T}{e} =: U^T, \tag{3.32}$$

wobei U^T Temperaturspannung genannt wird.

2) Mit dem Massenwirkungsgesetz des thermodynamischen Gleichgewichts läßt sich
   zeigen

$$p_0 \, n_0 = n_i^2, \tag{3.33}$$

wobei p_0 bzw. n_0 die Gleichgewichtskonzentrationen der Löcher und der Elektronen im Störstellenhalbleiter sind, während n_i die Gleichgewichtskonzentration der Elektronen im Eigenleitungsfall ist. Diese Dichte heißt *Eigenleitungsdichte*.

Diese Beziehungen sind nur dann gültig, wenn man nichtentartete Halbleiter betrachtet. Einzelheiten dazu findet man bei Sze ([3.11], S.540ff).

Eine 3-dimensionale Lösung der Halbleitergleichungen mit Standardmethoden und Theorien der numerischen Mathematik ist nicht sehr sinnvoll. Ein Hauptgrund dafür ist, daß die Halbleiter in Zonen eingeteilt werden können, in denen das Verhalten des elektrischen Potentials und der Ladungsträgerkonzentration völlig unterschiedlich ist. In diesem Zusammenhang spricht man von der *Steifheit* der zugehörigen Differentialgleichungen. Eine sehr elegante Möglichkeit zur Untersuchung solcher Gleichungen kann mit Hilfe der *singulären Störungstheorie* durchgeführt werden. Diese wird von Markowich [3.12] auf die *stationären* Halbleitergleichungen angewendet. Auf Anwendungen der singulären Störungstheorie in der Netzwerktheorie gehen wir in den Abschnitt 6.8.2 näher ein. Eine andere Möglichkeit liegt in der Anwendung von Diskretisierungsmethoden auf die Halbleitergleichungen; dabei sind insbesondere *Finite-Elemente-Methoden* hervorzuheben. Dazu findet man zahlreiche Literaturhinweise in dem Buch von Markowich und in dem Übersichtsartikel von Engl [3.13].

Unter bestimmten Umständen läßt sich eine solche Diskretisierung nach der Mittelung der Stromdichten nach (3.22) als RC-Netzwerk mit gesteuerten Stromquellen interpretieren. Dabei müssen jedoch für bestimmte nichtelektrische Größen elektrische Quasi-Potentiale eingeführt werden; dementsprechend werden die Widerstände und Kapazitäten aus Analogiebetrachtungen gewonnen. Führt man für die einzelnen Zonen eines Bipolar-Transistors bestimmte Vereinfachungen an diesem äquivalenten Netzwerk durch, so gelangt man zu einem Transistormodell, welches dem bekannten *Ebers-Moll-Modell* vergleichbar ist (siehe dazu Arendt [3.14]). Bei dem zuletzt genannten Modell handelt es sich um ein 1-dimensionales Modell, das zusammen mit seinen verschiedenen Varianten ausführlich bei Getreu [3.15] behandelt wird.

Beispiel 3.1: (Nichtlineares Netzwerkmodell für *Gunn-Dioden*) Für die in der Mikrowellentechnik gebräuchliche Gunn-Diode (z.B. Pooch [3.16]) wurde von Chua und Sing [3.17] ein Netzwerk auf der Grundlage der Halbleiter-Gleichungen konstruiert. Dazu gehen wir von einem 1-dimensionalen Halbleiter aus, der ein Modell für die homogene GaAs-Platte dieser Diode ist. Zwar besitzt dieser Halbleiter keine natürliche geometrische Unterteilung, aber die in Bild 3.1 zu einem festen Zeitpunkt t gezeigten Verteilungen des elektrischen Feldes $E := |\mathbf{E}|$ und der Elektronendichte n zeigen,

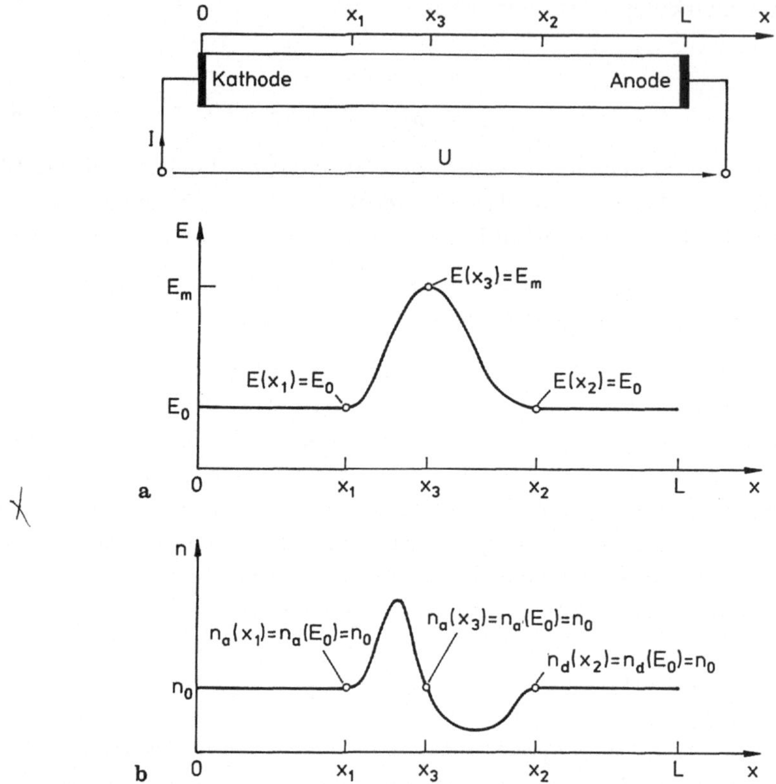

Bild 3.1. Verteilungen: a) elektrisches Feld, b) Elektronendichte

daß sich verschiedene zeitlich verändernde Zonen im Halbleiter unterscheiden lassen. Grund für dieses Verhalten ist eine negative Steigung der Elektronengeschwindigkeit $v(E)$, wenn das elektrische Feld einen bestimmten Schwellwert überschreitet. Der Bereich mit hoher Feldstärke wird *Hochfeld-Domäne* genannt. Mit Hilfe der Halbleiter-Gleichungen soll nun das dynamische Verhalten in diesem Bereich als auch im äußeren Bereich untersucht werden.

Da die Stromdichte in der Hochfeld-Domäne gleich derjenigen in der äußeren Zone ist, kann im 1-dimensionalen Fall mit Gl.(3.29) die folgende Beziehung angegeben werden

$$en_0\, v(E_0) + \varepsilon\, \frac{\partial E_0}{\partial t} = en\, v(E) + \varepsilon\, \frac{\partial E}{\partial t} - e\, \frac{\partial}{\partial t}(D(E)\, n).$$

Dabei wurde nicht die Geschwindigkeitsfunktion $v = \mu_n\, grad\, \varphi$ aus (3.24) benutzt, sondern eine nichtlineare Funktion von E angesetzt. Mit der 1-dimensionalen Fassung der Poisson-Gleichung $\partial E/\partial x = (e/\varepsilon)(n - n_0)$ können wir diese Gleichung umformen zu

$$\frac{\partial}{\partial t}(E - E_0) = \frac{en_0}{\varepsilon}(v(E_0) - v(E)) + \frac{e}{\varepsilon}\frac{\partial}{\partial x}(D(E)n) - v(E)\frac{\partial E}{\partial x}.$$

Eine Integration über das Intervall (x_1, x_2) ergibt

$$\frac{du_2}{dt} = \int_{x_1}^{x_2} \frac{en_0}{\varepsilon}(v(E_0) - v(E))\ dx +$$
$$+ \int_{D(E(x_1))n(x_1)}^{D(E(x_2))n(x_2)} \frac{e}{\varepsilon}d(D(E)n) - \int_{E(x_1)}^{E(x_2)} v(E)\ dE, \qquad (3.34)$$

wobei die Spannung u_2 definiert ist durch

$$u_2 := \int_{x_1}^{x_2}(E - E_0)\ dE. \qquad (3.35)$$

Für die im Bild 3.1 gezeigten Feld- und Elektronendichteverteilungen ($E(x_1) = E(x_2) = E_0$ und $n(x_1) = n(x_2) = n_0$) ergibt sich statt Gl.(3.34) die einfachere Gleichung von Kurokawa [3.18]

$$\frac{du_2}{dt} = \int_{x_1}^{x_2} \frac{en_0}{\varepsilon}(v(E_0) - v(E))\ dx.$$

Liegt das einzige Maximum E_m von $E(x)$ bei x_3, so erhalten wir nach erneuter Anwendung der Poisson-Gleichung

$$\frac{du_2}{dt} = \int_{E_0}^{E_m} \frac{n_0(v(E_0) - v(E))}{n - n_0}\ dE +$$
$$+ \int_{E_0}^{E_m} \frac{n_0(v(E_0) - v(E))}{n_0 - n}\ dE =: F(u_1, u_2), \qquad (3.36)$$

wobei die Dichte $n(x)$ in dem jeweiligen Intervall zu nehmen ist. Der externe Strom I entspricht im 1-dimensionalen Fall dem Gesamtstrom durch den Querschnitt A des Halbleiters, d.h.

$$I = Aen_0\ v(E_0) + \varepsilon A\ \frac{dE_0}{dt}. \qquad (3.37)$$

Die äußere Spannung U an der Halbleiterplatte kann nun zerlegt werden in

$$U = u_1 + u_2 \qquad (3.38)$$

mit $u_1 := E_0\ L$. Diese Gleichungen können schließlich als Beschreibungsgleichungen des im Bild 3.2 a) gezeigten Netzwerkes interpretiert werden, wobei die

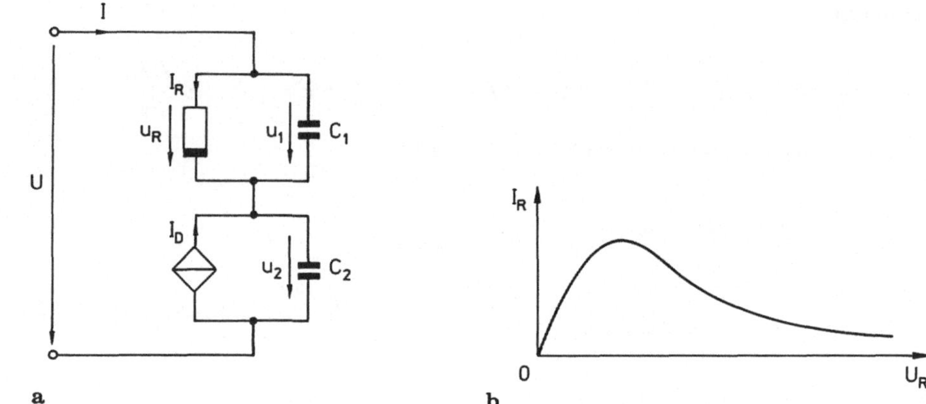

Bild 3.2. a) Netzwerk für Gunn-Diode, b) $I_R - U_R$-Kennlinie

$I_R - U_R$-Funktion entsprechend Bild 3.2 b) gegeben ist und die nichtlineare gesteuerte Stromquelle definiert ist durch

$$I_D(u_1, u_2, I) := C_2 \, F(u_1, u_2) - I. \tag{3.39}$$

Eine vollständige Berechnung des Modells ist jedoch erst dann möglich, wenn das elektrische Feld $E(x,t)$ und die Elektronendichte $n(x,t)$ mit Hilfe der Halbleiter-Gleichungen ermittelt worden ist. Darauf müssen wir jedoch aus Platzgründen verzichten und verweisen daher auf die Abhandlung von Chua und Sing. Dort werden auch Simulationsergebnisse angegeben, mit denen man die Güte dieses Netzwerkmodells überprüfen kann.

■

Einen ausführlichen Bericht über die physikalische Modellbildung gibt Chua [3.6]. Dort sind außerdem weitere Beispiele und zahlreiche Literaturangaben zu diesem Thema zu finden.

3.2.3 Andere Verfahren der Modellbildung

Die im Abschnitt 3.2.2 vorgestellte physikalische Modellbildung ist in den Anwendungen nicht immer brauchbar. Insbesondere dann, wenn nicht alle Effekte eines Halbleiter-Bauelementes theoretisch geklärt sind, müssen Ad-hoc-Annahmen in Form empirischer Konstanten zu den physikalischen Modellgleichungen hinzugefügt werden. Sind die physikalischen Zusammenhänge verwickelt und führen diese zu komplizierten Modellgleichungen, dann werden physikalische als auch mathematische Vereinfachungen vorgenommen. Im ersteren Fall werden Plausibilitätsannahmen über das Strom-Spannungsverhalten des Bauelements gemacht, die sich meistens auf meßtechnisch ermittelte Resultate gründen, und danach diesen vereinfachten Gleichungen ein Netzwerkmodell zugeordnet. Oft werden zu diesem Zweck auch geometrische Strukturuntersuchungen angestellt und elektrisch interpretiert. So lassen sich beispielsweise bei einem MOSFET die parasitären Kapazitäten auf diese Weise abschätzen; analog gelangt man zu Netzwerkmodellen für Leitungen. Andererseits können mathematische Approximationen vereinfachte Modelle ergeben. Sehr gebräuchliche Methoden sind die Taylorreihen- und die Fourierreihen-Approximation. Neuerdings wird auch die stückweise-lineare Approximation wieder häufiger angewendet, da für die sehr aufwendigen Kurvenanpassungen große Rechner zur Verfügung stehen. Einzelheiten dazu findet man in Abschnitt 6.6. Die freien Parameter solcher Modelle werden durch Anpassung der Kurven an gemessene Werte festgelegt. Verschiedene Modifikationen der genannten Vorgehensweisen zur Modellbildung für Subsysteme findet man bei Ahlers und Waldmann [3.19]. Eine ganz formale Art und Weise der Modellbildung ist die Abspeicherung berechneter oder gemessener Strom-Spannungstupel, die für die weitere Verwendung des Modells interessant sind; man nennt solche "Modelle" gern *Table-look-up-Modelle*. Die Berechnung von Zwischenwerten erfolgt anschließend mit einer Interpolationsmethode, wie etwa der Spline-Interpolation. Insbesondere bei der Simulation hochintergrierter Schaltkreise (VLSI) werden derartige Techniken aus Gründen der Rechenzeitverminderung angewendet. Man muß jedoch darauf achten, daß der Interpolationsaufwand nicht zu groß wird. Daher wird man in der Praxis sehr oft Mischtechniken einsetzen.

3.2.4 Die Grenzen quasistationärer Modellbildung

In den vorangegangenen Abschnitten haben wir auf eine Modellierung der Bauelemente Widerstand, Spule und Kondensator verzichtet. Die Formeln für die Charakteristika der entsprechenden Netzwerkelemente werden auf Grund feldtheoretischer Überlegungen ermittelt und sind in dem Buch von Meetz und Engl ([3.4], S.332f, S.234ff, S.132f) zu finden. Diese Formeln sind allerdings nur unter quasistationären Verhältnissen gültig. Bei höheren Frequenzen muß der Verschiebungsstrom bzw. nach (3.16) die Retardierung des Vektorpotentials (in der Coulomb-Eichung) berücksichtigt werden. Daraus ergeben sich auch Änderungen für die Kennwerte dieser Netzwerkelemente. Leider sind die Maxwellschen Gleichungen, wie bereits erwähnt, nur in wenigen Situationen lösbar. Für nicht allzu voluminöse Leiter in einem Dielektrikum mit $\varepsilon_r \neq 1$ leitete Wessel [3.20] [3.21] eine Integralgleichung ab, mit der modifizierte Formeln für die Kennwerte bestimmt werden können. Da diese Ergebnisse wenig bekannt sind, sollen sie kurz dargestellt werden. Zur Ableitung der Wesselschen Integralgleichung gehen wir von den Lösungen der Potentialgleichungen (3.7) und (3.8) in Lorentz-Eichung aus, wobei die Ladungsdichte $\varrho(t)$ verschwinden soll; wir erhalten im Fall einer zeitlich sinusförmigen Stromdichte $\mathbf{j}(\mathbf{r},t)$ die Näherungslösungen (in diesem Abschnitt entfällt der Faktor $e^{j\omega t}$)

$$\hat{\varphi}(\mathbf{r}) = \frac{1}{j\omega\, 4\pi\varepsilon} \int \frac{e^{jk|\mathbf{r}-\tilde{\mathbf{r}}|}}{|\mathbf{r}-\tilde{\mathbf{r}}|}\, \hat{\mathbf{j}}(\tilde{\mathbf{r}})d\tilde{\mathbf{r}}^2,$$

$$\hat{\mathbf{A}}'(\mathbf{r}) = \frac{j\omega\mu_0}{4\pi} \int \frac{e^{jk|\mathbf{r}-\tilde{\mathbf{r}}|}}{|\mathbf{r}-\tilde{\mathbf{r}}|}\, \hat{\mathbf{j}}(\tilde{\mathbf{r}})d\tilde{\mathbf{r}}^3,$$

dabei sind die Integrale über das Leitervolumen bzw. über die Leiteroberfläche zu nehmen und die raumabhängigen Größen erhalten im Gegensatz zu den raum-zeitlichen ein Dach ˆ. Setzen wir diese Ausdrücke in die Gleichungen

$$\hat{\mathbf{E}} = -grad\,\hat{\varphi} - \hat{\mathbf{A}}'$$

ein und ersetzen das elektrische Feld $\hat{\mathbf{E}}$ durch $\hat{\mathbf{j}}/\sigma - \hat{\mathbf{E}}_0$, wobei der Term das feld-theoretische Ohmsche Gesetz und $\hat{\mathbf{E}}_0$ das äußere elektrische Feld ist, so ergibt sich schließlich

$$\hat{\mathbf{E}}_0 = \frac{j\omega\,\mu_0}{4\pi} \int \frac{e^{k|\mathbf{r}-\tilde{\mathbf{r}}|}}{|\mathbf{r}-\tilde{\mathbf{r}}|}\, \hat{\mathbf{j}}(\tilde{\mathbf{r}})d\tilde{\mathbf{r}}^3 + \frac{\hat{\mathbf{j}}(\mathbf{r})}{\sigma} + \frac{1}{j\omega\,4\pi\varepsilon}grad\,(\int \frac{e^{jk|\mathbf{r}-\tilde{\mathbf{r}}|}}{|\mathbf{r}-\tilde{\mathbf{r}}|}\, \hat{\mathbf{j}}(\tilde{\mathbf{r}})d\tilde{\mathbf{r}}^2). \qquad (3.40)$$

Diese Integralgleichung kann leicht mit der Impedanz-Gleichung für einen Schwing-kreis

$$U_0 = j\omega LI + RI + \frac{1}{j\omega C}I \qquad (3.41)$$

verglichen werden; man erhält diese Gleichung auch aus der Integralgleichung (3.40) für den quasistationären Fall $e^{-jk|\mathbf{r}|} = 1$. Die gesuchten Ausdrücke für R, L und C ergeben sich, wenn die Integralgleichung mit der zu $\hat{\mathbf{j}}$ konjugiert komplexen Größe $\hat{\mathbf{j}}^*$ multipliziert und über das Leitervolumen integriert

$$\int \hat{\mathbf{j}}^*(\mathbf{r})\hat{\mathbf{E}}_0\, d\mathbf{r}^3 = \frac{j\omega\mu_0}{4\pi} \int\int \frac{e^{jk|\mathbf{r}-\tilde{\mathbf{r}}|}}{|\mathbf{r}-\tilde{\mathbf{r}}|}\, \hat{\mathbf{j}}^*(\mathbf{r})\hat{\mathbf{j}}(\tilde{\mathbf{r}})\, d\mathbf{r}^3 d\tilde{\mathbf{r}}^3 + \int \frac{|\hat{\mathbf{j}}(\mathbf{r})|^2}{\sigma}\, d\mathbf{r}^3 +$$

$$+ \frac{1}{j\omega 4\pi\varepsilon} \int\int \frac{e^{jk|\mathbf{r}-\tilde{\mathbf{r}}|}}{|\mathbf{r}-\tilde{\mathbf{r}}|}\, \hat{\mathbf{j}}^*(\mathbf{r})\hat{\mathbf{j}}(\tilde{\mathbf{r}})\, d\mathbf{r}^2 d\tilde{\mathbf{r}}^2$$

und mit

$$U_0 I^* = (j\omega L + R + \frac{1}{j\omega C})\,|I|^2$$

vergleicht. Dann erhält man für die "komplexe" Induktivität

$$L = \frac{\mu_0}{4\pi|I|^2} \int\int \frac{e^{jk|\mathbf{r}-\tilde{\mathbf{r}}|}}{|\mathbf{r}-\tilde{\mathbf{r}}|}\, \hat{\mathbf{j}}^*(\mathbf{r})\hat{\mathbf{j}}(\tilde{\mathbf{r}})\, d\mathbf{r}^3 d\tilde{\mathbf{r}}^3.$$

Der nach Multiplikation mit $j\omega$ auftretende Realteil der "komplexen" Induktivität muß dem Widerstand hinzugefügt werden. Analog ergibt sich ein Widerstandsanteil aus der "komplexen" Kapazität. Induktiver und kapazitiver Anteil des nicht quasistationären Widerstandes zusammengenommen sind als *Strahlungswiderstand* bekannt (Brainerd [3.22]); er lautet

$$R = \frac{1}{|I|^2}\left(\int \frac{|\hat{\mathbf{j}}|^2}{\sigma}d\mathbf{r}^3 + \frac{\omega\mu_0}{4\pi}\int\int \hat{\mathbf{j}}^*(\mathbf{r})\hat{\mathbf{j}}(\tilde{\mathbf{r}})\, \frac{\sin k|\mathbf{r}-\tilde{\mathbf{r}}|}{|\mathbf{r}-\tilde{\mathbf{r}}|}d\mathbf{r}^3 d\tilde{\mathbf{r}}^3 + \right.$$

$$\left. + \frac{1}{\omega 4\pi\varepsilon}\int\int \hat{\mathbf{j}}^*(\mathbf{r})\hat{\mathbf{j}}(\tilde{\mathbf{r}})\, \frac{\sin k|\mathbf{r}-\tilde{\mathbf{r}}|}{|\mathbf{r}-\tilde{\mathbf{r}}|}d\mathbf{r}^2 d\tilde{\mathbf{r}}^2\right).$$

Zur Auswertung der verallgemeinerten Formeln für R, L und C muß jedoch zuvor die Stromdichte $\mathbf{j}(\mathbf{r})$ aus der Integralgleichung (3.40) ermittelt werden. Das ist in zahlreichen Situationen möglich, wie in der Dissertation von Hallén [3.23] gezeigt wurde. Ähnlich wie in der Antennentheorie kann man die Stromdichteverteilung vielfach auch näherungsweise aus der geometrischen Anordnung "erraten", ohne die Integralgleichung lösen zu müssen. Ein Vorteil der Integralgleichungsmethode ist, daß auch komplizierte Leiterformen einer mathematischen Behandlung zugänglich sind. Desweiteren wird im Gegensatz zu der üblichen Differentialgleichungsmethode von vornherein mit Strömen und nicht mit Feldern gearbeitet, so daß man mit den Elektrotechnikern vertrauteren Begriffen wie Kapazität, Induktivität, Blind- und Wirkleistung argumentieren kann. Insbesondere kann man leicht übersehen, welche Anteile induktiven und kapazitiven Ursprungs sind.

3.3 Modellbildung für das Verbindungsnetzwerk

Bevor wir zur eigentlichen Modellbildung für Verbindungsnetzwerke kommen, soll das Netzwerkelement *idealer Übertrager* motiviert werden. Dabei gehen wir von einem Modell für den realen Übertrager aus. Bekanntlich (siehe etwa Leonhard [3.24]) können mit einem solchen Bauelement verschiedene elektrische Stromkreise *magnetisch* miteinander gekoppelt werden, ohne daß eine *galvanische* Kopplung besteht. Dazu wickelt man im einfachsten Fall Drahtwindungen auf einen Eisenkern, in dem sich ein geschlossener magnetischer Fluß ausbilden kann. Ein einfaches Netzwerkmodell kann mit einer *Gegeninduktivität* konstruiert werden, wobei wir im folgenden auf die Modellierung der Ohmschen Widerstände der Drahtwicklungen ohne Beschränkung der Allgemeinheit verzichten. Die zugehörigen Beschreibungsgleichungen lauten in frequenztransformierter Form

$$\begin{pmatrix} U_1 \\ U_2 \end{pmatrix} = s \begin{pmatrix} L_{11} & L_{12} \\ L_{21} & L_{22} \end{pmatrix} \begin{pmatrix} I_1 \\ I_2 \end{pmatrix}. \tag{3.42}$$

Der *Reziprozität* dieses Subsystems wird durch $L_{12} = L_{21} =: M$ Rechnung getragen; weitere Abkürzungen sind $L_1 := L_{11}, L_2 := L_{22}$. Aus seiner *Passivität* folgt

$$L_1, L_2 > 0 \quad \text{und} \quad |M| \le \sqrt{L_1\,L_2}.$$

Die Größe

$$k := \frac{|M|}{\sqrt{L_1\,L_2}} \le 1 \tag{3.43}$$

wird *Kopplungskonstante* genannt. Man spricht von *fester Kopplung*, wenn folgende Bedingung erfüllt ist

$$\det \begin{pmatrix} L_1 & M \\ M & L_2 \end{pmatrix} = 0 \quad \Longleftrightarrow \quad k = 1.$$

Formen wir das Gleichungssystem (3.42) um in

$$\begin{pmatrix} U_1 \\ U_2 - U_1\,M/L_1 \end{pmatrix} = \begin{pmatrix} L_1 & M \\ 0 & L_2 - M^2/L_1 \end{pmatrix} \begin{pmatrix} I_1 \\ I_2 \end{pmatrix}, \tag{3.44}$$

so folgt für den Fall fester Kopplung $k = 1$ die Spannungsrelation

$$U_2 = U_1 \frac{M}{L_1}.$$

Definieren wir das *Übersetzungsverhältnis* ü$:= M/L_1$, so erhalten wir

$$U_2 = U_1\,ü. \tag{3.45}$$

Für diesen Fall kann die Koeffizientenmatrix von (3.42) nach einem Satz aus der Matrizenrechnung (siehe Frazer, Duncan, Collar ([3.25], S.20)) auch in der Form

$$\tilde{L}\begin{pmatrix} l_1^2 & l_1 l_2 \\ l_1 l_2 & l_2^2 \end{pmatrix}$$

notiert werden. Die Stromrelation des fest gekoppelten Übertragers ergibt sich nach (3.44)

$$I_1 + ü\,I_2 = \frac{U_1}{sL_1} \tag{3.46}$$

enthält aber noch die Spannung U_1.

Machen wir jetzt den Grenzübergang $L_1 \to \infty$, wobei $ü < \infty$ und $|U_1| < \infty$ bleiben soll, dann ergibt sich eine vollständige Entkopplung der Strom- und Spannungsrelationen. Das dadurch definierte Netzwerkelement wird *idealer Übertrager* genannt. Der soeben durchgeführte Grenzübergang, ausgehend von einem realen Übertrager bestehend aus einer Anordnung von Induktivitäten und einer Gegeninduktivität, ist nicht der einzig mögliche. Wie bereits Cauer [3.37] gezeigt hat, hätte man auch von einer entsprechenden Anordnung aus Widerständen oder Kapazitäten ausgehen können und gelangt ebenso zum idealen Übertrager. Allerdings lassen sich *gegenseitige* Widerstände nicht direkt realisieren. Dazu werden nach Cauer ideale Übertrager benötigt.

Eine Anzahl von n solcher idealen 2-Tor-Übertrager können parallel geschaltet werden; man erhält dann ein Modell für einen *Ringkern-Übertrager* mit n Wicklungen. Schließlich lassen sich m dieser parallelgeschalteten idealen 2-Tor-Übertrager zu einem idealen n-Tor-Übertrager zusammenschalten. Die Gleichungen der Zwangsbedingungen für einen n-Tor-Übertrager wurden von Carlin, Giordano ([3.26], S.182f), Erdei [3.27] und Belevitch ([3.28], S.12ff) angegeben. Jedoch erkannte erst Belevitch, daß eine weitgehende Analogie zu den Kirchhoffschen Gleichungen für galvanisch gekoppelte Netzwerke besteht. Verbindungsnetzwerke, die ausschließlich galvanische Kopplungen ausführen, können bekanntlich nach Kirchhoff mit Hilfe von Graphen modelliert werden (siehe Unbehauen [3.29]). Sind $\tilde{\mathbf{A}}$ die Knoten-Zweig-Inzidenzmatrix und $\tilde{\mathbf{B}}^T$ die Maschen-Zweig-Inzidenzmatrix des dem Netzwerk zugeordneten Graphen mit b Zweigen und n Knoten, deren Koeffizienten laut Anhang C die Werte +1, -1 und 0 annehmen können, dann kann man leicht nachweisen (siehe dazu Balabanian,Bickert,Seshu ([3.30],S.81)), daß dieses Matrizenpaar $(\tilde{\mathbf{A}},\tilde{\mathbf{B}})$ *exakt* ist, d.h. es gelten die Bedingungen

$$
\begin{array}{ll}
1) & \tilde{\mathbf{A}}\tilde{\mathbf{B}} = \mathbf{0}, \\
2) & \mathrm{Rang}(\tilde{\mathbf{A}}) + \mathrm{Rang}(\tilde{\mathbf{B}}) = b.
\end{array}
\qquad (3.47)
$$

Die Kirchhoffschen Gleichungen lassen sich dann mit Hilfe der Inzidenzmatrizen formulieren

$$
\begin{aligned}
\tilde{\mathbf{A}}\,\mathbf{i} &= \mathbf{0}, \\
\tilde{\mathbf{B}}^T\mathbf{u} &= \mathbf{0}.
\end{aligned}
\qquad (3.48)
$$

Die durch einen idealen n-Tor-Übertrager auftretenden Zwangsbedingungen lassen sich, wie bereits angedeutet wurde, ebenfalls in der Form

$$
\begin{aligned}
\mathbf{M}\,\mathbf{i} &= \mathbf{0}, \\
\mathbf{N}^T\mathbf{u} &= \mathbf{0}
\end{aligned}
\qquad (3.49)
$$

formulieren. Die Koeffizienten des Matrizenpaares $(\mathbf{M},\mathbf{N})$ nehmen nun aber beliebige *reelle* Werte an, jedoch bilden sie weiterhin ein exaktes Matrizenpaar. Werden die Kirchhoffschen Gleichungen galvanischer Netzwerke und die Übertragerrelationen der idealen Übertrager nach Okada und Onodera [3.31] zusammengefaßt, so führen diese *linearen* Zwangsbedingungen auf ein exaktes Matrizenpaar $(\mathbf{A}, \mathbf{B})$. Umgekehrt kann jedes reelle exakte Matrizenpaar nach einem Satz von Belevitch (Belevitch ([3.28], S.14ff)), siehe auch Zeren [3.32]) als idealer n-Tor-Übertrager realisiert werden. In diesem Sinne ist das allgemeinste Verbindungsnetzwerk durch ein reelles exaktes Matrizenpaar festgelegt. Netzwerke, die ein solches Verbindungsnetzwerk besitzen, werden nach Belevitch ([3.28], S.32f) *Kirchhoff-Netzwerk* genannt.

3.4   Das vollständige Netzwerkmodell

Im Abschnitt 3.2 wurde anhand einiger Beispiele dargestellt, wie man aus Grundgleichungen derjenigen Theorien, die zur Beschreibung der Eigenschaften der Subsysteme herangezogen würden müssen, vereinfachte Gleichungen gewinnen kann, die schließlich mit Strömen und Spannungen ausgedrückt werden können. Danach wurde in Abschnitt 3.3 gezeigt, wie man ein elektrisches Verbindungsnetzwerk mit diesen Variablen charakterisieren kann. Im Unterschied zu den Vortheorien haben wir uns also bemüht, die elektromagnetischen Phänomene nicht mehr mit Feldern, sondern mit den Mittelwertgrößen Strom und Spannung zu beschreiben. Das erscheint auch insofern sinnvoll, als diese Größen in den von uns betrachteten Anwendungsgebieten auch die primär meßbaren sind. In der Netzwerktheorie werden Kenntnisse in der Feldtheorie vorallem dazu benötigt, den Zusammenhang mit der Maxwellschen Theorie zu verstehen und dadurch gegebenenfalls die Aufstellung charakteristischen Gleichungen der Subsysteme zu ermöglichen. Da die Netzwerktheorie mit Mittelwertgrößen formuliert ist, haben sie dort keine wesentliche Bedeutung mehr. Daher können wir bei der Begründung eines Netzwerkmodells axiomatisch vorgehen und annehmen, daß die Strom-Spannungsbeziehungen der Subsysteme und des Verbindungsnetzwerkes unabhängig von irgendeiner Ableitung vorgegeben sind. Die Eigenschaften der zugehörigen Gleichungssysteme, die wir den Überlegungen der voranstehenden Abschnitten entnehmen können, sollen an dieser Stelle noch einmal zusammengestellt und mit Hilfe eines Netzwerk-Diagramms schematisch dargestellt werden.

1) Die Subsysteme werden durch algebraische Gleichungssysteme oder Integro-Differentialgleichungen beschrieben, die auch nichtlinear sein können.
2) Das Verbindungsnetzwerk wird durch lineare homogene Gleichungssysteme der Form

$$\mathbf{A}\mathbf{i}(t) = \mathbf{0},$$
$$\mathbf{B}^T\mathbf{u}(t) = \mathbf{0}, \tag{3.50}$$

für alle t beschrieben, wobei $\mathbf{u}$ und $\mathbf{i}$ die Spannungs- und Stromvektoren der Subsystem sind und das Matrizenpaar $(\mathbf{A}, \mathbf{B})$ *exakt* ist. Diese homogenen Gleichungssysteme nennen wir *(verallgemeinerte) Kirchhoffsche Gleichungen*.

Da es sich bei den beschreibenden Gleichungen des Verbindungsnetzwerkes immer um lineare Gleichungssysteme handelt, hängt die Einteilung in lineare und nichtlineare Netzwerke nur von den konstitutiven Relationen der Subsysteme (Netzwerkelemente) ab.

Definition 3.1: (Lineare und nichtlineare Netzwerke) Ein Netzwerk heißt linear, wenn die Beschreibungsgleichungen der Subsysteme lineare algebraische oder lineare Integral- oder Differentialgleichungen sind. Andernfalls sprechen wir von einem nichtlinearen Netzwerk.

■

Die Exaktheit der Koeffizientenmatrizen hat zur Folge, daß diese homogenen Gleichungssysteme explizit lösbar sind. Nach Anhang A lauten sie

$$\begin{aligned}
\mathbf{u}(t) &= \mathbf{A}^T \varphi(t), \\
\mathbf{i}(t) &= \mathbf{B}\mathbf{j}(t),
\end{aligned} \tag{3.51}$$

wobei die Vektoren φ und $\mathbf{j}$, bei denen es sich um die Koeffizienten der linear kombinierten Spaltenvektoren der Matrizen $\mathbf{A}^T$ und $\mathbf{B}$ handelt, Knotenpotential- bzw. Maschenstromvektor genannt werden. Diese Vektoren sind i.a. nicht eindeutig festgelegt. Aus diesem Grund können sie in Analogie zu den Potentialen der Maxwellschen Theorie als Potentiale interpretiert werden. Demgemäß besitzen sie zwar die physikalischen Dimensionen von Spannung und Strom, aber ihre Eigenschaften sind von diesen Größen sehr verschieden. Das wird durch das von Ghenzi stammende und von Mathis und Marten [3.33] verallgemeinerte *Netzwerk-Diagramm* besonders hervorgehoben.

Wir gehen dabei von der Menge der Paare $(\mathbf{i}(t), \mathbf{u}(t))$ aus, die für einen festen Zeitpunkt t einen Punkt im Raum $\mathcal{Z}$ der unbeschränkten Zustände eines Netzwerkes festlegen. $\mathcal{Z}$ ist ein $2n$-dimensionaler arithmetischer Vektorraum, der als direkte Summe $I\!R_i^b \oplus I\!R_u^b$ geschrieben wird. Dort ist das natürliche innere Produkt $(\mathbf{x} \mid \mathbf{y}) := \mathbf{x}^T \mathbf{y}$ gegeben.

Bemerkung 3.2: Wegen der unterschiedlichen physikalischen Dimensionen der Vektoren aus $I\!R_i^b$ und $I\!R_u^b$ müßte man eigentlich statt eines inneren Produktes eine Bilinearform verwenden (Mathis, Marten [3.34]). Der Einfachheit halber soll aber darauf verzichtet werden, weil daß zu einigen schreibtechnischen Unbequemlichkeiten führt.

■

Der Teilraum der Paare $(\mathbf{i}, \mathbf{u})$, die den verallgemeinerten Kirchhoffschen Gleichungen genügen, ist der Kern der linearen Abbildung

$$\mathbf{T}_2 := \begin{pmatrix} \mathbf{A} & \mathbf{0} \\ \mathbf{0} & \mathbf{B}^T \end{pmatrix}; \tag{3.52}$$

er ist daher ein linearer Teilraum, den wir als Kirchhoffraum $\mathcal{K}$ bezeichnen wollen. Nach (3.51) kann er auch als Bild der linearen Abbildung

$$\mathbf{T}_1 := \begin{pmatrix} \mathbf{B} & \mathbf{0} \\ \mathbf{0} & \mathbf{A}^T \end{pmatrix} \tag{3.53}$$

aufgefaßt werden. Bezüglich des natürlichen inneren Produktes $(\cdot \mid \cdot)$ auf $\mathcal{Z}$ gilt der folgende Satz.

Satz 3.1: Für alle $(\mathbf{i}, \mathbf{u}) \in \mathcal{K}$ gilt: $(\mathbf{u} \mid \mathbf{i}) = 0$.

Beweis: $(\mathbf{u} \mid \mathbf{i}) = (\mathbf{A}^T \varphi \mid \mathbf{i}) = (\varphi \mid \mathbf{A}\mathbf{i}) = 0$.

∎

Dieser Satz wurde erstmals von Weyl [3.35] im Jahre 1918 bewiesen; er wird aber in der Elektrotechnik nach Tellegen benannt, der in einer Arbeit aus dem Jahre 1951 verschiedene Anwendungen dieses Satzes angegeben hat [3.36].

Die durch das Verbindungsnetzwerk vorgegebenen Zwangsbedingungen in $\mathcal{Z}$ lassen sich in einem *topologischen Diagramm* sehr übersichtlich darstellen; wir gehen aber gleich zu einem erweiterten Diagramm über, das auch die nichtdynamischen Relationen berücksichtigt.

Weitere Einschränkungen der Zustände eines Netzwerkes ergeben sich durch die beschreibenden Abbildungen der nichtdynamischen Subsysteme. Dazu setzen wir sämtliche Abbildungen zu einer Gesamtabbildung $\mathbf{f} : I\!\!R^{b \times b} \rightarrow I\!\!R^{2n}$ zusammen, die wir *verallgemeinerte Ohmsche Abbildung* nennen; dabei ist n die Anzahl der Zwangsbedingungen der nichtdynamischen Netzwerkelemente. Durch sie kann das topologische Diagramm zu einem *Netzwerk-Diagramm* nach Bild 3.3 erweitert werden.

Mit Hilfe des gezeigten Diagramms lassen sich wichtige Netzwerkaufgaben formulieren: Handelt es sich um ein reines nichtdynamisches Netzwerk, dann besteht ein wesentliches Problem darin, die Menge $\mathcal{S} = Kern(\mathbf{T}_2) \cap \mathbf{f}^-(\{\mathbf{0}\})$ aufzusuchen, die wir Zustandsraum eines Netzwerkes nennen, wobei $\mathbf{f}^-(\{\mathbf{0}\})$ die Nullstellenmenge der verallgemeinerten Ohmschen Abbildung ist.

Beispiele 3.2: Der Zustandsraum $\mathcal{S}$ von linearen nichtdynamischen Netzwerken ist die Lösungsmenge der Beschreibungsgleichungen dieser Netzwerke. Methoden, mit denen diese Gleichungen explizit formuliert und gelöst werden können, geben wir im Abschnitt 4.2 an. Unter bestimmten Voraussetzungen an $\mathbf{f}$ enthält $\mathcal{S}$ nur einen Punkt.

∎

$$\mathbb{R}_i^m \oplus \mathbb{R}_u^k \quad \xrightarrow{\begin{pmatrix} \mathbf{B} & 0 \\ 0 & \mathbf{A}^T \end{pmatrix}} \quad \mathbb{R}_i^b \oplus \mathbb{R}_u^b \quad \xrightarrow{\begin{pmatrix} \mathbf{A} & 0 \\ 0 & \mathbf{B}^T \end{pmatrix}} \quad \mathbb{R}_i^k \oplus \mathbb{R}_u^m$$

Bild 3.3. Netzwerk-Diagramm

Bei nichtlinearen nichtdynamischen Netzwerken kann man zur Ermittlung des Zustandsraumes, von Ausnahmen abgesehen, nur analytische oder numerische Näherungsverfahren anwenden. In Abschnitt 6.2 und 6.3 diskutieren wir jedoch einige Methoden, mit denen man die Anzahl der Punkte im Zustandsraum ermitteln kann.

Bei Netzwerken, die auch dynamische Subsysteme enthalten, ist der Zustandsraum S i.a. eine zusammenhängende Punktmenge, die unter bestimmten Bedingungen an die verallgemeinerte Ohmsche Abbildung f sogar eine differenzierbare Struktur besitzt. Dann werden mit Hilfe der Abbildungen der dynamischen Subsysteme Differential- oder Integro-Differential-Gleichungen auf dem Zustandsraum definiert, die als Lösungsmenge eine bestimmte Funktionenklasse festlegen. Diese Klasse bestimmt das Verhalten eines Netzwerkes.

Beispiel 3.3: Sind die Beschreibungsgleichungen der Subsysteme lineare Differentialgleichungen mit konstanten Koeffizienten, dann kann man ihre Lösungsmenge mit verschiedenen Lösungsverfahren vollständig bestimmen. Näheres dazu findet man im Abschnitt 4.5. Bei nichtlinearen Beschreibungsgleichungen muß man wiederum auf analytische oder numerische Näherungsverfahren zurückgreifen, wenn man an einzelnen Lösungen interessiert ist, oder man beschränkt sich auf qualitative Merkmale der Lösungsmannigfaltigkeit der Gleichungen. Beide Vorgehensweisen werden in den Abschnitten 6.10 und 6.11 ausführlich behandelt.
∎

Ein wesentlicher Vorteil dieses Netzwerkmodells ist, daß es als Grundlage für die lineare *und* nichtlineare Netzwerktheorie geeignet ist. Des weiteren gibt es eine *uneingeschränkte* Dualitätstheorie. Die auf Cauer [3.39] zurückgehende Dualitätstheorie für Netzwerke mit galvanischen Kopplungen ist bekanntlich nur für *planare* Netzwerkgraphen brauchbar. Die von Minty [3.40] vorgeschlagene Dualitätstheorie auf der Basis der Matroidentheorie (siehe auch Bruno,Weinberg [3.41] und Petersen [3.42]) ist nur lineare Netzwerke geeignet und liefert auch im linearen Fall keine konkrete Realisierung des dualen Netzwerkes. Erst Bloch [3.43] erkannte die Bedeutung der idealen Übertrager für eine uneingeschränkte Dualitätstheorie; es hat jedoch auf dieser Grundlage kein geschlossenes theoretisches Konzept entwickelt. Belevitch

[3.28] hat wohl als einer der wenigen die idealen Übertrager in seine netzwerktheoretischen Überlegungen vollständig einbezogen; man findet aber auch beim ihm keine darauf begründete Dualitättheorie. Erst Mathis und Marten [3.33] haben die Ideen von Belevitch mit dem Netzwerkmodell von Ghenzi [3.38] vereinigt, und gelangten auf diese Weise zu einer allgemeinen Dualitätstheorie für lineare und nichtlineare Netzwerke. Der schon in Abschnitt 3.3 erwähnte Realisierungssatz von Belevitch für exakte Matrizenpaare gestattet es, für *jedes* RLC-Netzwerk ein duales Netzwerk zu konstruieren; in der Arbeit von Mathis und Marten [3.34] findet man ein Beispiel dazu. Hier wollen wir nur eine Definition für die Dualität und das von diesen Autoren entwickelte Diagramm für duale Netzwerke angeben.

Definition 3.2 (Dualität) Zwei durch $(\mathbf{A}, \mathbf{B}, \mathbf{f})$ und $(\tilde{\mathbf{A}}, \tilde{\mathbf{B}}, \tilde{\mathbf{f}})$ beschriebene Netzwerke werden dual zueinander genannt, wenn gilt (die Bezeichnungen sind dem Diagramm in Bild 3.4 zu entnehmen)

1) $\tilde{\mathbf{A}} = \mathbf{B}^T$, $\tilde{\mathbf{B}} = \mathbf{A}^T$,

2) $\tilde{b} = b$, $\tilde{m} = m$, $\tilde{k} = k$,

3) $\tilde{\mathbf{f}} \circ \begin{pmatrix} \mathbf{0} & g\mathbf{1} \\ r\mathbf{1} & \mathbf{0} \end{pmatrix} = \mathbf{f}$, d.h. $\tilde{\mathbf{f}}(g\mathbf{u}, r\mathbf{i}) = \mathbf{f}(\mathbf{i}, \mathbf{u})$.

Insbesondere gilt $g = 1/r$ als Spezialfall.

■

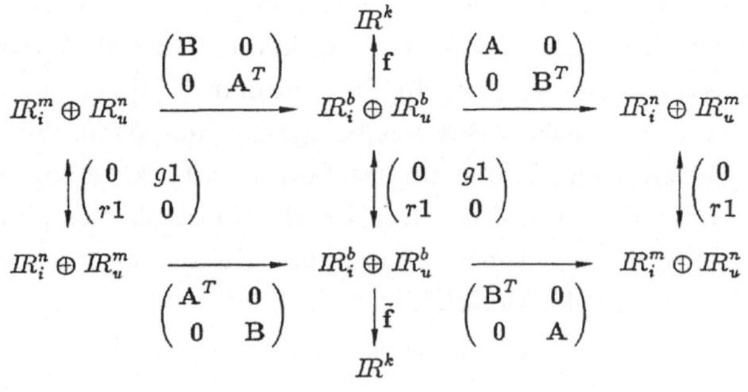

$$
\begin{array}{ccccc}
& & \mathbb{R}^k & & \\
& \begin{pmatrix} \mathbf{B} & \mathbf{0} \\ \mathbf{0} & \mathbf{A}^T \end{pmatrix} & \uparrow \mathbf{f} & \begin{pmatrix} \mathbf{A} & \mathbf{0} \\ \mathbf{0} & \mathbf{B}^T \end{pmatrix} & \\
\mathbb{R}^m_i \oplus \mathbb{R}^n_u & \longrightarrow & \mathbb{R}^b_i \oplus \mathbb{R}^b_u & \longrightarrow & \mathbb{R}^n_i \oplus \mathbb{R}^m_u \\
\Big\updownarrow \begin{pmatrix} 0 & g\mathbf{1} \\ r\mathbf{1} & 0 \end{pmatrix} & & \Big\updownarrow \begin{pmatrix} 0 & g\mathbf{1} \\ r\mathbf{1} & 0 \end{pmatrix} & & \Big\updownarrow \begin{pmatrix} 0 & g\mathbf{1} \\ r\mathbf{1} & 0 \end{pmatrix} \\
\mathbb{R}^n_i \oplus \mathbb{R}^m_u & \longrightarrow & \mathbb{R}^b_i \oplus \mathbb{R}^b_u & \longrightarrow & \mathbb{R}^m_i \oplus \mathbb{R}^n_u \\
& \begin{pmatrix} \mathbf{A}^T & \mathbf{0} \\ \mathbf{0} & \mathbf{B} \end{pmatrix} & \downarrow \tilde{\mathbf{f}} & \begin{pmatrix} \mathbf{B}^T & \mathbf{0} \\ \mathbf{0} & \mathbf{A} \end{pmatrix} & \\
& & \mathbb{R}^k & &
\end{array}
$$

Bild 3.4. Dualitätsdiagramm

Bemerkung 3.3: 1) Die Matrizen, die in Bild 3.4 die die Grundräume der beiden Netzwerke verbinden, haben eine den Dimensionen der Räume entsprechende Zeilen- und Spaltenanzahl. 2) Diese Definition kann auch auf dynamische Netzwerke angewendet werden; dabei ist aus Bedingung 3) leicht ersichtlich, daß Kapazität und Induktivität ihre Rollen tauschen.

■

4 Lineare zeitinvariante Netzwerke

4.1 Lineare Subsysteme und Netzwerkelemente

Bei dem Verbindungsnetzwerk eines elektrischen Netzwerkes handelt es sich im Rahmen unseres in Abschnitt 3.4 vorgestellten Netzwerkmodells um ein *lineares* nichtdynamisches Subsystem, das durch eine lineare Abbildung $\mathbf{T}_2$ beschrieben wird. Demgegenüber können die Subsysteme eines linearen Netzwerkes nichtdynamisch oder dynamisch sein. Die beschreibenden Gleichungen der nichtdynamischen Subsysteme gehen in die Ohmsche Abbildung $\mathbf{f}$ ein und wirken neben den Kirchhoff-Gleichungen als Zwangsbedingungen im Raum der uneingeschränkten Zweigströme und Zweigspannungen (siehe Abschnitt 3.3). Bei den Beschreibungsgleichungen dynamischer Subsysteme handelt es sich um Differential-, Integral-, oder Integro-Differential-Gleichungen. Sie definieren unter bestimmten Voraussetzungen eine Dynamik auf dem durch die Zwangsbedingungen festgelegten Zustandsraum. Eine Klassifizierung der linearen Netzwerke muß demnach von den Eigenschaften der Ohmschen Abbildung *und* der dynamischen Gleichungen ausgehen.

Definition 4.1: Wir nennen ein nichtdynamisches oder dynamisches Netzwerk *linear*, wenn man die nichtdynamischen Subsysteme durch *affine* Ohmsche Abbildungen $\mathbf{f}$ (Belevitch [4.1])

$$\mathbf{f}(\mathbf{i}, \mathbf{u}, t) := \mathbf{M}(t)\,\mathbf{i} + \mathbf{N}(t)\,\mathbf{u} + \mathbf{b}(t) = \mathbf{0}, \tag{4.1}$$

und die dynamischen Subsysteme durch Gleichungen des Typs

$$\mathbf{M}(t)\,\mathbf{i} + \mathbf{N}(t)\,\mathbf{u} + \mathbf{b}(t) = \mathbf{0} \tag{4.2}$$

beschreiben kann. Diese Gleichungen werden im folgenden *konstitutive Relationen* genannt.

Bei linearen nichtdynamischen Netzwerken sind $\mathbf{M}(t)$ und $\mathbf{N}(t)$ Matrizen(operatoren), während es sich bei dynamischen Netzwerken um Differential- oder Integraloperatoren handelt.

Sind die Koeffizienten der Operatoren $\mathbf{M}$ und $\mathbf{N}$ unabhängig von t, dann nennt man das lineare Netzwerk *zeitinvariant*, andernfalls *zeitvariant*.

∎

Schon an dieser Stelle wollen wir darauf hinweisen, daß auch die *Anfangswerte* der dynamischen Subsysteme berücksichtigt werden müssen. Das wird in vielen Darstellungen oft nicht beachtet und so kommt es bei der Analyse von Systemen und Netzwerken vielfach zu Mißverständnissen, auf die wir in den Abschnitten 4.4 und 4.7.2 ausführlich eingehen. Verwendet man für die dynamischen Subsysteme konstitutive Relationen, die mit bestimmten Integralen formuliert werden, dann vermeidet man diese Schwierigkeiten. Daher werden wir bei den linearen zeitinvarianten Netzwerken ausschließlich integrale Beziehungen angeben.

Beispielhaft seien einige Subsysteme durch ihren Operatoren definiert:

1) Ohmscher Widerstand mit Spannungsquelle: Mit $M = -R, N = 1$ und $b(t) = u_0(t) \implies f(i,u) = -Ri + u - u_0(t) = 0$. Ein *ohmscher Widerstand* mit zeitabhängiger Spannungsquelle ist ein lineares zeitvariantes Subsystem.

2) Konstante Kapazität: $M = 1$, $N(\cdot) = -(1/C)\int_0^t (\cdot)d\tau + (\cdot)(0) \implies u_C - \{(1/C)\int_0^t i_C(\tau)d\tau + u_C(0)\} = 0$. Eine *konstante Kapazität* ist ein lineares zeitinvariantes dynamisches Subsystem.

3) Variable Induktivität: Mit $M = -(1/L(t))\int_0^t (\cdot)d\tau - (\cdot)(0)$ und $N = 1 \implies -\{(1/L(t))\int_0^t u_L(\tau)d\tau + u_L(0)\} + i_L = 0$. Eine *variable Induktivität* ist ein lineares zeitvariantes Subsystem.

Bemerkung 4.1: Die bereits erwähnte Beschreibung von Subsystemen mit differentiellen Beziehungen ist auch im Hinblick auf lineare und zeitvariante Systeme und Netzwerke sehr günstig.

∎

Bereits in den Abschnitten 2.2 und 3.2.2 wurde ausgeführt, daß reale elektrische Schaltungen mit einer "kleinen" Anzahl von *Netzwerkelementen* modelliert werden. Diese Netzwerkelemente sollten prinzipiell realisierbar sein; es gibt jedoch auch Ausnahmen von dieser Regel. Die Netzwerkelemente werden nach Definition 2.5 mit Hilfe eines Verbindungsnetzwerkes zusammengeschaltet. Nach Abschnitt 3.3 handelt es sich bei dem Verbindungsnetzwerk um ein Subsystem mit n Toren. Demnach ist es sinnvoll, auch die Netzwerkelemente entsprechend ihrer Toranzahl in Klassen einzuteilen. Daneben gibt es noch weitere Unterscheidungsmerkmale. Entsprechend den Definitionen 2.2, 2.4, 3.1 und 4.1 unterscheiden wir zwischen *dynamischen* und *nichtdynamischen*, *zeitvarianten* und *zeitinvarianten*, *autonomen* und *nichtautonomen* sowie *linearen* und *nichtlinearen* Netzwerken. Ein ebenso wichtiges Merkmal zur

Klassifikation ist die Art des *Energieaustausches* eines Netzwerkelementes mit seiner "Umgebung". Dazu benötigen wir einen *Energie-* und einen *Leistungsbegriff*, auf die wir in den Abschnitten 4.6 und 4.8 eingehen. Wir werden die Netzwerkelemente zuerst durch den funktionalen Zusammenhang der beschreibenden Netzwerkvariablen (*konstitutive Relationen*) definieren und auf eine energetische Klassifizierung erst in Abschnitt 4.6 genauer eingehen.

Die 1-Tore (früher: 2-Pole) werden mit Hilfe von Strom i und Spannung u *eines* Tores definiert. Beschränkt man sich auf die *linearen* 1-Tore, dann sind die folgenden Relationen möglich, die zum Teil schon zu Beginn des Abschnittes als Beispiele für Definition 4.1 genannt wurden:

1) Widerstand: $u_R = R(t)i_R$ (R: Widerstand(swert)),

2) Kapazität: $u_C = (1/C(t)) \int_0^t i_C(\tau)d\tau + u_C(0)$ (C: Kapazität(swert)),

3) Induktivität: $i_L = (1/L(t) \int_0^t u_L(\tau)d\tau + i_L(0)$ (L: Induktivität(swert)),

4) Unabhängige Stromquelle: $i_0 = i_0(t)$, u :beliebig,

5) Unabhängige Spannungsquelle: $u_0 = u_0(t)$, i :beliebig.

Wir nehmen an, daß i und u *unendlich oft differenzierbare* Funktionen $f : I\!R \to I\!R$ aus $C^\infty(I\!R)$ sind. Das ist keine Einschränkung der Allgemeinheit, da man eine mindestens einmal differenzierbare Funktion durch eine C^∞-Funktion beliebig genau approximieren kann (siehe Amman ([4.40], S.312(unten)f)). In einem etwas allgemeineren Sinne als in Abschnitt 2.3.3 handelt es sich daher um den *generischen Fall*. Funktionen mit einem geringeren Differenzierbarkeitsgrad als C^∞-Funktionen gehören daher zu den nicht generischen Fällen. Als Beispiel seien die stückweise *differenzierbaren* Eingangsfunktionen eines Netzwerkes mit Unstetigkeitsstellen genannt (z.B. Heavisidesche Sprungfunktion), die mit Hilfe einer passenden Modellbildung beliebig genau durch eine C^∞-Funktion angenähert werden können. Solche nicht generischen Eingangsfunktionen gewinnen aber an Bedeutung, wenn man das Verhalten von Netzwerken untersuchen möchte, bei denen die Netzwerkelemente so zusammengeschaltet sind, daß sie "differenzierende Wirkung" auf die Eingangsfunktion haben. Um die Unbequemlichkeiten mit nicht differenzierbaren Funktionen zu vermeiden, sollte ein Kalkül verwendet werden, mit dem auch Funktionen mit Unstetigkeitsstellen differenziert werden können; Beispiele dafür sind der *Distributionen-Kalkül* (eine leicht faßliche Darstellung findet man in dem Buch von Preuß et al ([4.2], S.67ff)) oder die *Nichtstandard-Analysis* (Laugwitz [4.3], Richter [4.4]). In Abschnitt 4.7.2 stellen wir den Heaviside-Yosida-Kalkül vor, der solche systemtheoretische Aufgabenstellungen mit dem mathematisch geringsten Aufwand löst; er kann daher als Minimalkalkül bezeichnet werden, da er keine überflüssigen mathematischen Strukturen enthält, wie die zuvor genannten Kalküle oder die Methode der Laplace-Transformation. An den Sprungstellen sind allerdings *zusätzliche* Bedingungen erforderlich, wie etwa die Stetigkeit der *Zustandsvariablen* elektrischer Netzwerke u_C und i_L(siehe Abschnitt 4.7.1).

Bemerkung 4.2: Wir wollen noch darauf hinweisen, daß man auch andere Netzwerkvariablen als Strom und Spannung verwenden kann. So kann man beispielsweise die "integralen" Größen

Fluß: $\phi(t) := \phi_0 + \int_0^t u(\tau)d\tau$

und

Ladung: $q(t) := q_0 + \int_0^t i(\tau)d\tau$

definieren, wobei die Anfangswerte ϕ_0 und q_0 im Gegensatz zu den Anfangsströmen und -spannungen nicht meßbar aber physikalisch auch nicht relevant sind (Chua ([4.5], S.1019)). Mit diesen Größen kann man algebraische konstitutive Relationen für die Kapazität und die Induktivivtät formulieren. Die Integralformen der konstitutiven Relationen lassen sich mit Hilfe der Definitionen von ϕ und q zurückgewinnen. So folgt z.B. aus 3)

$$L(t)i_L = \int_0^t u_C(\tau)d\tau + L\,i_L(0) = \phi_L$$

eine lineare algebraische Beziehung $\phi_L = L\,i_L$ zur Charakterisierung der Induktivität. Eine analoge Relation kann auch für die Kapazität angegeben werden. Diese Formulierungen haben den Vorteil, daß sie leicht auf den linear zeitvariant und nichtlinearen Fall verallgemeinert werden können (siehe Abschnitt 6.1).

Berücksichtigt man auch die lineare Beziehung $\phi = R\,q$, dann erhält man ein weiteres 1-Tor, den *Memristor* (Chua [4.6]). Er ist aber im linearen Fall mit einem Widerstand äquivalent.

∎

Es gibt noch zwei weitere von Carlin und Youla [4.8] eingeführte 1-Tore, die im Unterschied zu den bisher genannten Netzwerkelementen *einzeln* nicht einmal prinzipiell realisierbar sind (Carlin [4.7], Tellegen [4.9]):

1) *Nullator:* $i \equiv 0$, $u \equiv 0$,

2) *Norator:* i: beliebig, u: beliebig.

Sie werden manchmal bei *aktiven* linearen Netzwerken verwendet (siehe Davies [4.10], Bruton ([4.11], S.40ff)), wo sie aber immer als Nullator-Norator-Paare (*Nullor*) auftreten.

Bei den 2-Toren (früher: Vierpole) gibt es vier algebraische Relationen zwischen den Strömen i_1, i_2 und den Spannungen u_1, u_2 der beiden Tore; die entsprechenden Netzwerkelemente heißen *gesteuerte Quellen:*

1) Stromgesteuerte Stromquelle: $i_2 = \alpha i_1$.

2) Stromgesteuerte Spannungsquelle: $u_2 = r\,i_1$.

3) Spannungsgesteuerte Spannungsquelle: $u_2 = \beta u_1$.

4) Spannungsgesteuerte Stromquelle: $i_2 = g\, u_1$.

Die Proportionalitätskonstanten α und β sind im Gegensatz zu r und g dimensionslos. In den Anwendungen werden diese Konstanten auch durch Differential- oder Integraloperatoren ersetzt; im Frequenzbereich erhält man dann frequenzabhängige komplexe Proportionalitäten. Außer den gesteuerten Quellen sei noch der (ideale) *Gyrator* als 2-Tor genannt (Unbehauen ([4.12], S.42f)), der durch die Relationen

$$u_2 = -r_g i_1, \quad i_2 = r_g u_1$$

definiert ist. Er spielt bei der Netzwerksynthese eine wichtige Rolle. Schließlich sei noch einmal darauf hingewiesen, daß der ideale Übertrager bereits in Abschnitt 3.3 als Teil des Verbindungsnetzwerkes behandelt wurde.

Mit diesen Netzwerkelementen kann man jedes lineare Netzwerk aufbauen; sie sollen daher noch einmal in Tabelle 4.1 zusammen mit ihren Symbolen aufgeführt werden. Wir wollen allerdings darauf verzichten, einen Minimalsatz von Netzwerkvariablen zu definieren.

Insbesondere bei der *Synthese* von Netzwerken ist es zweckmäßig, aus diesen Grundelementen noch weitere 2-Tore und Mehrtore zu bilden, die sich besonders gut realisieren lassen; als Beispiele nennen wir die reale Diode, den idealen und realen Bipolar- und MOS-Transistor, den idealen und realen Operationsverstärker NIV, NIK usw. (siehe z.B. Moschytz [4.13]), die teilweise unter den Oberbegriff *Mutator* (Chua [4.14]) zusammengefaßt werden können. Für diese Subsysteme gibt es auch entsprechende Symbole; diese Symbole werden aber in der Literatur nicht einheitlich verwendet. Des weiteren besitzen die Subsysteme "realer" Bipolar-Transistor und "realer" MOS-Transistor keine einheitliche mathematische Charakterisierung. Allenfalls gibt es verschiedene Netzwerkmodelle, so daß sie nur als abkürzende Symbole für kompliziertere Teilnetzwerke dienen. Wir führen sie daher als Netzwerkelemente nicht auf, sondern definieren die Symbole jeweils durch Angabe des zugehörigen Teilnetzwerkes.

Zu allen bisher genannten Netzwerkelementen gibt es auch zeitvariante Modifikationen, bei denen einer oder mehrere Elementeparameter von der Zeit t abhängen. Eine gewisse Zwischenstellung nimmt der bereits erwähnte *ideale Schalter* ein, der in folgender Weise definiert werden kann

$$S := \begin{cases} \textit{offen}, & i_s = 0 \text{ und } u_s \text{ beliebig;} \\ \textit{geschlossen}, & i_s \text{ beliebig und } u_s = 0. \end{cases}$$

Das dazugehörige Symbol ist ebenfalls in Tabelle 4.1 zufinden. Aus der Definition folgt, das ein idealer Schalter weder eine Impedanz- noch eine Admittanzdarstellung besitzt.

Tabelle 4.1. Lineare Netzwerkelemente

$u_R = R\,i_R$

Widerstand

$u_0 = u_0(t)$, i beliebig

unabhängige
Spannungsquelle

$i_0 = i_0(t)$, u beliebig

unabhängige
Stromquelle

$u_C = \dfrac{1}{C(t)} \displaystyle\int_0^t i_C(\tau)\,d\tau + u_C(0)$

Kapazität

u beliebig, i beliebig

$u = 0$, $i = 0$

Nullator

$i_L = \dfrac{1}{L(t)} \displaystyle\int_0^t u_L(\tau)\,d\tau + i_L(0)$

Induktivität

$u_2 = \beta u_1$

spannungsgesteuerte
Spannungsquelle

spannungsgesteuerte
Stromquelle

$i_2 = \alpha i_1$

stromgesteuerte
Stromquelle

$u_2 = r\,i_1$

stromgesteuerte
Spannungsquelle

$i_2 = r_g u_1$
$u_2 = -r_g i_1$

Gyrator

$$S \begin{cases} \text{offen} & i_S = 0,\ u_S \text{ beliebig} \\ \text{geschlossen} & i_S \text{ beliebig},\ u_S = 0 \end{cases}$$

idealer Schalter

Bemerkung 4.3: Es sei noch darauf hingewiesen, daß zur analytischen Beschreibung von idealen Schaltern die in Beispiel 2.1 eingeführten Streuvariablen besser geeignet sind (Brockett [4.15]):

$$u_s + R\,i_s = a(u_s - R\,i_s) \quad \text{mit} \quad a = \begin{cases} 1, & \text{S offen;} \\ 0, & \text{S geschlossen,} \end{cases}$$

wobei R eine beliebige Normierungskonstante mit der Dimension "Widerstand" ist.

4.2 Lineare nichtdynamische Netzwerke

Die zentrale Netzwerkaufgabe in dieser Netzwerkklasse ist die Ermittlung des Zustandsraumes. Bei linearen Netzwerken können dazu unter schwachen Voraussetzungen die Beschreibungsgleichungen des Netzwerkes in expliziter Form angegeben werden. Nach Definition 2.1 kann man mit diesen Gleichungen die Nullstellenmenge der Systemfunktion berechnen, die wiederum durch die Zwangsbedingungen im Raum der uneinschränkten Zustände $\mathcal{Z}$ festgelegt ist. Die Zwangsbedingungen bei einem elektrischen Netzwerk setzen sich nach Abschnitt 3.4 aus den homogenen linearen Gleichungen für das Verbindungsnetzwerk mit der Beschreibungsmatrix $\mathbf{T}_2$ und der Ohmschen Abbildung $\mathbf{f}$ für die Subsysteme zusammen. Aus dem Netzwerk-Diagramm in Bild 3.3 kann der Zustandsraum $\mathcal{S}$ direkt abgelesen werden zu $\mathcal{S} = Kern(\mathbf{T}_2) \cap \mathbf{f}^-(\{\mathbf{0}\})$. In dem folgenden Satz wird ein Kriterium angegeben, das aussagt, unter welcher Bedingung der Zustandsraum nicht leer ist.

Satz 4.1: Der Zustandsraum eines Netzwerkes sei definiert durch

$$\mathcal{S} = \mathcal{K} \cap \mathcal{O} = Kern \begin{pmatrix} \mathbf{A} & \mathbf{0} \\ \mathbf{0} & \mathbf{B}^T \end{pmatrix} \cap \mathbf{f}^-(\{\mathbf{0}\}).$$

Die Blockmatrix ist die in (3.53) definierte Matrix $\mathbf{T}_2$. Dann gilt die folgende Aussage: Der Zustandsraum ist nicht leer, d.h. $\mathcal{S} \neq \emptyset$, genau dann, wenn die Abbildung

$$\mathbf{f} \circ \begin{pmatrix} \mathbf{B} & \mathbf{0} \\ \mathbf{0} & \mathbf{A}^T \end{pmatrix}$$

mindestens eine Nullstelle besitzt.

Beweis: Die Aussage kann sofort im Netzwerk-Diagramm (Bild 3.3) abgelesen werden.

∎

Der Kern der *Kirchhoffschen Abbildung* $\mathbf{T}_2$ kann mit Hilfe der Matrix $\mathbf{T}_1$ explizit angegeben werden zu

$$\begin{pmatrix} \mathbf{i} \\ \mathbf{u} \end{pmatrix} = \begin{pmatrix} \mathbf{B} & \mathbf{0} \\ \mathbf{0} & \mathbf{A}^T \end{pmatrix} \begin{pmatrix} \mathbf{j} \\ \varphi \end{pmatrix}, \tag{4.3}$$

wobei $\mathbf{j}$ der Maschenstromvektor und φ der Vektor der Knotenpotentiale ist. Ist die Ohmsche Abbildung $\mathbf{f}(\mathbf{i}, \mathbf{u})$ nach $\mathbf{u}$ auflösbar, was genau dann der Fall ist, wenn man die Matrix $\mathbf{N}(t)$ für alle t invertieren kann, so ist die Nullstellenmenge $\mathbf{f}^-(\{\mathbf{0}\})$ die Lösungsmannigfaltigkeit des Gleichungssystems

$$-\mathbf{u} = \mathbf{N}(t)^{-1}\mathbf{M}(t)\mathbf{i} + \mathbf{N}(t)^{-1}\mathbf{b}(t). \tag{4.4}$$

Die Beschreibungsgleichungen des Netzwerkes können nun mit Hilfe der verallgemeinerten Kirchhoffschen Gleichungen sehr einfach formuliert werden. Setzt man nämlich die erste Zeile von (4.3) in (4.4) ein und multipliziert diese Gleichung von links mit $\mathbf{B}^T$, so erhält man unter Ausnutzung der Exaktheit des Matrizenpaares $(\mathbf{A}, \mathbf{B})$

$$\mathbf{B}^T\mathbf{M}(t)^{-1}\mathbf{N}(t)\mathbf{B}\,\mathbf{j} = -\mathbf{B}^T\mathbf{M}(t)^{-1}\mathbf{b}(t) \tag{4.5}$$

als Beschreibungsgleichungen für lineare nichtdynamische und zeitvariante Netzwerke, bei denen die verallgemeinerte Ohmsche Abbildung nach $\mathbf{u}$ auflösbar ist. Die Auflösbarkeit ist gesichert, wenn $\mathbf{N}(t)$ für alle Zeitpunkte t invertierbar ist. Bei zeitinvarianten linearen Netzwerken liegt nach Abschnitt 2.3.3 der generische Fall (im Sinne der algebraischen Geometrie) vor und die Invertierbarkeit ist für "fast alle" Netzwerke gesichert; anders ausgedrückt, nicht invertierbare Matrizen können durch beliebig kleine Abänderungen "regularisiert" werden. Das läßt sich, wie in Bild 4.1 gezeigt, durch Hinzufügen parasitärer Netzwerkelemente mit Hilfe idealer Übertrager durchführen. Im zeitvarianten Fall ist die Situation komplizierter, da eine "lokale Regularisierung" in einem festen Zeitpunkt t_0 zwar nach wie vor möglich ist, die aber in jedem Zeitpunkt unterschiedlich sein kann und somit eine "globale Regularisierung" nicht gesichert ist. Eine ausführliche mathematische Untersuchung über *parametrisierte Matrizen* wurde von Arnol'd [4.16] vorgelegt und kann als ein Beispiel aus der *linearen* Katastrophentheorie interpretiert werden (siehe Gilmore ([4.17], S.345ff)).

Hat man den Maschenstromvektor $\mathbf{j}$ bestimmt, dann kann der Vektor $\mathbf{i}$ der Zweigströme aufgrund der Gleichung $\mathbf{i} = \mathbf{Bj}$ ermittelt werden. Unter Ausnutzung von (4.4) kann man schließlich auch den Vektor $\mathbf{u}$ der Zweigspannungen berechnen. Die Invertierbarkeit der Matrix $\mathbf{N}$ ist gesichert, wenn sich die Ohmsche Abbildungen der Subsysteme wie in Beispiel 1) in Abschnitt 4.1 schreiben läßt

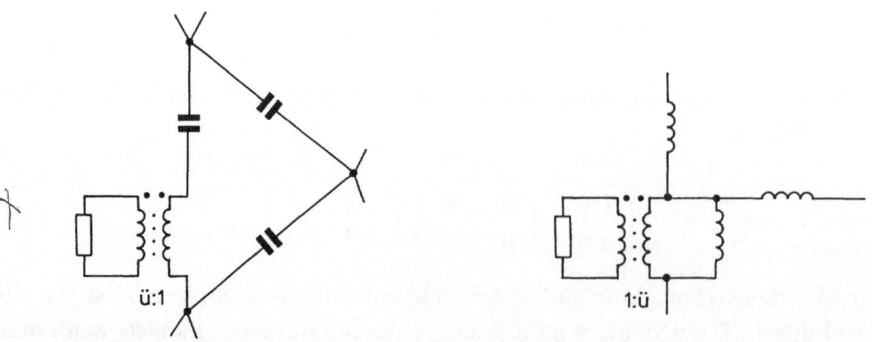

Bild 4.1. Ankopplung parasitärer Elemente durch ideale Übertrager

$$\mathbf{f}(\mathbf{i}, \mathbf{u}) = -\mathbf{Z}(t)\mathbf{i} + \mathbf{u} + \mathbf{u}_0(t) + \mathbf{Z}(t)\mathbf{i}_0(t), \qquad (4.6)$$

wobei die Diagonalmatrix $\mathbf{Z}(t)$ die Impedanzen in den Zweigen enthält und die Matrix $\mathbf{B}^T$ vollen Zeilenrang besitzt. Die Beziehung (4.6) wird üblicherweise *Standard-zweig-Impedanzform* genannt. Ein Subsystem in dieser Standardform wird in Bild 4.2a) gezeigt.

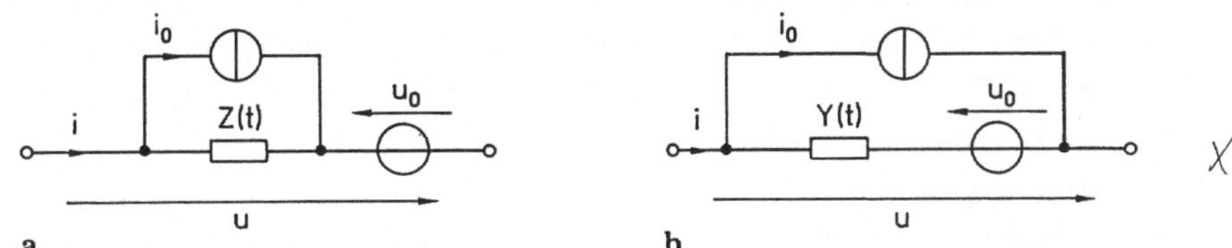

Bild 4.2. a) Standard-Impedanz-Zweig, b) Standard-Admittanz-Zweig

Die Beschreibungsgleichungen eines Netzwerkes, das nur aus Standardzweigen in Impedanzform besteht, lauten

$$\mathbf{B}^T\mathbf{Z}(t)\mathbf{B}\,\mathbf{j} = \mathbf{B}^T(\mathbf{u}_0(t) + \mathbf{Z}(t)\mathbf{i}_0), \qquad (4.7)$$

wobei die Zweigimpedanzen $R_i(t)$ in der Diagonalmatrix $\mathbf{Z}(t)$ und die Spannungsquellen $u_{0i}(t)$ jeden Zweiges in dem Vektor $\mathbf{u}_0(t)$ zusammengefaßt sind. Diese Beschreibungsgleichungen werden *Maschengleichungen* genannt. Dabei ist jedoch zu beachten, daß in diesem Fall die Übertragerrelationen mit berücksichtigt werden.

Ist die Ohmsche Abbildung nach $\mathbf{i}$ auflösbar, so können ähnliche Beschreibungsgleichungen wie die Gleichung (4.5) für den Vektor der Knotenpotentiale abgeleitet werden. Setzt man außerdem voraus, daß die Ohmsche Abbildung der Subsysteme in der Form

$$\mathbf{f}(\mathbf{i}, \mathbf{u}) = -\mathbf{i} + \mathbf{Y}(t)\mathbf{u} + \mathbf{i}_0 + \mathbf{Y}(t)\mathbf{u}_0(t) \qquad (4.8)$$

notiert werden kann – man spricht von *Standardzweigen in Admittanzform* (siehe Bild 4.2b) – dann erhält man die

$$\mathbf{A}\mathbf{Y}(t)\mathbf{A}^T\varphi = -\mathbf{A}(\mathbf{i}_0(t) + \mathbf{Y}(t)\mathbf{u}_0(t)), \qquad (4.9)$$

wobei die Zweigadmittanzen $Y_k(t)$ in der Diagonalmatrix $\mathbf{Y}(t)$ und die unabhängigen Stromquellen jeden Zweiges in dem Vektor $\mathbf{i}_0(t)$ zusammengefaßt sind. Diese Gleichungen werden *Knotengleichungen* genannt. Sie sind im Unterschied zu den klassischen Knotengleichungen auch dann gültig, wenn das Netzwerk galvanische *und* magnetische Kopplungen enthält.

Die Maschen- als auch die Knotengleichungen haben den Vorteil, daß für deren Formulierung nur entweder die Matrix $\mathbf{B}^T$ oder die Matrix $\mathbf{A}$ benötigt werden. Voraussetzung ist allerdings, daß die Ohmsche Abbildung $\mathbf{f}$ nach $\mathbf{u}$ bzw. nach $\mathbf{i}$ auflösbar ist. Insbesondere bei den Knotengleichungen können einfache Regeln angegeben werden, mit denen die Koeffizientenmatrix $\mathbf{A}\mathbf{Y}(t)\mathbf{A}^T$ und die "rechte Seite" $\mathbf{A}\mathbf{u}_0(t)$ direkt aus dem Netzwerk ermittelt werden können, wenn das Verbindungsnetzwerk keine idealen Übertrager enthält. In diesem Fall ist $\mathbf{A}$ nach Abschnitt 3.3 die Knoten-Zweig-Inzidenzmatrix des zugehörigen Netzwerkgraphen. Die *Knotenadmittanzmatrix* $\mathbf{A}\mathbf{Y}(t)\mathbf{A}^T$ ist invertierbar (für alle t), wenn die Diagonalelemente von $\mathbf{Y}(t)$ (für alle t) größer als Null sind und $\mathbf{A}$ keine abhängigen Zeilen enthält. Besitzt das Netzwerk nur galvanische Kopplungen, dann läßt sich zeigen, (siehe z.B. Balabanian,Bickert,Seshu ([4.18], S.81)), daß der Rang der Knoten-Zweig-Inzidenzmatrix eines *zusammenhängenden (Netzwerk-)Graphen* mit n Knoten gleich $Rang(\mathbf{A}) = n-1$ ist; es genügen daher $n-1$ der n Knoten-Zweig-Inzidenzen zur Aufstellung von $\mathbf{A}$. Der verbleibende Knoten wird *Bezugsknoten* genannt.

Die Knoten- als auch die Maschengleichung können auch direkt mit Satz 4.1 ermittelt werden. Für Zweige in der Standardform kann nämlich die Ohmsche Abbildung $\mathbf{f}$ nach (4.6) und (4.8) in der folgenden (redundanten) Form geschrieben werden

$$\mathbf{f}: \begin{pmatrix} \mathbf{i} \\ \mathbf{u} \end{pmatrix} \longmapsto \begin{pmatrix} \mathbf{1} & -\mathbf{Y}(t) \\ -\mathbf{Z}(t) & \mathbf{1} \end{pmatrix} \begin{pmatrix} \mathbf{i} \\ \mathbf{u} \end{pmatrix} + \begin{pmatrix} -(\mathbf{i}_0 + \mathbf{Y}(t)\mathbf{u}_0) \\ \mathbf{Z}(t)\mathbf{i}_0 + \mathbf{u}_0 \end{pmatrix} \qquad (4.10)$$

wobei $\mathbf{Z}(t) = \mathbf{Y}^{-1}(t)$ gilt. In diesem Fall erhält man mit Hilfe der Exaktheit von $(\mathbf{A}, \mathbf{B})$ den folgenden Satz, der eine Verschärfung von Satz 4.1 für Netzwerke ist, die nur aus Standardzweigen bestehen.

Satz 4.2: Der Zustandsraum eines linearen Netzwerkes, dessen Ohmsche Abbildung in der Form von (4.10) für Standardzweige notiert werden kann, ist nichtleer $\mathcal{S} \neq \emptyset$ genau dann, wenn die Gleichung

$$\begin{pmatrix} \mathbf{0} & \mathbf{A}\mathbf{Y}(t)\mathbf{A}^T \\ \mathbf{B}^T\mathbf{Z}(t)\mathbf{B} & \mathbf{0} \end{pmatrix} \begin{pmatrix} \mathbf{j} \\ \varphi \end{pmatrix} = \begin{pmatrix} -\mathbf{A}(\mathbf{i}_0 + \mathbf{Y}(t)\mathbf{u}_0) \\ \mathbf{B}^T(\mathbf{Z}(t)\mathbf{i}_0 + \mathbf{u}_0) \end{pmatrix} \qquad (4.11)$$

mindestens eine Lösung hat.

Beweis: Dazu setzt man diese spezielle Ohmsche Abbildung $\mathbf{f}$ in das Kriterium aus Satz 4.1 ein und nutzt die Exaktheit des Matrizenpaares aus.

∎

Lassen sich nicht alle Subsysteme durch Standard-Zweig-Relationen *eines* Typs beschreiben, so kann man eine der zahlreichen Beschreibungsgleichungen benutzen, bei denen Vektoren mit gemischten Strömen und Spannungen als Variablen auftreten. Enthält das Netzwerk außer Standardzweigen auch *gesteuerte Quellen*, die nach Abschnitt 4.1 durch Strom-Spannungsrelationen *verschiedener* Zweige definiert sind, so können Modifikationen der Maschen- und Knotengleichungen angegeben werden.

Ein besonders elegantes Verfahren zur Ableitung von Beschreibungsgleichungen für lineare nichtdynamische Netzwerke mit Standardzweigen wurde von Edelmann [4.19] vorgeschlagen und von Fischer [4.20] auf Netzwerke mit gesteuerten Quellen verallgemeinert.

Bei den vorangegangenen Verfahren zur Aufstellung von Beschreibungsgleichungen für lineare nichtdynamische Netzwerke ist kennzeichnend, daß die Anzahl der Variablen gegenüber der Maximalanzahl von $2n$ Zweiggrößen verringert wurde. Dabei benutzt man die Zwangsbedingungen, die sich aus den Kirchhoffschen Gleichungen und der Ohmschen Abbildung ergeben. Diese Vorgehensweise ist besonders dann sinnvoll, wenn man an analytischen Lösungen interessiert ist. So wurde lange Zeit die Maschenanalyse für die von Hand ausgeführte Analyse von Netzwerken bevorzugt, weil sie gegenüber der Knotenanalyse mit weniger Gleichungen auskommt. Bei der rechnergestützten Analyse spielt die Gleichungsanzahl nicht mehr eine so wesentliche Rolle, so daß man die leicht formulierbaren Knotengleichungen oder deren Modifikationen mit der größeren Variablenanzahl (in Bezug auf die Maschenanalyse) benutzen kann. Insbesondere bei sogenannten *schlecht-konditionierten* Netzwerkaufgaben kann man versuchen, durch Verzicht auf eine "starke" Variablenreduktion die Kondition des numerischen Problems (siehe Abschnitt 4.3) zu verbessern.

Eine direkte Methode zur Bestimmung des Zustandsraumes $\mathcal{S} = \mathcal{K} \cap \mathcal{O}$ ist die folgende: Man löst die durch die Ohmsche Abbildung $\mathbf{f}$ und die Kirchhoffsche Abbildung $\mathbf{T}_2$ bestimmten Gleichungen *simultan* auf, wodurch die Bildung des Durchschnittes von Ohmschen und Kirchhoffraum *direkt* realisiert wird. In impliziter Form erhalten wir damit

$$\begin{pmatrix} \mathbf{A} & \mathbf{0} \\ \mathbf{0} & \mathbf{B}^T \end{pmatrix} \begin{pmatrix} \mathbf{i} \\ \mathbf{u} \end{pmatrix} = \begin{pmatrix} \mathbf{0} \\ \mathbf{0} \end{pmatrix},$$

$$\mathbf{f}(\mathbf{i}, \mathbf{u}) = 0.$$

Im linearen zeitinvarianten Fall kann das Gleichungssystem explizit angegeben werden zu

$$\begin{pmatrix} \mathbf{A} & \mathbf{0} \\ \mathbf{0} & \mathbf{B}^T \\ \mathbf{M} & \mathbf{N} \end{pmatrix} \begin{pmatrix} \mathbf{i} \\ \mathbf{u} \end{pmatrix} = \begin{pmatrix} \mathbf{0} \\ \mathbf{0} \\ -\mathbf{b} \end{pmatrix}. \tag{4.12}$$

Diese Vorgehensweise wird nach Hachtel, Brayton und Gustavson *Sparse Tableau Approach* genannt [4.21]. Damit können die Beschreibungsgleichungen für beliebige (lineare oder nichtlineare) nichtdynamische Netzwerke in impliziter oder expliziter Form sehr leicht formuliert werden. Die Koeffizientenmatrix dieses Gleichungssystems ist insbesondere bei Netzwerken mit einer großen Anzahl von Subsystemen *schwach-besetzt*, d.h. die Koeffizientenmatrix enthält in Bezug auf die Gesamtanzahl vergleichsweise "wenig" von Null verschiedene Matrizenelemente. Es gibt für schwach-besetzte lineare algebraische Gleichungssysteme sehr effiziente numerische Algorithmen, so daß sich die Erhöhung der Anzahl der Variablen sogar vorteilhaft auswirkt. Auf die Einzelheiten derartiger Verfahren können wir in diesem Buch aus Platzgründen jedoch nicht eingehen; daher verweisen wir auf das Buch von Horneber ([4.22], S.155ff), wo die wichtigsten Methoden im Überblick dargestellt werden und zahlreiche weitere Literaturangaben zu finden sind. Da man die Beschreibungsgleichungen eines nichtlinearen dynamischen Netzwerkes mit Hilfe eines Integrationsverfahrens und anschließend mit einem Iterationsverfahren auf lineare algebraische Netzwerkgleichungen zurückführen kann, ist der Anwendungsbereich nicht auf lineare nichtdynamische Netzwerke beschränkt.

Ein Spezialfall des *Sparse Tableau Approach* ist die *modifizierte Knotenanalyse* von Ho, Ruehli und Brennan [4.23]. Dieses z.B. in dem bekannten Netzwerkanalyse-Programm SPICE2 eingesetzte Verfahren, vereint die Vorzüge der Knotengleichungen und des *Sparse Tableau Approach*, wobei die Variablenanzahl gegenüber den Knotengleichungen nur "geringfügig" erhöht wird. Es werden nämlich nur die Ströme derjenigen Netzwerkelemente als zusätzliche Variablen den Knotengleichungen hinzugefügt, für die keine Strom-Spannungsrelationen zur Verfügung stehen, wie etwa bei Spannungsquellen, oder wo es bei der Verwendung der klassischen Knotengleichungen zu einer schlechten Kondition des Gleichungssystems kommt. Solche Situationen treten beispielsweise auf, wenn die Größenordnungen der Widerstandswerte in einem Netzwerk sehr stark schwanken. Anhand eines solchen Falles soll die modifizierte Knotenanalyse in Beispiel 4.1 näher erläutert werden. Dabei zeigt sich, daß es bei der Anwendung dieses Verfahrens zu einer erheblichen Konditionsverbesserung kommt. Eine ausführliche Ableitung der Beschreibungsgleichungen der modifizierten Knotenanalyse findet man bei Vlach und Singhal ([4.24], S.110ff) und Horneber ([4.22], S.118ff).

Beispiel 4.1: (nach einer Idee von Mucha [4.110]) Zunächst analysieren wir ein einfaches Netzwerk mit Hilfe der gewöhnlichen Knotenanalyse und stellen dazu die Knotengleichungen für die Knoten 1 und 2 auf

$$1 \cdot (U_0 - \varphi_1) = 1 \cdot \varphi_1 + \underbrace{10^8(\varphi_1 - \varphi_2)}_{I}$$

$$\underbrace{10^8(\varphi_1 - \varphi_2)}_{I} = 1 \cdot \varphi_2$$

oder in Matrixform

$$\begin{pmatrix} 2 + 10^8 & -10^8 \\ -10^8 & 1 + 10^8 \end{pmatrix} \begin{pmatrix} \varphi_1 \\ \varphi_2 \end{pmatrix} = \begin{pmatrix} 1 \\ 0 \end{pmatrix} U_0.$$

Die Koeffizientenmatrix wird *singulär*, wenn auf Grund von Rechenungenauigkeiten die beiden Koeffizienten in der Hauptdiagonalen durch 10^8 angenähert werden. Führen wir den Strom I als weitere Variable ein, so erhalten wir die modifizierten Knotengleichungen zu

$$1 \cdot (U_0 - \varphi_1) = 1 \cdot \varphi_1 + I$$
$$I = 1 \cdot \varphi_2$$
$$10^{-8}\, I = (\varphi_1 + \varphi_2)$$

oder in Matrixform

$$\begin{pmatrix} 2 & 0 & 1 \\ 0 & 1 & -1 \\ -1 & 1 & 10^{-8} \end{pmatrix} \begin{pmatrix} \varphi_1 \\ \varphi_2 \\ I \end{pmatrix} = \begin{pmatrix} 1 \\ 0 \\ 0 \end{pmatrix} U_0.$$

In diesem Fall kann man mit Hilfe der Determinante der Koeffizientenmatrix leicht zeigen, daß man selbst dann keine schlechte Kondition bekommt, wenn man Rechenungenauigkeiten berücksichtigt; die Determinante lautet

$$\det\left\{ \begin{pmatrix} 2 & 0 & 1 \\ 0 & 1 & -1 \\ -1 & 1 & 10^{-8} \end{pmatrix} \right\} = 2 \cdot (10^{-8} + 1) + 1 \cdot (+1) = 3 + 2 \cdot 10^{-8} \approx 3.$$

■

Die bisher betrachteten Beschreibungsgleichungen eignen sich natürlich auch zur Beschreibung von Netzwerken mit Eingängen und Ausgängen, bei denen gewisse Netzwerkvariablen als Eingangs- und Ausgangsvariablen festgelegt werden; wir sprechen kurz von *Input-Output-Systemen* oder *Input-Output-Netzwerken*. Zur Bestimmung der Input-Output-Gleichungen sind Zwischenrechnungen erforderlich. Sehr viel zweckmäßiger wäre es, wenn die als Eingangs- und Ausgangsvariablen vorgesehenen Netzwerkvariablen bereits bei der Aufstellung der Beschreibungsgleichungen berücksichtigt werden könnten. Ein derartiges Netzwerkmodell für Input-Output-Netzwerke wurde von Saeks und Ranson [4.111] vorgeschlagen; die Autoren nennen es *Komponenten-Verbindungsmodell*. Dieses Modell behandeln wir in Abschnitt 4.10 genauer. Es geht allerdings von einem allgemeineren Verbindungsnetzwerk aus, als in dem von uns vorgeschlagenen Netzwerkmodell. Es berücksichtigt nämlich neben den verallgemeinerten Kirchhoffschen Gleichungen (direkte Verbindungen und ideale Übertrager) auch Addierer und Skalarmultiplizierer. Ein solches Verbindungsnetzwerk kann nicht mehr mit einem exakten Matrizenpaar beschrieben werden, wie das von uns beschriebene Netzwerkmodell in Abschnitt 3.4.

Damit kann der Abschnitt über die Berechnung des Zustandsraumes bzw. Lösungsverfahren von Beschreibungsgleichungen linearer nichtdynamischer Netzwerke abgeschlossen werden. Es konnte gezeigt werden, daß die Lösungen passend gewählter Beschreibungsgleichungen meistens in expliziter Form angegeben werden können. Wir können damit zwar das Existenz- und Eindeutigkeitsproblem bei linearen nichtdynamischen Netzwerken lösen, dennoch sollte das nicht zu dem falschen Schluß führen, daß damit auch alle *numerischen* Probleme gelöst wären. Nur wenn es sich um die Analyse von Netzwerken handelt, bei denen die Anzahl der Netzwerkvariablen "relativ gering" ist, kann man mit "guten" Algorithmen brauchbare Resultate erwarten. Demgegenüber können große numerische Probleme auftreten, wenn man lineare Gleichungssysteme mit mehreren tausend Variablen lösen will. Solche Netzwerke treten beispielsweise bei der Analyse hochintegrierter Schaltkreise auf, wenn man die dabei auftretenden hochdimensionalen nichtlinearen Differentialgleichungen mit Hilfe von Diskretisierungs- und Linearisierungsverfahren auf die Lösung hochdimensionaler linearer Gleichungssysteme zurückführt (siehe Horneber ([4.22], S.262ff)). Netzwerktheoretisch entspricht das einer Analyse sehr komplexer linearer nichtdynamischer Netzwerke. Auf diese Weise stoßen wir auf das erste bereits in der Einleitung erwähnte *Komplexitätsproblem* bei der Netzwerkanalyse, das sich aus der großen Variablenzahl ergibt. Daneben gibt es noch ein zweites Komplexitätsproblem, das mit der Struktur der Lösungsmannigfaltigkeit für bestimmte Netzwerkparameterbereiche zusammenhängt. Darunter versteht man, daß sich die Lösungen eines Problems bei "kleinen" Parametervariationen "extrem stark" verändern können. Solche Aufgaben werden vom numerischen Standpunkt aus als *schlecht konditioniert* bezeichnet. Ein Beispiel soll diesen Sachverhalt verdeutlichen. Im folgenden Abschnitt 4.3 werden wir dann genauer darauf eingehen.

Beispiel 4.2: (Ein schlecht-konditioniertes lineares Gleichungssystem) Wir betrachten ein lineares Gleichungssystem $\mathbf{A}\,\mathbf{x} = \mathbf{b}$ mit

$$\begin{pmatrix} 5 & 7 & 6 & 5 \\ 7 & 10 & 8 & 7 \\ 6 & 8 & 10 & 9 \\ 5 & 7 & 9 & 10 \end{pmatrix} \begin{pmatrix} x_1 \\ x_2 \\ x_3 \\ x_4 \end{pmatrix} = \begin{pmatrix} 23 \\ 32 \\ 33 \\ 31 \end{pmatrix},$$

dessen Koeffizientmatrix von Faddejew und Faddejewa ([4.25], S.121f) untersucht wurde. Die Zahlenwerte dieser Matrix zeigen ebenso wie die rechte Seite keine Besonderheiten, welche auf Schwierigkeiten bei der Lösung des Systems hindeuten. Man prüft durch Einsetzen nach, daß der Vektor $\mathbf{x}_0 = (x_1\ x_2\ x_3\ x_4)^T = (1\ 1\ 1\ 1)^T$ das Gleichungssystem erfüllt. Ändert man die rechte Seite um $|\varepsilon| = 0.1$ ab

$$\mathbf{b}_\varepsilon = \begin{pmatrix} 23.1 \\ 31.9 \\ 32.9 \\ 31.1 \end{pmatrix},$$

so erhält man die Lösung $\mathbf{x}_\varepsilon = (+14.6 \ -7.2 \ -2.5 \ +3.1)^T$; $\mathbf{x}_\varepsilon$ ist gegenüber $\mathbf{x}_0$ stark verfälscht. Einen guten Einblick in die Lösungsmannigfaltigkeit der mit ε parametrisierten Familie linearer Gleichungssysteme $\mathbf{A}\mathbf{x}_\varepsilon = \mathbf{b}_\varepsilon$ erhält man, wenn die Lösung der Familie mit Hilfe des Gaußschen Eliminationsverfahrens errechnet wird. Dabei wird bekanntlich die Koeffizientenmatrix $\mathbf{A}$ unter der Berücksichtigung der rechten Seite auf obere Dreiecksform mit Einsen auf der Hauptdiagonalen gebracht. Die Familie erhält danach folgende Form

$$
\begin{pmatrix} 1 & 7/5 & 6/5 & 1 \\ 0 & 1 & -2 & 0 \\ 0 & 0 & 1 & 3/2 \\ 0 & 0 & 0 & 1 \end{pmatrix} \begin{pmatrix} x_1 \\ x_2 \\ x_3 \\ x_4 \end{pmatrix} = \begin{pmatrix} (23+\varepsilon)/5 \\ -1-12\varepsilon \\ (5-7\varepsilon)/2 \\ 1+21\varepsilon \end{pmatrix}.
$$

Durch Rückwärtssubstitution erhalten wir die Lösungsschar

$$
\mathbf{x}_\varepsilon = \begin{pmatrix} 1+136\varepsilon \\ 1-82\varepsilon \\ 1-35\varepsilon \\ 1+21\varepsilon \end{pmatrix}.
$$

Tragen wir die Koordinaten von $\mathbf{x}_\varepsilon$ in Abhängigkeit von ε auf, dann sehen wir die starke Variation dieser Koordinaten innerhalb der Familie. Beispielsweise unterscheiden sie sich für $\varepsilon = 0.1$ schon erheblich von denjenigen für $\varepsilon = 0$.

Bei linearen Gleichungssystemen gibt es für ein solches Verhalten nur einen Grund: die Koeffizientenmatrix liegt in der "Nähe" einer *singulären Matrix*. Variieren wir das Element a_{11} von $\mathbf{A}$ um ein beliebiges $\eta \in \mathbf{R}$, so errechnet sich die Determinante zu $det\ \mathbf{A}(\eta) = 1 + 68\eta$. Für $\eta_0 = -1/68 \approx -0.0147$ ist die Matrix $\mathbf{A}(\eta_0)$ singulär. Man beachte, daß die Determinante für $\eta = 0$ den Wert *Eins* besitzt; demnach kann aus dem absoluten Wert der Determinante keine Aussage über den Abstand zu einer singulären Matrix gewonnen werden. Singuläre Matrizen sind nach Abschnitt 2.3.3 nicht generische Fälle, so daß sie durch *beliebig kleine Abänderungen* ihrer Koeffizienten *regulär* werden, d.h. in der entsprechenden Familie von Matrizen ist eine singuläre Matrix eine "extreme Ausnahme". Allerdings wurde in 2.3.3 betont, daß diese "Ausnahme-Matrizen" insbesondere in der Numerik eine wichtige Rolle spielen. Befinden sich in der Nähe einer Familie von Matrizen $\mathbf{A}(\varepsilon)$ auch singuläre Matrizen, dann variieren die Koeffizienten der zugehörigen Inversen $\mathbf{A}^{-1}(\varepsilon)$ in Abhängigkeit von ε sehr stark. Definiert man mit einer solchen Matrizen-Familie eine Familie linearer Gleichungssysteme, dann kann es zu einer starken Variation der Koordinaten des Lösungsvektors in Abhängigkeit des Familienparameters ε kommen. Eine solche numerische Aufgabe wird *schlecht-konditioniert* genannt. Da man sich bei Computerrechnungen auf Grund der *endlichen Genauigkeit* der Rechnerarithmetik in fast allen Fällen von dem zu lösenden Problem "entfernt", ergeben sich möglicherweise erhebliche Ergebnisverfälschungen in Bezug auf das exakte Ergebnis. Ganz ähnliche Verhältnisse liegen bei anderen numerischen Aufgabenstellungen vor. Darauf gehen wir im folgenden Abschnitt 4.3 genauer ein.

■

4.3 Bemerkungen zur Stabilität und Kondition in der Numerik

Wir müssen uns in diesem Buch aus Platzgründen mit Anmerkungen über numerische Algorithmen begnügen, obwohl dieser Themenkomplex auch vom theoretischen Standpunkt aus außerordentlich interessant ist. Zahlreiche, für die System- und Netzwerktheorie interessante Algorithmen, werden in dem ausgezeichneten Buch von Chua und Lin [4.26] dargestellt. Vielfach werden in der System- und Netzwerktheorie Algorithmen der numerischen linearen Algebra verwendet. Eine ausgezeichnete Darstellung dieser Thematik und zahlreicher Algorithmen findet man in der von Falk bearbeiteten Neuauflage des "Klassikers der Matrizennumerik" von Zurmühl (Zurmühl und Falk [4.27]). Fertige Programme findet man in den Programmsammlungen LINPACK (Dongarra et al. [4.28]) und EISPACK (Garbow et al. [4.29]). Wir wollen dennoch auf einige wichtige *Prinzipien der Numerik* hinweisen, die bei Anwendern von numerischen Algorithmen leider noch immer zu wenig bekannt sind. Für eine richtige Interpretation numerischer Ergebnisse eines Rechners mit *endlicher Stellenanzahl* ist jedoch unerläßlich, diese Prinzipien zu kennen.

Grundlage für diese Überlegungen ist die Tatsache, daß ein Digitalrechner einen *sehr großen*, aber *endlichen* Speicherplatz besitzt. Damit ist es unmöglich, jede beliebige reelle Zahl auf einem solchen Rechner exakt darzustellen; z.B. lassen sich die irrationalen Zahlen, wie π, e usw., durch einen *abbrechenden* Dezimalbruch nicht festlegen. Man muß sich daher mit einer *endlichen* Teilmenge der reellen Zahlen $I\!R$ begnügen. Die Festkommazahlen $\mathcal{F}$ und die Gleitkommazahlen $\mathcal{G}$ jeweils mit fester unterer und oberer Schranke sind Beispiele für solche Teilmengen; die zur Verfügung stehende endliche Zahlenmenge ist bei $\mathcal{F}$ linear und bei $\mathcal{G}$ logarithmisch in einem durch Schranken festgelegten Intervall von $I\!R$ verteilt. Dabei ist im ersten Fall der absolute, und im zweiten Fall der relative Fehler, der bei der Darstellung einer reellen Zahl entsteht, konstant. Da zur Zeit fast ausschließlich die Gleitkommazahlen verwendet werden, konzentrieren wir uns im Folgenden auf diese Teilmenge von $I\!R$. Anhand einfacher Beispiele kann man sich klar machen, daß die arithmetischen Operationen $\circ := \{+, -, \cdot, /\}$ auf $I\!R$ bezüglich dieser Teilmengen nicht abgeschlossen sein können, d.h. das Ergebnis $x \cdot y$ zweier Gleitkommazahlen x und y ist i.a. *kein* Element von $\mathcal{G}$. Rump ([4.30], Anhang) zeigt sogar, daß nicht einmal das Assoziativ- und das Distributivgesetz gelten. Daher müssen *Gleitkommaoperationen* mit Hilfe einer Rundungsabbildung $rd(\cdot) : I\!R \longrightarrow \mathcal{G}$ definiert werden:

1) $x \oplus y := rd(x + y)$,
2) $x \ominus y := rd(x - y)$,
3) $x \odot y := rd(x \cdot y)$,
4) $x \div y := rd(x/y)$,

für alle $x, y \in \mathcal{G}$. Diese Operationen kürzen wir mit $\diamond := \{\oplus, \ominus, \odot, \div\}$ ab. Zur besseren Unterscheidung führen wir noch zwei Definitionen ein.

Definition 4.2: Eine Rechenvorschrift, die i.a. aus einer Vielzahl von *rationalen* Rechenvorschriften mit arithmetischen Operationen besteht, zusammen mit einer Grundmenge, die eine Teilmenge von $I\!R$ oder $\mathcal{C}$ ist und in der die Rechenoperationen $\circ$ arbeiten, nennen wir einen *Algorithmus in* $I\!R$ bzw. $\mathcal{C}$.

∎

Definition 4.3: Ordnen wir einem Algorithmus, der in $I\!R$ bzw. in $\mathcal{C}$ mit den Rechenoperationen $\circ$ definiert ist, einen Algorithmus zu, der in einer *endlichen Teilmenge* von $I\!R$ bzw. $\mathcal{C}$ arbeitet und bei dem die Rechenoperationen $\circ$ durch $\diamond$ ersetzt werden, dann sprechen wir von dem zugehörigen *numerischen Algorithmus*.

∎

Die meisten numerischen Arbeiten beschäftigen sich mit der Untersuchung und den Anwendungen von *Algorithmen*, obwohl man sich vor allem für die Eigenschaften des zugehörigen *numerischen Algorithmus* interessiert, dessen Ergebnis im besten Fall nur eine "gute" Approximation des gesuchten Ergebnisses des Algorithmus sein kann. Um die *Güte* einer solchen Näherung ermitteln zu können, bedient man sich sogenannter *Rundungsfehleranalysen* von Algorithmen.

Bevor wir auf verschiedene Einzelheiten dieser Analyseverfahren eingehen, wollen wir darauf hinweisen, daß in den letzten Jahren Algorithmen entwickelt worden sind, die mit einer neuen von Kulisch und seinen Mitarbeitern konzipierten Rechnerarithmetik arbeiten [4.31]. Eine einfache Darstellung dieser Prinzipien und ein Demonstrationsprogramm zur Lösung von linearen Gleichungssystemen findet man bei Kamitz, Mathis und Kahmann [4.32].

Bei Rundungsfehleranalysen geht man davon aus, daß die Rundungsabbildung $rd(\cdot)$ zwei Arten von Fehlern in Bezug auf die exakten Ergebnisse zur Folge hat.

1) *Fehler 1.Art:* Die Eingabedaten eines numerischen Algorithmus sind zunächst reelle Zahlen, die mit Hilfe der Rundungsabbildung $rd(\cdot)$ in $\mathcal{G}$ dargestellt werden müssen. Diese Rundungsfehler nennen wir *Eingabedatenstörungen*.

2) *Fehler 2.Art:* Die arithmetischen Operationen $\circ$ eines Algorithmus müssen im zugehörigen numerischen Algorithmus durch *gerundete* Gleitkommaoperationen $\diamond$ ersetzt werden. Die dadurch entstehenden Rechenfehler nennen wir die *Rundungsfehler des numerischen Algorithmus*.

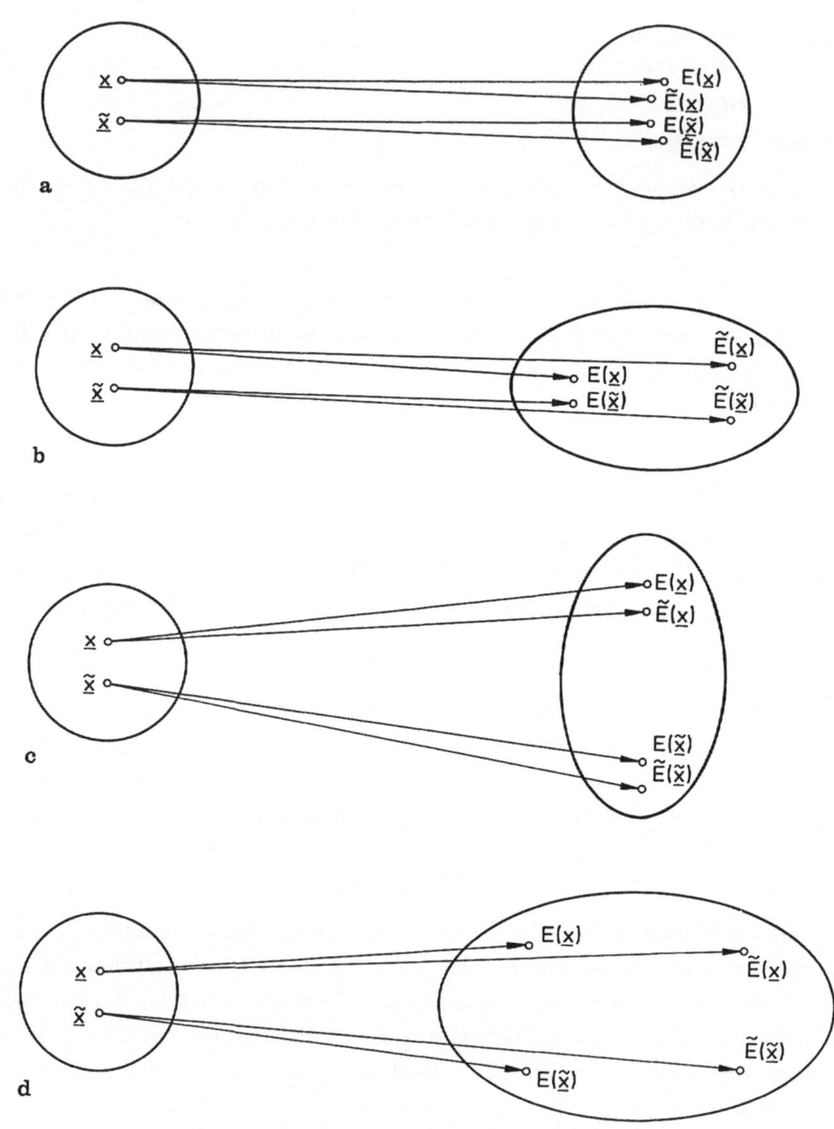

Bild 4.3. Stabilität von Algorithmen:

a) und b) Problem: gut konditioniert

c) und d) Problem: schlecht konditioniert

Während man die Größe der Eingabestörungen und deren Auswirkungen auf das
Ergebnis eines Algorithmus mit Hilfe einer Störungsrechnung verhältnismäßig leicht
abschätzen kann, ist die Analyse der Rundungsfehler eines numerischen Algorithmus
eine sehr viel schwierigere Aufgabe der Numerik. Wiederum müssen wir aus Platzgründen auf die Spezialliteratur verweisen (siehe Wilkinson [4.33], Michlin [4.34]).

Wir wollen aber kurz auf die grundsätzliche Situation der Anwendung eines numerischen Algorithmus eingehen, mit dem eine Näherung für das gesuchte Ergebnis des entsprechenden Algorithmus ermittelt wird. Zu diesem Zweck führen wir zwei Begriffe ein, mit Hilfe derer sich sehr viele numerische Problemstellungen charakterisieren lassen.

Sei $E(\cdot)$ ein Algorithmus und $\tilde{E}(\cdot)$ der zugehörige numerische Algorithmus, welche Eingangsdaten x in die Ausgangsdaten $E(x)$ bzw. $\tilde{E}(x)$ abbilden. Seien $\tilde{x}$ Eingangsdaten dieser Algorithmen, die wir als "gestörte Eingangsdaten" auffassen wollen. Wie diese Störung zustande kommt, ist zunächst ohne Belang. Wir nehmen an, daß man im Daten- als auch im Ergebnisraum Abstände zwischen zwei Elementen "messen" kann; besitzen die Räume eine Vektorraumstruktur, dann kann unter Umständen eine *Norm* definiert werden, durch die ein Abstandsbegriff festgelegt wird (siehe Abschnitt 1.5 und Anhang A). In Bild 4.3 wird die Anwendung der Algorithmen auf die verschiedenen Eingangsdaten schematisch dargestellt. Je nach der Problemstellung, die den Algorithmus $E(\cdot)$ bestimmt, und den Eigenschaften des numerischen Algorithmus $\tilde{E}(\cdot)$ ergeben sich unterschiedliche Situationen, die wir näher betrachten wollen.

Definition 4.4: Wir nennen ein Problem *gut konditioniert* bzw. *schlecht konditioniert*, wenn "nahe" beieinander liegende Eingangsdaten x und $\tilde{x}$ durch $E(\cdot)$ in "nahe" beieinander liegende bzw. "weit" auseinander liegende Ergebnisse $E(x)$ und $E(\tilde{x})$ abgebildet werden.

∎

Mit Hilfe geeigneter Methoden der *Störungsrechnung* lassen sich *Konditionszahlen* eines vorgegebenen Problems als Maß für seine Kondition bestimmen. Sie können als "Verstärkungsfaktoren" der Eingangsdaten interpretiert werden (siehe Bild 4.4).

Ein weiterer Begriff, der zur Beurteilung eines numerischen Ergebnisses herangezogen werden muß, ist die *Stabilität* eines numerischen Algorithmus. Er geht von der selbstverständlichen Tatsache aus, daß kein numerischer Algorithmus die schlechte Kondition eines Problems kompensieren kann.

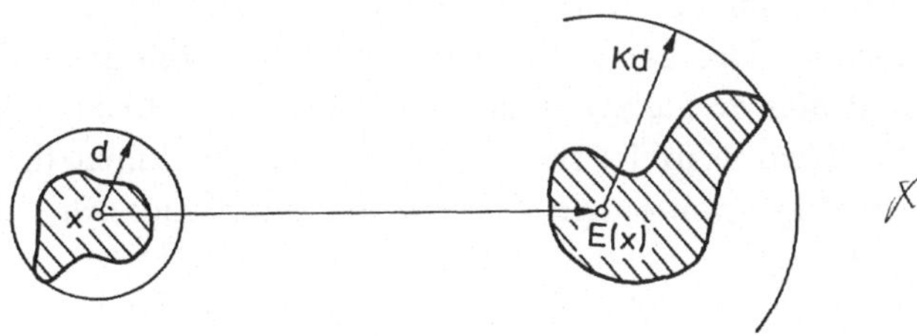

Bild 4.4. Die Konditionszahl

Definition 4.5: Setzen wir voraus, daß ein gut konditioniertes Problem behandelt wird, dann bezeichnen wir einen numerischen Algorithmus als *stabil*, wenn die Ergebnisse $E(x)$ und $\tilde{E}(x)$ (bei beliebigen Eingangsdaten x) "nahe" beieinander liegen. Andernfalls nennt man den numerischen Algorithmus *instabil*.

■

Diese Verhältnisse werden in Bild 4.3 schematisch dargestellt. Es zeigt sich, daß auch ein stabiler numerischer Algorithmus Ergebnisse liefern kann, die sich von dem gesuchten Ergebnissen des entsprechenden Algorithmus drastisch unterscheiden.

Schließlich sollen die Rundungsfehler interpretiert werden, die sich bei der *Rückwärtsanalyse* ermitteln lassen. Dabei wird davon ausgegangen, daß x die exakten Eingangsdaten und $\tilde{x}$ die durch Fehler 1.Art gestörten Eingangsdaten sind, die mit Hilfe eines numerischen Algorithmus $\tilde{E}(\cdot)$ auf den Punkt $\tilde{E}(\tilde{x})$ im Ergebnisraum abgebildet werden. Statt des tatsächlichen Fehlers zwischen $E(x)$ und $\tilde{E}(\tilde{x})$, für den man sich interessiert, wird eine Änderung $\triangle x$ von x berechnet, für die $\tilde{E}(\tilde{x}) =: E(x + \triangle x)$ gilt; $\triangle x$ wird der *Rückwärtsfehler* des numerischen Algorithmus genannt. Liegt $\triangle x$ in der Größenordnung des "Abstandes" von x und $\tilde{x}$, so heißt der numerische Algorithmus *rückwärtsstabil*. Die Idee der Rückwärtsanalyse stammt ursprünglich von v.Neumann [4.35]. Sie wurde jedoch erst von Wilkinson [4.36] in der numerischen linearen Algebra in großem Umfang angewendet, und hat sich dort ausgezeichnet bewährt.

Die soeben vorgestellten Begriffe sind geeignet, das *Komplexitätsproblem der Numerik* zu präzisieren. Es erweist sich als notwendig, diese Zusammenhänge genauer zu kennen, um zu einer richtigen Interpretation der Ergebnisse eines Digitalrechners zu gelangen. Leider sind noch zu wenige Anwender numerischer Algorithmen mit dieser Thematik vertraut, so daß es immer wieder zu Mißverständnissen über den Wert von Resultaten eines Rechners kommt. Mindestens solange die Ergebnisse eines *Black-Box-Algorithmus* nicht zusammen mit zugehörigen Fehlerschranken ausgegeben werden, wie es die schon erwähnten Algorithmen von Kulisch erlauben, ist der Anwender noch auf theoretische Überlegungen angewiesen, um sicherzustellen, daß es sich bei seinen vom Rechner ausgegebenen Zahlen um "gute" Näherungen des gewünschten exakten Ergebnisses handelt. Zum Schluß sei noch auf die sehr treffende Bemerkungen über die Numerik hingewiesen, die in dem bereits erwähnten Buch von Falk (Zurmühl und Falk [4.27] im Kapitel *VII Grundzüge der Matrizennumerik* zu finden sind (insbesondere 24.1). Es wäre zu hoffen, daß diese Gedanken und Vorstellungen von Professor Falk, der über eine gewaltige Erfahrung insbesondere auf dem Gebiet der Theorie und Praxis effizienter Algorithmen für die numerische lineare Algebra verfügt, von jedem Anwender numerischer Algorithmen gelesen *und angewendet* werden.

4.4 Lineare dynamische Netzwerke

Auch bei linearen dynamischen Netzwerken wird die Ohmsche Abbildung **f** durch die nichtdynamischen Subsysteme bestimmt und legt zusammen mit den verallgemeinerten Kirchhoffschen Gleichungen den Zustandsraum S des Netzwerkes fest. Nach Definition 4.1 ist **f** typischerweise eine *affine Abbildung* und deren Nullstellenmenge ein affiner Teilraum ("verschobener" Vektorraum) im Raum der uneingeschränkten Zustände $Z = I\!R_i^b \oplus I\!R_u^b$. Die konstitutiven Relationen der dynamischen Netzwerkelemente werden sinnvollerweise mit Integraloperatoren, in Ausnahmen auch mit Differentialoperatoren, formuliert und dienen zur Definition einer Dynamik auf dem Zustandsraum. Wegen der einfachen Geometrie des Zustandsraumes können die dynamischen Gleichungen auf dem Zustandsraum *explizit* formuliert werden. Wir kommen auf diese Weise zu *kombinierten* Beschreibungsgleichungen für den Zustandsraum *und* die Dynamik eines Netzwerkes, die bei linearen zeitinvarianten Netzwerken typischerweise inhomogene Integralgleichungen mit konstanten Koeffizienten sind.

In diesem Abschnitt geben wir zunächst als Beispiel für kombinierte Beschreibungsgleichungen diejenigen für RLC-Netzwerke mit unabhängigen Spannungsquellen an, wobei es sich um eine Verallgemeinerung der Maschengleichungen in Abschnitt 4.1 handelt. Diese Integro-Differentialgleichungen mit konstanten Koeffizienten können immer in Differentialgleichungen mit konstanten Koeffizienten überführt werden, so daß es genügt, wenn wir die wichtigsten Sätze und Lösungsmethoden über den zuletzt genannten Gleichungstyp zusammenstellen. Dennoch ergeben sich bei diesem Übergang unter gewissen Umständen Schwierigkeiten mit den Anfangswerten der Energiespeicher, die zu zahlreichen Mißverständnissen geführt haben. Auf diese Problematik hat Wunsch [4.37] verschiedentlich hingewiesen, worauf wir in Abschnitt 4.7.1 ausführlich eingehen. Anhand des folgenden Beispiels 4.3 soll der Gegenstand einführend diskutiert werden. In Abschnitt 4.7.3 wird dann gezeigt, wie man die konstitutiven Relationen der dynamischen Subsysteme als *komplexwertige algebraische* Funktionen deutet und auf diese Weise formal zu einer *komplexwertigen* Ohmsche Abbildung **f** kommt. Damit kann die Auflösung von Beschreibungsgleichungen mit den Methoden für lineare nichtdynamische Netzwerke durchgeführt werden, wenn man *komplexe* Impedanzen zuläßt.

Bevor wir auf die genannten Lösungsverfahren für Beschreibungsgleichungen linearer zeitinvarianter Netzwerke eingehen können, müssen wir auf die verschiedenen Typen von Beschreibungsgleichungen eingehen. Da die Art der Formulierung von Analysegleichungen wesentlich von den im Netzwerk verwendeten Netzwerkelemente abhängt, ist die Anzahl der Literatur vorgeschlagenen Analysegleichungen so umfangreich, daß wir unmöglich auf alle Vorschläge eingehen können. Sie unterscheiden sich ohnehin oft nur in Details, die nur für spezielle Analysesituationen interessant sind. Wir verweisen daher auf das Buch von Reinschke und Schwarz [4.38], in dem die Prinzipien zur Erzeugung der verschiedenen Gleichungssysteme ausführlich dargestellt werden. Stattdessen begnügen wir uns mit einem Beispiel, daß auf eine für die Netzwerktheorie typische Form der Beschreibungsgleichung führt und an der bereits alle wesentlichen Effekte gezeigt werden können.

Beispiel 4.3: Betrachten wir Netzwerke, die nur aus den linearen zeitinvarianten 1-Toren *Widerstand*, *Kapazität* und *Induktivität* sowie unabhängigen Strom- und Spannungsquellen bestehen, dann können wir bei der Formulierung der Beschreibungsgleichungen dieser Netzwerkklasse auf die *Maschengleichungen* in Abschnitt 4.2 zurückgreifen, wenn wir die obengenannten Relationen "formal" zu einem *"Impedanzoperator" in Standardform* zusammenfassen:

$$\mathbf{B}^T \, \mathbf{Z}(\frac{d}{dt}, \int_0^t dt + \text{konst.}) \, \mathbf{B} \, \mathbf{j} = \; \mathbf{B}^T \, \mathbf{u}_0(t). \tag{4.13}$$

Außerdem müssen noch die Anfangsbedingungen für $\mathbf{j}$ an der Stelle $t = 0$ hinzugefügt werden. Eine algebraische Rechtfertigung für diese Vorgehensweise geben wir im Zusammenhang mit dem AC-Kalkül und dem Heaviside-Yosida-Kalkül in Abschnitt 4.7.3.

Diese "verallgemeinerten" Maschengleichungen wollen wir anhand eines einfachen Netzwerkes demonstrieren; die Maschen-Zweig-Inzidenzmatrix sei gegeben durch

$$\mathbf{B}^T = \begin{pmatrix} -1 & 1 & 0 \\ 0 & -1 & 1 \end{pmatrix},$$

während der "Impedanzoperator" $\mathbf{Z}(d/dt, \int_0^t dt + \text{konst.})$ und der Vektor der Spannungsquellen wie folgt festgelegt ist

$$\mathbf{Z}(\frac{d}{dt}, \int_0^t d\tau + u_{C0}) = \begin{pmatrix} \frac{1}{C} \int_0^t d\tau + u_{C0} & 0 & 0 \\ 0 & R & 0 \\ 0 & 0 & L\, d/dt \end{pmatrix},$$

$$\mathbf{u}_0(t) = \begin{pmatrix} u_0(t) \\ 0 \\ 0 \end{pmatrix}.$$

Damit erhalten wir das Integro-Differentialgleichungssystem zu

$$\begin{pmatrix} R + \frac{1}{C} \int_0^t d\tau & R \\ R & R + L\, d/dt \end{pmatrix} \begin{pmatrix} j_1(t) \\ j_2(t) \end{pmatrix} = \begin{pmatrix} u_0(t) \\ 0 \end{pmatrix} + \begin{pmatrix} -u_{C0} \\ 0 \end{pmatrix},$$

mit $j_2(0) = j_{20}$, als Beschreibungsgleichung für das gezeigte Netzwerk. Es läßt sich in das äquivalente Differentialgleichungssystem

$$\begin{pmatrix} R\,d/dt + \frac{1}{C} & R\,d/dt \\ R & R + L\,d/dt \end{pmatrix} \begin{pmatrix} j_1(t) \\ j_2(t) \end{pmatrix} = \begin{pmatrix} \dot{u}_0(t) \\ 0 \end{pmatrix},$$

mit $\mathbf{j}(0) = \mathbf{j}_0$, überführen.

∎

Das Beispiel 4.3 zeigt bereits eine typische Schwierigkeit, die beim Übergang von einem linearen Integro-Differentialgleichungssystem mit konstanten Koeffizienten zu einem "reinen" Differentialgleichungssystem auftritt. Es scheinen sich dabei neue Freiheitsgrade bei der Wahl der Anfangsbedingungen zu ergeben, die nicht vorhanden sind, wenn man sich die Modellgleichungen für die Subsysteme getrennt aufschreibt:

Kirchhoffgleichungen:

$$u_C + u_R - u_0 = 0,$$
$$-u_R + u_L = 0,$$
$$i_L + i_R - i_C = 0;$$

Netzwerkelemente-Relationen:

$$i_L(t) = \frac{1}{L} \int_0^t u_L(\tau)d\tau + i_{L0},$$
$$u_C(t) = \frac{1}{C} \int_0^t i_C(\tau)d\tau + u_{C0},$$
$$R\,i_R = u_R.$$

Setzt man diese Gleichungen ineinander ein, so erhält man

$$i_L(t) = \frac{1}{L} \int_0^t u_0(\tau)d\tau - \frac{1}{L} \int_0^t u_C(\tau)d\tau + i_{L0},$$
$$u_C(t) = \frac{1}{C} \int_0^t i_L(\tau)d\tau + \frac{1}{RC} \int_0^t u_0(\tau)d\tau - \frac{1}{RC} \int_0^t u_C(\tau)d\tau + u_{C0}.$$

Aus $i_R = (1/R)(u_0 - u_C)$ folgt, daß für $u_0(0) \neq 0$ der Maschenstrom j_1 auch dann nicht verschwindet, wenn die Energiespeicher "ungeladen" sind (System ohne Vergangenheit). Demnach können sich immer dann Schwierigkeiten mit dem Übergang zu einer "reinen" Differentialgleichung ergeben, wenn man keine *vollständige integrale Modellbildung* verwendet, d.h. wenn man andere Beschreibungsvariablen benutzt als Ströme von Induktivitäten und Spannungen von Kapazitäten (Zustandsvariablen). In allen Fällen legen die Anfangswerte der Energiespeicher die Anfangswerte der Beschreibungsgrößen *eindeutig* fest, auch wenn die Zustandsvariablen in den Gleichungen selbst nicht auftreten. Die Anfangswerte der Beschreibungsgrößen müssen aber nicht notwendigerweise verschwinden, wenn das Netzwerk im Anfangszeitpunkt energielos ist. Um Schwierigkeiten mit den Anfangswerten zu vermeiden, ist es sinnvoll, nur integrale konstitutive Relationen zu verwenden und die Integrale bei der Ableitung der Beschreibungsgleichungen nicht durch Differenzieren zu eliminieren. Man erhält dann für elektrische Systeme und Netzwerke Beschreibungsgleichungen in der Form von *Integralgleichungen*

$$L_1(\int_0^t d\tau)(x) + p_x(t) = L_2(\int_0^t d\tau, \frac{d}{dt})(y) + p_y(t), \qquad (4.14)$$

wobei L_1 und L_2 Polynome in den Operatoren $\int_0^t d\tau$ und d/dt und p_x und p_y Polynome in t sind. Der Übergang zu Differentialgleichungen ist nur dann unproblematisch, wenn es sich bei den Beschreibungsgrößen um Zustandsvariablen handelt. Auf weitere Einzelheiten gehen wir im Zusammenhang mit dem Heaviside-Yosida-Kalkül in Abschnitt 4.7.2 ein.

4.5 Lösungsverfahren im Zeitbereich

Zur Auflösung von Beschreibungsgleichungen elektrischer Systeme und Netzwerke mit linearen zeitinvarianten Subsystemen, die nach Abschnitt 4.4 vom Typ linearer Integralgleichungen sind, können wir unter Berücksichtigung des schon diskutierten Anfangswertproblems zu den zugehörigen linearen Differentialgleichungen der Form

$$\mathbf{L}(\frac{d}{dt})(\mathbf{x}) = \mathbf{b}(t), \qquad (4.15)$$

mit den Anfangswerten $\mathbf{x}(0) = \mathbf{x}_0$ übergehen; dabei stammt die Funktion $\mathbf{b} : I\!R \longrightarrow I\!R^n$ aus einem vorgegebenen Funktionenraum V. Der lineare Differentialoperator $\mathbf{L}(d/dt)$ ist auf einem geeigneten Lösungsraum definiert und stellt ein Polynom in d/dt mit konstanten Matrixkoeffizienten dar. Der Übergang auf die zugehörigen Differentialgleichungen ist besonders dann sinnvoll, wenn es sich bei den beschreibenden Größen um Zustandsvariablen handelt. Wenn nichts Gegenteiliges gesagt wird, nehmen wir an, daß es sich bei V als auch bei dem Lösungsraum um den Vektorraum $C^\infty(I\!R^n)$ der auf dem $I\!R^n$ definierten unendlich oft differenzierbaren Funktionen handelt. Durch passende Modellbildung der "rechten Seite" von (4.15) kann diese Eigenschaft immer erreicht werden. Da die Lösungsfunktionen $\mathbf{x}(\cdot)$ mindestens einmal differenzierbar sein müssen, ist das keine wesentliche Einschränkung, da eine solche Funktion beliebig genau durch eine C^∞-Funktion approximiert werden kann. Wir interessieren uns demnach für den Fall der *generischen* "rechten" Seite. Das führt dazu, daß der Anwender dieser Theorie in *mathematisch gerechtfertigter Weise* keine Probleme mit Anforderungen an die Differenzierbarkeit von Funktionen hat, auf die in den üblichen Darstellungen der System- und Netzwerktheorie ohnehin nicht geachtet wird.

In Abschnitt 4.1 wurde aber bereits angemerkt, daß zur Untersuchung von Situationen, in denen die Eingangsfunktionen eines Netzwerkes Unstetigkeitsstellen besitzt, beachtet werden muß, daß $\mathbf{b}(\cdot)$ in der Netzwerktheorie eine Funktion ist, die sich erst nach Anwendung eines Differentialoperator ergibt. Es ist zu beachten, daß die Funktion $\mathbf{b}$ in der Netzwerktheorie das Ergebnis der Anwendung eines Differentialoperators $\tilde{\mathbf{L}}(d/dt)$ ist. Wir haben damit eine etwas allgemeinere Situation, als die in der Theorie der gewöhnlichen Differentialgleichungen behandelte, die Schwierigkeiten mit sich bringt, wenn $\mathbf{b}$ *keine* C^∞-Funktion ist. Das gilt natürlich insbesondere dann, wenn die Eingangsfunktion "impulsförmigen" Charakter besitzt. Darauf gehen wir im folgenden Abschnitt 4.7.2 näher ein. Im folgenden gehen wir aber zunächst von der oben genannten Annahme aus.

Die Lösungen dieser Klasse von Differentialgleichungen können mit Hilfe einiger Sätze aus der Theorie der linearen Differentialgleichungen ermittelt werden. Wir setzen voraus, daß der Leser mit deren Aussagen vertraut ist. Da sie für die lineare Netzwerk- und Systemtheorie grundlegend und auch für die nichtlineare Netzwerktheorie von wesentlicher Bedeutung sind, wollen wir etwas ausführlicher darauf eingehen. Dabei soll jedoch auf Einzelheiten der Beweisführung verzichtet werden. Den interessierten Leser möchten wir auf die ausgezeichneten Bücher von Arnol'd [4.39], Amann [4.40] und Tikhonov, Vasil'eva und Sveshnikov [4.41] verweisen, in denen dieser Themenkreis sehr ausführlich und modern dargestellt wird.

Satz 4.3: Sei $\mathbf{L}(d/dt)$ ein Matrixpolynomoperator vom Grade n

$$\mathbf{L}(d/dt) := \mathbf{A}_n \frac{d^n}{dt^n} + \mathbf{A}_{n-1} \frac{d^{n-1}}{dt^{n-1}} + \cdots + \mathbf{A}_1 \frac{d}{dt} + \mathbf{A}_0 \qquad \text{mit } \det \mathbf{A}_n \neq 0,$$

dann definieren wir durch

$$\mathbf{L}(\frac{d}{dt})(\mathbf{x}) = \mathbf{b}(t) \tag{4.16}$$

ein Anfangswertproblem mit den Anfangswerten

$$\mathbf{x}(t_0) = \mathbf{x}_0, \quad \frac{d\mathbf{x}_0}{dt}(t_0) = \mathbf{x}'_0, \quad \ldots \quad , \frac{d^{(n-1)}\mathbf{x}_0}{dt^{(n-1)}}(t_0) = \mathbf{x}_0^{(n-1)}. \tag{4.17}$$

Die allgemeine Lösung $\mathbf{x}$ dieses Anfangswertproblems kann als Summe der allgemeinen Lösung $\mathbf{x}_h$ der zugehörigen *homogenen* Differentialgleichung

$$\mathbf{L}(\frac{d}{dt})(\mathbf{x}) = \mathbf{0} \tag{4.18}$$

und *einer* speziellen Lösung $\mathbf{x}_s$ der *inhomogenen* Differentialgleichung (4.16) dargestellt werden.

Beweis: Arnol'd ([4.39], S.181f).

■

Der nächste Satz beschäftigt sich mit der Struktur des Lösungsraumes einer *homogenen* Differentialgleichung.

Satz 4.4: Der Lösungsraum einer homogenen Differentialgleichung $\mathbf{L}(d/dt)(\mathbf{x}) = \mathbf{0}$ ist ein linearer Teilraum von $C^\infty(I\!R^n)$.

Beweis: Sind $\mathbf{x}_{h1}(t)$ und $\mathbf{x}_{h2}(t)$ zwei Lösungen von $\mathbf{L}(d/dt)(\mathbf{x}) = \mathbf{0}$, dann ist aufgrund der Linearität von $\mathbf{L}(d/dt)$ auch eine beliebige Linearkombination dieser Funktionen eine Lösung

$$\alpha\, \mathbf{L}(\frac{d}{dt})(\mathbf{x}_{h1}(t)) + \beta\, \mathbf{L}(\frac{d}{dt})(\mathbf{x}_{h2}(t)) = \mathbf{L}(\frac{d}{dt})(\alpha\, \mathbf{x}_{h1}(t) + \beta\, \mathbf{x}_{h2}(t)) = \mathbf{0}.$$

Die Dimension des Lösungsraumes bzw. des Kerns von $\mathbf{L}(d/dt)$ ist gleich der Anzahl der linear unabhängigen Lösungen der homogenen Differentialgleichungen.

■

Der Lösungsraum einer *inhomogenen* Differentialgleichung ist nach Satz 4.3 ein *affiner Teilraum* von $C^\infty(I\!R^n)$. Diese Situation entspricht genau der bei linearen algebraischen Gleichungssystemen.

Bevor wir auf einige Lösungsmethoden für Differentialgleichungssysteme der Form $\mathbf{L}(d/dt)(\mathbf{x}) = \mathbf{b}(t)$ eingehen, wollen wir den Fall $n = 1$ betrachten, d.h. $\mathbf{x}$ und $\mathbf{b}$ sind Elemente des $C^\infty(I\!R)$. Anschließend zeigen wir, wie sich solche Gleichungen in *Systeme* von Differentialgleichungen 1. Ordnung überführen lassen und wie man Lösungsverfahren des eindimensionalen Falles auf den mehrdimensionalen verallgemeinern kann.

Sei $L(d/dt)$ ein Operatorpolynom in d/dt mit Koeffizienten aus $I\!R$, so legt das größte n, für das der Koeffizient a_n von Null verschieden ist, die Anzahl der linear unabhängigen Lösungen der homogenen Differentialgleichung $L(d/dt)(x) = 0$ fest; n nennen wir den *Maximalgrad des Operators* $L(d/dt)$ und die n unabhängigen Lösungen werden das *Fundamentalsystem* genannt, welche eine Basis des Lösungsraumes der homogenen Gleichung bilden. Zum Beweis dieser Aussage gehen wir von den Nullstellen des *charakteristischen Polynoms* $l(\lambda) := a_n\, \lambda^n + \cdots + a_1\, \lambda + a_0$ des Differentialoperators $L(d/dt) = a_n\, d^n/dt^n + \cdots + a_1 d/dt + a_0$ aus. Hat $l(\lambda)$ lauter verschiedene Nullstellen, dann kann der folgende Satz 4.5 bewiesen werden.

Satz 4.5: Ist $L(d/dt)$ ein Polynomoperator über $C^\infty(I\!R)$ mit dem Maximalgrad n und $l(\lambda)$ das zugeordnete charakteristische Polynom, welches n voneinander *verschiedene* Nullstellen $\lambda_1, \ldots, \lambda_n$ hat, so bilden die Funktionen $\exp \lambda_1 t, \ldots, \exp \lambda_n t$ eine *Basis* des Lösungsraumes der homogenen Differentialgleichung $L(d/dt)(x) = 0$.

Beweis: Arnol'd ([4.39], S.178 ff).

∎

Hat man die allgemeine Lösung der homogenen Differentialgleichung ermittelt, so benötigt man nach Satz 4.3 noch eine spezielle Lösung $x_s(t)$ der inhomogenen Differentialgleichung. Sie läßt sich mit Hilfe der *Methode der Variation der Konstanten* bestimmen. Dabei geht man von der allgemeinen Lösung der homogenen Gleichung

$$x_h(t) = \sum_{i=1}^{n} c_i \, f_i(t),$$

aus, wobei die $f_i(t)$ die n linear unabhängigen Lösungen sind, und "variiert" die Konstanten c_i, d.h. man verwendet den Ansatz

$$x_s(t) = \sum_{i=1}^{n} c_i(t) \, f_i(t) \tag{4.19}$$

und bestimmt n Funktionen $c_i(t)$ derart, daß $x_s(t)$ die *inhomogene* Gleichung erfüllt. Dazu setzt man (4.19) in die inhomogene Differentialgleichung ein und erhält bekanntlich ein lineares algebraisches Gleichungssystem für die Ableitungen der $c_i(t)$; da die Funktionen $f_i(t)$ Exponentialfunktionen sind, lassen sich die $c_i(t)$ explizit durch Intergration bestimmen, wenn die rechte Seite $b(t)$ genügend einfach ist. Da im Beweis die Konstanz der Koeffizienten des Polynomoperators nicht benötigt wird, kann dieses Verfahren sogar auf lineare Differentialgleichungen mit nichtkonstanten Koeffizienten übertragen werden. Eine andere Möglichkeit besteht darin, die Koeffizienten des Polynomoperators und die rechte Seite $b(t)$ der Differentialgleichung in eine explizite Lösungsformel einzusetzen. Eine Ableitung dieser Formel, die natürlich auf der Idee der Variation der Konstanten basiert, findet man bei Amann ([4.40], S.208f).

Für den Fall $L(d/dt) := \alpha \, d/dt + \beta$ soll die Methode der Variation der Konstanten explizit durchgeführt werden. Dabei ist der Maximalgrad gleich Eins. Sei $(\alpha \, d/dt + \beta)(x) = b(t)$ eine inhomogene Differentialgleichung, für die eine spezielle Lösung gesucht wird, so gehen wir von der allgemeinen Lösung der homogenen Gleichung aus, die nach Satz 4.5 bestimmt werden kann zu $x_h(t) = c \, \exp \lambda t$ mit $\lambda = -\beta/\alpha$, und setzen den Ansatz $x_s(t) = c(t) \, \exp \lambda t$ in die inhomogene Gleichung ein; wir erhalten

$$\alpha \, c' \, e^{\lambda t} + \alpha \, c(t) \, \frac{de^{\lambda t}}{dt} + \beta \, c(t) \, e^{\lambda t} = \alpha \, c' \, e^{\lambda t} + c(t) \, L(\frac{d}{dt}) \, e^{\lambda t} = b(t).$$

Da $L(d/dt)$ angewendet auf $\exp \lambda t$ identisch verschwindet, ergibt sich eine Differentialgleichung für $c(t)$

$$c' = \frac{1}{\alpha} \, b(t) \, e^{\lambda t},$$

deren Lösung durch eine Quadratur ermittelt werden kann zu

$$c(t) = \frac{1}{\alpha} \int b(t) e^{\lambda t} dt;$$

da wir nur eine spezielle Lösung suchen, genügt eine unbestimmte Integration. Ist $L(d/dt)$ ein Polynomoperator mit dem Maximalgrad n, dessen charakteristisches Polynom n verschiedene Nullstellen besitzt, dann gehen wir nach Satz 4.5 von der allgemeinen Lösung

$$x_h(t) = c_1 \, e^{\lambda_1 t} + \cdots + c_n \, e^{\lambda_n t}$$

aus, und erhalten mit der Methode der Variation der Konstanten das lineare algebraische Gleichungssystem

$$\begin{pmatrix} e^{\lambda_1 t} & \cdots & e^{\lambda_n t} \\ \lambda_1 \, e^{\lambda_1 t} & \cdots & \lambda_n \, e^{\lambda_n t} \\ \vdots & \ddots & \vdots \\ \lambda_1^{n-2} \, e^{\lambda_1 t} & \cdots & \lambda_n^{n-2} \, e^{\lambda_n t} \\ \lambda_1^{n-1} \, e^{\lambda_1 t} & \cdots & \lambda_n^{n-1} \, e^{\lambda_n t} \end{pmatrix} \begin{pmatrix} c_1' \\ \vdots \\ c_n' \end{pmatrix} = \begin{pmatrix} 0 \\ 0 \\ \vdots \\ 0 \\ b(t) \end{pmatrix}$$

dessen Koeffizientendeterminante von Null verschieden ist, da die λ_i als voneinander verschieden vorausgesetzt worden sind. Löst man das Gleichungssystem nach den c_i' auf, so kann man die Funktionen $c_i(t)$ durch Quadratur berechnen. Das Verfahren soll nun anhand eines kleinen Beispiels nochmals verdeutlicht werden.

Beispiel 4.4: Gesucht wird die allgemeine Lösung der Beschreibungsgleichungen eines RLC-Reihenschwingkreises mit Anregung, der ein lineares zeitinvariantes dynamisches Netzwerk ist. Eine Maschenanalyse ergibt die Integro-Differentialgleichung

$$L \frac{di}{dt} + R \, i + \frac{1}{C} \int_0^t i(\tau) d\tau + u_{C0} = u(t),$$

wobei schon einmal differenziert wurde. Durch eine weitere Differentiation wird diese Gleichung in eine Differentialgleichung übergeführt

$$L \frac{d^2 i}{dt^2} + R \frac{di}{dt} + \frac{1}{C} \, i = u'(t).$$

Das zugehörige charakteristische Polynom ist gleich

$$l(\lambda) = L\,\lambda^2 + R\,\lambda + \frac{1}{C}$$

mit den Nullstellen $\lambda_{1,2} = -(R/2L) \pm \sqrt{(R/2L)^2 - 1/LC}$. Damit können wir die allgemeine Lösung der homogenen Gleichung bestimmen zu

$$x_h(t) = c_1\,e^{\lambda_1 t} + c_2\,e^{\lambda_2 t}.$$

Die Methode der Variation der Konstanten liefert das lineare Gleichungssystem

$$\begin{pmatrix} e^{\lambda_1 t} & e^{\lambda_2 t} \\ l_1\,e^{\lambda_1 t} & l_2\,e^{\lambda_2 t} \end{pmatrix} \begin{pmatrix} c_1' \\ c_2' \end{pmatrix} = \begin{pmatrix} 0 \\ u'(t) \end{pmatrix}.$$

Mit Hilfe der *Cramerschen Regel* ergeben sich die beiden Ableitungen

$$c_1'(t) = -\lambda_1 \frac{u'(t)}{\lambda_2 - \lambda_1} \quad \text{und } c_2'(t) = \lambda_2 \frac{u'(t)}{\lambda_2 - \lambda_1},$$

die sich leicht integrieren lassen

$$c_1(t) = -\lambda_1 \frac{u(t)}{\lambda_2 - \lambda_1} \quad \text{und} \quad c_2(t) = \lambda_2 \frac{u(t)}{\lambda_2 - \lambda_1}.$$

Die allgemeine Lösung der Beschreibungsgleichung des abgebildeten Netzwerkes läßt sich als Summe von x_h und x_s berechnen zu

$$x(t) = x_h(t) + x_s(t) = c_1\,e^{\lambda_1 t} + c_2\,e^{\lambda_2 t} - \frac{\lambda_1}{\lambda_2 - \lambda_1}\,e^{\lambda_1 t} + \frac{\lambda_2}{\lambda_2 - \lambda_1}\,e^{\lambda_2 t},$$

wobei die Konstanten c_1 und c_2 mit Hilfe der Anfangsbedingungen ermittelt werden können.

∎

Unter bestimmten Voraussetzungen lassen sich die linearen Beschreibungsgleichungen so formulieren, daß der Polynomoperator $L(d/dt)$ zu $(\mathbf{1}\,d/dt - \mathbf{A})$ entartet; die Beschreibungsgleichungen können dann als Differentialgleichungssystem 1.Ordnung geschrieben werden

$$\dot{\mathbf{x}} = \mathbf{A}\mathbf{x} + \mathbf{B}u(t), \tag{4.20}$$

mit $\mathbf{b}(t) = \mathbf{B}u(t)$. Wenn sich die dynamischen Beschreibungsgleichungen *bezüglich der Koordinaten des Zustandsraumes* in dieser Form schreiben lassen, dann spricht man in der System- und Netzwerktheorie sinngemäß von *(speziellen) Zustandsglei-*

chungen. Dieser Gleichungstyp ist in Netzwerk- und Systemtheorie sehr beliebt, weil die meisten mathematischen Abhandlungen von dieser Form ausgehen und somit die Sätze der entsprechenden Lösungstheorie einfach übernommen werden können. In der Netzwerktheorie ist es allerdings nach Abschnitt 4 4 viel einfacher, die Beschreibungsgleichungen in der Form

$$\mathbf{A_1\dot{x}} = \mathbf{A_0 x} + \mathbf{B u}(t) \tag{4.21}$$

aufzustellen. Differentialgleichung des Typs (4.21) wollen wir in Analogie zu (4.20) *verallgemeinerte Zustandsgleichungen* nennen (siehe Dziurla, Newcomb [4.42], Verghese, Lévy, Kailath [4.43], Mathis [4.44]). Wie bereits erwähnt, kommen in einigen Fällen noch Ableitungen von $\mathbf{u}(t)$ dazu (siehe Chua und Lin ([4.26], S.328ff)). Wenn die Matrix $\mathbf{A_1}$ invertierbar ist, dann lassen sich die verallgemeinerten Zustandsgleichungen auf die Zustandsgleichungen reduzieren. Das ist aber bei "fast allen" Netzwerken möglich, da die nichtinvertierbaren Matrizen nicht generische Fälle sind.

Beispiel 4.5: Die Beschreibungsgleichungen des Netzwerkes in Beispiel 4.4 sind vom Typ der verallgemeinerten Zustandsgleichungen. Da die Koeffizientenmatrix von d/dt invertierbar ist, können wir auch die entsprechenden Zustandsgleichungen angeben

$$\frac{d}{dt}\begin{pmatrix} j_1 \\ j_2 \end{pmatrix} = -\begin{pmatrix} -R/L & R/L \\ -R/L & R/L + 1/(RC) \end{pmatrix}\begin{pmatrix} j_1 \\ j_2 \end{pmatrix} + \begin{pmatrix} -1/L & 0 \\ -1/L & 1/R \end{pmatrix}\begin{pmatrix} u(t) \\ 0 \end{pmatrix}.$$

Entsprechend den Überlegungen in Abschnitt 2.3.3 und 4.2 muß eine Inversion der Koeffizientenmatrix vom numerischen Standpunkt nicht unbedingt vorteilhaft sein. ∎

Ist der Maximalgrad des Polynomoperators $L(d/dt)$ größer als Eins, so können zusätzliche Variablen eingeführt werden, damit $L(d/dt)$ auf die Form $\mathbf{A_1} d/dt - \mathbf{A_0}$ gebracht werden kann. Im folgenden wird diese Methode anhand eines skalaren Polynomoperators demonstriert.

Sei

$$L(\frac{d}{dt}) = a_n\,\frac{d^n}{dt^n} + \cdots + a_1\,\frac{d}{dt} + a_0$$

ein skalarer Polynomoperator mit dem Maximalgrad n, mit dem die inhomogene Differentialgleichung $L(d/dt)(x) = b(t)$ definiert wird, dann kann diese Gleichung nach Einführung der neuen Variablen

$$x =: x_0$$
$$\frac{dx}{dt} =: x_1$$
$$\vdots$$
$$\frac{d^{n-1}x}{dt^{n-1}} =: x_{n-1}$$

geschrieben werden als

$$a_n \frac{dx_{n-1}}{dt} + a_{n-1}\, x_{n-1} + \cdots + a_1\, x_1 + a_0\, x_0 = b(t).$$

Zusammen mit den Gleichungen

$$\frac{dx_0}{dt} = a_n\, x_1$$
$$\frac{dx_1}{dt} = a_n\, x_2$$
$$\vdots$$
$$\frac{dx_{n-2}}{dt} = a_n\, x_{n-1}$$

erhalten wir schließlich die Differentialgleichung in Matrizenform

$$a_n \frac{d}{dt} \begin{pmatrix} x_0 \\ x_1 \\ x_2 \\ \vdots \\ x_{n-2} \\ x_{n-1} \end{pmatrix} = \begin{pmatrix} 0 & a_n & 0 & \ldots & 0 & 0 \\ 0 & 0 & a_n & \ldots & 0 & 0 \\ \vdots & \vdots & \vdots & \ddots & a_n & 0 \\ 0 & 0 & 0 & \ldots & 0 & a_n \\ a_0 & a_1 & a_2 & \ldots & a_{n-2} & a_{n-1} \end{pmatrix} \begin{pmatrix} x_0 \\ x_1 \\ x_2 \\ \vdots \\ x_{n-2} \\ x_{n-1} \end{pmatrix} + \begin{pmatrix} 0 \\ 0 \\ 0 \\ \vdots \\ 0 \\ b(t) \end{pmatrix}.$$

Üblicherweise dividiert man beide Seiten durch a_n und nennt dieses Gleichungssystem die *kanonischen* Zustandsgleichungen oder auch *erste Normalform* (Unbehauen ([4.45], S.65f)) einer skalaren inhomogenen Differentialgleichung. R.Unbehauen geht noch auf weitere hier nicht behandelte Standardformen ein (Unbehauen ([4.45], S.67ff)).

Beispiel 4.6: Die kanonischen Zustandsgleichungen der Beschreibungsgleichungen des Netzwerkes in Beispiel 4.4 lauten

$$\frac{d}{dt} \begin{pmatrix} x_0 \\ x_1 \end{pmatrix} = \begin{pmatrix} 0 & 1 \\ -1/(LC) & -R/L \end{pmatrix} \begin{pmatrix} x_0 \\ x_1 \end{pmatrix} + \begin{pmatrix} 0 \\ u'(t)/L \end{pmatrix},$$

wobei $x_0 = i$ und $x_1 = di/dt$ sind.

∎

Zur Lösung von Differentialgleichungssystemen in der Form von Zustandsgleichungen $\dot{\mathbf{x}} = \mathbf{A}\mathbf{x} + \mathbf{b}(t)$, mit $\mathbf{A} \in I\!R^{n\times n}$ und $\mathbf{b} : I\!R \longrightarrow I\!R^n$, müssen in Verallgemeinerung der Aussage von Satz 4.1 die allgemeine Lösung der homogenen Differentialgleichung $\dot{\mathbf{x}} = \mathbf{A}\mathbf{x}$ und eine spezielle Lösung der inhomogenen bekannt sein. Die Lösung der homogenen Gleichung kann dem folgenden Satz entsprechend explizit angegeben werden.

Satz 4.6: Ist $\dot{\mathbf{x}} = \mathbf{A}\mathbf{x}$ ein homogenes Differentialgleichungssystem 1.Ordnung mit den Anfangsbedingungen $\mathbf{x}(t_0) = \mathbf{x}_0$, dann kann dessen allgemeine Lösung angegeben werden zu

$$\mathbf{x}(t) = e^{\mathbf{A}t}\mathbf{x}_0 \qquad \text{für alle } t \in I\!R. \tag{4.22}$$

Beweis: Die Matrixexponentialfunktion einer Matrix $\mathbf{A} \in I\!R^{n\times n}$ kann wie die gewöhnliche Exponentialfunktion als Reihe erklärt werden (siehe Arnol'd ([4.39], S.102f)). Man kann weiterhin zeigen, daß die Ableitung von $\exp \mathbf{A}t$ ebenfalls gleich $\mathbf{A}\exp \mathbf{A}t$ ist, wobei man jedoch die Nichtkommutativität der Matrizenalgebra zu beachten hat. Daraus folgt die Behauptung des Satzes.

∎

Die in Satz 4.6 benötigte Matrix $\exp \mathbf{A}t$ kann sehr leicht ermittelt werden, wenn $\mathbf{A}$ diagonalisierbar ist. Ein Kriterium für die Diagonalisierbarkeit geben wir später an. Dann existiert eine Transformationsmatrix $\mathbf{T}$, die *Modalmatrix* heißt, mit

$$\mathbf{T}^{-1}\,\mathbf{A}\mathbf{T} = \mathbf{D}_A,$$

wobei auf der Hauptdiagonalen der Diagonalmatrix $\mathbf{D}_A$ die *Eigenwerte* a_i ($i = 1,\ldots,n$) von $\mathbf{A}$ stehen; nach Anhang A entsprechen die Eigenwerte den Nullstellen des *charakteristischen Polynoms* $det(\mathbf{A} - \lambda\mathbf{1})$. Zur Bestimmung der Modalmatrix $\mathbf{T}$ errechnet man die n Lösungen $\mathbf{e}_k$ des homogenen Gleichungssystems

$$(\mathbf{A} - \lambda_k\mathbf{1})\,\mathbf{e}_k = \mathbf{0}$$

für $k = 1,\ldots,n$, und benutzt sie als Spalten von $\mathbf{T}$. Die Lösungen $\mathbf{e}_k$ heißen die *Eigenvektoren zum Eigenwert* λ_k. Die Matrixexponentialfunktion $\exp \mathbf{A}t$ kann nun mit folgender Formel berechnet werden

$$e^{\mathbf{A}t} = \mathbf{T}\,e^{\mathbf{D}_At}\,\mathbf{T}^{-1}.$$

Beispiel 4.7: Die Eigenwerte der Matrix

$$\begin{pmatrix} 0 & -1 \\ 1/LC & -R/L \end{pmatrix}$$

aus dem Beispiel 4.8 sind für $R = 2$, $L = 1$ und $C = 1/2$ gleich $\lambda_{1,2} = -1 \pm j$. Die zugehörigen Eigenvektoren ergeben sich aus dem homogenen Gleichungssystem

$$\begin{pmatrix} 1 \pm j & 1 \\ -2 & -1 \pm j \end{pmatrix} \begin{pmatrix} \mathbf{e}_1^{\pm} \\ \mathbf{e}_2^{\pm} \end{pmatrix} = \mathbf{0}$$

zu

$$\mathbf{e}^{+} = \begin{pmatrix} 1 \\ -1 - j \end{pmatrix} \quad \text{und } \mathbf{e}^{-} = \begin{pmatrix} 1 \\ -1 + j \end{pmatrix}.$$

Daraus läßt sich $\exp \mathbf{A}t$ nach kurzer Rechnung bestimmen zu

$$\begin{pmatrix} 1 & 1 \\ -1 - j & -1 + j \end{pmatrix} \begin{pmatrix} e^{-(1+j)t} & 0 \\ 0 & e^{-(1-j)t} \end{pmatrix} \begin{pmatrix} 1 - j & 1 \\ -1 - j & -1 \end{pmatrix} \frac{1}{2} j =$$

$$= e^{-t} \begin{pmatrix} \sin t + \cos t & -\sin t \\ -2 \sin t & \sin t - \cos t \end{pmatrix}.$$

■

Anstatt der Benutzung der Lösungsformel aus Satz 4.6 kann ein homogenes Differentialgleichungssystem (im Fall einer diagonalisierbaren Matrix $\mathbf{A}$) auch vollständig entkoppelt werden. Damit wird die Lösung auf eine Quadratur von n skalaren Differentialgleichungen 1. Ordnung zurückgeführt. Diese Vorgehensweise ist natürlich nur eine andere Interpretation des zuvor genannten Lösungsweges.

Ist $\mathbf{T}$ die Modalmatrix der Koeffizientenmatrix $\mathbf{A}$, dann läßt sich das homogene System wie folgt transformieren

$$\frac{d}{dt}(\mathbf{T}^{-1}\mathbf{x}) = \mathbf{T}^{-1}\mathbf{A}\mathbf{T}(\mathbf{T}^{-1}\mathbf{x}).$$

Mit $\mathbf{y} := \mathbf{T}^{-1}\mathbf{x}$ und $\mathbf{D}_A = \mathbf{T}^{-1}\mathbf{A}\,\mathbf{T}$ ergibt sich

$$\dot{\mathbf{y}} = \mathbf{D}_A\mathbf{y}. \tag{4.23}$$

Bei vorgegebenen Anfangsbedingungen $\mathbf{y}(t_0) = \mathbf{y}_0$ ergibt sich die Lösung nach einer Integration der entkoppelten Differentialgleichungen oder nach Satz 4.6 zu

$$\mathbf{y}(t) = e^{\mathbf{D}_A t}\,\mathbf{y}_0. \tag{4.24}$$

Durch eine Rücktransformation auf die ursprünglichen Koordinaten $\mathbf{x}$ erhalten wir schließlich die gesuchte allgemeine Lösung des homogenen Differentialgleichungssystems

$$\mathbf{x}_h(t) = \mathbf{T}e^{\mathbf{D}_A t}\mathbf{T}^{-1}\mathbf{x}_0 \qquad\qquad (4.25)$$

mit $\mathbf{x}_0 = \mathbf{T}\mathbf{y}_0$ und damit einen Beweis der Formel aus Satz 4.6.

Die vorangegangenen Überlegungen konnten nur unter den Voraussetzungen angestellt werden, daß die Matrix $\mathbf{A}$ diagonalisierbar ist. Ein hinreichendes Kriterium für diese Eigenschaft liefert der folgende Satz.

Satz 4.7: Eine Matrix $\mathbf{A} \in I\!R^{n \times n}$, die nur voneinander *verschiedene* Eigenwerte besitzt, ist diagonalisierbar; dabei können die Eigenwerte als auch die Modalmatrix komplex sein.

Beweis: Zurmühl und Falk ([4.27], S.168ff), Koecher ([4.46], S. 240). Dort wird eine Verallgemeinerung dieses Satzes bewiesen, bei dem noch bestimmte Fälle mit *gleichen* Eigenwerten einbezogen werden können. Diese Fälle spielen allerdings für unsere Anwendungen keine besondere Rolle.

■

Matrizen $\mathbf{A} \in I\!R^{n \times n}$, die nur voneinander verschiedene Eigenwerte besitzen, stellen den typischen Fall dar, d.h. die Mehrfach-Eigenwerte einer Matrix können durch eine beliebig kleine Störung der Matrixkoeffizienten in verschiedene Eigenwerte aufgespalten werden. Demnach ist zu vermuten, daß die in Satz 4.7 geforderte Eigenschaft *generisch* nach Definition 2.7 in Abschnitt 2.3.3 ist. In der Tat kann die Richtigkeit dieser Vermutung gezeigt werden. Leider benötigt man sogar zum Beweis des ersten Falles mathematische Hilfsmittel, die den Rahmen dieses Buches teilweise überschreiten, so daß wir auf die Literatur verweisen müssen (siehe Hermann und Martin [4.47]). Eine Beweisführung für die Generizität findet man in dem Buch von Hirsch und Smale ([4.48], S.154ff). Danach ist eine Eigenschaft für Elemente eines Vektorraumes V *generisch*, wenn sie für eine offene und dichte Teilmenge von V gilt. Hirsch und Smale beweisen, daß die Teilmenge aller $n \times n$-Matrizen von $I\!R^{n \times n}$ mit voneinander verschiedenen Eigenwerten offen und dicht ist. Diese Teilmenge kann daher zunächst außer acht gelassen werden. Eine rechnerische Behandlung von Differentialgleichungen (4.20), deren Koeffizientenmatrix $\mathbf{A}$ auch mehrfache Eigenwerte besitzt, ist auf Grund der fehlenden Diagonalisierbarkeit komplizierter. Einzelheiten dazu findet man z.B. bei Arnol'd ([4.39], S.168ff).

Zum Abschluß dieses Abschnittes müssen wir noch ein Lösungsverfahren zur Ermittlung einer speziellen Lösung des inhomogenen Differentialgleichungssystems 1.Ordnung (4.20) $\dot{\mathbf{x}} = \mathbf{A}\mathbf{x} + \mathbf{b}(t)$ angeben. Eine entsprechende Formel wird *Variation-der-Konstanten-Formel* genannt und lautet

$$\mathbf{x}_s(t) = e^{\mathbf{A}t} \int_{t_0}^{t} e^{-\mathbf{A}\tau}\, \mathbf{b}(\tau)\, d\tau. \qquad (4.26)$$

Zur Berechnung des Integrals kann man wiederum die Modalmatrix verwenden (siehe Arnol'd ([4.39],S.207ff)). Diese Beziehung kann man auch als Faltungsintegral aufschreiben (siehe 4.7.2).

Während die Theorie der linearen Differentialgleichungen vom Typ der Zustandsgleichungen heute zum mathematischen Rüstzeug eines Ingenieurs gehören sollte, ist die Theorie der verallgemeinerten Zustandsgleichungen weitgehend unbekannt, obwohl es sich um die natürliche Form der Differentialgleichungen in der System- und Netzwerktheorie handelt. Ein Grund dafür ist wohl, daß zahlreiche Methoden entwickelt worden sind, mit denen sich durch eine geschickte Anordnung der Variablen und teilweise durch Einschränkung der zulässigen Typen von Netzwerkelementen die Zustandsgleichungen eines Netzwerkes direkt bestimmen lassen. Einige Verfahren zusammen mit verschiedenen Beispielen findet man bei Horneber ([4.22], S.206ff). Für numerische Zwecke sind diese Verfahren jedoch nur bedingt geeignet, weil bei der Aufstellung der Zustandsgleichungen Rundungsfehler entstehen können, die sich durch einen nachfolgenden numerischen Algorithmus zur Lösung des Differentialgleichungssystems natürlich nicht mehr ausgleichen lassen. Ein weiterer Grund für die Vernachlässigung der verallgemeinerten Zustandsgleichungen dürfte auch darin begründet liegen, daß erst seit wenigen Jahren insbesondere durch Campbell und seine Mitarbeiter [4.49] eine umfassende mathematische Theorie dieses Gleichungstyps entwickelt wurde, obwohl schon bei Gantmacher ([4.50], S.39ff) einige Ansätze zu finden sind.

Aus Platzgründen müssen wir auf eine ausführliche Darstellung der bisher bekannten Resultate verzichten. Dennoch wollen wir in Abschnitt 4.12.1 auf einige Besonderheiten dieser Theorie hinweisen, um die qualitativen Unterschiede zur Theorie der Zustandsgleichungen deutlicher zu machen. Da die Überführung einer verallgemeinerten Zustandsgleichung (4.21) in eine Zustandsgleichung (4.20) von der Invertierbarkeit der Matrix $\mathbf{A}_1$ abhängt, ist klar, daß man es bei den Zustandsgleichungen mit dem *generischen Fall* zu tun hat. Die Untersuchung der nicht generischen verallgemeinerten Zustandsgleichungen benötigt man jedoch zur Klassifizierung der Lösungen von Zustandsgleichungen, die in der "Nähe" eines nicht generischen Gleichungssystemes liegen. Verallgemeinerte Zustandsgleichungen können nach Abschnitt 4.12.1 als Differentialgleichungen mit *linearen algebraischen Zwangsbedingungen* gedeutet werden. Sie besitzen daher einen nichttrivialen Zustandsraum, in Form eines affinen Teilraumes des Raumes der uneingeschränkten Zustände; anders ausgedrückt, die Variablen in den Differentialgleichungen sind nicht unabhängig. Derartige Situationen können bei Netzwerken mit idealen Schaltern vorkommen. Zur Auflösung können die verallgemeinerten Zustandsgleichungen auch in eine Gleichungsfamilie spezieller Zustandsgleichungen eingebettet werden. Diese Methode wird *singuläre Störungstheorie* genannt; darauf kommen wir u.a. in Abschnitt 4.12.1 zurück.

4.6   Leistungsbetrachtungen im Zeitbereich

Außer der Berechnung von Lösungen von Beschreibungsgleichungen eines Netzwerkes interessiert man sich auch für die *energetischen* Verhältnisse im Netzwerk und für den Austausch von Energie mit anderen Systemen. In Abschnitt 2.1 haben wir bereits darauf hingewiesen, daß ein Netzwerk, welches auch Widerstände enthält, mit einem Wärmebad wechselwirkt, oder daß eine Schaltung chemische Energie in Wärmeenergie umsetzt. Die Energieänderung pro Zeit wird als *momentane Leistung* bezeichnet und berechnet sich für einen Zweig bzw. ein Tor zu

$$p(t) := u(t) \; i(t)$$

für alle $i : I\!R \to I\!R_i$ und $u : I\!R \to I\!R_u$ definiert. Das Integral von $p(\cdot)$ über ein Zeitintervall $[t_1, t_2]$ ist dann die *Energie*

$$W_{t_1,t_2} := \int_{t_1}^{t_2} p(\tau) d\tau. \tag{4.27}$$

Die Energie kann als eine Abbildung W_{t_1,t_2} interpretiert werden, die bei vorgegebenem Zeitintervall $[t_1, t_2]$ jedem Paar von Zeitfunktionen $(i(\cdot), u(\cdot))$ eine reelle Zahl nach (4.27) zuordnet. Die reellen Zahlen $I\!R$ können nun in drei Klassen unterteilt werden: die negativen und die positiven Zahlen und Null. Danach kann auch eine Klassifizierung der 1-Tore vorgenommen werden, wobei außer den Netzwerkelementen auch ganze Netzwerke als 1-Tore betrachtet werden, bei denen man sich nur für ein Tor interessiert. Die folgende Definition wurde dem Buch von Kuh und Rohrer ([4.51], S.14f) entnommen; dort findet man auch einige Beispiele dazu.

Definition 4.6: (Passivität, Aktivität und Verlustlosigkeit) Ein 1-Tor heißt (strikt) *passiv*, wenn für *alle möglichen* Strom- und Spannungsfunktionen $i(\cdot)$ und $u(\cdot)$ und *alle* Zeitintervalle $[t_1, t_2]$

$$W_{t_1,t_2} + W_{-\infty,t_1} > 0$$

ist; es heißt *aktiv*, wenn

$$W_{t_1,t_2} + W_{-\infty,t_1} < 0$$

und *verlustlos* wenn

$$W_{t_1,t_2} + W_{-\infty,t_1} = 0$$

gilt; dabei entspricht $W_{-\infty,t_1}$ der bis zum Zeitpunkt t_1 *gespeicherten* Energie.

∎

Bei der Verallgemeinerung der Begriffe Passivität, Aktivität und Verlustlosigkeit auf b-Tore betrachtet man Vektoren von Zeitfunktionen $\mathbf{i} : I\!\!R \to I\!\!R_i^b$ und $\mathbf{u} : I\!\!R \to I\!\!R_u^b$ und verwendet das innere Produkt auf $\mathcal{Z} = I\!\!R_i^b \oplus I\!\!R_u^b$ (siehe Abschnitt 3.4):

$$W_{t_1,t_2} := \int_{t_1}^{t_2} (\mathbf{i}(\tau) \mid \mathbf{u}(\tau))\, d\tau. \tag{4.28}$$

Man kann zeigen (Reza [4.52]), daß diese Definitionen nicht davon abhängt, mit welchen Koordinaten das Netzwerk beschrieben wird. Einer Koordinatenwahl entspricht nach Definition 2.1 die Auswahl einer bestimmten Basis, der wiederum ein Satz von Meßgeräten entspricht. Demnach bedeutet die Aussage der Unabhängigkeit von der Koordinatenwahl, daß energetische Betrachtungen an Netzwerken unabhängig vom "Standpunkt" des Beobachters sind. Im Zusammenhang mit dem Begriff der *Reziprozität* werden wir in Abschnitt 6.7.3 erneut darauf zurück kommen.

Bei energetischen Betrachtungen von linearen zeitinvarianten Netzwerken mit periodischer Anregung im *eingeschwungenen Zustand* (asymptotische Lösungen) kann man sich auf die Untersuchung einer Periode beschränken. Man nennt die auf eine Periode T bezogene Energie *Wirkleistung*, die definiert ist durch

$$P := \frac{1}{T} \int_0^T p(\tau) d\tau. \tag{4.29}$$

Die Wirkleistung kann als *inneres Produkt* im Funktionenraum $\mathcal{F}_\omega := \{a\cos\omega t + b\sin\omega t \mid a, b \in I\!\!R; \omega \in I\!\!R : \text{fest}\}$ aufgefaßt werden, daß nur für Paare sinusförmiger Ströme $i : I\!\!R \to I\!\!R_i$ und Spannungen $u : I\!\!R \to I\!\!R_u$ definiert ist, d.h. für $i \in \mathcal{F}_\omega^i$ und $u \in \mathcal{F}_\omega^u$ gilt $P = (i \mid u)$ mit

$$(i \mid u) := \frac{1}{T} \int_0^T i(\tau)u(\tau) d\tau. \tag{4.30}$$

Leistungsberechnungen können auf diese Weise mit den algebraischen Rechenregeln für innere Produkte (siehe Anhang A) durchgeführt werden. Es müssen lediglich *einmal* die folgenden inneren Produkte ermittelt werden:

$$\begin{aligned}
(\cos\omega t \mid \cos\omega t) &= (\sin\omega t \mid \sin\omega t) = \frac{1}{2}, \\
(\cos\omega t \mid \sin\omega t) &= (\sin\omega t \mid \cos\omega t) = 0.
\end{aligned} \tag{4.31}$$

Beispiel 4.8: Seien $i \in \mathcal{F}_\omega^i$ und $u \in \mathcal{F}_\omega^u$ definiert durch

$$i(t) = i_0 \cos(\omega t + \varphi) \quad \text{und} \quad u(t) = u_0 \sin \omega t,$$

dann errechnet sich die Wirkleistung P mit $\cos(\omega t + \varphi) = \cos \varphi \cos \omega t - \sin \varphi \sin \omega t$ zu

$$P = (i_0 \cos \varphi \cos \omega t - i_0 \sin \varphi \sin \omega t \mid u_0 \sin \omega t) =$$
$$= i_0 u_0 \{0 - \sin \varphi (\sin \omega t \mid \sin \omega t)\} =$$
$$P = -\frac{i_0 u_0}{2} \sin \varphi.$$

∎

Um den Faktor $1/2$ zu eliminieren, wird insbesondere in der Energietechnik statt der *Orthogonalbasis* $\{\cos \omega t, \sin \omega t\}$ die *Orthonormalbasis* $\{\sqrt{2} \cos \omega t, \sqrt{2} \sin \omega t\}$ in $\mathcal{F}_\omega$ verwendet (siehe Anhang A). Die Koeffizienten bezüglich der Orthonormalbasis werden dann *Effektivwerte* genannt und mit großen Buchstaben notiert, während diejenigen bezüglich der Orthogonalbasis *Amplituden* (Spitzenwerte) heißen und mit einem Dach versehen werden:

$$u(t) = \hat{u} \cos \omega t = \frac{\hat{u}}{\sqrt{2}} \sqrt{2} \cos \omega t = U \cos \omega t.$$

Das soll in der Tabelle 4.2 noch einmal zusammengestellt werden.

Obwohl die in Beispiel 4.8 gezeigte Rechnung sehr leicht durchführbar ist, kann man mit Hilfe des von Mathis und Marten entwickelten AC-Kalküls noch weitere Vereinfachungen erreichen. Das soll in Abschnitt 4.7.3 ausführlicher behandelt werden.

Bemerkung 4.4: Die in Tabelle 4.2 angegebenen Basen für den Strom- und Spannungsraum sind *dual* im Sinne der linearen Algebra (siehe Abschnitt 1.5).

∎

Tabelle 4.2. Basen in $\mathcal{F}_\omega$

$(\mathcal{F}_\omega^i; I\!R)$	$(\mathcal{F}_\omega^u; I\!R)$	Interpretation der Koeffizienten
$\{\cos \omega t, \sin \omega t\}$	$\{\cos \omega t, \sin \omega t\}$	Amplituden
$\{\sqrt{2} \cos \omega t, \sqrt{2} \sin \omega t\}$	$\{\sqrt{2} \cos \omega t, \sqrt{2} \sin \omega t\}$	Effektivwerte

4.7 Lösungsverfahren im Frequenzbereich

4.7.1 Überblick und Problemstellung

In 4.4 wurde gezeigt, daß die Beschreibungsgleichungen linearer zeitinvarianter Systeme und Netzwerke typischerweise inhomogene lineare Integralgleichungen mit konstanten Koeffizienten sind, die in lineare Differentialgleichungen mit konstanten Koeffizienten umgewandelt und dann gelöst werden können. In der Theorie als auch bei den Lösungsverfahren linearer Differentialgleichungen mit konstanten Koeffizienten im Zeitbereich werden zahlreiche Begriffe und Methoden aus der linearen Algebra und der Algebra verwendet; das zeigt, daß derartige Aufgaben *implizit* von algebraischer Natur sind. In diesem Abschnitt zeigen wir, daß sämtliche Problemstellungen bei linearen Differential- und Integralgleichungen mit konstanten Koeffizienten *explizit* algebraisch formuliert werden können. Der einzige Satz aus der Analysis, der dabei benötigt wird, ist der Hauptsatz der Differential- und Integralrechnung. Es zeigt sich, daß die Auflösung linearer Integralgleichungen bzw. Differentialgleichungen mit konstanten Koeffizienten als Lösung linearer algebraischer Gleichungssysteme mit der *komplexen Frequenz* als Parameter interpretiert werden kann. Diese methodische Vorgehensweise wird in der Systemtheorie *Methode im Frequenzbereich* genannt. Bei linearen zeitinvarianten Netzwerken kann man sogar noch einen Schritt weitergehen. Dort können schon die konstitutiven Relationen der dynamischen Subsysteme durch parametrisierte lineare Gleichungen ausgedrückt werden, so daß die Untersuchung linearer zeitinvarianter Netzwerke mit den in Abschnitt 4.2 diskutierten Methoden zur Analyse linearer nichtdynamischer Netzwerke durchgeführt werden kann; dabei sind lediglich die explizit algebraisch formulierten konstitutiven Relationen der dynamischen Subsysteme mit in die Ohmsche Abbildung einzubeziehen.

Zunächst wollen wir noch einmal die *Grundaufgaben* der Theorie linearer Differential- und Integralgleichungen mit konstanten Koeffizienten zusammenstellen; sie sind in beiden Fällen gleich, so daß wir ohne Beschränkung der Allgemeinheit von einer linearen Differentialgleichung der Form

$$L(\frac{d}{dt})(x) = b(t) \qquad (4.32)$$

in der Variablen x mit konstanten Koeffizienten des Polynomoperators $L(d/dt)$ vom Grad n und vorgegebenen Anfangswerten $x(0) = x_0, \dot{x}(0) = \dot{x}_0, \ldots, \dot{x}^{(n-1)}(0) = x_0^{n-1}$ ausgehen können. Nach Abschnitt 4.5 müssen folgende Aufgaben gelöst werden:

1) Bestimmung der allgemeinen Lösung x_h des *homogenen* Problems $L(d/dt)(x) \equiv 0$,

2) Bestimmung irgendeiner speziellen Lösung x_s des *inhomogenen* Problems (4.32); i.a. kann die spezielle Lösung auch einen Anteil besitzen, der das homogene Problem löst. Üblicherweise wird die durch die Variation-der-Konstanten-Formel (4.26) erzeugte Lösung $\tilde{x}_s$ benutzt, die $\tilde{x}_s(0) = 0$ erfüllt.

3) Bestimmung des Anteils $\hat{x}_s$ von $\tilde{x}_s$, der die homogene Gleichung nicht erfüllt; er ist eindeutig bestimmt, wenn $\tilde{x}_s$ als Lösung eindeutig ist. Diese Lösung kann als *asymptotische Lösung* interpretiert werden, wenn das System *asymptotisch stabil* und deshalb $|x_h|$ für $t \to \infty$ verschwindet.

Wenn man die genannten Aufgabenstellungen in expliziter Weise algebraisch lösen will, dann müssen die linearen Beschreibungsgleichungen in explizite algebraische Gleichungen umgewandelt werden. Die Grundidee besteht darin, die Anwendungen des Differentialoperators und des Integraloperators durch Multiplikationen mit einer geeigneten algebraischen Größe zu ersetzen. Dafür gibt es bekanntlich verschiedene Möglichkeiten. Für die Berechnung von $\hat{x}_s$ kann die Fourier-Transformation und für die Berechnung von $\tilde{x}_s$ die Laplace-Transformation benutzt werden. In beiden Fällen wird mit Hilfe analytisch recht aufwendiger Methoden (Funktionalanalysis bzw. Analysis komplexwertiger Funktionen (Funktionentheorie)) eine explizite algebraische Gleichung bestimmt; insofern handelt es sich um Lösungen im Sinne unserer Problemstellung. Diese Transformationsmethoden gehören zu den Standardverfahren der Systemtheorie und sollen nur kurz angesprochen werden, weil es zahlreiche Lehrbücher zu diesem Thema gibt (Föllinger [4.53], Achilles [4.54], Posthof und Woschni [4.55]). Wir begnügen uns damit, auf einige spezielle Probleme bei der Anwendung der Laplace-Transformation in der Netzwerktheorie aufmerksam zu machen. Es geht dabei um das sogenannte *Anfangswertproblem* bei Beschreibungsgleichungen elektrischer Systeme und Netzwerke, das im Zusammenhang mit der Laplace-Transformation als auch der Operatorenrechnung nach wie vor zu Mißverständnissen führt; darauf hat Wunsch seit langer Zeit immer wieder hingewiesen (1962: [4.37],[4.56], 1985: [4.57]). Außerdem behandeln wir eine Verallgemeinerung des Anfangswertproblems, das auf Hayashi [4.58] zurückgeht und im Zusammenhang mit geschalteten Netzwerken an Bedeutung gewonnen hat. Danach stellen wir zwei neue *algebraische* Kalküle vor, die von Mathis und Marten entwickelt bzw. an die Fragestellungen der Netzwerktheorie angepaßt worden sind. Im Gegensatz zu den Transformationsmethoden kommt man bei der Begründung dieser Kalküle mit elementaren Kenntnissen aus der Algebra (Abschnitt 1.4) und der Analysis reellwertiger Funktionen aus; die Funktionalanalysis und die Analysis komplexwertiger Funktionen wird nicht benötigt. Daher sind diese algebraisch begründeten Kalküle bedeutend leichter zu verstehen als die Transformationsmethoden. Des weiteren besitzen die algebraischen Methoden einen größeren Anwendungsbereich als die *klassischen* Transformationsmethoden (Freudenthal ([4.59], S.146f)). In der Netzwerktheorie treten oft Situationen auf, die mit diesen Methoden nicht behandelt werden können; darin liegt eine wesentliche Ursache des "Anfangswertproblems". Schließlich ergeben sich durchsichtige und einfache Rechenregeln, die insbesondere für *praktische Rechnungen* wichtig sind. Der stärkere Einsatz der Algebra deutet auf die zur Zeit stattfindende Verlagerung der mathematischen Grundlagen der Ingenieurmathematik hin (Laugwitz [4.60]). Waren es bisher im wesentlichen die reelle Analysis und die Funktionentheorie (komplexe Analysis), welche die mathematische Ausbildung des Elektroingenieurs bestimmten, so treten immer mehr algebraische Methoden in den Vordergrund (Moore [4.113], Sain [4.61], Wunsch, Schreiber [1.10]). Schon im Jahre 1958 hat der Mathematiker Freudenthal [4.59] später (1961) auch der Netzwerktheoretiker Vielhauer [4.62], darauf hingewiesen, daß die Laplace-Transformation eine mögliche, aber nicht die sinnvollste Realisierung der ursprünglichen Idee Heavisides [4.63] ist, nach welcher die Lösungsfunktionen und Anregungsfunktionen von Differential- und Integralgleichungen als auch die auftretenden Operationen (Differential- und Integraloperatoren), die auf diese Funktionen angewendet werden, als Elemente *einer* Menge aufgefaßt werden können, so daß die Bestimmung der Lösungen dieser Gleichungen explizit *algebraisch* durchgeführt werden kann. Allerdings fand Heavisides Realisierung dieses Gedankens zunächst keine allgemeine Anerkennung, weil er seinen zu diesem Zweck entwickelten Heaviside-"Kalkül" mathematisch nicht einwandfrei begründen konnte und die Anwendung seines "Kalküls" nicht immer zu einer Lösung führte (siehe Freudenthal).

Es fehlte also ein wesentliches Merkmal eines *mathematischen Kalküls*: Die Anwendung seiner Rechenregeln muß zu eindeutigen Ergebnissen führen. Heute können wir besser verstehen, warum Heaviside zu seiner Zeit überhaupt keine mathematische Begründung finden konnte: Seine Gedanken waren im Kern von *algebraischer Natur*. Die Algebra wurde jedoch erst zu Beginn des 20. Jahrhunderts soweit entwickelt, so daß die Möglichkeit einer algebraischen Begründung der Heavisideschen *Idee* bestand. Leider ist die historische Entwicklung anders verlaufen. Zunächst wurde die Analysis herangezogen, um die *Methode* (und nicht die Idee) von Heaviside mathematisch zu rechtfertigen. Bromwich [4.64], Carson [4.65] und später vor allem Doetsch [4.66] haben Heavisides Methode im Rahmen der Laplace-Transformation und insofern mit Hilfe der Analysis zu rechtfertigen versucht. Dabei gingen jedoch *wesentliche* Aspekte des ursprünglichen Konzepts verloren und der Anwendungsbereich wurde aufgrund notwendiger analytischer Voraussetzungen verkleinert. Erst Mikusiński kam in seinen Arbeiten auf Heavisides Idee zurück (Mikusiński [4.67], [4.68]). Eine leicht verständliche Darstellung der Ergebnisse von Mikusiński findet man zusammen mit verschiedenen netzwerktheoretischen Anwendungen bei Preuß, Bleyer und Preuß ([4.2], S.108ff) und bei Vielhauer [4.62]. Neuerdings hat Yosida [4.69] einen algebraischen Kalkül entwickelt, der gegenüber dem Heaviside-Mikusiński-Kalkül jede unnötige Allgemeinheit vermeidet und deshalb für die System- und Netzwerktheorie besonders gut geeignet ist. Daher werden wir den Heaviside-Yosida-Kalkül (HY-Kalkül) ausführlich darstellen. Allerdings mußten verschiedene Modifikationen vorgenommen werden, um ihn an die systemtheoretisch vorliegenden Problemstellungen anzupassen (siehe Mathis und Marten [4.70]).

Im Anschluß an die Darstellung des HY-Kalküls soll ein weiterer algebraischer Kalkül vorgestellt werden, mit dem die Lösung $\hat{x}_s$ inhomogener linearer Differential- und Integralgleichungen mit konstanten Koeffizienten in *algebraisch* expliziter Weise bestimmt werden kann. Diese von Mathis und Marten [4.71] entwickelte Rechenmethode löst die *komplexe Wechselstromrechnung* mit ihren begrifflichen Schwierigkeiten und rechnerischen Unbequemlichkeiten ab.

Die allgemeine Lösung $x(t)$ einer linearen Differentialgleichung setzt sich nach Satz 4.3 aus der allgemeinen Lösung $x_h(t)$ der homogenen und einer speziellen Lösung $x_s(t)$ der inhomogenen linearen Differentialgleichung zusammen. Dem oben formulierten Programm entsprechend, wollen wir zunächst die Gesamtlösung $x(t)$ linearer Differentialgleichungen mit konstanten Koeffizienten auf rein algebraischem Wege bestimmen. Wie bereits erwähnt, wird dazu in der Elektrotechnik und insbesondere in der Netzwerk- und Systemtheorie die Laplace-Transformation am häufigsten benutzt. Wir beschränken uns auf eine knappe Beschreibung der Vorgehensweise (siehe z.B. Föllinger [4.53]). Danach wollen wir auf die in der System- und Netzwerktheorie wichtige Frage nach der "richtigen" Wahl der Anfangsbedingungen bei der Anwendung der Laplace-Transformation in diesen Bereichen eingehen, weil diese Problematik nicht immer mit der genügenden Sorgfalt behandelt wird. Insbesondere bei Netzwerken mit idealen Schaltern sowie bei periodisch geschalteten Netzwerken spielt sie eine wichtige Rolle.

Die (einseitige) Laplace-Transformation, im Folgenden kurz $\mathcal{L}$-Transformation genannt, arbeitet auf der Menge der reellwertigen Funktionen, die auf $I\!R^+$ definiert sind, und bildet in die Menge der komplexwertigen, auf $I\!R^+$ definierten Funktionen mit der Vorschrift

$$\mathcal{L} : f \longmapsto \int_0^\infty e^{-st} \, f(t) \, dt =: F(s)$$

ab, wobei $s \in C$ ist. Die komplexe Größe s besitzt die physikalische Dimension einer Frequenz, weswegen der Bildraum der $\mathcal{L}$-Transformation als Frequenzbereich interpretiert wird. Die $\mathcal{L}$-Transformierte $F(s)$ von f existiert immer dann, wenn bestimmte Kriterien erfüllt sind (siehe Doetsch ([4.66](2.Aufl. 1970), S.24ff)). Eine Formel für die *inverse* $\mathcal{L}$-Transformation $\mathcal{L}^{-1}$ kann ebenfalls angegeben werden. Sie erfordert bei der Auswertung funktionentheoretische Hilfsmittel und wird in der Praxis nur selten benutzt; stattdessen verwendet man für die inverse $\mathcal{L}$-Transformation Tafeln, was dem Praktiker im Einzelfall mathematisch-inhaltliche Überlegungen erspart. Es ist klar, daß beide Transformationsausdrücke linear sind. Neben der Linearität des Operators $\mathcal{L}$ spielt der *Differentiationssatz* bei der $\mathcal{L}$-Transformation eine zentrale Rolle, auf dem alle ihre Anwendungen basieren. Dabei ist zu beachten, daß *Differentiation* und *bestimmte Integration* wegen der Gültigkeit des Fundamentalsatzes der Differential- und Integralrechnung bezüglich der Hintereinanderschaltung *keine inversen* Operationen sind; darauf haben Courant und Hilbert ([4.72], S.187ff) besonders deutlich hingewiesen. Der folgende Satz sagt jedoch aus, daß im Bildbereich der $\mathcal{L}$-Transformation eine "echte" Inverse zur Operation der bestimmten Integration angegeben werden kann.

Satz 4.8: (Differentiationssatz der $\mathcal{L}$-Transformation) Liegen f und $\dot{f}$ im Definitionsbereich von $\mathcal{L}$, so gilt die Beziehung

$$\mathcal{L}\{\dot{f}\} = s\,\mathcal{L}\{f\} - f(0),$$

wobei $f(0)$ der Wert von f an der Stelle $t = 0$ ist.

Beweis: Er läßt sich sehr leicht mit dem Fundamentalsatz führen (Föllinger ([4.53], S.26f)).

∎

Mit Hilfe dieses Satzes läßt sich auch ein entsprechender Zusammenhang für höhere Ableitungen von f herleiten. Damit kann jeder Polynomoperator $L(d/dt)$ in ein Polynom $P(s)$ von s transformiert werden, in das auch die Anfangswerte eingehen. Des weiteren kann gezeigt werden, daß die *Faltung* zweier $\mathcal{L}$-transformierbarer Funktionen $f_1, f_2 : I\!\!R^+ \to I\!\!R$

$$(f_1 * f_2)(t) := \int_0^t f_1(t - \tau) f_2(\tau) d\tau$$

nach der $\mathcal{L}$-Transformation in das gewöhnliche Produkt von Funktionen übergeht

$$(f_1 * f_2)(t) \quad \xrightarrow{\;\mathcal{L}\;} \quad F_1(s) \cdot F_2(s).$$

Die Anwendung der $\mathcal{L}$-Transformation zur Auflösung von Differentialgleichungen kann anhand Bild 4.5 dargestellt werden. Dabei sind $X(s)$ und $B(s)$ die $\mathcal{L}$-Transformierten von $x(t)$ und $b(t)$ und $P(s)$ das charakteristische Polynom von $L(d/dt)$. Beispiele zu dieser Methode findet man in den meisten Lehrbüchern zur System- und Netzwerktheorie.

Ein wesentlicher Nachteil der $\mathcal{L}$-Transformation ist es, daß die Funktionen im Frequenzbereich *komplexwertig* sind. Erst mit dem in Abschnitt 4.7.2 vorgestellten Heaviside-Yosida-Kalkül kann diese begriffliche Unbequemlichkeit beseitigt werden. Wir wollen mit Hilfe einer heuristischen Betrachtung (mathematisch nicht exakt) den

$$P(s)X(s) = B(s) \quad \xrightarrow{\;Algebra\;} \quad X(s) = B(s)/P(s)$$

$$\Big\uparrow \mathcal{L} \qquad\qquad\qquad\qquad\qquad \Big\downarrow \mathcal{L}^{-1}$$

$$L(\tfrac{d}{dt})x = b(t) \quad \xrightarrow{\;Analysis\;} \quad x(t) = \mathcal{L}^{-1}\{B(s)/P(s)\}$$

Bild 4.5. Schema der $\mathcal{L}$-Transformation

Grundgedanken der Anwendung der $\mathcal{L}$-Transformation bei Input-Output-Systemen darstellen. Dabei beschränken wir uns auf Systeme mit einem Eingang und einem Ausgang.

Ein *Input-Output-System* wird mit Hilfe der skalaren Differentialgleichung (4.32) (siehe Abschnitt 4.10)

$$L(\frac{d}{dt})(y) = u$$

beschrieben, die den Zusammenhang zwischen der Eingangsgröße u und der Ausgangsgröße y festlegt. Wir wollen nun die Inverse $T := L^{-1}(d/dt)$ von $L(d/dt)$ bestimmen. Aufgrund der Linearität von (4.32) ist die Input-Output-Relation $y = T(u)$ ebenfalls linear, d.h.

$$y = T(au_1 + bu_2) = aT(u_1) + bT(u_2). \tag{4.33}$$

Da (4.32) mit Hilfe eines Differentialoperators $L(d/dt)$ formuliert ist, wird der gesuchte inverse Operator ein Integraloperator sein.

Sei $L(d/dt)y = u$ mit der Anfangsbedingung $y(0) = 0$. Eine Darstellung der Inversen T von $L(d/dt)$ ergibt sich, wenn man die folgende heuristische Beziehung für kausale Funktionen $u(t)$ benutzt

$$u(t) = \int_0^\infty u(\tau)\delta(t - \tau)d\tau; \tag{4.34}$$

dabei wird eine Funktion *kausal* genannt, wenn $u(t) = 0$ für alle $t < 0$ gilt. Setzt man (4.34) in $y = T(u)$ ein, dann erhält man

$$y(t) = T(\int_0^\infty u(\tau)\delta(t - \tau)d\tau) = \int_0^\infty u(\tau)T(\delta(t - \tau))d\tau, \tag{4.35}$$

wobei die Linearität der auf Funktionen von t wirkenden Inversen T ausgenutzt wurde. Bei zeitinvarianten Systemen hängt T nicht von der Zeit ab und damit kann aus $y(t) = T(u(t))$ die Beziehung $y(t - \tau) = T(u(t - \tau))$ gefolgert werden. Daher wird folgende Funktion definiert (Wunsch ([5.5], S.46ff))

$$g(t) := T(\delta(t)), \tag{4.36}$$

die als "Antwort" des Systems auf die δ-Funktion als Eingangsfunktion gedeutet werden kann; man nennt sie deshalb auch "Impulsantwort". In der mathematischen Literatur wird sie *Greensche Funktion* genannt (siehe z.B. Preuß et al. ([4.2], S.140ff)). Bei kausalen Systemen ist g eine kausale Funktion, so daß die obere Grenze des Integrals durch t ersetzt werden kann.

Ist die Impulsantwort eines Systems bekannt, dann läßt sich die Systemantwort auf eine beliebige Eingangsgröße mit (4.35) und (4.36) bestimmen zu

$$y(t) = \int_0^t g(t - \tau)u(\tau)d\tau. \tag{4.37}$$

Diese Integralbeziehung wird nach Abschnitt 4.4.5 *Faltung* genannt und mit

$$y = g \star u \tag{4.38}$$

bezeichnet. Die Berechnung der Impulsantwort im *Zeitbereich* kann z.B. mit Hilfe der Methode der Variation der Konstanten erfolgen (siehe Abschnitt 4.5). Die Inverse kann demnach angegeben werden zu

$$T(\cdot) = g \star (\cdot). \tag{4.39}$$

Eine für die Netzwerk- und Systemtheorie wichtigere Methode nutzt die Tatsache aus, daß das Faltungsprodukt $f_1 \star f_2$ zweier $\mathcal{L}$-transformierbarer Funktionen f_1 und f_2 mit Hilfe der $\mathcal{L}$-Transformation in das Produkt $\mathcal{L}(f_1) \cdot \mathcal{L}(f_2)$ der $\mathcal{L}$-Transformierten $\mathcal{L}(f_1)$ und $\mathcal{L}(f_2)$ überführt werden kann, die von einer komplexen Variablen abhängen. Die Gleichung (4.39) kann nach der $\mathcal{L}$-Transformation in folgender Weise geschrieben werden

$$Y(s) = G(s)U(s). \tag{4.40}$$

Die $\mathcal{L}$-Transformierte $G(s)$ der Impulsantwort nennt man Übertragungsfunktion. Da eine Übertragungsfunktion bei einem Netzwerk von den Netzwerkelementen und der Art ihrer Verbindung abhängt, kann sie mit Hilfe von Beschreibungsgleichungen berechnet werden. Darauf gehen wir im folgenden noch genauer ein. Wenn man $G(s)$ ermittelt hat, kann man mit Hilfe der inversen $\mathcal{L}$-Transformation die Inverse T von $L(d/dt)$ angeben

$$T(\cdot) = \mathcal{L}^{-1}(G\, \mathcal{L}(\cdot)). \tag{4.41}$$

Bemerkung 4.5: Nach Gleichung (4.41) ist die $\mathcal{L}$-Transformation eine Transformation, in deren Bildbereich die Impulsantwort g eines Systems als Multiplikator wirkt. Dabei soll an die Analogie zur Matrizentheorie erinnert werden, bei der eine diagonalisierbare Matrix A nach der Äquivalenztransformation in der Form $\mathbf{X}^{-1}\mathbf{D}\mathbf{X}$ dargestellt werden kann, wobei $\mathbf{D}$ die zugehörige Diagonalmatrix ist. Zur Bestimmung der Matrizen $\mathbf{X}$ und $\mathbf{D}$ muß das entsprechende Eigenwertproblem gelöst werden. In Analogie dazu kann man die Gleichung (4.41) als "Äquivalenztransformation in einem Funktionenraum" auffassen, wobei $G(s)$ die "diagonalisierte Inverse" von $L(d/dt)$ ist.

Wenn man zu linearen zeitvarianten oder nichtlinearen Systemen übergeht, kann eine solche "Diagonalisierung" nur noch in Ausnahmefällen oder nur lokal durchgeführt werden. Einzelheiten dazu findet man in den Abschnitten 5.7.

∎

Um die Lösung einer Differentialgleichung eindeutig festlegen zu können, müssen neben der Gleichung auch die Anfangsbedingungen vorgegeben sein. Ein Vorteil der Methode der $\mathcal{L}$-Transformation besteht nun gerade darin, daß die Anfangswerte der Netzwerkaufgabe aufgrund von Satz 4.8 in der $\mathcal{L}$-transformierten Differential-gleichung berücksichtigt werden können. Der Grund dafür wird allerdings erst in

Abschnitt 4.7.2 im Rahmen des HY-Kalküls deutlich. Die Anfangswerte müssen im Rahmen der $\mathcal{L}$-Transformation *in jedem Fall* als die *rechtsseitigen Grenzwerte* der $\mathcal{L}$-Transformierten interpretiert werden, da der Operator $\mathcal{L}$ auf Zeitfunktionen wirkt, die auf $\mathbb{R}^+$ definiert sind (Wunsch ([4.57], S.62ff, insbesondere S.62 unten)). Bei Netzwerken mit idealen Schaltern sind oft die zeitlichen Verläufe der Netzwerkvari-ablen *vor dem Schalten* bekannt, für die $\mathcal{L}$-Transformation werden aber die Anfangs-werte für die Netzwerkvariablen benötigt, die zu dem Netzwerk gehören, das durch die Betätigung ein verändertes Verbindungsnetzwerk besitzt.

In den folgenden Überlegungen muß streng unterschieden werden, für welche Netzwerkvariablen die Anfangsbedingungen vorgegeben sind. Aus physikalischen Gründen (siehe Abschnitt 4.1 und 4.4) ist nämlich nur die Vorgabe der Anfangs-werte für die Beschreibungsgrößen der Energiespeicher sinnvoll; das sind die Span-nungen $u_C(0)$ an den Kapazitäten und die Ströme $i_L(0)$ durch die Induktivitäten. Die beschreibenden Differentialgleichungen eines Systems oder Netzwerkes werden aber vielfach nicht mit diesen Zustandsvariablen $\mathbf{u}_C$ und $\mathbf{i}_L$ formuliert, sondern bei-pielsweise mit Knotenpotentialen, deren Anfangswerte *nicht physikalisch sinnvoll* vorgegeben werden können. Sie werden deshalb durch die Anfangswerte der En-ergiespeicher *eindeutig* festgelegt; eine Ausnahme bilden allerdings die geschalteten Netzwerke. Die Anfangswerte der Beschreibungsgrößen sollen daher, um eine bessere Unterscheidung von den Anfangswerten der Energiespeicher zu ermöglichen, *Start-werte* genannt werden. Sie stimmen nur dann überein, wenn das System mit den Zustandsvariablen beschrieben wird. Es muß beachtet werden, daß die Startwerte auch dann von Null verschieden sein können, wenn die Anfangswerte der Energiespei-cher gleich Null sind (Systeme ohne Vergangenheit). Das soll anhand des Beispiels 4.9 mit einfachen Überlegungen verdeutlicht werden.

Beispiel 4.9: Es soll eine *ungeladene* Kapazität C mit Serienwiderstand R zum Zeitpunkt $t_0 = 0$ an eine konstante Spannungsquelle U_0 angeschaltet werden. Wir untersuchen den zeitlichen Verlauf des Stromes i in der Reihenschaltung und die Spannung u_C an der Kapazität in der Nähe des Zeitpunktes $t = 0$. Aus diesen

Vorgaben lassen sich die Endwerte der Netzwerkvariablen der Netzwerkkonfiguration vor dem Schalten, also die linksseitigen Grenzwerte von i und u_C, sofort entnehmen

$$\lim_{t \to 0^-} i(t) = 0 \qquad \text{und} \quad \lim_{t \to 0^-} u_C(t) = 0,$$

wobei 0^- eine *symbolische* Bezeichnung dafür ist, daß der linksseitige Grenzwert bei $t = 0$ zu nehmen ist (siehe auch Bemerkung 4.4). Daraus kann man aber nicht folgern, daß auch die rechtsseitigen Grenzwerte von i und u_C verschwinden, die zu der Netzwerkkonfiguration nach dem Schalten gehören. Zur Bestimmung dieser Startwerte kann man wie folgt vorgehen: Da die Spannung u_C an einer Kapazität mit Hilfe des Integraloperators

$$u_C(t) = \frac{1}{C} \int_{-\infty}^{t} i(t)dt$$

definiert ist, muß u_C für *alle* $t > -\infty$ eine stetige Funktion sein, selbst dann wenn $i(t)$ nur eine stückweise stetige Funktion ist; daraus folgt

$$\lim_{t \to 0^-} u_C(t) = \lim_{t \to 0^+} u_C(t) = 0,$$

wobei 0^+ darauf hinweist, daß der rechtsseitige Grenzwert verwendet werden muß. Der rechtsseitige Grenzwert der Spannung u_R am Widerstand (nach dem Schalten) ergibt sich demnach mit Hilfe einer Maschengleichung zu

$$\lim_{t \to 0^+} u_R(t) = U_0.$$

Daraus können wir schließlich den rechtsseitigen Grenzwert für den Strom i bestimmen zu

$$\lim_{t \to 0^+} i(t) = \lim_{t \to 0^+} \frac{u_R(t)}{R} = \frac{U_0}{R}.$$

Diese etwas schwerfälligen Überlegungen faßt man oft in einer Plausibilitätsbetrachtung zusammen, die besagt, daß "eine Kapazität im Moment des Schaltens wie eine unabhängige Spannungsquelle wirkt, deren Spannung gleich der des Kondensators vor dem Schalten ist". Analoge Verhältnisse ergeben sich beim Einschalten einer Induktivität.

■

Bemerkung 4.6: Die abkürzenden Schreibweisen $t \to 0^+$ und $t \to 0^-$ für die spezielle Grenzwertbildung $t \to 0$ und $t > 0$ bzw. $t \to 0$ und $t < 0$ führen gelegentlich zu Mißverständnissen, weil diese Bezeichnungen fälschlicherweise als "Zeitpunkte" interpretiert werden. So ändert sich natürlich der Wert eines Integrals nicht dadurch, daß man die untere Grenze $t = 0$ durch den "Zeitpunkt" $t = 0^-$ ersetzt. Ebenso wenig hat es Sinn, durch eine solche "Abänderung" der unteren Intgrationsgrenze über eine "Delta-Funktion" an der Stelle $t = 0$ integrieren zu wollen, wie etwa bei Desoer und Kuh ([4.73], S.528ff). Im Gegensatz zu den meisten anderen Autoren, die diese Vorgehensweise verwenden, wird wenigstens der Grenzwertprozeß für 0^- erklärt. Da die klassische $\mathcal{L}$-Transformation auf $I\!R^+$ definiert ist, handelt es sich bei dieser Vorgehensweise um ein "Kochrezept", wie man mit Ableitungen von Funktionen umgeht, die an der Stelle $t = 0$ ungleich Null sind. Eine einfache und mathematisch einwandfreie Ableitung stellen wir in Abschnitt 4.7.2 mit dem HY-Kalkül vor.

■

Die in Beispiel 4.9 auftretenden Startwerte der Systemvariablen werden von Wunsch ([5.57], S.64) *natürliche Anfangswerte* genannt, eine Ausdrucksweise, die uns nicht besonders günstig erscheint, weil gerade dadurch eine große Verwechslungsgefahr mit den *willkürlichen* Anfangswerten der Energiespeicher gegeben ist. Wir glauben mit dem Begriff *Startwert* zu einer besseren Unterscheidung zu kommen. Der Verdienst, auf diesen Unterschied aufmerksam gemacht zu haben, gebührt aber voll und ganz G.Wunsch. Er erkannte, daß die Schwierigkeiten mit den Startwerten damit zu tun haben, daß bei der Beschreibung von Systemen und Netzwerken allgemeinere rechte Seiten der Differentialgleichungen auftreten. Im Unterschied zur Theorie der Differentialgleichungen ist die rechte Seite nicht irgendeine (Eingangs-)Funktion, sondern meistens eine Linearkombination von Ableitungen der Eingangsfunktion. So lautet beispielsweise die Differentialgleichung für den Strom in Beispiel 4.9

$$\frac{di}{dt} + \frac{1}{RC}\, i = \frac{U_0}{R}\, \dot{h}(t),$$

wobei $h(\cdot)$ die Heavisidesche Sprungfunktion ist. Erst durch die Stetigkeitsbedingung für die Zustandsvariable *Kapazitätsspannung* konnte der Startwert des Stromes i festgelegt werden. Die Sprungfunktion $h(\cdot)$ könnte natürlich auch durch eine unendlich oft differenzierbare Funktion beliebig genau approximiert werden, so daß es sich bei der Heaviside-Funktion (auf $I\!R$ betrachtet) um einen "nichtgenerischen Fall" handelt. Dennoch ist es oft wichtig, solche Situationen zu untersuchen, um einen genaueren Einblick in die generischen Situationen zu gewinnen, bei denen Eingangsfunktionen vorkommen, die differenzierbar aber dennoch fast sprungartig von Null auf einen von Null verschiedenen Wert übergehen. Der *Distributionen-Kalkül* kann für diesen Zweck verwendet werden, weil Distributionen unendlich oft differenzierbare Objekte sind, und in diesem Rahmen auch die Sprungfunktionen mitsamt ihren "δ-funktionsartigen" Ableitung ihren Platz finden (Preuß et al. ([4.2], S.144ff)). Eine andere Möglichkeit ist die Anwendung des algebraisch aufgebauten HY-Kalküls. In der Grundmenge dieses Kalküls sind diese "uneigentlichen" Funktionen ebenfalls eingebettet. Wir werden im Anschluß an diese Betrachtungen darauf näher eingehen.

Neben den gerade geschilderten Situationen gibt es andere, bei denen zusätzliche Überlegungen angestellt werden müssen, um die rechtsseitigen Grenzwerte für die $\mathcal{L}$-Transformation ermitteln zu können. In diesen Fällen geht man von den *Endwerten* der Netzwerkvariablen eines Netzwerkes vor dem Schalten aus und bestimmt daraus die Startwerte. Die Vorgehensweise stellen wir ebenfalls anhand eines einfachen Beispiels dar.

Beispiel 4.10: Bei dem in Bild 4.6 gezeigten Netzwerk wird angenommen, daß die Kapazitäten C_1 und C_2 für alle $t < 0$ auf die voneinander *verschiedenen* Spannungen $u_{C_1}^{0^-}$ und $u_{C_2}^{0^-}$ aufgeladen sind. Im Zeitpunkt $t = 0$ werden die beiden Kapazitäten zur Gesamtkapazität $C = C_1 + C_2$ zusammengeschaltet. Zur Berechnung des zeitlichen Verlaufes der Spannung an der Gesamtkapazität müssen wir zunächst die Anfangsbedingung $u_C^{0^+}$ bestimmen. Dazu gehen wir von dem Gesetz der Ladungserhaltung aus und notieren die Bilanzgleichung

$$(C_1 + C_2)u_C^{0^+} = C_1 u_{C_1}^{0^+} + C_2 u_{C_2}^{0^-}.$$

Aus dieser Gleichung kann $u_C^{0^+}$ berechnet werden zu

$$u_C^{0^+} = \frac{C_1 u_{C_1}^{0^-} + C_2 u_{C_2}^{0^-}}{C_1 + C_2}.$$

Bei diesen Überlegungen gilt zwar die Ladungserhaltung aber nicht die Energieerhaltung, denn aus einer Energiebilanz folgt

$$\frac{1}{2}(C_1 + C_2)(u_C^{0^+})^2 \neq \frac{1}{2}C_1(u_{C_1}^{0^-})^2 + \frac{1}{2}C_2(u_{C_2}^{0^-})^2.$$

Die sich ergebende Energiedifferenz von

$$C_1 C_2 \frac{u_{C_1}^{0^-} + u_{C_2}^{0^-}}{2}$$

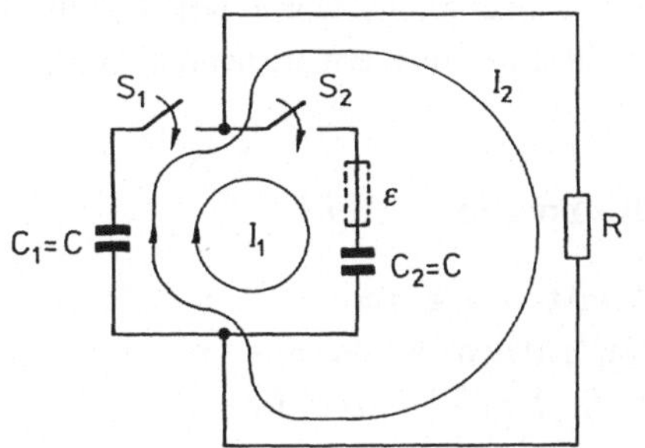

Bild 4.6. Netzwerk in Beispiel 4.10

muß dem Schaltvorgang zugeordnet werden. Eine Verteilung auf die beiden Schalter S_1 und S_2 ist jedoch nicht eindeutig möglich, wie in einer Arbeit von Schwartz [4.74] gezeigt wurde. Dort wird vorgeschlagen, das Netzwerk in eine geeignete Familie von Netzwerken mit zusätzlichen "Verlustwiderständen" einzubetten und den Grenzübergang zu dem vorgegebenen Netzwerk zu untersuchen. Dieser Vorgang entspricht der schon bei den verallgemeinerten Zustandsgleichungen diskutierten Methode der singulären Störungen. Eine andere Möglichkeit ist, die Energiedifferenzen pauschal einem Wärmebad zuzuordnen, ohne genauer zu spezifizieren, welcher ideale Schalter mit diesem Bad wechselwirkt.

■

Neben dem in Beispiel 4.10 verwendeten Prinzip der Ladungserhaltung können auch das Prinzip der Erhaltung der Energie oder sogar allgemeinere Relationen zwischen den Netzwerkvariablen vor und nach dem Schalten benutzt werden (siehe Mildenberger [4.75]). Solche Relationen können allerdings mit einem idealen Schalter nicht mehr realisiert werden, sondern es sind passende Steuereinrichtungen notwendig. Analoge Verhältnisse wie im Beispiel 4.10 ergeben sich natürlich bei bestimmten Netzwerken mit Induktivitäten und Schaltern.

Die soeben geschilderte Problematik hat Hayashi [4.76] in einer Arbeit aus dem Jahre 1940 näher untersucht. Dort gab er auch eine Modifikation des Heaviside-Kalküls an, mit der solche Aufgabenstellungen bequem gelöst werden können. Eine ausführliche Darstellung seiner Ergebnisse findet man in seinem 1961 veröffentlichten Buch (Hayashi ([4.58], S.40ff)), in dem er sein Verfahren auch auf periodisch geschaltete Netzwerke anwendet. Mit diesen Hinweisen wollen wir den kleinen Exkurs über die Anwendung der $\mathcal{L}$-Transformation in der Elektrotechnik abschließen.

Als sinnvolle Alternative zur $\mathcal{L}$-Transformation soll nun ein neuer Kalkül vorgestellt werden, der von Yosida [4.69] entwickelt wurde und direkt an die Vorstellungen von Heaviside anknüpft. Die geschilderten Probleme können beim Heaviside-Yosida-Kalkül ebenso auftreten. Da dieser Kalkül an die Lösung von linearen Integralgleichungen mit konstanten Koeffizienten angepaßt ist, können wir die genannten Schwierigkeiten sehr elegant umgehen, wenn wir Beschreibungsgleichungen in der Form linearer Integralgleichungen mit konstanten Koeffizienten verwenden.

4.7.2   Der Heaviside-Yosida-Kalkül

Wir haben in den Abschnitten 4.4 und 4.7.1 ausgeführt, daß die Beschreibungsgleichungen in der Netzwerktheorie als Systeme inhomogener linearer Integralgleichungen mit konstanten Koeffizienten formuliert werden. Diese Gleichungen können in Systeme gewöhnlicher linearer Differentialgleichungen mit konstanten Koeffizienten umgewandelt werden, wenn man die Anfangswerte in geeigneter Weise berücksichtigt. Diese Vorgehensweise nennt man in der System- und Netzwerktheorie *Zeitbereichsanalyse*; wir haben sie in Abschnitt 4.5 ausführlicher behandelt. Bei der Analyse im Frequenzbereich werden die Lösungen mit algebraischen Methoden ermittelt. Wir haben bereits darauf hingewiesen, daß man in der System- und Netzwerktheorie bis heute die $\mathcal{L}$-Transformation oder die komplexe Wechselstromrechnung benutzt, die jedoch verschiedene Unzulänglichkeiten besitzen. In diesem Abschnitt stellen wir eine neue Methode, den Heaviside-Yosida-Kalkül, vor, welcher die $\mathcal{L}$-Transformation ersetzt. Sie läßt sich mathematisch nicht nur viel leichter begründen, sondern ihr Anwendungsbereich ist größer und es ergeben sich zum Teil einfachere Rechenregeln. Außerdem kann der algebraische AC-Kalkül als Spezialfall gedeutet werden, der die komplexe Wechselstromrechnung ersetzt. Er wird in Abschnitt 4.7.3 behandelt.

Wir gehen von dem Grundgedanken Heavisides aus, wonach Integration und Differentiation in einer gewissen Funktionenmenge *algebraisch* ausgeführt werden sollen. Diese beiden Operationen sollen invers zueinander sein. Da alle stetigen Funktionen integrierbar sind, ist es sinnvoll, die Menge $C(I\!\!R^+)$ der stetigen Funktionen auf $I\!\!R^+$ als Grundmenge zu verwenden. Jede Funktion aus $C(I\!\!R^+)$ ist unendlich oft integrierbar. Andererseits sind nicht einmal alle stetigen Funktionen differenzierbar. Weiterhin sind Integration und Differentiation auch dann keine inversen Operationen, wenn man sich auf die mindestens einmal differenzierbaren Funktionen $C^1(I\!\!R^+)$ beschränkt; das folgt sofort aus dem *Fundamentalsatz der Differential- und Integralrechnung*, wenn wir ihn in folgender Form notieren

$$\frac{d}{dt}\left(\int_0^t f(\tau)d\tau\right) = f(t),$$

$$\int_0^t \left(\frac{df}{d\tau}(\tau)d\tau\right) = f(t) - f(0).$$

$$(4.42)$$

Zwar könnte man wegen der ersten Beziehung versuchsweise die algebraische Relation

$$\text{Diff} \circ Int = Ident \quad \text{auf } C^1(I\!\!R^+)$$

annehmen, wobei $\circ$ die Hintereinanderschaltung der Operationen und $Ident$ die Identität auf $C^1(I\!\!R^+)$ sind und mit Int die *bestimmte* Integration gemeint ist, aber diese Relation ist nicht kommutativ, d.h. es gilt

$$Int \circ \text{Diff} \neq Ident \; auf \; C^1(I\!\!R^+);$$

die letzte Bedingung ist für eine Inverse zwingend notwendig. Daraus folgt auch, daß mindestens in $C^1(I\!\!R^+)$ kein Einselement bezüglich der Hintereinanderausführung $\circ$ sein kann; dieses anzunehmen war wohl der entscheidende Irrtum von Heaviside (Wunsch ([4.57], S.54f)). Diese Tatsache findet man auch bei Courant und Hilbert ([4.72], S.187ff), die der Idee von Heaviside sonst recht positiv gegenüber stehen.

Wir führen nun eine Operation auf $\mathcal{C}(I\!R^+)$ ein, mit der die bestimmte Integration algebraisch ausgeführt werden kann. Bei dieser Operation handelt es sich um das *Faltungsprodukt*; die bestimmte Integration einer stetigen Funktion kann damit als Faltung mit der *Heaviside-Funktion* ausgedrückt werden. Danach definieren wir "Brüche" von stetigen Funktionen auf $I\!R^+$ mit der Heaviside-Funktion bezüglich des Faltungsproduktes, wobei wir automatisch zu einem Einselement kommen. Das Inverse der Heaviside-Funktion stellt schließlich eine *verallgemeinerte Differentiation* dar, die eine "echte" Umkehrung der bestimmten Integration ist. Dazu benutzen wir eine Standardtechnik der Algebra, die Klasseneinteilung in einer Menge mit Hilfe einer Äquivalenzrelation, die wir in Abschnitt 1.4 anhand der Konstruktion der rationalen Zahlen Q aus den ganzen Zahlen $Z\!\!Z$ erläutert haben. Diese Vorgehensweise hat kürzlich Yosida [4.69] zur Konstruktion der "Brüche" erstmals angewendet; daher nennen wir den Kalkül nach Heaviside-Yosida (HY-Kalkül). In [4.71] wurde er für die Netzwerktheorie mit ihren speziellen Problemstellungen der Auflösung von linearen Integralgleichungen mit konstanten Koeffizienten bearbeitet.

Ausgangspunkt ist die Menge $\mathcal{C}(I\!R^+)$ der stetigen Funktionen auf $I\!R^+$. Man prüft leicht nach, daß diese Menge die Struktur eines reellen Vektorraumes bezüglich der punktweise erklärten Addition und skalaren Multiplikation trägt. Wenn eine Funktion explizit in t ausgedrückt wird, unterscheiden wir Funktionswert und Funktion durch geschweifte Klammern (Beispiel: $\sin \omega t$, $\{\sin \omega t\}$).

Definieren wir das *Faltungsprodukt* (von nun an sei $t_0 = 0$)

$$f \star g : t \; \longmapsto \; \int_0^t f(t - \tau) g(\tau) d\tau, \tag{4.43}$$

für $f, g \in \mathcal{C}(I\!R^+)$ und alle $t \in I\!R^+$, dann ist die so definierte Funktion $f \star g$ ebenfalls eine stetige Funktion auf $I\!R^+$. Wesentlich dafür ist, daß das Integrationsintervall *kompakt* ist, d.h. die Grenzen müssen endlich sein. Das so auf $\mathcal{C}(I\!R^+)$ definierte Produkt ist *kommutativ*, d.h. es gilt

$$f \star g = g \star f,$$

für alle $t \in I\!R^+$. Weiterhin gelten folgende Regeln:

1) $f \star (g + k) = f \star g + f \star k,$

2) $(f + g) \star k = f \star k + g \star k,$

3) $\alpha(f \star g) = (\alpha f) \star g = f \star (\alpha g),$

4) $f \star (g \star k) = (f \star g) \star k.$

für alle $f, g, k \in \mathcal{C}(I\!R^+)$ und $\alpha \in I\!R$.

Die Menge $\mathcal{C}(I\!R^+)$ besitzt danach bezüglich der punktweise erklärten Addition und des Faltungsproduktes die algebraische Struktur eines *kommutativen Ringes ohne Einselement* (siehe Abschnitt 1.4).

Zur letzten Aussage ist folgendes zu sagen: Bei der sogenannten Heaviside-Funktion oder Sprungfunktion h, die durch $h(t) = 1$ für alle $t \in I\!R^+$ definiert ist, handelt es sich *nicht* um das Element des Ringes, denn es gilt

$$h \star f = \{\int_0^t f(\tau)d\tau\} \neq f.$$

Die Funktion h ist aber das Einselement bezüglich der punktweise erklärten Multiplikation von Funktionen aus $\mathcal{C}(I\!R^+)$. Das Produkt $h \star f$ ist jedoch die gesuchte *algebraische* Operation der bestimmten Integration. Wir können nun die mehrfache Integration einfach durch Faltung mit der n-fachen Faltung $h^n := h \star \cdots \star h$ von h algebraisch ausdrücken. Durch Bildung der "Quotienten" von beliebigen stetigen Funktionen aus $\mathcal{C}(I\!R^+)$ und "Potenzen" von h könnte man auch "Inverse" von h konstruieren. Dazu benötigen wir jedoch den folgenden Satz, der sicher stellt, daß diese Inversen eindeutig definiert sind.

Satz 4.9: Gilt für alle $n \in \mathbb{N}$ die Beziehung

$$h^n \star f = 0, \tag{4.44}$$

wobei 0 die Nullfunktion aus $\mathcal{C}(I\!R^+)$ ist, dann ist f die Nullfunktion.

Beweis: Aus

$$h \star f = \{\int_0^t f(\tau)d\tau\} = 0.$$

folgt nach Differentiation nach t

$$\frac{d}{dt}(h \star f)(t) = f(t) = 0,$$

für alle $t \in I\!R^+$, und damit $f = 0$. Entsprechendes gilt für $h^2 \star f$ wegen $h^2 \star f = h \star (h \star f) = 0 \Longrightarrow h \star f = 0 \Longrightarrow f = 0$. Die Behauptung ergibt sich mit Hilfe eines Induktionsbeweises.

∎

Ist H die Menge der Potenzen von h, d.h.

$$H := \{h^n \mid n \in I\!N\},$$

dann müssen wir zur Definition der oben genannten "Brüche: f geteilt durch h^n " von der Menge $\mathcal{C}(I\!R^+) \times H$ der Paare (f, h^n) (kartesisches Produkt) ausgehen und eine passende Äquivalenzrelation definieren. Im Satz 4.10 zeigen wir, daß die Relation $\sim$, die definiert ist durch

$$(f, h^n) \sim (g, h^m) \quad :\Longleftrightarrow \quad h^m \star f = h^n \star g$$

eine Äquivalenzrelation ist.

Satz 4.10: Die oben definierte Äquivalenzrelation $\sim$ in $C(\mathbb{R}^+) \times H$ ist eine Äquivalenzrelation, d.h. es gilt:

1) $(f, h^n) \sim (f, h^n)$,

2) $(f, h^n) \sim (g, h^m) \Longrightarrow (g, h^m) \sim (f, h^n)$,

3) $(f, h^n) \sim (g, h^m)$ und $(g, h^m) \sim (k, h^l) \Longrightarrow (f, h^n) \sim (k, h^l)$.

Beweis: Yosida ([4.69], S.6); in dem Beweis für 3) wird der Satz 4.9 benötigt.

■

Die Äquivalenzrelation $\sim$ kann nun benutzt werden, um die Menge $C(\mathbb{R}^+) \times H$ in Klassen einzuteilen; die Menge der Klassen bezeichnen wir mit $C_H(\mathbb{R}^+)$, die Relation $\sim$ wird künftig mit einem Gleichheitszeichen $=$ bezeichnet. In dieser Menge können wir algebraische Operationen definieren durch

Addition: $(f, h^n) + (g, h^m) := (f \star h^m + g \star h^n, h^n \star h^m)$,

Multiplikation: $(f, h^n) \cdot (g, h^m) := (f \star g, h^n \star h^m)$.

Man kann zeigen, daß die erklärten Operationen von der Auswahl der *Repräsentanten* aus einer Äquivalenzklasse unabhängig sind (Yosida ([4.69], S.6f)). Die Analogie zur Addition und Multiplikation von Brüchen (rationalen Zahlen) rechtfertigt die Bezeichnung der Elemente (Äquivalenzklassen) von $C_H(\mathbb{R}^+)$ mit f/h^n.

Es läßt sich leicht beweisen, daß das Elemente h/h mit den äquivalenten Elemente

$$\frac{h}{h} = \frac{h^2}{h^2} = \cdots = \frac{h^n}{h^n} = \cdots \tag{4.45}$$

das Einselement bezüglich des Faltungsproduktes $\star$ ist, d.h. es gilt: $(h/h) \cdot (f/h^n) = f/h^n$. Das Einselement bezeichnen wir auch mit $1 := h/h$. Demnach besitzt die Menge $C_H(\mathbb{R}^+)$ mit $+$ und $\cdot$ die algebraische Struktur eines *kommutativen Ringes mit Einselement*. Die Menge $C(\mathbb{R}^+)$ der stetigen Funktionen auf $\mathbb{R}^+$ kann in $C_H(\mathbb{R}^+)$ "eingebettet" werden durch

$$f \longleftrightarrow \frac{h^n \star f}{h^n}, \tag{4.46}$$

denn es gilt

$$\frac{h^n \star f}{h^n} + \frac{h^m \star g}{h^m} = \frac{h^{n+m} \star (f + g)}{h^{n+m}},$$

$$\frac{h^n \star f}{h^n} \cdot \frac{h^m \star g}{h^m} = \frac{h^{n+m} \star (f \star g)}{h^{n+m}}.$$

Die Konstruktion ist jedoch nicht trivial, denn es gibt auch Elemente, die nicht mit Elementen aus $\mathcal{C}(I\!R^+)$ identifiziert werden können.

Satz 4.11: Die zu $\mathcal{C}(I\!R^+)$ strukturgleiche Teilmenge $\hat{\mathcal{C}}(I\!R^+)$ ist eine *echte* Teilmenge, da das Element h/h nicht zu dieser Teilmenge gehört.

Beweis: Annahme: $h \star f/h = h/h \in \hat{\mathcal{C}}(I\!R^+)$; dann folgert man $h/h = (h \star f)/h$ oder $h^2 = h^2 \star f$; eine Umformung ergibt $h \star (h \star f - h) = 0$. Nun gilt für alle $n \in \mathbb{N}$ die Beziehung $h^n \star (h \star f - h) = 0$ und damit mit Satz 4.. $h \star f = h$. Das ist ein Widerspruch, denn mit $\int_0^t f(\tau)d\tau = 1$, für alle $t \in I\!R^+$ folgt daraus $0 = 1$.

∎

Wir unterscheiden von nun an zwischen den Elementen von $\mathcal{C}(I\!R^+)$ und $\hat{\mathcal{C}}(I\!R^+)$ nur dann, wenn Mißverständnisse entstehen können. Wir führen noch einen *skalaren Multiplikationsoperator* ein, der definiert ist durch

$$[\alpha] := \frac{\{\alpha\}}{h}, \qquad (4.47)$$

wobei $\alpha \in I\!R$ ist. Der Operator ist wegen $\{\alpha\} \equiv \alpha \cdot h$ ein Element aus $\mathcal{C}_H(I\!R^+)$.

Satz 4.12: Ist $f/h^n \in \mathcal{C}_H(I\!R^+)$, dann gilt die Beziehung

$$[\alpha] \star \frac{f}{h^n} = \frac{\alpha \cdot f}{h^n},$$

wobei $\alpha \cdot f$ die punktweise skalare Multiplikation von f ist.

Beweis:
$$[\alpha] \star \frac{f}{h^n} = \frac{\{\alpha\}}{h} \star \frac{f}{h^n} = \frac{\{\alpha\} \star f}{h^{n+1}} = \frac{\{\int_0^t \alpha \cdot f(\tau)d\tau\}}{h^{n+1}} = \frac{h \star \{\alpha \cdot f\}}{h \star h^n} = \frac{\alpha \cdot f}{h^n}.$$

∎

Wir können nun einen Operator definieren, der eine algebraische Inverse des Integraloperators h ist,

$$s := \frac{h^{n-1}}{h^n}, \qquad (4.48)$$

mit $n = 1, 2, \ldots$, wobei $h^0 = 1$ ($\notin \hat{\mathcal{C}}(I\!R^+)$) ist. Da wir oft nicht zwischen Elementen aus $\mathcal{C}(I\!R^+)$ und $\hat{\mathcal{C}}(I\!R^+)$ unterscheiden, schreiben wir vielfach auch $s \star f$. Daher gilt $s \star h = h \star s = h \star 1/h = 1$; dabei ist zu beachten, daß diese Gleichung nur im Sinne unserer vereinfachenden Konvention zu verstehen ist. Der folgende Satz rechtfertigt die Bezeichnung von s als *verallgemeinerter* Differentialoperator, da er einen Zusammenhang zwischen der gewöhnlichen Ableitung einer Funktion und der mit s gefalteten Funktion angibt. Man sollte jedoch mit dieser Bezeichnung vorsichtig sein, denn er steht entsprechend der Konstruktion dem bestimmten Integraloperator sehr viel näher. Der Ersatz der gewöhnlichen Ableitung durch die in Satz 4.13 angegebene Beziehung wandelt demnach eine Differentialgleichung eher in eine Integralgleichung um.

Satz 4.13: Ist f eine einmal stetig differenzierbare Funktion mit der Ableitung f', die beide mit Elementen aus $\hat{C}(I\!R^+)$ identifiziert werden können, dann gilt die Beziehung

$$s \star f = f' + [f(0)]. \tag{4.49}$$

Beweis: Mit dem Fundamentalsatz der Differential- und Integralrechnung folgt

$$h \star f' = \{\int_0^t f'(\tau)d\tau\} = \{f(t) - f(0)\} = f - h \star [f(0)].$$

Nach Multiplikation dieser Gleichung mit s und $s \star h = 1$ erhält man aus

$$s \star h \star f' = s \star f - s \star h \star [f(0)]$$

die gewünschte Beziehung.

∎

Danach ist s und *nicht* d/dt die Inverse der bestimmten Integration h. Man nennt s auch die *verallgemeinerte Ableitung* von f. Sie kann natürlich kein Element von $\hat{C}(I\!R^+)$ sein, sondern gehört zu $C(I\!R^+)$, denn wir hatten bereits zuvor festgestellt, daß es in der Menge der stetigen Funktionen keine Inverse zu h gibt.

Für die mehrfache Integration (Faltung mit h^n) ist s^n die Inverse; existiert die gewöhnliche n-te Ableitung, so lautet der Zusammenhang mit $s^n \star f$

$$f^{(n)} = s^n \star f - s^{n-1} \star [f(0)] - s^{n-2} \star [f'(0)] - \cdots - s \star [f^{(n-2)}(0)] - [f^{(n-1)}].$$

Weiterhin gilt der folgende Satz 4.14.

Satz 4.14: Jedes Polynom in s

$$p(s) := [\alpha_n] \star s^n + [\alpha_{n-1}] \star s^{n-1} + \cdots + [\alpha_1] \star s + [\alpha_0] \tag{4.50}$$

mit $\alpha_n, \ldots, \alpha_1, \alpha_0 \in I\!R$ gehört zu $C_H(I\!R^+)$.

Beweis: $C_H(I\!R^+)$ ist ein Ring und $[\alpha_n] \star s^n \in C(I\!R^+)$ für $n = 0, 1, 2, \ldots$ mit $s^0 = h/h = 1$.

∎

Der folgende Satz 4.15 liefert den Schlüssel zur Lösung von linearen Differentialgleichungen mit konstanten Koeffizienten.

Satz 4.15: (Inverse der Exponentialfunktion) Für jedes $\alpha \in I\!R$ gibt es genau eine Lösung f/h^n der Gleichung

$$(s - [\alpha]) \star \frac{f}{h^n} = 1, \qquad (4.51)$$

die durch $f/h^n = \{e^{\alpha t}\} \in \hat{C}(I\!R^+)$ gegeben ist.

Beweis: Existenz: Mit $s \star \{e^{\alpha t}\} = d/dt(\{e^{\alpha t}\}) + [e^{\alpha 0}] = [\alpha] \star \{e^{\alpha t}\} + [1]$ folgt

$$(s - [\alpha]) \star \{e^{\alpha t}\} = s \star \{e^{\alpha t}\} - [\alpha] \star \{e^{\alpha t}\} =$$
$$= [\alpha] \star \{e^{\alpha t}\} + 1 - [\alpha] \star \{e^{\alpha t}\} = 1 = \{e^{\alpha t}\} \star (s - [\alpha]).$$

Eindeutigkeit: Multiplizieren wir die Ausgangsgleichung mit $\{e^{\alpha t}\}$, so folgt daraus die Behauptung

$$\underbrace{\{e^{\alpha t}\} \star (s - [\alpha])}_{= 1} \star \frac{f}{h^n} = \{e^{\alpha t}\}.$$

∎

Bezeichnung: Nach Satz 4.15 ist $\{e^{\alpha t}\}$ die multiplikative Inverse von $(s - [\alpha])$; wir schreiben daher auch

$$(s - [\alpha])^{-1} = \frac{1}{s - [\alpha]} = \{e^{\alpha t}\}.$$

Desweiteren schreiben wir Polynome $p(s)$ allgemein in der Form

$$\alpha_n s^n + \cdots + \alpha_1 s + \alpha_0 \equiv [\alpha_n] \star s^n + \cdots + [\alpha_1] \star s + [\alpha_0].$$

∎

Nach Yosida ([4.69], S.15ff) gelten für diese Polynome die gleichen Rechenregeln wie für gewöhnliche Polynome, d.h. die Polynome bilden einen Unterring von $C_H(I\!R^+)$ ohne Nullteiler. Damit kann der Unterring aus einer kommutativen Divisionsalgebra oder dem *Polynomkörper* erweitert werden; die Elemente sind die rationalen

Funktionen in s. Der Polynomkörper ist unendlich-dimensional. Eine wichtige Rechentechnik bei Polynomen ist bekanntlich die Partialbruchzerlegung, die auch für den Heaviside-Yosida-Kalkül sehr nützlich ist. Damit können beispielsweise die folgenden Beziehungen unter Zuhilfenahme von Satz 4.15 bewiesen werden:

1) $\dfrac{\omega}{(s-\alpha)^2 + \omega^2} = \{e^{\alpha t}\ \sin \omega t\} \in \hat{C}(I\!R^+)$,

2) $\dfrac{s-\alpha}{(s-\alpha)^2 + \omega^2} = \{e^{\alpha t}\ \cos \omega t\} \in \hat{C}(I\!R^+)$.

Nach dem wir den Heaviside-Yosida-Kalkül entwickelt haben, können wir uns der algebraischen Bestimmung der Lösungen von Beschreibungsgleichungen elektrischer Netzwerke zuwenden. Wir haben bereits in Abschnitt 4.4 ausführlich erläutert, daß diese Gleichungen bei *vollständiger* Berücksichtigung der Modellbildung energiespeichernder Elemente als Integralgleichungen formuliert werden müssen. Eine Umwandlung in Differentialgleichungen ist nur dann sinnvoll, wenn es sich bei den Netzwerkvariablen um Zustandsvariablen handelt. Der Grund dafür ist nach den Überlegungen, die zum HY-Kalkül geführt haben, klar; bestimmte Integration und Differentiation sind keine inversen Operationen. Nach Abschnitt 4.4 haben die Beschreibungsgleichungen typischerweise die Form (für den skalaren Fall)

$$L_1\Big(\int_0^t d\tau\Big)(x) + P(t) = L_2\Big(\int_0^t d\tau\Big)(y), \tag{4.52}$$

wobei L_1 und L_2 Polynomoperatoren in $\int_0^t d\tau$ und d/dt sind. Die Koeffizienten des Polynoms $P(t)$ werden durch die Anfangswerte der Energiespeicher festgelegt; wir sprechen daher vom *Anfangswertpolynom*. Dieses Polynom geht verloren, wenn man die Integrale durch Anwendung von d/dt eliminiert. Wir haben demnach zwei inhomogene Integralgleichungen zu lösen:

1) $L_1(\int_0^t d\tau)(x_1) = -\tilde{P}(t)$, $\hspace{5cm}$ (4.53)

2) $L_1(\int_0^t d\tau)(x_2) = L_2(\int_0^t d\tau)(y) - P_0$, $\hspace{3.5cm}$ (4.54)

wobei P_0 die Konstante des Polynoms $P(t)$ ist. Wegen der Linearität von L_1 können wir die Gesamtlösung additiv zusammensetzen $x = x_1 + x_2$. Die erste Lösung bestimmt einen Anteil *Einschwingvorgang* des Systems bzw. Netzwerkes, während die zweite Lösung das *Übertragungsverhalten* festlegt. Wir erinnern noch einmal an die Ausführungen von 4.7.1, wo wir darauf hingewiesen haben, daß die durch die Faltung bestimmte spezielle Lösung $\tilde{x}_s$ auch noch einen Anteil der homogenen Lösung enthält. Verschwinden die Anfangswerte der Energiespeicher, dann ist das Anfangswertpolynom $P(t)$ gleich Null und die Lösung x_1 liefert keinen Beitrag zum Einschwingvorgang; die Lösung x wird nur noch durch x_2 bestimmt. Vielfach gilt dieser Situation das technische Interesse; man spricht dann von *Systemen ohne Vergangenheit* (Wunsch ([4.57], S.65)). Bei der Berechnung der Lösung x_2 kommt es nun zu den von Wunsch ([4.57], S.62ff) diskutierten Mißverständnissen. Vor oder während der Analyse werden nämlich die bei der Modellbildung der Energiespeicher auftretenden bestimmten Integrale durch Differentiation eliminiert; man erhält für den Übergangsvorgang aus (4.54) eine reine Differentialgleichung

$$\tilde{L}_1(\frac{d}{dt})(x_2) = \tilde{L}_2(\frac{d}{dt})(y).$$

(4.55)

Eine $\mathcal{L}$-Transformation oder eine Übersetzung mit Hilfe des HY-Kalküls von (4.55) hat zur Folge, daß wegen der Beziehung $f' = s \star \{f\} - [f(0)]$ bei x_2 und y Anfangswertpolynome auftreten

$$\tilde{L}_1(s) \star x_2 + p_{x_2}(s) = \tilde{L}_2(s) \star y + p_y(s).$$

(4.56)

Diese Polynome müssen bei Systemen ohne Vergangenheit identisch sein, was man sehr leicht zeigen kann. Dazu geht man von der Integralgleichung (4.54) für x_2 aus, drückt sie mit Hilfe des HY-Kalküls aus

$$L_1(h) \star x_2 = L_2(h) \star y.$$

Danach faltet man sie solange mit s, bis kein h mehr auftritt und es ergibt sich

$$\tilde{L}_1(s) \star x_2 = \tilde{L}_2(s) \star y.$$

(4.57)

Zieht man nun (4.57) und (4.56) voneinander ab, dann erhalten wir die gewünschte Aussage. Daher ist das Anfangswertproblem im Rahmen der $\mathcal{L}$-Transformation als auch bei den Operatorenmethoden nur ein "Scheinproblem", wenn man es mit Aufgaben der System- und Netzwerktheorie zu tun hat. Eine willkürliche Festlegung der Lösung ist bei Systemen ohne Vergangenheit *nicht möglich*; bei Systemen mit Vergangenheit werden die Anfangswerte irgendwelcher Beschreibungsgrößen *immer* durch die Anfangswerte der Energiespeicher bestimmt. Leider hat die Unkenntnis dieses Sachverhaltes zu völlig überflüssigen Spekulationen und Diskussionen und sogar zu "systemtheoretisch notwendigen Modifikationen" der Methode der $\mathcal{L}$-Transformation geführt (siehe etwa Föllinger [4.53]), die insbesondere bei Anfängern zu erheblichen Verwirrungen führten, weil sie in mathematischen Darstellungen nur die klassische $\mathcal{L}$-Transformation auf $I\!\!R^+$ finden; Anfangswerte bei 0^- treten dort nicht auf. Auch die erweiterte Fassung der $\mathcal{L}$-Transformation von Doetsch [4.66] muß in diesem Sinne betrachtet werden.

Es ist zu hoffen, daß unsere sehr leicht einzusehende Darstellung dieses Gegenstandes endlich die von Wunsch seit langem als überflüssig beklagte Kontroverse um das "Für und Wider" von "linksseitigen und rechtsseitigen Grenzwerten" bei der $\mathcal{L}$-Transformation und Operatorenmethoden beendet. Nur bei den in Beispiel 4.10

angesprochenen Problemstellungen haben diese Begriffe eine physikalische Bedeutung.

Die genannten Modifikationen haben nämlich auch zur Folge, daß der eigentliche Sinn einer algebraischen Vorgehensweise verdeckt wird: die Beschreibungsgleichungen elektrischer Systeme und Netzwerke sollen algebraisch gelöst werden. Da die bestimmte Integration und die Differentiation bezüglich der Hintereinanderschaltung nicht invers zueinander sind und kein algebraisches Einselement zur Verfügung steht, muß ein neuer algebraischer Rahmen konstruiert werden, damit rein algebraisches Rechnen möglich wird. Mit dem Heaviside-Yosida-Kalkül steht ein solcher Rahmen zur Verfügung, der nicht weiter reduziert werden kann; es handelt sich daher mathematisch gesehen um einen *Minimalkalkül*. Dazu wird der Ring $C(I\!R^+)$ der stetigen Funktion auf $I\!R^+$ bezüglich der punktweise erklärten Addition und des Faltungsproduktes algebraisch derart erweitert, daß sich ein Einselement ergibt. Dabei besteht die Aufgabe, die bestimmte Integration, die algebraisch als Faltung mit der Heaviside-Funktion h gedeutet werden kann und die unendlich oft auf Funktionen aus $C(I\!R^+)$ angewendet werden kann, umzukehren. Man bildet zu diesem Zweck alle Quotienten von Funktionen aus $C(I\!R^+)$ mit dem n-fachen Faltungsprodukt der Heaviside-Funktion. Es zeigt sich, daß das neue Element h/h das gesuchte Einselement ist, wo von bewiesen wird, daß es nicht in $C(I\!R^+)$ liegt. Schließlich wird die *verallgemeinerte Differentiation s* einfach als Inverse von h definiert. Wenn die Ableitung einer stetigen Funktion auch stetig ist, kann ein Zusammenhang zwischen der verallgemeinerten und der gewöhnlichen Ableitung angegeben werden, der natürlich wie der Fundamentalsatz der Differential- und Integralrechnung die Anfangswerte enthält. Man kann zeigen, daß Quotienten von Polynomen in s die gleichen Eigenschaften besitzen, wie die rationalen reellen Funktion mit der Variablen s. Im Sinne der Algebra handelt es sich um eine reelle kommutative unendlich-dimensionale Divisionsalgebra (siehe Abschnitt 1.4). Demnach haben wir für die Operationen mit der verallgemeinerten Differentiation eine bereits bekannte algebraische Struktur gefunden. Das von Mathis und Marten [4.70] entwickelte algebraische Konzept kann in folgender Weise zusammengefaßt werden:

$$\text{reelle kommutative Divisionsalgebra} \quad \star \quad \text{reeller Vektorraum.}$$
$$(\textit{Körper der rationalen reellen Polynome}) \quad \star \quad C_H(I\!R^+)$$

Das Faltungsprodukt $\star$ arbeitet als *skalare Multiplikation*.

Eine Differentialgleichung vom Typ (4.52) kann damit in folgender Weise algebraisch gelöst werden:

1) Die Gleichung (4.52) wird explizit algebraisch interpretiert; wir erhalten (4.57).
2) Aus (4.57) $\tilde{L}_1(s) \star x_2 = \tilde{L}_2(s) \star \{y(t)\}$ erhalten wir direkt die Lösung als Zeitfunktion

$$x_2 = \frac{\tilde{L}_2(s)}{\tilde{L}_1(s)} \star \{y(t)\}. \tag{4.58}$$

3) Wenn die Anfangsbedingungen der Energiespeicher ungleich Null sind, muß noch der Einschwingvorgang dazu addiert werden; insgesamt erhalten wir dann

$$\{x(t)\} = \frac{\tilde{P}(s)}{\tilde{L}_1(s)} + \frac{\tilde{L}_2(s)}{\tilde{L}_2(s)} \star \{y(t)\}. \tag{4.59}$$

Im folgenden Abschnitt wird uns diese algebraische Struktur beim AC-Kalkül wiederum begegnen, der eine vereinfachte Rechenmethode für die Berechnung der asymptotischen Lösung bei sinusförmiger Anregung darstellt. Er liefert allerdings nur dann eine physikalisch beobachtbare Lösung, wenn der Einschwingvorgang asymptotisch abklingt und damit unberücksichtigt bleiben kann. Anders ausgedrückt, die Lösung der Integralgleichung (4.53) muß asymptotisch gegen die Nullösung gehen; dann verschwindet auch der homogene Anteil in der Lösung von (4.54). Im Sinne unseres Schemas handelt es sich bei dem Vektorraum um einen 2-dimensionalen Funktionenvektorraum mit der Basis $\{\cos \omega t, \sin \omega t\}$ und der Differential- und der Integraloperator werden durch die reelle 2-dimensionale Divisionsalgebra der komplexen Zahlen repräsentiert. Auf den Zusammenhang des in Abschnitt 4.7.3 dargestellten AC-Kalküls mit dem HY-Kalkül gehen wir dort noch genauer ein.

Zum Abschluß dieses Abschnittes wollen wir den HY-Kalkül noch mit Hilfe eines kleinen Beispiels demonstrieren.

Beispiel 4.11: Zur Anwendung des HY-Kalküls wird man natürlich nicht erst die Beschreibungsgleichungen als Integralgleichung aufstellen und danach als Operatorgleichung schreiben. Vielmehr wird man bereits die konstitutiven Relationen als Operatorbeziehungen notieren und mit diesen die Beschreibungsgleichungen ableiten. Wir analysieren als Beispiel ein Netzwerk, das durch die folgenden Kirchhoffschen Gleichungen beschrieben wird (siehe Bild 4.7):

M: $-u_0 + R_1 i + u_c + u_2 = 0,$

K: $i - i_L - u_2/R_2 = 0;$

die konstitutiven Relationen für L und C lauten in Operatorform:

L: $i_L = (1/L)h \star u_2 + \{i_{L0}\},$

C: $u_C = (1/C)h \star i + \{u_{C0}\}.$

Eliminiert man aus diesen Gleichungen u_C, i_L und i, dann erhalten wir die folgende Gleichung, die eine Beziehung zwischen u_0 und u_2 herstellt:

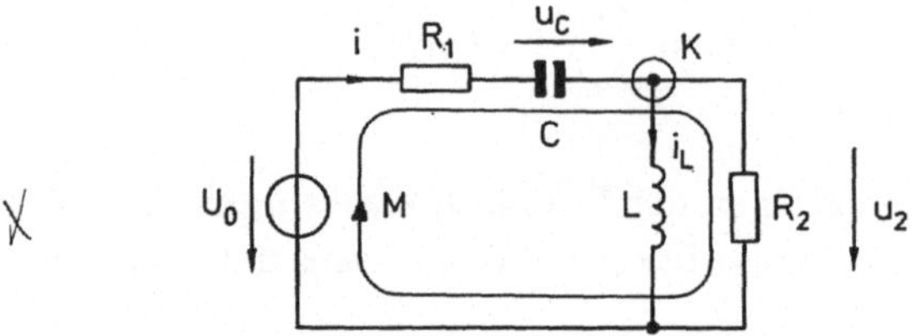

Bild 4.7. Netzwerk in Beispiel 4.11

$$\frac{1}{LC}h^2 \star u_2 + \left(\frac{R_1}{L} + \frac{1}{R_2C}\right)h \star u_2 + u_2 + \frac{R_1}{R_2}u_2 =$$
$$= u_0 - \left(\frac{1}{L}h \star \{i_{L0}\} + R_1\{i_{L0}\} + \{u_{C0}\}\right),$$

Diese Gleichung in h kann nun in eine Gleichung in s überführt werden, wenn man sie mit s^2 faltet:

$$\frac{1}{LC}u_2 + \left(\frac{R_1}{L} + \frac{1}{R_2C}\right)s \star u_2 + \left(\frac{R_1 + R_2}{R_2}\right)s^2 \star u_2 =$$
$$= s^2 \star u_0 - \left((u_{C0} + R_1 i_{L0})s^2 + \frac{1}{L}i_{L0}\, s\right),$$

wobei wir die Klammern im Anfangswertpolynom weggelassen haben. Die Lösung lautet für den Fall verschwindender Anfangswerte u_{C0} und i_{L0} und konstanter Eingangsspannung u_0

$$u_2 = \frac{s^2}{((R_1 + R_2)/R_2)s^2 + s((R_1/L) + (1/R_2C)) + (1/LC)} \star [u_0].$$

Nach einer Partialbruchzerlegung der rationalen Funktion kann die Lösung explizit angegeben werden.

∎

4.7.3 Der AC-Kalkül

In vielen Fällen interessiert man sich nicht für die vollständige Lösung der Beschreibungsgleichung eines Netzwerkes, die auch den Einschwingvorgang des Systems enthält, sondern nur für die *asymptotische* oder *stationäre* Lösung. Besonders einfach werden die Verhältnisse, wenn es sich um lineare Differentialgleichungen mit konstanten Koeffizienten handelt, die eine sinusförmige Anregung besitzen. In der Elektrotechnik wird zur Berechnung der stationären Lösung die *komplexe Wechselstromrechnung* verwendet. Obwohl sich dieses Rechenverfahren seit vielen Jahrzehnten hervorragend bewährt hat und zu einem der wichtigsten Hilfsmittel der Netzwerktheorie geworden ist, treten dennoch verschiedene Schwierigkeiten auf. Die notwendige "komplexe Erweiterung" der *reellwertigen* Anregungsfunktionen bedingt die Einführung zunächst fremdartig erscheinender *komplexwertiger* Ströme und Spannungen. Nach den Rechnungen werden die *komplexwertigen* Lösungen mit Hilfe einer Realteilbildung in *reellwertige* Lösungen zurück "transformiert". Dadurch ergeben sich neben den begrifflichen Problemen auch rechentechnische Unbequemlichkeiten.

Die komplexe Wechselstromrechnung ist wohl Bestandteil jeder Vorlesung über die Analyse linearer Netzwerke, aber die mathematischen (nicht rechentechnischen) Grundlagen dieses Verfahrens sind nahezu unbekannt. In der mathematischen Literatur findet man es unter dem Namen "Methode der komplexen Amplitude" (siehe Arnol'd ([4.39], S.183ff)). In der Netzwerktheorie werden diese Grundlagen nur in den Büchern von Wunsch ([4.77], S.180ff), ([4.57], S.38f) dargestellt. In der zuletzt genannten Arbeit wird auch eine algebraische Begründung skizziert, die auf den Mikusiński-Kalkül hindeutet. In beiden Fällen bleiben jedoch wesentliche strukturelle Gesichtspunkte unberücksichtigt, die erst von Mathis und Marten [4.71] erkannt und ausgenutzt worden sind.

Wir werden zunächst eine algebraische Begründung für die komplexe Wechselstromrechnung geben und zeigen, daß es sich dabei wie bei der $\mathcal{L}$-Transformation um einen mathematischen Umweg handelt. Anschließend entwickeln wir den *AC-Kalkül* von Mathis und Marten, der ohne komplexe Ströme und Spannungen auskommt, zu einfacheren Rechenregeln führt und dennoch die intuitiven Vorteile der komplexen Wechselstromrechnung beibehält. Bei dem AC-Kalkül handelt es sich, wie beim HY-Kalkül, um einen algebraisch begründeten Operatorkalkül. Dabei sind es zwei verschiedene Realisierungen einer algebraischen Struktur, die am Ende dieses Abschnittes erläutert wird.

Bevor wir mit den algebraischen Grundlagen der komplexen Wechselstromrechnung beginnen, schicken wir einige Begriffe aus der linearen Algebra voraus. Ist W ein n-dimensionaler reeller Vektorraum (der Einfachheit halber sei $W = I\!R^n$), dann läßt er sich in folgender Weise zu einem n-dimensionalen komplexen Vektorraum $W_{\mathbb{C}}$ fortsetzen: Auf der direkten Summe $W \oplus W$ zweier Exemplare von W sei eine lineare Abbildung (Matrix) $\mathbf{J}$ definiert durch

$$\mathbf{J}: \begin{array}{ccc} W \oplus W & \longrightarrow & W \oplus W \ . \\ (\mathbf{x}, \mathbf{y}) & \longmapsto & (-\mathbf{y}, \mathbf{x}) \end{array} \qquad (4.60)$$

Sie besitzt damit folgende Eigenschaften:

1) $\mathbf{J}$ ist $I\!R$-linear,
2) $\mathbf{J}$ ist bijektiv, d.h. umkehrbar eindeutig,
3) es gilt: $\mathbf{J}^2 = -id_{W \oplus W}$.

Wir definieren nun auf $W \oplus W$ eine neue skalare Multiplikation mit *komplexen* Zahlen $a + j\,b \in \mathbb{C} = I\!R \oplus j I\!R$ durch

$$(a + jb) \odot \mathbf{z} := a\mathbf{z} + b\mathbf{J}(\mathbf{z}), \tag{4.61}$$

für alle $\mathbf{z} = (\mathbf{x}, \mathbf{y}) \in W \oplus W$. Identifiziert man $W \oplus W$ mit $W \oplus jW$ durch $(\mathbf{x}, \mathbf{y}) \leftrightarrow (\mathbf{x} + j\mathbf{y})$, dann ergibt sich mit der neuen skalaren Multiplikation die Beziehung

$$(a + jb) \odot \mathbf{z} = (a\mathbf{x} - b\mathbf{y}) + j(b\mathbf{x} + a\mathbf{y}),$$

Danach ist $W \oplus W$ mit dieser Multiplikation $\odot$ ein komplexer Vektorraum $W_C := W \oplus jW$ der *komplexen* Dimension n ist, wenn W die *reelle* Dimension n hat. Diese Erweiterung von W wird *Komplexifizierung* genannt. Ist $\{\mathbf{x}_1, \ldots, \mathbf{x}_n\}$ eine Basis von W, dann bildet $\{\mathbf{x}_1 + j\mathbf{0}, \ldots, \mathbf{x}_n + j\mathbf{0}\}$ eine Basis von W_C.

Auch die reell-linearen Abbildung auf W müssen zu komplex-linearen Abbildungen "fortgesetzt" werden. Ist $\mathbf{A}$ eine lineare Abbildung (Matrix) auf $W = I\!R^n$ mit $\mathbf{A} : \mathbf{x} \longmapsto \mathbf{A}\mathbf{x}$, dann ist ihre *Komplexifizierung* $\mathbf{A}_C$ definiert durch

$$\mathbf{A}_C(\mathbf{x} + j\mathbf{y}) := \mathbf{A}\mathbf{x} + j\mathbf{A}\mathbf{y}, \tag{4.62}$$

für alle $\mathbf{x} + j\mathbf{y} \in W_C$.

Während eine Komplexifizierung eines reellen Vektorraumes in dieser Weise immer möglich ist, kann unter gewissen Umständen auch eine "innere Komplexifizierung" durchgeführt werden. Das ist nur dann möglich, wenn ein reeller Vektorraum V eine Dimension $2n$ besitzt und außerdem eine lineare Abbildung auf V existiert, welche die obengenannten Eigenschaften besitzt.

Definition 4.7: Ein Vektorraum V mit der reellen Dimension $2n$, auf dem eine lineare Abbildung $\mathbf{J}$ definiert ist, welche folgende Eigenschaften besitzt

1) $\mathbf{J}$ ist $I\!R$-linear,

2) $\mathbf{J}$ ist bijektiv, d.h. umkehrbar eindeutig,

3) es gilt: $\mathbf{J}^2 = -id_V$,

heißt eine *komplexe Struktur J auf V* (im Sinne der linearen Algebra). Durch Einführung der neuen skalaren Multiplikation

$$(a + jb) \odot \mathbf{x} := a\mathbf{x} + b\mathbf{J}(\mathbf{x}),$$

mit $\mathbf{x} \in V$ und $a, b \in I\!R$, wird V zu einem komplexen Vektorraum V_C mit der komplexen Dimension n gemacht.

∎

Bemerkungen 4.7: 1) Der Index "$\mathbb{C}$" wurde für die "externe" als auch für die "interne" Komplexifizierung eines Vektorraumes verwendet. Jedoch geht aus dem Zusammenhang hervor, um welche Art es sich handelt. 2) Die Begriffe *Komplexifizierung* und *komplexe Struktur* (im Sinne der linearen Algebra) müssen zwar als Standardbegriffe der linearen Algebra angesehen werden, aber sie sind leider in den entsprechenden Lehrbüchern nicht immer zu finden. Nur der zuerst genannte Begriff wird z.B. bei Beiglböck ([4.78], S.244ff) abgehandelt; auch in dem Buch über gewöhnliche Differentialgleichungen von Arnol'd ([4.39], S.123ff) ist er enthalten. Dennoch ist zumindest das Verfahren der Reellifizierung einer Matrix bekannt, wobei eine komplexe Matrizengleichungen in eine reelle umgewandelt wird (siehe Zurmühl und Falk ([4.27], S.42ff). Bezüglich des Begriffes der komplexen Struktur bildet nur das Buch von Nomizu [4.79] eine seltene Ausnahme. Motiviert wird diese Bezeichnung dadurch, daß die imaginäre Einheit die Beziehung $j^2 = -1$ erfüllt, die als Eigenschaft 3) verallgemeinert wird.

■

Zunächst soll eine Begründung der komplexen Wechselstromrechnung mit Hilfe der linearen Algebra geliefert werden. Dabei stellt sich die Aufgabe, die asymptotischen Lösung einer Differentialgleichung vom Typ

$$L(\frac{d}{dt})(x) = a\cos\omega t + b\sin\omega t \tag{4.63}$$

mit dem Polynomoperator $L(d/dt) = a_n d^n/dt^n + \cdots + a_1 d/dt + a_0$ zu finden. Dazu genügt es, die Lösung in dem Vektorraum der sinusförmigen Funktionen

$$\mathcal{F}_\omega := \{a\cos\omega t + b\sin\omega t \mid a,b \in I\!R; \omega \in I\!R \text{ fest }\} \tag{4.64}$$

zu suchen, da eine Anwendung des Polynomoperators L nicht aus diesem Vektorraum herausführen kann. Wendet man aber den Differentialoperator d/dt auf Elemente aus $\mathcal{F}_\omega$ an, dann ergeben sich rechentechnische Unbequemlichkeiten, da dieser Operator Sinusfunktionen in Kosinusfunktionen umwandelt und umgekehrt. Für das Folgende ist es sinnvoll, statt d/dt den Operator $D := (1/\omega)d/dt$ zu verwenden. Dann kann die "Unbequemlichkeit" im Sinne der linearen Algebra wie gedeutet werden: In der Basis $\{\sin\omega t, \cos\omega t\}$ von $\mathcal{F}_\omega$ besitzt D die Matrixdarstellung

$$D \longleftrightarrow \begin{pmatrix} 0 & 1 \\ -1 & 0 \end{pmatrix}. \tag{4.65}$$

Der Grund für die rechentechnischen Schwierigkeiten in dieser Basis liegt darin begründet, daß D nicht diagonal ist. Ein einfacher Ausweg ist demnach, auf eine Basis zu wechseln, in der D diagonal ist; das ist bekanntlich die Basis der Eigenvektoren. Man prüft leicht nach, daß D die Eigenwerte j und $-j$ hat und entsprechend haben auch die Eigenvektoren komplexe Koordinaten; sie lauten

$$\mathbf{e}_j = \begin{pmatrix} 1 \\ j \end{pmatrix} \qquad \mathbf{e}_{-j} = \begin{pmatrix} 1 \\ -j \end{pmatrix}. \tag{4.66}$$

Die Vektoren der Eigenbasis von D ergeben sich daher bezüglich der "alten" Basis:

$$\mathbf{e}_j \leftrightarrow \cos\omega t + j\sin\omega t \qquad \mathbf{e}_{-j} \leftrightarrow \cos\omega t - j\sin\omega t. \tag{4.67}$$

Eine solche Linearkombination der Basiselemente $\cos\omega t$ und $\sin\omega t$ ist natürlich nur möglich, wenn $\mathcal{F}_\omega$ komplexe Skalare besitzt. Dazu muß eine "äußere" Komplexifizierung vorausgegangen sein, d.h. wir rechnen im Vektorraum $\mathcal{F}_\omega^C := \mathcal{F}_\omega \oplus j\mathcal{F}_\omega$ mit der *komplexen* Dimension zwei. In der *Eigenbasis* die komplexifizierte Abbildung ist D_C diagonal, d.h. es gilt

$$D_C \quad\longmapsto\quad \begin{pmatrix} j & 0 \\ 0 & -j \end{pmatrix}. \tag{4.68}$$

In der Eigenbasis von D_C wird nun auch der Polynomoperator $L(d/dt)$, wie gewünscht, ein Multiplikator, der die beiden durch $\mathbf{e}_j$ und $\mathbf{e}_{-j}$ erzeugten Teilvektorräume von $\mathcal{F}_\omega^C$ *invariant* läßt. In der Netzwerktheorie rechnet man üblicherweise in dem durch $\mathbf{e}_j$ erzeugten Teilraum von $\mathcal{F}_\omega^C$. Mit Hilfe der *Euler-Formel* kann $\mathbf{e}_j$ notiert werden zu $\exp j\omega t$. Bei den Rechnungen arbeitet man nur mit den Koeffizienten bezüglich dieses Basisvektors; sie werden *komplexe Amplituden* genannt.

Die Annehmlichkeit, daß D_C und somit auch $L(d/dt)$ Multiplikator ist, mußte teuer bezahlt werden. Da die "neuen" Basisvektoren komplexe Koordinaten besitzen, müssen auch komplexe Netzwerkvariablen verwendet werden; das führt zu den "komplexen" Strömen und Spannungen. Will man nach der Rechnung zu den reellen Größen zurück, dann muß man die mit $\mathbf{e}_j$ multiplizierten komplexen Amplituden auf die Kosinus- oder die Sinusachse "projezieren"; das wird bekanntlich mit der Realteilbildung erreicht.

In der Netzwerktheorie hat man sich seit der Einführung der komplexen Wechselstromrechnung am Ende des 19. Jahrhunderts durch Steinmetz und andere (siehe Mathis, Marten [4.80]) an komplexe Ströme und Spannungen gewöhnt und mißt ihnen mittlerweile sogar eine "anschauliche Bedeutung" zu. Die komplexe Wechselstromrechnung nutzt also die *immer* vorhandene Möglichkeit der "externen" Komplexifizierung aus. Mathis und Marten [4.71] zeigten, daß auch eine "interne" komplexe Größe unnötig ist, da der Vektorraum $\mathcal{F}_\omega$ eine komplexe Struktur besitzt und damit "intern" komplizifiziert werden kann. Nach Définition 4.7 kann eine neue skalare Multiplikation eingeführt werden, mit deren Hilfe der Differentialoperator D auf $\mathcal{F}_\omega$

ein Multiplikator wird. Daher kann auf die Einführung komplexer Variablen verzichtet werden.

Betrachten wir dazu noch einmal den Differentialoperator $D = (1/\omega)d/dt$ auf $\mathcal{F}_\omega$, dann zeigt sich, daß er folgende Eigenschaft hat

$$(D \circ D)(x) = -id_{\mathcal{F}_\omega}(x), \qquad (4.69)$$

für alle $x \in \mathcal{F}_\omega$, wobei $id_{\mathcal{F}_\omega}$ die identische Abbildung (Einheitsmatrix) auf $\mathcal{F}_\omega$ ist. Für die Sinus- und Kosinusfunktion ist der Nachweis sofort klar. Diese komplexe Struktur soll nach Definition 4.7 zur Definition einer neuen skalaren Multiplikation

$$(a + jb) \odot \mathbf{x} := a\mathbf{x} + bD(\mathbf{x}) \qquad (4.70)$$

für alle $\mathbf{x} \in \mathcal{F}_\omega$ verwendet werden, da $\mathcal{F}_\omega$ über die reelle Dimension 2 verfügt. Damit wird der reelle Vektorraum der sinusförmigen Funktionen zusammen mit der ursprünglichen Vektoraddition zu einem komplexen Vektorraum $(\mathcal{F}_\omega, \mathbb{C})$.

Wir wollen darauf hinweisen, daß die Elemente von $(\mathcal{F}_\omega, \mathbb{C})$ nach wie vor *reellwertige* Funktionen sind; die skalare Multiplikation $\odot$ darf daher *nicht* mit der punktweise definierten skalaren Multiplikation der reellwertigen Funktionen aus $\mathcal{F}_\omega$ verwechselt werden. Nach (4.70) ist die skalare Multiplikation mit der imaginären Einheit j nichts anderes, als die Anwendung des Differentialoperators D. Es gilt daher

$$a \odot \mathbf{x} = a \cdot \mathbf{x}, \qquad (4.71)$$

für alle $\mathbf{x} \in \mathcal{F}_\omega$, wobei von nun an nicht mehr zwischen $\mathcal{F}_\omega$ und $(\mathcal{F}_\omega, \mathbb{C})$ unterschieden werden soll, wenn dabei keine Mißverständnisse auftreten.

Bevor wir die durch D gegebene komplexe Struktur auf $\mathcal{F}_\omega$ zum Aufbau des AC-Kalküls verwenden, soll auf die algebraischen Hintergründe dieser Vorgehensweise eingegangen werden. Dazu geben wir den Satz 4.16 an, in dem gezeigt wird, daß der Operator D und die Identität $id_{\mathcal{F}_\omega}$ auf $\mathcal{F}_\omega$ bezüglich der Hintereinanderschaltung von Operatoren nicht nur eine Algebra, sondern sogar eine *Divisionsalgebra* bilden (siehe Abschnitt 1.4); man spricht auch von einem *Körper*. Wegen der Kommutativität und der reellen Dimension 2 kann eine Strukturgleichheit mit den komplexen Zahlen festgestellt werden; das ist Inhalt des darauf folgenden Satzes.

Satz 4.16: Die Menge von Operatoren $\{D, id_{\mathcal{F}_\omega}\}$ erzeugt eine reelle 2-dimensionale *Divisionsalgebra* $\mathcal{A}_\omega$ von linearen Operatoren auf $\mathcal{F}_\omega$.

Beweis: 1) $\quad D : \mathcal{F}_\omega \longrightarrow \mathcal{F}_\omega$. 2) $\quad D^2 = -id_{\mathcal{F}_\omega}$. 3) $\quad D^{-1} = -D$.

∎

Bemerkung 4.8: Aus Satz 4.16 folgt, daß der Integraloperator auf $\mathcal{F}_\omega$ keine selbständige Bedeutung mehr besitzt, d.h. es gilt

$$D^{-1} = -D = \omega \int dt \text{ on } \mathcal{F}_\omega.$$

Da die Funktionen aus $\mathcal{F}_\omega$ auf ganz $I\!R$ definiert sind, genügt eine unbestimmte Integration.

∎

Satz 4.17: $\mathcal{A}_\omega$ und $\mathbb{C}$ sind *isomorph* (strukturgleich) als reelle kommutative Divisionsalgebren, wenn folgende Identifikationen durchgeführt werden:

$$D \longleftrightarrow j$$
$$id_{\mathcal{F}_\omega} \longleftrightarrow 1.$$

Beweis: Die Richtigkeit beweist man durch Nachrechnen.

∎

Auf Grund dieser beiden Sätze ergibt sich nun die in Bild 4.8 gezeigte Situation.

Ausgangspunkt dieser Betrachtungen ist, daß der Differentialoperator D und der inverse Integraloperator $-D$ auf der Menge der sinusförmigen Funktionen $\mathcal{F}_\omega$ arbeitet. Nach Satz 4.16 bildet D zusammen mit der Identität eine Divisionsalgebra $\mathcal{A}_\omega$, daß man die Menge $\mathcal{F}_\omega$ mit $\mathcal{A}_\omega$ als den Skalaren zu einem neuen Vektorraum machen kann. Wegen der Isomorphie von $\mathcal{A}_\omega$ und $\mathbb{C}$ erhalten wir schließlich einen Vektorraum $(\mathcal{F}_\omega, \mathbb{C})$ mit den komplexen Zahlen als den Skalaren. Der von uns eingeschlagene Weg, der die Eigenschaft von D, eine komplexe Struktur zu sein, ausnutzt, führt durch Abänderung der skalaren Multiplikation direkt auf den komplexen Vektorraum $(\mathcal{F}_\omega, \mathbb{C})$.

Mit Hilfe der skalaren Multiplikation $\odot$ kann nun die asymptotische Lösung $x_a(t)$ einer inhomogenen linearen Differentialgleichung mit konstanten Koeffzienten sehr

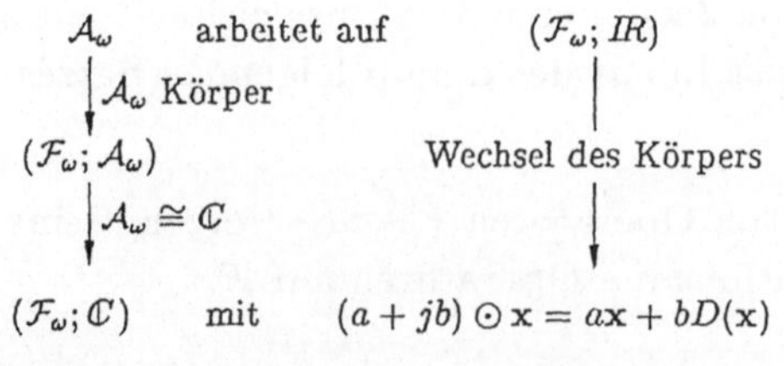

$$
\begin{array}{ccc}
\mathcal{A}_\omega & \text{arbeitet auf} & (\mathcal{F}_\omega; I\!R) \\
\big\downarrow \mathcal{A}_\omega \text{ Körper} & & \big\downarrow \\
(\mathcal{F}_\omega; \mathcal{A}_\omega) & & \text{Wechsel des Körpers} \\
\big\downarrow \mathcal{A}_\omega \cong \mathbb{C} & & \big\downarrow \\
(\mathcal{F}_\omega; \mathbb{C}) & \text{mit} & (a + jb) \odot \mathrm{x} = a\mathrm{x} + bD(\mathrm{x})
\end{array}
$$

Bild 4.8. Einführung der komplexen Struktur

einfach bestimmt werden, wenn die Anregung sinusförmig ist. Voraussetzung für die Existenz dieser Lösung ist die *Stabilität* des Systems. In Abschnitt 4.5 wird gezeigt, daß dazu das charakteristische Polynom der homogenen Differentialgleichung ein *Hurwitz-Polynom* sein muß. Nur in diesen Fällen ist die berechnete Lösung auch eine spezielle Lösung der inhomogenen Differentialgleichung. Da ein Polynomoperator $L(d/dt)$ nicht aus dem Funktionenraum $\mathcal{F}_\omega$ hinausführen kann, liegt auch $x_a(t)$ in $\mathcal{F}_\omega$; wir haben also die Lösung von $L(d/dt)(x) = b(t)$ mit $b \in \mathcal{F}_\omega$ in diesem Raum zu bestimmen. Die Vorgehensweise, die wir als *AC-Kalkül* bezeichnen, soll zunächst anhand der Beschreibungsgleichungen des Netzwerkes in Beispiel 4.12 demonstriert werden. Dabei sollen nun auch die physikalischen Dimensionen der Netzwerkvariablen berücksichtigt werden.

Beispiel 4.12: Sei

$$L(\frac{d}{dt})(x) = L\,\frac{d^2i}{dt^2} + R\,\frac{di}{dt} + \frac{1}{C}\,i = \frac{du}{dt}(t),$$

mit $u \in \mathcal{F}_\omega^u$ eine lineare Differentialgleichung mit konstanten Koeffizienten; gesucht werde die asymptotische Lösung i in $\mathcal{F}_\omega^i$.

In den komplexen Vektorräumen $\mathcal{F}_\omega^i$ und $\mathcal{F}_\omega^u$ können der Polynomoperator als auch die "rechte Seite" der Differentialgleichung algebraisch formuliert werden, so daß wir eine algebraische Gleichung erhalten

$$(-L\,\omega^2 + R\,\omega j + \frac{1}{C}) \odot i(t) = \omega j \odot u(t),$$

mit $i \in \mathcal{F}_\omega^i$ und $u \in \mathcal{F}_\omega^u$. Lösen wir diese Gleichung nach $i(t)$ auf, so erhalten wir

$$i(t) = \frac{\omega j}{-L\,\omega^2 + R\,\omega j + 1/C} \odot u(t).$$

Erweitert man den komplexen Faktor konjugiert komplex, so läßt sich die Lösung $i(t)$ wieder in $\mathcal{F}_\omega^i$ mit reellen Skalaren darstellen, wenn man j durch $(1/\omega)d/dt$ ersetzt

$$i(t) = \frac{R\omega^2 + (1/C - L\omega^2)\omega j}{(1/C - L\omega^2)^2 + (R\omega)^2} \odot u(t) =$$

$$= \frac{1/C - L\omega^2)}{(1/C - L\omega^2)^2 + (R\omega)^2}u(t) + \frac{R}{(1/C - L\omega^2)^2 + (R\omega)^2}\frac{du}{dt}(t).$$

∎

In dem folgenden Bild 4.9 wird das Lösungsschema des AC-Kalkül für skalare Differentialgleichungen dargestellt, mit dem man die asymptotische Lösung einer *stabilen* inhomogenen linearen Differentialgleichung mit konstanten Koeffizienten und

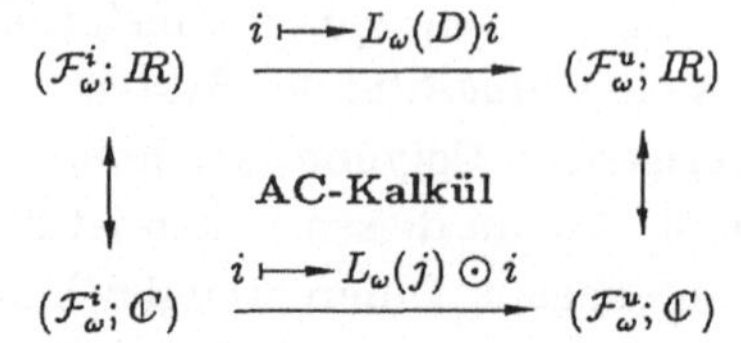

$$(\mathcal{F}^i_\omega; I\!R) \quad \xrightarrow{\quad i \longmapsto L_\omega(D)i \quad} \quad (\mathcal{F}^u_\omega; I\!R)$$

$$\uparrow \qquad \text{AC-Kalkül} \qquad \uparrow$$

$$(\mathcal{F}^i_\omega; \mathbb{C}) \quad \xrightarrow{\quad i \longmapsto L_\omega(j) \odot i \quad} \quad (\mathcal{F}^u_\omega; \mathbb{C})$$

Bild 4.9. Der AC-Kalkül

sinusförmiger Anregung bestimmen kann. Wegen der physikalischen Dimensionen wird eine spezielle Form der Beschreibungsgleichungen vorausgesetzt

$$L(\frac{d}{dt})\, i = u(t),$$

mit $u \in \mathcal{F}^u_\omega$ und $i \in \mathcal{F}^i_\omega$. Zur Vorbereitung muß der Polynomoperator in $L(d/dt) \equiv L_\omega(D)$ umgeformt werden. Um die Vektorräume der sinusförmigen Funktionen nicht mit Indizes zu überfrachten, fügen wir die Skalaren in Klammern bei.

Im Unterschied zum HY-Kalkül wird die Lösung nicht durch ein Faltungsintegral erzeugt. Ein Ersatz dafür ist die folgende Formel

$$i(t) = \frac{1}{L_\omega(j)} \odot i(t) = \frac{L^*_\omega(j)}{|L_\omega(j)|^2} \odot u(t). \tag{4.72}$$

Im Vergleich dazu gibt es bei der komplexen Wechselstromrechnung für Lösungen im Zeitbereich keine explizite Formel; die entsprechende Formel lautet nämlich

$$i(t) = \Re\{\frac{\overline{I}}{L(j\omega)} e^{j\omega t}\}, \tag{4.73}$$

wobei $\overline{I}$ die *komplexe Amplitude* von $i(t)$ ist.

Anhand des folgenden Vergleichs soll noch einmal der wesentliche Grund für die Einführung des AC-Kalküls verdeutlicht werden, der letztlich auch der komplexen Wechselstromrechnung zugrundeliegt:

- $Dim_{I\!R}(\mathcal{F}_\omega) = 2$: Basis $\{\cos \omega t, \sin \omega t\}$,
- $Dim_{\mathbb{C}}(\mathcal{F}_\omega) = 1$: Basis $\{\cos \omega t\}$.

Eine Dimensionsverminderung des Vektorraumes der sinusförmigen Funktionen von Zwei auf Eins und damit eine Zurückführung des 2-dimensionalen Problems auf ein 1-dimensionales Problem.

Am Schluß dieses Abschnittes wollen wir auf das algebraische Schema eingehen, das dem Heaviside-Yosida-Kalkül als auch dem AC-Kalkül zugrunde liegt. Dabei betrachten wir noch einmal die algebraische Struktur, die wir im Zusammenhang mit dem HY-Kalkül herausgearbeitet haben:

reelle kommutative Divisionsalgebra $\star$ reeller Vektorraum;

dabei ist $\star$ das Faltungsprodukt.

Es ist nun ein wichtiges Ergebnis der Algebra (Behnke,Bachmann,Fladt,Süß([4.81], S.492ff)), daß es nur zwei reelle kommutative Divisionsalgebren *endlicher Dimension* gibt:

1) Die reellen Zahlen $I\!R$,

2) die komplexen Zahlen $\mathbb{C}$.

Des weiteren gibt es nur noch Algebren mit unendlicher Dimension. Die für uns wichtigsten sind die Polynome mit reellen Koeffizienten in einer Variablen. Wir können nun die algebraischen Zusammenhänge sehr leicht verstehen. Im Fall des AC-Kalküls haben wir im wesentlichen zwei Operatoren: den Differentialoperator und die Identität; diese erzeugen nach Satz 4.17 eine reelle kommutative Divisionsalgebra. Demnach stellen sie eine Realisierung des Schemas bezüglich $\mathbb{C}$ dar, wobei es sich um eine 2-dimensionale Divisionsalgebra mit dem Produkt $\odot$ handelt. Der 1-dimensionale Fall entspricht den algebraischen Gleichungen bei linearen nichtdynamischen Systemen und Netzwerken. Da die Integraloperatoren h^n auf den stetigen Funktionen $C(I\!R^+)$ für beliebige (aber endliche) $n \in I\!N$ benötigt werden, muß eine entsprechende Divisionsalgebra von unendlicher Dimension sein. Damit konnte eine vollständige Klärung der algebraischen Grundlagen der linearen zeitinvarianten System- und Netzwerktheorie erreicht werden.

Auf diese Weise wird auch klar, daß das in der Elektrotechnik beliebte Rezept zur Berechnung der Übertragungsfunktion $H(s)$
1) Berechne zunächst $H(j\omega)$ mit der komplexen Wechselstromrechnung,
2) ersetze $j\omega \longmapsto s$ nicht abgeleitet werden kann. Vielmehr hat es mit der Gleichheit der algebraischen Strukturen von HY-Kalkül und AC-Kalkül zu tun, die die Minimalkonzepte aller anderen Rechenmethoden darstellen.

Wir wollen allerdings noch kurz auf einen weiteren Gesichtspunkt hinweisen. Wir haben angedeutet bzw. gezeigt, daß die klassischen Methoden letztlich auf eine Diagonalisierung der Operatoren hinauslaufen. Da Operatoren auch dann komplexe Eigenwerte haben können, wenn sie reelle Koeffizienten besitzen, ergeben sich aus *mathematischen* Gründen zwangsläufig komplexe Beschreibungsgrößen, die jedoch *keine* direkte physikalische Interpretation haben. Demgegenüber benutzen wir bisher nicht beachtete "interne" Strukturen, und erhalten auf diese Weise eine *direkte Algebraisierung* der Theorien. Wesentlich dabei ist, daß die komplex konjugierten Eigenwerte nicht gebraucht werden, sondern daß lediglich die Eigenschaften des charakteristischen Polynoms verwendet werden (beim AC-Kalkül das Theorem von Cayley-Hamilton). Das ist der eigentliche Grund dafür, daß komplexe Beschreibungsgrößen vermieden werden können.

Wir wollen noch darauf hinweisen, daß am Ende des nächsten Abschnittes 4.8 ein weiteres Beispiel zu finden ist, bei dem außerdem noch die Leistungen in den einzelnen Netzwerkelementen berechnet werden.

4.8 Leistungsbetrachtungen im Frequenzbereich

In Abschnitt 4.6 wurde bereits näher ausgeführt, daß neben den Lösungen der Beschreibungsgleichungen eines Netzwerkes auch energetische Betrachtungen von Interesse sind. Bei linearen zeitinvarianten Netzwerken mit periodischen Anregungen mit der Periode T kann man dazu den Begriff der *Wirkleistung* benutzen, der die auf die Periode bezogene Energie im Zeitintervall $[0, T]$ bestimmt. In Abschnitt 4.6 haben wir für Wirkleistungsbetrachtungen im Zeitbereich die Rechnung mit inneren Produkten im Vektorraum $\mathcal{F}_\omega$ vorgeschlagen. Das innere Produkt $(\cdot \mid \cdot)$ kann im Rahmen des AC-Kalküls in den Frequenzbereich übertragen werden. Dazu dient der vorliegende Abschnitt.

Das in Abschnitt 4.6 auf $\mathcal{F}_\omega^i \oplus \mathcal{F}_\omega^u$ definierte innere Produkt

$$(i \mid u) := \frac{1}{T} \int_0^T i(\tau) u(\tau) d\tau, \tag{4.74}$$

wird Wirkleistung eines 1-Tores genannt, wenn i der Torstrom und u Torspannung eines 1-Tores sind. Ob die Wirkleistung von dem 1-Tor aufgenommen oder abgegeben wird, hängt von der gewählten Pfeildefinition von Strom und Spannung ab. Bezüglich dieses inneren Produktes ist der lineare Differentialoperator $(1/\omega)d/dt$ eine orthogonale Abbildung. Da wir $\mathcal{F}_\omega$ mit Hilfe des Differentialoperators D zu einem komplexen Vektorraum $(\mathcal{F}_\omega, \mathbb{C})$ gemacht haben, soll nun auch das innere Produkt $(\cdot \mid \cdot)$ von dort übertragen werden. Im folgenden Satz zeigen wir, daß auf $(\mathcal{F}_\omega, \mathbb{C})$ *eindeutig* ein hermitesches inneres Produkt $\langle \cdot \mid \cdot \rangle$ existiert, für das $\Re\langle \cdot \mid \cdot \rangle = (\cdot \mid \cdot)$ erfüllt ist.

Satz 4.18: Sei $(\cdot \mid \cdot) : \mathcal{F}_\omega^i \oplus \mathcal{F}_\omega^u \to I\!\!R$ ein inneres Produkt auf dem Vektorraum der sinusförmigen Ströme und Spannungen und benutzen wir die komplexe Struktur D dazu, um diesen Vektorraum zu einem komplexen Vektorraum $(\mathcal{F}_\omega^i, \mathbb{C}) \oplus (\mathcal{F}_\omega^u, \mathbb{C})$ zu machen. Dann existiert ein *eindeutiges hermitesches* inneres Produkt $\langle \cdot \mid \cdot \rangle :$ $(\mathcal{F}_\omega^i, \mathbb{C}) \oplus (\mathcal{F}_\omega^u, \mathbb{C}) \to \mathbb{C}$ auf diesem komplexen Vektorraum, das $\Re\langle i \mid u \rangle = (i \mid u)$ erfüllt. Dieses hermitesche Produkt ist definiert durch

$$\langle i \mid u \rangle := (i \mid u) + j(i \mid Du). \tag{4.75}$$

für alle $i \in (\mathcal{F}_\omega^i, \mathbb{C})$ und $u \in (\mathcal{F}_\omega^u, \mathbb{C})$. Sind i wiederum der Zweigstrom und u die Zweigspannung eines 1-Tores, dann kann $\langle i \mid u \rangle$ als *Scheinleistung* und der Imaginärteil $\Im\langle i \mid u \rangle$ von $\langle i \mid u \rangle$ als *Blindleistung* des 1-Tores gedeutet werden.

∎

Beispiel 4.13: Verwendet man $\cos \omega t$ und $\sin \omega t$ als Basisfunktionen von $\mathcal{F}_\omega$, dann kann das innere Produkt $(\cdot \mid \cdot)$ sehr leicht berechnet werden, wenn man es als den Realteil von $\langle \cdot \mid \cdot \rangle$ bestimmt. Mit $i(t) = a \cos \omega t + b \sin \omega t$ und $u(t) = c \cos \omega t + d \sin \omega t$ sowie $\sin \omega t = -j \odot \cos \omega t$ erhalten wir mit den Rechenregeln für hermitesche innere Produkte (siehe Anhang A)

$$\langle i \mid u \rangle = \langle (a - jb) \odot \cos \omega t \mid (c - jd) \odot \cos \omega t \rangle$$
$$= (a - jb)(c + jd)\,\langle \cos \omega t \mid \cos \omega t \rangle.$$

Wegen $\langle \cos \omega t \mid \cos \omega t \rangle = (\cos \omega t \mid \cos \omega t) = 1/2$ ergibt sich

$$\langle i \mid u \rangle = \frac{1}{2}(ac + bd) - j(ad - bc)$$

und damit

$$(i \mid u) = \frac{1}{2}(ac + bd).$$

Um den Faktor 1/2 zu eliminieren geht man nach 4.6 vor und verwendet die Basis $\sqrt{2} \cos \omega t$.

∎

Zum Abschluß dieser Einführung in den AC-Kalkül geben wir ein Beispiel an, in dem sämtliche Rechnungen noch einmal vorgeführt werden sollen.

Beispiel 4.14: Die unabhängigen Spannungsquellen seien definiert durch

$$u_1(t) = \hat{u} \cos \omega t, \quad u_2(t) = \hat{u} \cos(\omega - \frac{\pi}{4})t$$

Die Berechnung des Stromes i erfolgt nun mit Hilfe Maschengleichungen zu

$$L\,\frac{di_k}{dt} = u_k(t) - R\,i - \frac{1}{C}\int dt; \qquad k = 1,2$$

und der Knotengleichungen

$$i = i_1 + i_2$$

sowie der Ohmschen Abbildung für den Widerstand

$$u = R\,i.$$

$$\xRightarrow{\text{addieren}} \qquad L\frac{di}{dt} = u_1(t) + u_2(t) - 2R\,i - \frac{2}{C}\int i\,dt$$

$$\xLeftrightarrow{\text{umordnen}} \qquad \underbrace{\omega\frac{L}{2}D^2(i) + R\,D(i) + \frac{1}{\omega C}i}_{L_\omega(D)(i)} = \tfrac{1}{2}D(u_1(t) + u_2(t))$$

$$\text{AC-}\!\!\underset{\Longrightarrow}{\text{Kalkül}} \qquad \boxed{\,i(t) = \frac{j/2}{L_\omega(j)}\odot(u_1(t) + u_2(t))\,}$$

$$\Longleftrightarrow \qquad \boxed{\,i(t) = \frac{1}{2}\frac{j(\frac{1}{\omega C} - \omega\frac{L}{2}) + R}{(\frac{1}{\omega C} - \omega\frac{L}{2})^2 + R^2}\odot(u_1(t) + u_2(t))\,}$$

Betrachten wir $u_1 + u_2$ als ein Element von $(\mathcal{F}^u_\omega; \mathbb{C})$:

$$u_1(t) + u_2(t) = \hat{u}(\cos\omega t + \frac{1}{\sqrt{2}}\cos\omega t + \frac{1}{\sqrt{2}}\sin\omega t) =$$

$$\overset{\odot}{=} \frac{\hat{u}}{\sqrt{2}}((\sqrt{2}+1) - j)\odot\cos\omega t.$$

$$\text{AC-}\!\!\underset{\Longrightarrow}{\text{Kalkül}} \qquad \boxed{\,i(t) = \frac{\hat{u}}{2\sqrt{2}}\frac{(j(\frac{1}{\omega C} - \omega\frac{L}{2}) + R)((1+\sqrt{2}) - j)}{(\frac{1}{\omega C} - \omega\frac{L}{2})^2 + R^2}\odot\cos\omega t\,}$$

Darstellung der Lösung durch Amplitude und Phase:

$$i(t) = \hat{i}\cos(\omega t + \varphi)$$

mit

$$\hat{i} = \hat{u}\sqrt{\frac{2+\sqrt{2}}{4R^2 + (\frac{2}{\omega C} - \omega L)^2}},$$

$$\varphi = -\tan^{-1}\left(\frac{1}{1+\sqrt{2}}\right) - \tan^{-1}\left(\frac{\omega\frac{L}{2} - \frac{1}{\omega C}}{R}\right).$$

Berechnung der Leistungen im Netzwerk:

1) Widerstand:

$$u(t) = R\,i(t) = R\,I(j)\odot\cos\omega t,$$

$$\text{mit } I(j) := \frac{\hat{u}}{2\sqrt{2}}\frac{(j(\frac{1}{\omega C} - \omega\frac{L}{2}) + R)((1+\sqrt{2}) - j)}{(\frac{1}{\omega C} - \omega\frac{L}{2})^2 + R^2}.$$

$$S = \langle i|u \rangle = \langle I(j) \odot \cos \omega t | R\, I(j) \odot \cos \omega t \rangle =$$
$$= I(j)\, I(j)^* \, R \underbrace{\langle \cos \omega t | \cos \omega t \rangle}_{1/2} =$$
$$= \frac{R}{2}|I(j)|^2 \quad \Longrightarrow P = \frac{R}{2}|I(j)|^2; \quad Q = 0.$$

2) Kapazität:

$$u = \frac{1}{C} \int i\,dt \quad \xrightarrow{\text{AC-Kalkül}} \quad u = -\frac{1}{C}j \odot i = -\frac{1}{C}jI(j) \odot \cos \omega t.$$

$$S = \langle i|u \rangle = \langle I(j) \odot \cos \omega t| - \frac{1}{C}\, jI(j) \odot \cos \omega t \rangle =$$
$$= -I(j)\, I(j)^* \, \frac{1}{C}j \underbrace{\langle \cos \omega t | \cos \omega t \rangle}_{1/2} =$$
$$= -j\frac{1}{2C}|I(j)|^2 \quad \Longrightarrow P = 0; \quad Q = -\frac{1}{2C}|I(j)|^2.$$

∎

Mit Hilfe der in diesem Abschnitt eingeführten Leistungsbegriffe können wir eine weitere Klassifizierung der Subsysteme elektrischer Netzwerke vornehmen. Eine erste derartige Klassifizierung haben wir bereits in Abschnitt 4.6 vorgenommen; dabei ging es um die Einteilung in passive, aktive und verlustlose 1-Tore. Wir wollen darauf verzichten, diese Begriffe in den Frequenzbereich zu übertragen und verweisen stattdessen auf das Buch von Kuh und Rohrer ([4.51], Abschnitt 4). Anknüpfend an die Überlegungen in Abschnitt 4.6 wollen wir aber auf den Begriff der *Reziprozität* genauer eingehen, da er auch bei nichtlinearen Netzwerken eine wichtige Rolle spielt. Dabei interessieren wir uns speziell für eine koordinatenunabhängige Formulierung dieses Begriffes.

Ausgangspunkt sei ein 2-Tor, in dessen Toren 1 und 2 Ströme I_1 und I_2 und Spannungen U_1 und U_2 gemessen werden können. Diese Auswahl von Meßgrößen entspricht nach Definition 2.1 einer bestimmten Basiswahl im Raum der uneingeschränkten Zustände $I\!R_i^b \oplus I\!R_u^b$ eines Netzwerkes mit b Zweigen.

Definition 4.8: (Reziprozität von 2-Toren) Ein 2-Tor, das nur aus linearen Subsystemen besteht, heißt *reziprok* genau dann, wenn bei irgendzwei Fällen der Beschaltung der Tore mit $\{I_1', U_1', I_2', U_2'\}$ und $\{I_1'', U_1'', I_2'', U_2''\}$ die folgende Beziehung gilt:

$$I_1' U_1'' + I_2' U_2'' = I_1'' U_1' + I_2'' U_2'.$$

∎

Mit dem Satz 3.1 von Weyl-Tellegen kann man sehr leicht zeigen, daß RCLÜ-2-Tore reziprok sind (siehe auch Unbehauen ([4.12], S.189ff), Spence ([4.82], S.145ff)). Die Definition 4.8 hat jedoch den Nachteil, daß sie an die Torströme und -spannungen gebunden ist. Man ist jedoch daran interessiert, die Reziprozität eines 2-Tores invariant zu formulieren. Nimmt man beispielsweise die Z- oder Y-Matrixdarstellung eines 2-Tores, dann erhält man folgendes in Satz 4.19 notiertes Kriterium.

Satz 4.19: Ein 2-Tor ist reziprok, wenn eine der beiden Bedingungen richtig ist:

1) $Z_{12} = Z_{21}$,

2) $Y_{12} = Y_{21}$.

Beweis: z.B. Unbehauen ([4.12], 201ff).

■

Leider ist die Bedingung der Symmetrie einer 2-Tormatrix nicht auf andere Fälle übertragbar. So lautet die Reziprozitätsbedingung bei der Kettenmatrix **K** etwa $\det(\mathbf{K}) = 1$ (Unbehauen ([4.12], S.209)); bei der H-(Hybrid-)Matrix ist die Antisymmetrie das Kriterium. Daraus darf jedoch *nicht* (wie es Reza [4.52] fälschlicherweise tut) der Schluß gezogen werden, daß es keine koordinateninvariante Formulierung eines Kriteriums für die Reziprozität gibt. Brayton ([4.83], S.1ff) hat ein allgemeines Kriterium angegeben, das auch im nichtlinearen Fall gilt. Dazu werden allerdings einige differentialgeometrischen Begriffe benötigt. Wir kommen darauf in Abschnitt 6.7.3 zurück. Der geschilderte Sachverhalt ist ein schönes Beispiel dafür, daß eine "einfache" mathematische Struktur wie die lineare Algebra (Beschreibungsmatrizen als lineare Abbildungen) nicht notwendiger auch gut zur Beschreibung bestimmter systemtheoretischer Strukturen geeignet ist. Da hilft auch Reza's Versuch nicht weiter, die Methoden aus der Funktionalanalysis heranzuziehen, weil es sich dabei ebenfalls um eine lineare mathematische Struktur handelt.

4.9 Der allgemeine AC-Kalkül

Verallgemeinerungen des AC-Kalküls sind in zweierlei Richtungen möglich; beide sind für praktische Aufgabenstellungen von wesentlicher Bedeutung. Sie sollen jedoch nur kurz angedeutet werden. Bezüglich weiterer Einzelheiten verweisen wir auf die Arbeit von Mathis und Marten [4.71].

Bei der Anwendung auf Systeme von linearen Differentialgleichungen mit konstanten Koeffizienten muß die skalare Multiplikation auf Matrizen erweitert werden:

$$(\mathbf{M}_1 + j\mathbf{M}_2) \odot \mathbf{v} := \mathbf{M}_1\mathbf{v} + \mathbf{M}_2 D(\mathbf{v}). \qquad (4.76)$$

mit reellen Matrizen $\mathbf{M}_1$ and $\mathbf{M}_2$.

Damit können wir beispielsweise die Knotengleichungen mit dem AC-Kalkül formulieren

$$\left(\mathbf{AGA}^T + j\mathbf{A}\left(\omega\mathbf{C} - \frac{1}{\omega}\boldsymbol{\Gamma}\right)\mathbf{A}^T\right) \odot \varphi =$$

$$= \mathbf{A}\mathbf{i}_0(t) - \mathbf{A}\left(\mathbf{G} + j\left(\omega\mathbf{C} - \frac{1}{\omega}\boldsymbol{\Gamma}\right)\right) \odot \mathbf{u}_0(t);$$

dabei sind in der Matrix $\boldsymbol{\Gamma}$ die *inversen* Kapazitäten Γ_{ij} enthalten.

Bemerkung 4.9: Diese Formel erhalten wir auch direkt durch Einführung *verallgemeinerter Admittanzen*

$$i = \omega C D(u) \longleftrightarrow i = \omega C j \odot u,$$
$$i = \frac{1}{\omega L}(-D(u)) \longleftrightarrow i = \frac{1}{\omega L}(-j) \odot u.$$

∎

Im Fall mehr als einer Frequenz können wir entsprechend viele $\mathcal{F}_\omega$-Räume zusammensetzen. Das geht sogar bei abzählbar oder überabzählbar vielen Frequenzen. Im letzteren Fall ergibt sich die Fourier-Transformation; an dieser Stelle wollen wir uns damit begnügen, die Resultate der Arbeit von Mathis und Marten [4.71] in der Tabelle 4.3 aufzulisten, ohne auf die mathematischen Einzelheiten einzugehen.

Tabelle 4.3. AC-Kalkül für mehrere Frequenzen

endlich viele	$\bigoplus_{k=1}^{N} \mathcal{F}_{\omega_k}$	Kartesisches Produkt
abzählbar viele	$\bigoplus_{k=1}^{\infty} \mathcal{F}_{\omega_k}$	Hilbertsumme
überabzählbar viele	$\int^{\oplus} \mathcal{F}_\omega\, d\lambda(\omega)$	Hilbertintegral

4.10 Die Input-Output-Beschreibung

Während wir uns bisher fast ausschließlich mit Beschreibungsgleichungen von linearen zeitinvarianten Netzwerken befaßt haben, mit denen man das gesamte Verhalten solcher Systeme beschreiben oder mindestens daraus ableiten kann, wollen wir uns nun mit reduzierten Beschreibungsgleichungen beschäftigen, mit denen man einzelne oder Gruppen von Netzwerkvariablen, den *Ausgangsgrößen*, in Bezug auf andere Netzwerkvariablen, die *Eingangsgrößen*, beschreiben und somit Teilaspekte eines Netzwerkes charakterisieren kann.

Wird ein lineares zeitinvariantes Netzwerk durch Beschreibungsgleichungen in Form von verallgemeinerten Zustandsgleichungen beschrieben

$$\mathbf{Z\dot{x}} = \mathbf{Ax} + \mathbf{Bu}, \tag{4.77}$$

wobei $\mathbf{x}$ den internen Systemzustand und $\mathbf{u}$ die Eingangsgrößen beschreiben, dann müssen zur Festlegung der Ausgangsgrößen weitere Gleichungen hinzugefügt werden. Der Vektor $\mathbf{y}$ der Ausgangsgrößen kann als Linearkombination des verallgemeinerten Zustandsvektors $\mathbf{x}$ und des Vektors der Eingangsgrößen dargestellt werden

$$\mathbf{y} = \mathbf{Cx} + \mathbf{Du}; \tag{4.78}$$

diese Gleichung wird *Beobachtungsgleichung* genannt. Eliminiert man die interne Systemgröße $\mathbf{x}$, dann erhält man einen direkten Zusammenhang zwischen den Eingangs- und Ausgangsgrößen, wobei die internen Systemmechanismen nicht explizit berücksichtigt werden müssen. Daher nennt man eine solche Systembeschreibung nach Abschnitt 2.1 eine *Input-Output-Beschreibung* und man spricht von der *Black-Box-Sichtweise*. Betrachtet man (4.77) und (4.78), dann ist klar, daß man eine explizite Input-Output-Beschreibung nur dann angeben kann, wenn man das Differentialgleichungssystem (4.77) gelöst hat. Das kann im Fall eines Input-Output-Systems, das durch eine skalare Differentialgleichung beschrieben werden kann, durch eine heuristische Überlegung verdeutlicht werden; sie wurde bereits in Abschnitt 4.7.1 ausführlich dargestellt. Hier sollen die Ergebnisse noch einmal zusammengestellt werden. Dazu nehmen wir an, daß die Beschreibungsgleichungen des Input-Output-Systems von der Form

$$L(\frac{d}{dt})y = u \tag{4.79}$$

sind; dabei wurden die internen Variablen (Zustandsvariablen) des Systems bereits eliminiert und wir gehen von einem impliziten Zusammenhang zwischen den Eingangs- und Ausgangsgrößen u bzw. y aus. Zur Bestimmung eines expliziten Zusammenhanges $y = T(u)$ benötigen wir die Inverse $T := L(d/dt)^{-1}$ von $L(d/dt)$. Nach Gleichung (4.39) in Abschnitt 4.7.1 kann diese Inverse als Faltung mit der Impulsantwort g des Input-Output-Systems angegeben werden zu $T(\cdot) = g \star (\cdot)$. Die Impulsantwort setzt sich aber nach der Formel der Variation-der-Konstanten aus den Fundamentallösungen der homogenen Differentialgleichung ($u \equiv 0$) zusammen. Damit muß für einen expliziten Zusammenhang mindestens das Fundamentalsystem bekannt sein. Es gibt jedoch nur bei linearen Differentialgleichungen mit *konstanten* Koeffizienten eine systematische Methode, zur Bestimmung der Fundamentallösungen. Demnach kann man nur bei diesem Gleichungstyp erwarten, daß $y = T(u)$ explizit angegeben werden kann. Wir wollen schon an dieser Stelle darauf hinweisen, daß die Konstanz der Koeffizienten für diese Aussage entscheidend ist. Damit kann auch bei den meisten linearen *zeitvarianten* Systemen für die die Input-Output-Relation $y = T(u)$ gesucht wird. Nur dann, wenn die Beschreibungsgleichungen durch eine geeignete Transformation auf Gleichungen mit konstanten Koeffizienten zurückgeführt werden können, besteht eine solche Möglichkeit.

Wir haben im Rahmen der heuristischen Betrachtung angenommen, daß die Eingangs- und Ausgangsfunktion sowie die Impulsantwort Elemente eines *Funktionenraumes* sind. Leider ist das in der Netzwerktheorie oft nicht der Fall. Darauf deutet auch schon die heuristische Vorgehensweise mit der "Delta-Funktion" hin. Glücklicherweise lassen sich diese Überlegungen rechtfertigen, wenn man statt der Elemente eines Funktionenraumes die Elemente aus $C_H(I\!R^+)$ des Heaviside-Yosida-Kalküls verwendet (Abschnitt 4.7.2). Die "Delta-Funktion" entspricht dort dem Einselement $1 = h/h$ des Ringes.

Die Lösungsverfahren, die wir im Zeit- bzw. im Frequenzbereich formuliert haben, können auch dann angewendet werden, wenn das System mehrere Eingangs- und Ausgangsgrößen besitzt. Im Zeitbereich muß dazu eine n-dimensionale Verallgemeinerung des Verfahrens der Variation-der-Konstanten benutzt werden (siehe Abschnitt 4.5). Wir erhalten dann als Impulsantwort eine *Übertragungsmatrix* $\mathbf{G}$. Diese Matrix kann natürlich auch mit dem HY-Kalkül ermittelt werden, wenn man die Faltung einer Matrix mit einem Vektor definiert durch

$$\mathbf{M} \star \mathbf{x} := (m_{ij}(s) \star \{x_j(t)\}). \tag{4.80}$$

Eine Input-Output-Relation im Frequenzbereich kann sehr leicht angegeben werden, wenn die Beschreibungsgleichungen in der Form von speziellen oder verallgemeinerten Zustandsgleichungen formuliert sind. So lassen sich die verallgemeinerten Zustandsgleichungen

$$\mathbf{Z}\dot{\mathbf{x}} = \mathbf{A}\mathbf{x} + \mathbf{B}u(t)$$

nach einer kleinen Umformung im HY-Kalkül folgendermaßen notieren

$$(\mathbf{Z}s - \mathbf{A}) \star \mathbf{x} = \mathbf{B}\{\mathbf{u}(t)\} + [\mathbf{x}(0)]. \tag{4.81}$$

Die Lösung ergibt sich demnach zu

$$\mathbf{x} = ((\mathbf{Z}s - \mathbf{A})^{-1}\mathbf{B}) \star \{\mathbf{u}(t)\} + (\mathbf{Z}s - \mathbf{A})^{-1} \star [\mathbf{x}(0)].$$

Setzt man diese Lösung Beobachtungsgleichungen (4.78) ein, dann erhalten wir die gesuchte Input-Output-Relation im Frequenzbereich

$$\mathbf{y} = (\mathbf{C}(\mathbf{Z}s - \mathbf{A})^{-1}\mathbf{B} + \mathbf{D}) \star \{\mathbf{u}(t)\}. \tag{4.82}$$

Für ein System mit *einer* Eingangs- und einer Ausgangsgröße erhalten wir

$$y = (\mathbf{c}^T(\mathbf{Z}s - \mathbf{A})^{-1}\mathbf{b} + d) \star \{u(t)\}. \tag{4.83}$$

Die Matrix

$$\mathbf{G}(s) := \mathbf{C}(\mathbf{Z}s - \mathbf{A})^{-1}\mathbf{B} + \mathbf{D} \tag{4.84}$$

ist die gesuchte *Übertragungsmatrix*, die bei Systemen mit *einer* Eingangs- und *einer* Ausgangsgröße die *Übertragungsfunktion* ist.

$$G(s) := \mathbf{c}^T(\mathbf{Z}s - \mathbf{A})^{-1}\mathbf{b} + d. \tag{4.85}$$

Da die explizite Ermittlung von Übertragungsfunktionen für die Anwendungen der linearen zeitinvarianten Netzwerktheorie von erheblicher Bedeutung ist, wollen wir einige Bemerkungen über die numerische Auswertung von (4.85) anschließen. Wir haben gesehen, daß die Beschreibungsgleichungen linearer zeitinvarianter dynamischer Netzwerke mit Hilfe des Heaviside-Yosida-Kalküls als *Familie* linearer algebraischer Gleichungssysteme interpretiert werden können. Das kann in folgender Weise durchgeführt werden

$$\mathbf{L}_1(\frac{d}{dt})(\mathbf{i}) = \mathbf{L}_2(\frac{d}{dt})(\mathbf{u}(t)) \xrightarrow{\mathcal{F}_\omega} \mathbf{L}_1(s) \star \mathbf{i} = \mathbf{L}_2 \star (s)\{\mathbf{u}(t)\},$$

wobei $\mathbf{L}_1(s)$ ein Matrixpolynomoperator mit dem Maximalgrad m ist; er sei definiert durch

$$\mathbf{L}_1(s) = \mathbf{l}_0 + \mathbf{l}_1 s + \mathbf{l}_2 s^2 + \cdots + \mathbf{l}_k s^m;$$

entsprechendes gilt für $\mathbf{L}_2(s)$ mit dem Maximalgrad n. Die Familie wird demnach mit der komplexen Frequenz s parametrisiert.

Interessiert man sich für eine Ausgangsgröße eines Netzwerkes, im einfachsten Fall für die k-te Koordinate des Vektors $\mathbf{i}$, so kann man diese Aufgabe mit der Cramerschen Regel auf die Berechnung zweier Determinanten zurückführen

$$i_k = \frac{det(\tilde{\mathbf{L}}_1(s))}{det(\mathbf{L}_1(s))} \star u_0,$$

wobei $\tilde{\mathbf{L}}_1(s)$ bekanntlich eine Modifikation von $\mathbf{L}_1(s)$ ist, bei der die k-te Spalte von $\mathbf{L}_1(s)$ durch den k-ten (Spalten-)Vektor $\mathbf{L}_2(s) \star \{\mathbf{u}\}$ ersetzt wird. Die oben genannte Form ergibt sich, wenn wir annehmen, daß das Netzwerk nur eine Spannungsquelle enthält, welche als Eingangsgröße angesehen wird; der Vektor $\mathbf{u}$ hat dann nur eine von Null verschiedene Koordinate, die mit u_0 bezeichnet werden soll.

Eine direkte Berechnung der Determinanten kommt nicht in Frage, da wegen der Parameterabhängigkeit von s nichtnumerische Auswertungsverfahren angewendet werden müssen (z.B. der Laplacesche Entwicklungssatz). Dabei treten zahlreiche Terme auf, die sich mit anderen exakt zu Null addieren müssen. Bei der Netzwerkanalyse lassen sie sich vermeiden, wenn man sogenannte symbolische Analyseverfahren verwendet (siehe z.B. Chua und Lin ([4.26], Kapitel 14)). Ihr Einsatz ist aber nur dann sinnvoll, wenn sehr viele Systemparameter zur Parametrisierung benutzt werden. Bei einem Systemparameter ist es zweckmäßig, die Determinantenberechnung als lineares Eigenwertproblem zu interpretieren. Voraussetzung ist allerdings, daß man zuvor die Polynommatrix $\mathbf{L}_1(s)$ in eine *lineare* Polynommatrix $\mathbf{Q}_1 + s\mathbf{Q}_2$ transformiert hat. Ist $\mathbf{Q}_2$ die Einheitsmatrix $\mathbf{1}$, dann ergibt sich ein spezielles Eigenwertproblem. Diese Vorgehensweise wurde erstmals von Brockett [4.84] (1965) und später von Sandberg und So [4.85] (1969) gewählt; die letztgenannten Autoren nannten sie *Two-Sets-of-Eigenvalues-Approach*. Die Bestimmung der Zählerdeterminante erfordert jedoch viele Zwischenrechnungen, die insbesondere bei schlecht-konditionierten Netzwerkaufgaben zu erheblichen Rundungsfehlern führen kann (siehe Abschnitt 4.3). Daher schlugen van Dooren [4.86] (1981) und Mathis [4.87] (1984) die Anwendung des QZ-Algorithmus zur Lösung *verallgemeinerter* linearer Eigenwertprobleme $(\mathbf{Q}_2 \neq \mathbf{0})$ vor. Dabei legte Mathis in seiner Dissertation Beschreibungsgleichungen für RC-Netzwerke mit einem einfachen Operationsverstärkermodell zugrunde (Reinschke, Schwarz ([4.38], S.141ff), Schwartz [4.88]). Es zeigte sich allerdings, daß eine direkte Anwendung des QZ-Algorithmus bei vielen praktischen Analyseaufgaben ebenfalls zu Rundungsfehlern führt. Durch eine detaillierte mathematische Analyse der RCOP-Gleichungen wurden diejenigen nicht generischen Strukturen der Lösungsmannigfaltigkeit verallgemeinerter Eigenwertprobleme ermittelt, die zu den Rundungsfehlern führten (Mathis [4.112]). Dabei mußte auf die Invariantentheorie für Matrizenpaare zurückgegriffen werden (siehe Gantmacher ([4.50], Kapitel 12). Mit Hilfe spezieller Algorithmen wurden die wesentlichen "singulären" Strukturen eliminiert und erst danach der QZ-Algorithmus angewendet. Auf dieser Grundlage wurde ein sehr zuverlässiges und schnelles Analyseprogramm für RC-Netzwerke mit Operationsverstärkern als lineares aktives Netzwerkelement entwickelt, mit dem nach geeigneter Modellierung beliebige andere lineare aktive Netzwerke analysiert werden können.

Schließlich werden verschiedene Input-Output-Relationen im Rahmen der 2-Tor- (Vierpol-) und Mehrtortheorie untersucht. Insbesondere die Theorie der Streumatrix, bei der man Streuvariablen (siehe Beispiel 2.1 in Abschnitt 2.1) als Beschreibungsgrößen benutzt, ist in der Netzwerktheorie von großer Bedeutung. Einzelheiten dazu findet man bei Klein [4.89]. Aus Platzgründen können wir auf die zahlreichen Beschreibungsformen von 2-Toren und Mehrtoren nicht eingehen. In den Abschnitten 6.2 und 6.3 diskutieren wir jedoch nichtlineare Widerstandsnetzwerke, die sich als ein mit den nichtlinearen Widerständen beschaltetes n-Tor-Netzwerk darstellen lassen. Zur Beschreibung dieser n-Tore werden die Gleichungen in der *Belevitch-Form* verwendet. Daher wollen wir auf diese spezielle Hybrid-Beschreibung genauer eingehen; sie hat gegenüber allen anderen n-Tor-Beschreibungen den Vorteil, daß sie für alle linearen n-Tore existiert. Die Belevitch-Form haben wir allerdings schon in Abschnitt 4.1 vorgestellt.

Belevitch [4.1] hat im Zusammenhang mit Problemen der Synthese von Reaktanz-2-Toren eine implizite Form der Beschreibungsgleichungen für 2-Tore (ohne unabhängige Quellen) vorgeschlagen, die in einfacher Weise auf beliebige n-Tore mit und ohne unabhängige Quellen verallgemeinert werden kann. Dazu bildet man einen Vektor, der sämtliche Torströme und Torspannungen als Koordinaten enthält. Weiterhin hat er Transformationsmatrizen angegeben, mit denen man, ausgehend von irgendwelchen speziellen n-Tor-Beschreibungen, andere Darstellungsformen (Impedanzmatrix, Streumatrix, usw.) berechnen kann, wenn sie überhaupt existieren. Damit hat er eine allgemeine Transformationstheorie für lineare 2-Tore begründet.

Wir haben bereits eine allgemeine Form impliziter Beschreibungsgleichungen beim Sparse-Tableau-Approach kennengelernt, wobei einfach alle Gleichungen zur Beschreibung des Verbindungsnetzwerkes und sämtliche konstitutiven Relationen der Netzwerkelemente als ein gemeinsames Gleichungssystem aufgefaßt werden. Führen wir außer den Zweiggrößen $\mathbf{u}_b$ und $\mathbf{i}_b$ eines Netzwerkes auch noch die Torgrößen $\mathbf{u}_p$ und $\mathbf{i}_p$ ein, dann lautet die Gleichung für ein lineares n-Tor-Widerstandsnetzwerk mit unabhängigen Quellen

$$\begin{pmatrix} \mathbf{A} & \mathbf{0} \\ \mathbf{0} & \mathbf{B}^T \\ \mathbf{M} & \mathbf{N} \end{pmatrix} \begin{pmatrix} \mathbf{i}_b \\ \mathbf{i}_p \\ \mathbf{u}_b \\ \mathbf{u}_p \end{pmatrix} = \begin{pmatrix} \mathbf{0} \\ \mathbf{b} \end{pmatrix}, \qquad (4.86)$$

wobei $\mathbf{b}$ der Vektor der unabhängigen Quellen ist; im folgenden beschränken wir uns der Einfachheit halber auf den Fall $\mathbf{b} = \mathbf{0}$. Wenn wir aus (4.86) n-Tor-Beschreibungsgleichungen in der Belevitch-Form

$$\mathbf{C} \begin{pmatrix} \mathbf{i}_p \\ \mathbf{u}_p \end{pmatrix} = \mathbf{0} \qquad (4.87)$$

erhalten wollen, dann benötigen wir ein Eliminationsverfahren, um die "inneren" Variablen $\mathbf{i}_b$ und $\mathbf{u}_b$ aus (4.86) zu entfernen. Zuvor wollen wir noch eine geometrische Interpretation von (4.87) angeben. Dazu betrachten wir den 2b-dimensionalen

Vektorraum der Torgrößen, in dem mit der Gleichung (4.86) Zwangsbedingungen formuliert werden. Der Rang der Matrix $\mathbf{C}$ gibt an, wie viele dieser Zwangsbedingungen unabhängig sind. Damit wird durch (4.87) ein $(2b - \mathrm{Rang}(\mathbf{C}))$-dimensionaler Untervektorraum im $I\!R^{2b}$ definiert; werden auch unabhängige Quellen einbezogen, dann handelt es sich um eine *affine* Mannigfaltigkeit.

Obwohl die Matrizen der Koeffizientenmatrix von (4.86) strukturiert sind (wenn man die Zweige passend numeriert), ist eine explizite Elimination von $\mathbf{i}_b$ und $\mathbf{u}_b$ i.a. nicht möglich. Lin [4.90] hat jedoch einen Algorithmus angegeben, mit dessen Hilfe die Matrix $\mathbf{C}$ für beliebige lineare n-Tore aus linearen Widerständen und gesteuerten Quellen bestimmt werden kann; natürlich kann das Verfahren derart erweitert werden, daß auch unabhängige Quellen berücksichtigt werden können. In dem schon mehrfach erwähnten Buch von Chua und Lin ([4.26], S.270ff) findet man auch ein FORTRAN-Programm, mit dem $\mathbf{C}$ rechnerisch ermittelt werden kann. Schließlich wollen wir noch darauf hinweisen, daß in der Arbeit von Lin ein Zusammenhang zwischen der Matrix $\mathbf{C}$ und den Beschreibungsgleichungen in Form verallgemeinerter Zustandsgleichungen diskutiert wird.

Zur Bestimmung der Input-Output-Gleichungen sind Zwischenrechnungen erforderlich. Sehr viel zweckmäßiger wäre es, wenn die als Eingangs- und Ausgangsvariablen vorgesehenen Netzwerkvariablen bereits bei der Aufstellung der Beschreibungsgleichungen berücksichtigt werden könnten. Ein derartiges Netzwerkmodell für Input-Output-Netzwerke wurde von Saeks uns Ranson [4.111] vorgeschlagen; die Autoren nennen es *Komponenten-Verbindungsmodell*. Es geht allerdings von einem allgemeineren Verbindungsnetzwerk aus, als in dem von uns vorgeschlagenen Netzwerkmodell. Es berücksichtigt nämlich neben den verallgemeinerten Kirchhoffschen Gleichungen (galvanische Kopplungen und ideale Übertrager) auch Addierer und Skalarmultiplizierer. Ein solches Verbindungsnetzwerk kann nicht mehr mit einem exakten Matrizenpaar beschrieben werden, wie das von uns beschriebene Netzwerkmodell in Abschnitt 3.4. Vorteilhaft ist jedoch, daß Subsysteme mit allgemeineren Ohmschen Abbildungen einzubezogen werden können. Die Netzwerkvariablen für das Verbindungsnetzwerk werden zunächst in "innere" und "äußere" Variablen aufgeteilt. Danach werden diese Gruppen noch einmal in Eingangs- und Ausgangsvariablen des Input-Output-Netzwerkes und der Subsysteme unterteilt. Die Subsysteme des Netzwerkes werden durch Beschreibungsgleichungen festgelegt, die nach ihren Ausgangsvariablen aufgelöst sind. Auf diese Weise erhalten wir schließlich zwei Gleichungssysteme, die das Input-Output-Netzwerk vollständig beschreiben:

$$\begin{pmatrix} \mathbf{a} \\ \mathbf{y} \end{pmatrix} = \begin{pmatrix} \mathbf{L}_{11} & \mathbf{L}_{12} \\ \mathbf{L}_{21} & \mathbf{L}_{22} \end{pmatrix} \begin{pmatrix} \mathbf{b} \\ \mathbf{u} \end{pmatrix} \qquad \text{mit} \qquad \mathbf{b} = \mathbf{Za} \tag{4.88}$$

Dabei sind die Vektoren $\mathbf{a}$ und $\mathbf{u}$ die Eingangsvariablen der Subsysteme bzw. des Netzwerkes sowie $\mathbf{b}$ und $\mathbf{y}$ die entsprechenden Ausgangsvariablen. Die Matrix $\mathbf{Z}$

für die Subsysteme oder Komponenten des Netzwerkes darf nicht mit einer Impedanzmatrix verwechselt werden. In Bild 4.10 werden die Verbindungs- als auch die Komponentengleichungen mit Hilfe eines Blockdiagramms veranschaulicht.

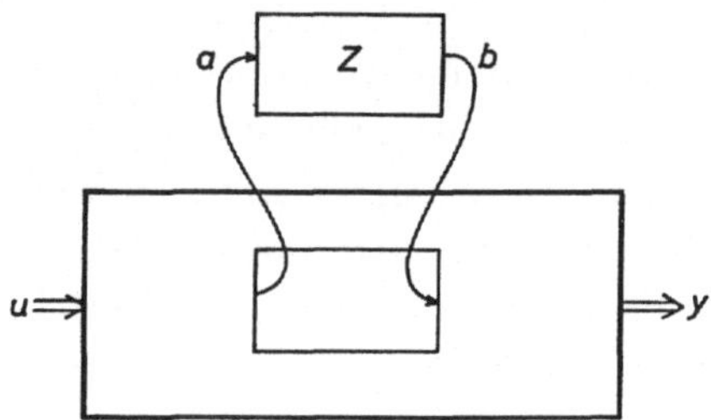

Bild 4.10. Das Komponenten-Verbindungsmodell

Ausgehend von diesen Gleichungen lassen sich die Input-Output-Gleichungen von der Form $\mathbf{y} = \mathbf{Su}$ sehr leicht berechnen

$$\mathbf{S} = \mathbf{L}_{22} + \mathbf{L}_{21} \left(\mathbf{1} - \mathbf{ZL}_{11}\right)^{-1}\mathbf{ZL}_{21} =: \mathbf{S(Z)}, \qquad (4.89)$$

wobei vorausgesetzt werden muß, daß die Matrix $(\mathbf{1} - \mathbf{ZL}_{11})$ invertierbar ist. Nach Abschnitt 2.3.3 ist diese Bedingung für "fast alle" erfüllt.

Ein wesentlicher Vorteil gegenüber vielen anderen Input-Output-Beziehungen wie den Mehrtor-Übertragungsmatrizen (siehe Klein [4.89]) besteht in der expliziten Abhängigkeit der Matrix $\mathbf{S}$ von der Komponentenmatrix $\mathbf{Z}$. Aus dieser Darstellung kann sofort gefolgert werden, daß $\mathbf{S}$ sogar bei linearen zeitinvarianten Netzwerken *nichtlinear* von $\mathbf{Z}$ und damit von den Parametern der Netzwerkelemente abhängt. Diese Darstellungsform ist daher sehr gut geeignet, wenn man ganze Familien von Netzwerken untersuchen will und für diesen Zweck einen Formelausdruck für die Input-Output-Gleichungen benötigt, in dem die Netzwerkparameter explizit auftreten. Beispiele dafür sind das *Empfindlichkeitsproblem* von Netzwerkeigenschaften gegenüber Parameteränderungen der Netzwerkelemente, die Identifikation von Netzwerken bei vorgegebenen Meßwerten der Input- und Output-Größen oder das Problem des *Analogtestens*, bei denen es sich jeweils um nichtlineare Problemstellungen handelt. Insbesondere dann, wenn es sich um große Änderungen der Parameter der Netzwerkelemente handelt, kann eines der in Abschnitt 2.3.3 vorgestellten Einbettungsverfahren für die numerische Behandlung verwendet werden. Einzelheiten dazu findet man bei DeCarlo und Saeks ([4.91], S. 238ff). Das Testen von analogen Schaltungen erlangt auf Grund der zunehmenden Anwendung analoger Schaltungskomponenten bei hochintegrierten Schaltkreisen immer stärkere Bedeutung. Diese

Disziplizin der Netzwerktheorie ist zwar nicht neu, wurde aber mangels Anwendungen stark vernachlässigt. Demzufolge steht die Theorie des Analogtestens noch am Anfang. Eine Folge davon ist, daß die für die Testpraxis vorgeschlagenen Methoden (siehe Sonderheft *IEEE-Circuits and Systems [4.92]*) sehr zeitaufwendig oder nicht selten sogar ineffizient sind (siehe dazu Mathis [4.93] und Fischer [4.94]).

Es soll angemerkt werden, daß es sich bei den Komponenten-Verbindungsgleichungen um eine Verallgemeinerung der *Zustandsgleichungen* handelt. Werden nämlich als Subsysteme nur Integratoren verwendet, dann erhalten wir mit den Komponentengleichungen $\mathbf{b}(t) = \int \mathbf{a}(t)dt$ bzw. $\mathbf{a}(t) = \mathbf{b}'(t)$ ein Gleichungssystem der Form

$$\begin{pmatrix} \mathbf{b}' \\ \mathbf{y} \end{pmatrix} = \begin{pmatrix} \mathbf{L}_{11} & \mathbf{L}_{12} \\ \mathbf{L}_{21} & \mathbf{L}_{22} \end{pmatrix} \begin{pmatrix} \mathbf{b} \\ \mathbf{u}(t) \end{pmatrix} \tag{4.90}$$

Die erste Gleichung entspricht gerade den speziellen Zustandsgleichungen in Abschnitt 4.5, während die zweite Gleichung *Beobachtungsgleichungen* eines Input-Output-Netzwerkes genannt wird.

4.11 Qualitative Eigenschaften nichtdynamischer Netzwerke

Lineare nichtdynamische Netzwerke lassen sich nach Abschnitt 4.2 durch lineare algebraische Gleichungssysteme

$$\mathbf{Mx} = \mathbf{b} \tag{4.91}$$

beschreiben, wobei $\mathbf{x}$ den Vektor der Beschreibungsgrößen darstellt, $\mathbf{M}$ eine quadratische Matrix mit reellen Koeffizienten ist, die das Netzwerk charakterisiert und der reelle Vektor $\mathbf{b}$ seine Anregungen repräsentiert. Wenn $\mathbf{M}$ eine invertierbare Matrix ist, dann gibt es genau einen Vektor $\mathbf{x}_0$, der den Zustandsraum des Netzwerkes bestimmt. Wir haben in Abschnitt 2.3.3 gezeigt, daß sich jede nicht invertierbare Matrix beliebig genau durch eine invertierbare approximieren läßt, d.h. die invertierbaren Matrizen liegen in der Menge aller quadratischen Matrizen "dicht" und es gibt immer eine ganze "Umgebung" invertierbarer Matrizen. Demnach sind lineare nichtdynamische Netzwerke mit einem einpunktigen Zustandsraum generisch (siehe Abschnitt 2.3.3), d.h. derartige Netzwerke sind der "typische" Fall. Die untypischen Netzwerke mit singulärer Matrix $\mathbf{M}$ dürfen dennoch nicht vernachlässigt werden, was wir anhand des folgenden Beispiels verdeutlichen wollen.

Beispiel 4.15: Sei $mx = b$ eine lineare Gleichung, dessen Lösung sich für $m \neq 0$ zu $x_0 = (1/m)b$ angeben läßt. Trägt man die Lösung x_0 als Funktion von m auf, dann zeigt sich, daß in der "Umgebung" der singulären 1×1-Matrix $m = 0$ kleinste Änderungen zu sehr großen Änderungen in der Lösung x_0 führen.

∎

Dieses Beispiel zeigt, daß die Lösung eines linearen algebraischen Gleichungssystems, dessen Koeffizientenmatrix in der "Nähe" einer singulären Matrix liegt, bezüglich der Koeffizienten zwar noch stetig ist, aber dennoch große Abweichungen "leichter" Änderungen ihrer Koeffizienten auftreten können. Zur Erkennung solcher Situationen werden außer den Gleichungen qualitative Merkmale benötigt, mit Hilfe derer sich beurteilen läßt, ob sich in der "Nähe" der Koeffizientenmatrix eine singuläre Matrix befindet. Die wichtigste Möglichkeit dazu soll hier beschrieben werden. Sie ist nicht nur von theoretischem Interesse, sondern es gibt auch einen effizienten numerischen Algorithmus, der bei praktischen Aufgabenstellungen eingesetzt werden kann.

Wir multiplizieren die Gleichung $\mathbf{Mx} = \mathbf{b}$ zunächst mit $\mathbf{M}^T$; da die Koeffizientenmatrix $\mathbf{M}^T\mathbf{M}$ generisch diagonalisierbar ist, ergibt sich mit $\mathbf{U}^T\tilde{\mathbf{D}}\mathbf{U} = \mathbf{M}^T\mathbf{M}$; da die Koeffizientenmatrix *symmetrisch* ist, kann die Diagonalisierung sogar mit einer *orthogonalen* Matrix $\mathbf{U}$ durchgeführt werden

$$\mathbf{U}^T\tilde{\mathbf{D}}\mathbf{Ux} = \mathbf{M}^T\mathbf{b}.$$

Damit ergibt sich das entkoppelte Gleichungssystem

$$\tilde{\mathbf{D}}\tilde{\mathbf{x}} = \tilde{\mathbf{b}},$$

mit $\tilde{\mathbf{x}} := \mathbf{Ux}$ und $\tilde{\mathbf{b}} := \mathbf{M}^T\mathbf{b}$. Da $\mathbf{M}^T\mathbf{M}$ eine *positiv-semidefinite* Matrix ist (Anhang A), sind ihre Eigenwerte und damit die Diagonalelemente $\tilde{d}_i$ von $\tilde{\mathbf{D}}$ größer oder gleich Null. In der Praxis wird eine direkte Zerlegung von $\mathbf{M}$ in $\mathbf{U}^{-1}\mathbf{DV} = \mathbf{M}$ durchgeführt, wobei die Elemente d_i der Diagonalmatrix $\mathbf{D}$ die Wurzeln von $\tilde{d}_i$ sind; sie werden *Singulärwerte* genannt. Der kleinste Singulärwert gibt den Abstand zur "nächstgelegenen" singulären Matrix (in der Spektralnorm) an (siehe z.B. Fortsythe und Moler ([4.95], S.7ff). Ist der Abstand sehr "gering", dann sind "große" Änderungen der Lösungen bezüglich der Änderungen der Koeffizienten in $\mathbf{M}$ und $\mathbf{b}$ zu erwarten. Solche Probleme hatten wir in Abschnitt 4.3 als *schlecht konditioniert* bezeichnet; im Hinblick auf spätere Abschnitte könnte man auch von einer "instabilen" Systembeschreibung sprechen.

Um einen tieferen Einblick in diesen Sachverhalt zu gewinnen, wollen wir die Singulärwerte für den Fall der 2×2-Matrizen geometrisch anschaulich interpretieren; eine Verallgemeinerung auf den n-dimensionalen Fall ist in einem abstrakt geometrischen Sinne möglich. Die Singulärwerte einer Matrix $\mathbf{M}$ lassen sich nämlich

als die Längen der Hauptachsen einer Ellipse deuten, die der *quadratischen Form*
$\mathbf{x}^T\mathbf{D}^T\mathbf{D}\mathbf{x} = \|\mathbf{D}\mathbf{x}\|^2 = \|\mathbf{M}\mathbf{x}\|^2$ zugeordnet ist. Die Spektralnorm einer (quadratischen) Matrix $\mathbf{M}$ ist gleich dem Maximum (Supremum) der quadratischen Form
aller $\mathbf{x}$, die auf dem Einheitskreis liegen. Der kleinste Singulärwert d_{min} ist demgemäß die Länge der kürzesten Hauptachse. Erst im Fall d_{min} gleich Null entartet
die Ellipse zu einer Geraden; die Entartung kann jedoch durch eine beliebig kleine
Störung von d_{min} wieder aufgehoben werden. Damit ist klar, daß es keine natürliche
Schranke gibt, die den "stabilen" und den "instabilen" Bereich trennt. In der Praxis
führt man daher eine absolute oder relative willkürliche Schranke ein, die dann pro-
blemangepaßt festgelegt werden kann. Einzelheiten dazu findet man bei van Dooren
[4.86] und Mathis [4.87].

4.12 Qualitative Eigenschaften dynamischer Netzwerke

4.12.1 Ljapunov-Stabilität und asymptotische Stabilität

Die Lösungen von Beschreibungsgleichungen für lineare dynamische Netzwerke
können entsprechend Abschnitt 4.5 explizit angegeben werden. Daher lassen sich
die *qualitativen* Eigenschaften dieser Netzwerkklasse mit Hilfe der zugehörigen
Lösungsmannigfaltigkeit ermitteln. Dabei muß jedoch unterschieden werden, ob die
Beschreibungsgleichungen in Form der speziellen oder verallgemeinerten Zustandsgleichungen vorliegen. Im zuerst genannten Fall handelt es sich im wesentlichen um
die Theorie der Differentialgleichungssysteme 1.Ordnung in expliziter Form, die in
der mathematischen Literatur ausführlich abgehandelt wird. Moderne Darstellungen findet man beispielsweise bei Arnol'd [4.39] oder Amann [4.40]. In Textbüchern
über die Grundlagen der Netzwerk- und Systemtheorie werden deren Ergebnisse im
Rahmen der *Theorie der Zustandsgleichungen* dargestellt. Die (speziellen) Zustandsgleichungen haben sich jedoch in der Netzwerktheorie im Gegensatz zur Regelungstheorie weder bei der numerischen Behandlung noch bei theoretischen Überlegungen
als voll zufriedenstellend erwiesen. Ein Grund dafür ist, daß mit ihnen nicht alle
Phänomene beschrieben werden können, die bei elektrischen Netzwerken auftreten. So lassen sich *impulsartige* dynamische Vorgänge in elektrischen Netzwerken
nur mit verallgemeinerten Zustandsgleichungen beschreiben, die auf einem verallgemeinerten Zustandsraum formuliert werden, welcher den gewöhnlichen Zustandsraum "vollständiger" Netzwerke umfaßt (siehe Verghese et al. [4.43] und Dziurla,
Newcomb [4.42]).

Einer der zentralen qualitativen Begriffe der System- und Netzwerktheorie ist die
Stabilität einer Lösung. Beschränken wir uns auf den Fall, daß die Beschreibungsgleichungen in der Form spezieller Zustandsgleichungen vorliegen. Man fragt dann

danach, ob jede Lösung $\mathbf{y}(t, \mathbf{y}_0 + \Delta \mathbf{y}_0)$ der Differentialgleichung $\dot{\mathbf{y}} = \mathbf{f}(\mathbf{y}, t)$ mit den Anfangswert $\mathbf{y}_0 + \Delta y_0$ für *wachsendes* t in der "Nähe" der Lösung $\mathbf{y}(t, \mathbf{y}_0)$ mit dem Anfangswert $\mathbf{y}_0$ bleibt. Erfüllt eine Lösung diese Bedingung, dann spricht man von der *Ljapunov-Stabilität* oder kurz auch *L-Stabilität* dieser Lösung. Diese Aussage wollen wir nun mathematisch präzisieren.

Definition 4.9: (L-Stabilität) Wir betrachten eine Differentialgleichung 1.Ordnung $\dot{\mathbf{y}} = \mathbf{F}(\mathbf{y}, t)$ mit $\mathbf{F} : I\!\!R^n \times I\!\!R \to I\!\!R^n$ und $\mathbf{y} : I\!\!R \to I\!\!R^n$; der Anfangswert sei $\mathbf{y}(0) = \mathbf{y}_0$, wobei $t_0 = 0$ ist.

Eine Lösung $\mathbf{y} = \mathbf{y}(t, \mathbf{y}_0)$ heißt L-stabil genau dann, wenn für alle $\varepsilon > 0$ und $\|\Delta \mathbf{y}_0\| < \delta(\varepsilon)$ gilt

$$\|\mathbf{y}(t, \mathbf{y}_0 + \Delta \mathbf{y}_0) - \mathbf{y}(t, \mathbf{y}_0)\| < \varepsilon.$$

Dabei haben wir zur Verdeutlichung die Lösung als Funktion der Anfangswerte notiert.

∎

Definition 4.10: (Asymptotische Stabilität) Es gelten die Voraussetzungen von Definition 4.9.

Eine Lösung $\mathbf{y} = \mathbf{y}(t, \mathbf{y}_0)$ heißt asymptotisch stabil genau dann, wenn gilt

1) $\mathbf{y} = \mathbf{y}(t, \mathbf{y}_0)$ ist L-stabil,
2) es gibt ein hinreichend kleines $\delta_0 > 0$, so daß aus $\|\Delta \mathbf{y}_0\| < \delta_0$

$$\lim_{t \to \infty} (\mathbf{y}(t, \mathbf{y}_0 + \Delta \mathbf{y}_0) - \mathbf{y}(t, \mathbf{y}_0)) = \mathbf{0}$$

folgt.

∎

Die Untersuchung einer Lösung $\mathbf{y} = \mathbf{y}(t, \mathbf{y}_0)$ auf L-Stabilität bzw. auf asymptotische Stabilität kann auf die Stabilitätsuntersuchung der Nullösung $\mathbf{0}$ zurückgeführt werden, wenn $\mathbf{y}$ *explizit* bekannt ist. Dazu stellen wir eine Differentialgleichung für die Abweichung $\bar{\mathbf{y}}$ von $\mathbf{y}$ auf

$$\dot{\bar{\mathbf{y}}} = \tilde{\mathbf{f}}(t, \mathbf{y}) := \mathbf{f}(t, \bar{\mathbf{y}} + \mathbf{f}(t, \mathbf{y}_0)) - \dot{\mathbf{y}}(t, \mathbf{y}_0)$$

und untersuchen die Nullösung auf Stabilität.

Wir wenden diese Begriffe nun auf die speziellen Zustandsgleichungen an, d.h. wir fragen nach der L-Stabilität einer Lösung $\mathbf{y}$ von

$$\dot{\mathbf{y}} = \mathbf{A}\mathbf{y} + \mathbf{b}(t). \tag{4.92}$$

Das ist gleichbedeutend mit der Untersuchung von

$$\dot{\tilde{\mathbf{y}}} = \mathbf{A}\tilde{\mathbf{y}}. \tag{4.93}$$

auf L-Stabilität der Nullösung $\mathbf{0}$. Da wir keine speziellen Annahmen über $\mathbf{y}(t,\mathbf{y}_0)$ gemacht haben, ist jede Lösung $\mathbf{y}(t,\mathbf{y}_0)$ L-stabil, wenn die Nullösung der homogenen Differentialgleichung (4.93) L-stabil ist. Das Ergebnis ist sogar noch dann richtig, wenn die Matrix $\mathbf{A}$ eine zeitabhängige Matrix $\mathbf{A}(t)$ ist. Somit kann man bei linearen Netzwerken von einem L-stabilen Netzwerk schlechthin sprechen, wenn die Nullösung des homogenen Teils der Zustandsgleichungen L-stabil ist. Entsprechende Aussagen gelten auch für die asymptotische Stabilität.

Definition 4.11: Neben der L-Stabilität und der asymptotischen Stabilität gibt es noch weitere Stabilitätsbegriffe. Der wohl wichtigste ist der Begriff der Poincaré- oder Bahnstabilität. Einzelheiten dazu findet man bei Jordan und Smith ([4.96], S.213ff).

■

Zur Klassifikation der verschiedenen Lösungstypen mit ihren Stabilitätseigenschaften genügt es, den 2-dimensionalen Fall zu untersuchen, da für mehr als zwei Dimensionen keine neuen Effekte hinzukommen, solange die Dimension endlich bleibt. Wir gehen zunächst davon aus, daß die Matrix $\mathbf{A}$ zwei voneinander verschiedene Eigenwerte besitzt, d.h. $\mathbf{A}$ ist diagonalisierbar. Da man eine Matrix mit mehrfachen Eigenwerten durch eine beliebig kleine Störung in eine Matrix mit einfachen Eigenwerten überführen kann, handelt es sich nach Abschnitt 2.3.3 um den *generischen* Fall. Dann existiert bekanntlich eine Transformationsmatrix $\mathbf{T}$, mit der $\mathbf{A}$ auf Diagonalform $\mathbf{D}$ transformiert werden kann

$$\mathbf{D} = \mathbf{T}^{-1}\mathbf{A}\mathbf{T}.$$

Die Differentialgleichung $dy/dt = \mathbf{A}y$ geht damit in $d\tilde{\mathbf{y}}/dt = \mathbf{D}\,\tilde{\mathbf{y}}$ mit $\tilde{\mathbf{y}} = \mathbf{T}^{-1}y$ über. Im generischen Fall ergeben sich damit die folgenden vier Situationen:

1) $\mathbf{A}$ hat zwei reelle von Null verschiedene Eigenwerte λ_1 und λ_2 mit verschiedenen Vorzeichen: Nach (4.24) haben sämtliche Lösungen die Form (im transformierten Koordinatensystem)

$$\tilde{\mathbf{y}}(t,\tilde{\mathbf{y}}_0) = \begin{pmatrix} e^{\lambda_1 t} & 0 \\ 0 & e^{\lambda_2 t} \end{pmatrix} \tilde{\mathbf{y}}_0.$$

Trägt man die Koordinaten von $\tilde{\mathbf{y}}(t,\tilde{\mathbf{y}}_0)$ für verschiedene Anfangswerte im $I\!\!R^2$ auf, so erhalten wir ein *Portrait* der Lösungsmannigfaltigkeit in diesem Fall wie in

Bild 11a); da die Lösungen oder Trajektorien auch vielfach *Phasenkurven* genannt werden, spricht man oft von *Phasenportrait* (siehe Koçak ([4.97], S.6)). Man sagt in diesem Fall, der Nullpunkt ist ein *Sattel.*

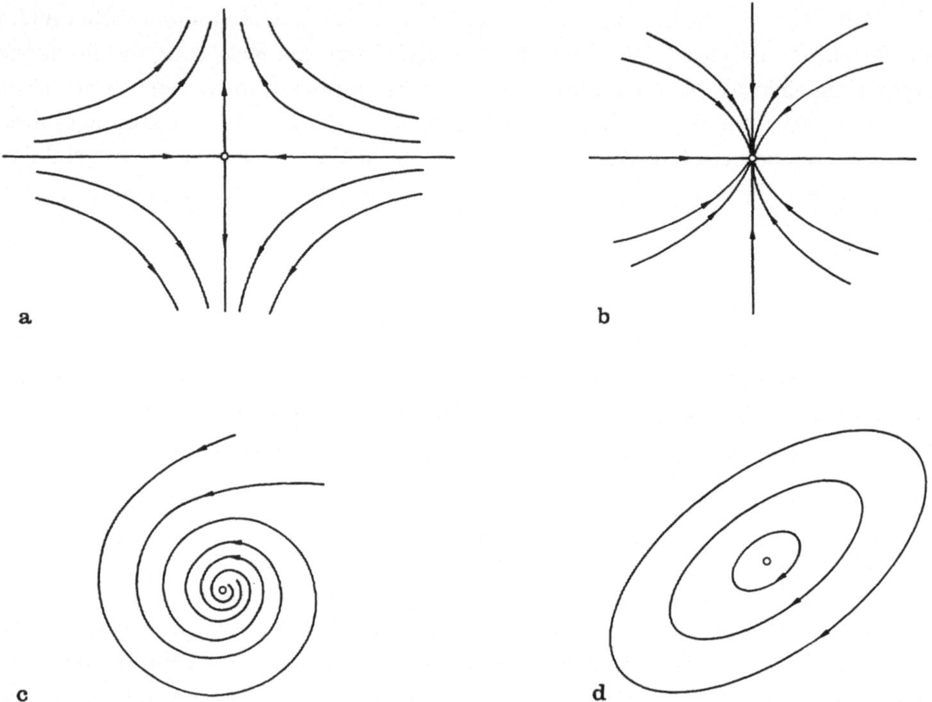

Bild 4.11. a) Sattel, b) Senke, c) Strudel, d) Zentrum

2) **A** hat zwei reelle von Null verschiedene Eigenwerte λ_1 und λ_2 mit gleichem Vorzeichen: Die Trajektorien haben die Form wie in Bild 11b). Im nicht generischen Fall $\lambda_1 = \lambda_2$ liegt ein strahlenförmiges Phasenportrait vor. Haben λ_1 und λ_2 ein negatives Vorzeichen, dann wird der Nullpunkt als *Senke* bezeichnet; andernfalls wird er als *Quelle* bezeichnet.

3) **A** hat konjugiert komplexe Eigenwerte $\lambda_1 = a + jb$ und $\lambda_2 = a - jb$: Die Trajektorien haben nach Satz 4.6 in Abschnitt 4.5 die Form (komplexifizierte Form)

$$\tilde{\mathbf{y}}(t,\tilde{\mathbf{y}}_0) = e^{at} \begin{pmatrix} e^{jbt} & 0 \\ 0 & e^{-jbt} \end{pmatrix} \tilde{\mathbf{y}}_0.$$

Das zugehörige Phasenportrait für $a < 0$ wird in Bild 4.11c) gezeigt; der Nullpunkt wird *stabiler Strudel* oder *Knoten* genannt. Für $a > 0$ kehrt sich der Richtungssinn um, und man spricht von einem *instabilen Strudel* oder *Knoten*.

4) **A** hat nur rein imaginäre Eigenwerte $\lambda_1 = jb$ und $\lambda_2 = -jb$: Dann besitzen die Trajektorien die Form (komplexifizierte Form)

$$\tilde{\mathbf{y}}(t,\tilde{\mathbf{y}}_0) = \begin{pmatrix} e^{jb} & 0 \\ 0 & e^{-jb} \end{pmatrix} \tilde{\mathbf{y}}_0$$

mit dem Phasenportrait in Bild 4.11d) Der Nullpunkt wird in diesem Fall als *Zentrum* oder *Wirbel* bezeichnet.

Wenn die Eigenwerte λ_1 und λ_2 der Matrix **A** reell und gleich λ sind und **A** nicht diagonalisierbar ist, dann liegt wiederum ein nicht generischer Fall vor und die Trajektorien haben die Form

$$\tilde{\mathbf{y}}(t,\tilde{\mathbf{y}}_0) = \begin{pmatrix} \tilde{\mathbf{y}}_0^1 + \tilde{\mathbf{y}}_0^2 t e^{\lambda t} \\ \\ \tilde{\mathbf{y}}_0^1 e^{\lambda t} \end{pmatrix}$$

Das Phasenportrait für $\lambda < 0$ entspricht dann dem in Bild 4.12 gezeigten, wobei sich der Richtungssinn umkehrt, wenn $\lambda > 0$ ist.

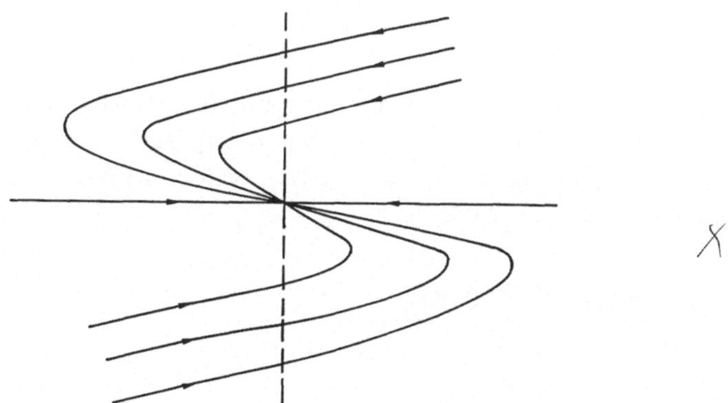

Bild 4.12. Senke mit Jordan-Normalform

Daneben gibt es noch einige Sonderfälle, bei denen einer oder beide Eigenwerte gleich Null sind. Auch dabei handelt es sich nicht generische Fälle. Die Phasenportraits erleiden natürlich Verzerrungen, wenn man sie in die ursprünglichen Koordinaten zurück transformiert.

Im Fall einer Differentialgleichung $\dot{\mathbf{y}} = \mathbf{A}\mathbf{y}$ mit einer diagonalisierbaren Matrix **A** gilt, daß deren Nullösung **0**

1) *L-stabil* ist, wenn *kein* Eigenwert λ von **A** einen positiven Realteil besitzt,

2) *asymptotisch stabil* ist, wenn jeder Eigenwert λ von $\mathbf{A}$ einen *negativen* Realteil besitzt.

Damit sind die Lösungstypen Sattel, Quelle und instabiler Strudel weder asymptotisch stabil noch L-stabil. Der Lösungstyp "Zentrum" ist zwar nicht asymptotisch stabil jedoch L-stabil. Wenn $\mathbf{A}$ nicht diagonalisierbar ist, dann ist die Lösung asymptotisch stabil ($\Rightarrow$ L-stabil), wenn der 2-fache Eigenwert negativ ist.

Um den allgemeinen Fall für eine beliebige (endliche) Dimension n untersuchen zu können, ist es nützlich, einige Definitionen einzuführen.

Definition 4.12: (Spektren von Matrizen) Sei $\mathcal{S}(\mathbf{A})$ die Menge aller Eigenwerte von $\mathbf{A}$ und bezeichnen wir mit $\nu(\lambda_0)$ die Vielfachheit des Eigenwertes λ_0, dann kann $\mathcal{S}(\mathbf{A})$ in folgende disjunkte Teilmengen zerlegt werden:

1) $\mathcal{S}_s(\mathbf{A}) := \{\lambda \in \mathcal{S}(\mathbf{A}) \mid \Re\lambda < 0\}:$ stabiles Spektrum ,

2) $\mathcal{S}_n(\mathbf{A}) := \{\lambda \in \mathcal{S}(\mathbf{A}) \mid \Re\lambda = 0\}:$ neutrales Spektrum ,

3) $\mathcal{S}_u(\mathbf{A}) := \{\lambda \in \mathcal{S}(A) \mid \Re\lambda > 0\}:$ instabiles Spektrum .

Ein Differentialgleichungssystem, $\dot{\mathbf{y}} = \mathbf{A}\mathbf{y}$ wird *hyperbolisch* genannt, wenn $\mathcal{S}_n(\mathbf{A}) = \emptyset$ ist, d.h. es gilt $\mathcal{S}(\mathbf{A}) = \mathcal{S}_s(\mathbf{A}) \cup \mathcal{S}_u(\mathbf{A})$.

∎

Satz 4.20: Die Nullösung $\mathbf{0}$ von $\dot{\mathbf{y}} = \mathbf{A}\mathbf{y}$ mit invertierbarer Matrix $\mathbf{A} \in I\!R^{n \times n}$ ist eine Senke bzw. eine Quelle $\Longleftrightarrow$ $\mathbf{y}(t, \mathbf{y}_0) = \exp(\mathbf{A}t)\mathbf{y}_0$ verschwindet bzw. wächst über alle Grenzen bezüglich irgendeiner (äquivalenten) Norm des $I\!R^n$. $\Longleftrightarrow$ $\Re\lambda < 0$ bzw. $\Re\lambda > 0$ für alle $\lambda \in \mathcal{S}(\mathbf{A})$.

Beweis: Amann ([4.40], S.190ff).

∎

Nach Definition 4.10 ist eine Trajektorie $\mathbf{y}(t, \mathbf{y}_0)$ mit den in Satz 4.20 genannten Eigenschaften entweder *asymptotisch stabil* oder *instabil*. Eine Verallgemeinerung für den 2-dimensionalen Sattel liefert der folgende Satz.

Satz 4.21: Sei $\dot{\mathbf{y}} = \mathbf{A}\mathbf{y}$ ein hyperbolisches Differentialgleichungssystem, dann können wir den $I\!R^n$ in zwei lineare Teilräume $\mathcal{E}_s$ und $\mathcal{E}_u$ zerlegen

$$I\!R^n = \mathcal{E}_s + \mathcal{E}_u,$$

die von den Eigenvektoren von $\mathbf{A}$ aufgespannt werden, die in $\mathcal{S}_s(\mathbf{A})$ bzw. zu $\mathcal{S}_u(\mathbf{A})$ gehören und die *stabiler* bzw. *instabiler* linearer Teilraum genannt werden. Damit lassen sich auch $\mathbf{A}$ und $\exp \mathbf{A}t$ zerlegen

$$\mathbf{A} = \mathbf{A}_s + \mathbf{A}_u \qquad \text{und} \qquad e^{\mathbf{A}t} = e^{\mathbf{A}_s t} + e^{\mathbf{A}_u t}.$$

Die Nullösung $\mathbf{0}$ von

$$\dot{\mathbf{y}} = \mathbf{A}_s \, \mathbf{y} \qquad \text{bzw.} \qquad \dot{\mathbf{y}} = \mathbf{A}_u \, \mathbf{y}$$

ist dann eine Senke bzw. eine Quelle.

Beweis: Amann ([4.40], S.194ff.).

■

In Bild 4.13 sind typische Trajektorien eines hyperbolischen Differentialgleichungssystems mit $n = 3$ zu sehen (aus Amann ([4.40], S. 197)). Die Nullösung $\mathbf{0}$ eines hyperbolischen Differentialgleichungssystems ist genau dann L-stabil, wenn $\mathcal{S}_u(\mathbf{A}) = \emptyset$ ist, d.h. $\mathcal{E}_u$ der Nullraum ist. Besitzt ein Differentialgleichungssystem außer $\mathcal{S}_s(\mathbf{A})$ auch ein nichtleeres neutrales Spektrum $\mathcal{S}_n(\mathbf{A})$, dann ist die Nullösung $\mathbf{0}$ genau dann L-stabil, wenn die Jordan-Blockmatrizen, die zu $\lambda \in \mathcal{S}_n(\mathbf{A})$ gehören, von erster Ordnung sind.

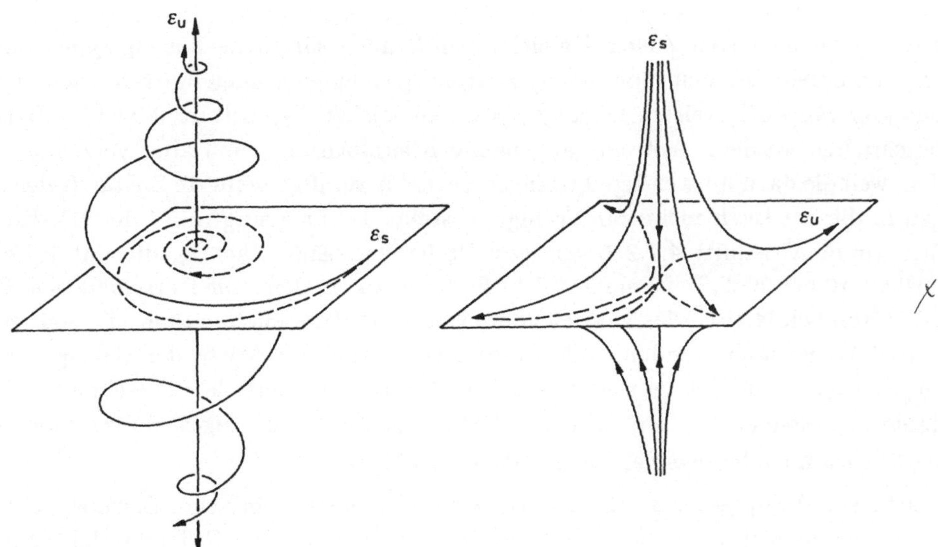

Bild 4.13. Trajektorien einer hyperbolischen Gleichung nach [4.40]

Bemerkung 4.10: Die Menge der Matrizen, die ein nichtleeres neutrales Spektrum besitzen, kann beliebig genau durch Matrizen approximiert werden, die kein neutrales Spektrum besitzen. Damit kommt die Eigenschaft einer Differentialgleichung, "hyperbolisch zu sein", "fast allen" Differentialgleichungen zu; es handelt sich also um den generischen Fall. Auf diese Weise kann das Klassifizierungsproblem für generische Differentialgleichungen als erledigt angesehen werden. Die Lösungsmannigfaltigkeit von Differentialgleichungen $\dot{y} = Ay$, deren Koeffizientenmatrix A ein reines neutrales Spektrum besitzt, ist demgemäß als nicht generisch anzusehen. Außerdem ist eine allgemeine Klassifizierung der zugehörigen Lösungstypen bisher nicht bekannt (Amann ([4.40], S.204)).

∎

Die Aussagen zeigen, daß man für die Untersuchung eines linearen dynamischen zeitinvarianten Netzwerkes, deren Beschreibungsgleichungen in der Form von (speziellen) Zustandsgleichungen formuliert sind, mindestens die Lage der Eigenwerte der Matrix A kennen muß. Dafür stehen verschiedene numerische Verfahren zur Verfügung, von denen der QR-Algorithmus wohl der wichtigste ist (siehe z.B. Golub und van Loan ([4.98], Kapitel 7)). Außerdem gibt es zahlreiche Methoden, mit denen man die Lage der Eigenwerte von A qualitativ bestimmen kann, d.h. ohne sie explizit berechnen zu müssen. Diese Methoden gehen vor allem von den Koeffizienten des charakteristischen Polynoms $det(A - \lambda 1)$ von A aus. Ihre Bedeutung nimmt jedoch gegenüber der direkten Eigenwertbestimmung ständig ab, so daß wir auf die Literatur verweisen wollen (siehe z.B. Schüßler ([4.99], S.260ff) oder Leonhard ([4.100], §7)).

Bei verallgemeinerten Zustandsgleichungen können sämtliche Lösungstypen auftreten, die bereits bei den (speziellen) Zustandsgleichungen aufgeführt wurden. Daneben gibt es jedoch weitere Lösungstypen; ein solcher Typ soll im folgenden Beispiel beschrieben werden. Auf eine allgemeine Klassifizierung muß aber verzichtet werden, weil die dazu notwendige Lösungstheorie für verallgemeinerte Zustandsgleichungen in diesem Buch nicht zur Verfügung steht. Dafür genügt aber der HY-Kalkül, den wir in Abschnitt 4.7.2 bereit gestellt haben. Eine Theorie, die mit Hilfe des Distributionen-Kalkül formuliert ist, findet man in dem 1982 erschienenen Buch von Campbell [4.101], das zahlreiche weitere Literaturstellen enthält. Es soll jedoch darauf hingewiesen werden, daß dieses Thema erst seit Mitte der siebziger Jahre Gegenstand intensiver mathematischer und systemtheoretischer Forschung ist, und daher insbesondere die nichtlineare Theorie noch nicht als abgeschlossen angesehen werden kann (siehe beispielsweise Takens [4.102]).

Stattdessen begnügen wir uns mit der Diskussion einiger einfacher Beispiele, anhand derer sich die neu hinzukommenden Phänomene bei linearen Differentialgleichungen mit konstanten Matrizenkoeffizienten in Form verallgemeinerter Zustandsgleichungen sehr übersichtlich erläutern lassen.

Als erstes kommen wir auf ein Beispiel zurück, daß wir schon im Zusammenhang mit dem Anfangswertproblem bei der $\mathcal{L}$-Transformation untersucht haben. Im Unterschied dazu wird hier ein "kleiner" Widerstand hinzugefügt.

Beispiel 4.16: Die Maschenstromanalyse eines Netzwerkes ergibt folgende Beschreibungsgleichungen (siehe Bild 4.6)

$$\begin{pmatrix} \varepsilon(C/2) & 0 \\ 0 & RC \end{pmatrix} \begin{pmatrix} J_1' \\ J_2' \end{pmatrix} = \begin{pmatrix} -1 & -\frac{1}{2} \\ -1 & -1 \end{pmatrix} \begin{pmatrix} J_1 \\ J_2 \end{pmatrix} \tag{4.94}$$

für $t > 0$, wobei bei $t = 0$ die idealen Schalter S_1 und S_2 geschlossen werden sollen und für $t < 0$ die Kapazitäten C_1 und C_2 auf die Spannungen U_C^{10} und U_C^{20} als Anfangswerte aufgeladen sein sollen. Die Beschreibungsgleichungen haben die Form verallgemeinerter Zustandsgleichungen.

Während wir die Werte der Kapazitäten C_1 und C_2 und des Widerstandes R als "fest" ansehen, soll der Widerstand ε als variabel angenommen werden; d.h. wir betrachten eine ganze Familie von Netzwerken, die mit ε parametrisiert ist. Für $\varepsilon = 0$ wollen wir von "degenerierten" verallgemeinerten Zustandsgleichungen sprechen, weil dann der Matrizenkoeffizient vor der Ableitung des Maschenstromvektors singulär ist.

Für alle $\varepsilon \neq 0$ kann (4.94) in die Form von Zustandsgleichungen gebracht werden, wobei man den Matrizenkoeffizienten vor der Ableitung des Maschenstromvektors zu invertieren hat

$$\begin{pmatrix} J_1' \\ J_2' \end{pmatrix} = \begin{pmatrix} -\frac{2}{\varepsilon C} & -\frac{1}{\varepsilon C} \\ -\frac{1}{RC} & \frac{1}{RC} \end{pmatrix} \begin{pmatrix} J_1 \\ J_2 \end{pmatrix}.$$

Entsprechend Abschnitt 4.5 legen die Eigenwerte des Matrizenkoeffizienten vor dem Maschenstromvektor die Eigenfrequenzen des Netzwerkes fest. Sie ergeben sich zu

$$\lambda_{1,2} = -\frac{1}{2\varepsilon RC}\{(\varepsilon + 2R) \mp \sqrt{\varepsilon^2 + (2R)^2}\}.$$

Für $\varepsilon \ll 2R$ erhalten wir die Näherungswerte

$$\lambda_1 \cong -\frac{1}{2RC} \quad \text{und} \quad \lambda_2 \cong -\frac{2}{\varepsilon C}.$$

Eine genauere Betrachtung zeigt, daß der "große" Eigenwert $2/\varepsilon C$ zu der Reihenschaltung $C_1 - C_2 - \varepsilon$ gehört, während der "kleine" Eigenwert $1/2RC$ der Parallelschaltung $C_1 \parallel C_2 \parallel R$ zuzuordnen ist, wobei der Widerstand ε vernachlässigt wurde.

Zur Ermittlung der Näherungslösungen für die Maschenströme kann man wie folgt vorgehen:

Neben der Zeitskala t wird eine weitere Zeitskala t_a eingeführt, die durch die Zeitkonstante $T_1 := \varepsilon C/2$ festgelegt wird zu

$$t_a := \frac{t}{T_1}.$$

Sie ist dem "schnellen" Vorgang des Netzwerkes zugeordnet, während man die "gewöhnliche" Zeitskala t zur Beschreibung des "langsamen" Vorganges mit der Zeitkonstanten $T_2 := 2RC$ benutzt. Nun lassen sich die beiden asymptotischen Anteile der Lösungen

$$J_1 := J_1^2(t) + J_1^1(t_a),$$
$$J_2 := J_2^2(t) + J_2^1(t_a)$$

auf den beiden Zeitskalen berechnen. Dazu transformieren wir die Differentialgleichungen (4.94) auf die Zeit t_a

$$J_1'(t_a) + J_1(t_a) = -\frac{1}{2}J_2(t_a), \qquad (4.95)$$
$$T_2 J_2'(t_a) = -T_1(J_1(t_a) + J_2(t_a)). \qquad (4.96)$$

Für $T_1 \ll T_2$ ergibt sich aus (4.96)

$$J_2'(t_a) \cong 0,$$

d.h. J_2 ist bezüglich der Zeitskala t_a eine Konstante und besitzt somit keinen "schnellen" Anteil. Damit lassen sich die beiden Anteile von J_1 bestimmen, in dem man die Gleichung (4.95) löst

$$J_1(t_a) = J_{10}e^{-t_a} - \frac{1}{2}J_2(t_a)$$

oder ausgedrückt in der Zeit t

$$J_1(t) = J_{10}e^{-(2/\varepsilon C)t} - \frac{1}{2}J_2(t).$$

Zur Berechnung des "langsamen" Anteils von J_2 gehen wir davon aus, daß der "schnelle" Anteil von J_1 abgeklungen ist, so daß sich die Differentialgleichung (4.95) auf

$$J_1(t) = -\frac{1}{2}J_2(t)$$

reduziert. Setzen wir diese Beziehung in (4.96) ein, so erhalten wir eine Differentialgleichung für den "langsamen" Anteil von J_2 zu

$$2\, T_2 J_2' + J_2 = 0$$

mit der allgemeinen Lösung

$$J_2(t) = J_{20}e^{-(1/2RC)t}.$$

Zur Festlegung der Anfangswerte J_{10} und J_{20} verwenden wir die gleichen Überlegungen wie zur Bestimmung der Anfangswerte der $\mathcal{L}$-Transformation; wir erhalten

$$J_{10} = \frac{U_C^{10} - U_C^{20}}{\varepsilon},$$
$$J_{20} = \frac{U_C^{10} + U_C^{20}}{2R}.$$

Die asymptotischen Lösungen lauten damit

$$J_1(t) = \frac{U_C^{10} - U_C^{20}}{\varepsilon}e^{-(2/\varepsilon C)t} - \frac{1}{2}J_2(t), \qquad (4.97)$$
$$J_2(t) = \frac{U_C^{10} + U_C^{20}}{2R}e^{-(1/2RC)t}. \qquad (4.98)$$

Die eher heuristische Vorgehensweise bei der Bestimmung der asymptotischen Lösungen läßt sich im Rahmen der *singuläre Störungstheorie* im Sinne einer Näherung 1.Ordnung rechtfertigen (siehe Tikhonov, Vasil'eva und Sveshnikov ([4.41], Kapitel VII, §2)). Der Fall linearer zeitinvarianter spezieller Zustandsgleichungen, bei denen ein Teil der Ableitung mit einem ε versehen sind, kann noch elementar behandelt werden; wir kommen darauf am Ende dieses Abschnittes zurück.

Betrachten wir jetzt die Lösungen (4.97) im Grenzfall $\varepsilon \to 0$, dann zeigt sich, daß der Maschenstrom $J_1(t)$ einen "impulsartigen" Anteil besitzt, der heuristisch mit Hilfe einer δ-Funktion beschrieben werden kann. Er tritt allerdings nur dann auf, wenn die Kapazitäten auf voneinander verschiedene Spannungen U_C^{10} und U_C^{20} aufgeladen werden, d.h. wenn man Anfangsbedingungen vorgibt, die mit den Differentialgleichungen im Grenzfall $\varepsilon \to 0$ unverträglich sind; man spricht dann nach Campbell ([4.49], §9) von *inkonsistenten* Anfangsbedingungen.

Eine geometrische Erklärung kann in folgender Weise angegeben werden:

Nach (4.96) handelt es sich bei den degenerierten Beschreibungsgleichungen um eine Differentialgleichung mit einer algebraischen Zwangsbedingung. Gibt man nun Anfangsbedingungen vor, die diese Zwangsbedingung nicht erfüllen, dann "springt"

$J_1(t)$ impulsartig auf die dadurch vorgegebene Gerade (siehe Bild 4.14). Das entspricht dem schnellen Vorgang. Anschließend relaxieren $J_1(t)$ und $J_2(t)$ langsam in den Nullpunkt.

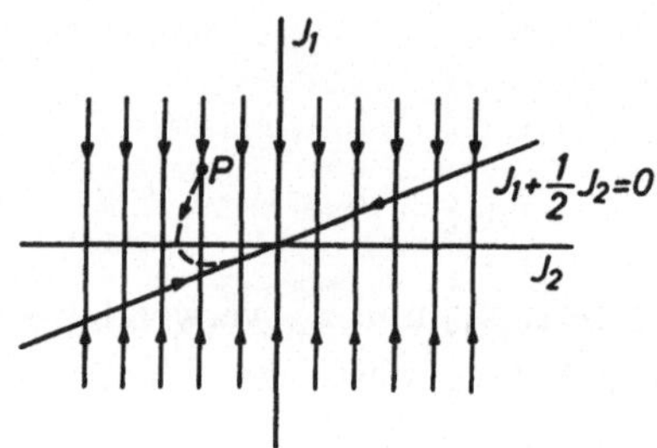

Bild 4.14. "Impulsartiges" Springen auf den Zustandsraum

Eine mathematisch korrekte Beschreibung solcher impulsartigen Lösungsanteile ist allerdings nur mit Hilfe der Distributionentheorie möglich. Daher soll an dieser Stelle auf dementsprechende Details verzichtet werden; sie findet man bei Cobb [4.103], Campbell ([4.104], S. 46ff) und Mathis [4.44].

■

Im folgenden Beispiel soll nun gezeigt werden, daß man die asymptotisch richtigen Eigenfrequenzen nicht immer durch Näherungen der Lösungen der charakteristischen Gleichung erhält.

Beispiel 4.17: Die Differentialgleichung für den Strom eines Netzwerkes lautet

$$\frac{d^2i}{dt^2} + \frac{R}{L}\frac{di}{dt} + \frac{1}{LC}i = 0.$$

Daraus ergibt sich die zugehörige charakteristische Gleichung zu

$$\lambda_2 + \frac{R}{L}\lambda + \frac{1}{LC} = 0$$

mit den Nullstellen

$$\lambda_{1,2} = -\frac{R}{2L} \pm \frac{1}{2LC}\sqrt{(RC)^2 - 4LC}.$$

Mit $RC \gg \sqrt{\frac{LC}{4}}$ erhalten wir die Näherungen

$$\lambda_{1,2} \cong -\frac{R}{2L} \pm \frac{R}{2L}$$

bzw.

$$\lambda_1 \cong 0 \qquad \text{und} \qquad \lambda_2 \cong -R/L,$$

während sich mit Hilfe der singulären Störungsrechnung in erster Näherung die schnelle bzw. die langsame Zeitkonstante zu $\lambda_1 \cong -R/L$ bzw. $\lambda_2 \cong -1/(RC)$ ergeben. Die Einführung der beiden Zeitskalen ist also unbedingt notwendig.

■

Wir wollen noch darauf hinweisen, daß die asymptotischen Lösungen der gestörten Differentialgleichungen nur unter ganz bestimmten Voraussetzungen gegen die Lösungen der degenerierten Gleichungen konvergieren. Das soll ebenfalls mit Hilfe eines Beispiels illustriert werden. Eine ausführliche Diskussion dieser Problematik findet man bei Tikhonov, Vasil'eva und Sveshnikov ([4.41], S.186ff).

Beispiel 4.18: Die Beschreibungsgleichungen eines Netzwerkes seien durch

$$\varepsilon \frac{d\dot{x}}{dt} = ax + b$$

gegeben, mit $a, b \in I\!R$, $\varepsilon \in I\!R^+$ und der Anfangsbedingung $x(0, \varepsilon) = x_0$. Die allgemeine Lösung ergibt sich für $\varepsilon \neq 0$ zu

$$x(t, \varepsilon) = (x_0 + \frac{b}{a})e^{(a/\varepsilon)t} - \frac{b}{a},$$

während wir für $\varepsilon = 0$ die Lösung $x^- = -b/a$ erhalten. Man erkennt leicht, daß $x(t, \varepsilon)$ nur dann gegen x^- konvergiert, wenn $a < 0$ ist; für $t = 0$ gilt $x(0, \varepsilon) = x_0$ und nicht x^-.

■

Wir benötigen also ein allgemeines Kriterium dafür, wann die Lösungen einer mit ε parametrisierten Familie von linearen Differentialgleichungen gegen die Lösungen des degenerierten Systems konvergieren. Im folgenden beschränken wir uns auf die Untersuchung von Netzwerken, die durch spezielle Zustandsgleichungen beschrieben werden

$$\begin{aligned} \dot{\mathbf{x}} &= \mathbf{A}_1\mathbf{x} + \mathbf{A}_2\mathbf{y} + \mathbf{C}_1\mathbf{u}(t) \\ \varepsilon\dot{\mathbf{y}} &= \mathbf{B}_1\mathbf{x} + \mathbf{B}_2\mathbf{y} + \mathbf{C}_2\mathbf{u}(t) \end{aligned} \tag{4.99}$$

für ε verschwindet die Ableitung $\dot{\mathbf{y}}$, so daß es sich bei dem zweiten Teil der Gleichungen um algebraische Zwangsbedingungen handelt. Gemischte algebraische und Differentialgleichungen nennt man *Algebro-Differentialgleichungen*. Sie sind ein Spezialfall der verallgemeinerten Zustandsgleichungen für die eine entsprechende Theorie von Campbell [4.104] entwickelt wurde. Wir fragen nun, unter welchen Voraussetzungen die singulär gestörten linearen Gleichungen (4.99) mit $\varepsilon \neq 0$ Lösungen besitzen, die für $\varepsilon \to 0$ in einem *endlichen* Zeitintervall $[t_0, T]$ gegen die Lösungen des degenerierten Problems gehen, d.h. wenn $\tilde{\mathbf{x}}(t)$ und $\tilde{\mathbf{y}}(t)$ die Lösungen des degenerierten und $\mathbf{x}(t, \varepsilon)$ sowie $\mathbf{y}(t, \varepsilon)$ die Lösungen des gestörten Problems sind, dann soll gelten

$$\lim_{\varepsilon \to 0} \mathbf{x}(t, \varepsilon) = \tilde{\mathbf{x}}(t) \quad \text{für } t_0 \leq t \leq T,$$
$$\lim_{\varepsilon \to 0} \mathbf{y}(t, \varepsilon) = \tilde{\mathbf{y}}(t) \quad \text{für } t_0 < t \leq T.$$

Mit Hilfe des Satzes von Tichonov (siehe Abschnitt 6.8.2) kann man zeigen, daß diese Aussage für (4.99) gilt, wenn $\mathbf{B}_2$ regulär ist und nur Eigenwerte mit negativen Realteil besitzt (Sannuti [4.105]).

Sind die Gleichungen (4.99) autonom $(\mathbf{C}_1 = \mathbf{C}_2 = \mathbf{0})$, dann kann eine entsprechende Aussage mit elementaren Hilfsmitteln erbracht werden. Dazu setzen wir

$$\mathbf{A} := \begin{pmatrix} \mathbf{A}_1 & \mathbf{A}_2 \\ \mathbf{0} & \mathbf{0} \end{pmatrix}, \qquad \mathbf{B} := \begin{pmatrix} \mathbf{0} & \mathbf{0} \\ \mathbf{A}_1 & \mathbf{A}_2 \end{pmatrix},$$

dann lautet die Gleichungen mit $\dot{\tilde{\mathbf{x}}} := (\dot{\mathbf{x}}, \dot{\mathbf{y}})^T$

$$\dot{\tilde{\mathbf{x}}} = (\mathbf{A} + \frac{1}{\varepsilon}\mathbf{B})\tilde{\mathbf{x}}. \tag{4.100}$$

Die Lösung von (4.100) ist nach Satz 4.6

$$\tilde{\mathbf{x}}(t, \varepsilon) = e^{(\mathbf{A} + \mathbf{B}/\varepsilon)t}\, \tilde{\mathbf{x}}$$

mit den Anfangsbedingungen $\tilde{\mathbf{x}}(0, \varepsilon) = \tilde{\mathbf{x}}_0$. Da die Matrix $\mathbf{B}$ für $\varepsilon \to 0$ den Exponenten dominiert, ist klar, daß sie nur Eigenwerte mit negativem Realteil besitzen darf. Außerdem ist die asymptotische Stabilität nach den Ausführungen zu Beginn des Abschnittes nur dann gegeben, wenn höchstens ein Eigenwert gleich Null ist; solche Matrizen nennt man auch *semi-stabil*. Unter dieser Voraussetzung strebt die gestörte Lösung für $\varepsilon \to 0$ und für alle $t > 0$ gegen die gestörte Lösung des degenerierten Systems. Campbell [4.104] hat für den degenerierten Fall sogar eine Lösungsformel angegeben, die aber mit einer speziellen verallgemeinerten Inversen (Drazin-Inverse) formuliert wird; daher verzichten wir auf eine Wiedergabe dieser Formel.

4.12.2   Übertragungsstabilität (BIBO-Stabilität)

Die L-Stabilität und insbesondere die asymptotische Stabilität linearer zeitinvarianter Systeme wurde im Abschnitt 4.12.1 auf der Grundlage der speziellen Zustandsgleichungen diskutiert. Unter bestimmten Bedingungen läßt sich die asymptotische Stabilität auch von dem Black-Box Standpunkt aus beurteilen. Dazu führen wir den Begriff der BIBO-Stabilität ein. Wir setzen aber weiterhin voraus, daß die Beschreibungsgleichungen in Form von speziellen Zustandsgleichungen formuliert werden können.

Bevor wir die BIBO-Stabilität definieren, wollen wir noch zwei wichtige systemtheoretische Begriffe einführen, die auf Kalmann [4.106] zurückgehen. Es zeigt sich nämlich, daß eine Übertragungsmatrix $\mathbf{G}(s)$ bzw. Übertragungsfunktion $G(s)$ das dynamische Verhalten eines Systems nicht in jedem Fall vollständig beschreibt; dieses wird durch die Eigenschwingungen des Systems charakterisiert, die durch die Eigenwerte der Systemmatrix $\mathbf{A}$ festgelegt werden. Damit diese Eigenwerte bereits in der Übertragungsmatrix bzw. in der Übertragungsfunktion enthalten sind, muß das System weitere Eigenschaften besitzen. In diesem Unterabschnitt werden wir uns weitgehend auf das ausgezeichnete Buch über Regelungstheorie und dynamische Systeme von Ludyk [4.107] stützen; dort findet man die Beweise der hier zitierten Sätze und auch die angegebenen Beispiele.

Definition 4.13: (Steuerbarkeit) Ein lineares zeitinvariantes System heißt *steuerbar*, wenn für einen vorgegebenen Endzustand x_1 und einen beliebigen Anfangszustand x_0 eine Eingangsgröße u existiert, mit deren Hilfe das System in *endlicher* Zeit von x_0 nach x_1 überführt werden kann.

∎

Satz 4.22: Liegen die Beschreibungsgleichungen eines Systems in Form spezieller Zustandsgleichungen mit einem n-dimensionalen Zustandsraum vor, dann ist das System steuerbar genau dann, wenn der Rang der Matrix

$$[\mathbf{B} \ \mathbf{AB} \ \mathbf{A}^2\mathbf{B} \ \cdots \mathbf{A}^{n-1}\mathbf{B}]$$

gleich n ist.

Beweis: Ludyk, S.165f.

∎

Beispiel 4.19: (Ludyk, S.168f) Wir betrachten die speziellen Zustandsgleichungen eines Systems

$$\dot{\mathbf{x}} = \mathbf{Ax} + \mathbf{Bu}(t),$$

mit

$$\mathbf{A} = \begin{pmatrix} 2 & 1 & 0 \\ 0 & 2 & 0 \\ 0 & 0 & 3 \end{pmatrix} \quad \text{und} \quad \mathbf{B} = \begin{pmatrix} 0 & 0 \\ 1 & 0 \\ 1 & 1 \end{pmatrix}.$$

Berechnen wir die Produkte $\mathbf{AB}$ und $\mathbf{A}^2\mathbf{B}$, dann erhalten wir

$$[\mathbf{A}\ \mathbf{AB}\ \mathbf{A}^2\mathbf{B}] = \begin{pmatrix} 0 & 0 & 1 & 0 & 4 & 0 \\ 1 & 0 & 2 & 0 & 4 & 0 \\ 1 & 1 & 3 & 3 & 9 & 9 \end{pmatrix}.$$

Man prüft sofort nach, daß der Rang dieser Matrix gleich drei ist; damit ist das System steuerbar. Ersetzen wir die 1 in $\mathbf{A}$ durch eine 0, dann zeigt sich, daß dieses System nicht mehr steuerbar ist.

∎

Definition 4.14: (Beobachtbarkeit) Ein lineares zeitinvariantes System heißt *beobachtbar*, wenn aus der Kenntnis der Eingangs- und Ausgangsgröße innerhalb eines Zeitintervalls $[0,T]$ auf den Anfangszustand $x(0)$ des Systems geschlossen werden kann.

∎

Satz 4.23: Liegen die Beschreibungsgleichungen eines Systems in Form spezieller Zustandsgleichungen mit einem n-dimensionalen Zustandsraum vor, dann ist das System beobachtbar genau dann, wenn die Matrix

$$[\mathbf{C}^T\ \mathbf{A}^T\mathbf{C}^T\ (\mathbf{A}^T)^2\mathbf{C}^T \cdots (\mathbf{A}^T)^{n-1}\mathbf{C}^T]$$

den Rang n hat.

Beweis: Der Beweis kann auf den Beweis des Satzes 4.22 zurückgeführt werden, wenn man das sogenannte duale System definiert; Ludyk, S.205,203.

∎

Beispiel 4.20: Nimmt man zu den Zustandsgleichungen aus Beispiel 4.19 die folgenden Beobachtungsgleichungen hinzu

$$\mathbf{y} = \mathbf{Cx} \qquad \text{mit} \begin{pmatrix} 2 & 0 & 0 \\ 1 & 0 & 3 \end{pmatrix},$$

dann erhält man nach der Berechnung von $\mathbf{A}^T\mathbf{C}^T$ und $(\mathbf{A}^T)^2\mathbf{C}^T$ die Matrix

$$[\mathbf{C}^T\ \mathbf{A}^T\mathbf{C}^T\ (\mathbf{A}^T)^2\mathbf{C}^T] = \begin{pmatrix} 2 & 1 & 4 & 2 & 8 & 4 \\ 0 & 0 & 2 & 1 & 8 & 4 \\ 0 & 3 & 0 & 9 & 0 & 9 \end{pmatrix},$$

die ebenfalls den Rang drei hat, so daß dieses System auch beobachtbar ist. Die gleiche Abänderung von $\mathbf{A}$ wie in Beispiel 4.19 führt dazu, daß das System nicht beobachtbar ist.

∎

Man kann nun zeigen, daß eine Übertragungsmatrix bzw. -funktion nur das dynamische Verhalten desjenigen Teilsystems beschreibt, das steuerbar *und* beobachtbar ist. Wie man dieses Teilsystem ermittelt, wird bei Ludyk (S.259ff) diskutiert.

Demzufolge wird das dynamische Verhalten eines linearen zeitinvarianten Systems nur dann vollständig beschrieben, wenn es steuerbar *und* beobachtbar ist. In diesen Fällen kann kein gemeinsamer Linearfaktor in Zähler und Nenner *aller* Koeffizienten der Übertragungsmatrix bzw. der Übertragungsfunktion gekürzt werden.

Definition 4.15: (BIBO-Stabilität) Die Nullösung eines linearen zeitinvarianten Systems wird *BIBO-stabil* (bounded input - bounded output) genannt, wenn für $\|\mathbf{u}(t)\| < a \in R^+$ ein $b \in R^+$ existiert, so daß für alle $t > t_0$ für den Ausgangsvektor $\mathbf{y}$ gilt

$$\|\mathbf{y}(t, t_0; \mathbf{0})\| < b,$$

wobei $\mathbf{0}$ der Anfangszustand für $t = t_0$ ist.

■

Man kann zeigen, daß aus der asymptotischen Stabilität eines Systems die BIBO-Stabilität folgt (z.B. Willems ([4.108], S.75f)). Aber die Umkehrung gilt i.a. nicht, denn es könnten bei der Berechnung von $\mathbf{G}(s)$ bzw. $G(s)$ gerade diejenigen Eigenwerte von $\mathbf{A}$ gekürzt worden sein, deren Realteile nicht negativ sind.

Wenn der Zählergrad der Koeffizienten von $\mathbf{G}(s)$ bzw. $G(s)$ größer als der Nennergrad ist, kann natürlich nicht in jedem Fall eine obere Betragsschranke für $\mathbf{y}(t)$ bzw. $y(t)$ angegeben werden, da die Eingangsgröße in solchen Fällen differenziert wird (Beispiel: Hochpaß) und über alle Grenzen wachsen kann, auch wenn die Eingangsgröße $\mathbf{u}$ bzw. u beschränkt ist.

Bei *kausalen* Systemen, bei denen die Ausgangsgröße $\mathbf{y}(t)$ im Zeitpunkt t nicht von der Eingangsgröße $\mathbf{u}(t)$ nach dieser Zeitpunkt t abhängt, ist der Zählergrad höchstens gleich dem Nennergrad der Koeffizienten der Übertragungsmatrix bzw. der Übertragungsfunktion (siehe dazu Thoma ([4.109], S.302)). Für solche Systeme kann eine einfach zu handhabende Bedingung für die BIBO-Stabilität angegeben werden.

Satz 4.24: Ein kausales, lineares und zeitinvariantes System ist BIBO-stabil, wenn die Koeffizienten der Übertragungsmatrix $\mathbf{H}(s)$ bzw. die Übertragungsfunktion $H(s)$ nur Pole mit negativen Realteilen besitzen.

Beweis: Ludyk, S.319f.

■

Auf die asymptotische Stabilität eines kausalen Systems bei vorliegender BIBO-Stabilität kann jedoch nur dann geschlossen werden, wenn zusätzliche Eigenschaften vorliegen.

Satz 4.25: Ein kausales, lineares und zeitinvariantes System ist asymptotisch stabil genau dann, wenn es BIBO-stabil sowie steuerbar und beobachtbar ist.

Beweis: Ludyk ([4.107], S.320).

∎

Damit lassen sich über das Stabilitätsverhalten eines Systems mit Hilfe der Übertragungseigenschaften nur dann Aussagen gewinnen, wenn das System steuerbar *und* beobachtbar ist.

Beispiel 4.21: Wir betrachten ein System mit den Zustands- und Beobachtungsgleichungen

$$\dot{\mathbf{x}} = \mathbf{A}\mathbf{x} + \mathbf{b}u(t)$$
$$\mathbf{y} = \mathbf{c}^T\mathbf{x}$$

mit

$$\mathbf{A} = \begin{pmatrix} -2 & 1 & 0 \\ 0 & -2 & 0 \\ 0 & 0 & 3 \end{pmatrix}, \quad \mathbf{b} = (0\ 1\ 1)^T, \quad \mathbf{c}^T = (1\ 1\ 0).$$

Man rechnet nach, daß dieses System steuerbar aber nicht beobachtbar ist. Damit ist das System nicht asymptotisch stabil. Andererseits zeigt man durch Berechnung der Übertragungsfunktion nach (4.85)

$$G(s) = \mathbf{c}^T(s\mathbf{1} - \mathbf{A})^{-1}\mathbf{b} = \frac{s+3}{(s+2)^2},$$

daß dieses System BIBO-stabil ist.

∎

Vielfach ist die Formulierung der speziellen Zustandsgleichungen für ein konkretes Netzwerk recht aufwendig. Wenn dieser Typ von Beschreibungsgleichungen nicht zur Verfügung steht, dann können jedoch die Sätze 4.22 und 4.23 nicht zur Feststellung der Steuerbarkeit und der Beobachtbarkeit dieses Systems herangezogen werden. In solchen Fällen, die in der Netzwerktheorie durchaus der Regelfall sind, können allerdings auch andere vollständige Beschreibungsgleichungstypen zur Bestimmung der Übertragungsmatrix bzw. -funktion verwendet werden, wobei dann darauf zu achten ist, daß während der Ableitung nicht gekürzt wird. Bei linearen elektrischen Netzwerken kann man mit den Knoten- oder Maschengleichungen das gesamte dynamische Verhalten eines Netzwerkes beschreiben.

5 Lineare zeitvariante dynamische Netzwerke

5.1 Übersicht

Die Theorie der linearen zeitinvarianten Netzwerke kann weitgehend als abgeschlossen angesehen werden. Dennoch haben wir in den vorangehenden Abschnitten gezeigt, daß es immer noch überraschende Entwicklungen geben kann. Nach wie vor liegt das Hauptinteresse auf immer effizienteren Formulierungen der Beschreibungsgleichungen solcher Netzwerke für die rechnergestützte Analyse. Dagegen führt die Theorie der linearen zeitvarianten, dynamischen Netzwerke trotz verschiedener Ansätze von D'Angelo [5.1] in der Systemtheorie und Zadeh [5.2], Darlington [5.3], Taft[5.4], Wunsch [5.5] und Meadows [5.6] noch immer ein "Schattendasein". Das liegt wohl letztlich daran, daß keine mathematischen Methoden zur Verfügung stehen, mit denen die allgemeinen Lösungen der Beschreibungsgleichungen linearer zeitvarianter Netzwerke, bei denen es sich um lineare Differentialgleichungen mit nichtkonstanten Koeffizienten handelt, bestimmt werden können. Nur für die spezielle Klassen der Differentialgleichungen mit periodischen Koeffizienten konnten mathematische Resultate erzielt werden, die auch in der Netzwerktheorie angewendet wurden. Zahlreiche Literaturzitate finden man dazu bei Kim und Meadows [5.7] sowie bei Richards [5.8]; Anwendungsbeispiele dafür sind etwa Modulatoren, Frequenzumsetzer, parametrische Verstärker (siehe z.B. Tucker [5.45]) sowie geschaltete Netzwerke, Switched-Capacitor-Filter und Synchronmaschinen. Ein weiterer wichtiger Anwendungsbereich der Theorie linearer periodisch zeitvarianter Netzwerke ergibt sich bei den nichtlinearen Netzwerken, wenn man nach periodischen Lösungen sucht. Darauf werden wir im Abschnitt 6.9.2 genauer eingehen. Obwohl sich die meisten Problemstellungen auf periodische Zeitabhängigkeiten beschränken, wollen wir im folgenden Abschnitt zunächst auf lineare Netzwerke mit beliebigen Zeitabhängigkeiten eingehen, da sich dadurch kein großer Mehraufwand ergibt.

5.2 Netzwerkelemente und Verbindungsnetzwerk

Nach Abschnitt 2.1 wird der Beschreibungsgleichungstyp vor allem durch die Zweigrelationen bestimmt, da das Verbindungsnetzwerk fast immer durch lineare algebraische und zeitinvariante Gleichungen beschrieben wird. Eine Ausnahme bilden

solche Netzwerke, die ideale Übertrager mit zeitvariablen Windungsverhältnissen
enthalten (siehe Anderson,Spaulding, Newcomb [5.9]). Die wichtigsten Netzwerkelemente linearer zeitinvarianter Netzwerke sind in der Tabelle 4.1 zusammengestellt.
Im linearen zeitvarianten Fall verwendet man die gleichen Symbole und schreibt den
zeitabhängigen Parameter an das Symbol.

Beispiel 5.1: Eine zeitvariable Kapazität läßt sich mit Hilfe zweier Platten realisieren, deren Abstand in Abhängigkeit von der Zeit mechanisch variiert wird. Eine
solche Anordnung liegt dem Kondensatormikrophon zugrunde. Der Abstand der
Kapazitätsbelege kann auch nichtmechanisch in einer Kapazitätsdiode geändert werden, wobei die Sperrschichtkapazität durch Anlegen einer zeitabhängigen Spannung
variiert wird. Ähnliche Realisierungen gibt es auch für zeitvariable Widerstände und
Induktivitäten.

In den neueren Anwendungen sind die periodisch geschalteten Schalter von besonderer Bedeutung, da diese in MOS-Technologie sehr zuverlässig und platzsparend
realisiert werden können. Damit können völlig neue Schaltungen verwirklicht werden. Als Beispiel dafür sollen die Schalter-Kondensator-Filter (SC-Filter) genannt
werden (siehe Moschytz [5.10]).

■

Abschließend soll noch darauf hingewiesen werden, daß zeitvariante Systeme selbst
dann energetisch nicht abgeschlossen sind, wenn keine Anregung vorhanden ist als
auch dissipative Netzwerkelemente wie etwa Widerstände fehlen; als Beispiel dafür
sind Netzwerke zu nennen, die nur aus zeitvariablen Kapazitäten und Induktivitäten
bestehen. Die Zeitveränderungen der Netzwerkelemente-Parameter werden durch
Systeme hervorgerufen, die kein Bestandteil des betrachteten Systems sein müssen.
Eine solche Situation wird in Beispiel 5.1 beschrieben. Dabei wird die zeitliche
Veränderung des Systemparameters durch eine nichtelektrische Größe (Schall) ver-
ursacht. Aus diesem Grund kann es in dem betrachteten System selbst dann zu
Instabilitäten kommen, wenn die Parameterfunktionen $R(t)$, $L(t)$ und $C(t)$ für alle t
größer als Null sind. In der elektrischen Meßtechnik nichtelektrischer Größen benutzt
man übrigens solche Veränderungen der Netzwerkparameter, um Netzwerke zu konstruieren, die zur Synthese von Schaltungen führen, mit denen man nichtelektrische
Größen elektrisch erfaßt werden können.

5.3 Beschreibungsgleichungen

Bei linearen zeitvarianten Netzwerken werden die charakteristischen Abbildungen der
Subsysteme wie bei den zeitinvarianten Netzwerken mit Hilfe von Differential- oder

Integraloperatoren festgelegt. Im Unterschied dazu sind jedoch die Netzwerkparameter zeitabhängig. Daraus ergibt sich, daß die Beschreibungsgleichungen solcher Netzwerke mit Polynomoperatoren formuliert werden, deren Koeffizienten zeitabhängig sind:

$$\mathbf{L}(\frac{d}{dt};t) = \mathbf{A}_n(t)\frac{d^n}{dt^n} + \cdots + \mathbf{A}_1(t)\frac{d}{dt} + \mathbf{A}_0(t),$$

wobei n wiederum der Maximalgrad von $\mathbf{L}(d/dt;t)$ ist. Nach Einführung geeigneter Koordinaten kann man solche Polynomoperatoren ebenfalls auf die Form

$$\tilde{\mathbf{L}}(\frac{d}{dt};t)(\cdot) = \tilde{\mathbf{A}}_1(t)\frac{d}{dt}(\cdot) + \tilde{\mathbf{A}}_0(t) \tag{5.1}$$

bringen. Obwohl Differentialoperatoren $\mathbf{L}(d/dt;t)$ immer in dieser Form notiert werden können, gelangt man beispielsweise bei RC-Netzwerken viel direkter zu der Form

$$\mathbf{L}(\frac{d}{dt};t)(\cdot) = \frac{d}{dt}\{\mathbf{A}_1(t)(\cdot)\} + \mathbf{A}_0(t)\}.$$

Beispiel 5.2:

$$\frac{d}{dt}\left\{\begin{pmatrix} C_1(t)+C_0(t) & -C_0(t) \\ -C_0(t) & C_2(t)+C_0(t) \end{pmatrix}\begin{pmatrix} u_1 \\ u_2 \end{pmatrix}\right\} + \begin{pmatrix} G_1(t) & 0 \\ 0 & G_2(t) \end{pmatrix}\begin{pmatrix} u_1 \\ u_2 \end{pmatrix} = \cdot$$

$$=: \frac{d}{dt}\{\mathbf{C}(t)\mathbf{u}\} + \mathbf{G}(t)\mathbf{u} = \mathbf{0}$$

Der Übergang zu einem Differentialoperator der Form (5.1) kann durch Differenzieren des ersten Terms erreicht werden. Es ergeben sich dann Beschreibungsgleichungen in Form von verallgemeinerten Zustandsgleichungen

$$\mathbf{C}(t)\dot{\mathbf{u}} + (\mathbf{C}'(t) + \mathbf{G}(t))\mathbf{u} = \mathbf{0},$$

wobei $(\cdot)'$ die Ableitung der Matrix $\mathbf{C}(t)$ nach der Zeit ist. Wenn die Koeffizientenmatrix $\tilde{\mathbf{A}}_1(t)$ invertierbar ist, dann kann man auf Beschreibungsgleichungen in Form spezieller Zustandsgleichungen übergehen. Zu einfacheren Gleichungen gelangt man jedoch, wenn man *Ladungsvariablen* einführt (siehe Kim und Meadows ([5.7], S.159ff))

$$q(t) := \mathbf{C}(t)\,\mathbf{u}(t).$$

Man erhält dann die Beschreibungsgleichungen

$$\dot{\mathbf{q}} + \mathbf{G}(t)\mathbf{C}^{-1}\,\mathbf{q} = \mathbf{0}.$$

∎

Allgemeine Methoden zur Aufstellung von Beschreibungsgleichungen in Form spezieller Zustandsgleichungen für lineare zeitvariante RLC-Netzwerke mit gesteuerten Quellen findet man bei Balabanian, Bickert und Seshu ([5.11], S.706ff).

Beispiel 5.3: (aus Balabanian et al. ([5.11], S.710ff)) Mit Hilfe der Kirchhoffschen Gleichungen und der Zweigrelationen prüft man leicht nach, daß das dort gezeigte Netzwerk mit den folgenden Gleichungen beschrieben werden kann

$$\frac{d}{dt}\left\{\begin{pmatrix} 1/(1+\sigma\sin 2t) & 0 \\ 0 & 1 \end{pmatrix}\begin{pmatrix} u_C \\ i_L \end{pmatrix}\right\} = \begin{pmatrix} -1/10 & -1 \\ 1 & 0 \end{pmatrix}\begin{pmatrix} u_C \\ i_L \end{pmatrix} + \begin{pmatrix} 1 \\ 0 \end{pmatrix}i_0(t)$$

Für $\sigma < 1$ ist die Koeffizientenmatrix beschränkt und nichtsingulär; ihre Inverse lautet demnach

$$\begin{pmatrix} 1+\sigma\sin 2t & 0 \\ 0 & 1 \end{pmatrix}.$$

Mit dem neuen Zustandsvektor

$$\tilde{\mathbf{x}}(t) := \begin{pmatrix} 1/(1+\sigma\sin 2t) & 0 \\ 0 & 1 \end{pmatrix}\begin{pmatrix} u_C \\ i_L \end{pmatrix}$$

erhalten wir die neuen Beschreibungsgleichungen

$$\dot{\tilde{\mathbf{x}}} = \tilde{\mathbf{A}}(t)\tilde{\mathbf{x}} + \begin{pmatrix} 1 \\ 0 \end{pmatrix}i_0(t)$$

mit

$$\tilde{\mathbf{A}}(t) = \begin{pmatrix} -1/10 & -1 \\ 1 & 0 \end{pmatrix}\begin{pmatrix} 1+\sigma\sin 2t & 0 \\ 0 & 1 \end{pmatrix} = \begin{pmatrix} -(1+\sigma\sin 2t)/10 & -1 \\ 1+\sigma\sin 2t & 0 \end{pmatrix}.$$

Mit dem Zustandsvektor $(u_C\ i_L)^T$ lauten die Zustandsgleichungen jedoch

$$\dot{\mathbf{x}} = \mathbf{A}(t)\mathbf{x} + \mathbf{b}(t)i_0(t)$$

$$\mathbf{A}(t) = \begin{pmatrix} -\dfrac{1+9^2\sigma\sin 2t+20\sigma\cos 2t}{10(1+\sigma\sin 2t)} & -1+\sigma\sin 2t \\ 1 & 1 \end{pmatrix}$$

$$\mathbf{b}(t) = \begin{pmatrix} 1+\sigma\sin 2t \\ 0 \end{pmatrix}.$$

Ein Vergleich der beiden Gleichungen in Zustandsgleichungsform zeigt, daß die funktionale Abhängigkeit der zuletzt genannten Koeffizientenmatrix erheblich komplizierter ist.

∎

5.4   Die speziellen Zustandsgleichungen

Eine umfassende mathematische Theorie für Beschreibungsgleichungen linearer zeitvarianter Gleichungen liegt vor, wenn sie sich in Form spezieller Zustandsgleichungen (mit Anfangsbedingungen) notieren lassen zu

$$\dot{\mathbf{x}} = \mathbf{A}(t)\mathbf{x} + \mathbf{b}(t) \tag{5.2}$$

mit $\mathbf{x}(t_0) = \mathbf{x}_0$ und $\mathbf{A}(\cdot)\colon I\!R \to I\!R^{n\times n}$ und $\mathbf{b}(\cdot)\colon I\!R \to I\!R^n$ sind. Wie im Fall einer konstanten Matrix $\mathbf{A}$ hofft man natürlich darauf, geschlossen Lösungen ableiten zu können Leider ist das jedoch nur die Ausnahme; bereits *"harmlos"* erscheinende Gleichungen können sehr komplizierte explizite Lösungen besitzen.

Beispiel 5.4: Die Gleichung

$$\ddot{x} - tx = 0$$

ist dem Differentialgleichungssystem

$$\dot{\mathbf{x}} = \begin{pmatrix} 0 & 1 \\ t & 0 \end{pmatrix} \mathbf{x}$$

mit $\mathbf{x} = (x_1,\ x_2)^T$ äquivalent. Die von Airy zuerst untersuchte Gleichung (siehe z.B. Wasow ([5.12], S.124ff) besitzt drei Lösungen der Form

$$\mathbf{x}_i(t) = \int_{\Gamma_i} e^{xt - \frac{t^3}{3}}\, dt,$$

wobei die Integrationswege Γ_i $(i = 1, 2, 3)$ geeignet gewählt werden müssen. Von den drei Lösungen sind natürlich nur zwei voneinander linear unabhängig, da es sich um eine Differentialgleichung zweiter Ordnung handelt.

∎

Für lineare Differentialgleichungen 1. Ordnung des Typs

$$\dot{x} + a(t)\, x = b(t)$$

kann die Lösung des Anfangswertproblems mit $x(0) = x_0$ explizit angegeben werden durch (Bellmann ([5.13], S.24))

$$x(t) = x_0\, e^{-\int_0^t a(\tau)d\tau} + e^{\int_0^t a(\tau)d\tau} \cdot \int_0^t e^{\int_0^\tau a(\theta)d\theta} b(\tau)d\tau.$$

Für die meisten linearen Differentialgleichungen zweiter Ordnung mit nichtkonstanten Koeffizienten können überhaupt keine geschlossenen Lösungen angegeben werden. Vielmehr kann allgemein gezeigt werden, daß die Lösungen dieser Differentialgleichungen

$$\ddot{x} + a(t)\dot{x} + b(t)x = 0$$

nicht durch eine *endliche* Anzahl von Quadraturen und elementaren Rechenoperationen dargestellt werden können (Liouville, Hinweis: Arnol'd ([5.14], S.39)). Dennoch gibt es eine allgemeine Lösungstheorie, die derjenigen mit konstanten Koeffizienten sehr ähnlich ist. In Abschnitt 4.5 wurde angegeben, daß sich die allgemeine Lösung eines inhomogenen Gleichungssystems aus der allgemeinen Lösung des zugehörigen homogenen Systems und einer speziellen Lösung des inhomogenen Systems additiv zusammensetzt. Der Lösungsraum für diese allgemeinere Klasse von linearen Differentialgleichungen ist also ebenfalls ein affiner Raum. Ein Beweis dafür liefert die Tatsache, daß die dort angeführten Beweise der genannten Aussagen bei linearen Systemen mit konstanten Koeffizienten von der Konstanz der Matrix $\mathbf{A}$ keinen Gebrauch machen. Es gilt daher der folgende Satz 5.1.

Satz 5.1: Ist $\dot{\mathbf{x}} = \mathbf{A}(t)\mathbf{x} + \mathbf{b}(t)$ eine lineare inhomogene Differentialgleichung mit nicht konstanten Koeffizienten, dann setzt sich deren Lösung aus der allgemeinen Lösung $\mathbf{x}_h(t)$ der homogenen Differentialgleichung $\dot{\mathbf{x}} = \mathbf{A}(t)\mathbf{x}$ und einer speziellen Lösung $\mathbf{x}_s(t)$ der inhomogenen Differentialgleichung zusammen.

Beweis: siehe Satz 4.3 in Abschnitt 4.5
∎

Weiterhin gilt bei Differentialgleichungen mit konstanter Matrix $\mathbf{A} \in I\!R^{n \times n}$, daß sich die allgemeine Lösung der homogenen Gleichung als eine Linearkombination n der linear unabhängigen *Fundamentallösungen* $\mathbf{x}_1(t), \ldots, \mathbf{x}_n(t)$ darstellen läßt. Sie bilden eine Basis des Lösungsraumes der homogenen Gleichung. Auch diese Aussage gilt bei linearen Differentialgleichungen mit nicht konstanter Matrix $\mathbf{A}(t)$. Im Gegensatz zu dem zuerst genannten Fall gibt es jedoch kein allgemeines systematisches Verfahren, mit dem die Fundamentallösungen ermittelt werden können. Ist allerdings eine Basis der homogenen Gleichung bekannt, dann kann man wie im Fall einer konstanten Matrix mit Hilfe der Methode der *Variation der Konstanten* eine spezielle Lösung der inhomogenen Gleichung berechnen. Dazu stellt man die Lösung der homogenen

Gleichung in der zugehörigen Basis dar

$$\mathbf{x}(t) = \sum_{i=1}^{n} v_i \, \mathbf{x}_i(t) =: \mathbf{W}(t)\mathbf{v}$$

mit $\mathbf{v} = (v_1, \ldots, v_n)^T$ und $\mathbf{W}^T = [\mathbf{x}_1 \mid \cdots \mid \mathbf{x}_n]$; die Matrix $\mathbf{W}^T(t)$ heißt *Wronski-Matrix* (siehe Abschnitt 4.5). Davon ausgehend "variiert" man die Konstanten v_i, so daß die $v_i(t)$ differenzierbare Funktionen sind. Das Einsetzen der variierten Funktionen ergibt unter der Berücksichtigung von $\dot{\mathbf{x}}_i = \mathbf{A}(t)\mathbf{x}_i$ $(i = 1, \ldots, n)$ die Gleichung

$$\mathbf{W}(t)\dot{\mathbf{v}}(t) = \mathbf{b}(t).$$

Mit den Anfangsbedingungen $\mathbf{v}_{t_0} = \mathbf{W}^{-1}(t_0)\mathbf{x}_0$ ergibt sich

$$\mathbf{v}(t) = \mathbf{W}^{-1}(t_0)\mathbf{x}_0 + \int_{t_0}^{t} \mathbf{W}^{-1}(\tau)\mathbf{b}(\tau)d\tau$$

und schließlich

$$\mathbf{x}(t) = \underbrace{\mathbf{W}(t)\mathbf{W}^{-1}(t_0)\mathbf{x}_0}_{\text{allgem. Lsg. hom. Gl.}} + \underbrace{\int_{t_0}^{t} \mathbf{W}(t)\mathbf{W}^{-1}(\tau)r(\tau)d\tau}_{\text{spez. Lsg. inhom. Gl.}}.$$

Die Matrixfunktion $\mathbf{W}(t)\mathbf{W}^{-1}(\tau) =: \boldsymbol{\Phi}(t,\tau)$ heißt *Übergangsmatrix*. Die Lösung der inhomogenen Differentialgleichung (5.2) kann damit in der Form

$$\mathbf{x}(t) = \boldsymbol{\Phi}(t,t_0)\mathbf{x}_0 + \int_{t_0}^{t} \boldsymbol{\Phi}(t,\tau)r(\tau)d\tau \tag{5.3}$$

notiert werden. Wir kommen nun zum Existenz- und Eindeutigkeitssatz für lineare Differentialgleichungssysteme 1. Ordnung.

Satz 5.2: Eine Lösung der Anfangswertaufgabe

$$\dot{\mathbf{x}} = \mathbf{A}(t)\mathbf{x} + \mathbf{b}(t),$$

mit $\mathbf{x}(t_0) = \mathbf{x}_0$, existiert im Intervall $[a, b]$ und ist dort eindeutig sowie stetig differenzierbar, wenn dort die Koeffizientenfunktionen $a_{ij}(t)$ $(i = 1, \ldots, n)$ von $\mathbf{A}(t)$ und die Koordinatenfunktionen $b_i(t)$ $(i = 1, \ldots, n)$ von $\mathbf{b}(t)$ stetig sind.

Beweis: siehe Amann ([4.40], S.115).

∎

Unter diesen Voraussetzungen existiert natürlich eine Basis von Fundamentallösungen und somit eine Wronskimatrix $\mathbf{W}(t)$, die für alle $t \in [a, b]$ invertierbar ist. Aufgrund des Existenz- und Eindeutigkeitssatzes genügt es übrigens, daß die Determinante der Wronskimatrix an *irgendeiner Stelle* $\hat{t} \in [a, b]$ von Null verschieden ist, damit die Wronskimatrix im *ganzen* Intervall invertierbar ist.

Ein Verfahren zur Ermittlung einer Basis von Fundamentallösungen steht, wie bereits gesagt, nicht zur Verfügung. Sind jedoch $k < n$ Fundamentallösungen bekannt, so kann man das Gleichungssystem auf ein System der Ordnung $n - k$ reduzieren (siehe D'Angelo ([5.1], S.38ff)).

Wenn die Koeffizientenfunktionen von $\mathbf{A}(t)$ nicht stetig sind, so existiert keine Lösung im "gewöhnlichen Sinne" mehr, welche die homogene Gleichung von (5.2) erfüllt. Man kann jedoch in diesen Fällen einen schwächeren Lösungsbegriff einführen. Dazu ordnet man der homogenen Differentialgleichung $\dot{\mathbf{x}} = \mathbf{A}(t)\mathbf{x}$ die Integralgleichung

$$\mathbf{x}(t) = \mathbf{x}_0 + \int_{t_0}^{t} \mathbf{A}(\tau)\mathbf{x}(\tau)d\tau \tag{5.4}$$

und der inhomogenen Differentialgleichung $\dot{\mathbf{x}} = \mathbf{A}(t)\mathbf{x} + \mathbf{b}(t)$ die Integralgleichung

$$\mathbf{x}(t) = \mathbf{x}_0 + \int_{t_0}^{t} (\mathbf{A}(\tau)\mathbf{x}(\tau) + \mathbf{b}(\tau))d\tau \tag{5.5}$$

zu.

Definition 5.1: Eine Funktion $\mathbf{x} : I\!R \to I\!R^n$ heißt Lösung der homogenen bzw. der inhomogenen Differentialgleichung $\dot{\mathbf{x}} = \mathbf{A}(t)\mathbf{x}$ bzw. $\dot{\mathbf{x}} = \mathbf{A}(t)\mathbf{x} + \mathbf{b}(t)$ *im verallgemeinerten Sinne* unter der Berücksichtigung der Anfangswerte $\mathbf{x}_0$, wenn $\mathbf{x}(t)$ für alle $t \in [a, b]$ die Integralgleichung (5.4) bzw. (5.5) erfüllt.

■

In Bezug auf die Existenz der Lösungen im verallgemeinerten Sinne können folgende Sätze bewiesen werden.

Satz 5.3: Eine homogene Differentialgleichung $\dot{\mathbf{x}} = \mathbf{A}(t)\mathbf{x}$ hat in $[a, b]$ eine Lösung im verallgemeinerten Sinne (unter der Berücksichtigung der Anfangswerte $\mathbf{x}_0$), wenn die Koeffizientenfunktionen $a_{ij}(t)$ von $\mathbf{A}(t)$ *lokal integrabel* in $I\!R$ sind.

Beweis: Coddington,Levinson ([5.15], S.43).

■

Satz 5.4: Eine inhomogene Differentialgleichung $\dot{\mathbf{x}} = \mathbf{A}(t)\mathbf{x} + \mathbf{b}(t)$ hat in $[a, b]$ eine Lösung im verallgemeinerten Sinne (unter der Berücksichtigung der Anfangswerte

$\mathbf{x}_0$), wenn die Koeffizientenfunktionen $a_{ij}(t)$ von $\mathbf{A}(t)$ und die Koordinatenfunktionen $b_i(t)$ von $\mathbf{b}(t)$ *lokal integrabel* Funktionen in $[a, b]$ sind.

Beweis: wie Beweis von Satz 5.3.

■

Bemerkungen 5.1: 1) Eine Funktion $f : I\!R \to I\!R$ heißt *lokal integrabel* in $I\!R$ genau dann, wenn gilt

$$\mid \int_\alpha^\beta f(\tau)d\tau \mid < \infty,$$

für alle Intervalle $[\alpha, \beta] \subset I\!R$.

2) Wenn man auf die Voraussetzung der lokalen Integrierbarkeit verzichtet, dann kann man keine *eindeutige* Lösung mehr erwarten, wie im folgenden Beispiel 5.5 demonstriert wird.

■

Beispiel 5.5: (Balabanian,Bickert,Seshu ([5.11]. 722f)) Die Zustandsgleichungen des in Bild 5.1 gezeigten Netzwerkes ergeben sich mit der Ladung $q = Cu$ als Variable zu

$$\frac{dq}{dt} = 4 \, \frac{1}{t^5} \, q,$$

mit $q(0) = 0$. Eine Schar von Lösungen ergibt sich zu

$$q(t) = ae^{-1/t^4},$$

für alle $a \in I\!R$. Eine eindeutige Lösung in $[0, \infty)$ ist natürlich nicht zu erwarten, da das Integral

$$\int_0^t \frac{4}{\tau^5} d\tau$$

für $t > 0$ nicht existiert und damit die Funktion nicht lokal integrabel ist. Für die speziellen Anfangsbedingungen $q(0) \neq 0$ existiert überhaupt keine Lösung.

■

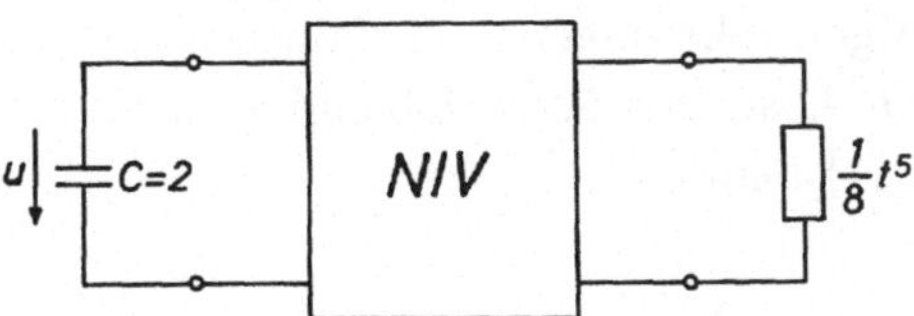

Bild 5.1. Netzwerk in Beispiel 5.5

Bemerkung 5.2: Bereits an dieser Stelle soll darauf hingewiesen werden, daß die qualitative Untersuchung von linearen Differentialgleichungen mit nicht konstanten Koeffizienten ebenso wie die von inhomogenen Differentialgleichungen mit konstanten Koeffizienten und nicht konstanter rechter Seite auf die Untersuchung nichtlinearer autonomer Differentialgleichungen zurückgeführt werden kann; dazu wird eine solche Gleichung auf folgende Art und Weise "autonomisiert"

$$\dot{\mathbf{x}} = \mathbf{A}(t)\mathbf{x} \quad \Longleftrightarrow \quad \dot{\mathbf{x}} = \mathbf{A}(\theta)\mathbf{x} \quad \text{und} \quad \dot{\theta} = 1$$

∎

5.5 Methoden der Störungsrechnung

Gelingt es nicht, explizite Darstellungen der Lösungen einer linearen Differentialgleichung mit nicht konstanten Koeffizienten zu gewinnen, dann muß man sich mit Näherungslösungen begnügen. Insbesondere sind solche Systeme von Interesse, bei denen die Variationen der Koeffizienten der beschreibenden Differentialgleichungen nur *"schwach"* sind. In diesen Situationen bettet man die zu untersuchenden Differentialgleichungen in eine *Familie* von Differentialgleichungen ein, wobei für mindestens ein Familienmitglied eine *explizite* Darstellung der Lösungen bekannt sein müssen; diese Lösungen versucht man nun auf die Familie fortzusetzen. Bei Differentialgleichungen mit größeren Koeffizientenänderungen werden direkte Reihenansätze gemacht. Wir kommen darauf später zurück.

Bei linearen Differentialgleichungen mit schwach variablen Koeffizienten ist es naheliegend, die von Lagrange stammende Methode der Variation der Konstanten anzuwenden, die selbst als Störungsrechnung interpretiert werden kann (siehe Abschnitt 4.5). Zur Erläuterung des Prinzips dieser Störungsrechnung beschränken wir uns auf Differentialgleichungen des Typs

$$\ddot{x} + a(t)\dot{x} + b(t)x = 0. \tag{5.6}$$

Die Lösung des zugehörigen inhomogenen Anfangswertproblems mit $x(0) = c_1$ und $x'(0) = c_2$ kann man nach Abschnitt 5.2 in folgender Form darstellen (als rechte Seite wird ausnahmsweise $r(t)$ benutzt)

$$x(t) = c_1 u_1(t) + c_2 u_2(t) + \int_0^t e^{\int_0^\tau a(\theta)d\theta}(u_1(\tau)u_2(t) - u_2(\tau)u_1(t))r(\tau)d\tau, \tag{5.7}$$

wenn u_1 und u_2 eine Basis von Fundamentallösungen der homogenen Gleichung bilden.

Wir "betten" nun (5.6) in eine Familie von Differentialgleichungen ein, in dem wir $a(t)$ und $b(t)$ zerlegen und ε als *Einbettungsparameter* nehmen. Wir erhalten

$$\ddot{x} + (a_0(t) + \varepsilon a_1(t))\dot{x} + (b_0(t) + \varepsilon b_1(t))x = r(t). \tag{5.8}$$

Die Einbettung wird so durchgeführt, daß sich die Lösung für $\varepsilon = 0$ explizit darstellen läßt; die Anfangswerte werden beibehalten. Eine mögliche Zerlegung könnte etwa darin bestehen, daß $a_0(t)$ und $b_0(t)$ *konstante* Funktionen sind. Zur Fortsetzung der bekannten Lösung machen wir nun den Lösungsansatz

$$x_\varepsilon(t) = x_0(t) + \varepsilon x_1(t) + \varepsilon^2 x_2(t) + \mathcal{O}(\varepsilon^3),$$

wobei alle Funktionen x_i die Anfangsbedingungen erfüllen sollen, und setzen ihn in (5.7) ein. Dann erhalten wir nach Gleichsetzen der Koeffizienten der Potenzen von ε die folgenden Gleichungen

$$\ddot{x}_0 + a_0(t)\dot{x}_0 + b_0(t)x_0 = 0$$
$$\ddot{x}_1 + a_0(t)\dot{x}_1 + b_0(t)x_1 = -(a_1(t)x_0(t) + b_1(t)x_0$$
$$\vdots$$

aus denen man die einzelnen Terme der ε–Entwicklung der Lösung bestimmen kann; dazu wird die allgemeine Lösung (5.8) der inhomogenen ungestörten Gleichung benötigt.

Eine andere Möglichkeit besteht darin, die Familie von linearen Differentialgleichungen in eine Familie von linearen Integralgleichungen umzuwandeln (Bellmann ([5.13], S.33f)). Das kann wiederum mit der Lösungsdarstellung (5.8) der inhomogenen Gleichung durchgeführt werden. Dazu faßt man die ε–abhängigen Terme als Inhomogenität auf und wir erhalten

$$x(t) = c_1 u_1(t) + c_2 u_2(t) + \varepsilon \int_0^t k(t,\tau)\big(a_1(\tau)\dot{x}(\tau) + b_1(\tau)x(\tau)\big)d\tau$$

mit

$$k(t,\tau) := -e^{\int_0^\tau a_0(\theta)d\theta}(u_1(\tau)u_2(t) - u_2(\tau)u_1(t).$$

Eliminiert man den Term $\dot{x}$ durch partielle Integration, dann bekommt man schließlich eine lineare Integralgleichung vom *Volterra-Typ*

$$x(t) = w(t) + \varepsilon \int_0^t \tilde{k}_\varepsilon(t,\tau)x(\tau)d\tau,$$

mit

$$w(t) := c_1 u_1(t) + c_2 u_2(t) - \varepsilon c_1 k(t,0) a_1(0),$$
$$\tilde{k}_\varepsilon(t,\tau) := k(t,\tau) b_1(\tau) - \frac{d}{d\tau}(k(t,\tau) a_1(\tau)).$$

Eine Lösung dieser Integralgleichung erhält man durch fortgesetztes ineinander Einsetzen

$$x(t) = w(t) + \varepsilon \int_0^t \tilde{k}_\varepsilon(t,\tau) \Big\{ w(\tau) + \varepsilon \int_0^\tau \tilde{k}_\varepsilon(\tau,\tau_1) x(\tau_1) d\tau_1 \Big\} d\tau =$$
$$= w(t) + \varepsilon \int_0^\tau \tilde{k}_\varepsilon(t,\tau) w(\tau) d\tau +$$
$$+ \varepsilon^2 \int_0^t \int_0^\tau \tilde{k}_\varepsilon(t,\tau) \tilde{k}_\varepsilon(\tau,\tau_1) w(\tau) d\tau_1 d\tau + \mathcal{O}(\varepsilon^3).$$

Diese Reihe wird *(Liouville-)Neumann-Reihe* genannt. Der Vorteil der Integralgleichungsmethode besteht darin, daß sie "glättend" wirkt. Liegen etwa die Lösung und die Näherungslösung *"dicht"* zusammen, dann liegen auch deren Integrale zusammen, während die Ableitungen "weit" auseinander liegen können. Man sollte jedoch anmerken, daß für numerische Berechnungen mit dem Computer die zuerst genannte Differentialgleichungsmethode besser geeignet ist.

Können die Variationen der Koeffizientenfunktionen nicht mehr als schwachveränderlich angesehen werden, dann verwendet man zur Darstellung der Lösungen direkte Reihenansätze. Eine ausführliche Abhandlung der entsprechenden Methoden findet man bei Nayfeh ([5.16], §13). Da diese Methoden in der System- und Netzwerkanalyse eine eher untergeordnete Rolle, soll nur das Prinzip der Vorgehensweise skizziert werden. Es soll jedoch angemerkt werden, daß diese Verfahren insbesondere für die Theorie der speziellen Funktionen (z.B. Bessel-Funktionen) und der orthogonalen Polynome (z.B. Hermite-Polynome) von zentraler Bedeutung sind. Daher dienen diese Überlegungen als Grundlage für die Approximationstheorie bei der Filtersynthese. Die zu betrachtenden Differentialgleichungen sind vom Typ

$$\ddot{x} + a(t)\dot{x} + b(t)x = 0.$$

Lassen sich die Koeffizientenfunktionen $a(t)$ und $b(t)$ in Potenzreihen mit nicht verschwindendem Konvergenzradius entwickeln (*Regularitätsbedingung*), dann besitzen diese Gleichungen Lösungen, die sich mit einer Potenzreihe in t darstellen lassen. Besitzen diese Funktionen *Singularitäten*, dann sind besondere Maßnahmen erforderlich, auf die wir allerdings nicht näher eingehen wollen. Wir verweisen auf die entsprechenden Ausführungen bei Nayfeh. Stattdessen wollen wir anhand eines Beispiels die Vorgehensweise der Methode der Reihenentwicklung verdeutlichen.

Beispiel 5.6: (Nayfeh ([5.16], S.329ff)) Sei

$$\ddot{x} + t\dot{x} + 2x = 0$$

eine lineare Differentialgleichung mit einem veränderlichen Koeffizienten ($a(t) = t$ und $b(t) \equiv 2$). Die Koeffizienten sind im Nullpunkt regulär, so daß wir für $x(t)$ in diesem Punkt als Taylorreihe ansetzen können

$$x(t) = \sum_{n=0}^{\infty} c_n t^n.$$

Zweimalige Differentiation dieses Ansatzes und Einsetzen in die Ausgangsgleichung ergibt

$$\sum_{n=2}^{\infty} n(n-1)c_n t^{n-2} + \sum_{n=0}^{\infty} nc_n t^n + 2\sum_{n=0}^{\infty} c_n t^n = 0$$

oder nach einer Substitution des Summationsindexes im ersten Term durch $m := n-2$

$$\sum_{m=0}^{\infty} \{(m+1)(m+2)c_{m+2} + (m+2)c_n\}t^n = 0.$$

Da diese Gleichung für alle $t \in R$ gelten muß, können wir die einzelnen Koeffizienten gleich Null setzen, wodurch sich folgende Rekursionsformel für die Koeffizienten c_n ergibt

$$c_{m+2} = -\frac{c_m}{m+1} \qquad \text{für } m = 0, 1, 2, \ldots.$$

Weil die geraden und die ungeraden Koeffizienten unabhängig voneinander sind, kann man diese beiden Teilmengen durch c_0 bzw. c_1 ausdrücken. Da es sich um eine Differentialgleichung zweiter Ordnung handelt, sind das die beiden freien Konstanten, die durch die Anfangswerte festgelegt werden; d.h. es gilt

$$x(t) = c_0 x_1(t) + c_1 x_2(t),$$

mit

$$x_1(t) = 1 - t^2 + \frac{t^4}{3} - \frac{t^6}{3 \cdot 5} + \frac{t^8}{3 \cdot 5 \cdot 7} \mp \mathcal{O}(t^{10}) =$$

$$= \sum_{m=0}^{\infty} \frac{(-2)^m m\, t^{2m}}{(2m)},$$

$$x_2(t) = t - \frac{t^3}{2} + \frac{t^5}{2 \cdot 4} - \frac{t^7}{2 \cdot 4 \cdot 6} \pm \mathcal{O}(t^9) =$$

$$= t \sum_{m=0}^{\infty} \frac{(-1)^m m\, t^{2m}}{2^m m} = t e^{-(1/2)t^2}.$$

Mit dem Quotientenkriterium prüft man leicht nach, daß die beiden Potenzreihen für alle $t \in I\!R$ konvergieren.

∎

Schließlich hat man es auch mit Systemen und Netzwerken zu tun, bei denen ein (oder mehrere) Systemparameter "sehr groß" wird. Diese Situationen können ebenfalls mit Familien von Differentialgleichungen beschrieben werden. Man sucht dann Lösungen für den Fall, daß der entsprechende Parameter asymptotisch gegen Unendlich geht. Eine der zahlreichen Methoden soll für Differentialgleichungen des Typs

$$\ddot{x} + a(t,\lambda)\dot{x} + b(t,\lambda)x = 0$$

vorgestellt werden. Sie wurde erstmals von Pipes [5.17] auf Probleme der Netzwerktheorie angewendet. Mit Hilfe der Transformation

$$x(t) = P(t) \cdot u(t)$$

kann der Term mit der ersten Ableitung $\dot{x}$ eliminiert werden, wenn P gewählt wird zu

$$P(t) = e^{-(1/2)\int p(\tau)d\tau}.$$

Die Gleichung lautet dann

$$\ddot{u} + \{b(t,\lambda) - \frac{1}{4}(a(t,\lambda))^2 - \frac{1}{2}\dot{a}(t,\lambda)\}u = 0.$$

Damit kann man sich ohne Einschränkung der Allgemeinheit auf Gleichungen des Typs

$$\ddot{x} + b(t,\lambda)x = 0 \tag{5.9}$$

konzentrieren, wobei wir meistens voraussetzen, daß b die Form

$$b(t) = \lambda^2 b_1(t) + b_2(t)$$

besitzt.

Beispiel 5.7: Die transformierte Gleichung aus Beispiel 5.6 lautet für $\lambda = 1$

$$\ddot{u} + \frac{1}{4}(6 - t^2)u = 0,$$

mit $P(t) := exp(-(1/4)t^2)$.

∎

Dividieren wir (5.9) durch λ^2, so erhalten wir

$$\frac{1}{\lambda^2}\ddot{x} + b_1(t)x + \frac{1}{\lambda^2}b_2(t)x = 0. \tag{5.10}$$

Es ist klar, daß der Grenzübergang $\lambda \to \infty$ nur die triviale Lösung $x \equiv 0$ ergibt. Eine Plausibilitätsüberlegung ergibt, daß wir den Ansatz

$$x(t) = e^{\lambda G(t,\lambda)}$$

wählen können, da bei der linearen Differentialgleichung mit konstanten Koeffizienten ($b_1(t) =$ konst. und $b_2(t) \equiv 0$) die Lösung vom "Produkttyp" $\exp(\pm\lambda t\sqrt{-b_1})$ ist. Durch zweimaliges Differenzieren dieses Ansatzes und Einsetzen in (5.10) erhalten wir

$$(\dot{G})^2 + b_1(t) + \frac{1}{\lambda}\ddot{G} + \frac{1}{\lambda^2}b_2(t) = 0.$$

Machen wir für G einen Reihenansatz der Form

$$G(t,\lambda) = G_0(t) + \frac{1}{\lambda}G_1(t) + \cdots,$$

dann ergibt sich

$$(\dot{G}_0 + \frac{1}{\lambda}\dot{G}_1 + \cdots)^2 + b_1(t) + \frac{1}{\lambda}(\ddot{G}_0 + \frac{1}{\lambda}\ddot{G}_1 + \cdots) + \frac{1}{\lambda^2}b_2(t) = 0$$

und nach einer kleinen Umformung schließlich

$$(\dot{G}_0)^2 + \frac{2}{\lambda}\dot{G}_0\dot{G}_1 + b_1(t) + \frac{1}{\lambda}\ddot{G}_0 + \cdots = 0.$$

Setzen wir die Koeffizienten von λ^0 und $1/\lambda$ gleich Null, so bekommen wir die beiden Differentialgleichungen

$$(\dot{G}_0)^2 + b_1(t) = 0,$$
$$\ddot{G}_0 + 2\dot{G}_0\dot{G}_1 = 0.$$

Die Lösung der ersten Gleichung lautet

$$G_0(t) = \begin{cases} \pm j \int \sqrt{b_1(t)}dt & \text{wenn } b_1(t) > 0; \\ \pm j \int \sqrt{-b_1(t)}dt & \text{wenn } b_1(t) < 0, \end{cases}$$

während wir aus der zweiten Gleichung nach logarithmischer Integration den Zusammenhang $G_1 = -\ln\sqrt{G_0'}$ ableiten können. Nach Einsetzen in G ergeben sich nach einigen kleinen Umformungen für den Fall $b_1(t) > 0$ die beiden unabhängigen Näherungslösungen

$$x_{\pm}(t) \approx \frac{e^{\pm j\lambda \int \sqrt{b_1(t)}\,dt}}{(\pm j)^{1/4}},$$

mit denen sich die asymptotischen Lösungen darstellen lassen zu

$$x(t) \approx (b_1(t))^{-(1/4)} \Big(k_1 \cos(\lambda \int \sqrt{b_1(t)}\,dt) + k_2 \sin(\lambda \int \sqrt{b_1(t)}\,dt) \Big),$$

wobei k_1 und k_2 willkürliche Konstanten sind. Eine ähnliche Darstellung ergibt sich für den Fall $b_1(t) < 0$ zu

$$x(t) \approx (-b_1(t))^{-(1/4)} \Big(k_1 e^{\lambda \int \sqrt{-b_1(t)}\,dt} + k_2 e^{-\lambda \int \sqrt{-b_1(t)}\,dt} \Big).$$

Diese Näherungslösungen werden häufig auch als *WKB-Approximationen* bezeichnet (genannt nach den Physikern **Wentzel**, **Kramers** und **Brillouin**). In Abschnitt 5.6 über Beschreibungsgleichungen mit periodisch zeitabhängigen Netzwerkparametern werden wir jedoch auf die WKB-Approximation zurückkommen und sie anhand netzwerktheoretisch relevanter Problemstellungen diskutieren. Mathematisch wird die WKB-Approximation im Rahmen der singulären Störungsrechnung mit Hilfe von asymptotischen Entwicklungen behandelt. Eine Einführung und weitere Hinweise findet man bei Tikhonov, Vasiléva und Sveshnikov [4.41].

5.6   Lineare periodisch zeitvariante Netzwerke

Es wurde bereits in der Einleitung 5.1 betont, daß lineare dynamische Netzwerke, deren Netzwerkparameter zeitlich periodisch veränderlich sind, viele Anwendungen in der Netzwerktheorie haben. Für die entsprechende Klasse der Beschreibungsgleichungen geben wir in diesem Abschnitt, neben den in Abschnitt 5.4 behandelten Ergebnissen für Gleichungen mit allgemeineren Zeitabhängigkeiten, weitere Resultate an. Damit gelingt es wiederum nicht, in allgemeinen Fällen explizite Lösungen abzuleiten, aber diese Ergebnisse sind für qualitative Untersuchungen, etwa der Stabilität, sehr nützlich. Der Einfachheit halber setzen wir voraus, daß die Beschreibungsgleichungen in der Form spezieller Zustandsgleichungen vorliegen. Auf diese Weise können die mathematischen Resultate für lineare Differentialgleichungen mit periodischen Koeffizienten direkt übertragen werden. Wir wollen jedoch noch einmal darauf hinweisen, daß diese Vorgehensweise in der Netzwerktheorie nicht immer sinnvoll ist.

Bevor wir auf Einzelheiten der Analyse dieser Netzwerkklasse eingehen, soll bereits anhand eines kleinen Beispiels dargestellt werden, daß ein periodisch angeregtes und periodisch zeitvariantes Netzwerk nicht notwendig auch eine periodische Systemantwort mit der gleichen Frequenz besitzen muß.

Beispiel 5.8: Untersucht werden soll der Strom i eines Netzwerkes, das aus einer Masche einer unabhängigen Spannungsquelle $u_0(t) = U_0 \sin \omega t$ und einem zeitvarianten Widerstand $R(t) = R_0 \cos \omega t$ besteht. Der Strom kann mit dem Ohmschen Gesetz bestimmt werden zu

$$i(t) = \frac{u(t)}{R(t)} = \frac{U_0}{R_0} \tan \omega t.$$

In diesem Fall ist die Lösung periodisch, aber sie ist unbeschränkt, ein Umstand, der physikalisch leicht verständlich ist.

Wird die Kosinusfunktion des zeitveränderlichen Widerstandes durch eine Sinusfunktion ersetzt, dann ergibt sich die folgende Lösung

$$i(t) = \frac{u(t)}{R(t)} = \frac{U_0 \, \sin \omega t}{R_0 \, \sin \omega t} = \frac{U_0}{R_0}.$$

In diesem Fall erhalten wir also einen konstanten Strom, der als periodische Funktion mit "unendlicher Periode" interpretiert werden könnte.

■

Wir kommen nun auf den Begriff der Übergangsmatrix $\mathbf{\Phi}(t,\tau)$ aus Abschnitt 5.4 zurück. Mit Hilfe dieser Matrix können wir die allgemeine Lösung eines Systems von linearen Differentialgleichungen ausdrücken. Sie kann bestimmt werden, wenn die allgemeine Lösung des *homogenen* Systems $\dot{\mathbf{x}} = \mathbf{A}(t)\,\mathbf{x}$ bekannt ist. Sind die Anfangswerte $\mathbf{x}_0$ im Zeitpunkt $t_0 = 0$ gegeben, dann können wir die Lösung des homogenen Systems wie folgt notieren

$$\mathbf{x}(t) = \mathbf{\Phi}(t,0)\mathbf{x}_0.$$

Ist $\mathbf{A}(t)$ eine Matrix, deren Koeffizienten periodische Funktionen mit der Periode T sind, dann kann mit Hilfe des Satzes von Floquet (siehe Sánchez ([5.18], S.155ff)) eine Zerlegung der Übergangsmatrix angegeben werden.

Satz 5.5: (Satz von Floquet) Für die Übergangsmatrix $\mathbf{\Phi}(t,0)$ einer homogenen Differentialgleichung $\dot{\mathbf{x}} = \mathbf{A}(t)\mathbf{x}$, deren Koeffizientenmatrix $\mathbf{A}(t)$ periodisch mit der Periode T ist, gelten folgende Aussagen:

1) $\mathbf{\Phi}(t+T,0)$ ist ebenfalls eine Übergangsmatrix,
2) $\mathbf{\Phi}(t,0)$ kann wie folgt zerlegt werden

$$\mathbf{\Phi}(t,0) = \mathbf{R}(t) \, e^{\mathbf{\Gamma} t},$$

wobei die nichtsinguläre Matrix $\mathbf{R}(t)$ periodisch in T und $\mathbf{\Gamma}$ eine konstante Matrix ist. Die Matrix

$$\mathbf{\Phi}_D(T) := e^{\mathbf{\Gamma} T}$$

heißt *diskrete Übergangsmatrix*.

Beweis: zu 1): Aus

$$\dot{\boldsymbol{\Phi}}(t,0)\ \mathbf{x}_0 = \mathbf{A}(t)\boldsymbol{\Phi}(t,0)\mathbf{x}_0$$

folgt mit $t \longmapsto t + T$ und der Periodizität von $\mathbf{A}(t)$

$$\dot{\boldsymbol{\Phi}}(t+T,0)\mathbf{x}_0 = \mathbf{A}(t+T)\boldsymbol{\Phi}(t+T,0)\mathbf{x}_0 = \mathbf{A}(t)\boldsymbol{\Phi}(t+T,0)\mathbf{x}_0$$

und damit die gewünschte Behauptung.

zu 2): Da $\boldsymbol{\Phi}(t,0)$ und $\boldsymbol{\Phi}(t+T,0)$ das homogenen System erfüllen, können sie sich nur um eine konstante von T abhängige Matrix $\boldsymbol{\Phi}_D(T)$ unterscheiden

$$\boldsymbol{\Phi}(t+T,0) = \boldsymbol{\Phi}(t,0)\boldsymbol{\Phi}_D(T); \tag{5.11}$$

da $\boldsymbol{\Phi}_D(T)$ regulär sein muß, können wir eine Matrix $\boldsymbol{\Gamma}$ definieren

$$\boldsymbol{\Phi}_D(T) =: e^{\boldsymbol{\Gamma}T}.$$

Mit Hilfe der Matrix

$$\mathbf{R}(t) := \boldsymbol{\Phi}(t,0)e^{-\boldsymbol{\Gamma}t} \tag{5.12}$$

kann die zweite Behauptung durch linksseitige Multiplikation mit $\exp(\boldsymbol{\Gamma}T)$ bewiesen werden, wenn wir zeigen, daß $\mathbf{R}(t)$ periodisch in T ist. Dazu verwenden wir (5.11) und (5.12) und schließen in folgender Weise

$$\begin{aligned}
\mathbf{R}(t+T) &= \boldsymbol{\Phi}(t+T,0)e^{-\boldsymbol{\Gamma}(t+T)} = \\
&= \boldsymbol{\Phi}(t,0)e^{\boldsymbol{\Gamma}T}e^{-\boldsymbol{\Gamma}t}e^{-\boldsymbol{\Gamma}T} = \\
&= \boldsymbol{\Phi}(t,0)e^{-\boldsymbol{\Gamma}t} = \mathbf{R}(t),
\end{aligned}$$

wobei wir benutzt haben, daß $\exp(-\boldsymbol{\Gamma}t)$ und $\exp(-\boldsymbol{\Gamma}T)$ vertauschbare Matrizen sind (siehe Anhang A).

∎

Ersetzen wir in (5.11) T durch kT, dann erhalten wird durch mehrfache Anwendung dieser Formel

$$\boldsymbol{\Phi}(kT,0) = (\boldsymbol{\Phi}_D(T))^k \tag{5.13}$$

und somit

$$\mathbf{x}(kT) = \boldsymbol{\Phi}(kT,0)\mathbf{x}_0 = (\boldsymbol{\Phi}_D(T))^k\mathbf{x}_0, \tag{5.14}$$

was die Bezeichnung diskrete Übergangsmatrix rechtfertigt, da sie das Systemverhalten über eine volle Periode T beschreibt.

Obwohl wir für die Übergangsmatrix $\boldsymbol{\Phi}(t,0)$ eine Zerlegung angeben können, ist eine explizite Berechnung dieser Matrix nur dann möglich, wenn die allgemeine Lösung der zugehörigen Differentialgleichung bekannt ist. Aber selbst in scheinbar einfachen Fällen gelingt dies nicht. Allerdings gibt es Näherungsmethoden, mit denen man wenigstens für die diskrete Übergangsmatrix $\Phi_D(T)$ eine Näherung berechnen kann. Daraus lassen sich Stabilitätsapproximationen gewinnen. Ist jedoch die diskrete Übergangsmatrix $\Phi_D(T)$ bekannt, dann können qualitative Aussagen über die Lösungen des homogenen Systems ermittelt werden. Bestimmt man etwa die Eigenwerte dieser Matrix, so kann daraus ablesen, ob die Lösungen für große Zeiten $t \to \infty$ beschränkt bleiben odergegen Null streben. Ist $\mathbf{v}_i$ ein Eigenvektor von $\Phi_D(T)$ zum Eigenwert ρ_i und wenden wir die diskrete Übergangsmatrix auf diesen Vektor an, dann erhalten wir

$$\mathbf{x}(t+T) = \Phi(t+T,0)\mathbf{v}_i = \Phi(t,0)\Phi_D(T)\mathbf{v}_i =$$
$$= \Phi(t,0)\rho_i\mathbf{v}_i = \rho_i\mathbf{x}(t).$$

Eine Lösung $\mathbf{x}(t)$ wächst demnach unbegrenzt, wenn $\mid \rho_i \mid > 1$ ist. Ein Eigenwert ρ der diskreten Übergangsmatrix heißt *charakteristischer (Floquet-)Multiplikator*, während ein Eigenwert μ von Γ *charakteristischer (Floquet-)Exponent* genannt wird. Für die charakteristischen Exponenten lautet die äquivalente Bedingung für unbegrenztes Wachsen der Lösung $\Re\{\mu_i\} > 0$. Man kann einen Zusammenhang zwischen dem Produkt der charakteristischen Multiplikatoren und der Spur der Koeffizientenmatrix $\mathbf{A}(t)$ angeben (Myschkis ([5.24], S.505ff)) zu

$$\prod_{j=1}^{n} \rho_i = e^{\int_0^T Sp(\mathbf{A}(\tau))d\tau};$$

gilt $\Re\{\int_0^T Sp(\mathbf{A}(\tau))d\tau\} > 0$, so gibt es wenigstens einen Multiplikator ρ_i mit $\mid \rho_i \mid > 1$. die Lösungen sind demnach unbeschränkt für $t \to \infty$. Entsprechendes gilt für $t \to -\infty$, wenn der Realteil negativ ist. Daraus folgt die *notwendige* Bedingung, daß die Lösungen nur dann auf der ganzen t-Achse beschränkt sind, wenn gilt

$$\Re\{\int_0^T Sp(\mathbf{A}(\tau))d\tau\} = 0.$$

Das ist beispielsweise bei der *Hillschen Differentialgleichung*

$$\ddot{x} + p(t)\,x = 0$$

mit $p(t) = p(t+T)$ der Fall; zum Nachweis bringt man die Gleichung auf ein System 1. Ordnung. Diese Gleichung hat Ljapunov genauer untersucht und gefunden, daß für $p(t)$ und $0 < \int_0^T p(\tau)d\tau \leq 4/T$ die charakteristische Gleichung der diskreten Übergangsmatrix konjugiert komplexe Lösungen besitzt und mit der Realteilbedingung

$$\alpha e^{j\beta}\alpha e^{-j\beta} = \alpha^2 = 1$$

erhält man $\mid \alpha \mid = 1$; die charakteristische Gleichung kann notiert werden zu

$$\rho^2 - \left(\phi(\pi,0) + \dot{\psi}(\pi,0)\right)\rho + 1 = 0, \tag{5.15}$$

wenn ϕ und ψ Lösungen zu den Anfangsbedingungen $\phi(0) = 1$ und $\dot{\phi}(0) = 0$ bzw. $\psi(0) = 0$ und $\dot{\psi}(0) = 1$ sind.

Bevor wir einige spezielle Typen von Differentialgleichungen mit periodischen Koeffizienten ausführlicher behandeln, wollen wir als Beispiel ein einfaches Modell eines Kohlemikrophons diskutieren.

Beispiel 5.9: (Einfaches Modell eines Kohlemikrophones) Die Beschreibungsgleichungen des in Bild 5.2 gezeigten Netzwerkes lauten

$$\frac{di}{dt} + \left(\frac{R}{L} + \frac{r}{L} \cos 2t \right) i = \frac{U_0}{L},$$

mit $i(0) = i_0$. Die Lösung für $U_0 = 0$ ergibt sich zu

$$i(t) = \underbrace{e^{-\frac{r}{2L} \sin t}}_{R(t)} \; \underbrace{e^{-\frac{R}{L}t}}_{e^{\Gamma t}} \; i_0.$$

Für diese Gleichung kann also eine explizite Lösung angegeben werden.

■

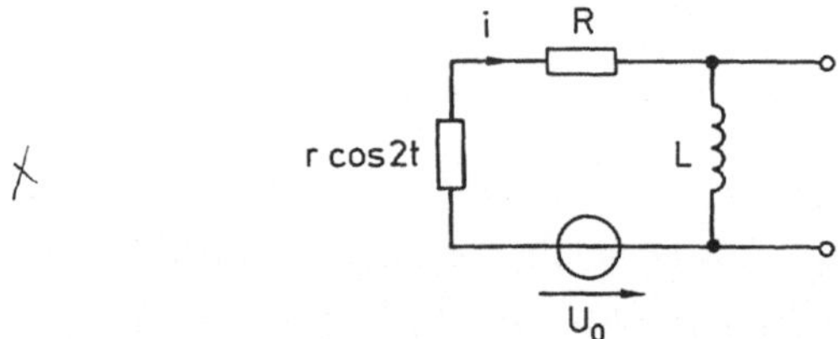

Bild 5.2. Netzwerk eines Kohlemikrophones

In einem weiteren Beispiel handelt es sich um einen Schwingkreis mit periodisch zeitveränderlicher Kapazität, der als Modell für ein Kondensatormikrophon dienen kann. Dabei kommen wir zu einer Differentialgleichung, deren allgemeine Lösung nicht mehr angegeben kann.

Beispiel 5.10: (Einfaches Modell für ein Kondensatormikrophon) Für die Analyse des in Bild 5.3 gezeigten Netzwerkes nehmen wir an, daß die Kapazität in der folgenden Form von der Zeit abhängt

$$C(t) = \frac{C_0}{1 - 2h \cos 2t}.$$

Dabei ist $C_0 = \epsilon_0 A / d_0 = 1$ die Kapazität eines Luftkondensators mit der Fläche A und dem Abstand d_0. Ändert sich der Abstand d mit dem Hub h, so erhalten wir $d = d_0(1 - 2 \cos 2t)$ und damit die Kapazität $C(t)$.

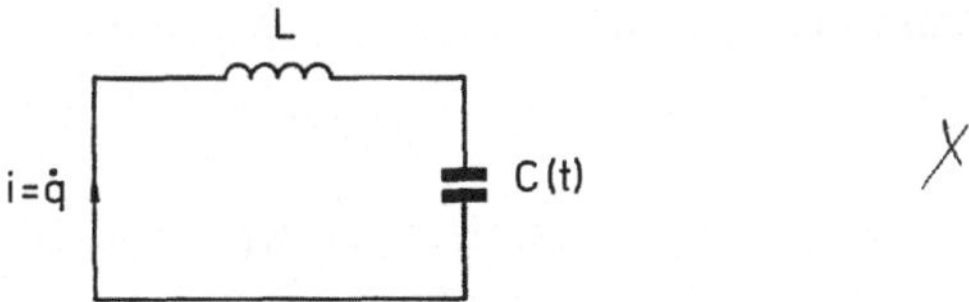

Bild 5.3. Netzwerk eines Kondensatormikrophones

Die Beschreibungsgleichung mit der Ladung q als Netzwerkvariable berechnet sich zu

$$\frac{d^2q}{dt^2} + (1 - 2h\cos 2t)\, q = 0 \tag{5.16}$$

mit $q(0) = q_0$.

Eine geschlossene Lösung für diese Differentialgleichung vom Typ einer *Mathieu-Gleichung* kann nicht angegeben werden. Im Spezialfall $h = 0$ kann jede Lösung von (5.16) natürlich als Linearkombination von $\cos t$ und $\sin t$ dargestellt werden, d.h. der Lösungsraum der Gleichung ist 2-dimensional. Im Fall $h \neq 0$ ist die Dimension des Lösungsraumes ebenfalls 2-dimensional, aber man stellt die periodischen Lösungen der Mathieu-Gleichung als abzählbare Linearkombinationen von $\cos \nu t$ und $\sin \nu t$ dar (siehe Richards ([5.8], S.93ff)). Das entspricht auch dem elektrotechnischen Interesse, da man für periodische Signale spektrale Messungen vornimmt, d.h. von jeder Frequenzkomponente wird Betrag und Phase gemessen. Nach Abschnitt 2.1 entspricht aber die Wahl einer Basis des Lösungsraumes einer bestimmten Auswahl von Meßgeräten. Demnach sind bei spektralen Messungen immer Sinus- und Kosinusfunktionen als Basiselemente zu wählen. Hierin ist der wesentliche Grund für die Beliebtheit von "Frequenzbereichsdarstellungen" in der System- und Netzwerktheorie zu sehen.

∎

Wir betrachten nun *stückweise linear zeitinvariante* periodische Systeme und Netzwerke, deren Beschreibungsgleichungen in der Form eines Systems von inhomogenen Differentialgleichungen 1. Ordnung vorliegen

$$\dot{\mathbf{x}} = \mathbf{A}(t)\mathbf{x} + \mathbf{b}(t), \tag{5.17}$$

wobei $\mathbf{x}$ und $\mathbf{b}(t)$ Vektoren aus dem $I\!R^n$ und $\mathbf{A}(t)$ eine in T periodische $n \times n$-Matrix mit reellen Koeffizienten (für festes t) sind. Bei dieser Systemklasse sind $\mathbf{A}(t)$ und $\mathbf{b}(t)$ in den Zeitintervallen einer vorgegeben Intervalleinteilung der Periode konstant. Um die Floquet-Theorie direkt anwenden zu können, "homogenisieren" wir das System (5.17) in folgender Weise:

$$\mathbf{y} := \begin{pmatrix} \mathbf{x} \\ 1 \end{pmatrix}, \qquad \tilde{\mathbf{A}}(t) := \begin{pmatrix} \mathbf{A}(t) & \mathbf{b}(t) \\ \mathbf{0}^T & 0 \end{pmatrix} ;$$

wir erhalten dann ein System homogener Differentialgleichungen

$$\dot{\mathbf{y}} = \tilde{\mathbf{A}}(t)\mathbf{y}. \tag{5.18}$$

Unter den genannten Vorausetzungen an $\mathbf{A}(t)$ und $\mathbf{b}(t)$ läßt sich $\tilde{\mathbf{A}}(t)$ notieren zu

$$\tilde{\mathbf{A}}(t) = \begin{cases} \mathbf{A}_1 & 0 \leq t \leq t_1 \\ \mathbf{A}_2 & t_1 \leq t \leq t_2 \\ \vdots & \vdots \\ \mathbf{A}_p & t_{p-1} \leq t \leq t_p = T \end{cases} .$$

Der Einfachheit halber beschränken wir uns auf $p = 2$ und setzen $\mathbf{A} := \mathbf{A}_1$ und $\mathbf{B} := \mathbf{A}_2$. Wir interessieren uns nun für die diskrete Dynamik des Systems von Periode zu Periode, für die nach dem Satz von Floquet die diskrete Übergangsmatrix zuständig ist

$$\mathbf{y}(t + kT) = \mathbf{\Phi}_D(T)\mathbf{y}(t). \tag{5.19}$$

Da $\tilde{\mathbf{A}}(t)$ stückweise konstant ist, haben wir jeweils ein lineares System von Differentialgleichungen mit konstanten Koeffizienten vor uns, dessen Lösung von der entsprechenden Matrix bestimmt wird. Die diskrete Übergangsmatrix lautet demnach

$$\mathbf{\Phi}_D(T) = e^{\mathbf{B}(T - t_1)} \, e^{\mathbf{A}t_1}, \tag{5.20}$$

wenn man mit einem Punkt $\mathbf{y}$ startet, bei dem $\mathbf{A}$ die Dynamik festlegt. Allerdings können die Matrixexponentialfunktionen *nicht* zusammengefaßt werden, wenn $\mathbf{A}$ und $\mathbf{B}$ nicht vertauschbar sind, d.h. wenn der Kommutator $[\mathbf{A}, \mathbf{B}] := \mathbf{AB} - \mathbf{BA}$ (Anhang A) von Null verschieden ist. In dieser Situation können wir jedoch die sogenannte *Campbell-Baker-Hausdorff*-Formel anwenden (siehe Kirchgraber,Stiefel [5.19]), die folgende Beziehung liefert

$$e^{\mathbf{A}} \, e^{\mathbf{B}} = e^{\mathbf{P}} \tag{5.21}$$

mit $\mathbf{P} = \mathbf{A} + \mathbf{B} + 1/2 \, [\mathbf{A}, \mathbf{B}] + 1/12 \, [[\mathbf{A}, \mathbf{B}], (\mathbf{A} - \mathbf{B})] + \cdots$. Mit dieser Beziehung lassen sich Näherung für die diskrete Übergangsmatrix $\mathbf{\Phi}_D(T)$ bestimmen, so daß approximative Stabilitätsuntersuchungen solcher Systeme möglich sind. Eine solche Vorgehensweise wurde im Jahre 1972 von Brockett,Wood [5.20] vorgeschlagen und bei der Untersuchung von DC-DC-Wandlern (Schaltnetzteilen) eingesetzt; später (1975) verwendeten auch Ćuk und Middlebrook [5.21] die Campbell-Baker-Hausdorff-Formel bei der Untersuchung von Schaltnetzteilen. Während Ćuk und Middlebrook die einfachste Näherung $\mathbf{P}_M := \mathbf{A}t_1 + \mathbf{B}(T - t_1)$ benutzen, wenden Brockett und Wood die folgende Approximation für $\mathbf{P}$ an

$$\mathbf{P}_B := \mathbf{A}t_1 + \mathbf{B}(T - t_1) + \frac{1}{12}t_1(T - t_1)\{(T - t_1)[[\mathbf{A}, \mathbf{B}]\mathbf{B}] + t_1[[\mathbf{B}, \mathbf{A}], \mathbf{A}]\} \tag{5.22}$$

an. Dabei fehlt in $\mathbf{P}_B$ das einfache Kommutatorglied, weil Brockett und Wood davon ausgehen, daß $\mathbf{P}_B$ im Fall einer asymptotisch stabilen Lösung nicht von der

Reihenfolge von **A** und **B** abhängen darf. Ein Vergleich der Güte der beiden Stabilitätsapproximationen wird in Abschnitt 5.8.1 diskutiert.

Liegen die Beschreibungsgleichungen in der Form einer *Meissner-Gleichung* vor

$$\ddot{x} + (a - 2q)x = 0 \quad \text{für } 0 \le t < t_1$$
$$\ddot{x} + (a + 2q)x = 0 \quad \text{für } t_1 \le t < \pi$$

dann können wir sogar die Übergangsmatrix $\Phi(t,0)$ angeben, weil die allgemeine Lösung und damit die entsprechende Wronskimatrix bekannt ist. Es ergibt sich

$$\Phi(t_a, t_b) = \mathbf{W}(t_a)\mathbf{W}^{-1}(t_b)$$

mit

$$\mathbf{W}(t) = \begin{pmatrix} \cos \alpha t & \frac{1}{\alpha} \sin \alpha t \\ -\alpha \sin \alpha t & \cos \alpha t \end{pmatrix},$$

wobei $\alpha = \sqrt{a - 2q} =: c$ bzw. $\alpha = \sqrt{a + 2q} =: d$ gilt, abhängig davon, ob das betrachtete Zeitintervall (t_1, t_2) Teilmenge von $[0, t_1)$ oder $[t_1, \pi)$ ist. Die diskrete Übergangsmatrix ergibt sich dann zu

$$\Phi_D(\pi, 0) = \begin{pmatrix} \cos d(\pi - t_1) & \frac{1}{d} \sin(\pi - t_1) \\ -d \sin(\pi - t_1) & \cos d(\pi - t_1) \end{pmatrix} \begin{pmatrix} \cos ct_1 & \frac{1}{c} \sin ct_1 \\ -c \sin ct_1 & \cos ct_1 \end{pmatrix}^{-1},$$

Diese Lösungsformel wird in Richards ([5.8], S.5) auf ein Beispiel angewendet, in dem ein Schwingkreis betrachtet wird, dessen Kapazität periodisch und abrupt zwischen zwei Werten schwankt. Diese Aufgabe wurde zuerst von Rayleigh behandelt.

Eine ebenfalls vollständig lösbare aber wesentlich kompliziertere Situation liegt vor, wenn die zeitliche Abhängigkeit von ω^2 eines linearen harmonischen Oszillators sägezahnförmig und periodisch ist, d.h. wir betrachten die Differentialgleichung

$$\ddot{x} + \left(a - 2q(-\frac{2t}{\pi} + 1)\right) x = 0 \tag{5.23}$$

für $0 \le t < \pi$. Mit $\alpha := a - 2q$ und $\beta := 4q/\pi$ sowie der Koordinatentransformation $t \to z := \alpha + \beta t$ erhalten wir eine Gleichung, die uns bereits im Beispiel 5.3 begegnet ist. Im Gegensatz dazu drücken wir allerdings die Lösung mit Besselfunktionen erster Art und der Ordnung $\pm 1/3$ aus, wobei wir einen erneuten Koordinatenwechsel $z \to \sigma := 2z^{2/3}(3\beta)^{-1}$ vornehmen; die beiden Fundamentallösungen lauten dann

$$\begin{aligned} x_1(t) &= \sqrt{z}\, J_{1/3}(\sigma), \\ x_2(t) &= \sqrt{z}\, J_{-1/3}(\sigma). \end{aligned} \tag{5.24}$$

Damit kann die Wronskimatrix und letztlich die Übergangsmatrix $\Phi_-(t,0)$ bestimmt werden, wobei eine passende Wahl der Vorzeichen erfolgen muß. Entsprechend kann eine Übergangsmatrix $\Phi_+(t,0)$ für einen sägezahnförmige Funktion mit positiver Steigung berechnet werden, so daß auch Gleichungen mit einer dreieckförmigen

Abhängigkeit behandelt werden können. Schließlich läßt sich auch die exakte Lösung im Fall einer exponentiellen und periodischen Abhängigkeit bestimmen.

In analoger Weise gelingt es, kompliziertere periodische Abhängigkeiten durch konstante Stücke, Geradenstücke unterschiedlicher Steigung sowie exponentiell abfallende Stücke zu approximieren und für die entsprechenden Gleichungen exakte Lösungen abzuleiten. Einen solchen Vorschlag hat zuerst Pipes in der Netzwerktheorie vorgetragen (siehe [5.22]). Eine umfassende und moderne Darstellung dieses Gedankens mit zahlreichen Anwendungen findet man bei Richards ([5.8], §5).

Die bekannteste lineare Differentialgleichung mit periodischen Koeffizienten ist die bereits in Beispiel 5.9 erwähnte Mathieusche Differentialgleichung, die wir jetzt in der Form

$$\ddot{x} + (a - 2q\cos 2t)x = 0. \tag{5.25}$$

notieren. Sie hat auch in der Netzwerktheorie schon sehr frühe Anwendungen gefunden; so etwa die Arbeit von Carson über Modulation [5.23]. Dabei interessiert man sich insbesondere für die periodischen Lösungen und deren Stabilitätsverhalten. Zu einer analytischen Darstellung der periodischen Lösungen dieser Gleichung gelangt man, indem man (5.25) als *Familie von Differentialgleichungen* mit dem Familienparameter q betrachtet. Man sieht, daß für $q = 0$ die Gleichung des linearen harmonischen Oszillators vorliegt und somit ebenfalls zur Familie gehört. Es liegt daher nahe, die Lösungen ϕ und ψ in einer Störungsreihe in q anzusetzen

$$\phi(t, a, q) = \phi_0(t, a) + \phi_1(t, a)q + \cdots,$$
$$\psi(t, a, q) = \psi_0(t, a) + \psi_1(t, a)q + \cdots.$$

Wir erhalten allerdings nach (5.15) nur dann beschränkte Lösungen, wenn die Größe

$$A(a, q) := \frac{1}{2}\left(\phi(\pi, a, q) + \dot{\psi}(\pi, a, q)\right) \tag{5.26}$$

betragsmäßig kleiner ist als Eins; dann ergibt sich für die charakteristischen Multiplikatoren $|\rho_1| = |\rho_2| = 1$. Danach berechnen wir mit der Methode der Störungsrechnung die Entwicklungsfunktionen ϕ_i und ψ_j und bestimmen $A(a, q)$. Diese Vorgehensweise wird bei Myschkis ([5.24], S.509ff) ausführlich erläutert. Daraus lassen sich schließlich die Gebiete in der (a, q)-Ebene ermitteln, in denen beschränkte Lösungen existieren; in Bild 5.4 werden diese Gebiete für die Mathieu-Gleichung skizziert. Man kann sehr leicht erkennen, daß die Mathieu-Gleichung im Gegensatz zum linearen harmonischen Oszillator bei konstantem q nur für diskrete Werte von a, d.h. für diskrete Frequenzen, stabile periodische Lösungen besitzt. Die Kurven schneiden die Achse ($q = 0$) bei den Werten $a = m^2$ mit $m \in I\!N$ Die periodischen Lösungen werden als Reihenentwicklung in Sinus- und Kosinusfunktionen angegeben (z.B. Richards ([5.8], S.94f)) und werden *Mathieu-Funktionen erster Art* genannt. Für $m = 1$ erhalten wir

$$ce_1(t,q) = \cos t - \frac{1}{8} q \cos 3t + \frac{1}{64} q^2 \left(- \cos 3t + \frac{1}{3} \cos 5t \right) -$$

$$- \frac{1}{512} q^3 \left(\frac{1}{3} \cos 3t - \frac{4}{9} \cos 5t + \frac{1}{18} \cos 7t \right) + \cdots$$

$$\text{mit } a = 1 + q - \frac{1}{8} q^2 - \frac{1}{64} q^3 - \frac{1}{1536} q^4 + \cdots$$

und

$$se_1(t,q) = \sin t - \frac{1}{8} q \sin 3t + \frac{1}{64} q^2 \left(\sin 3t + \frac{1}{3} \sin 5t \right) -$$

$$- \frac{1}{512} q^3 \left(\frac{1}{3} \sin 3t + \frac{4}{9} \sin 5t + \frac{1}{18} \sin 7t \right) + \cdots$$

$$\text{mit } a = 1 - q - \frac{1}{8} q^2 + \frac{1}{64} q^3 - \frac{1}{1536} q^4 + \cdots$$

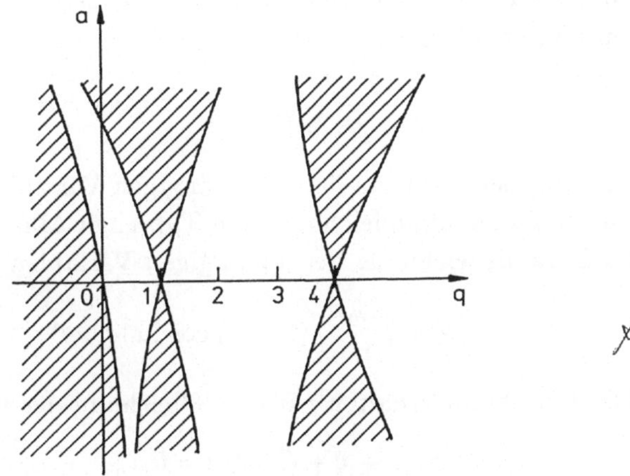

Bild 5.4. Stabilitätsgebiete der Mathieu-Gleichung

Für $m > 1$ können periodische Lösungen mit Hilfe von Mathieu-Funktionen der Ordnung m als Reihenentwicklungen in $\cos \nu t$ und $\sin \nu t$ bestimmt werden. Ist $a \neq m^2$ und m ganzzahlig, so ergeben sich in den Stabilitätsbereichen beschränkte und in den Instabilitätsbereichen unbeschränkte Lösungen (siehe Richards ([5.8], S.95f)), worauf wir aber nicht näher eingehen wollen.

Es zeigt sich, daß die analytische Lösungen für numerische Rechnungen zu unbequem sind, da für größere q zahlreiche Reihenglieder mitgenommen werden müssen, um eine hohe Genauigkeit zu erzielen. Stattdessen sollte man die bereits erwähnte

Modelltechnik von Pipes und Richards benutzen, bei der die kosinusförmige Zeitabhängigkeit durch eine passende Approximation durch Treppenfunktionen ersetzt wird. Wenn der periodische Anteil des periodischen Koeffizienten hinreichend "klein" ist, dann kann man die bereits in Abschnitt 5.5 besprochene WKB-Approximation verwenden. Das soll an einem Beispiel ausführlich erläutert werden.

Beispiel 5.11: Wir betrachten einen verlustlosen Schwingkreis mit veränderlicher Kapazität, die im Gegensatz zum Beispiel 5.10 folgende Zeitabhängigkeit besitzt

$$C(t) = C_0 \left(1 + 2h \cos 2\Omega t\right),$$

wobei $h^2 \ll 1$ ist. Wählen wir wiederum die Ladung q als Netzwerkvariable; daraus errechnen wir folgende Differentialgleichung

$$\ddot{q} + \frac{1}{LC_0 \left(1 + 2h \cos 2\Omega t\right)} q = 0.$$

Unter Berücksichtigung der genannten Voraussetzung können wir die Terme der Ordnung h^2 und höhere bei der Reihenentwicklung des periodischen Koeffizienten vernachlässigen und erhalten

$$\frac{1}{\left(1 + 2h \cos 2\Omega t\right)} \approx \left(1 - 2h \cos 2\Omega t\right)$$

und mit der Variablensubstitution der unabhängigen Variablen durch $x := \Omega t$ ergibt sich eine genäherte Differentialgleichung vom Typ einer Mathieu-Gleichung (wir behalten wie üblich die Bezeichnung der abhängigen Variablen bei)

$$\ddot{q} + \left(\frac{\omega_0{}^2}{\Omega}\right) (1 - 2h \cos 2x)q = 0$$

mit $\omega_0 = 1/LC_0$ und damit erhalten wir eine Gleichung der Form

$$\ddot{y} + G^2(x)y = 0 \tag{5.27}$$

mit

$$G(x) := \left(\frac{\omega_0}{\Omega}\right) \sqrt{1 - 2h \cos 2x} \approx \frac{\omega_0}{\Omega(1 - h \cos 2x)}.$$

Bei der WKB-Approximation betrachten wir Lösungen des Typs

$$y(x) = \frac{1}{\sqrt{G(x)}} \left(C_1 e^{j\Phi(x)} + C_2 e^{-j\Phi(x)}\right) \tag{5.28}$$

mit $\Phi(x) := \int G(x)dx$. Diese Funktion erfüllt die Differentialgleichung

$$\ddot{y} + \left(G^2 + \frac{\ddot{G}}{2G} - 3\left(\frac{\dot{G}}{2G}\right)^2\right) y = 0.$$

Ist $G^2(x)$ eine periodische Funktion, die um einen "großen" Mittelwert nur "wenig" schwankt (im Beispiel h "klein"), dann gilt

$$G^2(x) \gg \left| \frac{\ddot{G}(x)}{2G(x)} - 3\left(\frac{\dot{G}(x)}{2G(x)} \right)^2 \right|,$$

so daß (5.28) als eine Näherungslösung von (5.27) betrachtet werden kann. Wenn $G(x)$ positiv in x ist, kann man (5.28) ausdrücken durch

$$y(x) = \frac{1}{\sqrt{G(x)}} \left(A\cos\Phi(x) + B\sin\Phi(x) \right)$$

mit $\Phi(x) = \int G(x)dx$. In unserem konkreten Fall erhalten wir

$$\Phi(x) = \frac{\omega_0}{\Omega}\left(x - \frac{h}{2}\sin 2x \right)$$

und damit

$$y(x) = \frac{1}{\sqrt{\frac{\omega_0}{\Omega}(1 - h\cos 2x)}}\{A\cos(ax - c\sin 2x) + B\sin(ax - c\sin 2x)\}$$

mit $a := \omega_0/\omega$ und $c := \omega_0 h/2\Omega$. Die verschiedenen harmonischen Komponenten können wir mit Hilfe von Bessel-Funktionen bestimmen, denn mit

$$\cos(\alpha\sin\beta) = J_0(\alpha) + 2(J_2(\alpha)\cos 2\beta + J_4(\alpha)\cos 4\beta + \cdots)$$
$$\sin(\alpha\sin\beta) = \qquad\quad 2(J_1(\alpha)\sin\beta + J_3(\alpha)\sin 3\beta + \cdots)$$

ergibt sich schließlich für q

$$q(t) = K_0 \sum_{n=-\infty}^{\infty} J_n\left(\frac{k\omega_0}{2\Omega}\cos((\omega_0 - 2n\Omega)t - \Theta) \right)$$

mit den Konstanten K_0 und Θ. Diese Lösung wurde erstmals von Carson [5.23] im Zusammenhang mit der Theorie der Frequenzmodulation ermittelt.

■

Die Berechnung der asymptotischen Lösungen von linearen Differentialgleichungen mit periodischen Koeffizienten kann auf der Grundlage des Tensorproduktes (Abschnitt 1.5) von Funktionen sehr durchsichtig erläutert werden. Dazu betrachten wir zunächst ein einfaches Beispiel.

Beispiel 5.12: Der in Bild 5.5 gezeigte Reihenschwingkreis mit einer zeitlich veränderlichen Induktivität $L(t) = L_0(1 + m\cos\Omega t)$ werde mit der Spannung $u_0(t) = U_0\cos\omega t$ angeregt. Die das Netzwerk beschreibende Differentialgleichung kann in der Form

$$\frac{d}{dt}(L(t)i) + Ri + \frac{1}{C}\int idt = u_0(t)$$

notiert werden. Gesucht werde eine asymptotische Lösung dieser Gleichung.

■

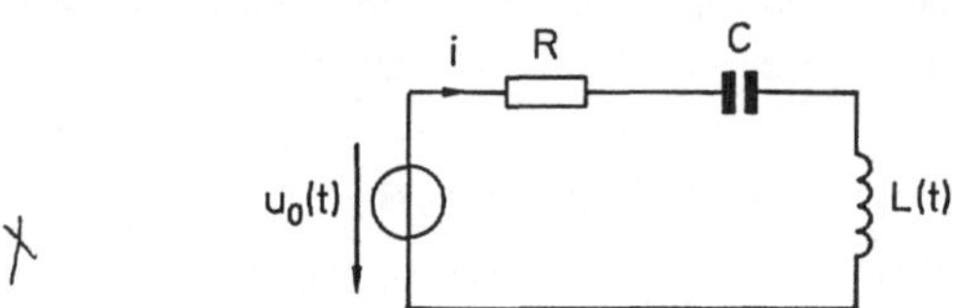

Bild 5.5. Netzwerk in Beispiel 5.12

Bei der Lösung von Differentialgleichungen des in Beispiel 5.12 genannten Typs ist es wegen des Produktes $L(t)i$ nicht mehr möglich, mit dem in Abschnitt 4.7.3 behandelten AC-Kalkül zu arbeiten. Eine einfache Überlegung zeigt, daß der Strom i neben der Anregungsfrequenz ω_0 (bei $m = 0$) auch *alle* Kombinationsfrequenzen $\omega_0 + k\Omega$ ($k \in \mathbb{Z}$) enthält. Wegen des Additionstheorems

$$\cos \Omega t \cos \omega_0 t = \frac{1}{2}\left(\cos(\omega_0 + \Omega)t + \cos(\omega_0 - \Omega)t\right)$$

treten dann auch Frequenanteile bei $\omega_0 + \Omega$ und $\omega_0 - \Omega$ auf. Durch sukzessive Anwendung dieses Additionstheorems ergeben sich dann alle weiteren Frequenzanteile.

Betrachten wir die Vektorräume $(\mathcal{F}_\omega, \mathbb{R})$ und $(\mathcal{F}_\Omega, \mathbb{R})$ mit den Basen $\{\cos \omega t, \sin \omega t\}$ und $\{\cos \Omega t, \sin \Omega t\}$, so lautet die Basis des Tensorproduktes $(\mathcal{F}_\omega, \mathbb{R}) \otimes (\mathcal{F}_\Omega, \mathbb{R})$

$$\{\cos \omega t \otimes \cos \Omega t, \cos \omega t \otimes \sin \Omega t, \sin \omega t \otimes \cos \Omega t, \sin \omega t \otimes \sin \Omega t\}.$$

Da das Tensorprodukt dem gewöhnlichen Funktionenprodukt entspricht, lassen wir das Tensorproduktzeichen $\otimes$ im folgenden weg. Mit Hilfe der Additionstheoreme läßt sich schließlich die folgende Strukturgleichheit (Isomorphie) als Vektorräume beweisen

$$(\mathcal{F}_\omega, \mathbb{R}) \otimes (\mathcal{F}_\Omega, \mathbb{R}) \cong (\mathcal{F}_{\omega+\Omega}, \mathbb{R}) \oplus (\mathcal{F}_{\Omega+\omega}, \mathbb{R}).$$

Demzufolge können wir den Produktausdruck $L(t)i$ und auch die Lösung in dem unendlichdimensionalen Vektorraum

$$\bigoplus_{k=-\infty}^{\infty} \mathcal{F}_{\omega_k} \quad \text{mit} \quad \omega_k := \omega_0 + k\Omega$$

darstellen. Für die Rechnung ist es bequem, den Ansatz

$$i(t) = \sum_{k=-\infty}^{\infty} I_k \cos\left((\omega_0 + \Omega)t + \phi_k\right)$$

für den Strom i in komplexer Form zu schreiben

$$i(t) = \frac{1}{2}e^{j\omega_0 t}\sum_{k=-\infty}^{\infty}J_k e^{jk\Omega t} + \frac{1}{2}e^{-j\omega_0 t}\sum_{k=-\infty}^{\infty}J_k^* e^{-jk\Omega t}$$

mit $J_k := I_k e^{j\phi}$ und den Realteil des 1.Terms zu benutzen. Das Produkt $L(t)i$ ergibt sich zu

$$L(t)i(t) = \Re\{L_0\sum_{k=-\infty}^{\infty}\left(J_k + \frac{m}{2}J_{n-1} + \frac{m}{2}J_{k+1}\right)e^{j(\omega_0 + k\Omega)t}\}. \tag{5.29}$$

Wir weisen darauf hin, daß für $m \neq 0$ der Grundfrequenzanteil bei ω_0 mit den beiden Seitenfrequenzanteilen bei $\omega_0 \pm k\Omega$ gekoppelt ist. Wir können nun eine Darstellung des Integro-Differentialoperators

$$\frac{d}{dt}\{L(t)\otimes i\} + Ri + \frac{1}{C}\int i\, d\tau \tag{5.30}$$

auf $\oplus_{k=-\infty}^{\infty}\mathcal{F}_{\omega_k}$ angeben, in dem wir (5.29) in (5.30) einsetzen. Wir erhalten

$$\sum_{k=-\infty}^{\infty}\{(j\omega_k L_0 + R + \frac{1}{j\omega_k C})J_k + j\omega_k L_0 \frac{m}{2}(J_{k-1} + J_{k+1})\}e^{j\omega_k t} \tag{5.31}$$

mit $\omega_k := \omega_0 + k\Omega$. Im Gegensatz zum linearen *zeitinvarianten* Fall besitzt dieser Operator eine Matrixdarstellung, deren Zeilen- und Spaltenanzahl nicht mehr *endlich* ist; die von Null verschiedenen Elemente sind tridiagonal angeordnet; das ist leicht anhand von (5.31) zu sehen. Physikalisch bedeutet das, daß die verschiedenen Schwingungen sämtlich gekoppelt sind. Das Gleichungssystem zerfällt für $m = 0$ in abzählbar viele nicht gekoppelte Gleichungen, d.h. die Matrix wird diagonal. Erfolgt die Anregung des Systems bei der Frequenz ω_0, dann kann die Integro-Differentialgleichung in der obengenannten Weise durch folgende Rekursionsgleichung ersetzt werden

$$\frac{m}{2}j\omega_k L_0 J_{k-1} + \left(j\omega_k L_0 + R + \frac{1}{j\omega_k C}\right)J_k + \frac{m}{2}j\omega_k L_0 J_{k+1} = U^k$$

für $k \in \mathbb{Z}$ mit $U^0 = U_0$ sowie $U^k = 0$ für $k \neq 0$.

Für praktische Rechnungen ist dieses Gleichungssystems natürlich ungeeignet, weil es sich wegen der Koeffizietenmatrix mit "unendlich" vielen Zeilen und Spalten i.a. nicht auflösen läßt. Stattdessen begnügt man sich mit einer *endlichen* Approximation dieses Gleichungssystems. Diese Vorgehensweise wurde bereits vor langer Zeit von F. und W. Stäblein benutzt (siehe [5.25]). Eine ausführliche Behandlung dieser Methode auf Systeme und Netzwerke auch mit multifrequenter Anregung und variablen Netzwerkparametern mit Oberschwingungsanteilen findet man in der Monographie von Taft [5.4]. Desweiteren wird dort dargestellt, wie man die Maschengleichungen für Netzwerke aufstellt, die die außer einem periodisch veränderlichen Netzwerkelement nur lineare konstante Elemente enthalten. Da diese Verallgemeinerungen keine weiteren Schwierigkeiten mit sich bringen, verzichten wir hier auf eine ausführlichere Behandlung.

5.7 Die Input-Output-Beschreibungen

In diesem Abschnitt wollen wir einige Möglichkeiten diskutieren, um die in Abschnitt 4.9 formulierte Input-Output-Beschreibung für lineare zeitinvariante Systeme und Netzwerke auf den zeitvarianten Fall zu verallgemeinern. Eine solche Beschreibung ist dadurch charakterisiert, daß gewisse Systemvariablen als Eingangsgrößen und andere als Ausgangsgrößen interpretiert werden und die Beschreibungsgleichungen nur mit diesen Variablen formuliert werden. Für den Fall *einer* Eingangs- und *einer* Ausgangsvariablen sollte eine explizite Beziehung $y = T(u)$ angegeben werden können. Weiterhin war es bei zeitinvarianten dynamischen Systemen möglich, die Input-Output-Beziehung, die als Faltungsintegral (4.26) zur Berechnung der speziellen Lösung $\mathbf{x}_s$ mit $\mathbf{x}_s(0) = 0$ angegeben werden konnte, mit Hilfe des HY-Kalküls in expliziter Weise algebraisch zu formulieren (siehe Abschnitt 4.7.2.).

Ein wichtiges Ergebnis dieses Abschnittes wird es sein, daß eine algebraische Formulierung von Input-Output-Beziehungen für lineare zeitvariante Systeme nur in wenigen, für die Netzwerktheorie weitgehend uninteressanten Fällen möglich ist. Der wesentliche mathematische Grund dafür liegt einfach darin begründet, daß das Problem der Auflösung von linearen Differentialgleichungen oder Integralgleichungen mit nichtkonstanten Koeffizienten entsprechend Abschnitt 5.4 nach wie vor in einem Vektorraum *endlicher* Dimension diskutiert werden kann, daß es aber keine systematischen Methoden gibt, mit denen eine Basis des Lösungsraumes konstruiert werden kann. Daher können zwar auch im zeitvarianten Fall Funktionen definiert werden, die ähnliche Eigenschaften haben, wie die Übertragungsfunktionen oder Übertragungsmatrizen linearer zeitinvarianter Systeme, aber sie können nur in seltenen Annahmesituationen explizit berechnet werden. Daraus folgt, daß Input-Output-Beschreibungen für die Klasse der linearen zeitvarianten Systeme und Netzwerke für die Analyse eine nur untergeordnete Bedeutung haben. Bei der Synthese haben diese Beschreibungen jedoch eine größere Bedeutung. Bei der folgenden Diskussion gehen wir der Einfachheit halber davon aus, daß sich die Systeme und Netzwerke durch spezielle Zustandsgleichungen beschreiben lassen, um auf die Ergebnisse von Abschnitt 5.4 zurückgreifen zu können. Wir wollen aber bereits an dieser Stelle darauf hinweisen, daß wir nur die grundlegenden Ideen für die vorliegende Systemklasse darstellen werden, da die Input-Output-Beschreibungen bei linearen zeitvarianten Systemen bisher nur wenige Anwendungen gefunden hat.

Bei dynamischen Systemen und Netzwerken, deren Beschreibungsgleichungen in Form spezieller Zustandsgleichungen formuliert werden können, läßt sich die allgemeine Lösung nach Gl. (5.3) angeben. Diese Gleichung kann bereits als Input-Output-Beziehung eines Systems mit mehreren Eingangs- und Ausgangsgrößen interpretiert werden, wenn man $\mathbf{b}$ als Vektor der Eingangsgrößen und $\mathbf{x}$ als Vektor der Ausgangsgrößen auffaßt und der Vektor der Anfangswerte $\mathbf{x}_0$ zu Null angenommen wird. Die Übergangsmatrix $\boldsymbol{\Phi}(t,\tau)$ hat die Bedeutung eines Integralkernes des Input-Output-Operators. Wie im zeitinvarianten Fall muß zur Berechnung dieses Integralkernes eine Basis von Fundamentallösungen des Lösungsraumes der speziellen Zustandsgleichungen bestimmt werden. Das ist bei nur in wenigen Fällen möglich, wenn die Systematrix $\mathbf{A}$ von der Zeit abhängt; beispielsweise in den Fällen, wenn die Zustandsgleichungen mit Hilfe einer Variablensubtitution in ein lineares Differentialgleichungssystem mit *konstanten* Koeffizienten transformiert werden kann. Dieser Sachverhalt kann auch anders ausgedrückt werden. Dabei beschränken wir uns im folgenden darauf, daß die Zustandsgleichungen nur eine Eingangsvariable besitzen, d.h. es gilt $\mathbf{b}(t) = \tilde{\mathbf{b}}(t)u(t)$ und die j-te Koordinate $x_j =: x$ von $\mathbf{x}$ die Ausgangsgröße darstellt; dann kann die Zustandsgleichung bezüglich dieser Größen auf die Form

$$L\left(\frac{d}{dt},t\right)(x) = u(t)$$

reduziert werden. Anknüpfend an die vorherigen Ausführungen fragt man nach der Existenz einer Integraltransformation, mit der es gelingt, eine vorgegebene Differentialgleichung, deren Operatorpolynom $L(d/dt,t)$ nichtkonstante Koeffizienten besitzt, in eine *algebraische* Gleichung zu überführen. Sind die Koeffizienten (wie im zeitinvarianten Fall) konstant, dann kann für diesen Zweck die $\mathcal{L}$-Transformation oder besser noch der HY-Kalkül verwendet werden. Das liegt daran, daß auch die Bestimmung einer Basis des Lösungsraumes dieser Systemklasse ein algebraisches Problem darstellt. In Abschnitt 5.4 wurde aber bereits darauf hingewiesen, daß diese Aussage im zeitvarianten Fall nicht mehr richtig ist. Daher kennt man eine solche Basis nur für wenige Typen von Differentialgleichungen mit nichtkonstanten Koeffizienten. In diesen Fällen kann daher auch eine Transformation angegeben werden, mit Hilfe derer diese Gleichungen in explizite algebraische Gleichungen überführt werden können; Beispiele dafür sind etwa die Eulersche Differentialgleichung oder die verallgemeinerte Besselsche Differentialgleichung, bei denen die zugehörigen Transformationen nach Mellin bzw. nach Hankel oder Meijer benannt worden sind. Bekanntlich läßt sich die Eulersche Differentialgleichung mit Hilfe einer Variablensubstitution in eine Gleichung mit konstanten Koeffizienten transformieren. Entsprechende Anwendungen in der Netzwerktheorie findet man bei Aseltine [5.26] und Gerardi [5.27]. Derartige Transformationen heißen nach D'Angelo [5.1] *kompatible* Transformationen. Die genannten Differentialgleichungen sind aber in der Netzwerktheorie nur von geringem Interesse, so daß wir nicht weiter auf diese Transformationen eingehen wollen.

Neben den kompatiblen gibt es auch die *nichtkompatiblen* Transformationen für lineare zeitvariante Systeme. Ausgangspunkt dieser Entwicklung sind vor allem eine

Reihe von Arbeiten, die L. Zadeh [5.2] [5.28] zu Beginn der fünfziger Jahre geschrieben hat. Ein Nachteil dieser als auch der meisten darauf aufbauenden Arbeiten [5.29] [5.30] [5.31] besteht darin, daß aufgrund der unklaren Vorstellungen über die Grundlagen der Methoden der linearen zeitinvarianten Systemtheorie, das Verständnis dieser Abhandlungen sehr erschwert wird. Der Grundgedanke der Arbeiten Zadehs kann aber auf der Basis des AC-Kalküls und des HY-Kalküls klar herausgearbeitet werden. Ein solcher Versuch soll im folgenden unternommen werden.

Dazu gehen wir von dem Übertragungsverhalten linearer zeitinvarianter Systeme aus, wie es in Abschnitt 4.9 behandelt wurde. Für beliebige Eingangsgrößen $u \in \mathcal{C}(I\!\!R^+)$ kann das Übertragungsverhalten nach (4.83) durch

$$\{y(t)\} = H(s) \star \{r(t)\} \tag{5.32}$$

beschrieben werden; das asymptotische Übertragungsverhalten stabiler Systeme mit sinusförmiger Anregung wird mit dem AC-Kalkül nach (4.72)

$$\{y(t)\} = H(\omega j) \star \{u(t)\} \tag{5.33}$$

charakterisiert. Dabei haben wir jetzt ein systembeschreibendes Differentialgleichungssystem der Form

$$L_1\left(\frac{d}{dt}\right)(y) = L_2\left(\frac{d}{dt}\right)(u(t)) \tag{5.34}$$

zugrunde gelegt. Wendet man den Differentialoperator $H(\omega j)\star$ auf ein $u \in \mathcal{F}_\omega$ an und benutzt die Basis $\{\cos \omega t, \sin \omega t\}$ von $\mathcal{F}_\omega$, dann können wir die Lösung y in der folgenden Form darstellen

$$y(t) = a(\omega)\cos \omega t + b(\omega)\sin \omega t. \tag{5.35}$$

In der konventionellen komplexen Wechselstromrechnung verwendet man üblicherweise die Eingangsgröße $u(t) = \cos \omega t$ und erhält

$$y(t) = a\Re\{H(j\omega)e^{j\omega t}\}, \tag{5.36}$$

die nach der Auswertung der Realteilbildung ebenfalls die Form (5.33) besitzt. Bei der Analyse eines linearen zeitvarianten Systems erhalten wir eine Differentialgleichung des Typs

$$L_1\left(\frac{d}{dt}, t\right)(y) = L_2\left(\frac{d}{dt}, t\right)(u(t)), \tag{5.37}$$

deren asymptotische Lösung nach Abschnitt 5.6 nicht notwendiger Weise in dem Raum $\mathcal{F}_\omega$ der Eingangsgröße r liegt. Zadehs Gedanke besteht letztlich darin, die Lösung y von (5.34) für ein vorgegebenes $u \in \mathcal{F}_\omega$ wie in (5.35) weiterhin als Linearkombination der Basisfunktionen $\cos \omega t$ und $\sin \omega t$ zu schreiben, wobei allerdings die Koeffizienten zeitabhängig werden

$$y(t) = a(\omega, t) \cos \omega t + b(\omega, t) \sin \omega t. \tag{5.38}$$

Zadeh schreibt dafür im Sinne der komplexen Wechselstromrechnung mit $u(t) = U_0 \cos \omega t$

$$y(t) = a\Re\{H(j\omega, t)e^{j\omega t}\}, \tag{5.39}$$

Es ist klar, daß die Lösung y selbst dann nicht in $\mathcal{F}_\omega$ liegen kann, wenn die Koeffizienten von (5.38) periodisch von der Zeit abhängen. Desweiteren hat Zadeh für seine "Systemfunktion" $H(j\omega, t)$ einen Zusammenhang mit der Übergangsfunktion $\Phi(t, \tau)$ abgeleitet; es gilt (Zadeh [5.28])

$$H(j\omega, t) = \int_{-\infty}^{\infty} \Phi(t, \tau)e^{j\omega(\tau - t)}d\tau.$$

Demnach ist klar, daß auch die Systemfunktion Zadehs nur dann berechnet werden kann, wenn eine Basis von Fundamentallösungen der Beschreibungsgleichungen bekannt ist. Da das i.a. nicht der Fall ist, müssen Näherungsverfahren angewendet werden. Zadeh hat dazu einige Vorschläge gegeben [5.28]. Außerdem hat er gezeigt, daß seine Systemfunktion zahlreiche Eigenschaften besitzt, wie sie auch für Übertragungsfunktionen $H(j\omega)$ gelten. Einige mathematische Grundlagen von Zadehs nichtkompatibeler Transformation findet man bei D'Angelo ([5.1], §9) sowie Kim und Meadows ([5.7], S.413ff). Ausführliche Darstellungen der Systemfunktion für lineare periodisch zeitvariante Systeme mit Anwendungen auf Regelsysteme wurden von Schweizer [5.32] und Unbehauen [5.33] gegeben. Schließlich wendet Mildenberger [5.34] Zadehs Methode auf lineare periodisch zeitvariante Netzwerke mit *sprungförmig* sich ändernden Netzwerkelementen an. Da in diesem Fall ein stückweise linear zeitvariantes System vorliegt, kann ein numerisches Verfahren angegeben werden, mit dem sich $H(j\omega, t)$ exakt berechnen läßt. Schließlich wollen wir noch die Arbeit von Claasen und Mecklenbräuker [5.35] erwähnen, die eine nichtkompatible Transformation für lineare fastperiodisch zeitvariante Systeme angegeben haben. Im Gegensatz zu der größeren Klasse der linearen *periodisch* zeitabhängigen Systeme hat sie den Vorteil, daß auch alle Parallel- und Kaskadenschaltungen zweier Teilsysteme aus dieser Klasse wieder in der Klasse liegen. Bekanntlich ist das für die zuerst genannte Systemklasse nicht der Fall. Das hängt natürlich damit zusammen, daß die fastperiodischen Funktionen eine Algebra bilden (siehe etwa Maak ([5.36], S.27f) und daher bezüglich der Addition und Multiplikation abgeschlossen sind. Zum Abschluß dieses Abschnittes sei noch erwähnt, daß auf der Grundlage der genannten Resultate eine Impedanzbeschreibung für lineare zeitvariante Netzwerke (z.B. Awipi, Meadows [5.37]) und und eine Mehrtortheorie (Wunsch ([5.5], S.227)) entwickelt worden ist. Dabei bestehen aber ebenfalls die zuvor diskutierten Beschränkungen, so daß wir auf eine Darstellung dieser Ergebnisse verzichten wollen.

5.8   Die qualitative Theorie

5.8.1   L-Stabilität und asymptotische Stabilität

Bei der Untersuchung der Stabilität linearer zeitvarianter Systeme und Netzwerke beschränken wir uns wie bei den zeitinvarianten Systemen auf den Fall, daß das zu untersuchende Netzwerk durch spezielle Zustandsgleichungen

$$\dot{\mathbf{x}} = \mathbf{A}(t)\mathbf{x} + \mathbf{b}(t) \tag{5.40}$$

beschrieben werden kann, wobei $\mathbf{b}$ der transformierte Quellenvektor ist. Nach Abschnitt 4.12.1 genügt es, wenn wir die Stabilität der Nullösung des zugehörigen homogenen Systems ($\mathbf{b} \equiv \mathbf{0}$) von (5.40) untersuchen. Danach ist jede Lösung von (5.40) L-stabil, wenn die Nullösung L-stabil ist, und jede Lösung ist asymptotisch stabil, wenn die Nullösung asymptotisch stabil ist. Sind die entsprechenden Bedingungen erfüllt, dann können wir deshalb von einem L-stabilen bzw. asymptotisch stabilen System oder Netzwerk schlechthin sprechen.

Wir haben in den vorangegangenen Abschnitt ausführlich darauf hingewiesen, daß man, von besonderen Ausnahmen abgesehen, bei linearen zeitvarianten Systemen keine explizite Lösung erwarten kann. Diese Tatsache bringt natürlich Schwierigkeiten bei einer qualitativen Analyse dieser Systemklasse mit sich, da eine vollständige Klassifizierung der möglichen Lösungstypen, wie sie für den zeitinvarianten Fall in Abschnitt 4.12.1 angegeben werden konnte, nicht zur Verfügung steht. Daher muß man die Beschreibungsgleichungen für spezielle Unterklassen linearer zeitvarianter Systeme und Netzwerke jeweils gesondert untersuchen, was auch nur in wenigen Fällen gelingt. Eine solche Ausnahme stellen beispielsweise die zeitvarianten RC-Netzwerke dar, deren Beschreibungsgleichungen wir im Abschnitt 5.3 abgeleitet haben. Für diese Netzwerkklasse konnten Desoer und Paige [5.38] einige Stabilitätsresulte angeben; wir kommen noch darauf zurück. Im folgenden werden wir einige allgemeine Sätze formulieren, mit Hilfe derer die Stabilität linearer zeitvarianter Systeme untersucht werden kann. Allerdings werden dafür entweder die Übergangsmatrix $\mathbf{\Phi}(t, \tau)$ bzw. die diskrete Übergangsmatrix $\mathbf{\Phi}_D(T)$ bei periodisch zeitvarianten Systemen oder eine verallgemeinerte Übertragungsfunktion benötigt, welche i.a. nicht berechnet werden können, so daß diese Sätze oft nur von prinzipiellem Interesse sind. Daher verzichten wir auch die Angabe von Beweisen und beziehen uns auf entsprechende Literaturstellen.

Bei linearen zeitinvarianten Systemen konnten die L-Stabilität und die asymptotische Stabilität anhand der Eigenwerten der Systemmatrix $\mathbf{A}$ bestimmt werden. Das folgende von Vinogradov stammende Beispiel zeigt aber, daß dieses Verfahren nicht auf zeitvariante Systeme übertragen werden kann.

Beispiel 5.13: (Willems ([5.39], S.150)) Wir betrachten das folgende homogene Differentialgleichungssystem 1. Ordnung

$$\dot{x}_1 = (-1 - 9\cos^2 6t + 12\sin 6t \cos 6t)x_1 + (12\cos^2 6t + 9\sin 6t \cos 6t)x_2,$$
$$\dot{x}_2 = (-12\sin^2 6t + 9\sin 6t \cos 6t)x_1 - (1 + 9\sin^2 6t + 12\sin 6t \cos 6t)x_2.$$

Man kann zeigen, daß die Eigenwerte der Koeffizientenmatrix der rechten Seite für alle t unabhängig von t sind und ihr Realteil negativ ist. Dennoch ist die Nullösung instabil, was man an der expliziten Lösung dieses Gleichungssystems direkt ablesen kann

$$x_1(t) = a_1(\cos 6t + 2\sin 6t)e^{2t} + a_2(\sin 6t - 2\cos 6t)e^{-13t},$$
$$x_2(t) = a_1(2\cos 6t - \sin 6t)e^{2t} + a_2(2\sin 6t + \cos 6t)e^{-13t},$$

wobei a_1 und a_2 reelle Integrationskonstanten sind.

■

Daher muß man sich i.a. mit den Aussagen des folgenden Satzes begnügen, bei denen die Kenntnis der Übergangsmatrix $\Phi(t,\tau)$ vorausgesetzt wird. Das ist nach Abschnitt 5.4 gleichwertig damit, daß eine Basis von Fundamentallösungen bekannt ist.

Satz 5.6: Die Nullösung der homogenen Differentialgleichung

$$\dot{\mathbf{x}} = \mathbf{A}(t)\mathbf{x}$$

ist

1) genau dann L-stabil, wenn eine vom Anfangszeitpunkt t_0 abhängige Schranke $M > 0$ existiert, so daß für alle $t \geq t_0$ $\|\Phi(t,t_0)\| \leq M$ gilt,

2) genau dann asymptotisch stabil, wenn sie L-stabil ist und für alle Anfangszeitpunkte t_0 $\lim_{t \to \infty} \|\Phi(t,t_0)\| = 0$ gilt.

Beweis: Er geht von der Darstellung der Lösung dieser Gleichung nach (5.3) aus.

■

Für praktische Zwecke ist dieser Satz nur von begrenztem Wert, da eine Basis aus Fundamentallösungen bei linearen Differentialgleichungen mit nichtkonstanten Koeffizienten nur selten zur Verfügung steht. Der folgende Satz bietet aber wenigstens ein hinreichendes Kriterium für die L-Stabilität und die asymptotische Stabilität an.

Satz 5.7: (Wazewski, 1958) Sei $H(t) := \mathbf{A}(t) + \mathbf{A}^T(t)$ eine mit Hilfe der Systemmatrix von $\dot{\mathbf{x}} = \mathbf{A}(t)\mathbf{x}$ reelle Matrix, deren größter Eigenwert $\lambda_{max}(t)$ und kleinster

Eigenwert $\lambda_{min}(t)$ sind. Dann erfüllt jede Lösung $\mathbf{x}(t)$ mit dem Anfangswert $\mathbf{x}_0$ zum Anfangszeitpunkt t_0 für alle $t \geq t_0$ die Ungleichung

$$e^{1/2 \int_{t_0}^t \lambda_{min}(\tau)d\tau} \leq \frac{\|\mathbf{x}(t)\|}{\|\mathbf{x}_0\|} \leq e^{1/2 \int_{t_0}^t \lambda_{max}(\tau)d\tau}.$$

Aus dieser Ungleichung folgt, daß die Nullösung des Systems

1) L-stabil ist, wenn für jedes t_0 eine Schranke $M(t_0)$ existiert, mit

$$\lim_{t \to \infty} \int_{t_0}^t \lambda_{max}(\tau)d\tau < M(t_0).$$

2) Asymptotisch stabil ist, wenn gilt

$$\lim_{t \to \infty} \int_{t_0}^t \lambda_{max}(\tau)d\tau = -\infty.$$

Beweis: Willems ([5.39], S.146f).

∎

Bemerkung 5.3: Aus der Ungleichung in Satz 5.7 können auch Kriterien für die Instabilität hergeleitet werden.

∎

Die Aussagen des Satzes von Wazewski bilden die Grundlage für die bereits genannten Stabilitätsresultate von Desoer und Paige [5.38]. Einen kurzen Überblick dieser Ergebnisse für den Fall linearer zeitvarianter RC-Netzwerke findet man in dem Buch von Stern ([5.40], S.333ff)), wo vorausgesetzt wird, daß die Systemmatrix in (5.40) $\mathbf{A}(t) := \mathbf{G}(t)\mathbf{C}^{-1}$ symmetrisch und positiv semidefinit ist. Diese Bedingung ist für alle Netzwerke erfüllt, die aus zeitvarianten 1-Tor-Widerständen und Kapazitäten bestehen und deren Widerstands- und Kapazitätsfunktionen $R(t)$ und $C(t)$ für alle t stetig, positiv und beschränkt sind. Entsprechend dem Dualitätsprinzip können die Aussagen auch auf lineare zeitvariante RL-Netzwerke übertragen werden. Schließlich findet man bei Kuh [5.41] eine Erweiterung dieser Theorie auf eine bestimmte Klasse linearer zeitvarianter RLC-Netzwerke; auch dazu findet man eine kurze Darstellung bei Stern ([5.40], S.337ff).

Kennt man zusätzliche Eigenschaften von $\mathbf{A}(t)$, dann können stärkere Aussagen über die Stabilität gewonnen werden. Läßt sich etwa die Systemmatrix in der Form $\mathbf{A} + \mathbf{C}(t)$ zerlegen, dann kann man, unter bestimmten Voraussetzungen an $\mathbf{A}$ und $\mathbf{C}(t)$, auf die L-Stabilität und die asymptotische Stabilität schließen.

Satz 5.8: Sei $\dot{\mathbf{x}} = (\mathbf{A} + \mathbf{C}(t))\mathbf{x}$ ein lineares zeitvariantes Differentialgleichungssystem mit $\mathbf{x}(0) = \mathbf{0}$, wobei die Matrix $\mathbf{A}$ nur Eigenwerte mit negativen Realteil besitzt und die Koeffizientenfunktionen von $\mathbf{C}(t)$ stetig auf $I\!\!R^+$ sind. Dann gilt,

daß die Nullösung dieses Gleichungssystems asymptotisch stabil ist, wenn folgende
Bedingung erfüllt ist

$$\int_0^\infty \|\mathbf{C}(t)\| dt \; < \; \infty.$$

Beweis: Diese Aussage wird mit dem sehr wichtigen Lemma von Gronwall bewiesen, das eine exponentielle Schrankenfunktion für eine vorgegebene Funktion liefert;
Einzelheiten dazu findet man bei Sánchez ([5.18], S.95ff).

■

Die Anwendung dieses Satzes soll anhand eines kleinen Beispiels demonstriert werden.

Beispiel 5.14: (Balabanian,Bickert,Seshu ([5.11], S.733f)) Die Analyse des in Bild
5.6 gezeigten Netzwerkes ergibt ($\mathbf{q} = (q_2, q_3, q_4)^T$

$$\dot{\mathbf{q}} = \begin{pmatrix} -2 + 3te^{-t} & 1 - 3te^{-t} & 0 \\ 1 - 3te^{-t} & -2 + 3te^{-t} & 1 \\ 0 & 0 & -1 \end{pmatrix} \mathbf{q} + \begin{pmatrix} 1 \\ 0 \\ 0 \end{pmatrix} 5 \sin \omega t.$$

Die Koeffizientenmatrix kann zerlegt werden in

$$\begin{pmatrix} -2 & 1 & 0 \\ 1 & -2 & 1 \\ 0 & 1 & -1 \end{pmatrix} + \begin{pmatrix} 1 & -1 & 0 \\ -1 & 1 & 0 \\ 0 & 0 & 0 \end{pmatrix} 3te^{-1};$$

wegen $\int_0^\infty \tau \exp(-\tau)d\tau < \infty$ ist die Voraussetzung von Satz 5.8 erfüllt und das Netzwerk ist asymptotisch stabil.

■

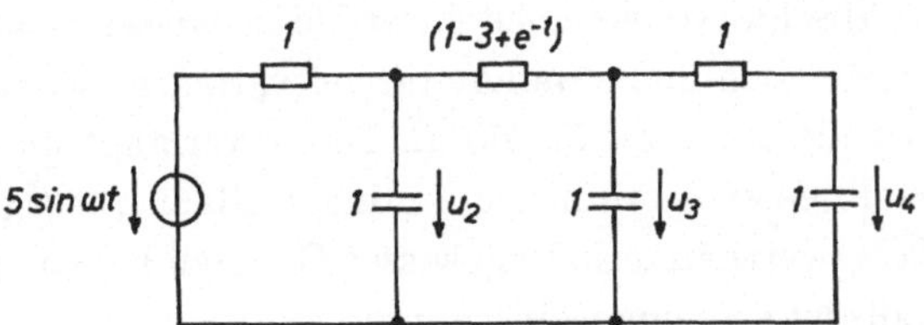

Bild 5.6. Netzwerk in Beispiel 5.14

Falls die Systemmatrix $\mathbf{A}(t)$ mit der Periode T von der Zeit abhängt, können weitergehende Aussagen für die entsprechende Klasse von Systemen und Netzwerken
gemacht werden. Dann genügt es nach Satz 5.5 die diskrete Übergangsmatrix
$\mathbf{\Phi}_D(T) = \exp \mathbf{\Gamma} T$ zu betrachten. Dabei setzen wir der Einfachheit halber voraus,
daß $\mathbf{\Gamma}$ und damit auch $\mathbf{\Phi}_D(T)$ nur voneinander verschiedene Eigenwerte besitzt. Wie

wir in Abschnitt 2.3.3 betont haben, ist diese Bedingung *generisch* immer erfüllt. Im Hinblick auf den nichtgenerischen Fall verweisen wir auf Willems ([5.39], S.140f).

Satz 5.9: Die Nullösung eines linearen zeitvarianten Differentialgleichungssystems $\dot{\mathbf{x}} = \mathbf{A}(t)\mathbf{x}$, dessen Systemmatrix $\mathbf{A}(t)$ mit der Periode T von der Zeit abhängt, ist

1) L-stabil genau dann, wenn die charakteristischen Exponenten keine positiven Realteile besitzen oder, was das gleiche ist, die charakteristischen Multiplikatoren nicht größer als Eins sind;

2) asymptotisch stabil genau dann, wenn die charakteristischen Exponenten nur negative Realteile besitzen oder, was das gleiche ist, die charakteristischen Multiplikatoren kleiner Eins sind.

Beweis: Folgt direkt aus dem Satz 5.5 (Floquet) und dem Satz 5.6.

∎

Auch dieser Satz besitzt nur begrenzte Bedeutung, weil es i.a. nicht gelingt, die diskrete Übergangsmatrix $\boldsymbol{\Phi}_D(T)$ explizit zu berechnen. Handelt es sich aber um ein stückweise lineares Netzwerk, dann kann nach Abschnitt 5.6 die Campbell-Baker-Hausdorff-Formel dazu verwendet werden, eine Näherung für $\boldsymbol{\Phi}_D(T)$ zu bestimmen; wir haben dort die Näherungen von Middlebrook und Brockett diskutiert. Wenn wir die Stabilität eines Systems oder Netzwerkes mit Hilfe einer genäherten diskreten Übergangsmatrix untersuchen, dann wollen wir von Stabilitätsapproximation sprechen. Es zeigt sich anhand einfacher Beispiele, daß bereits die einfachere Middlebrook-Näherung in vielen Fällen zu einer qualitativ richtigen Stabilitätsaussage führt. Andererseits kann man Fällen angeben, daß die Stabilitätsapproximation nach Middlebrook qualitativ falschen, die nach Brockett zu richtigen Ergebnissen führt. Weitere Einzelheiten dazu findet man bei Mathis [5.42].

Zum Abschluß dieses Abschnittes sei noch darauf hingewiesen, daß es einen weiteren Stabilitätsbegriff gibt, der sich insbesondere für zeitvariante Systeme und Netzwerke gut eignet; gemeint ist die *Kurzzeit-Stabilität*. Dabei verlangt man, daß die Lösung von (5.40) nur innerhalb eines bestimmten Zeitintervalls in vorgegebenen Schranken bleibt, wenn die Anfangswerte innerhalb gewisser Grenzen liegen. Die Auswahl eines passenden Zeitintervalls ist systemspezifisch und hängt von dem interessierenden Arbeitsbereich des Systems ab. Wir wollen auf diesen Stabilitätsbegriff nicht näher eingehen und verweisen daher auf dessen ausführliche Behandlung bei D'Angelo ([5.1], S.240ff) und Richards ([5.8], S.50ff).

5.8.2   Input-Output-Stabilität

Nach den Ausführungen in Abschnitt 5.7 existiert eine Input-Output-Beschreibung auch für lineare zeitvariante Systeme und Netzwerke in Form einer Integralbeziehung.

Aber eine solche Beschreibung hat einen relativ geringen Wert, weil der entsprechende Integralkern einer solchen Beziehung für die meisten Systeme der genannten Systemklasse nicht ermittelt werden kann. Das erschwert natürlich auch die Stabilitätsuntersuchung bei linearen zeitvarianten Systemen und Netzwerken bezüglich gewisser Ein- und Ausgänge.

Daneben gibt es aber auch prinzipielle Unterschiede im Stabilitätsverhalten zwischen linearen zeitinvarianten und zeitvarianten Systemen. Das wollen wir anhand des folgenden Beispiels demonstrieren.

Beispiel 5.15: (D'Angelo ([5.1], S.223f)) Ein System werde durch die Differentialgleichung

$$\dot{x} = -\frac{1}{t+2}x + f(t)$$

beschrieben, dessen homogene Lösung für $x(0) = x_0$ explizit bestimmt werden kann

$$x_h(t) = \frac{2}{t+2}x_0.$$

Für $t \to \infty$ geht diese Lösung gegen Null, d.h. das System ist (asymptotisch) L-stabil. Andererseits ergibt sich die Lösung der inhomogenen Gleichung zu

$$x(t) = \frac{2}{t+2}x_0 + \int_0^t \frac{\tau+2}{t+2}f(\tau)d\tau.$$

Für $f(t) = 1$ für $t \geq 0$ erhalten wir danach

$$x(t) = \frac{2}{t+2}x_0 + \frac{1}{2}(t+2) - \frac{2}{t+2}$$

mit $\lim_{t\to\infty} x(t) = \infty$. Dieses Beispiel zeigt, daß auch die Lösung eines L-stabilen Systems für $t \to \infty$ unbeschränkt sein kann, obwohl eine beschränkte Anregung vorliegt. Wir sprechen von *resonantem* Systemverhalten. Man kann zeigen (D'Angelo ([5.1], S.222f)), daß ein vollständig regelbares und L-stabiles System ein solches Verhalten nicht zeigt. In dem folgenden Satz wird ein weiteres Kriterium für Nichtresonanz angegeben.

∎

Satz 5.10: Ein lineares zeitvariantes System, das durch eine Zustandsgleichung $\dot{\mathbf{x}} = \mathbf{A}(t)\mathbf{x}$ beschrieben wird, ist nicht resonant oder BIBO-stabil genau dann, wenn gilt

$$\int_{t_0}^t \|\mathbf{\Phi}(t,\tau)\|d\tau = K < \infty.$$

Beweis: D'Angelo ([5.1], S.225).

∎

Da ein L-stabiles System nicht notwendigerweise auch BIBO-stabil sein muß fragt man nach anderen Kriterien, so daß auf die Nichtresonanz geschlossen werden kann. In dem folgenden Satz wird ein solches Kriterium formuliert.

Satz 5.11: Wenn die Koeffizienten der Matrix $\mathbf{A}(t)$ der zeitvarianten Differentialgleichung $\dot{x} = \mathbf{A}(t)\mathbf{x}$ stetig auf $I\!R^+$ sind und Konstanten $a, b > 0$ exsistieren, so daß für jede Lösung $\mathbf{x}(t)$ gilt

$$\|\mathbf{x}(t)\| \leq b\|\mathbf{x}_0\|e^{-a(t-t_0)}$$

für $0 \leq t_0 < \infty$, wobei $\mathbf{x}_0$ der Anfangswert zur Zeit t_0 ist, dann ist jede Lösung der inhomogenen Differentialgleichung $\dot{x} = \mathbf{A}(t)\mathbf{x} + \mathbf{b}(t)$ mit $\mathbf{x}_0 = \mathbf{0}$ für alle $t \in [0,\infty)$ beschränkt, d.h. das System ist nicht resonant.

Beweis: D'Angelo ([5.1], S.226f).

∎

Die Aussage dieses Satzes bedeutet, daß sich ein System nicht resonant verhält, wenn die homogene Lösung für $t \to \infty$ höchstens exponentiell verschwindet. Diese Eigenschaft besitzt gerade die Lösung linearer zeitinvarianter Systeme. Im Beispiel 5.15 ist diese Bedingung nicht erfüllt.

Wie bei linearen zeitinvarianten Systemen und Netzwerken kann unter gewissen Voraussetzungen von der BIBO-STabilität auf die asymptotische Stabilität schließen. Einen entsprechenden Satz gibt es auch für zeitvariante Systeme; er wurde von Silvermann und Anderson bewiesen [5.43]. Als Bedingung fordert man gleichmäßige Steuerbarkeit und Beobachtbarkeit. Leider sind diese Voraussetzungen wie auch diejenigen bei den anderen Sätzen schwer nachprüfbar.

Schließlich wollen wir noch darauf hinweisen, daß die Bedingung in Satz 5.10 durch eine Bedingung für die Zadehsche Systemfunktion $H(s,t)$ ausgedrückt werden kann, wenn sie rational in s ist. Diese Bedingung ist der Polbedingung bei zeitinvarianten Input-Output-Systemen sehr ähnlich.

Satz 5.12: Ist die Systemfunktion $H(s,t)$ eines linearen zeitvarianten Input-Output-Systems, dann ist das System BIBO-stabil genau dann, wenn ein $\varepsilon > 0$ existiert, so daß für alle zeitabhängigen Pole $s_k(t)$ von $H(s,t)$ gilt (für alle $t \in I\!R$)

$$\Re\{s_k(t)\} < -\varepsilon.$$

Beweis: Zadeh [5.44].

∎

Damit wollen wir den Abschnitt über Stabilitätskriterien beenden und noch einmal darauf hinweisen, daß ihr Wert aufgrund der fehlenden Systemcharakteristiken nur begrenzt ist.

6 Nichtlineare Netzwerke

6.1 Die Netzwerkwerkelemente

Bevor wir uns der Analyse nichtlinearer Netzwerke zuwenden, muß natürlich
zunächst geklärt werden, welche Beschreibungsvariablen und welche Netzwerkelemente für diese Netzwerkklasse vorausgesetzt werden können. Wir sind bereits in
den Abschnitten 3.2.1 und 4.1 ausführlicher auf die Frage nach der Wahl geeigneter
Netzwerkvariablen eingegangen. Dabei zeigte sich, daß Zweigströme und Zweigspannungen im linear zeitinvarianten Fall besonders angemessen sind. Außerdem
haben wir darauf hingewiesen, daß integrale Zweigrelationen zur Definition der dynamischen Netzwerkelemente dem sonst üblichen Gebrauch von differentiellen Beziehungen vorzuziehen sind. Dabei spielt die Problematik der Anfangsenergien und
Startwerte für die Beschreibungsvariablen, die ebenfalls zu modellieren sind, eine
wesentliche Rolle.

Bei zeitvarianten und insbesondere bei nichtlinearen dynamischen Netzwerkelementen sollte man aus Gründen der Systematik auf eine direkte Formulierung der konstitutiven Gleichungen mit Strömen und Spannungen verzichten. In diesen Fällen ist es
besser, zunächst die Ladungs- und Flußvariablen q und ϕ zur Definition der konstitutiven Relationen heranzuziehen und diese dann in allgemein gültige Integralformeln
einsetzen, welche q und ϕ mit Zweigströmen und -spannungen i und u in Beziehung
setzen. Auf diese Weise können ausgehend von den entsprechenden linearen Netzwerkelementen auch *nichtlineare* Kapazitäten und Induktivitäten definiert werden.
Das soll anhand der nichtlinearen Kapazität ausführlich demonstriert werden.

Nach Abschnitt 4.1 läßt sich die konstitutive Relation für eine lineare Kapazität wie
folgend notieren

$$C\,u_c = C\,c_C(0) + \int_0^t i_C(\tau)d\tau = q_C(u_C); \qquad (6.1)$$

es besteht also bei diesem Netzwerkelement ein linearer Zusammenhang zwischen der
Ladung q_C und der Spannung u_C an der Kapazität. Die bekannte differentielle Relation ergibt sich einfach durch Differenzieren von (6.1) nach der Zeit t. Ausgehend
von dieser Beziehung gelangt man zu einer nichtlinearen Kapazität, wenn man einen
nichtlinearen Zusammenhang $q_C = q_C(u_C)$ zuläßt. Ist die Funktion q_C differenzier-

bar, dann erhält man nach dem Einsetzen in (6.1) und Differentiation mit Hilfe der Kettenregel

$$\frac{dq_C}{du_C}(u_C)\,\frac{du_C}{dt} = i_C, \tag{6.2}$$

wobei dq_C/du_C auch als *differentielle Kapazität* $C(u_C)$ bezeichnet wird. Zu einer nichtlinearen Induktivität gelangt man, wenn man von der Gleichung

$$L\,i_L = L\,i_L(0) + \int_0^t u_L(\tau)d\tau = \phi_L(i_L) \tag{6.3}$$

ausgeht und in entsprechender Weise ein nichtlinearen Zusammenhang von ϕ_L und i_L angenommen wird; dann bezeichnet man $d\phi_L/di_L$ als *differentielle Induktivität* $L(i_L)$ und wir erhalten eine (6.2) entsprechende Beziehung

$$\frac{d\phi_L}{di_L}(i_L)\,\frac{di_L}{dt} = u_L. \tag{6.4}$$

Diese verallgemeinerten nichtlinearen Reaktanzen können zusammen mit den nichtlinearen Widerständen, die im *stromgesteuerten* Fall durch

$$u = u(i) \tag{6.5}$$

und im *spannungsgesteuerten* Fall durch

$$i = i(u) \tag{6.6}$$

definiert werden, und den nichtlinearen gesteuerten Quellen, die als gekoppelte Widerstände durch Strom-Spannungsrelationen verschiedener Zweige festgelegt sind, zur Modellbildung nichtlinearer Netzwerke verwendet werden. Sie bilden auch die Grundlage für alle Betrachtungen in diesem Buch.

Nichtlinearer Widerstände (Leitwerte), Kapaziäten und Induktivitäten werden nach (6.1) – (6.6) demnach durch reellwertige Funktionen $f : I\!R \rightarrow I\!R$ definiert. Demzufolge können wir diese Charakteristiken durch Eigenschaften dieser Funktionenklasse klassifizieren.

Definition 6.1: (Monotonie) Eine Funktion $f : I\!R \rightarrow I\!R$ heißt monoton steigend, wenn gilt

$$f(y) \geq f(x) \quad \text{für} \quad y \geq x,$$

und streng monoton steigend, wenn gilt

$$f(y) > f(x) \quad \text{für} \quad y > x.$$

Gelten die umgekehrten Ungleichheitszeichen $\leq$ ($<$), dann nennt man die Funktionen (streng) monoton fallend.

Entsprechend werden die Netzwerkelemente *Widerstand, Kapazität* und *Induktivität* bezeichnet, wenn die zugehörigen konstitutiven Relationen einer dieser Eigenschaften besitzen.

∎

Eine andere Klassifizierung von Netzwerkelementen basiert auf den energetischen Eigenschaften bezüglich der Tore. Bei (1-Tor-)Widerständen genügt es, die Momentanleistung (Abschnitt 4.6) zu betrachten.

Definition 6.2: ((Schließlich) Passivität und Aktivität lokale (strikte) Passivität und lokale Aktivität) Ein 1-Tor-Widerstand mit der konstitutiven Relation $u = u(i)$ oder $i = i(u)$ heißt passiv, wenn $u \cdot i \geq 0$ für zugelassenen Strom-Spannungspaare gilt; andernfalls wird er aktiv genannt. Wenn nur das Ungleichheitszeichen $>$ gilt, spricht man von strikt passiv.

Ein 1-Tor-Widerstand heißt schließlich passiv, wenn eine Konstante $K > 0$ existiert, so daß $u \cdot i \geq 0$ für $u^2 + i^2 > K$ ist, d.h. außerhalb eines Kreises mit dem Radius K ist der Widerstand passiv; bei strikt schließlich passiven Widerständen gilt ebenfalls das Gleichheitszeichen nicht. Ein 1-Tor-Widerstand heißt in einem Punkt (u_0, i_0), der die konstitutive Relation erfüllt, lokal passiv, wenn ein $\varepsilon > 0$ existiert, so daß für alle $\mathbf{x} := (\xi, \eta)$ mit $\xi := u - u_0$ und $\eta := i - i_0$, wobei u und i ebenfalls die konstitutive Relation erfüllen und $\|\mathbf{x}\| < \varepsilon$ ist, $\xi \cdot \eta > 0$ gilt; andernfalls ist der Widerstand lokal aktiv. Bei der strikt lokalen Passivität wird wieder das Ungleichheitszeichen verlangt.

∎

Bemerkung 6.1: Die Passivität und die schließliche Passivität sind globale Eigenschaften. Die konstitutiven Relationen $u = u(i)$ $(i = i(u))$ von passiven 1-Tor-Widerständen verlaufen nur im 1. und 3. Quadranten der $u - i$-Ebene, während sie bei schließlich passiven innerhalb eines Kreises um den Ursprung auch in den anderen Quadranten verlaufen können. Bei der lokalen (schließlichen) Passivität wird die Passivitätseigenschaft nur innerhalb eines hinreichend kleinen Kreises um einen vorgegebenen Punkt verlangt. Einzelheiten dazu findet man bei Hasler,Neirynck ([6.21], §3.2).

∎

Eine sinngemäße Übertragung der Passivitätsbegriffe auf Kapazitäten, die mit Ladung q_C und Spannung u_C, und auf Induktivitäten, die mit Fluß ϕ_L und Strom i_L beschrieben werden, ist leicht möglich; dazu verwendet man den Begriff der verfügbaren Leistung. Einzelheiten dazu findet man bei Chua ([6.6], S.106ff).

Die bisherigen Passivitätsbegriffe basieren darauf, daß die konstitutiven Relationen nur im 1. oder 3. Quadranten eines globalen oder lokalen Koordinatensystems verlaufen dürfen. Für Stabilitätsbetrachtungen nichtlinearer dynamischer Netzwerke muß der erlaubte Bereich noch weiter eingeschränkt werden; man kommt so zum Begriff der *gleichförmig lokalen* Passivität (siehe Hasler,Neirynck ([6.21], S.365ff). Entsprechende Voraussetzungen werden für die Anwendung des Stabilitätskriteriums von Popov (siehe Göldner,Kubik ([6.178], §4.6)) benötigt.

Daneben gibt es aber auch Bestrebungen, die Vielfalt der möglichen nichtlinearen Relationen auf eine kleine Anzahl von Grundtypen zu reduzieren. Das ist insbesondere für die Synthese nichtlinearer Netzwerke von entscheidender Bedeutung. In diesem Zusammenhang seien die Arbeiten von Duinker [6.1] und Chua [6.2] genannt, die zu wesentlichen Fortschritten in dieser Richtung geführt haben. Obwohl das Syntheseproblem nichtlinearer Netzwerke in diesem Buch nicht behandelt werden soll, wollen wir aber der Vollständigkeit halber auf diese Überlegungen eingehen.

Ein umfassender Versuch, eine minimale Menge von Netzwerkelementen für eine große Klasse nichtlinearer Netzwerke zu finden, wurde von Duinker [6.3] unternommen. Zu diesem Zweck führte er neben den linearen 1-Toren Widerstand, Kapazität und Induktivität sowie den 2-Toren idealer Übertrager und Gyrator zusätzlich zwei 3-Tore ein: den *Traditor* [6.4] und den Konjunktor [6.5]. Diese beiden Netzwerkelemente können keine Energie speichern und werden jeweils durch einen Parameter festgelegt. Der Traditor wird in folgender Weise definiert

$$u_1 = -\alpha q_2 i_3$$
$$u_2 = -\alpha q_1 i_3$$
$$u_3 = \alpha(q_2 i_1 + q_1 i_2)$$

mit $q_j = q_{j0} + \int i_j(\tau)d\tau$. Es handelt sich demnach um ein dynamisches Netzwerkelement. Die konstitutiven Relationen des Konjunktors werden mit algebraischen Gleichungen in Zweigströmen und - spannungen formuliert

$$u_1 = -\beta i_2 i_3$$
$$u_2 = \beta i_1 i_3$$
$$u_3 = 0$$

und ist danach ein nichtdynamisches Netzwerkelement. Neben diesen 3-Torelementen können auch n-Tor-Traditoren und n-Tor-Konjunktoren definiert werden. Dazu geht man am besten von einer *Lagrange-Beschreibung* dieser Netzwerkelemente aus, wie sie bei der Formulierung von dynamischen Gleichungen in der Mechanik üblich sind. Daraus läßt sich auch eine systematische Klassifizierung ableiten (siehe z.B. Chua ([6.6], S.71f)).

Daneben verwendet Chua auch noch *lineare* nichtdynamsiche 2-Tore, wie *Skalar*, *Rotator* und *Reflektor* [6.7], mit Hilfe derer aus dem Traditor und Konjunktor weitere nichtlineare Subsysteme erzeugt werden können.

Die Grundmengen von Netzwerkelementen für nichtlineare Netzwerke nach Duinker und Chua enthalten neben den Kapazitäten und Induktivitäten weitere dynamische Subsysteme, die sich in unserem Netzwerkmodell nicht *direkt* berücksichtigt lassen. Wir beschränken uns daher auf die Analyse nichtlinearer RLC-Netzwerke mit gesteuerten Quellen, die auch zur Modellierung von Netzwerken mit Traditoren und Konjunktoren geeignet sind. Wir möchten aber noch einmal darauf hinweisen, daß die von Duinker und Chua angegebenen Grundmengen für die Synthese nichtlinearer Netzwerke von besonderer Bedeutung sind. Schließlich sei noch erwähnt, daß der Memristor, der im linearen zeitinvarianten Fall zum Widerstand äquivalent ist, im nichtlinearen Fall eine eigenständige Rolle spielt. Aus der Memristorbeziehung $\phi = \phi(q)$ erhalten wir durch Anwendung der Kettenregel

$$u = \frac{d\phi}{dq} \, i,$$

wobei $d\phi/dq$ der *differentielle ladungsabhängige* Widerstand ist. Es gibt jedoch nur wenige reale Systeme, die durch einen nichtlinearen Memristor sinnvoll modelliert werden. Sie sind vor allem im Bereich der Elektrochemie zu finden. Daher wird dieses Netzwerkmodell nur selten erwähnt.

Eine andere Vorgehensweise wurde von Chua entwickelt. Er läßt beliebige nichtlineare Widerstände zu, die mit Hilfe sogenannter *Mutatoren* in nichtlineare Kapazitäten und Induktivitäten gewandelt werden können. Zu diesem Zweck führen diese linearen dynamischen 2-Toren eine passende Variablentransformation aus, um eine nichtlineare, mit Strom und Spannung definierte Kennlinie in eine Spannungs-Ladungs- oder eine Strom-Fluß-Kennlinie zu wandeln. Für diese Aufgabe werden ein *L-R-Mutator* und ein *C-R-Mutator* benötigt; diese 2-Tore lassen sich wie folgt definieren:

R-L-Mutator (Typ 1):

$$u_1 = \frac{du_2}{dt}$$
$$i_1 = -i_2$$

R-C-Mutator (Typ 1):

$$u_1 = u_2$$
$$i_1 = -\frac{di_2}{dt}$$

Die entsprechenden Symbole sind in Tabelle 6.1 zu sehen. Wird die Differentiation in die jeweils andere Gleichung verlagert, dann können Mutatoren vom Typ 2 angegeben werden, welche die gleiche Aufgabe erfüllen. Ausgehend von den 4 Netzwerkvariablen u, i, q und ϕ ergeben sich insgesamt 12 *verschiedene* Typen von Mutatoren. Schließlich sei noch angemerkt, daß es für Mutatoren äquivalente Darstellungen gibt, die allerdings mit Hilfe *dynamischer* gesteuerter Quellen aufgebaut sind (siehe Chua ([6.6], S.74ff)). Es gibt aber auch äquivalente Netzwerke für Mutatoren, die aus (li-

Tabelle 6.1. Nichtlineare Netzwerkelemente

nichtlineare
Kapazität

$f_C(u_C, q_C) = 0$

nichtlinearer
Widerstand

$f_R(u_R, i_R) = 0$

nichtlineare
Induktivität

$f_L(i_L, \phi_L) = 0$

ideale Diode

$i_D \; u_D = 0$

$i_D > 0, \quad u_D < 0$

nearen) gesteuerten Quellen sowie linearen Kapazitäten und Induktivitäten bestehen (Chua ([6.6], S.76f)).

Man kann zeigen (siehe Duinker[6.8]), daß der Traditor und der Konjunktor zwar *passiv* sind, d.h. die verfügbare Energie

$$E(Q) = -\int_0^T u(\tau)i(\tau)d\tau \qquad \text{für alle } T \geq 0$$

ist an jedem Arbeitspunkt Q des Netzwerkes beschränkt (Chua ([6.6], S.107)), aber es gibt Arbeitspunkte, an denen das linearisierte Netzwerk (siehe Abschnitt 6.8.3) *lokal aktiv* ist.

Eine wichtige Eigenschaft des Traditors besteht darin, daß man mit Hilfe eines Traditors, linearen Reaktanzen und Gyratoren nichtlineare Kapazitäten und Induktivitäten mit polynomialen Nichtlinearitäten erzeugen kann (siehe Duinker [6.3]). Diese Vorgehensweise entspricht der Annäherung der entsprechenden Kennlinien durch Potenzreihen und gibt deshalb Einsichten in die Art der Modellbildung von Traditoren. Im folgenden Beispiel soll das anhand einer nichtlinearen Kapazität mit kubischer Kennlinie demonstriert werden.

Beispiel 6.1: Analysiert man das in Bild 6.1a) gezeigte Netzwerk unter der Berücksichtigung der konstitutiven Gleichungen des Traditors, so erhält man

$$u := u_1 + u_2 = -\alpha(q_1 + q_2)i_3$$
$$u_3 = \alpha\frac{d(q_1 + q_2)}{dt} = -L\frac{di_3}{dt}$$

Aus der Gleichheit $i_1 = i_2$ folgt auch $q := q_1 = q_2$ und mit $q_{01} = q_{02}$ ebenso $q_1q_2 = q^2$. Aus diesen Beziehungen kann man die folgenden Gleichungen für das Netzwerk ableiten

$$u = -2\alpha q i_3,$$
$$u_3 = \frac{d(\alpha q^2)}{dt} = \frac{d}{dt}(-L i_3),$$
$$i_3 = -\frac{\alpha}{L} q^2.$$

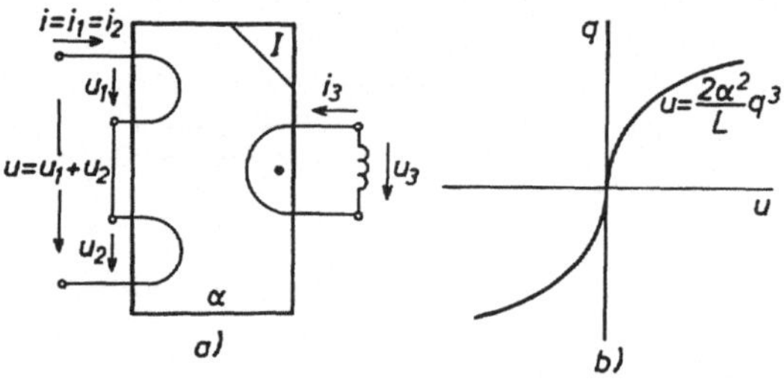

Bild 6.1. a) Traditor-Netzwerk, b) Kennlinie

Schließlich ergibt sich aus der ersten und dritten Gleichung die gewünschte konstitutive Relation für die nichtlineare Kapazität zu

$$u = \frac{2\alpha^2}{L}\, q^3,$$

deren Kennlinie in Bild 6.1b) dargestellt ist.

■

Neben der Approximation der Kennlinien der nichtlinearen Elemente durch Potenzreihen, die dem Duinker-Verfahren entspricht, können bekanntlich auch stückweise lineare Nährungen verwendet werden. Dazu werden die Kennlinien in Bereiche eingeteilt, innerhalb derer die Kurvenstücke durch passende Geradenstücke angenähert werden. Das ist besonders leicht, wenn es sich um 1-Tore handelt. In dem folgenden Beispiel 6.2 wird eine stückweise lineare Darstellung der Kennlinie einer Tunneldiode abgebildet.

Beispiel 6.2: (Tunneldioden-Charakteristik nach Kuh/Hajj [6.9]) In Bild 6.2a) ist die stückweise lineare Kennlinie einer Tunneldiode mit $\mathcal{N}$-Verhalten in der $u - i$-Ebene zu sehen.

■

Stückweise lineare Widerstände können auf äquivalente Netzwerke zurückgeführt werden, die aus linearen Widerständen, idealen Dioden und unabhängigen Spannungs- oder Stromquellen bestehen. Dabei lassen sich *ideale Dioden* sehr einfach durch eine Strom-Spannungsrelation definiert; es gilt

$$u \cdot i = 0 \qquad \text{für alle } u \in I\!R_-^u \text{ und } i \in I\!R_+^i;$$

die Kennlinie und das Symbol einer idealen Diode sind in Tabelle 6.1 dargestellt.
Eine äquivalentes Netzwerk für die in Bild 6.2 geeignete Tunneldiodenkennlinie wird
in Bild 6.2b) dargestellt.

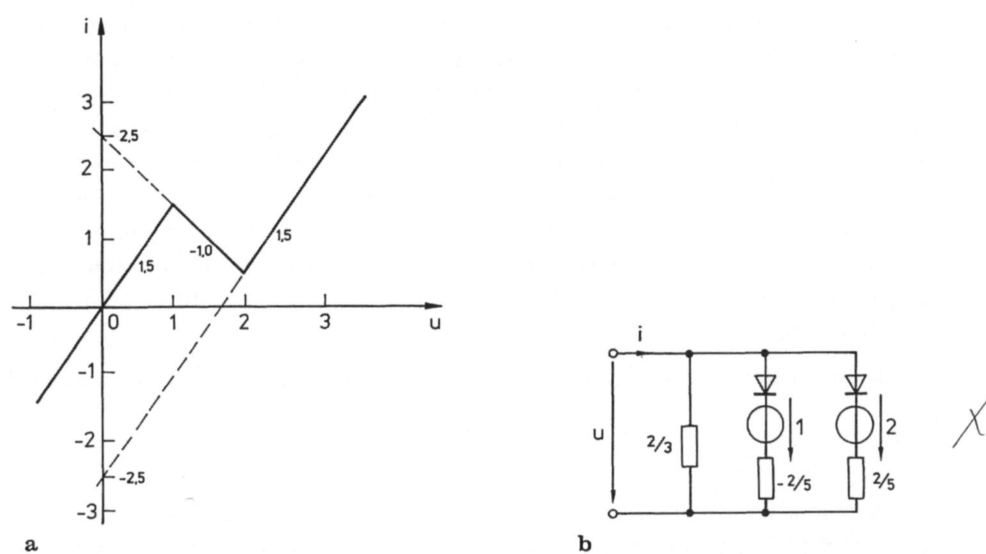

Bild 6.2. a) Tunneldiode-Kennlinie, b) Netzwerk für die Tunneldiode

Nachteilig bei einer stückweise linearen Approximation von nichtlinearen Kennlinien
ist die gegenüber einer polynomialen Annäherung geringere Genauigkeit (bei einer
vernünftigen Segmentanzahl) und die Schwierigkeiten bezüglich einer geschlossenen
Formulierung der Beschreibungsgleichungen. Nichtlineare Widerstände, die durch
stückweise lineare Kennlinien modelliert werden, führen natürlich zu "Knicken" in
der Zustandsmannigfaltigkeit, so daß zusätzliche Überlegungen bei der Anpassung
der Trajektorien an den Knickstellen notwendig werden.

Auch die nichtlinearen Kapazitäten und Induktivitäten können durch stückweise
lineare Kennlinien angenähert werden. So lassen sich etwa die Sättigungseffekte bei
Spulen mit ferromagnetischen Eisenkernen modellieren (Hayashi, ([6.10], S.361ff).

6.2 Allgemeine Überlegungen zu den Beschreibungsgleichungen

Die in Abschnitt 2.1 behandelte Vorstellung der Dynamik elektrischer Netzwerke ist von geometrischer Natur. Zunächst wird aus einem Grundraum, der aus allen Zweigstrom- und Zweigspannungs-Variablen aufgebaut ist, ein Zustandsraum konstruiert, wobei die linearen Kirchhoffgleichungen (mit Übertragerrelationen) und die i.a. nichtlinearen konstitutiven Gleichungen der widerstandsartigen Netzwerkelemente als Zwangsbedingungen anzusehen sind. Der Zustandsraum ist eine Mannigfaltigkeit, die im Fall dynamischer Netzwerke eine differenzierbare Struktur tragen sollte; man nennt sie differenzierbare Mannigfaltigkeiten. In bestimmten Situationen kann es aber auch sinnvoll sein, Mannigfaltigkeiten zuzulassen, die sich aus Stücken von differenzierbaren Mannigfaltigkeiten zusammensetzen. Auf diesem Zustandsraum, den man sich *geometrisch* (abstrakt) als eine Fläche in einem Raum vorstellen kann, dessen Dimension aber i.a. größer ist als drei, wird nun eine Dynamik mit Hilfe von Differentialgleichungen formuliert. Diese erzeugen unter bestimmten Voraussetzungen Lösungen, die man sich geometrisch als Trajektorien auf dem Zustandsraum vorstellen kann.

Liegen die dynamischen Gleichungen beispielsweise in der Normalform vor, d.h. es gilt

$$\dot{\mathbf{x}} = \mathbf{f}(\mathbf{x}), \tag{6.7}$$

die auf einem Zustandsraum S definiert sind, dann wird durch die "rechte Seite" ein Vektorfeld auf S erzeugt, daß an den regulären Punkten mit den Tangenten der Trajektorien übereinstimmt.

In elementarer Form wird diese Sichtweise bereits bei der geometrischen Konstruktion von Lösungskurven von Differentialgleichungen nach der *Isoklinenmethode* angewendet, die auch in der Netzwerktheorie benutzt wird (Philippow ([6.11], S.250ff), Chua ([6.12], S.823ff), Elsner ([6.13], S.49f)).

Die nichtdynamischen Netzwerke sind als Spezialfall des skizzierten allgemeineren Falles anzusehen. Dabei geht es nur darum, den Zustandsraum zu ermitteln, der selbst als Lösungsmenge des Problems interpretiert wird. Im Unterschied zum linearen Fall, bei dem neben der einpunktigen nur noch überabzählbare Lösungsmengen (affine Teilräume des Zustandsraumes) auftreten, können bei nichtlinearen Netzwerken auch kompliziertere Lösungsmengen vorkommen. So besitzen viele Widerstandsnetzwerke eine Lösungsmenge, die aus mehreren isolierten Punkten bestehen; als Beispiel könnte man ein Netzwerk anführen, daß aus einer Masche aus einer Tunneldiode, einem Widerstand und einer unabhängigen Spannungsquelle besteht (Chua,Desoer,Kuh ([6.14], S.91)). Natürlich kann sich der Schaltkreis, der durch ein solches Widerstandsnetzwerk modelliert, nicht gleichzeitig in mehreren Zuständen befinden. Deshalb ist man in derartigen Fällen gezwungen, die Modellbildung zu überprüfen. Es zeigt sich, daß erst die Einbeziehung dynamischer Effekte in der Form parasitärer Reaktanzen dazu führt, daß man ein realistisches Modell solcher Schaltkreise erhält, dessen Lösungen zumindest das richtige qualitative Verhalten zeigen. Demnach kann die Theorie nichtdynamischer Netzwerke nicht als eine abgeschlossene Theorie angesehen werden, sondern sie muß im Zusammenhang mit der Theorie dynamischer Netzwerke gesehen werden.

In den folgenden Abschnitten werden wir verschiedene Formulierungen von Beschreibungsgleichungen nichtdynamischer und dynamischer nichtlinearer Netzwerke behandeln, wobei es vorrangig darauf ankommt, Strukturen der Netzwerkgleichungen sichtbar werden zu lassen, die für eine mathematische Diskussion geeignet sind. Für diesen Zweck sind diejenigen Gleichungssysteme, die für effiziente Simulationsprogramme von nichtlinearen Netzwerken verwendet werden, leider ungeeignet. Dennoch lassen sich aus den theoretischen Überlegungen Ergebnisse ableiten, die insbesondere für den Anwender von Simulationsprogrammen von wesentlicher Bedeutung sein können.

6.3   Nichtlineare Widerstandsnetzwerke

Die Theorie nichtlinearer Widerstandsnetzwerke kann als eine Verallgemeinerung der Theorie linearer Widerstandsnetzwerke angesehen werden. Wir haben aber bereits im Abschnitt 6.1 angedeutet, daß bei der nichtlinearen Theorie besonders deutlich wird, daß es keine eigenständige Theorie der Widerstandsnetzwerke gibt, wenn man die physikalische Realisierbarkeit solcher Netzwerke als Axiom hinzunimmt. Wesentlich dafür ist, daß sich ein Netzwerk zu jedem Zeitpunkt in einem eindeutigen Zustand befindet. Nun haben wir bereits in der linearen Theorie gesehen, daß es Netzwerke gibt, deren Zustandsraum S mehr als *einen* Zustand besitzt, d.h. die Menge $S = Kern(\mathbf{T}_2) \cap \mathbf{f}^-(\{\mathbf{0}\})$ enthält mehr als einen Punkt. Das ist beispielsweise möglich, wenn die Knotenadmittanz-Matrix $\mathbf{Y}_{ad}$ eines dadurch beschriebenen Netzwerkes singulär ist. Dieser Fall kann eintreten, wenn bestimmte Widerstände negativ sind, oder wenn für gewisse Zweige keine Zweigrelation definiert ist. Die zuerst genannte Situation hängt natürlich mit einem Modellierungsfehler zusammen, denn lineare *negative* Widerstände sind zur vollständigen Beschreibung eines realen Subsystems aus energetischen Gründen ungeeignet. Treten beim Gebrauch dieses Modells Schwierigkeiten auf, dann muß daher die Modellierung überprüft werden. Ähnliches gilt für Netzwerke, die Maschen aus unabhängigen Spannungsquellen und Schnittmengen aus unabhängigen Stromquellen enthalten.

Im zweiten Fall treten einfach unnötige Zweige auf, was z.B. bei einer n-Tor-Beschreibung erwünscht ist. In beiden Fällen kann man aber durch Hinzufügen beliebig "kleiner" Widerstände zu einem Netzwerk übergehen, das diese pathologischen Eigenschaften nicht besitzt. Dazu verwendet man ein verallgemeinertes Kirchhoffsches Verbindungsnetzwerk mit idealen Übertragern und fügt diese parasitären Widerstände durch eine *Parameterabänderung* von $\ddot{u}$ hinzu, ohne das Netzwerk verändern. Da es genügt, daß $\ddot{u} \neq 0$ ist, haben wir damit präzisiert, was "klein" bedeutet. Dieser Vorgang kann als ein Übergang zu einem "benachbarten" Netzwerk in der durch die Parameter $\ddot{u}$ parametrisierten Familie von Netzwerken interpretiert werden. Auf diese Weise wird sofort einsichtig, daß der Zustandsraum S bei linearen Widerstandsnetzwerken *generisch* nur einen Punkt enthält. Das schließt z.B. lineare bistabile Netzwerke aus. So könnte man sich zunächst auf eine Theorie der linearen Widerstandsnetzwerke mit einpunktigen Zustandsräumen beschränken. Bei nichtlinearen Widerstandsnetzwerken gibt es aber nicht nur die Fälle, daß der Zustandsraum einpunktig, leer oder eine affine Mannigfaltigkeit mit überabzählbar unendlich vielen Punkten ist (die beiden zuletzt genannten sind nichtgenerisch), sondern es kann auch Zustandsräume mit *endlich* vielen Zuständen geben. Daran ändert sich vielfach auch dann nichts, wenn man zu einem "benachbarten" Netzwerk übergeht. Man sagt, die Anzahl der Zustände ist *strukturstabil*. Eine Präzisierung dieser Aussage geben wir im Laufe dieses Abschnittes an. Demnach fallen die nichtgenerischen und die physikalisch nicht sinnvollen Netzwerke *nicht* mehr zusammen. Erst in der größeren Klasse der nichtlinearen dynamischen Netzwerke kann man durch Hinzufügen "kleiner" Induktivitäten und Kapazitäten zu Netzwerken gelangen, die sich zu jedem Zeitpunkt in einem eindeutig definierten Zustand befinden (siehe Abschnitt 6.8.2).

Dennoch haben sich besondere Methoden zur Analyse von nichtlinearen Widerstandsnetzwerken herausgebildet, so daß es gerechtfertigt ist, diesen Methoden einen eigenen Abschnitt zu widmen.

Zur Beschreibung nichtlinearer Widerstandsnetzwerke können natürlich die linearen Kirchhoffgleichungen unter Einbeziehung idealer Übertrager und die konstitutiven Gleichungen der nichtlinearen Widerstände und gekoppelten Widerstände (gesteuerte Quellen) herangezogen werden. Unter gewissen Voraussetzungen an die nichtlinearen Kennlinien kann man daraus ein explizites nichtlineares Gleichungssystem ableiten. Die Form der Beschreibungsgleichungen hängt aber davon ab, in welcher Weise man zu dem Widerstandsnetzwerk gekommen ist. Handelt es sich beispielsweise um ein durch spezielle Zustandsgleichungen $\dot{\mathbf{x}} = \mathbf{f}(\mathbf{x}, t)$ beschriebenes (nichtlineares) RLC-Netzwerk, so kann man das *zugeordnete Widerstandsnetzwerk* definieren, indem die Kapazitäten durch einen "Kurzschluß" (Zusammenlegen von zwei Knoten) und die Induktivitäten durch einem "Leerlauf" (Elimination eines Zweiges) ersetzt. Das ist eine netzwerktheoretische Interpretation für das Nullsetzen der rechten Seite $\mathbf{f}(\mathbf{x}, t) = \mathbf{0}$, womit dieses Widerstandsnetzwerk beschrieben werden kann. Der möglicherweise zeitabhängige Zustandsraum S wird dann durch $\mathbf{f}$ festgelegt, wobei nicht klar ist, welche Eigenschaften diese Funktion besitzt, da die Struktur des

Netzwerkes und die Eigenschaften der Netzwerkelemente in unübersichtlicher Weise in **f** eingehen.

Für die große Klasse der nichtlinearen Widerstandsnetzwerken, die keine *unikursalen* Widerstände enthalten, die durch eine konstitutive Relation $f(u,i) = 0$ beschrieben werden, welche weder nach u noch nach i aufgelöst werden kann, gibt es aber Beschreibungsgleichungen, in die konstitutiven Relationen der nichtlinearen Widerstände explizit eingehen. Zur Formulierung der Beschreibungsgleichungen dieser Netzwerke unterteilen wir die Netzwerkelemente, die zur Festlegung der Ohmschen Abbildung benutzt werden, in eine Gruppe, die aus den linearen 1-Tor-Widerständen, den unabhängigen Quellen und den linearen gesteuerten Quellen bestehen, und eine zweite, die nichtlineare 1-Tor-Widerstände und nichtlineare gesteuerte Quellen enthält. In bestimmten Fällen wird auch ein Teil der linearen gesteuerten Quellen zu den nichtlinearen Elementen hinzugefügt. Faßt man die erste Gruppe als einen lineares n-Tor auf, dann kann man dieses nach Abschnitt 4.1 durch ein Gleichungssystem in Belevitch-Form beschreiben

$$\mathbf{Py} = \mathbf{Qx} + \mathbf{c}, \tag{6.8}$$

wobei **c** durch die unabhängigen Quellen festgelegt wird und die Vektoren **x** und **y** gemischte Strom- und Spannungskoordinaten enthalten. Die Impedanz- und Admittanzgleichungen für n-Tore mit unabhängigen Quellen sind Spezialfälle von Gleichung (6.8).

Aufgrund der linearen n-Torbeschreibung für einen Teil eines nichtlinearen Widerstandsnetzwerkes können wir eine zusammengesetzte nichtlineare Funktion **F** angeben, mit deren Hilfe das System von Beschreibungsgleichungen für zwei wichtige Netzwerkklassen explizit formulieren läßt. Dabei können die Eigenschaften der nichtlinearen Widerstände und die Verbindungsstruktur des Netzwerkes gewissen Teilfunktionen von **F** zugeordnet werden.

1) Enthält das lineare n-Tor nur lineare Widerstände und unabhängige Quellen und wird es nur mit nichtlinearen 1-Tor-Widerständen beschaltet, die durch strom- oder spannungskontrollierte Relationen charakterisiert werden

$$u_k = -f_k(i_k) \qquad \text{bzw.} \qquad i_l = -f_l(u_l),$$

wobei $y_k := u_k, x_k = i_k$ oder $y_l = i_l, x_l = u_l$ gelten kann, dann erhalten wir mit Gleichung (6..) und $\mathbf{F} = (f_1, \ldots, f_n)^T$ die Beschreibungsgleichung

$$\mathbf{PF(x)} = \mathbf{Qx} + \mathbf{c}. \tag{6.9}$$

Den Funktionen f_k können nun gewisse Eigenschaften wie (strikte) Monotonie oder (schließliche) Passivität zugeordnet werden.

2) Werden je zwei Tore mit einem 3-Pol-Transistormodell beschaltet, das nach Ebers und Moll beschrieben werden (siehe Bild 6.3)

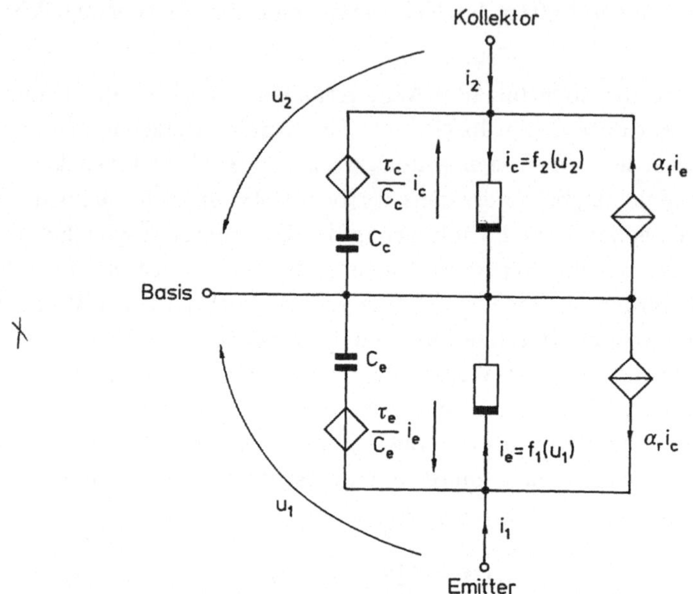

Bild 6.3. Ebers-Moll-Modell

$$\begin{pmatrix} i_1 \\ i_2 \end{pmatrix} = \begin{pmatrix} 1 & -\alpha_r \\ -\alpha_f & 1 \end{pmatrix} \begin{pmatrix} f_1(u_1) \\ f_2(u_2) \end{pmatrix} =: \mathbf{T}_1\mathbf{F}^1(\mathbf{u})$$

$$\begin{pmatrix} u_1 \\ u_2 \end{pmatrix} = \begin{pmatrix} \tilde{u}_1 \\ \tilde{u}_2 \end{pmatrix} - \begin{pmatrix} r_e + r_b & r_b \\ r_b f & r_c + r_b \end{pmatrix} \begin{pmatrix} i_1 \\ i_2 \end{pmatrix}$$

Die Funktionen f_k, $(k = 1, 2)$ haben in vielen Situationen die Form

$$f_k(u_k) = n_k\left(e^{m_k u_k} - 1\right),$$

wobei die Konstanten n_k und m_k für pnp-Transistoren beide *positiv* und für npn-Transistoren beide *negativ* sind. Demnach lassen sich die Transitoren in folgender Form beschreiben

$$\mathbf{i} = \mathbf{TF}(\mathbf{u}),$$
$$\mathbf{u} = \tilde{\mathbf{u}} - \mathbf{Ri} \tag{6.10}$$

mit $\mathbf{T} := \mathbf{T}_1 \oplus \cdots \oplus \mathbf{T}_t$ und $\mathbf{R} := \mathbf{R}_1 \oplus \cdots \oplus \mathbf{R}_t$, wobei t die Anzahl der Transistoren ist. Die Beschreibungsgleichungen dieser Netzwekklasse lassen sich dann für den Fall $\mathbf{y} = \mathbf{i}$ und $\mathbf{x} = \mathbf{u}$ nach (6.9) in folgender Form notieren

$$\mathbf{AF}(\mathbf{u}) = \mathbf{Bu} + \mathbf{c} \tag{6.11}$$

mit $\mathbf{A} := (\mathbf{PR} + \mathbf{Q})\mathbf{T}$ und $\mathbf{B} := \mathbf{P}$.

Auf der Grundlage dieser Gleichungen haben vor allem Duffin, Sandberg, Willson, Desoer und Wu, Chua und Wang, Nishi und Chua sowie in jüngster Zeit Hasler zahlreiche Resultate über den Zustandsraum solcher Netzwerke abgeleitet. So konnten Aussagen über die Existenz von Zuständen und deren Anzahl (Eindeutigkeitsaussagen) sowie deren Lage im Zustandsraum (Beschränktheitsaussagen) bewiesen werden. In den ersten Arbeiten spielen Monotonie-Eigenschaften von **F** eine wesentliche Rolle, während sich Chua und Wang als auch Hasler hauptsächlich auf Passivitätseigenschaften von **F** stützen. Die wesentlichen Resultate bis zum Jahre 1974 werden in dem Buch von Willson [6.15] zusammengefaßt, in dem außer zwei ausgezeichneten Übersichtsartikeln die wichtigsten Arbeiten der obengenannten Autoren abgedruckt sind. Es sei bemerkt, daß nur Hasler zum Beweis seiner Ergebnisse keine spezielle Form der Beschreibungsgleichungen benötigt. Allerdings existiert die obengenannte Charakterisierung nichtlinearer Widerstandsnetzwerke mit Hilfe eines beschalteten n-Tores unter sehr schwachen Bedingungen.

Der Umfang der Resultate ist so groß , daß in diesem Buch wir nur einige ausgewählte Sätze zusammenstellen wollen, anhand,derer die Bedeutung dieser Arbeiten deutlich werden soll. Dabei verzichten wir meistens auf einen Beweis der Aussagen und verweisen stattdessen auf die Literatur. Eine Ausnahme bilden die Ergebnisse, die wir aus den Arbeiten von Chua und Wang sowie von Hasler übernehmen, weil dort interessante geometrisch motivierte Beweismethoden benutzt werden, die auf parametrisierte Familien von Netzwerken angewendet werden. Schließlich gehen wir noch kurz auf die Arbeiten von Ljiljana Trajković and Willson ein, die zeigen, unter welchen Bedingungen ein nichtlineares Widerstandsnetzwerk, welches eine sogenannte Feedback-Struktur enthält, einen *negativem differentiellen* Eingangswiderstand besitzt. Auf die Anwendungen dieser Resultate bei der numerischen Netzwerkanalyse soll dabei wie bisher nur in der Form von Hinweisen eingegangen werden.

Die ersten Ergebnisse für spezielle Klasse nichtlinearer Widerstandsnetzwerke wurden von Duffin bewiesen.

Satz 6.1: (Satz von Duffin) Wir betrachten Netzwerke aus linearen und nichtlinearen 1-Tor-Widerständen und unabhängigen Spannungsquellen, die keine Maschen bilden, und dessen Verbindungsnetzwerk keine idealen Übertrager enthält. Die konstitutiven Relationen der nichtlinearen Widerstände sollen stetige Funktionen auf $I\!R$ sein und in spannungskontrollierter Form $i_k = g_k(u_k)$ formulierbar sein. Dann gelten für den Zustandsraum $\mathcal{S} = Kern(\mathbf{T}_2) \cap f^-(\{\mathbf{0}\})$ die folgenden Aussagen:

1) Besitzen die g_k die Eigenschaft

$$\int_0^x g_k(u)du \quad \rightarrow \quad +\infty$$

mit $x \rightarrow \pm\infty$, dann enthält $\mathcal{S}$ *mindestens einen* Punkt.

Besitzt das Netzwerk außerdem noch unabhängige Stromquellen, die keine Schnitt-menge bilden, dann gilt ferner:

2) Sind die g_k surjektive Funktionen, d.h. die Bildmenge $g_k(I\!R)$ ist gleich der ganzen reellen Achse $I\!R$, dann enthält S *mindestens einen* Punkt.

3) Sind die g_k streng monoton steigende Funktionen, dann enthält S *höchstens einen* Punkt.

4) Enthält das Netzwerk nur nichtlineare Widerstände, deren Funktionen g_k bijektiv sind, d.h. sie erfüllen 3) und 4), dann besteht der Zustandsraum S genau aus einem Punkt.

Beweis: Duffin [6.16].

∎

Bemerkung 6.2: 1) Die Aussage 4) stellt eine Verallgemeinerung der Aussage in Abschnitt 4.2 für lineare positive Widerstandsnetzwerke mit unabhängigen Quellen dar.

2) Anhand des in Bild 6.4 gezeigten Netzwerkes wird deutlich, daß der Zustands-raum S von Netzwerken, deren Widerstände *Sättigungskennlinien* besitzen, auch leer sein kann. Solche Charakteristiken sind aber gerade bei der Modellierung von Halbleiterschaltungen sehr wesentlich, da dort oft Funktionen g_k der Form $y(x) = \alpha(exp(\beta x) - 1)$ auftreten. Desoer und Katzenelson haben folgenden Satz bewiesen, bei dem die Eigenschaft des streng monotonen Steigens auf monotones Steigen abgeschwächt wird.

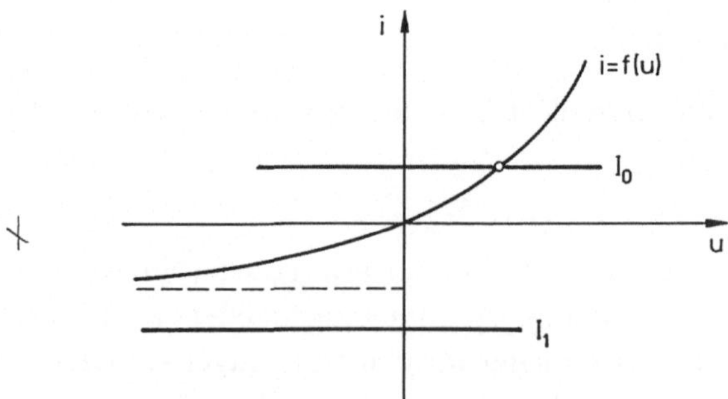

Bild 6.4. Sättigungskennlinie

Satz 6.2: Wir betrachten Netzwerke, die unabhängige Strom- und Spannungsquel-len sowie nichtlineare Widerstände enthalten, deren konstitutive Relationen strom-oder spannungskontrolliert sein können, d.h. $i = g(u)$ bzw. $u = f(i)$, wobei g und f stetig auf $I\!R$ und monoton steigend sein sollen. Wir konstruieren ein zugeordnetes Widerstandsnetzwerk, in dem alle Stromquellen durch "Leerläufe" und alle Spannungsquellen durch "Kurzschlüsse" ersetzt werden.

Der Zustandsraum S besteht aus *einem* Punkt, wenn das zugeordnete Widerstandsnetzwerk einen Baum besitzt (bei unverbundenen Teilnetzwerken jeweils einen Baum), bei dem alle Baumzweige aus stromkontrollierten und alle Verbindungszweige spannungskontrollierten Widerständen bestehen.

Beweis: Desoer und Katzenelson [6.17].

■

Während die bisherigen Sätze nicht von einem bestimmten Typ der Beschreibungsgleichungen ausgegangen sind, befassen sich die Arbeiten von Sandberg und Willson mit nichtlinearen Widerstandsnetzwerken, die sich in ein mit nichtlinearen 1-Toren oder 3-Polen beschaltetes lineares n-Tor mit unabhängigen Quellen aufteilen lassen. Nach Gleichung (6.11) können solche Netzwerke durch eine Gleichung der Form

$$\mathbf{P}\mathbf{F}(\mathbf{x}) = \mathbf{Q}\mathbf{x} + \mathbf{c} \tag{6.12}$$

beschrieben werden, was in vielen Fällen möglich ist. Weiterhin wird vorausgesetzt, daß das n-Tor passiv ist, d.h. für alle $\mathbf{x}$ und $\mathbf{y}$, die $\mathbf{P}\mathbf{x} + \mathbf{Q}\mathbf{y} = \mathbf{0}$ erfüllen, gilt $\mathbf{x}^T\mathbf{y} \geq 0$. Die von Sandberg und Willson abgeleiteten Aussagen beziehen sich auf eine gewisse Menge, die eine Beziehung zwischen Eigenschaften der nichtlinearen Funktion $\mathbf{F}$, der Topologie des Netzwerkes und den konstitutiven Relationen der linearen Netzwerkelemente, ausgedrückt durch die Matrix $\mathbf{Q}$, darstellt. Die Passivität des n-Tores setzen die Matrizen $\mathbf{P}$ und $\mathbf{Q}$ in Beziehung. Diese Menge wird definiert als Schnittmenge der Menge $B(\mathbf{F})$ aller Vektoren $\mathbf{x} \in I\!R^n$, so daß $\lim_{\rho \to \infty} \|\mathbf{F}(\rho\mathbf{x})\|$ beschränkt ($< \infty$) ist, und dem Kern der Matrix $\mathbf{Q}$, d.h. der Menge aller Vektoren $\mathbf{x} \in I\!R$, die von $\mathbf{Q}$ auf den Nullvektor $\mathbf{0}$ abgebildet werden; wir notieren die Menge zu $B(\mathbf{F}) \cap \mathrm{Kern}(\mathbf{Q})$.

Satz 6.3: (Satz von Sandberg und Willson) Seien die Koordinatenfunktionen f_k von $\mathbf{F}$ stetig auf $I\!R$ und streng monoton steigend und das n-Tor passiv, dann gelten folgende Aussagen:

1) Der Zustandsraum S des Netzwerkes besteht genau dann aus *einem* Punkt, wenn gilt

$$B(\mathbf{F}) \cap \mathrm{Kern}(\mathbf{Q}) = \{\mathbf{0}\}.$$

2) Im Fall, daß

$$B(\mathbf{F}) \cap \mathrm{Kern}(\mathbf{Q}) \neq \{\mathbf{0}\}$$

gilt, dann existiert ein reeller Quellenvektor $\mathbf{c}$, so daß der Zustandsraum S leer ist, d.h. (6.12) hat keine Lösung.

Schwächt man die Eigenschaft 'streng monoton steigend' ab und fordert nur noch 'schließlich streng monoton steigend', d.h. streng monotones Steigen außerhalb eines Kreises um den Ursprung in der $u - i$-Ebene, dann gilt folgende Aussage:

3) Der Zustandsraum S des Netzwerkes enthält *mindestens einen* Punkt, wenn gilt

$$B(\mathbf{F}) \cap \mathrm{Kern}(\mathbf{Q}) = \{\mathbf{0}\}.$$

Beweis: Sandberg, Willson [6.18].

∎

Beispiele 6.3: 1) Sind die Kennlinien stetig auf $I\!R$, streng monoton steigend und surjektiv, dann gilt $B(\mathbf{F}) = \mathbf{0}$ und damit $B(\mathbf{F}) \cap \mathrm{Kern}(\mathbf{Q}) = \{\mathbf{0}\}$. Nach Satz 6.3 enthält S dann genau einen Punkt. 2) Wir untersuchen ein Netzwerk, wobei die konstitutiven Relationen der Widerstände in Bild 6.5 darstellt sind (Willson ([6.19], S.2ff)); es gilt: $B(\mathbf{F}) = (-\infty, 0] \times (-\infty, 0] \times I\!R$ mit $\mathbf{x} = (u_1, u_2, i_3)^T$. Für die Koordinaten der Vektoren aus dem Kern von $\mathbf{Q}$ gelte $u_1 = -u_2$ und $i_3 = 0$; die Vektoren aus dem Kern von $\mathbf{Q}$ können natürlich nicht in $B(\mathbf{F})$ liegen, d.h. nach Satz 6.3 besteht der Zustandsraum S genau aus einem Punkt.

∎

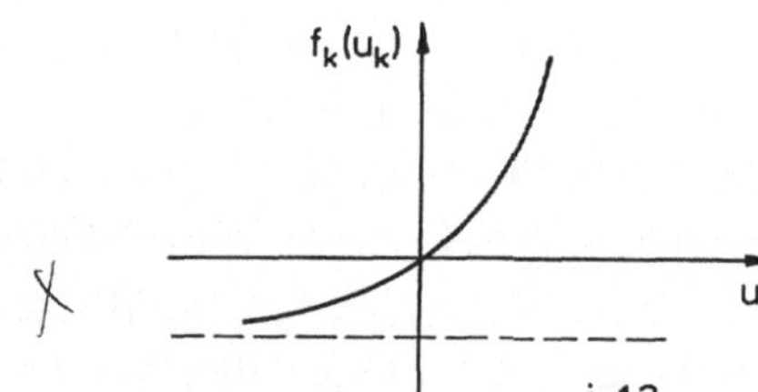

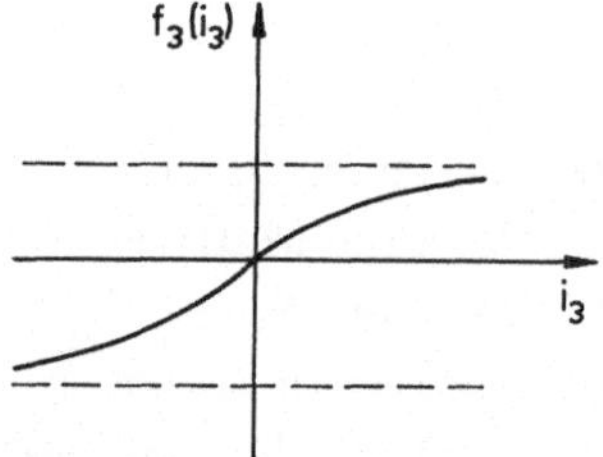

Bild 6.5. Kennlinien von Beispiel 6.3

Die durch die Schnittmenge $B(\mathbf{F}) \cap \mathrm{Kern}(\mathbf{Q})$ ausgedrückte Beziehung zwischen nichtlinearen Charakteristiken und der Netzwerktopologie ist eher indirekt. Dieser netzwerktheoretisch etwas unbefriedigende Umstand konnte durch Desoer und Wu [6.20] wesentlich verbessert werden. Aus Platzgründen wollen wir aber auf eine Wiedergabe dieser Ergebnisse verzichten. Stattdessen diskutieren wir im nächsten Abschnitt 6.3 einige auf Chua und Wang sowie Hasler zurückgehende Resultate für Widerstandsnetzwerke aus 1-Tor-Widerständen, die sich mit dem geometrisch motivierten Abbildungsgrad von stetigen Funktionen beweisen lassen. Dabei wird von Chua und Wang wiederum vorausgesetzt, daß sich das nichtlineare Widerstandsnetzwerk als beschaltetes lineares n-Tor darstellen läßt. Hasler (Hasler und Neirynck ([6.21], S.174ff)), der ebenfalls den Abbildungsgrad benutzt, verzichtet auf diese Voraussetzung und arbeitet stattdessen mit dem Satz von der Leistungsbalance, einer Variante des Weyl-Tellegenschen Satzes.

Wir wollen nun entsprechende Aussagen für nichtlineare Widerstandsnetzwerke diskutieren, die Transistoren in Form des obengenannten Ebers-Moll-Modells enthalten. Diese Netzwerke sollen sich wie bereits ausgeführt, als beschaltetes lineares n-Tor darstellen lassen und durch das Gleichungssystem (6.11)

$$\mathbf{AF(u) = Bu + c}$$

mit $\mathbf{A} := (\mathbf{PR+Q})\mathbf{T}$ und $\mathbf{B} := \mathbf{P}$ beschrieben werden können. Für die Untersuchung dieses Gleichungssystems ist eine spezielle Klasse von Matrizenpaaren, die in der folgenden Definition durch zwei äquivalente Bedingungen festgelegt wird; die zweite kann als praktisches Kriterium verwendet werden. Weitere äquivalente Bedingungen findet man bei Sandberg und Willson [6.18].

Definition 6.3: ($\mathcal{W}_0$-Matrizenpaar) Ein Paar reeller $n \times n$-Matrizen $\mathbf{A}$, $\mathbf{B} \in I\!R^{n \times n}$ heißt $\mathcal{W}_0$-Paar, wenn eine der beiden Bedingungen erfüllt sind:

1) $\det(\mathbf{AD+B}) \neq \mathbf{0}$ für alle reellen Diagonalmatrizen $\mathbf{D}$, deren Koeffizienten $d_{ii} > 0$ sind.

2) Es gibt eine reelle $n \times n$-Matrix $\mathbf{M}$ aus der Menge der $\mathcal{C}(\mathbf{A},\mathbf{B})$, welche aus allen reellen $n \times n$-Matrizen besteht, die durch Kombination irgendwelcher n Spalten von $\mathbf{A}$ und $\mathbf{B}$ erzeugt werden (2^n Möglichkeiten), so daß gilt:

   2.1) $\det \mathbf{M} \neq 0$,
   2.2) $\det \mathbf{M} \det \mathbf{N} \geq 0$ für alle $\mathbf{N} \in \mathcal{C}(\mathbf{A},\mathbf{B})$.

■

Für nichtlineare Transistornetzwerke, bei das Matrizenpaar $(\mathbf{A},\mathbf{B})$ ein $\mathcal{W}_0$-Paar ist, kann der folgende Satz bewiesen werden.

Satz 6.4: (Willson) Wenn ein nichtlineares Widerstandsnetzwerk als ein mit Dioden und Transistoren beschaltetes n-Tor aufgefaßt werden kann und sich durch ein Gleichungssystem der Form (6.11) beschreiben läßt, wobei die Koordinatenfunktionen $f_k : I\!R \to I\!R$ von $\mathbf{F}$ strikt monoton ansteigend sind, dann enthält der Zustandsraum S des Netzwerkes genau dann *einen* Punkt, wenn gilt $(\mathbf{A},\mathbf{B}) \in \mathcal{W}_0$.

Beweis: Willson [6.22].

■

Es sei angemerkt, daß über diesen Problemkreis von Sandberg und Willson zahlreiche weitere Aussagen bewiesen wurden, auf die wir aus Platzgründen nicht weiter eingehen können. Sie werden in dem bereits erwähnten Übersichtsartikel von Willson

[6.99] ausführlich dargestellt und anhand von Beispielen diskutiert. An dieser Stellen wollen wir aber noch auf einige Anwendungen dieser Ergebnisse eingehen, die in dem folgenden Satz zusammengefaßt sind und für die Praxis des Schaltungsentwurfs von Interesse sind.

■

Satz 6.5: Wir betrachten nichtlineare Widerstandsnetzwerke, die aus unabhängigen Strom- und Spannungsquellen, linearen Widerständen, Dioden und Transistoren bestehen.

1) Kann ein solches Netzwerk in der in Bild 6.6a) gezeigten Weise aufgeteilt werden, dann enthält der Zustandsraum S des Netzwerkes höchstens einen Punkt.
2) Kann ein solches Netzwerk in der in Bild 6.6b) gezeigten Weise in zwei Teilnetzwerke zerlegt werden, die jeweils durch eine Gleichung der Form (6.11) beschrieben werden können

$$\mathbf{A}_i \mathbf{F}_i(\mathbf{u}_i) = \mathbf{B}_i(\mathbf{u}_i) = \mathbf{c}_i$$

mit $i = 1,2$ und gilt $(\mathbf{A}_i, \mathbf{B}_i) \in \mathcal{W}_0$ für $R = 0$ und $R = \infty$, dann gilt auch $(\mathbf{A}, \mathbf{B}) \in \mathcal{W}_0$ für das gesamte Netzwerk, dem die Matrizen $\mathbf{A}$ und $\mathbf{B}$ zugeordnet sind; demnach enthält der Zustandsraum S genau einen Punkt.

Beweis: Nielsen, Willson [6.23].

■

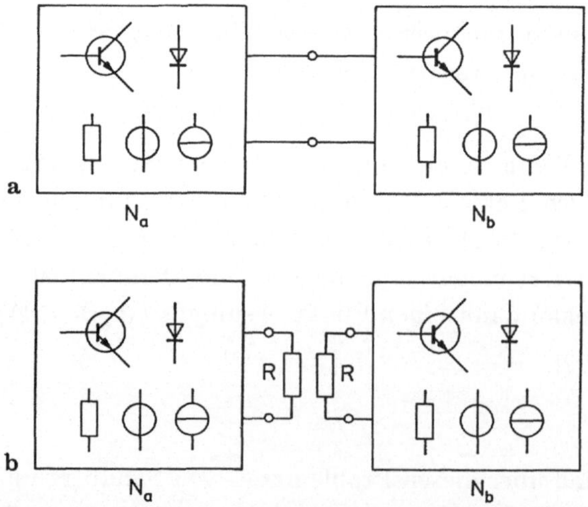

Bild 6.6. a) Netzwerk, b) Zerlegung in Teilnetzwerke

Bemerkung 6.3: Wir weisen darauf hin, daß diese Sätze nicht ohnes weiteres gültig sind, wenn ideale Übertrager in das Verbindungsnetzwerk einbezogen werden (siehe Baranyi und Newcomb [6.24]).

■

Die Aussagen dieses Satzes können nicht immer in einfacher Weise verwendet werden. In vielen Fällen führt die Überprüfung der Voraussetzung, ob ein vorgegebenes Matrizenpaar ein $\mathcal{W}_0$-Paar ist, zu umfangreichen Rechnungen. Nielsen und Willson konnten aber Bedingungen angeben, mit denen anhand der Topologie eines Transistornetzwerkes getestet werden kann, ob das zugehörige Matrizenpaar $(\mathbf{A}, \mathbf{B})$ ein $\mathcal{W}_0$-Paar ist.

Satz 6.6: Ein nichtlineares Widerstandsnetzwerk, das unabhängige Strom- und Spannungsquellen, lineare Widerstände und Transistoren mit Ebers-Moll-Modell enthält, werde durch ein Gleichungssystem der Form (6.11) beschrieben. Dann gilt die folgende Aussage:

$(\mathbf{A}, \mathbf{B})$ ist ein $\mathcal{W}_0$-Paar für alle Widerstandswerte und alle Werte der Transistorparameter genau dann, wenn das Netzwerk keine *Feedback-Struktur* enthält.

Dabei versteht man unter einer Feedback-Struktur eine in Bild 6.7a) Transistorkombination, die entsteht, wenn alle Widerstände durch irgendwelche Leerläufe oder Kurzschlüsse, alle unabhängigen Stromquellen durch Leerläufe, Spannungsquellen durch Kurzschlüsse und alle außer zwei Transistoren durch eine der in Bild 6.7b) gezeigten Leerlauf/Kurzschluß-Kombinationen ersetzt werden.

Beweis: Nielsen, Willson [6.23].

■

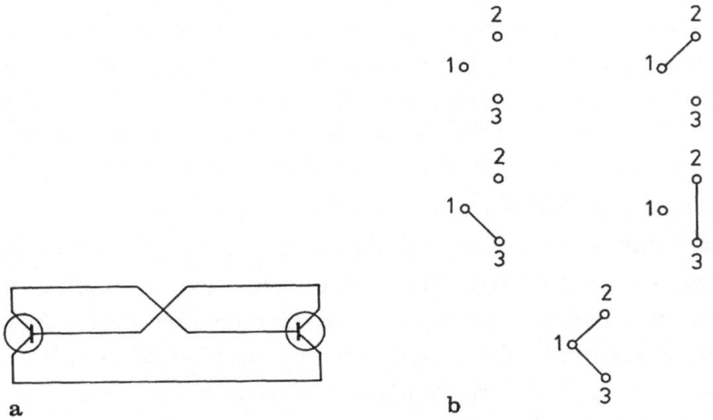

Bild 6.7. a) Feedback-Struktur, b) Verfahren

Beispiel 6.4: Es ist offensichtlich, daß das in Bild 6.8 gezeigte Transistornetzwerk mindestens eine Feedback-Struktur enthält.

■

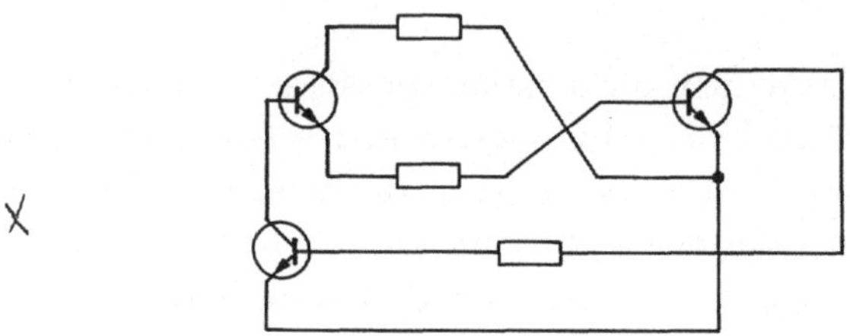

Bild 6.8. Transistornetzwerk mit Feedback-Struktur

Dieser Satz ist ein wichtiges Kriterium, um anhand der Topologie eines nichtlinearen Widerstandsnetzwerkes entscheiden zu können, ob der Zustandsraum des Netzwerkes mehr als einen Punkt enthält, d.h. ob das zugehörige dynamische Netzwerk ein bistabiles Verhalten erlaubt. Eine Verallgemeinerung der Aussagen von Satz 6.6 auf stromgesteuerte Stromquellen und spannungsgesteuerte Spannungsquellen mit *endlichem* Steuerparameter wurde von Nishi und Chua [6.25] [6.26] angegeben. Desweiteren sind ähnliche Ergebnisse von Hasler für nichtlineare Widerstandsnetzwerke mit (linearen) Operationsverstärkern bewiesen worden (Hasler, Neirynck([6.21], S.186ff)), wobei keine bestimmten Beschreibungsgleichungen vorausgesetzt werden müssen. Einige Resultate konnten neuerdings von Willson [6.27] auf Netzwerke mit FET-Modellen übertragen werden. Wir weisen schließlich noch darauf hin, daß wir auf nichtlineare Transistornetzwerke in Abschnitt 6.4 zurückkommen.

An dieser Stelle möchten wir auf gewisse Bedenken eingehen, die vielleicht dem einen oder anderen eher praxisorientierten Leser kommen mögen, wenn er sich mit einer Vielzahl von mathematischen Sätzen konfrontiert sieht. Natürlich liegt der Wert dieser Aussagen nicht in der Tatsache des Beweises an sich. Vielmehr muß er daran gemessen werden, welche *für die Praxis bedeutsamen Folgerungen* daraus gezogen werden können; wir erinnern dabei an den im Vorwort und der Einleitung zitierten Ausspruch Boltzmanns. Dabei ist ein Satz für die Netzwerktheorie umso wertvoller, je geringer die Voraussetzungen an das Verbindungsnetzwerk und die Eigenschaften der verwendeten Subsysteme sind. Natürlich darf die Aussage dann nicht trivial sein. Manchem *erfahrenen* Schaltungsdesigner mag die eine oder andere Aussage bekannt sein, aber seine Erklärungen dafür sind zumeist von heuristischer Natur. Insbesondere den Arbeiten von Sandberg, Willson und Desoer und ihren Mitarbeitern ist es zu verdanken, daß die Einsicht, zu einem theoretischen Verständnis praktischer Analog- und Digitalschaltungen zu kommen, gewachsen ist. Die von diesen Forschern bewiesenen Resultate zeigen aber, daß auf diesem Gebiet noch viele Fragen offen sind.

Zum Abschluß dieses Abschnittes wollen wir auf einige neuere Ergebnisse der Willson-Mitarbeiterin L. Trajković eingehen, die für das Verständnis praktischer Schaltungen von besonderem Interesse sind. So konnte in diesen Arbeiten gezeigt werden, daß verschiedene seit langem akzeptierte "Erfahrungstatsachen" falsch sind.

Ausgangspunkt dieser Arbeiten ist die Frage, unter welchen Umständen nichtlineare 1-Tore einen *negativen differentiellen Widerstand* (NDW) besitzen. Bekanntlich gibt es zwei Grundformen von $i - u$-Charakteristiken mit NDW-Verhalten (siehe Barkhausen [6.28]):

1) der stromkontrollierte Typ, auch S-Typ genannt,

2) der spannungskontrollierte Typ, auch N-Typ genannt.

Aus dem Satz 6.6 von Nielsen und Willson kann der folgende Schluß gezogen werden: als eine notwendige Bedingung dafür, daß ein nichtlineares 1-Tor eine N-Typ- (S-Typ-) Charakteristik besitzt, muß das am Eingang leerlaufende (kurzgeschlossene) 1-Tor eine Feedback-Struktur enthalten. Es gibt aber Transistor-1-Tore, die eine Feedbackstruktur enthalten, aber kein NDW-Verhalten zeigen. In den Arbeiten von Trajković und Willson werden nun weitere notwendige Bedingungen angegeben und bewiesen, damit ein Transistor-1-Tor NDW-Verhalten besitzt. Nach Satz 6.6 und Definition 6.3 kann nur dann NDW-Verhalten auftreten, wenn es mindestens eine Diagonalmatrix $\mathbf{D}$ mit positiven Koeffizienten und $\det(\mathbf{AD}+\mathbf{B}) = 0$ gibt. Trajković und Willson zeigen, daß möglicherweise NDW-Verhalten dann vorliegt, wenn es ein $\mathbf{D}$ mit $d_{ii} > 0$ gibt, so daß die Determinante $\det(\mathbf{AD} + \mathbf{B}) < 0$ ist. Man kann diese Bedingung netzwerktheoretisch als das Auffinden passender Arbeitspunkte für die Transistoren interpretieren. Für Transistornetzwerke mit *zwei komplementären* Transistoren wird der folgende Satz bewiesen.

Satz 6.7: (Trajković, Willson) Für jedes nichtlineare Transistornetzwerk, das aus linearen Widerständen, unabhängigen Strom- und Spannungsquellen sowie zwei komplementären Transistoren (NPN und PNP) mit Ebers-Moll-Modell besteht, die in Feedback-Struktur zusammengeschaltet sind, und das durch ein Gleichungssystem (6.11) beschrieben wird, gilt $\det(\mathbf{AD} + \mathbf{B}) < 0$, wenn der Koeffizient c_{13} des Terms $d_1 d_3$ des Polynoms $P(d_1, \ldots, d_{2n}) := \det(\mathbf{AD} + \mathbf{B}) < 0$ (bei geeigneter Numerierung und $d_i := d_{ii}$) kleiner als Null ist und der Strom *aus* dem Kollektor des PNP-Transistors und *in* den Kollektor des NPN-Transistors fließt.

Beweis: Dissertation von Trajković [6.29].

∎

Bemerkung 6.4: Eine Feedback-Struktur heißt *aktiv*, wenn der einer Feedback-Struktur zugeordnete Koeffizient c_{ij} kleiner als Null ist und die Arbeitspunkte der Transistoren so eingestellt sind, daß $\det(\mathbf{AD} + \mathbf{B}) < 0$ ist.

■

Ein weiterer wichtiger Satz, das Arbeitspunkt-Theorem, von Trajković und Willson [6.30] sagt etwas über die Art des Betriebszustandes der Transistoren in Transistornetzwerken mit zwei komplimentären Transistoren aus. Da wir zur Formulierung dieses Satzes etwas weiter ausholen müßten, verweisen wir auf die zitierte Arbeit. Als Anwendung dieses Satzes wird dort z.B. eine vollständige Erklärung von Schmitt-Trigger-Netzwerken angegeben. Schließlich beweisen diese Autoren einen Satz, der besagt, daß praktische Netzwerke (in einem realistischen Parameterbereich) mit zwei Transistoren (komplementär oder gleichen Typs), die keine unabhängigen Quellen enthalten, *kein* NDW-Verhalten besitzen. Damit kann beispielsweise gezeigt werden, daß Netzwerke mit einem Thyristor, der mit Hilfe der in Bild 6.9 gezeigten Feedback-Struktur modelliert wird, unabhängig von den gewählten Transistorparametern NDW-Verhalten *nicht* zeigen können. Andererseits wird für eine Modellierung des sogenannten *Latch-Up-Phänomens* in CMOS-Schaltungen eine Transistorkombination aus komplementären Transistoren verwendet, um ein unerwünschtes NDW-Verhalten zu studieren. Aber auch für ein solches Modell gilt natürlich diese Aussage; d.h. das Modell ist ungeeignet. Nach Trajković und Willson sind weitere Widerstände notwendig, um ein Modell mit dem qualitativ richtigen Verhalten zu bekommen. Diese wenigen Hinweise sollen genügen, um die praktische Bedeutung der genannten Ergebnisse zu verdeutlichen.

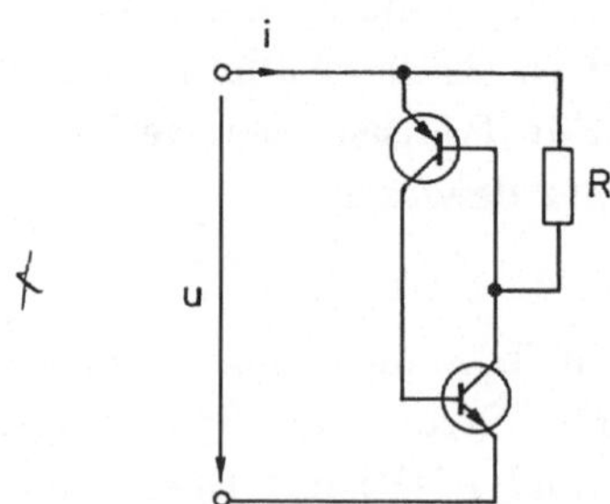

Bild 6.9. Thyristormodell mit Feedback-Struktur

6.4 Parametrisierte Familien nichtlinearer Widerstandsnetzwerke

Wir haben bereits mehrfach betont, daß wir es in den Anwendungen normalerweise nicht mit einzelnen Netzwerken bzw. deren Beschreibungsgleichungen sondern mit ganzen Familien von Netzwerken zu tun haben, die durch gewisse Netzwerkparameter parametrisiert werden. Selbst wenn das scheinbar nicht der Fall sein sollte, weil alle Parameter festliegen, muß immer angenommen werden, daß sich einer oder mehrere Netzwerkparameter aus *technologischen* Gründen nicht genau auf den gewünschten Wert bringen lassen. In diesen Situationen ist man ebenfalls gezwungen, eine Familie von Netzwerken zu untersuchen, die um ein *"Nominalnetzwerk"* gruppiert ist. Dann versucht man mit Empfindlichkeitsmaßen Aufschlüsse über die das Nominalnetzwerk "umgebenden" Netzwerke und deren Eigenschaften zu gewinnen. Ein allgemeinerer Zugang zu dieser Problemstellung analysiert direkt Familien von Netzwerken. Dabei verwendet man z.B. die bereits in Abschnitt 2.3.3 skizzierten Einbettungsverfahren, die wir in diesem Abschnitt etwas ausführlicher diskutieren. Für eine theoretische Begründung der Anwendbarkeit dieser Methode wird auch der bereits im letzten Abschnitt erwähnte Abbildungsgrad benötigt. Dieser bildet auch die Grundlage für ein neues Verfahren zur Untersuchung der Existenz und Eindeutigkeit von nichtlinearen Gleichungssystemen, das bei der Bestimmung der Anzahl der Zustände im Zustandsraum S Anwendungen in der Netzwerktheorie gefunden hat. Als weitere Anwendung soll auch schon auf die Bestimmung periodischer Lösungen von angeregten nichtlinearen Netzwerken in Abschnitt 6.9.2 hingewiesen werden. Daher wollen wir den (Brouwerschen) Abbildungsgrad motivieren und auf dessen Eigenschaften näher eingehen. Anschließend diskutieren wir verschiedene Ergebnisse von Chua, Wang und Hasler. Den Abschluß bilden einige Bemerkungen zur Empfindlichkeitsanalyse.

Ausgangspunkt für die Anwendung eines Einbettungsverfahrens ist ein Problem, dessen Lösung gesucht wird; des weiteren sei die Lösung eines "ähnlichen" Problems bekannt. Die Idee besteht nun darin, beide Probleme in eine Familie von Problemen "einzubetten" und so aus der bekannten Lösung des einen Problems Nutzen bei der Lösung des anderen zu ziehen. Der Vergang der Einbettung wird auch als *Homotopie* bezeichnet. Der Einbettungsparameter kann dabei im Grundproblem enthalten sein oder er wird "künstlich" eingeführt. Geometrisch gesehen ermittelt man, ausgehend von der Lösung des bekannten Problems, entlang eines durch den Einbettungsparameter festgelegten Weges, dem *Homotopiepfad*, Lösungen, bis man am Ende des Weges die Lösung des gewünschten Problems erreicht hat. Natürlich müssen bei der Einbettung gewisse Bedingungen eingehalten werden, damit diese Methode zum Erfolg führt. Darauf werden wir später zurückkommen. Es sei nur angemerkt, daß man bei netzwerktheoretischen Problemstellungen immer in gewisses "Vorwissen" hat, das an dieser Stelle eingebracht werden kann. Im Zusammenhang mit nichtlinearen Widerstandsnetzwerken geht es ausschließlich um das Auffinden von Nullstellen nichtlinearer Gleichungssysteme. Mit einem Einbettungsverfahren wird das Suchen von Nullstellen auf die Lösung eines Differential- oder Differenzengleichungssystems zurückgeführt. Bevor wir auf weitere Einzelheiten eingehen, soll das anhand eines Beispiels erläutert werden.

Betrachten wir z.B. eine Familie von Widerstandsnetzwerken, die durch ein Gleichungssystem nach (6.12) beschrieben wird

$$\mathbf{f}(\mathbf{x}, \lambda) := \mathbf{PF}(\mathbf{x}, \lambda) - \mathbf{Qx} - \mathbf{c} \equiv \mathbf{0}; \tag{6.13}$$

dabei ist λ ein Parameter, der z.B. einen nichtlinearen Widerstand charakterisiert. Die Funktion $\mathbf{f}(\mathbf{x}, \lambda)$ ist die Homotopie des Problems. Die Nullstellen für ein festes λ_0 von (6.13) legen den Zustandsraum des durch diesen Parameterwert bestimmten Netzwerks der Familie fest. Wir fragen nun danach, wie sich der Zustandsraum beim Übergang zu anderen Netzwerken der Familie verändert. Nach Abschnitt 2.3.3 wird diese Analyseaufgabe mit Hilfe eines Einbettungsverfahrens behandelt, in dem man anstatt eines algebraischen Problems eine zugeordnete Differentialgleichung löst.

Wenn wir uns auf einen reellen Parameter λ beschränken, so geht man von einer Funktion $\mathbf{f} : I\!\!R^n \times \longrightarrow I\!\!R^n$ aus, und formuliert das Nullstellenproblem

$$\mathbf{f}(\mathbf{x}(\lambda), \lambda) = \mathbf{0}. \tag{6.14}$$

Formales Differenzieren ergibt

$$\frac{d\mathbf{x}}{d\lambda} = -\mathbf{J}^{-1}(\mathbf{x}, \lambda) \frac{\partial \mathbf{f}}{\partial \lambda}, \tag{6.15}$$

wobei $\mathbf{J}(\mathbf{x}, \lambda) = (\partial f_i / \partial x_j)$ die Jacobische Matrix von $\mathbf{f}$ ist. Diese Differentialgleichung benennen wir nach *Davindenko*. Kennen wir die Lösung $\mathbf{x}_0$ des Problems $\mathbf{f}(\mathbf{x}_0, \lambda_0) = \mathbf{0}$, dann können wir der Differentialgleichung die Anfangsbedingung $\mathbf{x}(\lambda_0) = \mathbf{x}_0$ hinzufügen und erhalten damit ein zu (6.14) äquivalentes Anfangswertproblem.

Beispiel 6.5: Die Beschreibungsgleichungen des in Bild 6.10 gezeigten Netzwerkes ergeben sich zu

$$i = g(u, \alpha) := \left(\frac{2}{3}\alpha + \frac{1}{3}\right) u^3 - 3u^2 + (-5\alpha + 8)u + \alpha$$
$$u_0 = i + u,$$

wobei α ein Parameter ist, der den nichtlinearen Widerstand charakterisiert; dieser Parameter sei der Familienparameter. Für $\alpha > 1$ handelt es sich bei g um eine streng monoton steigende Funktion. Eliminieren wir den Strom i, so ergibt sich die folgende Familie von Polynomgleichungen, welche die Familie von Netzwerken beschreibt,

$$f(u, \alpha) := \left(\frac{2}{3}\alpha + \frac{1}{3}\right) u^3 - 3u^2 + (-5\alpha + 8 + 1)u + \alpha - u_0,$$

und deren Nullstellen ermittelt werden müssen. Differenzieren wir diese Gleichung nach α, so können wir die gewünschte Davindenko-Differentialgleichung für unsere

Netzwerkfamilie ermitteln

$$\frac{du}{d\alpha} = \frac{-\frac{2}{3}u^3 + 5u - 1}{3\left(\frac{2}{3}\alpha + \frac{1}{3}\right)u^2 - 6u + (-5\alpha + 9)},$$

deren Zustände als Lösungstrajektorien der Differentialgleichung bestimmt werden können; dabei sind bestimmte Bedingungen zu erfüllen.

■

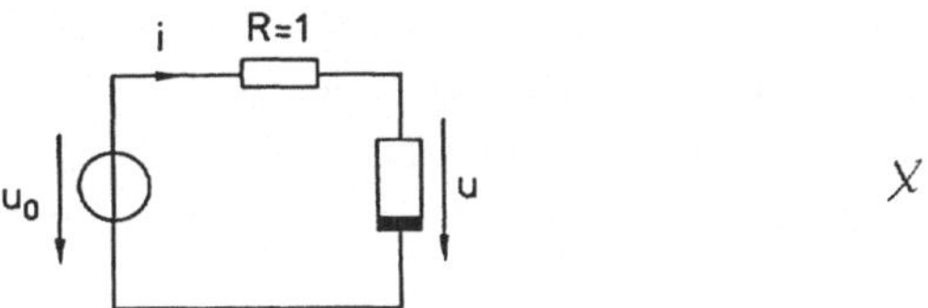

Bild 6.10. Netzwerk in Beispiel 6.5

Wir erhalten demnach i.a. eine nichtlineares und nichtautonomes System von Differentialgleichungen vom Typ $d\mathbf{u}/d\lambda = \mathbf{f}(\mathbf{u}, \lambda)$, das natürlich numerisch gelöst werden muß. Dazu werden z.B. in der Monographie von Hairer und Wanner [6.31] zahlreiche Verfahren angegeben. Im Gegensatz zu den dynamischen Gleichungen eines Netzwerkes ist die rechte Seite der Davindenko-Differentialgleichung vielfach nicht stetig auf $I\!R$ und es gibt Stellen λ, an denen sie nicht definiert ist. Letzteres ist genau dann der Fall, wenn die Jacobische Matrix $\mathbf{J}(\mathbf{x}, \lambda)$ singulär ist. Für die λ, an denen $\mathbf{J}$ singulär ist *und* die Funktion $\mathbf{f}(\mathbf{x}, \lambda)$ eine Nullstelle besitzt, hat $\mathbf{f}$ mindestens eine zweifache Nullstelle; das kann man sich leicht für den Fall, daß $\mathbf{f}$ ein Polynom ist, klar machen. Die verschiedenen Situationen, bei denen eine Funktion f und ihre erste Ableitung f' an einer Stelle λ gleichzeitig verschwinden, kann man sich für Funktionen $f : I\!R \to I\!R$ leicht aufzeichnen. An solchen Stellen verzweigen sich die Lösungen der Differentialgleichung und deshalb werden sie als *Bifurkationspunkte* oder auch *Verzweigungspunkte* bezeichnet. Dort versagen natürlich auch die üblichen Integrationsalgorithmen für Differentialgleichungen und es sind gesonderte Überlegungen notwendig, damit sämtliche Trajektorien ermittelt werden. Auf diese Fragestellung gehen Kubiček und Marek ([6.32], S.51ff) sowie Rheinboldt ([6.33], S.118ff) genauer ein. Wenn diese Überlegungen angewendet werden, dann kann ein numerisches Verfahren, welches auf der Idee der Einbettung basiert, eine sehr effiziente Methode zur Lösung netzwerktheoretischer Problemstellungen sein. In diesem Zusammenhang sei auf das Buch von DeCarlo und Saeks [6.34] und auf die Arbeiten von Wasserstrom [6.35], Chao und Saeks [6.36] sowie Richter und DeCarlo [6.37] hingewiesen.

Ein Einbettungsverfahren kann allerdings nur dann erfolgreich angewendet werden, wenn es überhaupt einen Homotopiepfad von einer Nullstelle des bekannten Problems zu der gewünschten Nullstelle des zu lösenden Problems gibt. Nach den in

Bild 6.11 gezeigten Verzweigungssituationen ist es durchaus möglich, daß sich Homotopiepfade, die an zwei Nullstellen des bekannten Problems starten, in einem Punkt λ vereinigen und nicht weiterlaufen. Es muß demnach sichergestellt werden, daß es in der gewählten Einbettung (Homotopie) wenigstens einen Homotopiepfad gibt, der das bekannte und das zu lösende Problem verbindet. Anders ausgedrückt, die Anzahl der Nullstellen in der Homotopie darf nicht kleiner als Eins werden. Ein Hilfsmittel zum Test dieser Bedingung ist der sogenannte *Abbildungsgrad* einer Homotopie $\mathbf{f}(\mathbf{x}, \lambda)$, der etwas über die Anzahl der Nullstellen von $\mathbf{f}$ aussagt, wenn der Einbettungsparameter λ variiert. Einzelheiten über den Abbildungsgrad sollen aber erst später angegeben werden; aus diesem Grunde verweisen wir an dieser Stelle auf die Arbeit von Richter und DeCarlo [6.37], in welcher der Abbildungsgrad im Zusammenhang mit Einbettungsverfahren diskutiert wird.

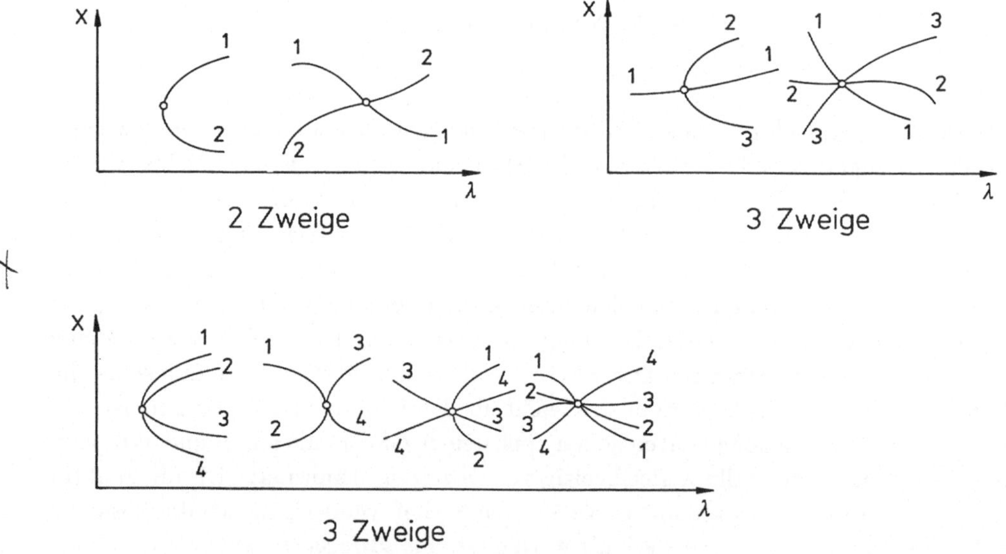

Bild 6.11. Verzweigungssituationen

Abschließend wollen wir noch einmal einen Blick auf die geometrische Formulierung dieses Zuganges werfen, mit dem es gelingt, die Verkomplizierung, die mit der Betrachtung von parametrisierten Familien von Systemen und Netzwerken verbunden zu sein scheint, erheblich zu vermindern. Fassen wir das Gesagte also noch einmal zusammen: der Zustandsraum eines parametrisierten Systems wird mit Hilfe der Trajektorien der Davindenko-Differentialgleichung erzeugt. An den Stellen einer Trajektorie, wo die Jacobische Matrix singulär wird und gleichzeitig auch die Funktion selbst verschwindet, treten Lösungsverzweigungen auf; solche Punkte, an denen qualitative Änderungen in der Systemfamilie stattfinden, werden Bifurkationspunkte genannt. Daraus folgt, daß der Zustandsraum eines parametrisierten Systems i.a. keine differenzierbare Mannigfaltigkeit sein kann, denn die Umgebung eines Bifurkationspunktes läßt sich nicht als Teilmenge eines IR^n darstellen. Aus einer Klassifikation der möglichen Typen von Bifurkationspunkten kann eine qualitative Beurteilung der Systemfamilie abgeleitet werden. Bei der numerischen Untersuchung von parametrisierten Familien von Systemen und Netzwerken kommt es allerdings an den Bifurkationsstellen zu Schwierigkeiten, die gesondert betrachtet werden müssen. Die Methode der Einbettung eignet sich besonders dann sehr gut für system- und netzwerktheoretische Problemstellungen, wenn man an der Untersuchung von Systemen und Netzwerken interessiert ist, bei denen bestimmte Systemparameter innerhalb weiter Grenzen variieren. Somit können Einbettungsverfahren bei der Beurteilung der Empfindlichkeit von Systemen und Netzwerken verwendet werden (siehe De-Carlo und Saeks [6.34]). Das ist insbesondere bei Netzwerken mit Halbleitermodellen von wesentlicher Bedeutung. Desweiteren gibt es auch Anwendungen von Einbettungsverfahren in der Theorie der stückweise linearen Widerstandsnetzwerke; darauf kommen wir im Abschnitt 6.6 zurück.

Nach diesen Ausführungen über die Berechnung des Zustandsraumes einer Familie von Netzwerken und deren geometrische Interpretation wollen wir auf die bereits im vorherigen Abschnitt 6.2 diskutierte Frage nach der Anzahl der Punkte im Zustandsraum eines nichtlinearen Widerstandsnetzwerkes zurückkommen. Wie sich zeigen wird, ist auch dafür die Betrachtung von parametrisierten Familien von Netzwerken von wesentlicher Bedeutung. Die Ergebnisse, mit denen wir uns jetzt befassen, gehen auf Chua und Wang [6.38] sowie auf Hasler (in Hasler, Neirynck ([6.39], S.172ff)) zurück, und basieren auf dem Begriff des Abbildungsgrades für stetige Funktionen, die auf einem passenden IR^n definiert sind. Er soll daher ausführlicher besprochen werden; eine einführende Darstellung findet man z.B. bei Amann ([6.40], §21). Die Idee, den Abbildungsgrad bei der Analyse von nichtlinearen Widerstandsnetzwerken zu verwenden, geht wohl auf Desoer zurück und wurde von seinem damaligen Mitarbeiter Wu [6.115] bearbeitet. Dabei wurden sie von den Ausführungen in dem Buch von Ortega und Rheinboldt ([6.179], §6) angeregt.

Der in diesem Buch verwendete *Abbildungsgrad* stetiger Funktionen geht auf Brouwer (1912) zurück und wird daher in der mathematischen Literatur zur Unterscheidung allgemeinerer Begriffe nach diesem Mathematiker benannt. Wir lassen der Kürze halber diesen Zusatz weg, da wir nur den Brouwerschen Abbildungsgrad benötigen. Eine allgemeine topologische Charakterisierung von Abbildungsgraden findet man in dem Übersichtsartikel von Lloyd [6.41]. Dort findet man auch einen Satz, der besagt, daß der Brouwersche Abbildungsgrad für auf endlich-dimensionalen Räumen definierte stetige Funktionen der einzige ist; d.h. die unterschiedlichen Definitionen führen dort alle zu den gleichen Resultaten. Wir verwenden hier eine Charakterisierung, die bei Amann ([6.40], S.312f) zu finden ist. Bevor wir den Begriff einführen, soll er zunächst motiviert werden.

In den Anwendungen und speziell bei der Analyse von nichtlinearen Widerstandsnetzwerken interessiert man sich für die Anzahl der Lösungen $\mathbf{x}$ eines Gleichungssystem der Form

$$\mathbf{f}(\mathbf{x}) = \mathbf{b}, \tag{6.16}$$

das sich oft in natürlicher Weise in eine parametrisierte Familie von Gleichungssy-
stemen $F(\mathbf{x}(\lambda), \lambda) = \mathbf{b}$ einbetten läßt. Im Fall $\mathbf{b} = \mathbf{0}$ handelt es sich um die Anzahl
der Nullstellen von $\mathbf{f}$. Die Anzahl der Lösungen von (6.16) entspricht der Anzahl
der Punkte im Zustandsraum S des Netzwerkes, und geben damit Aufschluß über
das Verhalten eines Netzwerkes. In vielen Situationen geht es aber weniger um die
genaue Anzahl der Lösungen, sondern eher darum, ob überhaupt eine Lösung in
einem gewissen Intervall existiert und darum, ob diese Aussage auch bei "kleinen
Abänderungen" der betrachteten Funktion $\mathbf{f}$ sichergestellt ist. Diese zweite Eigenschaft erfüllt beispielsweise die ganzzahlige Funktion "Anzahl der Nullstellen von $\mathbf{f}$"
nicht, wie man anhand der differenzierbaren Funktion $f : I\!R \to I\!R$ in Bild 6.12a)
leicht demonstrieren kann: Sei $I \subset I\!R$ das zu untersuchende Intervall, das beschränkt
und offen sein soll, dann hat f genau vier Nullstellen, die aber nach einer "kleinen
Störung" im Reellen nicht mehr auftreten. Liegen Nullstellen von f auf dem Rand
(Eckpunkten) von I, dann können die Nullstellen nach einer beliebig kleinen Störung
von f außerhalb von I landen (Bild 12b)). Eine solche Situation muß sicherlich auch
vermieden werden, d.h. wir fordern $0 \notin f(\partial I)$, wenn ∂I den Rand von I bezeichnet.
Wenn wir die Nullstellen x_0 von f mit einer *"Orientierung"* versehen

$$\begin{cases} +1 & \text{wenn } \partial f / \partial x(x_0) > 0, \\ -1 & \text{wenn } \partial f / \partial x(x_0) < 0, \end{cases}$$

dann können wir eine vom "Testintervall" I abhängende Funktion $d(f, I)$ definieren

$$d(f, I) := \sum_{x_0 \in f^-(\{0\})} \text{sign}\left(\frac{\partial f}{\partial x}(x_0)\right),$$

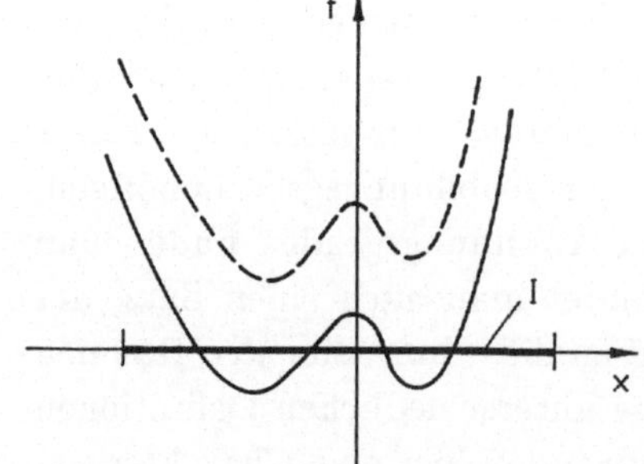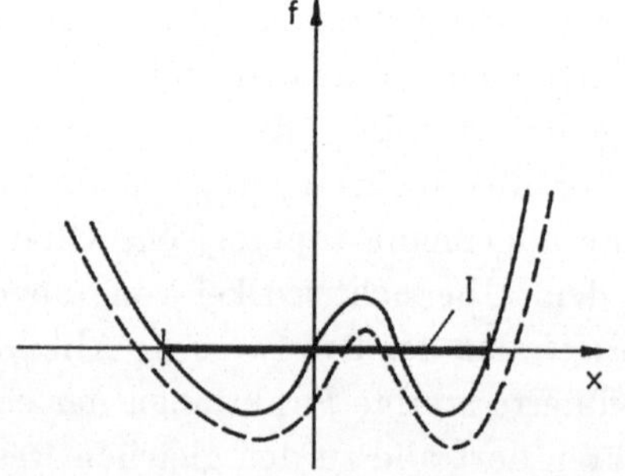

Bild 6.12. Zum Abbildungsgrad

die jeder differenzierbaren Funktion f und jedem Intervall I eine *ganze* Zahl zuordnet. Dabei muß vorausgesetzt werden, daß $f^-(\{0\})$ nur endlich viele Punkte enthält und damit die Summe erklärt ist. Diese Funktion heißt *Abbildungsgrad* von f. Er hat bei der Funktion in Bild 6.12a) den Wert $d(f, I) = 0$, der auch nach einer Störung, die die "Randbedingung" nicht verletzt, erhalten bleibt.

Eine Übertragung dieser Formel auf den n-dimensionalen Fall $\mathbf{f} : \bar{D} \to I\!R^n$, mit $D \subset I\!R^n$ beschränkt und offen, gelingt mit Hilfe der Determinante der Jacobischen Matrix $\mathbf{J}_f(\mathbf{x})$ von $\mathbf{f}$. Dazu benötigen wir den Begriff des *regulären Wertes* einer differenzierbaren Funktion $\mathbf{f} : I\!R^n \to I\!R^n$. Wenn für alle $\mathbf{x} \in I\!R^n$ mit $\mathbf{f}(\mathbf{x}) = \mathbf{b}$ gilt, daß $\mathbf{J}_f(\mathbf{x})$ regulär ist, dann heißt $\mathbf{b}$ ein regulärer Wert von $\mathbf{f}$. Wir können den Abbildungsgrad für differenzierbare Funktionen $\mathbf{f}$ auf $D \subset I\!R^n$ erklären, wenn $\mathbf{0}$ ein regulärer Wert von $\mathbf{f}$ ist; die Formel lautet

$$d(\mathbf{f}, \mathbf{0}, D) := \sum_{\mathbf{x}_0 \in \mathbf{f}^-(\{\mathbf{0}\})} \text{sign}\,(\det \mathbf{J}_f(\mathbf{x}_0)) \,.$$

Dabei sichern die Regularität von $\mathbf{0}$ und die Kompaktheit von $\bar{D}$, daß $\mathbf{f}^-(\{\mathbf{0}\})$ nur *endlich* viele Punkte enthält (siehe Amann ([6.40], S.312f)). Damit man den Abbildungsgrad auch auf *stetige* Funktionen übertragen kann, muß sich jede stetige Funktion beliebig genau durch eine auf $\bar{D}$ differenzierbare Funktion mit $\mathbf{0}$ als regulärem Wert approximieren lassen. Diese Approximationsaussage kann man mit Hilfe des Satzes von Sard (Hirsch [6.42]) beweisen.

Im folgenden benötigen wir einige Eigenschaften des Abbildungsgrades, die wir nun zusammenstellen wollen. Die zugehörigen Beweise findet man bei Amann ([6.40], §21).

Sei $\mathcal{C}(\bar{D}, I\!R^n)$ ($\bar{D} \subset I\!R^n$, kompakt) die Menge der stetigen Funktionen $\mathbf{f} : \bar{D} \to I\!R^n$ und $d(\cdot, \mathbf{b}, D)$ der Abbildungsgrad mit $\mathbf{b} \in I\!R^n$. Weiterhin setzen wir voraus, daß $\mathbf{b} \notin \mathbf{f}(\partial D)$ gilt, wobei ∂D der Rand von $D \subset I\!R^n$ ist. Wir untersuchen die Gleichung $\mathbf{f}(\mathbf{x}) = \mathbf{b}$ auf D, die demnach keine Lösungen auf dem Rand ∂D von D besitzen darf. Es gelten folgende Aussagen:

1) (Normalisierung) Für $\mathbf{x} \in D$ gilt für die identische Abbildung *id* auf $\bar{D}$; es gilt $d(id, \mathbf{b}, D) = 1$.

2) (Translationsinvarianz) Für jedes zugelassene $\mathbf{f}$ gilt: $d(\mathbf{f}, \mathbf{b}, D) = d(\mathbf{f} - \mathbf{b}, \mathbf{0}, D)$ mit $\mathbf{b} \in I\!R^n$.

3) (Homotopieinvarianz) Sei $\mathbf{F} : \bar{D} \times [0, 1] \to I\!R^n$ eine Homotopie. Für keine Funktion $\mathbf{F}(\cdot, \lambda) : \bar{D} \to I\!R^n$ der mit λ parametrisierten Familie existiert auf ∂D eine Lösung der Gleichung $\mathbf{F}(\mathbf{x}, \lambda) = \mathbf{b}$. Dann ist $\lambda \mapsto d(\mathbf{F}(\cdot, \lambda), \mathbf{b}, D)$ eine konstante Funktion auf $[0, 1]$, d.h. alle Funktionen $\mathbf{F}(\cdot, \lambda)$ der Familie besitzen denselben Abbildungsgrad bezüglich $\mathbf{b}$.

4) (Lösungseigenschaft) Wenn $d(\mathbf{f}, \mathbf{0}, D) \neq 0$ ist, dann hat die Gleichung $\mathbf{f}(\mathbf{x}) = \mathbf{0}$ mindestens eine Lösung.

Wir betrachten nun nichtlineare Widerstandsnetzwerke, welche durch ein mit nichtlinearen Widerständen beschaltetes n-Tor dargestellt werden können. Solche Netzwerke lassen sich nach Abschnitt 4.10 durch ein Gleichungssystem der Form

$$\mathbf{f}(\mathbf{x}) = \mathbf{g}(\mathbf{x}) + \mathbf{H}\mathbf{x} - \mathbf{s} = \mathbf{0} \tag{6.17}$$

beschreiben, wobei $\mathbf{g}(\mathbf{x})$ die nichtlinearen Widerstände charakterisiert. Es gilt dann der folgende Satz, der von Chua und Wang [6.38] zuerst bewiesen wurde.

Satz 6.8: Für ein nichtlineares Widerstandsnetzwerk, das durch (6.17) beschrieben werden kann, seien die folgenden Annahmen erfüllt:

1) $\mathbf{g}$ ist schließlich passiv,
2) die Hybridmatrix $\mathbf{H}$ ist positiv definit.

Dann enthält der Zustandsraum S des Netzwerkes mindestens einen Punkt für alle unabhängigen und konstanten Quellenvektoren $\mathbf{s}$.

Beweis: Dazu betten wir die das Netzwerk beschreibende Funktion $\mathbf{f}$ stetig in eine mit λ parametrisierte Familie von Gleichungen ein

$$\mathbf{F}(\mathbf{x}, \lambda) := \lambda \mathbf{f}(\mathbf{x}) + (1 - \lambda)\mathbf{x}$$

mit $\lambda \in [0,1]$, wobei $\mathbf{F}(\mathbf{x}, \lambda)$ für $\lambda = 0$ die identische Abbildung id auf $I\!R^n$ ist. Für die Anwendung der Eigenschaft der Homotopieinvarianz des Abbildungsgrades von $\mathbf{F}$ konstruieren wir ein beschränktes Gebiet derart, daß $\mathbf{F}(\mathbf{x}, \lambda)$ auf dem Rand ∂D ungleich dem Nullvektor ist. Dazu verwenden wir die "Leistungsbeziehung" (dabei sei an die physikalische Bedeutung der Koordinaten von $\mathbf{x}$ erinnert)

$$\mathbf{x}^T \mathbf{F}(\mathbf{x}, \lambda) = \lambda \mathbf{x}^T \mathbf{g}(\mathbf{x}) + \lambda \mathbf{x}^T \mathbf{H}\mathbf{x} - \lambda \mathbf{x}^T \mathbf{s} + (1 - \lambda)\|\mathbf{x}\|^2.$$

Wegen der schließlichen Passivität gilt: es gibt ein $a > 0$, so daß aus $\|\mathbf{x}\| > a$ folgt: $\mathbf{x}^T \mathbf{g}\mathbf{x} \geq 0$. Aus der positiven Definitheit von $\mathbf{H}$ folgt: es gibt ein $b > 0$ mit $\mathbf{x}^T \mathbf{H}\mathbf{x} \geq b\|\mathbf{x}\|^2$; daraus ergibt sich ein $c > 0$ mit $\mathbf{x}^t \mathbf{H}\mathbf{x} - \mathbf{x}^T \mathbf{s} > 0$ für alle $\mathbf{x}$ mit $\|\mathbf{x}\| > c$. Für $\delta := \max\{a, c\}$ gilt demnach

$$\mathbf{x}^T \mathbf{F}(\mathbf{x}, \lambda) > 0 \quad \text{für alle } \mathbf{x} \in S(\mathbf{0}, \delta),$$

mit $S(\mathbf{0}, \delta) := \{\mathbf{y} \in I\!R^n \mid \|\mathbf{y}\| = \delta\}$ und $\lambda \in [0,1]$. Auf dem Gebiet $B(\mathbf{0}, \delta) := \{\mathbf{y} \in I\!R^n \mid \|\mathbf{y}\| < \delta\}$ sind die Voraussetzungen für die Homotopieinvarianz erfüllt. Daher ist der Abbildungsgrad dort konstant für alle $\lambda \in [0,1]$. Nun sind $\mathbf{f}$ und die identische Abbildung id durch die Homotopie $\mathbf{F}$ verbunden, so daß mit der Normalitätseigenschaft $d(id, \mathbf{0}, B(\mathbf{0}, \delta)) = 1$ auch $d(\mathbf{f}, \mathbf{0}, B(\mathbf{0}, \delta)) = 1$. Aus der Lösungseigenschaft folgt dann die Behauptung.

∎

Der folgende Satz ist ebenfalls von Chua und Wang bewiesen worden, und er erweitert die Aussage des Satzes 6.8 auf eine wesentlich größere Klasse von nichtlinearen Widerstandsnetzwerken.

Satz 6.9: Ist eine der beiden Voraussetzungen erfüllt:

1) Das nichtlineare Widerstandsnetzwerk enthält nur 1-Tor-Widerstände und alle nichtlinearen Widerstände sind schließlich passiv und bilden weder Maschen noch Schnittmengen.

2) Das nichtlineare Widerstandsnetzwerk enthält Dioden, positiv lineare Widerstände, unabhängige Strom- und Spannungsquellen sowie Transistoren, die durch ein "passives" Ebers-Moll-Modell modelliert werden. Das Netzwerk soll sich in ein lineares n-Tor umformen lassen, das mit Dioden und irgendwelchen Kombinationen aus Dioden und gesteuerten Stromquellen beschaltet ist, wobei die Tore weder Maschen noch Schnittmengen bilden sollen.

Dann besteht der Zustandsraum S des entsprechenden Netzwerkes aus mindestens einem Punkt.

Beweis: Dazu verwendet man im wesentlichen Argumente, die bereits für Satz 6.8 benutzt wurden (siehe Chua und Wang [6.38]).

■

Beispiel 6.6: Betrachten wir das in Bild 6.13 gezeigte Flip-Flop-Netzwerk und konstruieren das zugehörige Widerstandsnetzwerk, in dem man die Kapazitäten durch Leerläufe ersetzt, dann kann man leicht zeigen, daß die Voraussetzungen des Satzes 6.9 erfüllt sind. Daraus ergibt sich, daß der Zustandsraum S des Netzwerkes minde-

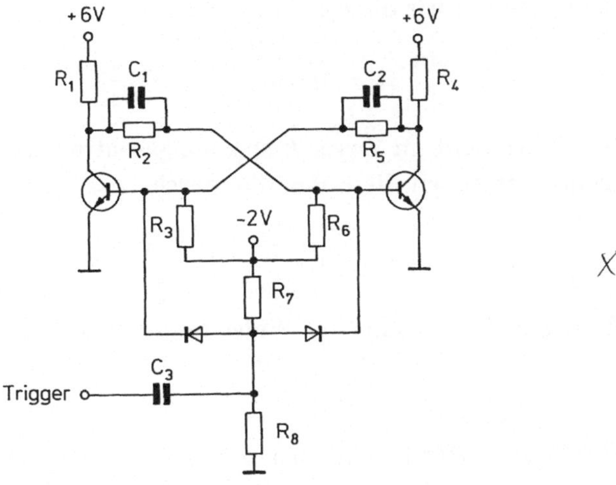

Bild 6.13. Flip-Flop in Beispiel 6.6

stens einen Punkt enthält. Man kann sogar zeigen, daß außer für spezielle Kombinationen der Netzwerkelementeparameter eine *ungerade* Anzahl von Lösungen existiert. Diese Tatsache ist natürlich jedem Designer von Analogschaltungen bekannt, denn in Abhängigkeit von der Dimensionierung der Widerstände gibt es *eine* oder *drei* Lösungen, d.h. wir erhalten ein Flip-Flop oder ein Monoflop.

■

Der folgende von Hasler stammende Satz (Hasler, Neirynck ([6.39], S.176f)) setzt im Gegensatz zu den Sätzen von Chua und Wang keine speziellen Netzwerkbeschreibung voraus. Daher kommt die Beweisführung mit allgemeinen netzwerktheoretischen Überlegungen aus. Die Aussage gilt allerdings nur für eine kleinere Klasse von Netzwerken.

■

Satz 6.10: (Hasler) Wir gehen davon aus, daß sich das zu untersuchende nichtlineare Widerstandsnetzwerk, das aus b linearen und nichtlinearen 1-Tor-Widerständen besteht, die strikt schließlich passive auf $I\!R$ stetige konstitutive Realtionen besitzen, und das Verbindungsnetzwerk keine idealen Übertrager enthält, durch ein nichtlineares Gleichungssystem der Form

$$\mathbf{f}_1(\mathbf{u},\mathbf{i}) = \mathbf{0}$$

beschreiben läßt, wobei $\mathbf{f}$ eine Funktion $\mathbf{f} : I\!R^{2b} \to I\!R^{2b}$ ist; der Index 1 wurde im Hinblick auf die folgende Einbettung dieses Problems gewählt. Dazu verwenden wir einen Einbettungsparameter $\lambda \in [0,1]$ und wählen eine Einbettung, welche alle nichtlinearen Widerstände für $\lambda = 0$ durch lineare positive Widerstände ersetzt:

1) Wenn der Widerstand im Zweig k spannungskontrolliert ist, d.h. es gilt $i_k = g_k(u_k)$, dann ersetzen wir diese Relation durch

$$i_k = \lambda g_k(u_k) + (1 - \lambda)\frac{u_k}{R}, \tag{6.18}$$

2) Wenn der Widerstand im Zweig k spannungskontrolliert ist, d.h. es gilt $u_k = h_k(i_k)$, dann ersetzen wir diese Relation durch

$$u_k = \lambda h_k(i_k) + (1 - \lambda)Ri_k, \tag{6.19}$$

Damit wird die Familie nichtlinearer Widerstandsnetzwerke durch die Homotopie

$$\mathbf{F}(\mathbf{u},\mathbf{i},\lambda) = \mathbf{0} \tag{6.20}$$

mit $\mathbf{F} : I\!R^{2b} \times [0,1] \to I\!R^{2b}$ beschrieben. Für $\lambda = 0$ erhalten wir ein lineares Widerstandsnetzwerk ohne Quellen mit der Beschreibungsgleichung $\mathbf{F}(\mathbf{u},\mathbf{i},0) = \mathbf{f}_0(\mathbf{u},\mathbf{i})$, das eine eindeutige Lösung besitzen soll.

Dann gilt: der Zustandsraum $\mathcal{S}$ des durch $\mathbf{F}(\mathbf{u},\mathbf{i},1) = \mathbf{f}_1(\mathbf{u},\mathbf{i}) = \mathbf{0}$ beschriebenen Netzwerkes enthält mindestens einen Punkt.

Beweis: Dazu verwenden wir wiederum die Homotopieinvarianz. Als Testmenge wählen wir eine Kugel $B(\mathbf{0},\delta)$ im $I\!R^{2b}$ mit dem Radius d. Die Homotopie $\mathbf{F}$ ist natürlich stetig auf $\overline{B}(\mathbf{0},\delta) \times [0,1]$. Können wir zeigen, daß die Lösungen von (6.20) für *alle* $0 \leq \lambda \leq 1$ beschränkt sind, dann läßt sich ein passender Kugelradius d angeben mit $\|(\mathbf{u},\mathbf{i})^T\| \leq \delta$ für alle Lösungen $\mathbf{u},\mathbf{i}$. Unter der Voraussetzung der schließlichen Passivität der nichtlinearen Widerstände gibt es ein δ_0, so daß alle Lösungen $\mathbf{u}_0$ und $\mathbf{i}_0$ mit $\|(\mathbf{u}_0,\mathbf{i}_0)^T\| \geq \delta_0$ im Gebiet der strikten Passivität der Widerstände liegen, d.h. sie nehmen alle Leistung auf. Daraus folgt wegen $\mathbf{u}_0^T\mathbf{i}_0 \neq 0$ ein Widerspruch zu dem Satz von Weyl-Tellegen, der natürlich auch für die Lösungen gelten muß.

∎

Ein analoger Satz, der auch unabhängige Quellen einbezieht, wird von Hasler ebenfalls bewiesen (Hasler, Neirynck ([6.39], S.178ff)). Dazu wird gefordert, daß die nichtlinearen Widerstände *schwach aktiv* sind; unabhängige Quellen erfüllen diese Bedingung. Aus Platzgründen verzichten wir jedoch auf die Wiedergabe dieses Satzes.

Damit wollen wir die Ausführungen über die Anwendungen des Abbildungsgrades bei der Analyse nichtlinearer Widerstandsnetzwerke abschließen. Es ist sicherlich deutlich geworden, wie schlagkräftig dieser Begriff zur Bestimmung der Anzahl von Zuständen verwendet werden kann. Desweiteren hat sich wiederum gezeigt, daß die Analyse von *parametrisierte Familien von Netzwerken* bzw. deren entsprechende Beschreibungsgleichungen für die Netzwerktheorie von zentraler Bedeutung ist.

6.5 Anmerkungen zur DC-Empfindlichkeitsanalyse

Wir haben bereits in Abschnitt 6.3 darauf hingewiesen, daß man üblicherweise parametrisierte Familien linearer Widerstandsnetzwerke mit Hilfe der sogenannten DC-Empfindlichkeitstheorie untersucht. Dabei setzt man voraus, daß die das Netzwerk beschreibenden Gleichungen bezüglich der interessierenden Netzwerkparameter in eine Taylorreihe entwickelbar sind, wobei das Konvergenzverhalten und das Restglied normalerweise nicht untersucht werden. Als *Maße* für die Änderung gewisser Netzwerkgrößen benutzt man im einfachsten Fall die ersten Ableitungen dieser Größen nach den interessierenden Netzwerkparametern. Gelegentlich diskutiert man auch Empfindlichkeitsmaße höherer Ordnung mit Hilfe der höheren Ableitungen.

Beispiel 6.7: Wir untersuchen die in Bild 6.14a) gezeigte Reihenschaltung einer Gleichspannungsquelle mit dem Wert U_0, eines positiven linearen Widerstandes R

und einer Tunneldiode, die durch einen nichtlinearen Widerstand mit der in Bild
6.14b) gezeigten konstitutiven Relation $i = f(u)$ modelliert wird; R sei der Familienparameter. Eine Analyse dieses Netzwerkes ergibt folgende Beschreibungsgleichungen

$$g(\tilde{u}(R), R) := Rf(\tilde{u}(R)) + \tilde{u}(R) = U_0,$$

durch die für den Widerstandswert R der Arbeitspunkt $\tilde{u}$ festgelegt wird. Wir interessieren uns für die Änderung von $\tilde{u}$, wenn wir durch Variation von R zu einem
benachbarten Netzwerk der Familie übergehen. Leiten wir dazu die Funktion g nach
R ab, so erhalten wir nach kurzer Zwischenrechnung die gewünschte Empfindlichkeit
$d\tilde{u}/dR$

$$\frac{d\tilde{u}}{dR} = \frac{-f(\tilde{u})}{R\frac{df}{du}(\tilde{u}) + 1}.$$

Damit kann man ausgehend von $\tilde{u}$ des "Nominalnetzwerkes" mit dem Widerstandswert R die Spannung $\tilde{u}(R + \Delta R)$ in erster Näherung angeben

$$\tilde{u}(R + \Delta R) \approx \frac{d\tilde{u}}{dR}\Delta R,$$

wenn man den Familienparameter R um ΔR ändert.

■

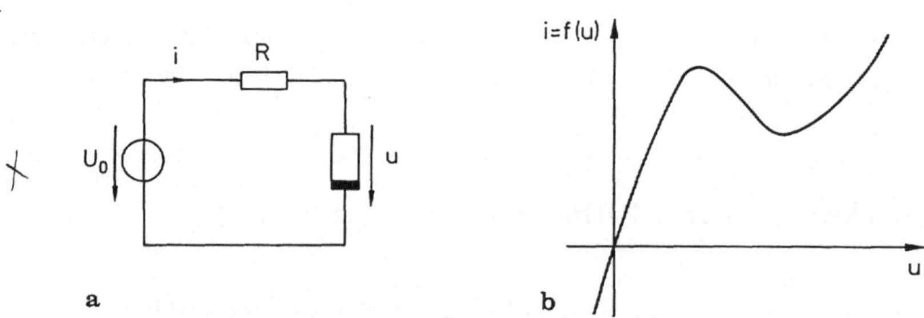

Bild 6.14. a) Netzwerk in Beispiel 6.7, b) Kennlinie

Das in diesem Beispiel berechnete Ergebnis hätte man auch dadurch bestimmen
können, in dem man für den Nominalwert von R die Zweigströme $\tilde{i}$ und Zweigspannungen $\tilde{u}$ ermittelt und danach statt des *nichtlinearen* Widerstandsnetzwerkes
ein *lineares* Widerstandsnetzwerk betrachtet; dabei müssen die unabhängigen Spannungsquellen und die linearen und nichtlinearen Widerstände mit den Relationen
$i = f(u)$ im k-ten Zweig in folgender Weise ersetzt werden (Schwartz [6.43]):

1) die Topologie bleibt erhalten,
2) die unabhängigen Spannungsquellen werden durch einen Kurzschluß ersetzt,

3) die linearen Widerstände R_k werden durch eine Reihenschaltung aus R_k und eine Spannungsquelle mit dem Wert $\tilde{u}_k dR_k$ ersetzt,

4) die nichtlinearen Widerstände werden durch lineare Widerstände mit dem Wert $df(\tilde{u}_k)/dR_k \equiv f'_k(\tilde{u}_k)$ ersetzt,

5) die Ströme $\tilde{i}_k$ werden durch $d\tilde{i}_k$ ersetzt.

Eine Analyse des so konstruierten linearen Widerstandsnetzwerkes und eine formale Manipulation mit "Differentialen" ergibt das gewünschte Resultat ohne, daß die Beschreibungsgleichungen differenziert werden müssen. Daher eignet sich dieses Verfahren sehr gut für rechnergestützte Empfindlichkeitsanalysen nichtlinearer Widerstandsnetzwerke. Werden die Strom- und Spannungsänderungen $d\tilde{i}_k$ und $d\tilde{u}_k$ nicht benötigt, dann ist die Anwendung des sogenannten *adjungierten Netzwerkes* nach Director und Rohrer [6.44] rechentechnisch günstiger. Einen Vergleich beider Methoden findet man bei Vallese [6.45].

Es sollte natürlich bei der Anwendung von Empfindlichkeitsmaßen 1. Ordnung als auch höherer Ordnung beachtet werden, daß sich dabei qualitativ völlig falsche Schlußfolgerungen über die Änderung von Netzwerkgrößen beim Übergang auf andere Netzwerke der Familie ergeben können. Diese Fälle lassen sich manchmal (aber nicht immer) daran erkennen, daß man in der "Nähe" eines Parameterwertes liegt, wo die Empfindlichkeit einen Pol besitzt; im Beispiel 6.7 tritt diese Situation für $df(\tilde{u})/dR = -R$ auf.

Abschließend betonen wir, daß die (DC-)Empfindlichkeitsanalyse ein Hilfsmittel ist, das nur mit gewisser Vorsicht eingesetzt werden kann, um qualitative Untersuchungen an parametrisierten Familien von Systemen und Netzwerken vorzunehmen. Schließlich wollen wir noch darauf hinweisen, daß man in einer Arbeit von Ho [6.46] einige nützliche Hinweise für eine rechnergestützte DC-Empfindlichkeitsanalyse findet.

6.6   Stückweise lineare Widerstandsnetzwerke

In den vorangegangenen Abschnitt haben wir uns mit nichtlinearen Widerstandsnetzwerken beschäftigt, wobei implizit angenommen wurde, daß die konstitutiven Relationen der nichtlinearen Widerstände hinreichend oft differenzierbar sind, d.h. daß sie keine "Knicke" besitzen. Eine solche Modellierung der Bauelemente basiert auf der Darstellbarkeit der nichtlinearen Kennlinien durch Polynome, deren Koeffizienten mit Hilfe abgebrochener Taylorreihenentwicklungen komplizierter mathematischer Beschreibungen oder direkt aus Meßwerten durch Parameteranpassung festgelegt werden können. Andererseits wird in der Netzwerktheorie seit langem von einer anderen, in vielen Fällen einfacheren Möglichkeit zur Darstellung nichtlinearer Beziehungen Gebrauch gemacht, nämlich durch sogenannte stückweise lineare Funktionen. Insbesondere bei der Berechnung des Wirkungsgrades und des Oberwellengehaltes von Senderverstärkern sowie bei der vereinfachten Analyse analoger und digitaler Netzwerke haben sich diese Darstellungen sehr gut bewährt. Wir wollen diese Vorgehensweise daher anhand eines Beispiels erläutern und auf die Schwierigkeiten hinweisen. Seit einigen Jahren ist man im Zusammenhang mit der rechnergestützten Analyse hochintegrierter Schaltungen und der Suche nach hinreichend genauen aber algorithmisch möglichst einfachen und somit schnellen Verfahren wieder auf die stückweise lineare Netzwerkanalyse zurückgekommen. Dabei sind wesentliche Fortschritte erzielt worden, die ausgehend von einer Arbeit von Katzenelson [6.47], vor allem auf die Arbeiten von Kuh und Chua mit ihren Mitarbeitern sowie neuerdings van Bokhoven zurückgehen. Allerdings sind die meisten Arbeiten fast ausschließlich für die numerische Netzwerkanalyse von Interesse, da der notwendige Rechenaufwand für eine Handanalyse stückweise linearer Netzwerke zu hoch wäre. Eine Ausnahme bildet die *kanonische* stückweise lineare Analyse von nichtlinearen Widerstandsnetzwerken von Chua und Ying [6.48], die wir etwas ausführlicher besprechen wollen. Leider erfordert auch diese Methode erhebliche Vorbereitungen, so daß wir auf ein vollständig durchgerechnetes Beispiel verzichten müssen. Immerhin sollte anhand des Endresultates einer mit dieser Methode durchgeführten Netzwerkanalyse deutlich werden, daß damit eine für analytische Zwecke geeignetes Verfahren zur Verfügung steht. Abschließend sei gesagt, daß stückweise lineare Widerstandsnetzwerke auch im Hinblick auf die Analyse von dynamischen Netzwerken mit *chaotischem Verhalten* von Interesse sind (siehe z.B. Hasler, Neirynck ([6.39], S.278ff)), da man auf diese Weise einige dieser Problemstellungen auf die Untersuchung von Differenzengleichungen reduzieren kann.

Bekanntlich hat man stückweise lineare Netzwerkmodelle schon seit langem bei der Analyse von Senderverstärkern eingesetzt (verschiedene Zitate findet man in dem deutschsprachigen Standardwerk über nichtlineare Netzwerktheorie von Philippow [6.11]). Dabei wird ein nichtlineares Input-Output-System ohne Energiespeicher betrachtet, das durch eine Übertragungskennlinie $y = f(x)$ charakterisiert ist; dabei ist x die Eingangsgröße und y die Ausgangsgröße. Das System kann etwa durch ein nichtlineares Verstärkernetzwerk realisiert werden. Legt man an ein solches System eine sinusförmige Eingangsgröße an, dann ist die Ausgangsgröße unter bestimmten Voraussetzungen ein periodisches Signal mit der gleichen Periode wie das Eingangssignal. In Beispiel 6.8 weiter unten untersuchen wir ein System, bei dem der Graph von f eine "Knickkennlinie" ist. Liegt das periodische Eingangssignals $x(t)$ für alle t unterhalb des *Knickpunktes* x_s, dann ist das Ausgangssignal natürlich konstant ("Periode" ∞). Im Fall, daß $x(t)$ in einem ganzen Zeitintervall I_S größer als x_s ist, dann besitzt das Ausgangssignal $y(t)$ die Periode von $x(t)$ und kann daher in eine Fourierreihe entwickelt werden. Auf diese Weise lassen sich der Grundwellenanteil und die Oberwellenanteile berechnen. Bei Leistungsverstärkern kann daraus der Wirkungsgrad und der Klirrfaktor bestimmt werden. Ausführliche Rechnungen für die verschiedenen Leistungsverstärkerklassen findet man bei Philippow ([6.11], S.392ff) oder bei Oberg ([6.49], §3). Diese Ergebnisse können zur Dimensionierung dieser Verstärkernetzwerke herangezogen werden.

Beispiel 6.8: Wir betrachten ein Input-Output-System, dessen Übertragerkennlinie durch eine "Knickkennlinie"

$$y(x) = \begin{cases} 0 & -\infty < x < x_s \\ a(x - x_s) & x_s \leq x < \infty \end{cases}$$

beschrieben wird; a und x_s sind die Kennlinienparameter. Legen wir ein Eingangssignal $x(t) = x_0 + A\cos\omega t$ an dieses System an und gibt es Zeitintervalle, in denen $x(t) > x_s$ ist, dann ist das Ausgangssignal dort $y(t) \neq 0$ und periodisch mit der Periode $T = 2\pi/\omega$. Normiert man die Zeit $\Theta := \omega t$, dann lassen sich für ein gegebenes Eingangssignal $x(t)$ die Zeitintervalle ermitteln, wo $y(t) \neq 0$ ist; im Hinblick auf die Anwendungen spricht man dabei vom *Stromfluß* und die Bedingungsgleichung

$$\cos\Theta_S := \frac{x_s - x_0}{A}$$

definiert den *Stromflußwinkel* Θ_S. Es kommt demnach zu einem Stromfluß, wenn Θ im Intervall $I_S := \{\Theta \mid -\Theta_S < \Theta < \Theta_S\}$ liegt. Die Ausgangsgröße ergibt sich demnach zu

$$y(\Theta) = \begin{cases} 0 & \Theta \notin I_S \\ aA(\cos\Theta - \cos\Theta_S) & \Theta \in I_S \end{cases}.$$

Dieses Signal kann in eine Fourierreihe entwickelt werden. Die komplexen Fourierkoeffizienten ergeben sich dann zu

$$c_k = \frac{aA}{2\pi} \left(\frac{\sin((k-1)\Theta_S)\Theta_S}{k(k-1)} - \frac{\sin((k+1)\Theta_S)\Theta_S}{k(k+1)} \right).$$

Insbesondere erhalten wir einen Gleichanteil von $c_0 = aA/\pi(\sin\Theta_S - \Theta_S\cos\Theta_S)$.

∎

Bemerkung 6.4: Ähnliche Überlegungen können auch für stückweise parabolische oder stückweise exponentielle Kennlinien angestellt werden. Hinweise dazu und rechentechnische Einzelheiten findet man bei Philippow ([6.11], S.191ff) (siehe auch Oberg ([6.49], S.20ff)).

∎

In Beispiel 6.8 haben wir gesehen, daß am Ausgang des Systems neben einem Anteil mit der Periode des Eingangssignals, die sogenannte Grundschwingung, auch abzählbar viele Anteile entstehen, deren Frequenz ein ganzzahliges Vielfaches der Grundschwingung sind. Diese Eigenschaft kann zur Erzeugung höherer Frequenzen, die sich aus *einer* Grundfrequenz abgeleiten lassen, oder zur Amplitudenmodulation ausgenutzt werden. Wir verweisen auf das Buch von Oberg ([6.49], S.80ff) hin, in dem diese Thematik näher ausgeführt wird.

Eine *direkte* stückweise lineare Modellierung eines nichtlinearen gedächtnislosen Input-Output-Systems hat sich für viele Problemstellungen bei nichtlinearen Widerstandsnetzwerken sehr gut bewährt. Aber die Methode ist nur bei sehr einfachen Netzwerken anwendbar. Das liegt daran, daß die, wegen der Bereichseinteilung der Kennlinien des nichtlinearen Elementes, notwendigen Fallunterscheidungen in diesen Fällen noch in übersichtlicher Weise behandelt werden können. Hat man es mit Widerstandsnetzwerken zu tun, die mehrere stückweise linearen Widerstände enthalten, dann müssen ständig Ungleichungen überprüft werden, welche die einzelnen Kennlinienbereiche trennen. Es liegt nahe, einen *Kalkül* zu entwickeln, der diese "Buchhaltungsaufgabe" automatisch übernimmt. Das ist insbesondere dann unerläßlich, wenn man sich mit der *Synthese* stückweise linearer Netzwerke beschäftigt. Ein interessanter Versuch in dieser Richtung wurde von T.E. Stern [6.50] unternommen. Aus Platzgründen müssen wir aber auf eine Diskussion dieser Methode verzichten. Sie hat auch bisher noch kaum Anwendungen gefunden (Ausnahme: Stern, Lerner [6.51]). Wir wollen stattdessen eine Darstellung stückweise linearer Kennlinien vorstellen, die auf Chua und Kang [6.52] zurückgeht, mit deren Hilfe Chua und Ying [6.48] allgemeine Analysegleichungen für stückweise lineare Netzwerke formuliert haben.

Bei der stückweise linearen Analyse nichtlinearer Widerstandsnetzwerke nach Chua und Ying müssen zunächst die konstitutiven Relationen der nichtlinearen Widerstände mit Hilfe stückweise linearer Funktionen dargestellt werden. Der Einfachheit halber beschränken wir uns auf 1-Tor-Widerstände, so daß wir es mit Funktionen $f : I\!R \to I\!R$ zu tun haben. Der Definitionsbereich von f, der im folgenden immer ganz $I\!R$ sein soll, wird in n Intervalle I_i ($i = 1, \ldots, n$) eingeteilt, auf denen der nichtlineare Verlauf jeweils durch eine *affine* Funktion modelliert wird

$$f_{sl}^i(x) := f_{sl}\Big|_{I_i}(x) := \alpha_i + \beta_i x \qquad \text{für } x \in I_i.$$

An dieser Stelle sei noch einmal angemerkt, daß in der Literatur fast ausschließlich von "linearen" Funktionen gesprochen; wir werden uns diesem "Brauch" anschließen, obwohl diese Bezeichung nur für $\alpha_i \equiv 0$ richtig ist. Liegt die konstitutive Relation des nichtlinearen Widerstandes bereits als hinreichend oft differenzierbare Funktion vor, dann können die α_i und β_i auf den Intervallen I_i aus der Taylorreihe ermittelt werden; man kann natürlich auch von einer tabellierten Funktion ausgehen. Da das Arbeiten mit einzelnen Funktionsanteilen f_{sl}^i sehr unpraktisch ist, haben Chua und Kang eine sogenannte *kanonische Darstellung* von f_{sl} entwickelt. Aufgrund einfacher

Überlegungen zeigten sie, daß jede stetige und stückweise lineare Funktion f_{sl}, wobei der Definitionsbereich $I\!R$ durch p Punkte $x_1, \ldots, x_p \in I\!R$ in $p+1$ Intervalle eingeteilt wird, in geschlossener Form *eindeutig* darstellbar ist

$$f_{sl}(x) = a + bx + \sum_{i=1}^{p} c_i \mid x - x_i \mid, \qquad (6.21)$$

$$b = \frac{1}{2}(m_0 + m_p)$$

$$\text{mit} \quad c_i = \frac{1}{2}(m_i - m_{i-1}), \qquad i = 1, \ldots, p$$

$$a = f_{sl}(0) - \sum_{i=1}^{p} c_i \mid x_i \mid;$$

dazu müssen die Steigungen m_i der Funktionsanteile f_{sl}^i für $i = 1, \ldots, p$ und der Funktionswert $f_{sl}(0)$ bekannt sein.

Bemerkung 6.5: Diese Darstellung kann noch auf den Fall verallgemeinert werden, daß f_{sl} an den Anpaßstellen x_i unstetig ist ("Sprünge").

∎

Beispiel 6.9: Ein nichtlinearer Widerstand werde durch die in Bild 6.15 gezeigte stetige und stückweise lineare Funktion charakterisiert. Die Koeffizienten der kanonischen Darstellung berechnen sich dann zu

$$b = \frac{1}{2}(1 + \frac{1}{2}) = \frac{3}{4},$$

$$c_1 = \frac{1}{2}(-1 - 1) = -1, \qquad c_2 = \frac{1}{2}(\frac{1}{2} + 1) = \frac{3}{4},$$

$$a = 1 - (1 \cdot 0 + \frac{3}{4} \cdot 1) = \frac{1}{4}.$$

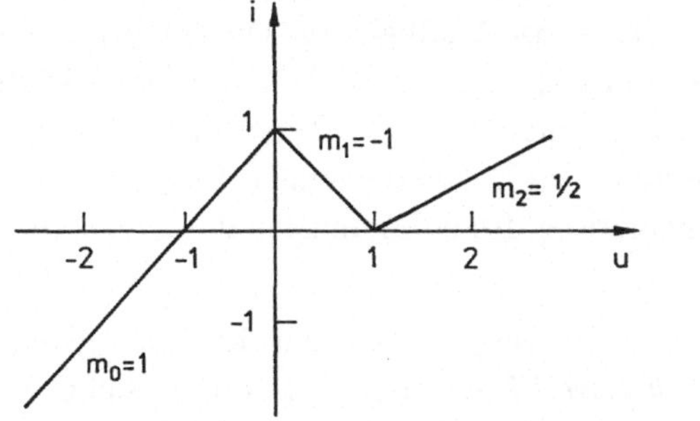

Bild 6.15. Stückweise lineare Kennlinie

Die Strom-Spannungsrelation des nichtlinearen Widerstandes wird somit eindeutig beschrieben durch

$$i = f_{sl}(u) = \frac{1}{4} + \frac{3}{4}u - \mid u \mid + \frac{3}{4}\mid u - 1 \mid .$$

■

Für die Ableitung von Analysegleichungen nichtlinearer Widerstandsnetzwerke, die lineare 1-Tor-Widerstände als auch nichtlineare 1-Tor-Widerstände mit stetigen und stückweise linearen konstitutiven Relationen enthalten, werden neben der soeben vorgestellten kanonischen Darstellung für Funktionen $f : I\!\!R \to I\!\!R$ auch kanonische Darstellungen für vektorwertige Funktionen $f : I\!\!R^n \to I\!\!R^n$ benötigt. Zu diesem Zweck muß eine *endliche* Zerlegung des $I\!\!R^n$ in Hyperflächen (affine Mannigfaltigkeiten) vorgenommen werden. Die *Hessesche Normalform* der k-ten Hyperfläche kann angegeben werden zu (z.B. Bronstein, Semendjajew ([6.53], S.282) $\alpha_k^T \mathbf{x} = \beta_k$, wobei α_k der Normalenvektor und β_k der Abstand vom Nullpunkt sind. Unter gewissen eingeschränkten Bedingungen an die Wahl der p Hyperflächen (Einzelheiten dazu findet man in der Arbeit von Chua und Ying) kann jede stetige und stückweise lineare Funktion $f_{sl} : I\!\!R^n \to I\!\!R^n$ *global* in folgender Weise kanonisch dargestellt werden

$$f_{sl}(\mathbf{x}) = \mathbf{a} + \mathbf{B}\mathbf{x} + \sum_{i=1}^{p} \mathbf{c}_i \mid \alpha_i^T \mathbf{x} - \beta_i \mid, \tag{6.22}$$

mit

$$\mathbf{B} = \frac{1}{k} \sum_{i=1}^{k} \mathbf{J}_f(\mathbf{x}) \Big|_{R_{i\infty}}$$

$$\mathbf{c}_i = \frac{1}{2} \frac{\alpha_i^T \left(\mathbf{J}_f(\mathbf{x}) \Big|_{R_{i+}} - \mathbf{J}_f(\mathbf{x}) \Big|_{R_{i-}} \right)}{\|\alpha_i\|^2}$$

$$\mathbf{a} = f_{sl}(0) - \sum_{i=1}^{p} \mathbf{c}_i \mid \beta_i \mid,$$

wobei die $R_{j\infty}$ ($i = 1, \ldots, k$) in Analogie zu den entsprechenden Termen im eindimensionalen Fall die "unbeschränkt ausgedehnten" Hyperflächen am "Rand" und die R_{i+} und R_{i-} zwei bezüglich der i-ten Hyperfläche "angrenzenden" Gebiete bezeichnen (siehe Chua und Ying). Die einzelnen Terme in den Koeffizienten können ebenfalls in Verallgemeinerung des eindimensionalen Falles (6.21) leicht interpretiert werden.

Chua und Ying konnten nun zeigen, daß sich die wichtigsten Typen der Beschreibungsgleichungen für *lineare* Widerstandsnetzwerke (siehe Abschnitt 4.2), wie die Knoten- und Maschengleichungen, die modifizierten Knotengleichungen (MNA) und die Sparse-Tableau-Gleichungen, auf eine große Klasse stückweise linearer Netzwerke übertragen lassen. Wir formulieren den entsprechenden Satz für die Knotengleichungen.

Satz 6.11: Wir betrachten ein nichtlineares Widerstandsnetzwerk, das lineare 1-Tor-Widerstände, unabhängige konstante Strom- und Spannungsquellen, spannungskontrollierte stetige und stückweise lineare 1-Tor-Widerstände und lineare spannungsgesteuerte Stromquellen enthält.

Lassen sich die konstitutiven Relationen der nichtlinearen Widerstände in der kanonischen Form (6...) darstellen, dann können die Knotengleichungen eines solchen Netzwerkes in der kanonischen Form (6.22) formuliert werden.

Beweis: Chua, Ying [6.48]: Satz 3.1.

∎

Da wir auf einen Beweis verzichten müssen, weil dazu einige Vorbereitungen notwendig wären, sind wir auch nicht in der Lage, die Beschreibungsgleichungen für ein Beispiel abzuleiten. Wir wollen trotzdem die Gleichungen einer mit einer unabhängigen Gleichstromquelle betriebenen belasteten Brückenschaltung (Bild 6.16) angeben, deren fünf Widerstände durch die konstitutiven Relationen

$$i_k = a_k + b_k u_k + \sum_{i=1}^{p_k} c_{k_i} \mid u_k - U_{k_i} \mid$$

für $i = 1,\ldots,5$ charakterisiert werden, um zu zeigen, daß diese Gleichungen explizit formuliert werden können und die Netzwerkparameter a_k, b_k, c_{k_i} und U_{k_i} direkt eingehen, was für analytische Betrachtungen von Interesse sein kann; sie lauten

$$\mathbf{f}_{sl}\left(\begin{pmatrix} \phi_1 \\ \phi_2 \\ \phi_3 \end{pmatrix}\right) = \begin{pmatrix} 0 \\ 0 \\ 0 \end{pmatrix} =$$

$$= \begin{pmatrix} a_1 + a_4 - I_0 \\ -a_1 + a_2 + a_3 \\ -a_3 - a_4 + a_5 \end{pmatrix} + \begin{pmatrix} b_1 + b_4 & -b_1 & -b_4 \\ -b_1 & b_1 + b_2 + b_3 & -b_2 \\ -b_4 & -b_2 & b_2 + b_4 + b_5 \end{pmatrix} \begin{pmatrix} \phi_1 \\ \phi_2 \\ \phi_3 \end{pmatrix} +$$

$$+ \sum_{i=1}^{p_1} \begin{pmatrix} c_{1i} \\ -c_{1i} \\ 0 \end{pmatrix} |\phi_1 - \phi_2 - U_{1i}| +$$

$$+ \sum_{i=1}^{p_2} \begin{pmatrix} 0 \\ c_{2i} \\ -c_{2i} \end{pmatrix} |\phi_2 - \phi_3 - U_{2i}| + \sum_{i=1}^{p_3} \begin{pmatrix} 0 \\ c_{3i} \\ 0 \end{pmatrix} |\phi_2 - U_{3i}| +$$

$$+ \sum_{i=1}^{p_4} \begin{pmatrix} c_{4i} \\ 0 \\ -c_{4i} \end{pmatrix} |\phi_1 - \phi_3 - U_{4i}| + \sum_{i=1}^{p_5} \begin{pmatrix} 0 \\ 0 \\ c_{3i} \end{pmatrix} |\phi_3 - U_{5i}|.$$

Eine Ableitung dieser Gleichungen findet man zusammen mit weiteren Beispielen in der Arbeit von Chua und Ying.

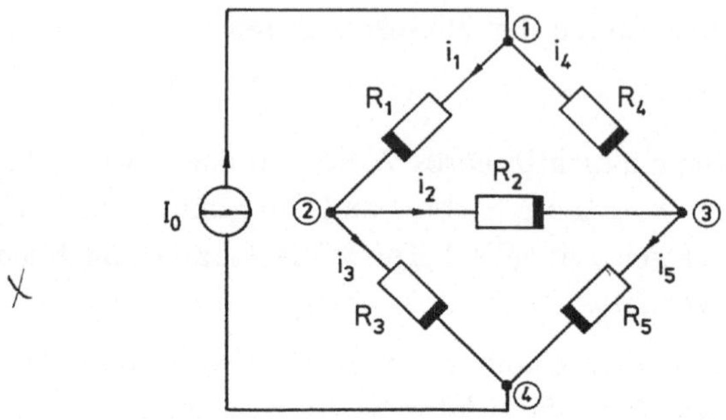

Bild 6.16. Brückenschaltung

Natürlich hat eine Formulierung eines expliziten Gleichungssystems zur Beschreibung eines Netzwerkes noch nichts damit zu tun, ob auch eine *analytische* Lösung der Gleichungen möglich ist. In den meisten Fällen muß man auf numerische Verfahren zurückgreifen. Ein sehr effizienter Algorithmus zur Lösung stückweise linearer Netzwerke wurde von Katzenelson angegeben. Ohne auf die Einzelheiten dieses numerischen Algorithmus einzugehen, sei bemerkt, daß eine enge Beziehung des Katzenelson-Algorithmus und des in Abschnitt 6.3 behandelten Einbettungsverfahren besteht (siehe dazu Lee, Chao [6.54], van Bokhoven [6.55]). In der Arbeit von Chua und Ying wird eine Variante dieses Algorithmus für die kanonische Darstellung vorgestellt.

Schon früher hat S. Hayashi eine Methode diskutiert und angewendet, die auf dem verallgemeinerten Operatorkalkül von Heaviside basiert; eine Zusammenfassung der Ergebnisse findet man in seiner Monographie ([6.56], §4). Dabei benötigt er die in Beispiel 4.13 dargestellten Überlegungen.

Ein anderes numerisches Verfahren für stückweise lineare Widerstandsnetzwerke findet man in der Dissertation von van Bokhoven [6.55], der von Beschreibungsgleichungen ausgeht, die für eine etwas größere Klasse von Netzwerken formuliert werden können. Dabei wird vorausgesetzt, daß sich die nichtlinearen Widerstandsnetzwerke ähnlich wie bei Sandberg und Willson in Abschnitt 6.2 als mit stückweise linearen Widerständen beschaltetes lineares 1-Tor darstellen lassen. Aufgrund formaler Ähnlichkeiten der entsprechenden Beschreibungsgleichungen mit den speziellen Zustandsgleichungen spricht van Bokhoven von dem *Zustandsmodell für stückweise lineare Netzwerke.* Eine ausführliche Darstellung findet man bisher nur in seiner Dissertation.

6.7 Beschreibungsgleichungen für dynamische Netzwerke

6.7.1 Einleitende Überlegungen

In dem grundlegenden Abschnitt 2.1 haben wir bereits die Beschreibungsgleichungen nichtlinearer RLC-Netzwerke in einer geometrischen Formulierung angegeben. Dabei sind wir davon ausgegangen, daß sich die Differentialgleichungen einer Unterklasse dieser Netzwerke in der Form von Differentialgleichungen 1.Ordnung schreiben lassen. Beschreibungsgleichungen dieses Typs werden in der System- und Netzwerktheorie spezielle Zustandsgleichungen genannt. In diesem Abschnitt soll gezeigt werden, daß es sich bei diesem Typ nicht um die *natürliche* Grundform bei nichtlinearen RLC-Netzwerken handelt. In diesem Zusammenhang wollen wir an die Beschreibungsgleichungen linearer Netzwerke erinnern, die nach Abschnitt 4.5 in jedem Fall in die Form spezieller Zustandsgleichungen gebracht werden können. Dabei sind in vielen Fällen zahlreiche Matrizenmanipulationen und in einigen Situationen sogar der Übergang zu äquivalenten Netzwerken notwendig. Dagegen lassen sich die Beschreibungsgleichungen dieser Netzwerkklasse ohne großen Aufwand in Form von verallgemeinerten Zustandsgleichungen formulieren. Die auf lineare RLC-Netzwerke verallgemeinerten Maschengleichungen (Beispiel 4.5) oder die Gleichungen (4.12) der Sparse-Tableau Formulierung in Abschnitt 4.2, erweitert um die konstitutiven Relationen der dynamischen Netzwerkelemente, sind entsprechende Beispiele. Der Grund dafür wird sofort deutlich, wenn man sich die Kirchhoffschen Gleichungen und die konstitutiven Relationen ansieht; sie werden bereits durch Differentialgleichungen 1. Ordnung und algebraischen Gleichungen ausgedrückt. Verallgemeinerte Zustandsgleichungen sind aber nichts anderes als ein spezieller Typ aus der Klasse der Algebro-Differentialgleichungen. Demnach ist zu erwarten, daß es sich auch bei den Beschreibungsgleichungen nichtlinearer RLC-Netzwerke um Algebro-Differentialgleichungen handelt, die nur in bestimmten Fällen auf Differentialgleichungen 1. Ordnung bzw. in die Form spezieller Zustandsgleichungen reduziert werden können. Das kann bereits an einem sehr einfachen Beispiel gezeigt werden.

Beispiel 6.10: (Chua, Lin ([6.57], S.401ff)) Wir betrachten ein Netzwerk, daß aus einer Parallelschaltung eines nichtlinearen 1-Tor-Widerstandes $u_1 = i_1^3 - 3i_1$ und einer linearen Kapazität $q_2 = Cu_2$ mit $dq_2/dt = i_2$ besteht. Die Kirchhoffgleichungen ergeben sich zu $u_1 = u_2$ und $i_1 = -i_2$. Die Beschreibung der Kapazität führt zu einer Differentialgleichung für u_2

$$\dot{u}_2 = \frac{1}{C}\,i_2,$$

die nur in dem Fall eine Zustandsgleichung ist, wenn $i_2 = -i_1$ als Funktion von

u_2 ausdrücken kann. Aufgrund der nicht vorhandenen Monotonie der konstitutiven Relation des Widerstandes ist das aber nicht (global) möglich.

∎

Wir wollen uns deshalb etwas ausführlicher mit Algebro-Differentialgleichungen beschäftigen. Entsprechend Abschnitt 3.4 setzen wir voraus, daß sich das zu untersuchende nichtlineare RLC-Netzwerk in zwei Teilnetzwerke zerlegen läßt, die über ein Verbindungsnetzwerk, repräsentiert durch ein b-Tor, miteinander verbunden werden. Das nichtdynamische Teilnetzwerk ist aus linearen und nichtlinearen Widerständen aufgebaut (unabhängige und gesteuerte Quellen werden auch als Widerstände interpretiert), die durch algebraische oder transzendente Gleichungen beschrieben werden, und das dynamische Teilnetzwerk enthält lineare und nichtlineare Kapazitäten und Induktivitäten, die sich durch algebraische und transzendente Gleichungen sowie Differentialgleichungen 1. Ordnung beschreiben lassen; das Verbindungsnetzwerk wird durch lineare algebraische Gleichungen charakterisiert. Alle Gleichungen werden auf dem Raum der unbeschränkten Zustände definiert, der um den Raum der Kapazitätsladungen $\mathbf{q}_C$ und den Raum der Induktivitätsflüsse $\mathbf{\Phi}_L$ erweitert wird. Sind die Funktionen $q_C = q_C(u_C)$ und $\phi = \phi_L(i_L)$ differenzierbar, dann können wir uns auf den Raum $I\!R_i^b \oplus I\!R_u^b$ beschränken, wenn wir die Kapazitäten und Induktivitäten durch die Differentialgleichungen (6.2) und (6.4) beschreiben. Das soll im folgenden vorausgesetzt werden, wenn nichts gegenteiliges gesagt wird.

Unter den genannten Bedingungen lassen sich die Beschreibungsgleichungen solcher Netzwerke als Algebro-Differentialgleichungen formulieren

$$\begin{aligned}
\dot{\mathbf{x}} &= \mathbf{f}(\mathbf{x}, \mathbf{y}, t), \\
\mathbf{0} &= \mathbf{g}(\mathbf{x}, \mathbf{y}, t).
\end{aligned} \tag{6.23}$$

Bereits an dieser Stelle wollen wir darauf hinweisen, daß wir in Abschnitt 6.7.3 zeigen werden, wie man Beschreibungsgleichungen der Form (6.23) für nichtlineare RLC-Netzwerke mit differentialgeometrischen Methoden erhält.

Zur theoretischen Untersuchung der Gleichungen (6.23) kann zwei Standpunkte einnehmen. Der klassische Standpunkt geht davon aus, daß sich diese Gleichungen global oder lokal auf die Normalform $\dot{\mathbf{x}} = \mathbf{h}(\mathbf{x}, t)$ bringen lassen. Dazu muß man die zweite Gleichung von (6.23) entweder nach $\mathbf{y}$ global oder lokal umkehren können oder sie wird durch eine parametrisierte Familie von Differentialgleichung ersetzt, die als Grenzfall die Gleichung enthält. Unter welchen Bedingungen die Lösungen des neuen Differentialgleichungssystems diejenigen des Grenzfalles approximieren, ist ein Problem der singulären Störungsrechnung, die wir bereits bei den linearen dynamischen Netzwerken einführend diskutiert haben (siehe Abschnitt 4.12.1). In Abschnitt 6.8.2 werden wir darauf ausführlicher zurückkommen. Bei einer differentialgeometrischen Interpretation der Algebro-Differentialgleichungen (6.23) gehen wir in zwei Schritten vor. Zunächst erzeugen wir mit der zweiten Gleichung die Menge aller

Punkte, die von **g** auf Null abgebildet werden; diese Menge ist nichts anderes als der Zustandsraum des zugehörigen Systems oder Netzwerkes. Unter bestimmten Voraussetzungen kann man sich diesen Zustandsraum als "glatte" Fläche im Raum der unbeschränkten Zustände vorstellen; nach Abschnitt 1.4 mußte der Zustandsraum eine differenzierbare Mannigfaltigkeit sein. Auf dieser Fläche definiert dann die Differentialgleichungen in (6.23) unter gewissen Voraussetzungen eine Dynamik, d.h. ein Vektorfeld von Richtungsvektoren, auf dem Zustandsraum, durch welches dort Trajektorien bestimmt werden. In den folgenden Unterabschnitten werden wir auf Einzelheiten der genannten Bedingungen eingehen. Zuvor wollen wir noch weitere Bemerkungen zur der netzwerktheoretischen Relevanz des Gesagten geben.

Historisch gesehen interessierte man sich in der Netzwerktheorie zunächst für Bedingungen, die man an die konstitutiven Gleichungen der Netzwerkelemente und die Gleichungen des Verbindungsnetzwerk stellen muß, damit sich für gewisse Klassen von nichtlinearen Netzwerken spezielle Zustandsgleichungen formulieren lassen. Aus den konstitutiven Relationen der Kapazitäten und Induktivitäten ergibt sich, daß entweder die Spannungen bzw. die Ströme dieser Netzwerkelemente oder die entsprechenden Ladungs- und Flußgrßen als Beschreibungsvariablen in Frage kommen. Für verschiedene Klassen nichtlinearer RLC-Netzwerke konnten Desoer und Katzenelson [6.58], Kuh und Rohrer [6.59] sowie Chua und Rohrer [6.60] solche Bedingungen angeben. Einige Ergebnisse werden in Abschnitt 6.7.4 angegeben. Später haben Stern [6.61], Othsuki und Watanabe [6.62] sowie Chua [6.63] solche Bedingungen für RLC-Netzwerke festgelegt, die auch gesteuerte Quellen und Mehrtore enthalten. Dabei beschränkte man sich auf Verbindungsnetzwerke, die nur galvanische Kopplungen enthalten, und partitioniert die Inzidenzmatrizen des Netzwerkgraphen nach bestimmten Regeln. Wenn die konstitutiven Relationen der Netzwerkelemente gewisse Anforderungen erfüllen, lassen sich die speziellen Zustandsgleichungen in expliziter Form formulieren. Diese Hinweise deuten bereits darauf hin, daß es sich um Arbeiten handelt, die vor allem für die numerische Analyse nichtlinearer Netzwerke von Interesse sind. Ein zentraler Punkt dieser Vorgehensweise ist, daß die Existenz- und Eindeutigkeitssätze für gewöhnliche Differentialgleichungen direkt angewendet werden können. Ein völlig neuer Weg bei der Analyse nichtlinearer RLC-Netzwerke wurde, zeitlich gesehen noch vor den bisher genannten Arbeiten, von Moser [6.64] und darauf aufbauend von Brayton und Moser [6.65] beschritten. Das wurde allerdings erst deutlich, als Smale [6.66] und anschließend Desoer und Wu [6.67] den geometrischen Grundgedanken Moser's noch expliziter herausstellten. Seit Mitte der siebziger Jahre wurde der differentialgeometrische Zugang zu nichtlinearen RLC-Netzwerken wesentlich weiterentwickelt und hat sich als ein wesentlicher Fortschritt insbesondere bei der qualitativen Untersuchung dieser Netzwerkklasse erwiesen. Dieses Konzept steht, wie bereits in Abschnitt 2.1 angedeutet, im Mittelpunkt dieses Buches, in dem die geometrischen Grundgedanken der Netzwerktheorie herausgearbeitet werden sollen. Da die Algebro-Differentialgleichungen in einer sehr übersichtlichen Weise geometrisch interpretiert und die Ergebnisse anhand einfacher Beispiele demonstriert werden können, wollen wir mit diesem Typ der Beschreibungsgleichungen beginnen.

6.7.2 Algebro-Differentialgleichungen

In diesem Abschnitt gehen wir davon aus, daß die betrachteten Systeme und Netzwerke durch Algebro-Differentialgleichungen beschreiben werden können. Im vorangehenden Abschnitt wurde deutlich gemacht, in welchen Fällen das möglich ist; insbesondere bei nichtlinearen RLC-Netzwerken lassen sich die Beschreibungsgleichungen in dieser Form aufschreiben. Dazu genügt es, einfach sämtliche konstitutiven Relationen der Netzwerkelemente und die Gleichungen des Verbindungsnetzwerkes als System von Beschreibungsgleichungen aufzufassen; diese elementare Vorgehensweise wird als "Sparse-Tableau Approach" bezeichnet. Vom theoretischen Standpunkt aus ist dieser Beschreibungsgleichungstyp höchst unbefriedigend, da er keinen Einblick in die mathematische Struktur der Netzwerkanalyseaufgabe gestattet. Mathematisch ausgedrückt, wird hier ein ungünstiges Koordinatensystem gewählt, das unnötig viele abhängige Koordinaten enthält. Die Tatsache, daß es sich bei den Beschreibungsgleichungen um implizite Differentialgleichungen oder um Algebro-Differentialgleichungen handelt, besagt allerdings, daß eine vollstängige Eliminierung aller abhängigen Netzwerkvariablen nur unter speziellen Voraussetzungen möglich ist.

Zur Untersuchung der Algebro-Differentialgleichungen von einem geometrischen Standpunkt aus, betrachten wir einen etwas allgemeineren Typ als die Form in (6.23). Wir gehen davon aus, daß die Beschreibungsgleichungen in die

$$\mathbf{A}(\mathbf{x}, t)\dot{\mathbf{x}} = \mathbf{g}(\mathbf{x}, t)$$
$$\mathbf{0} = \mathbf{f}(\mathbf{x}, t)$$

(6.24)

gebracht werden können. Man kann sich leicht anhand der konstitutiven Realtionen der Kapazität und der Induktivität überlegen, daß die Klasse der nichtlinearen RLC-Netzwerke mit den üblichen Netzwerkvariablen Kapazitätsspannung u_C und Induktivitätsstrom i_L in dieser Weise beschrieben werden können. Solche nichtautonomen Gleichungssysteme, bei denen $\mathbf{A}, \mathbf{g}$ und $\mathbf{f}$ explizit von der Zeit t abhängen, lassen sich in folgender Weise "autonomisieren"

$$\begin{pmatrix} \mathbf{A}(\mathbf{x}, \Theta) & \mathbf{0} \\ \mathbf{0}^T & 1 \end{pmatrix} \begin{pmatrix} \dot{\mathbf{x}} \\ \dot{\Theta} \end{pmatrix} = \begin{pmatrix} \mathbf{g}(\mathbf{x}, \Theta) \\ 1 \end{pmatrix},$$

(6.25)

$$\mathbf{0} = \mathbf{f}(\mathbf{x}, \Theta),$$

so daß wir nach dem Hinzufügen von Θ als $n+1$-ter Variabler ein autonomes Gleichungssystem erhalten. Daher beschränken wir uns im folgenden auf die Betrachtung von autonomen Algebro-Differentialgleichungen

$$\mathbf{A}(\mathbf{x})\dot{\mathbf{x}} = = \mathbf{g}(\mathbf{x}),$$
$$\mathbf{0} = \mathbf{f}(\mathbf{x}), \tag{6.26}$$

wobei $\mathbf{x} \in I\!\!R^n$, $\mathbf{A}(\cdot) : I\!\!R^n \to I\!\!R^{n\times(n-m)}$, $\mathbf{g} : I\!\!R^n \to I\!\!R^{n-m}$ und $\mathbf{f} : I\!\!R^n \to I\!\!R^n$ mit $1 \leq m < n$ ist; die r-mal stetig differenzierbare Funktion $\mathbf{f}$ ($r \geq 1$) sei auf der offenen Menge $S \subset I\!\!R^n$ definiert.

Wir betrachten nun alle diejenigen Punkte von S, die Nullstelle von $\mathbf{f}$ sind und an denen der Rang der Jacobimatrix $\mathbf{J}_f$ von $\mathbf{f}$ gleich der Zeilenanzahl ist. Dazu definieren wir die Menge

$$R(\mathbf{f},S) := \{\mathbf{x} \in S \mid \mathbf{J}_f(\mathbf{x})I\!\!R^n = I\!\!R^m\}$$

und nennen sie *Regularitätsmenge* von $\mathbf{f}$, d.h. sie besteht aus allen Punkten $\mathbf{x}$ von $I\!\!R^n$, wo $\mathbf{J}_f$ surjektiv ist. Eine Teilmenge von $R(\mathbf{f},S)$ mit

$$M := \{\mathbf{x} \in R(\mathbf{f},S) \mid \mathbf{f}(\mathbf{x}) = \mathbf{0}\}$$

heißt *reguläre Lösungsmenge*. Ist $M \neq \emptyset$, dann ist M eine (Unter)Mannigfaltigkeit des $I\!\!R^n$ (von der Klasse $\mathcal{C}^r$) und der Dimension $n - m$, d.h. man kann sich M als ein $(n - m)$-dimensionales "Flächenstück" im $I\!\!R^n$ vorstellen. Auf M betrachten wir die Differentialgleichung $\mathbf{A}(\mathbf{x})\dot{\mathbf{x}} = \mathbf{g}(\mathbf{x})$. Die Begriffe sollen anhand eines nichtlinearen dynamischen Netzwerkes erläutert werden.

Beispiel 6.11: Wir betrachten das in Bild 6.17 gezeigte Netzwerk, das eine konstante Spannungsquelle U_0, einen nichtlinearen Widerstand $u_R = -3i_R + i_R^3$ und eine lineare Kapazität $C\,du_C/dt = i_C$ enthält. Die Kirchhoff-Gleichungen lauten: $i_R = i_C$ und $U_0 = u_R + u_C$. Es gilt demnach $n = 3$ und $m = 2$; das Algebro-Differentialgleichungssystem lautet

$$C\,\dot{u}_C = i_R$$

$$0 = \begin{pmatrix} -u_C - u_R + U_0 \\ u_R + 3i_R - i_R^3 \end{pmatrix}$$

Die Jacobische Matrix

$$\mathbf{J}_f((u_C, u_R, i_R)^T) = \begin{pmatrix} -1 & -1 & 0 \\ 0 & 1 & 3(1 - i_R^2) \end{pmatrix}$$

hat für alle $(u_C, u_R, i_R)^T \in I\!\!R^n$ den Rang zwei abgesehen von den Punkten, für die gilt $i_R^2 = 1$ und u_C, $u_R = $ beliebig; das für $i_R = \pm 1$ der Fall. Es gilt demnach

$$R(\mathbf{f},S) = I\!\!R^2$$

für $S = I\!R^2 - \{(u_C, u_R, i_R)^T \in I\!R^3 \mid i_R = \pm 1\}$. Die Mannigfaltigkeit M der regulären Lösungspunkte besteht aus allen Punkten

$$(u_C, u_R, i_R)^T \in \{(U_0 + 3i_R - i_R^3, -3i_R + i_R^3, i_R) \mid i_R \in I\!R\},$$

die nicht auf den Hyperflächen $\{(u_C, u_R, i_R)^T \in I\!R^3 \mid i_R = \pm 1\}$ liegen.

■

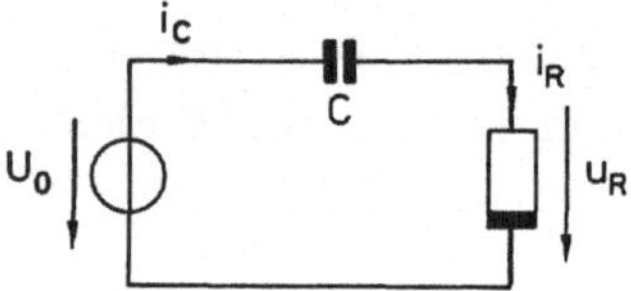

Bild 6.17. Netzwerk zu Beispiel 6.11

Mit der regulären Lösungsmenge M haben wir eine Menge ausgezeichnet, die gewisse notwendige Eigenschaften besitzt, um die Dynamik der Differentialgleichung in (6.24) tragen zu können, d.h. daß durch diese Gleichung ein Vektorfeld auf der Mannigfaltigkeit festgelegt wird, welches dort Lösungskurven definiert.

Die Existenz einer nichttrivialen Mannigfaltigkeit M reicht aber für die *lokale* Existenz und Eindeutigkeit eines Vektorfeldes und damit von Lösungskurven mit diesen Eigenschaften nicht aus. Eine weitere Bedingung ergibt sich daraus, daß der Tangentialvektor $\mathbf{v} = \dot{\hat{\mathbf{x}}}$ an die Lösungskurve $\hat{\mathbf{x}}(t)$ neben der Differentialgleichung auch die differenzierte Zwangsbedingung $\mathbf{f}(\hat{\mathbf{x}}) \equiv \mathbf{0}$ erfüllen muß, d.h. wir müssen fordern

$$\mathbf{J}_f(\hat{\mathbf{x}})\mathbf{v} \equiv \mathbf{0}.$$

Zusammen mit der Differentialgleichung aus (6.24) ergibt sich damit die Bedingungsgleichung für das Vektorfeld

$$\mathbf{N}(\hat{\mathbf{x}})\mathbf{v} := \begin{pmatrix} \mathbf{J}_f(\hat{\mathbf{x}}) \\ \mathbf{A}(\hat{\mathbf{x}}) \end{pmatrix} \mathbf{v}(t) = \begin{pmatrix} \mathbf{0} \\ \mathbf{g}(\hat{\mathbf{x}}) \end{pmatrix}. \tag{6.27}$$

Aus der linearen Algebra ist bekannt, daß dieses mit $\hat{\mathbf{x}}$ parametrisierte Gleichungssystem nur dann eine *eindeutige* Lösung besitzt, wenn $\mathbf{N}(\hat{\mathbf{x}})$ nicht singulär ist. Die Menge der Punkte $\mathbf{x} \in S$, wo diese Bedingung erfüllt ist, bezeichnen wir mit

$$S_0 := \{\mathbf{x} \in S \mid \mathbf{N}(\mathbf{x}) \text{ regulär}\}.$$

Demnach betrachten wir die Untermannigfaltigkeit $M_0 := M \cap S_0$ und nehmen an, daß $M_0 \neq \emptyset$ ist. Nun können wir einen Existenz- und Eindeutigkeitssatz für Algebro-Differentialgleichungen formulieren.

Satz 6.12: Wenn die Koeffizientenfunktionen $\mathbf{f} : S \to I\!R^m$, $\mathbf{A} : S \to I\!R^{n \times (n-m)}$ und $\mathbf{g} : S \to I\!R^{n-m}$ der Algebro-Differentialgleichung

$$\mathbf{A}(\mathbf{x})\dot{\mathbf{x}} = \mathbf{g}(\mathbf{x}),$$
$$\mathbf{f}(\mathbf{x}) = \mathbf{0}$$

auf der offenen Menge $S \subset I\!R^n$ r-mal stetig differenzierbar sind ($r \geq 2$) und die Untermannigfaltigkeit $M_0 = M \cap S_0 \neq \emptyset$ ist, dann existiert für jeden Anfangspunkt $\mathbf{x}_0 \in M_0$ eine eindeutige, maximal ($r-1$)-mal differenzierbare Lösung der Algebro-Differentialgleichung, die keinen Endpunkt in M_0 besitzt.

Beweis: Rheinboldt ([6.33], S.188f).

∎

Die Aussage des Satzes soll nun auf das Beispiel 6.11 angewendet werden.

Beispiel 6.12: Wir betrachten noch einmal die Gleichungen in Beispiel 6.11. Die Matrix $\mathbf{N}(\mathbf{x})$ lautet dafür

$$\mathbf{N}(\mathbf{x}) = \begin{pmatrix} -1 & 1 & 0 \\ 0 & 1 & 3(1 - i_R^2) \\ C & 0 & 0 \end{pmatrix}.$$

Mit Hilfe elementarer Umformungen kann man zeigen, daß der Rang gleich drei ist. Wegen der beiden Zwangsbedingungen im $I\!R^3$ haben wir damit eine Algebro-Differentialgleichung vor uns, die aufgrund dessen, daß die Voraussetzungen von Satz 6.12 erfüllt sind, eine Dynamik auf der 1-dimensionalen Untermannigfaltigkeit M des $I\!R^3$ erzeugt.

∎

Nun kann aber auch vorkommen, daß die Matrix $\mathbf{N}(\mathbf{x})$ für keinen Punkt $\mathbf{x}$ aus S regulär ist; daraus folgt $S_0 = \emptyset$. Das soll anhand des folgenden Beispiels deutlich werden. Dabei verzichten wir auf die Angabe einer Netzwerkrealisierung.

Beispiel 6.13: Wir gehen von dem Algebro-Diferentialgleichungssystem

$$(0 \quad 1) \begin{pmatrix} \dot{x}_1 \\ \dot{x}_2 \end{pmatrix} = -x_1 + a_1,$$
$$0 = -x_2 + a_2$$

aus, und berechnen die Matrix $\mathbf{N}(\mathbf{x})$ für $\mathbf{x} = (x_1, x_2)^T$

$$\mathbf{N}(\mathbf{x}) \begin{pmatrix} 0 & -1 \\ 0 & 1 \end{pmatrix};$$

wegen $\det(\mathbf{N}(\mathbf{x})) = 0$ für alle $\mathbf{x} \in I\!R^2$ ergibt sich $S_0 = \emptyset$.

∎

In diesen Fällen können wir den Satz 6.12 nicht anwenden. Da $\mathbf{N}(\mathbf{x})$ nicht regulär ist, kann kein eindeutiges Vektorfeld auf M_0 bestimmt werden. Es liegt nahe, danach zu fragen, ob die die Dynamik vielleicht auf einer Mannigfaltigkeit mit einer geringeren Dimension, als durch die Anzahl der Zwangsbedingungen festgelegt wird, stattfindet. Das bedeutet nichts anderes, als daß eine oder mehrere Zwangsbedingungen der Algebro-Differentialgleichung hinzugefügt werden müssen, damit wir eine sinnvolle Aufgabe erhalten. Dazu betrachten wir noch einmal die Bedingungsgleichung (6.27) für das Vektorfeld und greifen auf einen Satz aus der linearen Algebra zurück. Ist nämlich die Matrix $\mathbf{N}(\mathbf{x})$ singulär, dann hat das lineare mit $\mathbf{x}$ parametrisierte Gleichungssystem bekanntlich nur dann eine eindeutige Lösung, wenn der Rang von $\mathbf{N}(\mathbf{x})$ gleich dem Rang der um die rechte Seite $(\mathbf{0}^T \mathbf{g}^T(\mathbf{x}))$ erweiterten Matrix ist, d.h. es muß gelten

$$\operatorname{Rang}\{\mathbf{N}(\mathbf{x})\} = \operatorname{Rang}\left\{ \left(\mathbf{N}(\mathbf{x}) \quad \begin{pmatrix} \mathbf{0} \\ \mathbf{g}(\mathbf{x}) \end{pmatrix} \right) \right\}.$$

Daraus ergibt sich eine Bedingung für den Vektor $\mathbf{x}$, die als zusätzliche Zwangsbedingung verwendet wird. Liegt dann noch immer kein sinnvolles Problem vor, d.h. ist die Determinante der neuen Matrix $\tilde{\mathbf{N}}(\mathbf{x})$ noch immer nicht regulär, dann kann der Prozeß wiederholt werden. Es ist klar, daß in endlichdimensionalen Räumen nur endlich viele solcher Schritte möglich sind. Möglicherweise endet dieser Prozeß damit, daß überhaupt kein Vektorfeld existiert. Im folgenden wollen wir diese Vorgehensweise anhand eines kleinen netzwerktheoretischen Problems demonstrieren.

Beispiel 6.14: Wir wollen die Beschreibungsgleichungen eines Netzwerkes ermitteln, das aus einer Parallelschaltung eines linearen Widerstandes $u_R = R i_R$ und zwei Kapazitäten $C_i du_{C_i}/dt = i_{C_i}$ $(i = 1,2)$ mit gleichen Kapazitätswerten $C := C_1 = C_2$ besteht. Die Gleichungen lassen sich leicht ermitteln zu

$$\frac{du_{C_1}}{dt} = \frac{1}{C} i_{C_1},$$
$$\frac{du_{C_1}}{dt} = -\frac{u_{C_2}}{RC} - \frac{1}{C} i_{C_1},$$
$$0 = u_{C_1} - u_{C_2}.$$

Die algebraische Gleichung drückt aus, daß eine Masche von Kapazitäten vorliegt. Aus den Gleichungen läßt sich $\mathbf{N}(\mathbf{x})$ berechnen zu

$$\mathbf{N}(\mathbf{x}) = \begin{pmatrix} 1 & -1 & 0 \\ 1 & 0 & 0 \\ 0 & 1 & 0 \end{pmatrix};$$

man sieht sofort, daß der Rang dieser Matrix gleich zwei ist, woraus $S_0 = \emptyset$ folgt. Die erweiterte Matrix ergibt sich zu

$$\left(\mathbf{N}(\mathbf{x}) \quad \begin{pmatrix} \mathbf{0} \\ \mathbf{g}(\mathbf{x}) \end{pmatrix} \right) = \left(\begin{pmatrix} 1 & -1 & 0 \\ 1 & 0 & 0 \\ 0 & 1 & 0 \end{pmatrix} \quad \begin{pmatrix} 0 \\ (1/C)i_{C_1} \\ -(1/RC)u_{C_2} - (1/C)i_{C_1} \end{pmatrix} \right);$$

nach einigen elementaren Umformungen in der Matrix erhalten wir eine Bedingung dafür, daß der Rang dieser Matrix ebenfalls gleich zwei ist

$$0 = u_{C_2} - 2Ri_{C_1}.$$

Auf diese Gleichung wären wir auch gekommen, wenn wir die Zwangsbedingung differenziert und die dabei auftretenden Ableitungen mit Hilfe der Differentialgleichungen ersetzt hätten. Fügen wir diese Gleichung als neue Zwangsbedingung hinzu, dann läßt sich zeigen, daß bei der Wiederholung des Vorganges keine neue Zwangsbedingung ergibt.

∎

Wir haben bereits oben begründet, daß der Prozeß des Erzeugens neuer Zwangsbedingungen nach endlich vielen Schritten endet. Ist das Verfahren nach ι Schritten erfolgreich, dann nennen wir die Anzahl den (globalen) *Index* des Problems (siehe Rheinboldt ([6.33], S.196)). Insbesondere besitzt ein *explizites* Differentialgleichungssystem 1. Ordnung den Index 0 und ein Algebro-Differentialgleichungssystem den Index 1, wenn die "überflüssigen" Variablen eliminiert werden können, d.h. die Zwangsbedingungen sind nach diesen Variablen auflösbar. Wir weisen noch darauf hin, daß der Index bei impliziten Differentialgleichungen (verallgemeinerten Zustandsgleichungen) nach Abschnitt 4.5 dem Rang der nilpotenten Untermatrix der Weierstraß-Normalform entspricht.

Wenn die Rangbedingung nach einer passenden Erweiterung der Zwangsbedingungen erfüllt sind, kann natürlich der Existenz- und Eindeutigkeitssatz 6.12 angewendet werden.

Bisher sind wir davon ausgegangen, daß die Regularitätsbedingung an $N(x)$ bzw. die Rangbedingung *global* erfüllt sind oder erfüllbar sein sollen. Es gibt aber auch Situationen, in denen die Bedingungen auf einer Teilmenge von M erfüllt sind, aber z.B. in einzelnen Punkten nicht.

Beispiel 6.15: Dazu kommen wir auf das Beispiel 6.11 zurück. Die Matrix $N(x)$ auf M_0 regulär außer für die Punkte, in denen $i_R = \pm 1$ ist. Das bedeutet, daß wir eine wohldefinierte Dynamik auf jeder Teilmenge von M_0 haben, die diesen Punkt nicht enthält. Für die Ausnahmestellen lassen sich jedoch keine Aussagen treffen.

Wenn wir das Algebro-Differentialgleichungssystem umformen, dann können wir die Schwierigkeiten in diesem Fall unmittelbar verstehen. Dazu differenzieren wir die Zwangsbedingungen und ersetzen die Ableitung $\dot{u}$ mit Hilfe der Differentialgleichung; wir erhalten dann

$$\begin{pmatrix} 1 & 0 \\ 0 & 3(1 - i_R^2) \end{pmatrix} \begin{pmatrix} \frac{du_C}{dt} \\ \frac{di_R}{dt} \end{pmatrix} = \frac{1}{C} \begin{pmatrix} 0 & 1 \\ 0 & 1 \end{pmatrix}.$$

Dabei ist zu erkennen, daß wir diese Gleichung nur dann in eine Differentialgleichung 1.Ordnung überführt werden kann, wenn die oben genannte Beziehung für die Ausnahmepunkte $i_R^2 = 1$ nicht gilt.

■

Auf die Ausnahmestellen, wie sie in dem letzten Beispiel aufgetreten sind, gibt der Index eines Systems zwar Hinweise, aber die zuvor diskutierte Reduktionsmethode kann nicht mehr angewendet werden. Das deutet darauf hin, daß in solchen Fällen die Dynamik nicht einfach auf einer Mannigfaltigkeit mit einer niedrigen Dimension als erwartet abläuft, sondern daß hier neue Effekte eine Rolle spielen. In der Tat sind derartige Situationen physikalisch schon sehr lange bekannt. Sie sind im Zusammenhang mit nichtlinearen ferromagnetischen Spulen von Martienssen [6.68] zuerst intensiv untersucht worden, und später unter der Bezeichnung *ferroresonante Schaltungen* bekannt geworden (Weber [6.69]). Bei theoretischen Untersuchungen bezeichnet man diese Ausnahmepunkte oft als *Impasse-Punkte* und spricht bei den dabei auftretenden Erscheinungen von *Jump-Effekten*. Des weiteren trifft man auf derartige Situationen bei der idealisierten Behandlung von Relaxationsschwingungen, die mit Hilfe asymptotischer Entwicklungen untersucht werden; eine ausführliche Behandlung findet man in dem Buch von Mishchenko und Rozov [6.180].

Im verbleibenden Rest des Abschnittes wollen wir auf die Grundzüge einiger neuerer Arbeiten von Takens [6.70] sowie Haggmann und Bryant [6.71] eingehen, die nicht von der geometrischen Interpretation der Arbeiten Moser's und Brayton's durch Smale ausgehen, sondern voraussetzen, daß die Beschreibungsgleichungen nichtlinearer dynamischer Netzwerke als Algebro-Differentialgleichungen der Form (6.23) formuliert werden können. Dabei geben wir eine differentialgeometrische Interpretation dieses Gleichungstyps, die an die Arbeiten von Takens [6.72] sowie Sastry und Desoer [6.72] anschließt. Eine solche Formulierung ist allerdings nur dann sinnvoll möglich, wenn Kapazitäten durch die Ladungsgrößen und die Induktivitäten durch die Flußgrößen beschrieben werden. Gleichungen dieses Typs für nichtlineare RLC-Netzwerke werden z.B. bei Hasler und Neirynck ([6.21], S.93ff) betrachtet

$$
\begin{aligned}
\frac{d\mathbf{q}_C}{dt} &= \mathbf{i}_C, \\
\frac{d\mathbf{\Phi}_L}{dt} &= \mathbf{u}_L, \\
\mathbf{0} &= \mathbf{f}(\mathbf{u}, \mathbf{i}, \mathbf{q}_C, \mathbf{\Phi}_L, t),
\end{aligned}
\tag{6.28}
$$

wobei $\mathbf{u}$ der Vektor der Torspannungen und $\mathbf{i}$ der Vektor der Torströme des Verbindungsnetzwerkes sind. Die entscheidende Frage ist natürlich, ob das System von Zwangsgleichungen ausschließlich mit dem Vektor $\mathbf{u}_C$ der Spannungen an den Kapazitäten und dem Vektor $\mathbf{i}_L$ der Ströme durch die Induktivitäten formuliert werden können. Wenn das der Fall ist, dann kann man die Zwangsgleichung in (6.28) durch die Gleichung

$$0 = \tilde{\mathbf{f}}(\mathbf{u}_C, \mathbf{i}_L, \mathbf{q}_C, \boldsymbol{\Phi}_L, t) \qquad (6.29)$$

ersetzen. Das bedeutet aber wiederum, daß wir sämtliche Ströme und Spannungen, die nicht zu $\mathbf{i}_L$ oder $\mathbf{u}_C$ gehören, durch diese Variablen und die Größen der unabhängigen Quellen ausdrücken können. Dazu sind gewisse Anforderungen an die konstitutiven Relationen der nichtlinearen Widerstände notwendig. Darauf wollen wir aber an dieser Stelle nicht weiter eingehen. Es sei aber darauf hingewiesen, daß diese Bedingungen noch nicht ausreichen, um speziellen Zustandsgleichungen global aufstellen zu können. Andererseits genügt die Differentialgleichung aus (6.28) zusammen mit der neuen Zwangsbedingung (6.29), damit die Beschreibungsgleichungen dieser Klasse von Netzwerken die Form von Algebro-Differentialgleichungen haben.

Haggman und Bryant [6.71] geben nun eine differentialgeometrische Interpretation von Gleichungen dieses Typ

$$\dot{\mathbf{x}} = \mathbf{f}(\mathbf{x}, \mathbf{y}),$$
$$0 = \mathbf{g}(\mathbf{x}, \mathbf{y}),$$

wobei sie der Einfachheit halber ohne Einschränkung der Allgemeinheit nur zeitunabhängige Quellen zulassen; durch einen Übergang auf die autonomisierten Gleichungen können diese Quellen natürlich jederzeit mit einbezogen werden. Die genannten Autoren führen nun eine differentialgeometrische Bedingung an, die angibt, wann es sich bei einem Gleichungsystem dieses Typ um eine Algebro-Differentialgleichung mit einem bestimmten globalen Index handelt. In Beispiel 6.14 hatten wir gezeigt, daß eine solche Situation auftritt, wenn das Netzwerk Maschen nur aus Kapazitäten besitzt; ein analoger Fall tritt bei Schnittmengen nur aus Induktivitäten auf. Insbesondere konnten sie diese Bedingung als eine sogenannte *Transversalitätsbeziehung* formulieren, die koordinateninvariant ist, um somit von der Wahl eines speziellen Koordinatensystems unabhängig ist. Schließlich haben sie noch eine *hinreichende* und mit netzwerktheoretischen Termen formulierte Bedingung angegeben, unter der die Transversalitätsbedingung erfüllt ist. Da wir in diesem Buch das differentialgeometrische Konzept von Smale bzw. Matsumoto zugrunde gelegt haben, verzichten wir jedoch auf eine detaillierte Wiedergabe der Resultate von Haggman und Bryant. Die zuletzt genannten Autoren haben zwar gezeigt, daß dieser Typ von singulären Algebro-Differentialgleichungen mathematisch noch sinnvoll interpretiert werden kann, aber wir sind der Ansicht, daß es sich physikalisch gesehen um eine unnötige Idealisierung handelt, die auch in der mathematischen Beschreibung deutlich werden sollte. In dem von uns bevorzugten mathematischen Modell für dynamische Netzwerke wird das dadurch ausgedrückt, daß es sich bei derartigen Situationen (Maschen von Kapazitäten usw.) um nichtgenerische Fälle handelt, die man durch parasitäre Widerstände in einen generischen Fall überführen kann. Einzelheiten des von Mathis und Marten [6.73] entwickelten Modells werden im folgenden Abschnitt behandelt.

6.7.3 Beschreibungsgleichungen

In diesem Abschnitt kommen wir zur Beschreibung nichtlinearer RLC-Netzwerke die von Moser [6.64] vorgeschlagen und etwas später von Brayton und Moser [6.65] ausführlich diskutiert worden sind. Die bisher diskutierten Typen der Beschreibungsgleichungen für Netzwerke in Form spezieller Zustandsgleichungen oder Algebro-Differentialgleichungen orientieren sich vor allem an den vorhandenen mathematischen Theorien für gewöhnliche Differentialgleichungen. So hat man bei der Netzwerkanalyse zunächst auf die Sätze und Aussagen der Theorie expliziter Differentialgleichungen 1.Ordnung zurückgegriffen, weil diese Theorie seit langem mathematisch sehr gut untersucht ist. In den letzten Jahren hat sich die mathematische Forschung, aufgrund zahlreicher Anstöße insbesondere aus der Mechanik und Netzwerktheorie, verstärkt der Theorie und Numerik der Algebro-Differentialgleichungen und impliziten Differentialgleichungen 1.Ordnung zugewendet, wobei darauf hingewiesen werden muß, daß die in diesen Zusammenhang gehörenden Ergebnisse der singulären Störungstheorie (siehe Abschnitt 6.8.2), die in verschiedenen Mathematikerschulen der UdSSR entwickelt worden sind, trotz ihrer Veröffentlichung in einschlägigen Zeitschriften der Netzwerktheorie lange'Zeit fast unbeachtet geblieben sind. Diese Tatsache ist leider für große Teile der Netzwerktheorie kennzeichnend. Allerdings sind heute gewisse Änderungen zu beobachten. Das ist insbesondere dem amerikanischen Netzwerktheoretiker Leon Chua zu verdanken, der, aufgrund seiner auffassenden mathematischen Kenntnisse und seines großen Engaments, die Netzwerktheorie an die neueren Entwicklungen der Mathematik herangeführt hat. Damit haben gleichzeitig auch die Arbeiten von Desoer, Moser, Brayton, Sandberg, Willson und in den letzten Jahren Matsumoto, Brockett, und Saeks, um nur die wichtigsten Namen zu nennen, eine wesentliche Aufwertung erfahren. Das hat dazu geführt, daß in den letzten Jahren das in Interesse an den Strukturen der ingenieurmäßigen Theorie wie der Netzwerktheorie aber auch der Regelungstheorie gewachsen ist. Ein Grund dafür ist sicherlich, daß die "Methode" des *Try and Error* bei der Analyse und dem Entwurf moderner Systeme nicht mehr ohne weiteres zum Erfolg führt.

Diese Bemerkungen sollen genügen, um verständlich zu machen, warum die allgemeine Theorie dynamischer Netzwerke nicht älter als zwei Jahrzehnte ist und erst seit wenigen Jahren im Ausbau begriffen ist, obwohl die Netzwerktheorie entsprechend den historischen Anmerkungen in Abschnitt 1.7 auf eine lange Tradition zurückblicken kann.

Anknüpfend an die vorherigen Bemerkungen muß gesagt werden, daß weder die Theorie der Differentialgleichungen 1.Ordnung (spezielle Zustandsgleichungen) noch die der Algebro-Differentialgleichungen als Grundlage der Netzwerktheorie geeignet sind. Vielmehr wird eine Theorie benötigt, die dem Grundgedanken der Netzwerktheorie, Systeme aus Subsystemen aufzubauen und die Eigenschaften des Systems aus denen der Subsysteme zu ermitteln, Rechnung trägt. Deshalb müßen neben den zuerst genannten mathematischen Theorien weitere mathematische Strukturen hinzugenommen werden, damit eine auf dem Grundgedanken der Netwerktheorie aufgebaute Theorie entsteht. Bekanntlich existiert mit der klassischen Mechanik eine vergleichbare und von Anfang an in dieser Weise entwickelte dynamische Systemtheorie. Auch dort wird ein Gesamtsystem aus miteinander wechselwirkenden Subsystemen aufgebaut. Damit wurde sie zum Vorbild der meisten physikalischen Theorien und natürlich auch der Netzwerktheorie. In Abschnitt 1.7 haben wir bereits auf diesen Umstand hingewiesen. Aber erst J.Moser hat entdeckt, daß die Netzwerktheorie zwar auf dem in der klassischen Mechanik realisierten geistesgeschichtlich fundmentalen Prinzip der *Analyse und Synthese* basiert (siehe B.Snell [6.74]) und deshalb die beiden Theorien gewisse mathematische Ähnlichkeiten aufweisen und die Grundlage der sehr beliebten Analogien zwischen Mechanik und Netzwerktheorie dienen, aber daß die mathematische Ausgestaltung beider Theorien wesentliche Unterschiede beinhalten; wir kommen darauf in Abschnitt 6.7.5 zurück, wenn wir auf die Ergebnisse einer entsprechenden Analyse von Mathis und Marten [6.73] eingehen. Dort wird auch die Ursache dafür genannt, warum den zahlreichen und bis in die jüngste Zeit unternommenen Versuchen, eine Netzwerkbeschreibung auf der Grundlage der aus der Mechanik stammenden Lagrange- oder Hamiltongleichungen zu formulieren, immer eine gewisse Willkurlichkeit anhaftet. Wir werden aus diesem Grund auf Netzwerkbeschreibungen dieser Art nicht eingehen.

Der Ansatz von Moser wurde etwas später von Brayton und Moser [6.65] intensiv untersucht; außerdem wurde eine erste differentialgeometrische Deutung der Begriffe vorgenommen. Aber erst nach dem Brayton [6.75] einen weiteren Versuch unternommen hatte, die geometrischen Grundgedanken dieser Theorie herauszuarbeiten, konnte S.Smale [6.66] eine umfassende differentialgeometrische Formulierung der Netzwerktheorie vorlegen. Sie wurde in den folgenden Jahren durch Desoer und Wu [6.67] und Matsumoto [6.76] [6.77] weiter ausgebaut. Erst dabei wurde klar, daß es sich nicht um eine weitere Variante in der unübersehbaren Vielzahl von Netzwerkgleichungen handelte, sondern daß es sich um die Grundgleichungen der Netzwerktheorie handelt, vergleichbar mit den Newtonschen Gleichungen für *konservative* mechanische Systeme in der Formulierung Hamiltons; wir möchten diesbezüglich auf das Buch von Arnol'd [6.78] verweisen, der in großer Meisterschaft die klassische Mechanik mit differentialgeometrischen Methoden untersucht. Allerdings sollte nicht verschwiegen werden, daß die Netzwerktheorie, im Unterschied zur klassischen Mechanik konservativer Systeme, *dissipative* Systeme untersucht. Sie kann sogar Meixner [6.79] folgend, als Prototyp einer Theorie *irreversibler Prozesse* fernab vom Gleichgewicht aufgefaßt werden. Dieser Gesichtpunkt führt eher in die Richtung einer dynamischen Erweiterung der phänomenologischen Thermodynamik und soll deshalb hier nicht weiter verfolgt werden.

In diesem Abschnitt wollen wir eine einheitliche Theorie für lineare und nichtlineare Netzwerke entwickeln, die wesentlich auf den Arbeiten von Moser, Brayton,

Smale, Matsumoto und Chua, der bereits im Abschnitt 3.4 erwähnten Dissertation von Ghenzi [6.82] und dem Buch von Belevitch [6.80], in dem auf die Bedeutung der idealen Übertrager im Verbindungsnetzwerk hingewiesen wird, aufbaut und vor kurzem von Mathis und Marten [6.81] vorgestellt wurde. Bevor wir die Einzelheiten dieses Konzepts entwickeln, sollen noch einige grundsätzliche Bemerkungen vorangestellt werden, die an die Überlegungen zu Anfang dieses Abschnittes anschließen. Nimmt man den oben beschriebenen Standpunkt ernst, daß ein Netzwerk aus miteinander verbundenen Subsystemen besteht, dann hat man vor der Konstruktion eines Netzwerkes mathematische Modelle für die zu verwendenden Subsysteme zu entwickeln; dazu benutzt man eine der in Abschnitt 3.2 angegebenen Verfahren. Bei dieser Vorgehensweise kann es natürlich passieren, daß das Netzwerkmodell einer (realen) Schaltung durch mathematische Gleichungen beschrieben wird, die nicht wohldefiniert sind; das war einer der in Abschnitt 3.2.1 genannten Punkte, die man bei einer Modellierung zu beachten hat. Im folgenden Beispiel soll gezeigt werden, daß in solchen Fällen mindestens ein Teil der Schaltung bei der Modellierung "zu stark" idealisiert wurde.

Beispiel 6.16: Wir modellieren zwei reale Spannungsquellen mit verschiedenen Spannungswerten U_{01} und U_{02} und sehr "kleinem" Innerwiderstand durch das Netzwerkelement "unabhängige Spannungsquelle". Es ist sofort klar, daß die Beschreibungsgleichungen eines Netzwerkes, das die Parallelschaltung der beiden realen Spannungsquellen modellieren soll, widersprüchlich sind, weil das zweite Kirchhoffsche Axiom $U_{01} - U_{02} = 0$ unter der Voraussetzung von $U_{01} \neq U_{02}$ nicht erfüllt werden kann.

∎

In linearen zeitinvarianten Netzwerken kann man solche Situationen vermeiden, wenn man bei der Verbindung von Netzwerkelementen gewisse Regeln einhält (z.B. keine Spannungsquellen parallelschalten). Das ist wohl einer der Gründe, warum die für die Netzwerktheorie zentrale Frage "unter welchen Umständen führt die Verbindung einer bestimmten Klasse von Netzwerkelementen zu wohldefinierten Beschreibungsgleichungen" in den meisten Darstellungen der Netzwerktheorie nicht gestellt und daher nicht beantwortet wird. Einer der großen Verdienste der Dissertation von Ghenzi [6.82] ist es, diese Fragen für die Klasse der linearen zeitinvarianten RLC-Netzwerke ohne gesteuerte Quellen vorständig beantwortet zu haben. Diese Arbeit war auch ein Ausgangspunkt der Arbeiten von Mathis und Marten. Ist die Situation bei linearen zeitinvarianten Netzwerken noch einigermaßen übersichtlich und können sie bei Netzwerken ohne ideale Übertrager und gesteuerte Quellen mit einigen topologischen Regeln umgangen werden, so wird man bereits bei linearen Netzwerken vor neue Probleme gestellt, welche die ausgeschlossenen Netzwerkelemente enthalten. Man kann sich leicht überlegen, daß man diese Situationen auch dadurch umgehen kann, in dem man parasitäre Netzwerkelemente, d.h. Netzwerkelemente mit sehr kleinen oder großen Parametern verwendet. Beispielsweise kann die Schwierigkeit in Beispiel 6.16 dadurch beseitigen, daß man eine Spannungsquelle mit einem "kleinen" Innenwiderstand modelliert; ist der Widerstandswert ungleich Null, dann bekommen wir wohldefinierte Beschreibungsgleichungen. Da der Menge $IR - \{0\}$ eine "fette Menge" in IR ist, liegt nach der "Regularisierung" eine generische Situation vor. In Abschnitt 6.8.2 werden wir zeigen, daß *alle* Situationen, bei denen die Beschreibungsgleichungen nicht wohldefiniert sind, durch eine passende "Regularisierung" in einen generischen Fall überführt werden können. Dazu wird aber eine neue Netzwerkbeschreibung benötigt, in der die konstitutiven Relationen der Netzwerkelemente und die Gleichungen des Verbindungsnetzwerkes in übersichtlicher Weise eingehen. Insbesondere müssen parasitäre Netzwerkelemente ohne eine erneute Analyse in das Netzwerk eingefügt werden können. Eine solche Beschreibung wollen wir in diesem Abschnitt angeben. Eine unter diesen Gesichtspunkte ungünstige Form der Beschreibung sind die speziellen Zustandsgleichungen. Wenn man das aus den konstitutiven Gleichungen, den Maxwellschen Relationen und den Gleichungen des Verbindungsnetzwerkes gebildete System von Algebro-Differentialgleichungen auf ein explizites Differentialgleichungssystem 1.Ordnung (spezielle Zustandsgleichungen) reduziert hat, dann ist es kaum noch möglich, strukturelle, d.h. an den Eigenschaften der Subsysteme orientierte Aussagen zu gewinnen. Des weiteren weiß man nicht, welche der Eigenschaften des Netzwerkes erhalten bleiben, wenn man auf andere Beschreibungsgrößen übergeht, weil die Eigenschaften in speziellen Koordinaten formuliert werden. Eine koordinatenunabhängige differentialgeometrische Betrachtungsweise der Netzwerktheorie, wie sie von Brayton und insbesondere von Smale begründet wurde, genügt den genannten Anforderungen. In den letzten Jahren haben vor allem Matsumoto [6.76], Ichiraku [6.83], Sastry und Desoer [6.72] sowie Chua,Matsumoto und Ichiraku [6.84] gezeigt, daß dieser Zugang in die Theorie der nichtlinearen Netzwerke zu völlig neuen Einsichten führt. Darauf aufbauend haben Mathis und Marten vor kurzem eine Vereinheitlichung dieser Konzepte für die lineare *und* nichtlineare Theorie vorgetragen und daraus eine allgemeine Dualitäts- und Transformationstheorie sowie eine systematische Behandlung parasitärer Netzwerkelemente ermöglicht. Wir haben zuvor schon darauf hingewiesen, daß dadurch eine generische Theorie der linearen und nichtlinearen Netzwerktheorie entwickelt werden konnte. Wesentlich dafür war die Berücksichtigung der idealen Übertrager im Verbindungsnetzwerk wie es vor allem von seit langem Belevitch [6.80] vertreten wurde; dadurch wurde auch gezeigt, daß ideale Übertrager in der Netzwerktheorie eine zentrale Bedeutung haben und daher unverzichtbar sind. Man kann sich zwar bei bestimmten Aufgabenstellungen auf die Teilklasse der Netzwerke beschränken, die keine idealen idealen Übertrager im Verbindungsnetzwerk besitzen, aber das führt dann z.B. bei der Dualität von Netzwerken auf die bekannten Schwierigkeiten (siehe Abschnitt 3.4).

Der nun folgenden Darstellung der differentialgeometrischen Betrachtungsweise linearer und nichtlinearer RLC-Netzwerke mit gesteuerten Quellen liegt das in Abschnitt 3.4 entwickelte Netzwerkmodell für den Zustandsraum eines Netzwerkes zugrunde, daß in Bild 3.2 mit Hilfe eines Netzwerkdiagrammes veranschaulicht wurde. Dabei wurde vorausgesetzt, daß ein Netzwerk in drei Teilnetzwerke zerlegt werden kann; das Verbindungsnetzwerk und das Widerstandsnetzwerk werden danach wie folgt beschrieben:

1) Das Verbindungsnetzwerk mit b Toren ist ein mathematisches Modell für die galvanischen und magnetischen Kopplungen im Netzwerk. Da ein Tor jeweils durch einen Torstrom und eine Torspannung charakterisiert wird, gehen wir von dem $2b$-dimensionalen Raum $I\!R_i^b \oplus I\!R_u^b$ der uneingeschränkten Ströme und Spannungen aus. Nach Abschnitt 3.4 werden durch das Verbindungsnetzwerk höchstens b Zwangsbedingungen in $I\!R_i^b \oplus I\!R_u^b$ festgelegt; der dadurch bestimmte Untervektorraum wird *Kirchhoffraum $\mathcal{K}$* genannt.

2) Das Widerstandsnetzwerk mit ρ Toren enthält lineare und nichtlineare 1-Torwiderstände, unabhängige konstante Strom- und Spannungsquellen sowie lineare gesteuerte Quellen, die als 2-Torwiderstände aufgefaßt werden. Diese ρ linearen und nichtlinearen Gleichungen legen eine Menge im $I\!R_i^b \oplus I\!R_u^b$ fest, die unter bestimmten Voraussetzungen eine differenzierbare C^∞-Mannigfaltigkeit ist, d.h. die Koordinatenwechsel werden mit unendlich oft differenzierbaren Funktionen durchgeführt. Dazu müssen notwendig alle nichtlinearen konstitutiven Relationen unendlich oft differenzierbar sein. Nach Abschnitt 4.1 ist das bei passender Modellbildung immer möglich. Wir setzen, wenn nicht anderes gesagt wird, voraus, daß diese Bedingungen erfüllt sind. Diese Mannigfaltigkeit wird *Ohmscher Raum $\mathcal{O}$* genannt.

Der Zustandsraum $\mathcal{S}$ war in Abschnitt 3.4 als der Durchschnitt von $\mathcal{K}$ und $\mathcal{O}$ definiert, d.h. $\mathcal{S} := \mathcal{K} \cap \mathcal{O}$. Da wir dynamische Netzwerke betrachten wollen, müssen wir auf den Zustandsraum $\mathcal{S}$ Differentialgleichungen formulieren können; dazu muß natürlich auch $\mathcal{S}$ eine differenzierbare Mannigfaltigkeit sein. Zur Veranschaulichung dieser Aussage sei daran erinnert, daß wir uns unter einer differenzierbaren Mannigfaltigkeit eine in einen Grundraum eingebettete "glatte" Fläche (d.h. ohne Knicke) vorstellen konnten; die Theorie der differenzierbaren Mannigfaltigkeiten ist dann so aufgebaut, daß man von der Einbettung absehen kann. Nun stellen die bisherigen Anforderungen an $\mathcal{K}$ und $\mathcal{O}$ nicht sicher, daß $\mathcal{S} = \mathcal{K} \cap \mathcal{O}$ diese Eigenschaft besitzt. Das soll anhand eines Beispiels von erläutert werden.

Beispiel 6.17: (Matsumoto [6.76]) Wir betrachten das in Bild 6.18 gezeigte lineare dynamische Netzwerk. Es enthält einen Widerstand $u_R = R i_R$, eine Kapazität $C d u_C / dt = i_C$ und eine stromgesteuerte Stromquelle $i_1 = i_R$. Durch die zwei unabhängigen nichtdynamischen Gleichungen wird ein 2-dimensionaler Ohmscher Raum $\mathcal{O}$ in $I\!R_i^3 \oplus I\!R_u^3$ festgelegt. Die Kirchhoff-Gleichungen

$$u_C + u_R + u_1 = 0, \quad i_C - i_1 = 0, \quad i_1 - i_R = 0$$

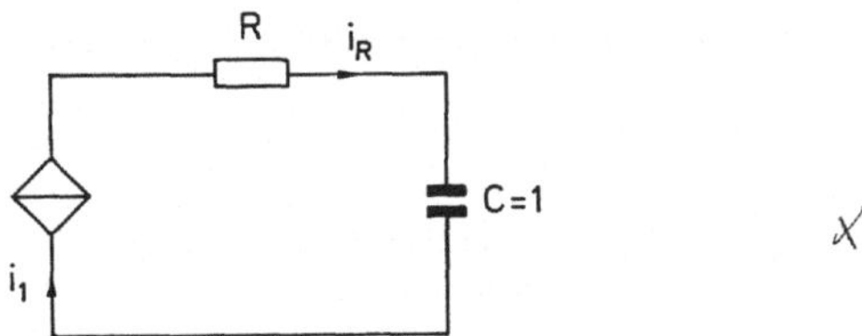

Bild 6.18. Netzwerk zu Beispiel 6.17

legen den 3-dimensionalen Kirchhoffraum $\mathcal{K}$ in $I\!R_i^3 \oplus I\!R_u^3$ fest. Leitet man eine Differentialgleichung für u_C ab

$$RC\dot{u}_C + u_C = -u_1,$$

dann zeigt sich, daß die Spannung u_1 an der gesteuerten Stromquelle nicht durch u_C ausgedrückt werden kann. Fügt man den gestrichelt gezeichneten Widerstand $\varepsilon u_\varepsilon = i_\varepsilon$ mit einem sehr "kleinen" Leitwert hinzu, und ersetzt den Übertragungsfaktor der gesteuerten Quelle durch $i_1 = \alpha i_R$ $(\alpha \neq 0)$, dann erhält man die Gleichungen

$$C\frac{du_C}{dt} + \frac{\varepsilon}{\varepsilon R + (1 - \alpha)}u_C = 0,$$

die nur für $\varepsilon \neq 0$ oder $\varepsilon = 0$ und $\alpha \neq 1$ definiert ist; der zuletzt genannte Fall hat natürlich nur die triviale Lösung, bei der alle Größen des Netzwerkes gleich Null sind.

■

Der Grund für die in Beispiel 6.17 diskutierten Schwierigkeiten liegt darin, daß die Gleichung $i_1 - i_R = 0$ zur Charakterisierung von $\mathcal{K}$ *als auch* von $\mathcal{O}$ verwendet wurde. Geometrisch intuitiv kann diese Situation folgendermaßen gedeutet werden: die Räume $\mathcal{K}$ und $\mathcal{O}$ treffen an einer Stelle oder in einer ganzen Teilmenge des $I\!R_i^b \oplus I\!R_u^b$ so aufeinander, daß die Tangenten an $\mathcal{K}$ und $\mathcal{O}$ übereinstimmen. Demnach muß gefordert werden, daß derartige Situationen nicht auftreten. Um das mathematisch formulieren zu können, benötigen wir den Begriff der *Transversaliät*. Eine leicht verständliche Einführung dieses Begriffes findet man bei Guillemin und Pollack ([6.85], §5).

Definition 6.4: (Transversalität) Seien U_1 und U_2 zwei sich schneidende $\mathcal{C}^\infty$-Untermannigfaltigkeiten von $I\!R^n$, d.h. der Durchschnitt $U_1 \cap U_2$ ist nicht leer, und $T_x U_1$ und $T_x U_2$ ihre Tangentialräume an der Stelle $x \in U_1 \cap U_2$, dann bilden wir den Summenvektorraum $T_x U_1 \oplus T_x U_2$ aller Linearkombinationen $u_1 + u_2$ mit $u_1 \in T_x U_1$ und $u_2 \in T_x U_2$ (siehe Abschnitt 1.6).

Wir nennen U_1 und U_2 transversal genau dann, wenn

$$x \notin U_1 \cap U_2 \quad \text{oder} \quad T_x U_1 \oplus T_x U_2 = T_x I\!R^n$$

für alle $x \in U_1 \cap U_2$ ist. Wir bezeichnen diese Eigenschaft mit $U_1 \pitchfork U_2$.

∎

Bemerkung 6.6: 1) Der Tangentialraum $T_x I\!R^n$ ist natürlich $I\!R^n$ selbst. 2) Diese Bedingung ist im Fall zweier sich schneidenden Kurven im $I\!R^2$ leicht interpretierbar: die Tangentenvektoren der beiden Kurven im Schnittpunkt müssen den ganzen $I\!R^2$ aufspannen. 3) Man kann zeigen, daß die Dimension des Durchschnittes $U_1 \cap U_2$ gleich

$$\mathrm{codim}(U_1 \cap U_2) = \mathrm{codim} U_1 + \mathrm{codim} U_2,$$

wobei die Kodimension im $I\!R^n$ durch $\mathrm{codim} U_i = \dim I\!R^n - \dim U_i$ ($i = 1, 2$) definiert ist. 4) Werden die Untermannigfaltigkeiten U_1 und U_2 durch (nicht)lineare Zwangsbedingungen im $I\!R^n$ festgelegt, dann ist die Bedeutung der Transversalität die folgende: legen wir U_1 durch n_1 und U_2 durch n_2 Zwangsbedingungen fest, dann werden unter der Voraussetzung der Transversalität von U_1 und U_2 für alle Punkte aus $U_1 \cap U_2$ genau $n_1 + n_2$ Zwangsbedingungen gestellt, d.h. es gibt keine "überflüssigen" Zwangsbedingungen. Das ist eine Interpretation der Dimensionsformel in Bemerkung 3), wenn man sich klar macht, daß die Kodimension einer Untermannigfaltigkeit gerade die sie definierenden *unabhängigen* Zwangsbedingungen zählt. Damit kommen unter der Annahme der Transversalität von $\mathcal{K}$ und $\mathcal{O}$ die in Beispiel 6.17 diskutierte Situation nicht vor.

∎

Damit können wir eine mathematische Bedingung angeben, die sicherstellt, daß der Zustandsraum $\mathcal{S}$ eine differenzierbare Mannigfaltigkeit ist.

Satz 6.13: Wenn $\mathcal{K}$ der Kirchhoffraum und $\mathcal{O}$ der Ohmsche Raum eines Netzwerkes ist, wobei vorausgesetzt wird, daß es sich bei $\mathcal{O}$ um eine differenzierbare C^∞-Mannigfaltigkeit handelt, dann ist auch der als Durchschnitt von $\mathcal{K}$ und $\mathcal{O}$ definierte Zustandsraum $\mathcal{S}$ des Netzwerkes eine differenzierbare C^∞-Mannigfaltigkeit, wenn gilt

1) $\mathcal{K} \cap \mathcal{O} \neq \emptyset$,
2) $\mathcal{K}$ und $\mathcal{O}$ sind transversal, d.h. es gilt $\mathcal{K} \pitchfork \mathcal{O}$.

Beweis: Guillemin, Pollack ([6.85], S.5).

∎

Im folgenden setzen wir voraus, daß die in Satz 6.13 genannten Voraussetzungen für $\mathcal{K}$ und $\mathcal{O}$ erfüllt sind.

Wir können nun mit Hilfe der konstitutiven Relationen des Netzwerkes ein Vektorfeld auf dem Zustandsraum $\mathcal{S}$ definieren. In Abschnitt 2.1 haben wir bereits ein entsprechendes Schema durch eine differentialgeometrische Interpretation der speziellen Zustandsgleichungen entwickelt. Dabei mußte allerdings angenommen werden, daß sich die Ströme durch die Kapazitäten und die Spannungen an den Induktivitäten *global* mit Hilfe der Zustandsvariablen $\mathbf{u}_C$ und $\mathbf{i}_L$ ausgedrücken lassen. In einem allgemeinen Konzept soll eine solche Voraussetzung natürlich vermieden werden. Vielmehr soll eine explizite und koordinatenunabhängige Bedingung angegeben werden können, die erfüllt sein muß, damit sich $\mathbf{u}_C$ und $\mathbf{i}_L$ als Funktion der Zustandsvariablen bestimmen lassen; diese Bedingung sollte von den konstitutiven Relationen und den Gleichungen des Verbindungsnetzwerkes abhängen.

Zur Vermeidung unnötiger Allgemeinheit nehmen wir dagegen an, daß die differentiellen Kapazitäten nur als Funktion von $\mathbf{u}_C$ und die differentiellen Induktivitäten nur von $\mathbf{i}_L$ auftreten. Damit kann die 2-Form G wie in Abschnitt 2.1 auf $I\!R^\lambda \oplus I\!R^\gamma$ definiert werden. Dort haben wir uns aber auf den Fall nicht gekoppelter Kapazitäten und Induktivitäten beschränkt.

$$G = -\sum_{k=1}^{\lambda}\sum_{l=1}^{\lambda} L_{kl}(\mathbf{i}_L)di_L^k \otimes di_L^l + \sum_{k=1}^{\gamma}\sum_{l=1}^{\gamma} C_{kl}(\mathbf{u}_C)du_C^k \otimes du_C^l.$$

Des weiteren benötigen wir wie in Abschnitt 2.1 eine 1-Form

$$\Omega = -\sum_{k=1}^{\lambda} u_L^k du_C^k + \sum_{k=1}^{\gamma} i_C^k di_L^k,$$

die auf $I\!R_i^b \oplus I\!R_u^b$ definiert wird und die die Kapazitätsströme $\mathbf{i}_C$ und die Induktivitätsspannungen $\mathbf{u}_L$ als Koeffizienten enthält. Sie wird nicht mehr, wie in Abschnitt 2.1 auf $I\!R^\lambda \oplus I\!R^\gamma$ erklärt, weil die Voraussetzung entfallen soll, daß diese Größen durch die Zustandsgrößen ausdrückbar sein sollen; allerdings verschwinden die Koeffizienten der anderen Differentiale du_R^k, di_R^k, ... und werden daher nicht mitgeschrieben. Diese soeben definierten Formen müssen nun auf dem Zustandsraum $\mathcal{S}$ formuliert werden.

Bemerkung 6.7: Wir wollen noch einmal darauf hinweisen, daß $\mathcal{S}$ im Sinne der Ausführungen in Abschnitt 1.6 eine von der speziellen Einbettung in $I\!R_i^b \oplus I\!R_u^b$ unabhängige Bedeutung besitzt. Eine explizite Charakterisierung von $\mathcal{S}$ ist nur unter Vorgabe eines konkreten Koordinatensystems (Karte) möglich. Das Einführung eines Koordinatensystems bei der Untersuchung nichtlinearer Netzwerke bringt aber die Schwierigkeit mit sich, daß die einzelne durch die Beschreibung der Subsysteme vorgegebene mathematische Struktur nicht mehr sichtbar ist. Deswegen wurde der differentialgeometrische Standpunkt zur Beschreibung von nichtlinearen Netzwerken herangezogen. Diese Methoden gehören allerdings nicht mehr zum Standardstoff der Ingenieurmathematik für Elektrotechniker und werden daher verschiedenen Lesern als sehr abstrakt erscheinen. Hat man sich aber die Begriffsbildung erst einmal anhand von Beispielen "veranschaulicht", was aufgrund der geometrischen Bedeutung keine prinzipiellen Schwierigkeiten bereiten sollte, dann zeigen sich sehr schnell die Vorteile dieser Vorgehensweise. Da viele mathematische Lehrbücher und Monographien über moderne Differentialgeometrie wegen der heute üblichen kompakten Darstellung den ungeübten Lesern i.a. schwer zugänglich sind, haben wir in Abschnitt 1.6 die wichtigsten Begriffe intuitiv erklärt. In Anhang B haben wir alle für das Buch wesentlichen Begriffe mathematisch erläutert.

∎

Um die Formen G und Ω, die wir zunächst auf der Untermannigfaltigkeit $I\!R_i^\lambda \oplus I\!R_u^\gamma$ von $I\!R_i^b \oplus I\!R_u^b$ bzw. auf $I\!R_i^b \oplus I\!R_u^b$ selbst definiert haben, auf einer kleineren durch weitere Zwangsbedingungen charakterisierten Untermannigfaltigkeit "Zustandsraum $\mathcal{S}$" formulieren zu können, benötigen wir zwei weitere Funktionen. Bevor wir den allgemeinen Fall behandeln, soll das Gesagte zunächst in dem folgenden Beispiel verdeutlicht werden.

Beispiel 6.18: Wir betrachten die differenzierbare Manngifaltigkeit $I\!R^2$ und als eine dort eingebettete Untermannigfaltigkeit den Kreis S^1 mit dem Radius 1, dessen Mittelpunkt im Ursprung des $I\!R^2$ liegt; als Koordinatensystem im $I\!R^2$ wählen wir die Standardkarte $\{x_1, x_2\}$ und für den Kreis die Parametrisierung (Karte) $\{\varphi\}$; φ sei im offenen Intervall $(0, 2\pi)$ definiert, d.h. wir entfernen den Punkt $(x_1\ x_2) = (1\ 0)$ aus dem Kreis.

Die Abbildung $\mathbf{f} : \varphi \longmapsto (\cos\varphi, \sin\varphi) = (x_1\ x_2)$ bildet Punkte der Kreislinie auf den Kreis als Teilmenge des $I\!R^2$ interpretiert ab. Bezeichnen wir mit $\{dx_1, dx_2\}$ eine Basis des Kotangentialraum $T_x I\!R^2$ an irgendeiner Stelle $\mathbf{x} \in I\!R^2$, dann kann die auf dem $I\!R^2$ definierte 1-Form

$$\omega = \alpha(\mathbf{x})dx_1 + \beta(\mathbf{x})dx_2$$

auf dem Kreis S^1 formuliert werden, wenn wir die Koordinatenfunktionen von $\mathbf{f}$ differenzieren und die auf S^1 abhängig gewordenen Basis-Differentiale eliminieren; wir erhalten

$$\tilde{\omega} = (-\tilde{\alpha}(\varphi)\sin\varphi + \tilde{\beta}(\varphi)\cos\varphi)d\varphi.$$

In einem geometrischen Sinne könnte man vom Transport oder vom Zurückholen der 1-Form ω vom $I\!R^2$ auf den S^1 sprechen.

∎

Das in Beispiel 6.18 Gesagte läßt sich auch koordinatenfrei ausdrücken, indem wir die sogenannte *Pullback-Abbildung* $\mathbf{f}^*$ von $\mathbf{f}$ definieren. Das kann in eindeutiger Weise geschehen, wenn man die Anwendung von $\mathbf{f}^*$ auf Funktionen (0-Formen) und die

Basiselemente von $T_x^* I\!R^2$ (1-Formen) vorschreibt; der Einfachheit halber geben wir die expliziten Vorschriften nur für die Mannigfaltigkeiten in Beispiel 6.18 an:

1) $\mathbf{f}^* \mathbf{a}(\varphi) := (\mathbf{a} \circ \mathbf{f})(\varphi) = \mathbf{a}(\mathbf{f}(\varphi))$ für alle Funktionen $\mathbf{a}$ auf $I\!R^2$,

2) $\mathbf{f}^* dx_i := \partial \mathbf{f}(\varphi)/\partial \varphi \, d\varphi$ für $i = 1,2$.

Die Pullback-Abbildung $\mathbf{f}^*$ transportiert also die 1-Form $\omega \in T_x^* I\!R^2$ in den $T_\varphi^* S^1$. Eine Verallgemeinerung auf Untermannigfaltigkeiten höherer Dimension als Eins ist evident.

Wenden wir diese Überlegungen auf die 2-Form G und auf die 1-Form Ω an, so benötigen wir die Abbildungen $\pi : \mathcal{S} \rightarrow I\!R_i^\lambda \oplus I\!R_u^\gamma$ und $\iota : \mathcal{S} \rightarrow I\!R_i^b \oplus I\!R_u^b$. Damit können wir G und Ω auf den Zustandsraum $\mathcal{S}$ transportieren; wir erhalten dort die Formen

$$g = \pi^* G \qquad \omega = \iota^* \Omega.$$

Wenn g nicht degeneriert ist, dann erhalten wir mit Hilfe der an einer Stelle $s \in \mathcal{S}$ definierten Gleichung

$$g_s(X_s, Y_s) = \omega_s(Y_s), \tag{6.29}$$

die für alle Vektorfelder Y_s aus dem Tangentialraum $T_s \mathcal{S}$ erfüllt sein soll, in einer Umgebung von $s \in \mathcal{S}$ in lokal eindeutiges Vektorfeld X_s. Dabei nennen wir eine 2-Form g *nicht degeneriert*, wenn aus

$$g(X,Y) = 0 \qquad \text{für alle } Y \in T\mathcal{S}$$

das Verschwinden des Vektorfeldes X gefolgert werden kann. Eine nicht degenerierte 2-Form ähnelt also einem inneren Produkt $(\cdot|\cdot)$, das eine solche Eigenschaft besitzt. Kennt man ein lokal eindeutiges Vektorfeld X_s, dann hat die Differentialgleichung $\dot{\xi} = X \circ \xi$ in einer Umgebung von s eine eindeutige Lösung.

Die Gleichung (6.29) wurde für eine spezielle Klasse von Netzwerken zuerst von Smale angegeben, aber sie basiert letztlich auf den Arbeiten von Brayton und Moser, wir nennen sie daher *Brayton-Moser-Smale-Gleichungen*. Matsumoto [6.76] konnte zeigen, daß diese Form auch für eine größere Klasse von Netzwerken erhalten bleibt, so daß wir sie tatsächlich als die dynamischen Grundgleichungen der linearen und nichtlinearen Netzwerktheorie ansehen können. Im Fall reziproker Netzwerke nimmt die Brayton-Moser-Smale eine besondere Form an, die in einem Koordinatensystem zuerst Moser entdeckt und von Brayton und Moser genauer untersucht wurde; auf den als Brayton-Moser-Gleichungen bekannten Spezialfall wollen im Verlauf des Abschnittes noch genauer eingehen. Das Gesagte hatten wir bereits in dem in Bild 2.5 gezeigten Diagramm zusammengefaßt.

Wir haben schon hervorgehoben, daß eine differentialgeometrische Formulierung der Beschreibungsgleichungen nichtlinearer RLC-Netzwerke deshalb vorteilhafter ist, weil man einen besseren Einblick in die mathematische Struktur der Gleichungen gewinnt. Führt man von Anfang an ein Koordinatensystem (Karte) ein, dann erhält man nicht selten sehr unübersichtliche Beziehungen, aus denen kaum strukturelle Informationen entnommen werden können. Andererseits war bereits in Abschnitt 1.6 betont worden, daß man zum praktischen Rechnen mit differenzierbaren Mannigfaltigkeiten vorher ein globales oder mehrere lokale Karten einführen muß; die Auswahl der Karten kann dann davon abhängig gemacht werden, wie bequem die Koordinatensysteme für die notwendigen Rechnungen sind. Das gilt insbesondere dann, wenn keine globale Karte zur Verfügung steht. Wir wollen jetzt die eingeführten Begriffe anhand eines Beispiels erläutern, bei dem sogar eine globale Karte existiert; dadurch werden die Rechnungen sehr übersichtlich.

Beispiel 6.19: (Matsumoto [6.76]) Wir betrachten einen Bipolartransistor in einer Basisschaltung (siehe Bild 6.19a)). Der Transistor soll nach Ebers und Moll modelliert werden, wobei $\alpha, \beta, I_{e0}, I_{c0}$ und τ als Parameter auftreten und $\alpha > 0$ und $\beta < 0$ sind. Es ergibt sich das in Bild 6.19b) gezeigte Ersatznetzwerk. Der Raum der uneingeschränkten Ströme und Spannungen ist ein 16-dimensionaler Vektorraum $I\!R_i^8 \oplus I\!R_u^8$, in dem wir das durch die Ströme und Spannungen der einzelnen Zweige bestimmte Koordinatensystem

$$\{i_{C1}, i_{C2}, i_{R1}, i_{R2}, i_1, i_2, i_3, i_4; u_{C1}, u_{C2}, u_{R1}, u_{R2}, u_1, u_2, u_3, u_4\}$$

auswählen. Die konstitutiven Relationen der 1-Tor-Widerstände lauten

$$u_{Ri} = R_i\, i_{Ri} = 0 \qquad \text{für } i = 1, 2$$

und die stromgesteuerten Stromquellen (als 2-Tor-Widerstände interpretiert) werden durch

$$\begin{pmatrix} 1 & \alpha \\ \beta & 1 \end{pmatrix} \begin{pmatrix} i_3 \\ i_4 \end{pmatrix} - \begin{pmatrix} I_{e0}(e^{\tau u_3} - 1) \\ I_{e0}(e^{\tau u_3} - 1) \end{pmatrix} = 0$$

beschrieben, die wegen

$$\det\left(\begin{pmatrix} 1 & \alpha \\ \beta & 1 \end{pmatrix} \right) = 1 - \alpha\beta > 0$$

unabhängig sind. Die unabhängigen Stromquellen werden durch

$$u_1 = U_{01} \qquad \text{und} \qquad u_2 = U_{02}$$

charakterisiert. Da $\rho = 6$ unabhängige ohmsche Zwangsbedingungen vorliegen (die Kodimension ist gleich 6), hat der Ohmsche Raum die Dimension

$$\dim \mathcal{O} = \dim(I\!R_i^8 \oplus I\!R_u^8) - \rho = 16 - 6 = 10.$$

Der Kirchhoffraum $\mathcal{K}$ wird durch die folgenden Gleichungen bestimmt:

$$u_{C1} + u_3 = 0, \qquad u_3 + u_{R1} - u_1 = 0,$$

$$u_{C2} + u_4 = 0, \qquad u_4 + u_{R2} - u_2 = 0,$$

$$i_{C1} - i_3 + i_1 = 0, \qquad i_{C2} - i_4 + i_2 = 0,$$

$$i_{R1} - i_1 = 0, \qquad i_{R2} - i_2 = 0.$$

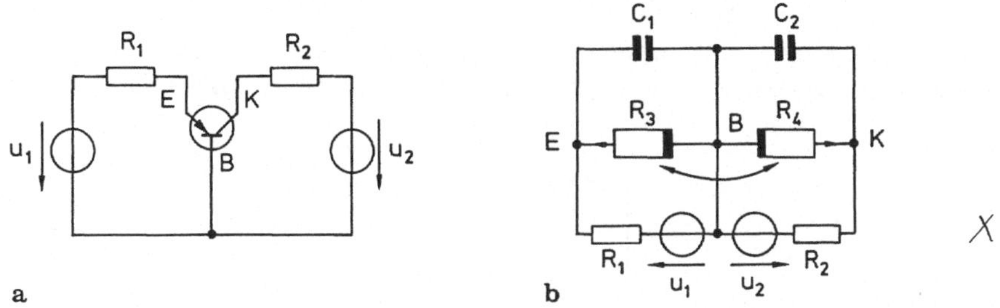

Bild 6.19. a) Transistor in Basisschaltung, b) Netzwerk

Nun muß geprüft werden, ob $\mathcal{K}$ und $\mathcal{O}$ transversal sind, d.h. ob die diese Räume definierenden Gleichungen unabhängig sind. Man kann sich davon überzeugen, daß sich die Gleichungen nicht widersprechen, d.h. es gilt $\mathcal{K} \cap \mathcal{O} \neq \emptyset$. Deshalb müssen wir prüfen, ob die Kirchhoff-Gleichungen und die Ohmschen Gleichungen Duplikate oder kompliziertere Abhängigkeiten enthalten; das ist nicht der Fall, was man durch einen Vergleich herausfinden kann, ohne die Transversalitätsbedingung in Definition 6.4 kontrollieren zu müssen. Daraus folgt, daß insgesamt weitere acht unabhängige Gleichungen dazu kommen. Der Zustandsraum $\mathcal{S} = \mathcal{K} \cap \mathcal{O}$ ist demnach eine differenzierbare Untermannigfaltigkeit der Dimension zwei im $I\!R_i^8 \oplus I\!R_u^8$. Da nur u_{C1} und u_{C2} als Beschreibungsvariablen in Frage kommen, können wir diese Variablen als globales Koordinatensystem benutzen.

Die 2-Form G auf $\{0\} \oplus I\!R_u^2$ ist gegeben durch

$$G = C_1 du_{C1} \otimes du_{C1} + C_2 du_{C2} \otimes du_{C2},$$

während die 1-Form Ω auf dem $I\!R_i^8 \oplus I\!R_u^8$ nach einigen Umformungen in folgender Form ($\mathbf{x} \in I\!R_i^8 \oplus I\!R_u^8$)

$$\Omega = i_{C1}(\mathbf{x}) du_{C1} + i_{C2}(\mathbf{x}) du_{C2} =$$
$$= (i_3 - i_{R1}) du_{C1} + (i_4 - i_{R2}) du_{C2}$$

formuliert werden kann. Da u_{C1} und u_{C2} globale Koordinaten von $\mathcal{S}$ sind, kann man die Räume $\{0\} \oplus I\!R_u^2$ und $\mathcal{S}$ mit der Abbildung $\pi : \mathcal{S} \to \{0\} \oplus I\!R_u^2$ identifizieren, d.h. man unterscheidet nicht mehr zwischen den beiden Untermannigfaltigkeiten; dann erübrigt sich natürlich auch der Transport von G auf $\mathcal{S}$. Das geht allerdings nur deshalb, weil die Spannungen an den Kapazitäten ein globales Koordinatensystem darstellen.

Anhand der konstitutiven Relationen der 1-Tor-Widerstände $i_{Ri} = u_{Ri}/R_i = (u_{Ci} + U_{0i}/R_i)$ für $i = 1,2$ und den nach i_3 und i_4 aufgelösten Gleichungen

$$\begin{pmatrix} i_3 \\ i_4 \end{pmatrix} = \frac{1}{1 - \alpha\beta} \begin{pmatrix} I_{e0}(e^{\tau u_3} - 1) - \alpha I_{c0}(e^{\tau u_4} - 1) \\ -\beta I_{e0}(e^{\tau u_3} - 1) + I_{c0}(e^{\tau u_4} - 1) \end{pmatrix}$$

sieht man, daß der relevante Unterraum $U \subset I\!R_i^8 \oplus I\!R_u^8$ durch die Koordinaten $\{i_3, i_4, i_{R1}, i_{R2}\}$ bestimmt wird. Demnach genügt es, eine Abbildung $\hat{\imath} : S \to U$ zu ermitteln, die wegen der Identifikation von S und $I\!R_i^0 \oplus I\!R_u^2$ durch

$$\hat{\imath} : \begin{pmatrix} u_{C1} \\ u_{C2} \end{pmatrix} \longmapsto \begin{pmatrix} \frac{1}{1-\alpha\beta} \begin{pmatrix} I_{e0}(e^{\tau u_3} - 1) - \alpha I_{c0}(e^{\tau u_4} - 1) \\ -\beta I_{e0}(e^{\tau u_3} - 1) + I_{c0}(e^{\tau u_4} - 1) \end{pmatrix} \\ R_1 i_{R1} - U_{01} \\ R_2 i_{R2} - U_{02} \end{pmatrix}$$

definiert wird. Mit Hilfe der zugehörigen Pullback-Abbildung $\hat{\imath}^*$ erhält man die zurückgeholte 1-Form

$$\omega = \hat{\imath}^*\Omega = \left(-\frac{u_{C1}}{R_1} + \frac{I_{e0}(e^{\tau u_3} - 1) - \alpha I_{c0}(e^{\tau u_4} - 1)}{1 - \alpha\beta} - \frac{U_{01}}{R_1} \right) du_{C1} +$$
$$+ \left(-\frac{u_{C2}}{R_2} + \frac{\beta I_{e0}(e^{\tau u_3} - 1) + I_{c0}(e^{\tau u_4} - 1)}{1 - \alpha\beta} - \frac{U_{02}}{R_2} \right) du_{C2}.$$

Das Vektorfeld dieses Netzwerkes wird nun durch die Gleichungen $g_s(X_s, Y_s) = \omega(Y_s)$ bestimmt, wenn Y_s alle Vektorfelder aus $T_s S$ durchläuft. Wir nehmen eine Auswertung der Gleichung an einer Stelle $s \in S$ vor; dabei verzichten wir aber aus schreibtechnischen Gründen auf eine entsprechende Indizierung der Größen. In endlichdimensionalen Räumen reicht es natürlich aus, statt aller $Y \in TS$ nur die Basisvektoren $\partial/\partial u_{C1}$ und $\partial/\partial u_{C2}$ zu nehmen; genauso waren wir bereits in Abschnitt 2.1 vorgegangen. Außerdem zerlegen wir das gesuchte Vektorfeld X in dieser Basis

$$X = v_1 \frac{\partial}{\partial u_{C1}} + v_2 \frac{\partial}{\partial u_{C2}}$$

und erhalten mit $du_{Ci}(\partial/\partial u_{Cj}) = \delta_{ij}$

$$G\left(v_1 \frac{\partial}{\partial u_{C1}} + \frac{\partial}{\partial u_{C1}} \right) =$$
$$= C_1 du_{C1}\left(v_1 \frac{\partial}{\partial u_{C1}} + v_2 \frac{\partial}{\partial u_{C2}} \right) = C_1 v_1 =$$
$$= \omega\left(\frac{\partial}{\partial u_{C1}} \right) = -\frac{u_{C1}}{R_1} + \frac{I_{e0}(e^{\tau u_3} - 1) - \alpha I_{c0}(e^{\tau u_4} - 1)}{1 - \alpha\beta} - \frac{U_{01}}{R_1}$$

und

$$G\left(v_1 \frac{\partial}{\partial u_{C1}} + v_2 \frac{\partial}{\partial u_{C2}}, \frac{\partial}{\partial u_{C2}} \right) =$$
$$= C_2 du_{C2}\left(v_1 \frac{\partial}{\partial u_{C1}} + v_2 \frac{\partial}{\partial u_{C2}} \right) = C_2 v_2 =$$
$$= \omega\left(\frac{\partial}{\partial u_{C2}} \right) = -\frac{u_{C2}}{R_2} + \frac{\beta I_{e0}(e^{\tau u_3} - 1) + I_{c0}(e^{\tau u_4} - 1)}{1 - \alpha\beta} - \frac{U_{02}}{R_2}.$$

Die Differentialgleichungen ergeben sich schließlich aus $\dot{\xi} = X \circ \xi$ mit $X = (v_1 v_2)^T$ und $\xi = (u_{C1} u_{C2})^T$ zu

$$C_1 \dot{u}_{C1} = \omega \left(\frac{\partial}{\partial u_{C1}} \right) = -\frac{u_{C1}}{R_1} + \frac{I_{e0}(e^{\tau u_3} - 1) - \alpha I_{c0}(e^{\tau u_4} - 1)}{1 - \alpha\beta} - \frac{U_{01}}{R_1}$$

$$C_2 \dot{u}_{C2} = \omega \left(\frac{\partial}{\partial u_{C2}} \right) = -\frac{u_{C2}}{R_2} + \frac{\beta I_{e0}(e^{\tau u_3} - 1) + I_{c0}(e^{\tau u_4} - 1)}{1 - \alpha\beta} - \frac{U_{02}}{R_2}.$$

Damit ist das Ziel der Rechnung erreicht worden.

$\blacksquare$

In dem Beispiel wurde deutlich, daß bei RC-Netzwerken vielfach die Kapazitätsspannungen, bei RLC-Netzwerken oft die Kapazitätsspannungen und die Induktivitätsströme als globales Koordinatensystem verwendet werden kann. Man ist natürlich an Bedingungen interessiert, mit deren Hilfe man feststellen kann, wann das möglich ist. In Abschnitt 6.8.2, in welchem wir die singuläre Störungsrechnung behandeln, werden wir zeigen, daß ein globales Koordinatensystem $\{\mathbf{u}_C, \mathbf{i}_L\}$ in "fast" allen Fällen existiert; bei den Ausnahmesituationen handelt es sich um nicht generische Fälle, die durch das Hinzufügen geeigneter parasitärer Netzwerkelemente in jedem Fall in generische überführt werden können.

Wir wollen uns noch mit einer Sonderform der Brayton-Moser-Smale-Gleichungen beschäftigen, die von Moser entdeckt und anschließend von Brayton und Moser systematisch untersucht wurde. Der Begriff der Reziprozität ist dabei von grundlegender Bedeutung; er wurde bereits in Abschnitt 4.8 bei linearen 2-Tor-Netzwerken definiert. In diesem Abschnitt soll er auf nichtlineare n-Tor-Netzwerke verallgemeinert werden, die aus zusammengeschalteten nichtlinearen m-Tor-Netzwerken bestehen können. Der Begriff soll dann auf nichtlineare RLC-Netzwerke angewendet werden. Wir erinnern daran, daß die Netzwerke dieser Klasse aus vier Teilnetzwerken aufgebaut sind:

1) b-Tor-Verbindungsnetzwerk,
2) ρ-Tor-Widerstandsnetzwerk,
3) γ-Tor-Kapazitätsnetzwerk,
4) λ-Tor-Induktivitätsnetzwerk.

Wir setzen voraus, daß bei der Zusammenschaltung des b-Tor-Verbindungnetzwerks mit dem ρ-Tor-Widerstandsnetzwerk keine unerlaubten Situationen auftreten, wie etwa das Parallelschalten zweier unabhängiger Spannungsquellen mit verschiedenen Spannungswerten. Das heißt nichts anderes, als daß der Durchschnitt von Kirchhoffraum $\mathcal{K}$ und Ohmschen Raum $\mathcal{O}$ ungleich leer ist.

Es soll nun ein Reziprozitätsbegriff für n-Tore angegeben werden, der entsprechend der Ankündigung in Abschnitt 4.8 differentialgeometrisch und das heißt koordinatenunabhängig definiert werden soll. Dazu sind zuvor einige mathematische Vorbereitungen notwendig.

Bei der expliziten Bestimmung der Brayton-Moser-Smale-Gleichungen können wir unter der oben genannten Voraussetzung das Verbindungsnetzwerk und das Widerstandsnetzwerk zusammenschalten und als $\gamma + \lambda$-Tor betrachten. Wir nehmen der Einfachheit halber an, daß das RLC-Netzwerk nur 1-Tor-Kapazitäten und 1-Tor-Induktivitäten enthält; die in der 1-Form Ω auftretenden Koeffizientenfunktionen sind dann die Kapazitätsströme i_C und die Induktivitätsspannungen u_L, die nur dann explizit durch u_C und i_L ausgedrückt werden können, wenn sich diese Größen als globale Variablen für den Zustandsraum S verwenden lassen. Einer Bemerkung in Beispiel 6.19 entsprechend, kann dann auch die Pullback-Abbildung entfallen. Die 1-Form läßt in diesem Fall in folgender Weise aufschreiben

$$\omega_x = -\sum_{l=1}^{\lambda} u_L^l(\mathbf{u}_C, \mathbf{i}_L)\, di_L^l + \sum_{k=1}^{\gamma} i_C^k(\mathbf{u}_C, \mathbf{i}_L)\, du_C^k$$

mit $\mathbf{x} = (\mathbf{u}_C, \mathbf{i}_L)^T$. Man kann fragen, ob es eine *skalare* Funktion $P(\mathbf{u}_C, \mathbf{i}_L)$ gibt, so daß sich die Koeffizientenfunktionen i_C^k und u_L^l durch partielle Ableitung nach der entsprechenden zweiten Torvariablen u_C^k bzw. i_L^l bestimmen lassen:

Bemerkung 6.8: Obwohl diese Aufgabenstellung zunächst etwas überraschend erscheint, so ist sie doch den vielen Lesern von der Lösung nichtlinearer gewöhnlicher Differentialgleichungen 1.Ordnung vom Typ $dy/dx = -P(y,x)/Q(x,y)$ bekannt; formt man solche Gleichungen um, wobei man den Differentialquotienten als "echten" Quotienten auffaßt, dann ergibt sich die partielle Differentialgleichung 1.Ordnung

$$P(x,y)dx + Q(x,y)dy = 0.$$

Ist die sogenannte Integrabilitätsbedingung $\partial P/\partial y = \partial Q/\partial x$ erfüllt, dann kann zumindest eine implizite Form für die Ausgangsgleichungen angegeben werden. Bekanntlich werden solche Betrachtungen auch in der Theorie komplexwertiger Funktionen (Funktionentheorie) im Zusammenhang mit den Cauchy-Riemannschen Differentialgleichungen benötigt.

■

Zur koordinatenunabhängigen Formulierung einer hinreichenden und notwendigen Bedingung für die Existenz einer skalaren Funktion P wird der Begriff der *äußeren Ableitung* von 1-Formen gebraucht. Des weiteren wird ein sogenanntes *äußeres Produkt* benötigt, um diese Bedingung nach der Auswahl eines Koordinatensystems explizit angeben zu können. Da wir von diesen Begriffen nur in speziellen Situationen Gebrauch machen, werden wir nur einige Rechenregeln angeben und anhand von Beispielen kurz demonstrieren, bezüglich der allgemeinen Theorie aber auf entsprechende Lehrbücher über Differentialformen verweisen; eine vollständige Behandlung dieser Thematik findet man z.B. bei Cartan [6.86] oder Hollmann und Rummler [6.87]; eine leicht verständliche Einführungen mit Anwendungen in der Elektrodynamik und Netzwerktheorie bei Balasubramanian, Lynn und Gupta [6.88].

Schließlich verwenden auch Meetz und Engl [6.89] in ihrem ausgezeichneten anwendungsorientierten Lehrbuch der Elektrodynamik, in dem auch die Netzwerktheorie berücksichtigt wird, diese Begriffe, aber ihre Bezeichnungsweisen weichen leider erheblich von den in der mathematischen Literatur üblichen ab. Dadurch wird es insbesondere dem unerfahrenen Leser erschwert, mathematische Texte heranzuziehen. Aus diesen Gründen werden wir ausschließlich die in der mathematischen Standardliteratur enthaltenen Bezeichnungen und Begriffe verwenden.

Um die Definitionen mit formalen Begriffen zu überladen, werden wir die äußere Ableitung und das äußere Produkt in einer bestimmten Karte (Koordinatensystem) erklären. Der oben genannten Literatur kann dann entnommen werden, daß diese Begriffe eine koordinatenunabhängige Bedeutung besitzen.

Definition 6.5: Sei $\mathcal{M}$ eine n-dimensionale differenzierbare Mannigfaltigkeit und $T_x^*\mathcal{M}$ der Kotangentialraum an einer Stelle $x \in \mathcal{M}$; eine Umgebung von x werde in einer (lokalen) Karte $\{x_1, \ldots, x_n\}$ beschrieben.

Sei ω eine 1-Form aus $T_x^*\mathcal{M}$ (wobei wir den Index x weglassen), die in der Karte durch $\omega = \sum_{i=1}^n f_i(x)dx_i$ beschrieben wird, wobei $\{dx_1, \ldots, dx_n\}$ eine Basis von $T_x^*\mathcal{M}$ ist.

1) Die äußere Ableitung d wird durch ihre Anwendung auf ω in der lokalen Karte definiert durch

$$\cdot d\omega := \sum_{i=1}^n \frac{\partial f_i}{\partial x_i} dx_i$$

2) Das äußere Produkt $\wedge$ wird zunächst für die Basiselemente von $T_x^*\mathcal{M}$ definiert durch

  2.1) $dx_i \wedge dx_j = -dx_j \wedge dx_i$,

  2.2) $dx_i \wedge dx_i = 0$.

3) Sind $\omega_1 = \sum_{i=1}^n f_i dx_i$ und $\omega_2 = \sum_{i=1}^n g_i dx_i$ zwei 1-Formen aus $T_x^*\mathcal{M}$, kann man mit den Regeln aus 2) das äußere Produkt $\omega_1 \wedge \omega_2$ erklären

$$\omega_1 \wedge \omega_2 := \left(\sum_{i=1}^n f_i dx_i\right) \wedge \left(\sum_{j=1}^n g_j dx_j\right) =$$
$$= \sum_{i,j=1}^n (f_i g_j - f_j g_i) dx_i \wedge dx_j.$$

Das äußere Produkt zweier 1-Formen ist eine 2-Form.

Die Rechenregeln für $\wedge$ und d sind natürlich nur für 1-Formen an einer festen Stellen $x \in \mathcal{M}$ erklärt.

∎

Jetzt können wir einen allgemeinen und von einem speziellen Koordinatensystem unabhängigen Reziprozitätsbegriff für n-Tor einführen, die aus galvanisch und magnetisch gekoppelten Netzwerkelementen *eines* Typs bestehen. Zunächst definieren wir die Reziprozität von nichtlinearen n-Tor-Widerstandsnetzwerken. Dabei verwenden wir zwar das spezielle Koordinatensystem der Torströme **i** und **u**, aber die Benutzung einer 1-Form sichert, daß diese Aussage für *alle* Koordinatensysteme gilt.

Definition 6.6: (Reziprozität für nichtlineare n-Tore) Wir betrachten n-Tor-Netzwerke, die aus galvanisch und magnetisch gekoppelten nichtlinearen Widerständen und unabhängigen Quellen bestehen und die durch die Torströme **i** und **u** beschrieben werden.

Ein solches n-Tor heißt reziprok, wenn die im folgenden definierte 1-Form die Bedingung

$$\sum_{k=1}^{n} di_k \wedge du_k = 0 \tag{6.30}$$

für alle Torströme **i** und Torspannungen **u** erfüllt ist.

∎

Bemerkung 6.9: 1) Wenn wir n-Tore aus Kapazitäten betrachten, dann können wir das Koordinatensystem $\{i_k, q_k\}$ verwenden und die Definition 6.6 anwenden; entsprechendes gilt für n-Tore aus Induktivitäten, wenn wir das Koordinatensystem $\{u_k, \phi_k\}$ benutzen. 2) Geometrisch gesehen wird durch (6.30) etwas über die "lokale Natur" der dem n-Tor zugeordneten Mannigfaltigkeit ausgesagt, welche durch die das n-Tor beschreibenden *algebraischen* Zwangsbedingungen entsteht. Die Reziprozität ist demnach für die Klasse der *algebraischen* n-Tore erklärt, die ausführlich von Chua und Lam [6.90] untersucht worden sind.

∎

In dem folgenden Satz fassen wir einige Ergebnisse über reziproke algebraische n-Tore zusammen, die von Brayton [6.75] zuerst bewiesen worden sind. Als Koordinaten verwenden wir nur **i** und **u**; da die Aussagen auch für n-Tore aus Kapazitäten bzw. Induktivitäten gelten, hat man die entsprechenden Koordinaten zu wählen.

Satz 6.14: Wir betrachten ein algebraisches n-Tor mit den Torströmen **i** und den Torspannungen **u** als Koordinaten. Weiterhin setzen wir voraus, daß das n-Tor durch n unabhängige Gleichungen beschrieben wird, so daß wir die Torgrößen durch n Größen $(s_1, \ldots, s_n)^T = \mathbf{s}$ parametrisieren können.

1) Die Reziprozitätsbedingung $\sum_{k=1}^{n} di_k \wedge du_k = 0$ ist äquivalent mit

$$\left(\frac{\partial \mathbf{i}}{\partial \mathbf{s}}\right)^T \left(\frac{\partial \mathbf{u}}{\partial \mathbf{s}}\right) = \left(\frac{\partial \mathbf{u}}{\partial \mathbf{s}}\right)^T \left(\frac{\partial \mathbf{i}}{\partial \mathbf{s}}\right).$$

2) Alle 1-Tore sind reziprok.

3) Alle Verbindungsnetzwerke sind reziprok.

4) Alle n-Tore, die aus über ein Verbindungsnetzwerk zusammengeschalteten reziproken m-Toren bestehen, sind reziprok.

Beweis: Wir wollen nur die erste und die dritte Aussage beweisen. Sämtliche Beweise findet man in der Arbeit von Brayton.

zu 1): Dazu drücken wir das äußere Produkt $di_k \wedge du_k$ in dem Koordinatensystem $\{s_1, \ldots, s_n\}$ aus

$$di_k \wedge du_k = \sum_{i,j=1}^{n} \left(\frac{\partial i_k}{\partial s_i} \frac{\partial u_k}{\partial s_j} - \frac{\partial i_k}{\partial s_j} \frac{\partial u_k}{\partial s_i} \right) ds_i \wedge ds_j$$

und summieren k von 1 bis n. Drücken wir die Koeffizienten in Vektorschreibweise aus, dann erhalten wir das gewünschte Ergebnis.

zu 2): Bekanntlich kann man gewisse Tore eines Verbindungsnetzwerkes, das wir nach Belevitch (siehe Abschnitt 3.3) als idealen n-Tor-Übertrager interpretieren wollen, nur mit Spannungsquellen andere nur mit Stromquellen beschalten (Zeren [6.91]); die entsprechenden Tore nennt man auch Spannungstore bzw. Stromtore. Unterteilt man die Torgrößen $\mathbf{u}$ und $\mathbf{i}$ entsprechend

$$\mathbf{u} = \begin{pmatrix} \tilde{\mathbf{u}} \\ \hat{\mathbf{u}} \end{pmatrix}, \qquad \mathbf{i} = \begin{pmatrix} \tilde{\mathbf{i}} \\ \hat{\mathbf{i}} \end{pmatrix},$$

wobei die Größen mit Tilde den Spannungstoren und die anderen den Stromtoren zugeordnet sind. Das Verbindungsnetzwerk wird nach Abschnitt 3.4 durch ein exaktes Matrizenpaar $(\mathbf{A}, \mathbf{B})$ charakterisiert, wobei die folgenden Gleichungen gelten

$$\mathbf{A}\mathbf{i} = \mathbf{0} \qquad \mathbf{B}^T\mathbf{u} = \mathbf{0}.$$

Reduziert man die Zeilenanzahl der Matrix $\mathbf{A}$ auf den Rang und nutzt die Exaktheit aus, dann kann man diese Gleichungen in der Form

$$\tilde{\mathbf{u}} = \tilde{\mathbf{A}}\hat{\mathbf{i}} \quad \text{und} \quad \tilde{\mathbf{i}} = -\tilde{\mathbf{A}}^T\hat{\mathbf{i}}$$

schreiben. Sei $\mathbf{s} = (\hat{\mathbf{i}}, \hat{\mathbf{u}})^T$ die Parametrisierung von $\mathbf{u}$ und $\mathbf{i}$, dann ergeben sich deren Ableitungen nach $\mathbf{s}$ zu

$$\frac{\partial \mathbf{i}}{\partial \mathbf{x}} = \begin{pmatrix} \mathbf{1} & \mathbf{0} \\ -\tilde{\mathbf{A}}^T & \mathbf{0} \end{pmatrix} \quad \text{und} \quad \frac{\partial \mathbf{u}}{\partial \mathbf{x}} = \begin{pmatrix} \mathbf{0} & \tilde{\mathbf{A}} \\ \mathbf{0} & \mathbf{1} \end{pmatrix}$$

und schließlich erhalten wir mit

$$\left(\frac{\partial \mathbf{i}}{\partial \mathbf{x}} \right)^T \left(\frac{\partial \mathbf{u}}{\partial \mathbf{x}} \right) = \begin{pmatrix} \mathbf{0} & \tilde{\mathbf{A}} - \tilde{\mathbf{A}} \\ \mathbf{0} & \mathbf{0} \end{pmatrix}$$

die gewünschte Behauptung.

∎

Aus dem Satz 6.14 Aussage 4) folgt nun direkt die Reziprozitätsbedingung für eine Zusammenschaltung von ρ Toren eines b-Tor-Verbindungsnetzwerkes mit einem ρ-Tor-Widerstandsnetzwerk, die bei der Untersuchung von nichtlinearen RLC-Netzwerken auftritt. Das gekoppelte $(n - \rho)$-Tor ist reziprok genau dann, wenn das ρ-Tor-Widerstandsnetzwerk reziprok ist. Die koordinatenunabhängigen Bedingung für die Reziprozität des ρ-Tor Widerstandsnetzwerkes lautet demnach

$$\sum_{k=1}^{\rho} di_{R_k} \wedge du_{R_k} = 0,$$

wobei diese 2-Form auf dem Teilraum $I\!R_i^{\rho} \oplus I\!R_u^{\rho}$ des $2b$-dimensionalen Raumes der uneingeschränkten Ströme und Spannungen definiert ist. Diese Bedingung wurde von Matsumoto [6.76] in der mit der Pullback-Abbildung ι^* auf den $I\!R_i^b \oplus I\!R_u^b$ zurückgeholten Form

$$\iota^* \left(\sum_{k=1}^{\rho} di_{R_k} \wedge du_{R_k} \right) = 0,$$

angegeben.

Betrachten wir ein n-Tor, wobei n in n_1 und n_2 zerlegt sein soll; demensprechend teilen wir die Torströme und Torspannungen auf

$$\mathbf{u} = \begin{pmatrix} \tilde{\mathbf{u}} \\ \hat{\mathbf{u}} \end{pmatrix}, \quad \mathbf{i} = \begin{pmatrix} \hat{\mathbf{i}} \\ \tilde{\mathbf{i}} \end{pmatrix},$$

und verwenden nun $\mathbf{s} = (\hat{\mathbf{i}}, \hat{\mathbf{u}})^T$ als Parametrisierung von $\tilde{\mathbf{u}}$ und $\tilde{\mathbf{i}}$. Ein solches n-Tor nennen wir *Hybrid-n-Tor*. Für Klasse von n-Toren gilt der folgende ebenfalls von Brayton [6.75] stammende Satz. Im Fall eines nichtlinearen 3-Pol-Widerstandsnetzwerkes findet man bereits bei Millar [6.92] einige Hinweise auf diese allgemeinen Aussagen

Satz 6.15: Wir betrachten ein Hybrid-n-Tor, dessen oben definierte Torgrößen $\tilde{\mathbf{u}}$ und $\tilde{\mathbf{i}}$ mit $\mathbf{s} = (\hat{\mathbf{u}}, \hat{\mathbf{i}})^T$ parametrisiert sind; dabei sei $\mathbf{s}$ eine Element aus einer zusammenhängenden Menge S.

Ist das Hybrid-n-Tor reziprok, dann gibt es eine skalare Funktion $P = P(\hat{\mathbf{i}}, \hat{\mathbf{u}})$, aus der die anderen Komponenten $\tilde{\mathbf{i}}(\hat{\mathbf{i}}, \hat{\mathbf{u}})$ und $\tilde{\mathbf{u}}(\hat{\mathbf{i}}, \hat{\mathbf{u}})$ durch Differentiation nach den Variablen $\hat{\mathbf{u}}$ bzw. $\hat{\mathbf{i}}$ hervorgehen; d.h. es gilt

$$\tilde{\mathbf{i}} = \frac{\partial P(\hat{\mathbf{i}}, \hat{\mathbf{u}})}{\partial \hat{\mathbf{u}}} \quad \text{und} \quad \tilde{\mathbf{u}} = -\frac{\partial P(\hat{\mathbf{i}}, \hat{\mathbf{u}})}{\partial \hat{\mathbf{i}}}.$$

Beweis: Wir berechnen dazu

$$\left(\frac{\partial \mathbf{i}}{\partial \mathbf{s}} \right)^T \left(\frac{\partial \mathbf{u}}{\partial \mathbf{s}} \right) = \begin{pmatrix} \partial \tilde{\mathbf{u}}/\partial \hat{\mathbf{i}} & \partial \tilde{\mathbf{u}}/\partial \hat{\mathbf{u}} + (\partial \tilde{\mathbf{i}}/\partial \hat{\mathbf{i}})^T \\ \mathbf{0} & (\partial \tilde{\mathbf{i}}/\partial \hat{\mathbf{u}})^T \end{pmatrix}$$

und nutzen die Reziprozität des n-Tores aus; daraus folgt

1) $\partial\tilde{\mathbf{u}}/\partial\hat{\mathbf{i}}$ und $\partial\tilde{\mathbf{i}}/\partial\hat{\mathbf{u}}$ sind symmetrisch,

2) $\partial\tilde{\mathbf{u}}/\partial\hat{\mathbf{u}} = -(\partial\tilde{\mathbf{i}}/\partial\hat{\mathbf{i}})^T$.

Damit folgt weiter, daß die Ableitung $\partial\mathbf{f}/\partial\mathbf{s}$ der Funktion

$$\mathbf{f}(\hat{\mathbf{i}}, \hat{\mathbf{u}}) := \begin{pmatrix} -\tilde{\mathbf{u}}(\hat{\mathbf{i}}, \hat{\mathbf{u}}) \\ \tilde{\mathbf{i}}(\hat{\mathbf{i}}, \hat{\mathbf{u}}) \end{pmatrix}$$

symmetrisch ist, d.h. es gilt z.B.

$$\frac{\partial\tilde{u}_k}{\partial s_l} = \frac{\partial\tilde{u}_l}{\partial s_k}.$$

Das ist aber gerade die notwendige und hinreichende Bedingung dafür, daß eine skalare Funktion $F(\hat{\mathbf{i}}, \hat{\mathbf{u}})$ existiert, aus der $\tilde{\mathbf{u}}$ und $\tilde{\mathbf{i}}$ ableitbar sind, wenn des Definitionsgebiet S einfach zusammenhängend ist (siehe Guillemin, Pollack ([6.85], S.178f)).

∎

Damit können wir die *Brayton-Moser-Smale-Gleichungen* für reziproke nichtlineare RLC-Netzwerke formulieren.

Entsprechend den Überlegungen von Brayton [6.75] gehen wir davon aus, daß sich das RLC-Netzwerk, wie in Bild 6.20 gezeigt, in drei Teilnetzwerke zerlegen läßt:

1) Das b-Tor-Verbindungsnetzwerk, wobei ρ Tore mit dem nichtlinearen Widerstandsnetzwerk verbunden sind; die verbleibenden $b - \rho$ Tore werden durch die Größen sind $\mathbf{i}_C, \mathbf{i}_L, \mathbf{u}_C$ und $\mathbf{u}_L$ beschrieben. Dieses n-Tor bezeichnen wir als R-Tor.

2) Das γ-Tor-Kapazitätsnetzwerk mit den Beschreibungsgrößen $\mathbf{u}_C$ und $\mathbf{q}_C$. Dieses n-Tor bezeichnen wir als C-Tor.

3) Das λ-Tor-Induktivitätsnetzwerk mit den Beschreibungsgrößen $\mathbf{i}_L$ und $\mathbf{\Phi}_L$. Dieses n-Tor bezeichnen wir als L-Tor.

Unter der Annahme, daß diese n-Tore reziprok sind, hat Brayton den folgenden Satz bewiesen.

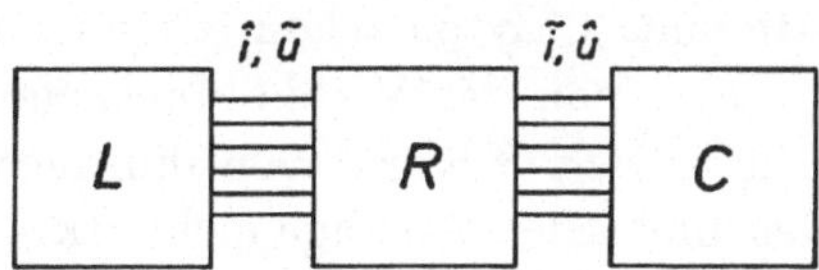

Bild 6.20. Zerlegung eines RLC-Netzwerkes

Satz 6.16: (Brayton-Moser-Gleichungen) Wir betrachten ein nichtlineares RLC-Netzwerk, daß nach Bild 6.20 in drei reziproke Teilnetzwerke zerlegt wird.

Dann gilt:

1) Für das mit $\mathbf{u}_C$ und $\mathbf{i}_L$ parametrisierte R-Tor gibt es eine skalare Funktion $P(\mathbf{u}_C, \mathbf{i}_L)$ mit

$$\mathbf{u}_L = -\frac{\partial P(\mathbf{u}_C, \mathbf{i}_L)}{\partial \mathbf{i}_L} \quad \text{und} \quad \mathbf{i}_C = \frac{\partial P(\mathbf{u}_C, \mathbf{i}_L)}{\partial \mathbf{u}_C}.$$

2) Für das mit $\mathbf{i}_L$ parametrisierte L-Tor gibt es eine skalare Funktion $\Phi(\mathbf{i}_L)$ mit

$$\mathbf{\Phi}_L = \frac{\partial \Phi(\mathbf{i}_L)}{\partial \mathbf{i}_L}.$$

3) Für das mit $\mathbf{u}_C$ parametrisierte C-Tor gibt es eine skalare Funktion $Q(\mathbf{u}_C)$ mit

$$\mathbf{q}_C = \frac{\partial Q(\mathbf{u}_C)}{\partial \mathbf{u}_C}.$$

Daraus folgen zusammen mit den Maxwellschen Relationen

$$\mathbf{i}_C = \frac{d\mathbf{q}_C}{dt} \quad \text{und} \quad \mathbf{u}_C = \frac{d\mathbf{\Phi}_L}{dt}$$

sowie den differentiellen Kapazitäts- und Induktivitätsmatrizen

$$\mathbf{L}(\mathbf{i}_L) := \frac{\partial^2 \Phi(\mathbf{i}_L)}{\partial \mathbf{i}_L^2} \quad \text{und} \quad \mathbf{C}(\mathbf{u}_C) := \frac{\partial^2 Q(\mathbf{i}_L)}{\partial \mathbf{u}_C^2}$$

die Brayton-Moser-Gleichungen

$$\mathbf{L}(\mathbf{i}_L)\frac{d\mathbf{i}_L}{dt} = -\frac{\partial P(\mathbf{u}_C, \mathbf{i}_l)}{\partial \mathbf{i}_L},$$

$$\mathbf{C}(\mathbf{u}_C)\frac{d\mathbf{u}_C}{dt} = \frac{\partial P(\mathbf{u}_C, \mathbf{i}_l)}{\partial \mathbf{u}_C}.$$

Beweis: Dazu wird auf jedes n-Tor der Satz 6.15 angewendet.
∎

Bemerkung 6.10: Im Unterschied zu den bisher in der Literatur bekannten Ableitungen sind in der in Satz 6.16 gebrachten Formulierung auch ideale Übertrager zugelassen. Allerdings hatte auch Brayton schon erkannt, daß sich die Form dieser Gleichungen nicht ändert, wenn man das Verbindungsnetzwerk mit einem exakten Matrizenpaar beschreibt; dieser Begriff wurde von ihm nicht benutzt. Brayton hat offensichtlich auch die Bedeutung seiner Aussage nicht erkannt, denn sie bei ihm eine rein mathematische Folgerung.
∎

Diese Ableitung der Brayton-Moser-Gleichungen hat im Hinblick auf die Anwendungen natürlich den Nachteil, daß sie nicht konstruktiv ist. Dafür wird deutlich, unter welchen Voraussetzungen diese Gleichungen abgeleitet werden können und welche Verallgemeinerungen möglich sind. In der Tat konnten die allgemeineren

Brayton-Moser-Smale-Gleichungen erst dann abgeleitet werden, nachdem Smale die Brayton-Moser-Gleichungen differentialgeometrisch formuliert hatte.

Dennoch ist man in der Praxis auf explizite Verfahren zur Konstruktion der skalaren Funktion P, die *gemischtes Potential* genannt wird, angewiesen. In den Arbeiten von Brayton und Moser [6.65] ist ein solches Verfahren für die Klasse der *vollständigen* RLC-Netzwerke angegeben; gesteuerte Quellen können natürlich nicht auftreten, da sie nicht reziprok sind. Dabei wird ein Netzwerk nach Brayton und Moser als vollständig bezeichnet, wenn aus der Kenntnis der Ströme durch die Induktivitäten und den Spannungen an den Kapazitäten zusammen mit den Gleichungen des Verbindungsnetzwerkes in *jedem* Zweig des Netzwerkes *mindestens eine* Zweiggröße (Zweigstrom oder Zweigspannung) berechnen kann. Chua [6.6] nennt diese Eigenschaft sinnvollerweise *topologisch vollständig*, denn die andere Größe könnte man mit Hilfe der konstitutiven Relation des Zweiges berechnen.

Besitzt das Netzwerk ein Verbindungsnetzwerk mit nur galvanischen Kopplungen, dann kann man sehr leicht einige Bedingungen angeben, wann ein Netzwerk vollständig ist. In diesen Fällen darf das Netzwerk keine Maschen von Kapazitäten und keine Schnittmengen von Induktivitäten besitzen, d.h. u_C und i_L sind zumindest als lokale Koordinatensysteme geeignet, und es darf keine Masche nur aus 1-Tor-Widerständen geben, die Baum- *und* Kobaumzweige enthält. Man kann zeigen, daß in diesen Fällen die gemischte Potentialfunktion P und somit auch die Brayton-Moser-Gleichungen explizit formuliert werden können. Einzelheiten dazu findet man bei Stern ([6.93], S.74) und bei Chua [6.94]; bei Chua findet man auch Hinweise, wie man ein nicht vollständiges Netzwerk durch Hinzufügen passender Netzwerkelemente zu einem vollständigen Netzwerk erweitert. Schließlich gibt Horneber [6.95] ein Verfahren an, mit dem man das gemischte Potential für vollständige RLC-Netzwerke mit idealen Übertragern explizit bestimmen kann. Die Existenz eines solchen Potentials haben wir in Satz 6.16 bereits bewiesen.

Allerdings sind die meisten der oben angegebenen Verfahren für die Handanalyse recht schwerfällig und eher für eine rechnergestützte Analyse geeignet; daher verzichten wir auf eine Wiedergabe dieser Verfahren. Stattdessen begnügen wir uns mit einer sehr einfachen von Brayton und Moser stammenden Methode zur Berechnung des gemischten Potentials P, die der Aufstellung der dynamischen von mechanischen Systemen nach Lagrange oder Hamilton sehr ähnlich ist (siehe Goldstein [6.96]). Dazu benötigen wir aber noch einen weiteren Begriff, nämlich das *Spannungspotential* (Brayton und Moser) oder nach Millar [6.97] auch *Content* genannt; dabei ergibt sich gleichzeitig eine weitere Funktion, die Strompotential oder Cocontent genannt wird.

Definition 6.7: (Strompotential) Wir betrachten einen nichtlinearen 1-Tor-Widerstand, der sich durch $u = f(i)$ oder $i = g(u)$ darstellen läßt, wobei f und g aus der

Menge $\mathcal{C}(D)$ der auf $D = [i_0, i] \subset I\!\!R^+$ bzw. $D = [u_0, i] \subset I\!\!R^+$ stetigen Funktionen sein sollen; der Punkt i_0 sei Nullstelle von f bzw. u_0 sei Nullstelle von g.

Wir betrachten nun ein Funktional $G : \mathcal{C}(D) \to I\!\!R$, dessen Wert je nach dem, welche Darstellung der konstitutiven Relation existiert, durch eine der beiden Formeln bestimmt werden kann:

$$f: \qquad G(i) := \int_{i_0}^{i} f(\tau)d\tau,$$

$$g: \qquad G(u) := ug(u) - \int_{u_0}^{u} g(\tau)d\tau.$$

Das Funktional G wird Strompotential genannt.

∎

Bemerkung 6.19: 1) Es sei daran erinnert, daß ein Funktional eine auf einem Funktionenraum definierte Abbildung mit Werten in einem Skalarenkörper ist. Das bestimmte Integral kann demnach als Funktional auf einer Menge integrierbarer Funktionen interpretiert werden; eine präzisere Aussage hängt von dem Integrierbarkeitsbegriff ab. 2) Der Anteil $J(u) := \int_{u_0}^{u} g(\tau)d\tau$ wird Spannungspotential oder Cocontent genannt; für einen festen Punkt (i, u) gilt die Beziehung $G(i) + J(u) = iu$. Diese Beziehung kennzeichnet eine sogenannte *Legendre-Transformation* (Stern ([6.93], S.30ff).

∎

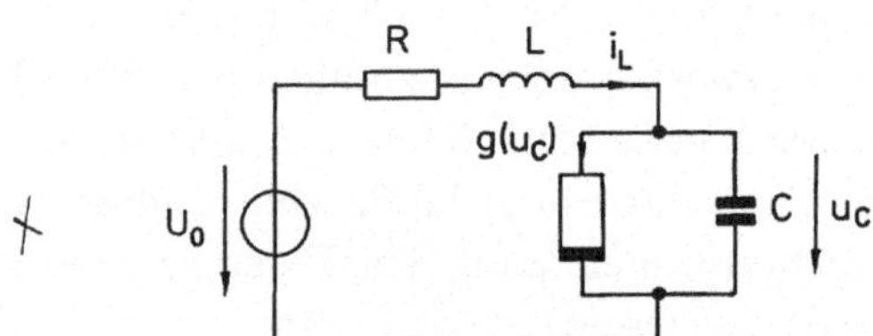

Bild 6.21. Netzwerk in Beispiel 6.21

Beispiele 6.19:

1) Linearer Widerstand $u = Ri$ (mit $i_0 = 0$):

$$G(i) = \int_0^i R\tau d\tau = Ri^2.$$

2) Unabhängige Spannungsquelle $u = U_0$ und $i =$ beliebig ($i_0 = 0$):

$$\int_0^i U_0 d\tau = U_0 i.$$

3) Tunneldioden-Modell $i = g(u)$ ($i_0 = 0$):

$$G(u) = ug(u) - \int_0^u g(\tau)d\tau.$$

4) Für eine unabhängige Stromquelle kann das Strompotential nicht ermittelt werden, aber das Spannungspotential.

∎

Wir betrachten nun vollständige nichtlineare RLC-Netzwerke die keine unabhängigen Stromquellen und keine gesteuerten Quellen sondern nur lineare und nichtlineare 1-Tor-Widerstände, unabhängige und konstante Spannungsquellen, nichtlineare Kapazitäten und Induktivitäten enthält, dann kann man das gemischte Potential P mit der folgenden Konstruktionsvorschrift berechnen:

1) Berechnung der Strompotentiale für die Widerstände und unabhängigen Spannungsquellen.
2) Bildung des Produkts $i \cdot u$ für die Kapazitäten.
3) Die Summe der durch die Variablen $\mathbf{u}_C$ und $\mathbf{i}_L$ ausgedrückten Terme ergibt $P(\mathbf{u}_C, \mathbf{i}_L)$.

Beispiel 6.21: Wir wollen $P(\mathbf{u}_C, \mathbf{i}_L)$ und die Brayton-Moser-Gleichungen für das in Bild 6.21 gezeigte RLC-Netzwerk mit dem Tunneldioden-Modell $i = g(u)$ bestimmen. Entsprechend der Konstruktionsvorschrift erhalten wir

$$P(u_C, i_L) = -\int_0^{i_L} U_0 d\tau + \int_0^{i_L} R\tau d\tau + \left(u_C g(u_C) - \int_0^{u_C} g(\tau) d\tau \right) +$$
$$= -U_0 i_L + \frac{1}{2} R i_L^2 - \int_0^{u_C} g(\tau) d\tau + u_C i_L.$$

Mit den Beziehungen

$$u_L = -\frac{\partial P(u_C, i_L)}{\partial i_L} = U_0 - R i_L - u_C,$$
$$i_C = \frac{\partial P(u_C, i_L)}{\partial u_C} = -g(u_C) + i_L$$

erhalten wir schließlich die Brayton-Moser-Gleichungen dieses Netzwerkes

$$L \frac{d i_L}{dt} = U_0 - R i_L - u_C,$$
$$C \frac{d u_C}{dt} = -g(u_C) + i_L.$$

Es noch angemerkt, daß diese Gleichungen schon praktisch in der Form spezieller Zustandsgleichungen sind.

∎

Damit wollen wir den Abschnitt über die dynamischen Grundgleichungen nichtlinearer RLC-Netzwerke beenden. Im nächsten Abschnitt soll noch kurz auf die speziellen Zustandsgleichungen für diese Netzwerkklasse eingegangen werden.

6.7.4 Die speziellen Zustandsgleichungen

Nachdem wir uns in den letzten Abschnitten vorallem mit Differentialgleichungen auf Mannigfaltigkeiten beschäftigt haben, wollen wir in diesem Abschnitt darauf eingehen, unter welchen Bedingungen sich die Beschreibungsgleichungen für nichtlineare RLC-Netzwerke direkt in den Zustandsvariablen $\mathbf{u}_C$ und $\mathbf{i}_L$ ausdrücken lassen. Dabei wird (meistens implizit) angenommen, daß diese Variablen jeden Wert in dem $\lambda + \gamma$-dimensionalen Raum $I\!\!R_i^\lambda \oplus I\!\!R_u^\gamma$ annehmen können. Im Sinne der im letzten Abschnitt dargestellten Theorie handelt es sich bei den sogenannten Zustandsvariablen nur um ein spezielles Koordinatensystem, mit dem der Zustandsraum $\mathcal{S}$ lokal oder global dargestellt werden kann. Man beachte, daß der $I\!\!R_i^\lambda \oplus I\!\!R_u^\gamma$ üblicherweise auch als Zustandsraum bezeichnet wird, obwohl es nur um *ein* "Abbild" des eigentlichen Zustandsraumes handelt. Vom einem differentialgeometrischen Standpunkt ist es natürlich einleuchtend, daß ein globales Koordinatensystem zumindest nicht immer zu existieren braucht. Denn wäre der Zustandsraum zum Beispiel eine Kugel, dann lassen sich zwar meisten Punkte der Kugeloberfläche mit Punkten der Ebene in Beziehung setzen, aber je Lage der Kugel ist das für genau einen Punkt unmöglich. In dem Beispiel 6.18 hatten wir diesen Sachverhalt am Beispiel des Kreises S^1 festgestellt. Um einen besseren netzwerktheoretischen Eindruck davon zu bekommen, wollen wir diesen Unterschied noch einmal anhand eines kleinen Beispiels erläutern.

Beispiel 6.22: Wir betrachten ein Netzwerk, das aus einer Masche besteht, die einen linearen 1-Tor-Widerstand $i_R = Ru_R$ und eine nichtlineare Kapazität mit der konstitutiven Relation $u_C = g(q_C)$ enthält; g sei bijektiv, d.h. es gibt eine Funktion g^{-1} mit $q_C = g^{-1}(u_C)$. Aus den Kirchhoffschen Gleichungen folgt: $u_C - u_R = 0$ und $i_R + i_C = 0$. Mit der differentiellen Kapazität $C(u_C) = dg^{-1}(u_C)/du_C$ erhalten wir die Beschreibungsgleichung

$$C(u_C)\dot{u}_C = -\frac{u_C}{R}. \tag{6.31}$$

Diese Gleichung kann global in eine explizite Differentialgleichung 1.Ordnung (spezielle Zustandsgleichung) umgeformt werden, wenn $C(u_C) \neq 0$ für alle $u_C \in I\!\!R$ ist; andernfalls ist sie nicht auf ganz $I\!\!R$ definiert. Es ist also neben der Auflösbarkeit der nichtlinearen konstitutiven Relation der Kapazität nach q_C noch eine weitere Bedingung für die globale Existenz spezieller Zustandsgleichungen erforderlich.

Verwendet man die Ladungsvariable q_C als Koordinate des Zustandsraumes $\mathcal{S}$, dann wird keine weitere Bedingung benötigt, um die Beschreibungsgleichung

$$\dot{q}_C = -R\, g(q_C) \tag{6.32}$$

für alle $q_C \in I\!\!R$ zu erhalten. Für den Fall der bijektiven Funktion

$$g : q_C \longmapsto (q_C - 1)^3 + 1 = u_C$$

ergibt sich aus (6.31)

$$\dot{u}_C = -3(u_C - 1)^{2/3} u_C \qquad \text{mit } u_C \neq 0$$

und mit q_C als Koordinate von $\mathcal{S}$ erhalten wir

$$\dot{q}_C = -R(q_C - 1)^3 - 1) \qquad \text{für alle } q_C \in I\!R.$$

Während die Ladungsvariable als globale Koordinate von $\mathcal{S}$ geeignet ist, nur in diesem Fall sollte man von Zustandsvariabler sprechen, ist die Beschreibungsgleichung für u_C nur für Teilmengen von $I\!R$ definiert, die den Punkt $u_C \neq 1$ nicht enthalten; u_C ist also nur zur lokalen Beschreibung von $\mathcal{S}$ geeignet.

■

In dem Beispiel wurde außerdem gezeigt, daß nicht alle Beschreibungsgrößen, die als globale Zustandsvariablen in Frage kommen, tatsächlich auch zu einer globalen Zustandsbeschreibung führen; hat man eine falschen Wahl getroffen, so erhält man nur lokal gültige Zustandsgleichungen. Es gibt sogar sehr einfache Beispiele, Chua und Lin ([6.57], S.401ff) geben ein nichtlineares RC-Netzwerk an, bei dem weder u_C noch q_C als globale Variable geeignet ist. Glücklicherweise werden wir in Abschnitt 6.8.2 zeigen können, daß man in diesen Fällen das Netzwerk immer derart abändern kann, daß die Beschreibungsgrößen $\mathbf{u}_C$ und $\mathbf{i}_L$ wenigstens immer ein lokales Koordinatensystem bilden. Dazu wird allerdings die im vergangenen Abschnitt angegebene differentialgeometrische und somit koordinatenfreie Beschreibung nichtlinearer Netzwerke gebraucht.

Im folgenden wollen wir einige Sätze zitieren, die Bedingungen für die lokale bzw. globale Existenz von Zustandsbeschreibungen liefern. Der erste Satz findet sich in dem Buch von Hasler und Neirynck ([6.39], S.215ff). Es handelt sich eigentlich nur um eine netzwerktheoretische Deutung der Aussage, daß eine globale Karte für den Zustandsraum $\mathcal{S}$ existiert. Er geht von der Zerlegung eines RLC-Netzwerkes in eine R-Tor, ein L-Tor und ein C-Tor aus, wie wir sie bei der Ableitung der Brayton-Moser-Gleichungen vorausgesetzt haben; die beschreibenden Gleichungen lauten

R-Tor: es wird durch $\mathbf{f}_R(\mathbf{u}, \mathbf{i}) = \mathbf{0}$ beschrieben, wobei $\mathbf{u}$ und $\mathbf{i}$ alle $2b$ Beschreibungsgrößen des Verbindungsnetzwerkes sind.
L-Tor: es wird durch $\mathbf{f}_L(\mathbf{\Phi}_L, \mathbf{i}_L) = \mathbf{0}$ beschrieben,
C-Tor: es wird durch $\mathbf{f}_C(\mathbf{q}_C, \mathbf{u}_C) = \mathbf{0}$ beschrieben.

Des weiteren wird dem dynamischen RLC-Netzwerk, bei dem wir der Einfachheit nur konstante unabhängige Quellen voraussetzen, ein Widerstandsnetzwerk zugeordnet; dieses *assoziierte Widerstandsnetzwerk* wird folgendermaßen konstruiert:

1) Alle Kapazitäten werden durch eine konstante unabhängige Spannungsquelle mit dem Spannungswert $u_C = U^c$ ersetzt,

2) Alle Induktivitäten werden durch eine konstante unabhängige Stromquelle mit dem Strom $i_L = I^l$ ersetzt.

Eine Lösung der Beschreibungsleichungen des assoziierten Netzwerk heißt explizit, wenn es ein $\Psi : I\!R_i^\lambda \oplus I\!R_u^\gamma \to I\!R_i^b \oplus I\!R_u^b$ gibt mit

$$\begin{pmatrix} \mathbf{u} \\ \mathbf{i} \end{pmatrix} = \Psi(\mathbf{U}^c, \mathbf{I}^l).$$

Satz 6.17: Ein nichtlineares RLC-Netzwerk, das in der oben genannten Weise zerlegt ist, wobei die konstitutiven Relationen der Kapazitäten ladungskontrolliert und der Induktivitäten flußkontrolliert sind, d.h. $\mathbf{f}_C$ ist nach $\mathbf{u}_C$ und $\mathbf{f}_L$ ist nach $\mathbf{i}_L$ auflösbar, und das assoziierte Widerstandsnetzwerk für alle Quellenwerte $\mathbf{U}^c$ und $\mathbf{I}^l$ eine Lösung $\Psi(\mathbf{U}^c, \mathbf{I}^l)$ besitzt, dann bilden $\mathbf{q}_C$ und $\mathbf{\Phi}_L$ ein globales Koordinatensystem und die Zustandsgleichungen lauten

$$\dot{\mathbf{q}}_C = \Psi_C(\tilde{\mathbf{f}}_C(\mathbf{q}_C, \tilde{\mathbf{f}}_L(\mathbf{\Phi}_L))),$$
$$\dot{\mathbf{\Phi}}_L = \Psi_L(\tilde{\mathbf{f}}_C(\mathbf{q}_C, \tilde{\mathbf{f}}_L(\mathbf{\Phi}_L))),$$

wobei Ψ_C und Ψ_L die $\mathbf{u}_C$- und $\mathbf{i}_L$-Anteile von Ψ sind und $\tilde{\mathbf{f}}_C$ und $\tilde{\mathbf{f}}_L$ die Funktionen beschreibt, die sich nach der Auflösung von $\mathbf{f}_C$ und $\mathbf{f}_L$ ergeben.

Beweis: Hasler, Neirynck ([6.39], S.114f).

■

Mit dem Satz 6.17 haben wir einen Teil des Problems auf die Untersuchung eines assoziierten nichtlinearen Widerstandsnetzwerkes zurückgeführt. Verschiedene Methoden zur Untersuchung dieser Klasse von Netzwerken haben wir bereits in Abschnitt 6.2 und 6.3 behandelt. Wenn man weitere Voraussetzungen an die konstitutiven Gleichungen der Netzwerkelemente und die Struktur des Verbindungsnetzwerkes stellt, kann man sogar Verfahren angeben, mit denen sich die speziellen Zustandsgleichungen für nichtlineare RLC-Netzwerke explizit angeben lassen. Diese Methoden gehen in allen Fällen davon aus, daß im Verbindungsnetzwerk nur galvanische Kopplungen vorkommen, so daß wir die Verbindungsstruktur eines Netzwerkes mit einem Netzwerkgraphen beschreiben können.

Bei Stern ([6.93], S.71ff) wird gezeigt, daß man unter bestimmten Voraussetzungen die Beschreibungsgleichungen von RLC-Netzwerken mit nichtlinearen Netzwerkelementen mit Hilfe *linearer* Zwischenrechnungen in die Form spezieller Zustandsgleichungen bringen kann. Die wichtigste Voraussetzung ist, daß ein solches Netzwerk keine Maschen nur aus Widerständen enthalten darf. Auf diese Bedingung waren wir schon bei der in Abschnitt 6.7.3 behandelten Konstruktion des gemischten Potentials gestoßen, die nur dann in einfacher Weise möglich ist, wenn es sich um vollständige RLC-Netzwerke handelt; die eben gestellte Bedingung ist auch eine der

Eigenschaften vollständiger Netzwerke. Ein Verfahren zur Formulierung spezieller Zustandsgleichungen für nichtlineare RLC-Netzwerke wurde von Kuh und Rohrer [6.59] angegeben. Im Unterschied zu den vollständigen Netzklassen wird nicht verlangt, daß das Netzwerk keine Maschen nur aus Kapazitäten und keine Schnittmengen nur aus Induktivitäten haben darf. Man erhält zunächst ein implizites Differentialgleichungssystem 1.Ordnung für $\mathbf{u}_C$ und $\mathbf{i}_L$, das in der Form spezieller Zustandsgleichungen darstellbar ist, wenn gewisse Kapazitäts- und Induktivitätsmatrizen für *alle* $\mathbf{u}_C$ und $\mathbf{i}_L$ invertierbar sind. Eine zwingende Voraussetzung bei Kuh und Rohrer ist die explizite Darstellbarkeit der konstitutiven Relationen der Kapazitäten in der spannungskontrollierten und der Induktivitäten in der stromkontrollierten Form $\mathbf{q}_C = \mathbf{f}(\mathbf{u}_C)$ bzw. $\mathbf{\Phi}_L = \mathbf{g}(\mathbf{i}_L)$. Demgegenüber verlangt Chua [6.63], daß diese konstitutiven Relationen in der umgekehrten Form vorliegen, es gilt $\mathbf{u}_C = \tilde{\mathbf{f}}(\mathbf{q}_C)$ bzw. $\mathbf{i}_L = \tilde{\mathbf{g}}(\mathbf{\Phi}_L)$; desweiteren sind auch Maschen von Kapazitäten und Schnittmengen von Induktivitäten nicht mehr erlaubt. Chua erhält dann *ohne weitere Voraussetzungen* die speziellen Zustandsgleichungen für die Ladungs- und Flußgrößen $\mathbf{q}_C$ und $\mathbf{\Phi}_L$. Auf diese Alternative deutete bereits die Ausführungen zum Beispiel 6.22 hin.

Weitere Hinweise auf Arbeiten, die sich mit der expliziten Formulierung von speziellen Zustandsgleichungen beschäftigen, findet man bei Willson [6.99] und in dem Übersichtartikel von Sandberg ([6.98], §3.4).

Zum Abschluß wollen wir uns noch mit der *lokalen* Existenz spezieller Zustandsgleichungen befassen. Wir hatten in Beispiel 6.22 gesehen, daß spezielle Zustandsgleichungen nicht unbedingt global existieren müssen. Allerdings existierten sie wenigstens lokal, d.h. auf gewissen Teilmengen von $I\!R_i^\lambda \oplus I\!R_u^\gamma$. Wir haben bereits darauf hingewiesen, daß eine lokale Darstellung der speziellen Zustandsgleichungen sogar für die Variablen $\mathbf{u}_C$ und $\mathbf{i}_L$ immer erreichbar ist, wenn man das Netzwerk geeignet abändert (siehe Abschnitt 6.8.2).

Eine geometrische Interpretation für die lokale aber nicht globale Existenz der speziellen Zustandsgleichungen kann sehr leicht gegeben werden; bei Hasler und Neirynck ([6.39], S.118f) findet man eine sehr schöne bildliche Darstellung diese Problems. Dazu stellen wir uns den Raum $I\!R_i^\lambda \oplus I\!R_u^\gamma$ mit den Koordinaten $\mathbf{u}_C$ und $\mathbf{i}_L$, der als Karte der Zustandsmannigfaltigkeit S dienen soll, als eine Ebene vor, wobei der darüber liegende Raum dem Raum der uneingeschränkten Ströme und Spannungen entspricht; der Zustandsraum S sei dort eingebettet. Eine Karte entspricht dann einer Projektion von S in die $\mathbf{u}_C - \mathbf{i}_L$-Ebene. Wenn der Zustandsraum über dieser "Kartenebene" keine einfache sondern eine überlappende Fläche ist, dann gehören zu bestimmten Punkten $(\mathbf{u}_C, \mathbf{i}_L)^T \in I\!R_i^\lambda \oplus I\!R_u^\gamma$ mehrere Punkte von S; es gibt also von der Projektionsebene aus gesehen mehrere "Blätter" von S über gewissen Teilmengen des $I\!R_i^\lambda \oplus I\!R_u^\gamma$. Daher können $\mathbf{u}_C$ und $\mathbf{i}_L$ unmöglich globale Koordinaten des Zustandsraumes sein. Mit diesen Größen kann man allenfalls kleine Stücke von S beschreiben. Demzufolge muß man zuvor einen Punkt $\mathbf{x} \in S$ auf dem interessierenden "Blatt" kennen, in dessen Umgebung die Zustandsgleichungen ermittelt werden sollen. Wenn wir den Satz 6.17 daraufhin näher ansehen, läuft das auf eine Linearisierung des assoziierten Widerstandsnetzwerkes hinaus.

∎

Satz 6.18: Betrachten wir ein nichtlineares RLC-Netzwerk, dessen Zustandsraum S eine differenzierbare C^∞-Mannigfaltigkeit ist (die konstitutiven Relationen der Widerstände müssen dann nach Abschnitt 6.7.3 ebenfalls unendlich oft differenzierbar sein).

Dann sind $\mathbf{q}_C$ und $\mathbf{\Phi}_L$ als lokale Zustandsvariablen in einer Umgebung U_x von $\mathbf{x} \in S$ geeignet, wenn gilt

1) Die Kapazitäten sind in U_x lokal ladungskontrolliert,
2) die Induktivitäten sind in U_x lokal flußkontrolliert,
3) das assoziierte linearisierte Widerstandsnetzwerk hat in $\mathbf{x}$ eine eindeutige Lösung.

Die Zustandsgleichungen entsprechen dann denjenigen in Satz 6.17 mit dem Unterschied, daß sie möglicherweise nur in einer Umgebung existieren.

Beweise: Hasler, Neirynck ([6.39], S.127).

∎

Bemerkung 6.10: Auf den Begriff "linearisiert" wird in Abschnitt 6.8.3 näher eingegangen. Geometrisch ausgedrückt ersetzt man die Mannigfaltigkeit "Ohmscher Raum" in $\mathbf{x} \in S$ durch den entsprechenden Tangentialraum, wobei $\mathbf{x}$ der *Fußpunkt* ist.

∎

Ein weiterer interessanter Satz für die lokale Existenz von speziellen Zustandsgleichungen für die Klasse der *monotonen* RLC-Netzwerke, die nur Netzwerkelemente mit monoton steigenden konstitutiven Relationen enthalten, wurde von Desoer und Wu [6.67] bewiesen. Dabei wird die lokale Existenz von Eigenschaften assoziierter Teilnetzwerke abhängig gemacht. Da die Formulierung dieses Satzes gewisse begriffliche Vorbereitungen erfordert, wollen wir darauf verzichten.

Damit beenden wir den kurzen Abschnitt über die globale und lokale Existenz spezieller Zustandstandsgleichungen. Wir weisen aber darauf hin, daß es zu diesem Thema noch eine große Anzahl von Arbeiten gibt, auf die wir vor allem aus prinzipiellen aber auch aus Platzgründen nicht näher eingegangen sind. Neben bereits genannten Arbeiten sei diesbezüglich noch auf den Übersichtsartikel von Chua [6.100] hingewiesen, in dem der interessierte Leser zahlreiche weitere Literaturstellen findet.

6.7.5 Netzwerktheorie und Mechanik als dynamische Theorien

In den letzten Abschnitten haben wir die Beschreibung dynamischer elektrischer RLC-Netzwerke ausführlich behandelt. Zusammenfassend kann gesagt werden, daß es sich bei diesen Netzwerken um Systeme handelt, die aus miteinander verbundenen Subsystemen bestehen. Die Dynamik wird durch ein Vektorfeld auf einem Zustandsraum definiert, der eine differenzierbare Mannigfaltigkeit im Raum der uneingeschränkter Ströme und Spannungen ist und mit Hilfe der Zwangsbedingungen des Verbindungsnetzwerkes und den konstitutiven Relationen der Widerstände, der unabhängigen und gesteuerten Quellen charakterisiert wird. Das Vektorfeld, mit dem die Differentialgleichung zur Beschreibung der Dynamik auf dem Zustandsraum formuliert wird, ist unter bestimmten Voraussetzungen die Lösung einer Gleichung, die aus einer 1-Form und einer 2-Form entsteht. Die 2-Form ergibt sich aus den Maxwellschen Relationen der dynamischen Netzwerkelemente während die 1-Form aus dem Widerstandsnetzwerk gewonnen wird. Im Fall reziproker Netzwerke können die Koeffizienten der 1-Form aus einer skalaren Funktion, dem gemischten Potential, abgeleitet werden.

Die klassische Mechanik in der Form der Hamilton-Mechanik ist strukturell sehr ähnlich aufgebaut. Es handelt sich ebenfalls um eine Theorie, die Systeme aus miteinander wechselwirkenden Subsystemen (z.B. Punktteilchen) beschreibt. An dieser Stelle sei auch darauf hingewiesen, daß diese Vorstellung auch dem theoretischen Ansatz von G.Falk [6.101] zugrunde liegt und zu einer Vereinheitlichung scheinbar sehr unterschiedlicher Bereiche der theoretischen Physik führt. Wie in der Netzwerktheorie geht man von einem Grundraum aus, der aus den Ortskoordinaten des Systems aufgebaut ist. Die Dynamik findet in nichttrivialen Fällen auf einer Untermannigfaltikeit des Ortsraumes statt, die von den mechanischen Bindungen des Systems festlegt wird, und Konfigurationsraum heißt. Damit haben sich die Analogien jedoch erschöpft, denn der Konfigurationsraum ist nicht der Zustandsraum eines mechanischen Systems. Vielmehr wird ein Zustand in der Mechanik bekanntlich durch die Angabe von Ort *und* Geschwindigkeit festgelegt. Als Zustandsraum wird daher das Kotangentialbündel, das ist die Vereinigung aller Kotangentialräume des Konfigurationsraumes, verwendet. Im Unterschied dazu ist der Zustandsraum ein Teilraum des Raumes der uneingeschränkten Ströme und Spannungen des Netzwerkes; dieser Zustandsraum entspricht eher dem Konfigurationsraum (bei Hasler und Neirynck ([6.39], S.98) wird er auch so genannt). Dieser Unterschied hängt damit zusammen, daß die Grundgleichungen der Mechanik, die Newtonschen Gleichungen, gewöhnliche Differentialgleichungen 2.Ordnung sind, während die Maxwellschen Relationen, die dynamischen Grundgleichungen von RLC-Netzwerken, nur von 1.Ordnung sind. Daher wird in der Mechanik ein Konfigurationsraum und ein Zustandsraum benötigt, während man in der Netzwerktheorie mit einem Zustandsraum auskommt. Dieser Sachverhalt ist übrigens auch ein Grund dafür, daß es elektrische aber keine mechanischen Analogrechner gibt (außer für spezielle Situationen), denn mit Differentialgleichungen 1.Ordnung lassen sich sämtlichen anderen Typen "nachbilden".

Ein weiterer Unterschied ergibt sich aus der Tatsache, daß der Zustandsraum der Mechanik die Struktur eines Tangentialbündels besitzt, Dadurch ist dort eine *anti-*

symmetrische 2-Form *kanonisch* gegeben, während die entsprechende 2-Form in der Netzwerktheorie in den meisten Fällen *symmetrisch* ist und mit Hilfe physikalischen Beziehungen definiert werden muß. Beschränkt man sich auf reziproke Netzwerke, dann ist beiden Theorien gemeinsam, daß sich die 1-Form aus einer skalaren Funktion durch äußere Ableitung bilden läßt. Während aber sich diese skalare Funktion aus der potentiellen und der kinetischen Energie eines *konservativen* und deshalb energetisch abgeschlossenen Systems herleitet, wird das gemischte Potential gerade aus den Anteilen des dissipativen Teilnetzwerkes gebildet.

Danach kann gefolgert werden, daß es sich bei der Netzwerktheorie und der klassischen Mechanik um Theorien handelt, die zur Untersuchung von Systemen mit einer Substruktur geeignet sind. Sie unterscheiden sich bezüglich ihrer mathematischen Struktur fundamental. Vergleichbar sind nur, daß in beiden Theorien die Dynamik auf einer differenzierbaren Mannigfaltigkeit (Zustandsraum) stattfindet und das Schema zur Berechnung des dynamischen Vektorfeldes. In der Tabelle 6.2 haben wir diese Fakten noch einmal zusammengestellt.

Tabelle 6.2. Vergleich Mechanik – Netzwerktheorie

Strukturelemente	Hamilton-Mechanik	Netzwerktheorie
Konfigurationsraum	differenzierbare Mannigfaltigk. $\mathcal{M}$ def. durch Zwangsbedn.	—
Zustandsraum	Kotangentialraum $T^*\mathcal{M}$	$\mathcal{S} = \mathcal{K} \cap \mathcal{O}$
2-Form	kanon. symplektische 2-Form $-d\Theta$ von $T^*\mathcal{M}$; *antisymmetrisch, nichtdegeneriert*	2-Form g def. durch Maxwell-Relationen, *symmetrisch* und mit *weiteren* Bedingungen *nichtdegeneriert*
1-Form	äußeres Differential dH der Hamilton-Funktion H	1-Form ω; für *reziproke* Netzwerke mit einf. zusammenh. Zustandsraum: $\omega = dP$
dyn. Vektorfeld X	$-d\Theta(X,Y) = dH(Y)$	g nichtdegeneriert: $g(X,Y) = \omega(Y)$
Bewegungsgln.	Hamilton-Gleichungen	Brayton-Moser-Gleichungen

Nun ist vielfach versucht worden, die Beschreibungsgleichungen dynamischer Netzwerke mit Hilfe der von der Mechanik her bekannten Grundgleichungen, wie den Lagrange- und Hamilton-Gleichungen, zu beschreiben (siehe etwa Chua,McPherson [6.102] und Kwatny,Massimo und Bahar [6.103]). Dazu muß aber ein weiterer Raum konstruiert werden, der die Rolle des Konfigurationsraumes der Mechanik übernimmt. Das ist jedoch nur mit einer gewissen Willkür möglich (Szatkowski [6.104]), was nach den Ausführungen in diesem Abschnitt sehr verständlich ist. Daher haben wir auf eine Diskussion dieser Arbeiten verzichtet und sind der Meinung, daß nur die Brayton-Moser-Smale-Gleichungen eine sinnvolle Grundlage der linearen und nichtlinearen Netzwerktheorie sein können.

6.8 Quantitative Lösungsverfahren

6.8.1 Überblick

In Abschnitt 6.7 haben wir gesehen, daß schon die Aufstellung kompakter Beschreibungsgleichungen für nichtlineare RLC-Netzwerke große Schwierigkeiten mit sich bringt. In Abschnitt 6.7.3 wurde gezeigt, daß differentialgeometrische Methoden zur Beschreibung von Netzwerken besonders gut geeignet sind, da sich auf diese Weise die mathematische Struktur der Beschreibungsgleichungen bequem studieren werden kann. In Abschnitt 6.8.2 werden wir diese Darstellung benutzen, um die Voraussetzungen für eine wohlbestimmte Dynamik von RLC-Netzwerken zu ermitteln, d.h. unter welchen Bedingungen ein lokal eindeutiges Vektorfeld existiert, das zur Aufstellung der beschreibenden Differentialgleichungen benötigt wird. In diesem Zusammenhang muß auch auf die singuläre Störungsrechnung eingegangen werden, da die aufgestellten Bedingungen durch das Einfügen ''parasitärer'' Netzwerkelemente zumindest *lokal* immer erfüllt werden können; darunter verstehen wir Netzwerkelemente, deren Parameter einen sehr ''kleinen'' Wert haben. Das Einfügen der Netzwerkelemente kann als *Regularisierung* im Sinne der singulären Störungsrechnung interpretiert werden; in Abschnitt 4.12.1 haben wir bereits derartige Situationen bei linearen Netzwerken betrachtet.

Danach gehen wir auf die verschiedenen Methoden der Linearisierung der Beschreibungsgleichungen nichtlinearer dynamischer Netzwerke ein. Das bekannteste Verfahren besteht darin, die nichtlinearen konstitutiven Relationen in einem vorher zu ermittelnden Arbeitspunkt durch eine Gerade zu ersetzen. Dabei treten übrigens wieder die schon einmal erwähnten begrifflichen Schwierigkeiten auf, denn eine Funktion $f : I\!R \to I\!R$, deren Graph eine Gerade ist, kann nur dann *linear* sein, wenn sie im sie im Nullpunkt verschwindet; ist das nicht der Fall, dann spricht man von einer *affinen* Funktion. Bei den sogenannten Linearisierungsverfahren werden die nichtlinearen Funktionen in fast allen Fällen durch affine Funktionen ersetzt; dennoch schließen wir uns natürlich der allgemeinen Sprachregelung an. Auf diese Weise können alle nichtlinearen Widerstände, Kapazitäten und Induktivitäten durch die entsprechenden linearen Netzwerkelemente ersetzt werden. Man erhält ein assoziiertes Netzwerk, das mit den in Abschnitt 4 dargestellten Methoden der linearen zeitinvarianten System- und Netzwerktheorie behandelt werden kann; das assoziierte Netzwerk wird auch als *linearisiertes Netzwerk* bezeichnet. Zu klären wäre aber, ob man aus diesen Aussagen über das linearisierte Netzwerk auch Folgerungen für das nichtlineare Netzwerk ableiten kann. Allgemein muß diese Frage bekanntlich verneint werden. Auf einige Einzelheiten dazu gehen wir insbesondere in Abschnitt 6.8.3 und in Abschnitt 6.11 über Stabilität ein.

Da nichtlineare Differentialgleichungen oder Algebro-Differentialgleichungen nur in sehr seltenen Fällen explizit gelöst werden können, benötigen wir zunächst einmal Aussagen über die Existenz und Eindeutigkeit von Lösungen; entsprechende Sätze ergeben, anders als bei linearen Differentialgleichungen, fast immer nur lokale Aussagen. An dieser Stelle wollen wir mit Nachdruck darauf hinweisen, daß solche Sätze gerade im Zeitalter von Computern von entscheidender Bedeutung sind, denn wenn man nichts über die Existenz *und* Eindeutigkeit von Lösungen eines auf dem Rechner gelösten Problems weiß, dann kann man, ohne es zu merken, beliebigen Unsinn heraus bekommen. Einen entsprechenden Satz für Algebro-Differentialgleichungen haben wir in Abschnitt 6.7.2 formuliert, weil sie in der Netzwerktheorie eine wichtige Rolle spielen. Existiert eine Lösung in einem gewissen Intervall und ist dort eindeutig, dann kann man mit Hilfe einer störungstheoretischen Methode oder einem Computer eine Näherungslösung ermitteln. In Abschnitt 6.8.4 gehen wir auf einige Verfahren aus der Störungstheorie ein. Derartige Methoden sind insbesondere bei der approximativen Berechnung periodischer Lösungen von autonomen und nichtautonomen Differentialgleichungen von wesentlicher Bedeutung. Es gibt auch Verfahren, die zu einer "Quasi-Linearisierung" führen, wobei noch ein "kleiner" nichtlinearer Anteil in der genäherten Beschreibung enthalten bleibt; die Vorgehensweise bei der Analyse ist aber den Methoden linearer zeitinvarianter Systeme verwandt; die *harmonische Linearisierung* und die Methode der *Beschreibungsfunktion* (describing function) sind Beispiele dafür, die insbesondere in der Regelungstechnik starke Verbreitung gefunden haben. In Abschnitt 6.10.3 wollen wir auf diese Verfahren eingehen.

6.8.2 Generische Dynamik und singuläre Störungstheorie

In Abschnitt 6.7 haben wir verschiedene Möglichkeiten zur Beschreibung nichtlinearer RLC-Netzwerke diskutiert. Dabei stellte sich heraus, daß ein differentialgeometrisches Konstruktionsverfahren sehr gute Einblicke in die mathematische Struktur der Beschreibungsgleichungen dieser Netzwerkklasse liefert. In diesem Abschnitt wollen wir das abgeleitete Schema zur Aufstellung von Bedingungen für eine wohldefinierte Dynamik nutzen. Eine wesentliche Voraussetzung für die (lokale) Existenz

eines eindeutig bestimmten Vektorfeldes X war, daß die 2-Form g zumindest auf einer gewissen Umgebung eines interessierenden Punktes des Zustandsraumes $\mathcal{S}$ nicht
degeneriert ist. Das folgende in Bild 6.22 dargestellte Diagramm zeigt die verschiedenen Möglichkeiten für Ausnahmesituationen, in denen die genannte Bedingung
nicht erfüllt ist. Es gibt zwei Hauptfälle:

1) G ist bereits degeneriert, d.h. es gibt Werte von $\mathbf{u}_C$ und $\mathbf{i}_L$, für welche die
   differentielle Kapazitäts- und Induktivitätsmatrix singulär werden; das ist z.B.
   bei realen Übertrager mit fester Kopplung ($k = 1$, siehe Abschnitt 3.3) der Fall.
   Enthält das Netzwerk keine gekoppelten Kapazitäten und Induktivitäten, dann
   heißt das, die differentiellen Kapazitäten $C_i(\mathbf{u}_C)$ und Induktivitäten $L_j(\mathbf{i}_L)$ dürfen
   an keiner Stelle der gewählten Umgebung verschwinden. Derartige Situationen
   können *lokal* durch Hinzufügen beliebige "kleiner" Reaktanzen vermieden werden,
   wobei die Umgebung möglicherweise zu verkleinern ist.

2) G ist nicht degeneriert, aber die Variablen sind global oder lokal abhängig. Der
   erste Fall kann zwar vermieden werden, wenn man eine reduzierte Beschreibung
   wählt (Abschnitt 6.7.3), aber es erscheint uns physikalischen Gründen sinnvoller
   zu sein, wenn man auf eine Reduktion verzichtet und durch das Hinzufügen parasitärer Netzwerkelemente deutlich macht, daß hier eine Situation vorliegt, die
   durch eine zu starke Idealisierung bei der Modellbildung entstanden ist. Eine Regularisierung mit parasitären Netzwerkelementen entspricht demnach einer forma-

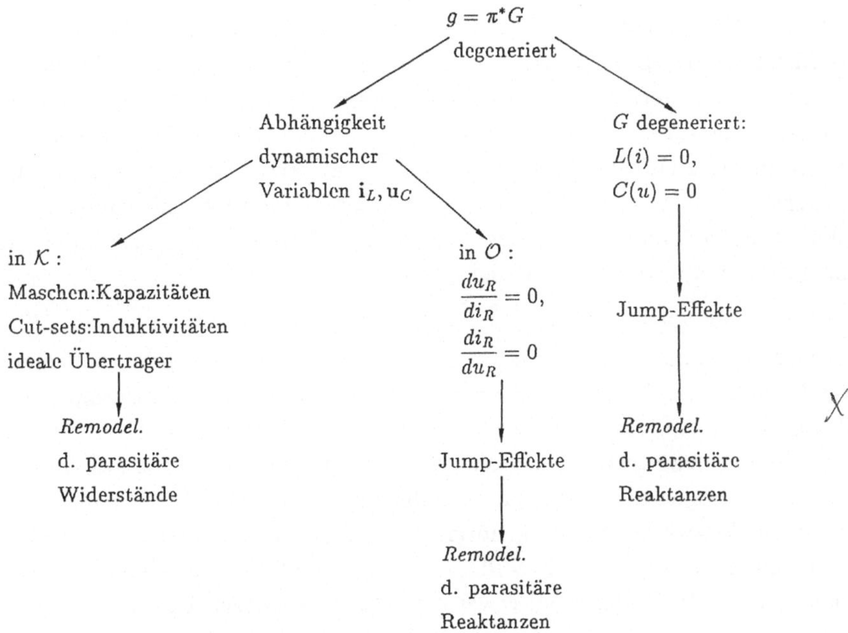

Bild 6.22. Ausnahmesituationen

len "Nachbesserung" der Modellbildung, die allerdings auch ihre Schwierigkeiten mit sich bringt; darauf kommen wir am Ende dieses Unterabschnittes zurück.

Bemerkung 6.11: Wir haben natürlich noch die Frage zu beantworten, wir das Hinzufügen der parasitären Netzwerkelemente durchführen können, ohne daß eine erneute Analyse des Netzwerkes wegen der sich verändernden Anzahl von Netzwerkelementen und Toren des Verbindungsnetzwerkes durchgeführt werden muß. Das ist eine wesentliche Schwierigkeit, wenn man nur Verbindungsnetzwerke mit galvanischer Kopplung zuläßt (Mees ([6.105], S.24)). Eine neue Analyse wird unnötig, wenn man die parasitären Netzwerkelemente von Anfang an mit den in Bild 4.1 gezeigten idealen Übertrageranordnungen im Netzwerk berücksichtigt. Bei den Netzwerkelementen kann es sich um beliebige 1-Tore handeln. Die Kopplung dieser 1-Tore mit dem Netzwerk kann einfach durch ein von Null verschiedenes Übersetzungsverhältnis erreicht werden. Wir gehen demnach zu einer durch den Vektor $\ddot{u} \in I\!\!R^p$ der Übersetzungsverhältnisse parametrisierten Familie dynamischer Netzwerke über, wobei die Anzahl der parasitären Netzwerkelemente gleich p ist. Der Grenzfall $\ddot{u} = \mathbf{0}$ beschreibt das degenerierte Netzwerk. Die Menge $I\!\!R^p - \{\mathbf{0}\}$ ist natürliche eine *fette Menge* im Sinne von Abschnitt 2.3.3, so daß es sich bei den degenerierten RLC-Netzwerken um nicht generische Fälle handelt. Das entspricht natürlich auch der physikalischen Intuition, denn elektrische Schaltungen funktionieren immer *"irgendwie"*; der Zusatz "irgendwie" soll darauf hinweisen, daß Netzwerkmodelle, die in der Nähe eines nicht generischen Falles liegen, Besonderheiten auftreten, auf die wir noch zu sprechen kommen werden. Daher müssen wir die nicht generischen Fälle klassifizieren, um eine Übersicht über die verschiedenen grundsätzlichen Verhaltensweisen des Netzwerkes zu bekommen. Desweiteren ergeben sich auch numerische Probleme, die unter der Bezeichnung *steife Differentialgleichungen* bekannt sind. In der Tat gibt es zwischen den Differentialgleichungen leicht abgeänderter ursprünglich degenerierter Netzwerke, d.h. singulär gestörter Differentialgleichungen, und steifen Differentialgleichungen eine enge Beziehung; Einzelheiten dazu findet man in der Monographie von Miranker [6.106].

Die soeben besprochenen Netzwerkerweiterungen sichern zwar, daß das Netzwerk *irgendeine* Dynamik besitzt, aber es kann nicht ohne weiteres gesagt werden, ob es sich um die gewünschten Lösungen handelt. Darunter wollen wir verstehen, daß die Lösungen der erweiterten Beschreibungsgleichungen wenigstens auf einem endlichen Zeitintervall gegen die Lösungen der Gleichungen gehen, die zu dem Netzwerk ohne parasitäre Netzwerkelemente gehören; bei diesen degenerierten Netzwerken sind die Übertragungsfaktoren gleich Null. In Beispiel 4.20 haben wir ein Netzwerk durch einen parasitären Widerstand erweitert. Die zugehörigen Beschreibungsgleichungen wurden durch heuristisch definierte "schnelle" und "langsame" Zeiten in zwei Teilprobleme zerlegt, die nacheinander gelöst werden konnten. In der anschließenden

Bemerkung haben wir darauf hingewiesen, daß eine solche Vorgehensweise auch zu Gleichungen führen kann, deren Lösung sich *qualitativ* von der Lösung des degenerierten Problems auf einer endlichen Zeitintervall unterscheidet. Für lineare zeitinvariante Zustandsgleichungen mit singulär gestörter Ableitung haben wir Bedingungen angegeben, die sichern, daß die Lösung des degenerierten und des singulär gestörten Prolems im Sinne gewisser Grenzwertbetrachtungen äquivalent sind. Dazu hatten wir Methoden der singulären Störungstheorie herangezogen. Wir wollen uns daher ohne eine weitere Einführung nichtlinearer Netzwerkprobleme behandeln und fragen, unter welchen Umständen die Lösungen degenerierter und singulär gestörter Netzwerke im gewissen Sinne als äquivalent anzusehen sind. Dabei beschränken wir uns der Einfachheit halber auf Beschreibungsgleichungen nichtlinearer dynamischer RLC-Netzwerke vom Typ der Algebro-Differentialgleichungen.

Bemerkung 6.12: Der allgemeinere Fall der impliziten nichtlinearen Differentialgleichungen mit einer *konstanten* singulären Matrix vor dem Vektor der Ableitungen wird bei Dziurla, Newcomb [6.107] und Campbell [6.108] genauer untersucht. Wie im linearen zeitinvarianten Fall wird dabei die Drazin-Inverse benötigt.

■

Nachdem wir gezeigt haben, daß man durch Einfügen parasitärer Netzwerkelemente zu einem wohldefinierten Vektorfeld kommen kann, mit dem die Dynamik eines Netzwerkes formuliert werden kann, wollen wir diese Dynamik etwas genauer untersuchen. In Beispiel 6.11 haben wir ein Netzwerk mit Beschreibungsgleichungen in der Form von Algebro-Differentialgleichungen betrachtet, das in zwei Punkten nicht vom Index 1 gewesen ist. In diesem Fall würde man durch Einfügen parasitärer Netzwerkelemente ein System vom Index 0 erhalten. Eine solche Maßnahme führt aber nicht notwendigerweise zu einem dynamischen Verhalten, wie wir es aufgrund von qualitativer Überlegungen und im Vergleich zu den Messungen an der Schaltung erwarten würden. Chua und Alexander [6.109] haben ein Beispielnetzwerk diskutiert, dessen qualitatives Verhalten davon abhängt, an welcher Stelle des Netzwerkes eine parasitäre Kapazität eingefügt wird. Wir benötigen daher Kriterien, die Auskunft geben, unter welchen Umständen ein Netzwerk so erweitert werden kann, daß das singulär gestörte Netzwerk das gewünschte qualitative Verhalten zeigt. Leider läßt sich diese Fragestellung nicht in voller Allgemeinheit beantworten; werden zwei oder oder mehr als zwei parasitäre Netzwerkelemente hinzugefügt, dann konnten entsprechende Kriterien bisher nicht gefunden werden. Chua und Alexander haben jedoch im Fall *einer* parasitären Kapazität eine Aussage in dieser Richtung bewiesen; der einer Induktivität kann analog gehandelt werden. Dabei werden zwei mit ε parametrisierte Familien von Netzwerken betrachtet, die für $\varepsilon = 0$ daselbe degenerierte Netzwerk besitzen. Für diese beiden verschiedenen Einbettungen fassen wir das degenerierte RLC-Netzwerk als ein wohldefiniertes mit λ Induktivitäten und γ Kapazitäten beschaltetes $(\gamma + \lambda + 2)$-Tor-Widerstandsnetzwerk auf; eines der verbleibenden Tore beschalten wir mit einer parasitären Kapazität $C_\varepsilon = C \cdot \varepsilon$, während das jeweils andere im Leerlauf ist. Liegt die Kapazität an Tor 1, dann haben wir die erste Familie, im umgekehrten Fall die zweite. Die Netzwerke werden folgendermaßen beschrieben $(i = 1, 2)$

$$\begin{pmatrix} d\mathbf{u}_C/dt \\ d\mathbf{i}_L/dt \\ \varepsilon du_1/dt \end{pmatrix} = \begin{pmatrix} \mathbf{C}^{-1}\mathbf{f}_C(\mathbf{u}_C, \mathbf{i}_L, u^i, g_i(\mathbf{u}_C, \mathbf{i}_L, u_1)) \\ \mathbf{L}^{-1}\mathbf{f}_L(\mathbf{u}_C, \mathbf{i}_L, u^i, g_i(\mathbf{u}_C, \mathbf{i}_L, u_1)) \\ f_i(\mathbf{u}_C, \mathbf{i}_L, u^i, g_i(\mathbf{u}_C, \mathbf{i}_L, u_1)) \end{pmatrix}$$

mit $u_2 = g_1(\cdot)$ und $u_1 = g_2(\cdot)$. Im folgenden ist zu beachten, daß es bei Netzwerken, die punktweise keine Systeme vom Index 1 sind, zu den bereits erwähnten *Jump-Phänomenen* kommt; in Beispiel 4.11 haben wir einen einfachen Fall studiert. Dort zeigte sich, daß es Zeitintervalle gibt, in denen es eine "langsame" und andere in denen es eine "schnelle" Dynamik gibt.

Satz 6.19: Betrachten wir ein RLC-Netzwerk, daß als wohldefiniertes nichtlineares $(\gamma + \lambda + 2)$-Tor-Widerstandsnetzwerk aufgefaßt werden kann, das mit λ Induktivitäten und mit γ Kapazitäten beschaltet ist. Wir definieren in der oben genannten Weise zwei mit ε parametrisierten Familien von Netzwerken $\mathcal{N}_1$ und $\mathcal{N}_2$.

Gelten die folgenden Bedingungen

1) $\dfrac{\partial f_1}{\partial u_1} \cdot \dfrac{\partial f_1}{\partial u_1} > 0,$

2) $\dfrac{\partial f_2}{\partial u_1} \neq 0$ oder $\dfrac{\partial f_1}{\partial u_2} \neq 0,$

dann kann das degenerierte Netzwerk ($\varepsilon = 0$) zu den Familien von Netzwerken $\mathcal{N}_1$ und $\mathcal{N}_2$ erweitert werden und deren Lösungen gehen für $\varepsilon \to 0$ gegen die gleichen Lösungen des degenerierten Netzwerkes, wenn es sich um ein Zeitintervall mit "langsamer" Dynamik handelt; im Bereich der "schnellen" Dynamik existiert dieser Limes natürlich nicht, sondern wir erhalten für $\varepsilon \to 0$ eine sogenannte Sprungbedingung.

Beweis: Chua, Alexander [6.109].

∎

Bemerkung 6.13: In der Behauptung von Satz 6.19 muß vorausgesetzt werden, daß die Anfangsbedingungen für die beiden erweiterten Familien von Netzwerken *kompatibel* sind; geometrisch ausgedrückt heißt das, die Anfangsbedingungen liegen im Zustandsraum des degenerierten Netzwerkes und dort auf dem *gleichen* "Blatt".

∎

Ein wichtiges Hilfsmittel zur Untersuchung singulär gestörter Probleme ist der Satz von Tikhonov (Tikhonov, Vasil'eva, Sveshnikov ([6.110], S.191ff)). Damit kann man aus gewissen Eigenschaften des degenerierten Systems darauf schließen, ob eine

Lösung des gestörten Problems in einem *endlichen* Zeitintervall $[t_0, T]$ für $\varepsilon \to 0$ gegen eine Lösung des degenerierten Problems geht. Eine Verallgemeinerung auf nicht endliche Zeitintervalle findet man bei Hoppensteadt (siehe Habets [6.111]). Die teilweise benutzte asymptotische Stabilität versteht sich lokal und bezieht sich auf die asymptotische Stabilität des linearisierten Systems. Im Unterschied zu den linearen Systemen muß ein *Attraktionsgebiet* angegeben werden, von dem aus jede Lösung in dem zugehörigen Gleichgewichtspunkt endet.

Satz 6.20: Wir betrachten ein gestörtes Differentialgleichungssystem 1.Ordnung (spezielle Zustandsgleichungen)

$$\dot{\mathbf{x}} = \mathbf{f}(\mathbf{x}, \mathbf{y}, t) \tag{6.32}$$

$$\varepsilon \dot{\mathbf{y}} = \mathbf{g}(\mathbf{x}, \mathbf{y}, t) \tag{6.33}$$

mit $\mathbf{x}(t_0) = \mathbf{x}_0$ und $\mathbf{y}(t_0) = \mathbf{y}_0$; im Grenzfall $\varepsilon = 0$ sprechen wir vom reduzierten System. Wir nehmen an, daß $\mathbf{g}(\mathbf{x}, \mathbf{y}, t) = \mathbf{0}$ eine Lösung besitzt, die wir mit

$$\dot{\tilde{\mathbf{y}}} = \tilde{\mathbf{g}}(\tilde{\mathbf{x}}, t) \tag{6.34}$$

bezeichnen. Wir setzen (6.34) in (6.32) ein und erhalten

$$\dot{\tilde{\mathbf{x}}} = \mathbf{f}(\tilde{\mathbf{x}}, \tilde{\mathbf{g}}(\tilde{\mathbf{x}}, t), t)$$

mit $\tilde{\mathbf{x}}(t_0) = \mathbf{x}_0$. Schließlich führen wir eine sogenannte *"Randschicht"-Differential-gleichung* ein

$$\frac{d\eta}{d\tau} = \mathbf{g}(\tilde{\mathbf{x}}, \tilde{\mathbf{y}} + \eta(\tau)), \tag{6.35}$$

die eine Gleichung für die Variation $\eta(\tau)$ um die Lösung $\tilde{\mathbf{y}}$ in der transformierten Zeit $\tau := t/\varepsilon$ ist; die Zeit t auf der rechten Seite wird als Parameter behandelt.

Gelten folgende Bedingungen

1) $\eta \equiv 0$ ist asymptotisch stabile Lösung von (6.35) in $\tilde{\mathbf{x}}(t_0)$, $\tilde{\mathbf{y}}(t_0)$ und t_0, wobei $\eta(0) = \mathbf{y}_0 - \tilde{\mathbf{y}}(t_0)$ zum *Attraktionsgebiet* dieser Lösung gehören soll,
2) die Eigenwerte der Jacobischen Matrix $\partial \mathbf{g}/\partial \mathbf{y}$ entlang der Lösung $\tilde{\mathbf{x}}(t)$, $\tilde{\mathbf{y}}(t)$ sind negativ für alle $t_0 \leq t \leq T$,

dann besitzt das gestörte Gleichungssystem (6.32), (6.33) eine eindeutige Lösung und die Grenzwerte

$$\lim_{\varepsilon \to 0} \mathbf{x}(t, \varepsilon) = \tilde{\mathbf{x}}(t) \quad \text{für } t_0 \leq t \leq T$$

$$\lim_{\varepsilon \to 0} \mathbf{y}(t, \varepsilon) = \tilde{\mathbf{y}}(t) \quad \text{für } t_0 < t \leq T$$

konvergieren für alle t auf $[t_0, T]$ bzw. $(t_0, T]$. Das bedeutet, $\mathbf{y}(t, \varepsilon)$ ist i.a. bei $t = t_0$ unstetig, wenn ε gegen Null geht.

Beweis: Für den 1-dimensionalen Fall siehe Tikhonov, Vasil'eva, Sveshnikov ([6.110], S.191ff).

∎

Eine Anwendung dieses Satzes auf lineare Beschreibungsgleichungen, die von Sannuti [6.112] stammt, haben wir bereits in Abschnitt 4.12.1 diskutiert. Chua und Alexander [6.109] haben die Voraussetzungen des Satzes von Tikhonov an eine bestimmte netzwerktheoretische Problemstellung angepaßt. Sie formulieren die Beschreibungsgleichungen mit einer Hybridmatrix und vermeiden auf diese Weise, daß die Werte der parasitären Netzwerkelemente explizit bekannt sein müssen; das war zur Berechnung der Jacobischen Matrix und ihrer Eigenwerte in der zweiten Voraussetzung notwendig. Weitere netzwerktheoretische Anwendungen dieses Satzes findet man bei Desoer und Shensa [6.113]; sie leiten eine Aussage über die asymptotische Stabilität eines singulär gestörten Netzwerkes her, wenn gewisse assoziierte Netzwerke diese Eigenschaften besitzen.

6.8.3   Kleinsignalanalyse

Die Methoden der linearen zeitinvarianten System- und Netzwerktheorie gehören derzeitig zum Standardwissen des Elektroingenieurs, wenn auch die Theorie dieser Methoden noch wesentlich einfacher darstellbar ist, als in den üblichen Lehrbüchern. Der Abschnitt 4 gibt dazu verschiedene Anregungen, wenn man einige sehr einfache mathematische Begriffe lernt, die für viele Ingenieure neu sind und somit ungewohnt und abstrakt erscheinen. Ein wesentlicher Vorteil linearer zeitinvarianter Systeme und Netzwerke liegt darin, daß die Beschreibungsgleichungen explizit gelöst werden können, wenn eine Lösung überhaupt existiert. Auch die Existenz- und Eindeutigkeitsfragen sind für diese Systemklasse vollständig geklärt. Das liegt daran, daß die Theorie als auch die Lösungsverfahren bei nichtdynamischen Beschreibungsgleichungen *explizit* und bei dynamischen *implizit* von algebraischer Natur sind. Mit Hilfe des AC-Kalküls bzw. des HY-Kalküls können sämtliche Aufgaben der Theorie linearer zeitinvarianter dynamischer Systeme und Netzwerke bis auf eine Quadratur (bestimmte Integration) explizit als algebraische Probleme formuliert und algebraisch gelöst werden. Das einzige Hindernis für die Angabe expliziter Lösungsformeln besteht darin, daß man in vielen Fällen die Nullstellen gewisser Polynome nicht explizit berechnen kann.

Dieser Vorteil geht insbesondere bei dynamischen Netzwerken verloren, sobald die Koeffizienten der dynmaischen Beschreibungsgleichungen (Differential- oder Integralgleichungen) zeitabhängig werden. Obwohl die Theorie linearer zeitvarianter Systeme weiterhin algebraisch aufgebaut ist, kann man zeigen, daß eine Basis für die Lösungsmannigfaltigkeit (Fundamentallösungen) i.a. nicht mehr algebraisch bestimmt werden kann (siehe Abschnitt 5). In der nichtlinearen Netzwerktheorie scheinen die Methoden der linearen Algebra, wie schon die Bezeichnung der Theorie besagt, scheinbar überhaupt keinen Sinn mehr zu haben. Diese Aussage ist natürlich falsch, denn die Differentialrechnung und insbesondere die Differentialgeometrie enthalten wesentliche Elemente der linearen Algebra; dabei braucht man nur an den Ableitungsbegriff im Sinne einer linearen Approximation oder an den Tangentialvektorraum, der jedem Punkt einer differenzierbaren Mannigfaltigkeit zugeordnet ist, zu denken. Die nichtlineare Netzwerktheorie hat im Unterschied zu anderen Systemtheorien immer ein Verbindungsnetzwerk, das mit *linearen* algebraischen Gleichungen beschrieben wird. Bekanntlich hat man in der Theorie nichtlinearer Netzwerke von der Linearisierungsidee schon seit langem Gebrauch gemacht, um die Vorteile der linearen zeitinvarianten Netzwerktheorie auch bei dieser allgemeineren Klasse von Netzwerken nutzen zu können. In diesem Abschnitt wollen wir diese Methode vorstellen und verschiedene Schwierigkeiten, die bei dieser Vorgehensweise auftreten können diskutieren.

Es gibt zahlreiche Schaltungen, in denen Effekte auftreten, die man mit einem linearen zeitinvarianten Netzwerk nicht einmal quantitativ richtig modellieren kann. Als Beispiel dafür seien Oszillatorschaltungen genannt. Das zugehörige Netzwerk muß eine asymptotisch *stabile* periodische Lösung besitzen, die nicht von den Anfangsbedingungen abhängen darf und die auch dann keine qualitative Veränderung erfährt, wenn man parasitäre Effekte im Modell berücksichtigt. Diese Situation wird am besten beschrieben, in dem man das ursprüngliche Netzwerk in eine parametrisierte Familie von Netzwerken einbettet, wobei durch die Parameter die parasitären Netzwerkelemente charakterisiert werden. Verschwinden die Parameter, dann erhält man das Ausgangsnetzwerk von dem aus parasitäre Netzwerkelemente durch Übergang zu einem benachbarten Netzwerk der Familie berücksichtigt werden können. Gehen wir beispielsweise von einem linearen LC-Schwingkreis ohne Anregung aus, dann besitzt dieses Netzwerk bekanntlich eine periodische Lösung, die von den Anfangswerten abhängt. Der "kleine" Verlustwiderstand $R_\varepsilon = \varepsilon$ von L wird in die Modellierung mit einbezogen, in dem man eine mit ε parametrisierte Familie von $R_\varepsilon LC$-Netzwerken betrachtet, in der der LC-Schwingkreis für $\varepsilon = 0$ enthalten ist. Diese scheinbar etwas umständliche Sprechweise führt nicht nur zu einer definierten Begriffsbildung, sondern macht dieses Problem auch einer mathematischen Behandlung zugänglich. Im Sinne des Generizität von Abschnitt 2.3.3 handelt es sich bei einem verlustlosen LC-Schwingkreis und demnach auch dessen Lösungen um einen nicht generischen Fall, weil die kleinsten Verluste bereits zu einem qualitativ anderen Lösungsverhalten führen. Ein gedämpfter Schwingkreis besitzt keine periodische Lösung mehr; allenfalls ist sein "Kurzzeitverhalten" mit dem des verlustlosen Schwingkreises vergleichbar.

Es gibt aber große Schaltungsklassen, denen ein schwach-nichtlineares Netzwerkmodell zugeordnet werden müßte. Da die prinzipielle Funktionsweise dieser Schaltungen auch ohne die Einbeziehung nichtlinearer Netzwerkelemente sehr gut beschrieben werden kann, lassen sich solche Schaltungen mit einem linearen zeitinvarianten Netzwerk modellieren; bekanntlich ist das bei *Linearverstärkern* der Fall. Eine nichtlineare Modellierung ist erst dann von Interesse, wenn man Effekte solcher Schaltungen untersuchen möchte, die mit linearen zeitinvarianten Netzwerken qualitativ nicht beschreibbar sind. Beispielsweise zeigen insbesondere die Ausführungen am Ende des Abschnittes 5.6, daß lineare zeitinvariante Input-Output-Systemen das Frequenzspektrum des Eingangssignals nur in Amplitude und Phase ändern können. Daraus folgt, daß sich damit keine *neuen* Frequenzen erzeugen lassen. Erst bei linearen zeitvarianten und nichtlinearen Systemen und Netzwerken ist das möglich. Demzufolge werden Schaltungen deren Ausgangssignal bei einem monofrequenten Eingangssignal auch neue Frequenzen enthält, mit linearen periodisch zeitvarianten oder nichtlinearen Netzwerken modelliert. Dabei können lineare periodisch zeitvariante Systeme vielfach als ein vereinfachtes Modell eines nichtlinearen Netzwerkes aufgefaßt werden (siehe Abschnitt 6.9.1). Als Beispiel sei noch der schon erwähnte Linearverstärker angeführt, bei dem z.B. die *Intermodulation* ein typisch nichtlinearer Effekt ist. Wir kommen in Abschnitt 6.12 bei schwach-nichtlinearen Input-Output-Systemen darauf zurück.

Aus den obengenannten Gründen konzentrieren wir uns im folgenden auf nichtlineare dynamische Netzwerke, die Netzwerkelemente mit schwach-nichtlinearen konstitutiven Relationen enthalten. Natürlich ist nicht ohne weiteres klar, unter welchen Voraussetzungen es sich um schwach-nichtlineare konstitutive Relationen handelt. Differentialgeometrisch gesehen könnte man bei Netzwerken, die nichtlineare Widerstände, aber keine nichtlinearen Kapazitäten und Induktivitäten enthalten, die folgende Überlegung anstellen. Der Zustandsraum S eines schwach-nichtlinearen Netzwerkes entspricht einer "leicht" gekrümmten Fläche. Ersetzt man diese Fläche an einer bestimmten Stelle von S durch eine passende Ebene, dann erhält man ein assoziiertes lineares Netzwerk, daß eine Approximation für das schwach-nichtlineare Netzwerk darstellt; das assoziierte Netzwerk bezeichnen wir als *linearisiertes Netzwerk*. Gibt man ein Gütekriterium vor, dann könnte man die Klasse der schwach-nichtlinearen Netzwerke definieren; ein solches Kriterium kann mit der *koordinatenfrei* definierbaren *lokalen Krümmung* von S formuliert werden (siehe Klingenberg ([6.114], S.34ff)). Eine "maximale" Krümmung kann natürlich nicht ohne Willkür festgelegt werden und auch netzwerktheoretisch gibt es keine sinnvollen Schranken. Daher verwenden wir diesen Begriff "schwach-nichtlinear" ohne formale Definition in intuitiver Weise und überlassen es dem Anwender, von Fall zu Fall zu entscheiden, was *er* für eine Klasse von Systemen meint.

Wir sind auf diesen Punkt vorallem deshalb so ausführlich eingegangen, weil davon natürlich auch der Begriff der *Kleinsignaltheorie* betroffen ist. Stellen wir uns ein periodisches Signal (ein Strom oder eine Spannung) als eine geschlossene Lösungskurve in der Umgebung U_s eines Punktes $s \in S$ vor, dann bleibt unklar, wie groß die maximale Ausdehnung von U_s ist, in der sich die Lösungskurve bewegen darf, ehe ein wesentlicher Unterschied zu der entsprechenden Lösungskurve des linearisierten Netzwerkes in der Tangentialebene an **s** festgestellt werden kann. Je nach der lokalen Krümmung des Zustandsraumes in **s** kann die Umgebung "groß" oder "klein" sein. Die übliche Bezeichnung einer "infinitesimalen Umgebung" hilft auch nicht weiter und erzeugt nur völlig falsche Vorstellungen. Diese lokale Sichtweise sagt auch nichts darüber aus, wie der Zustandsraum S global aussieht; möglicherweise faltet sich der Zustandsraum. In diesen Fällen muß bestimmt werden, auf welchem "Blatt" von S sich der Punkt **s** befinden soll.

Wir benötigen also weitere Informationen über das Netzwerk. Wir setzen nun voraus, daß die betrachtete Netzwerkklasse aus nichtlinearen Netzwerken besteht, die außer den nichtlinearen 1-Tor-Widerständen nur lineare Kapazitäten, Induktivitäten und unabhängige Quellen enthält, und die Beschreibungsgleichungen durch spezielle Zustandsgleichungen in $\mathbf{u}_C$ und $\mathbf{i}_L$

$$
\begin{aligned}
\frac{d\mathbf{u}_C}{dt} &= \mathbf{C}^{-1}\,\mathbf{i}_C(\mathbf{u}_C,\mathbf{i}_L), \\
\frac{d\mathbf{i}_L}{dt} &= \mathbf{L}^{-1}\,\mathbf{u}_L(\mathbf{u}_C,\mathbf{i}_L),
\end{aligned}
\tag{6.36}
$$

beschrieben werden können. Dann werden durch die Bedingung, daß die Ableitungen verschwinden sollen, Punkte $\mathbf{u}_C^0$ und $\mathbf{i}_L^0$ in S ausgezeichnet; wir erhalten sie durch

$$
\begin{aligned}
\mathbf{i}_C(\mathbf{u}_C^0,\mathbf{i}_L^0) &= \mathbf{0}, \\
\mathbf{u}_L(\mathbf{u}_C^0,\mathbf{i}_L^0) &= \mathbf{0}.
\end{aligned}
$$

Diese Gleichungen lassen sich leicht interpretieren; die Kapazitäten werden wegen $\mathbf{i}_C = \mathbf{0}$ durch einen Leerlauf und die Induktitvitäten wegen $\mathbf{u}_L = \mathbf{0}$ durch einen Kurzschluß ersetzt. Wir erhalten auf diese Weise ein assoziiertes nichtlineares Widerstandsnetzwerk mit einem Zustandsraum $\tilde{S}(\neq S)$, dessen Punkte $\mathbf{u}_C^0$ und $\mathbf{i}_L^0$ sind; sie werden *Arbeitspunkte* des dynamischen Netzwerkes genannt. In Abschnitt 6.2 haben wir gezeigt, daß Arbeitspunkte nicht eindeutig sind. Das assozierte Widerstandsnetzwerk des Flip-Flop-Netzwerk in Beispiel 6.6 hat beispielsweise drei Arbeitspunkte. Die Untersuchung der Arbeitspunkte kann mit den in den Abschnitten 6.2 und 6.3 vorgestellten Methoden durchgeführt werden. Insbesondere sei auf die Arbeit von Wu [6.115] hingewiesen, der als erster den Abbildungsgrad von Funktionen zur Untersuchung der Existenz von Arbeitspunkten eingesetzt hat. Ob eine Lösungskurve, die in der Nähe eines Arbeitspunktes zum Zeitpunkt t_0 startet, auch für Zeiten $t > t_0$ in seiner Nähe bleibt, muß durch eine lokale Stabilitätuntersuchung herausgefunden werden. In Abschnitt 6.11.1 wird gezeigt, daß man aus der (globalen) asymptotischen Stabilität bzw. Instabilität des linearisierten Netzwerkes auf die lokale asymptotische Stabilität bzw. Instabilität des nichtlinearen Netzwerkes schließen. Auf diese Weise lassen sich auch die begrifflichen Schwierigkeiten mit nicht einpunktigen Zustandsräumen assoziierter nichtlinearer Widerstandsnetzwerke lösen.

Im Zustandsraum des nichtlinearen RLC-Netzwerkes liegen diese Punkte nämlich auf verschiedenen "Blättern". Mit dem Stabilitätsverhalten wird dann unter gewissen Voraussetzungen etwas über das lokale Verhalten des Lösungskurven in der Nähe der Arbeitspunkte ausgesagt.

Aus dem Verhalten des linearisierten Netzwerkes kann nur dann auf das Verhalten des nichtlinearen Netzwerkes geschlossen werden, wenn der betrachtete Arbeitspunkt asymptotisch stabil ist. Für die folgenden Betrachtungen nehmen wir daher an, daß diese Voraussetzung erfüllt ist und das Netzwerk in einem bestimmten Sinne schwach-nichtlinear ist. Dann können alle nichtlinearen konstitutiven Relationen durch die linearisierten ersetzt werden. Das Verfahren der Linearisierung soll zunächst anhand einer Differentialgleichung 1.Ordnung

$$\dot{x} = f(x, u(t))$$

erläutert werden, wobei $u(t)$ die Eingangsgröße sein soll. Als erstes müssen wir die zeitabhängige Eingangsgröße $u(t)$ durch eine zeitunabhängige Größe ersetzen; bei einem nichtautonomen System gelten diese Überlegungen also nur für feste Zeitpunkte. Wenn es sich z.B. um eine unabhängige zeitabhängige Spannungsquelle $u(t)$ handelt, dann ersetzen wir sie durch eine konstante unabhängige Spannungsquelle U_0. Der Arbeitspunkt x_0 wird durch

$$f(x_0, U_0) = 0$$

definiert; er ist natürlich auch zeitlich konstant. Kennen wir den Arbeitspunkt x_0, dann können wir entweder die nichtlinearen konstitutiven Relationen durch die ersten beiden Glieder der zugehörigen Taylorreihe an der Stelle x_0 ersetzen oder wir entwickeln $f : I\!R^2 \to I\!R$ an der Stelle (x_0, U_0) in eine Taylorreihe

$$f(\xi, \eta) = f(x_0, U_0) + \left.\frac{\partial f}{\partial \xi}\right|_{(x_0, U_0)} (\xi - x_0) + \left.+\frac{\partial f}{\partial \eta}\right|_{(x_0, U_0)} (\eta - U_0) +$$

$$+ \mathcal{O}(\mid \xi - x_0 \mid^2, \mid \eta - U_0 \mid^2),$$

und erhalten mit

$$A := f(x_0, U_0) + \left.\frac{\partial f}{\partial \xi}\right|_{(x_0, U_0)} \quad \text{und} \quad \left.\frac{\partial f}{\partial \eta}\right|_{(x_0, U_0)}$$

die Gleichung des linearisierten Systems

$$\dot{x} = A(x - x_0) + B(u(t) - U_0).$$

Transformieren wir den Ursprung des Koordinatensystems von $(0\ 0) \to (x_0, U_0)$ mit

$$x \longmapsto x - x_0 =: \tilde{x}$$
$$u(t) \longmapsto u(t) - U_0 =: \tilde{u}(t)$$

und beachten $\dot{x} = d(x - x_0)/dt = \dot{\tilde{x}}$, dann erhalten wir die linearisierte Differential-gleichung in der Form

$$\dot{\tilde{x}} = A\tilde{x} + B\tilde{u}(t), \qquad (6.37)$$

die mit den Hilfsmitteln aus Abschnitt 4 untersucht werden kann.

Eine Erweiterung auf *Systeme* von Differentialgleichungen 1.Ordnung

$$\dot{\mathbf{x}} = \mathbf{f}(\mathbf{x}, \mathbf{u}(t)) \qquad (6.38)$$

ist klar; die rechte Seite von (6.38) wird durch

$$\left.\frac{\partial \mathbf{f}}{\partial \xi}\right|_{(\mathbf{x}_0, \mathbf{U}_0)} (\mathbf{x} - \mathbf{x}_0) + \left.\frac{\partial \mathbf{f}}{\partial \eta}\right|_{(\mathbf{x}_0, \mathbf{U}_0)} (\mathbf{u}(t) - \mathbf{U}_0) + \text{ höhere Terme}$$

ersetzt, und man erhält nach einer entsprechenden Koordinatentransformation

$$\dot{\tilde{\mathbf{x}}} = \mathbf{A}\tilde{\mathbf{x}} + \mathbf{B}\tilde{\mathbf{u}}(t) \qquad (6.39)$$

mit

$$\mathbf{A} := \left.\frac{\partial \mathbf{f}}{\partial \xi}\right|_{(\mathbf{x}_0, \mathbf{U}_0)} \quad \text{und} \quad \mathbf{B} := \left.\frac{\partial \mathbf{f}}{\partial \eta}\right|_{(\mathbf{x}_0, \mathbf{U}_0)}.$$

Die Probleme, die bei der Kleinsignalanalyse auftreten, bestehen also weniger in der Analyse des linearisierten Netzwerkes sondern im Linearisierungsprozeß selbst, bei dem ein nichtlineares Gleichungssystem gelöst und die Arbeitspunkte bezüglich ihres Stabilitätsverhaltens überprüft werden müssen. In der Praxis kleiner Netzwerke wird die zuerst genannte Aufgabe oft graphisch gelöst. Die Stabilitätsuntersuchung kann, wie bereits gesagt, unter bestimmten Voraussetzungen anhand des linearisierten Systems (6.39) durchgeführt werden; das ist aber nicht möglich, wenn die Matrix $\mathbf{A}$ Eigenwerte auf der imaginären Achse hat. Demnach können nichtlineare Netzwerke mit oszillatorischen Lösungen auch bei schwacher Nichtlinearität nicht mit den linearisierten Gleichungen untersucht werden.

6.9 Lösungstypen und Existenzsätze

6.9.1 Fixpunkte und Grenzzyklen

In Abschnitt 6.7 haben wir uns im wesentlichen mit den verschiedenen Arten der Beschreibungsgleichungen nichtlinearer RLC-Netzwerke befaßt. Dabei hat sich gezeigt, daß die Theorie nichtlinearer RLC-Netzwerke sinnvoller Weise auf der Grundlage von Differentialgleichungen auf Mannigfaltigkeiten aufgebaut werden sollte. Legt man ein spezielles Koordinatensystem (Karte) zugrunde, dann sind diese Gleichungen typischer Weise implizite Differentialgleichungen, die nur unter bestimmten Vorsetzungen in explizite Differentialgleichungen transformiert werden können. Über die allgemeine Theorie impliziter Differentialgleichungen 1.Ordnung weiß man bis heute nur sehr wenig. Eine differentialgeometrische Behandlung einiger Ergebnisse findet man in der ausgezeichneten Monographie von Arnol'd ([6.116], S.14ff). In der Netzwerktheorie hat man es allerdings nur selten mit einer allgemeinen impliziten Form zu tun. Verwendet man eine bestimmte Klasse von Netzwerkelementen, dann sind die Beschreibungsgleichungen der entsprechenden Netzwerke vom Typ

$$\mathbf{Z}\dot{\mathbf{x}} = \mathbf{f}(\mathbf{x}) + \mathbf{B}\mathbf{u}(t), \tag{6.40}$$

wobei $\mathbf{Z}$ und $\mathbf{B}$ konstante Matrizen und $\mathbf{Z}$ i.a. eine singuläre Matrix ist (siehe Newcomb [6.117]); Newcomb nennt diese Gleichungen *"semi-state equations"*. In Hinblick auf Abschnitt 4.10 sprechen wir von *verallgemeinerten Zustandsgleichungen*. Eine Theorie für diese Gleichungen ist vor allem von Campbell [6.118] [6.119] entwickelt worden. Dabei wird mit einer speziellen verallgemeinerten Inversen, der *Drazin-Inversen* gearbeitet.

In den letzten Jahren haben die Algebro-Differentialgleichungen

$$\dot{\mathbf{x}} = \mathbf{f}(\mathbf{x}, \mathbf{y}, t),$$
$$\mathbf{0} = \mathbf{g}(\mathbf{x}, \mathbf{y}, t) \tag{6.41}$$

in der angewandten als auch numerischen Mathematik größere Aufmerksamkeit erlangt, weil sich gezeigt hat, daß dieser Gleichungstyp in vielen Anwendungsbereichen eine wichtige Rolle spielt. So hat Takens [6.70] [6.120] einige neue Aspekte bei diesem Gleichungstyp entdeckt. Allerdings konnte er eine vollständige Klassifizierung der Phänomene nur dann angeben, wenn die Algebro-Differentialgleichungen auf einer höchstens 2-dimensionalen Mannigfaltigkeit definiert werden. Das ist insofern nicht erstaunlich, als es sich dabei eigentlich um degenerierte explizite Differentialgleichungen 1.Ordnung handelt. Bekanntlich ist man bis heute noch weit davon entfernt, explizite nichtlineare Differentialgleichungen 1.Ordnung mit drei oder mehr Unbekannten verstanden zu haben; siehe dazu den Übersichtsartikel Guckenheimer [6.121] über die van der Pol-Gleichung mit periodischer Anregung. Bekanntlich können bereits bei solchen scheinbar einfachen Differentialgleichungen sogenannte *chaotische Phänomene* auftreten, die in den letzten Jahren in der Netzwerktheorie eine zunehmende Bedeutung erhalten haben. Es hat sich nämlich herausgestellt, daß "Chaos" in elektrischen Netzwerken durchaus keine unbekannte Erscheinung ist. Man hatte bis vor einigen Jahren nur noch keinen Namen dafür (siehe Gollub,Romer,Socolar [6.122]).

Deshalb werden wir uns in diesem Abschnitt im wesentlichen mit den Lösungstypen von expliziten nichtlinearen Differentialgleichungen 1.Ordnung beschäftigen, die in den netzwerktheoretischen Anwendungen auch die größte Bedeutung haben. Erst in Abschnitt 6.9.4 werden wir auf die neueren Entwicklungen in der Theorie dynamischen Systeme mit drei Variablen eingehen, und das Phänomen "Chaos" bei Differentialgleichungen betrachten.

Wir gehen davon aus, daß die Beschreibungsgleichungen von Netzwerken als explizites System von Differentialgleichungen (spezielle Zustandsgleichungen)

$$\dot{\mathbf{x}} = \mathbf{f}(\mathbf{x}, t) \tag{6.42}$$

formulierbar sind. Wir gehen sogar noch einen Schritt weiter, in dem wir eine neue Variable $x_{n+1} := t$ mit $\dot{x}_{n+1} = 1$ einführen. Damit läßt sich (6.42) in folgender Weise aufschreiben

$$\begin{aligned} \dot{\mathbf{x}} &= \mathbf{f}(\mathbf{x}, x_{n+1}, t), \\ \dot{x}_{n+1} &= 1; \end{aligned} \tag{6.43}$$

diese Vorgehensweise heißt *"Autonomisierung"*, weil das nicht autonome System durch ein autonomes System ersetzt wird. Ein Nachteil dieser Methode liegt darin, daß z.B. ein konstante Lösung $\mathbf{x}_0$ in dem neuen (n+1)-dimensionalen Zustandsraum kein Punkt sondern eine Gerade mit dem Fußpunkt $x_{n+1} = 0$ ist; außdem muß man bei einigen Sätzen andere Voraussetzungen stellen (Amann ([6.40], S.136)). Daher sind die folgenden Überlegungen vor allem für automome Differentialgleichungen interessant, die nicht von der Form sind.

Wir betrachten im folgenden autonome Differentialgleichungen 1.Ordnung

$$\dot{\mathbf{x}} = \mathbf{f}(\mathbf{x}) \tag{6.44}$$

mit $\mathbf{x} \in I\!\!R^n$ und $\mathbf{f} : I\!\!R \to I\!\!R^n$; ohne Beschränkung der Allgemeinheit sei $t_0 = 0$. In Abschnitt 2.1 haben wir die Lösung von (6.44) mit Hilfe des Flußes $\mathbf{g}_t$ ausgedrückt

$$\mathbf{x}(t) = \mathbf{g}_t(\mathbf{x}_0). \tag{6.45}$$

Zunächst geben wir einige Definitionen an.

Definition 6.8: (Invariante Menge, Grenzmengen, wandernder Punkt) Wir betrachten autonome Differentialgleichungen 1.Ordnung (6.44), die einen (globalen) Fluß $\mathbf{g}_t$ nach (6.45) besitzen.

1) Eine Menge $S \subset I\!\!R^n$ heißt invariante Menge, wenn gilt

$$\mathbf{x} \in S \quad \Longrightarrow \quad \mathbf{g}_t(\mathbf{x}) \in S$$

für alle $t \in I\!\!R$.

2) Ist $\mathbf{x} \in I\!\!R^n$, dann ist eine ω-Grenzmenge von $\mathbf{x}$ definiert durch

$$\omega(\mathbf{x}) := \{\mathbf{y} \in I\!\!R^n \mid \text{es gibt eine Folge } \{t_n\} \text{ mit } g_{t_n}(\mathbf{x}) \to \mathbf{y} \text{ für } t_n \to \infty\};$$

eine α-Grenzmenge wird in ähnlicher Weise für $t_n \to -\infty$ definiert.

3) Ein Punkt $\mathbf{x} \in I\!\!R^n$ heißt nicht wandernder Punkt von $\mathbf{g}_t$ wenn für jede Umgebung U_x von $\mathbf{x}$ ein $t \geq 0$ existiert mit

$$\mathbf{g}_t(U_x) \cap U_x \neq \emptyset.$$

d.h. ein nicht wandernder Punkt $\mathbf{x}$ wird von $\mathbf{g}_t$ immer wieder in die Nähe von $\mathbf{x}$ transportiert.

∎

Bemerkung 6.14: Die in Definition 6.8 eingeführten Begriffe sind Abstraktionen bestimmter Begriffe und Lösungstypen. So sind die stabilen und instabilen Teilräume $\mathcal{E}_s$ und $\mathcal{E}_u$ in Abschnitt 4.12.1 invariante Mengen; der Nullpunkt ist bei linearen Systemen eine 1-punktige invariante Menge.

∎

Wir wollen nun die grundlegenden Lösungstypen für nichtlineare Differentialgleichungen 1.Ordnung mit zwei Variablen angeben. Dazu betrachten wir ein einfaches Beispiel, bei dem diese Lösungen explizit angegeben werden können.

Beispiel 6.23: Wir betrachten zwei gekoppelte Differentialgleichungen

$$\dot{x}_1 = -x_1\left(\sqrt{x_1^2 + x_2^2} - a\right) - x_2,$$
$$\dot{x}_2 = -x_2\left(\sqrt{x_1^2 + x_2^2} - a\right) + x_1.$$

Durch Nullsetzen der rechten Seiten erkennt man, daß $(x_1, x_2) = (0,0)$ ein Lösung ist, die Fixpunkt genannt wird. Er ist im Sinne von Definition 6.8 eine invariante Menge. Eine Stabilitätsbetrachtung zeigt (siehe Abschnitt 6.11.1), daß es sich um eine α-Grenzmenge handelt, d.h. alle Trajektorien, die in der Nähe des Nullpunktes starten, entfernen sich von ihr. Mit Hilfe der Koordinatentransformation $x_1 =: \rho \cos \varphi$, $x_2 =: \rho \sin \varphi$ können wir die Gleichungen entkoppeln

$$\dot{\rho} = -\rho(\rho - a),$$
$$\dot{\varphi} = 1.$$

Lösen wir $\dot{\varphi} = 1$, dann erhalten wir aus der Gleichung für ρ durch Nullsetzen der rechten Seite neben der Nullösung die Lösung $\rho = a$ für alle $\varphi = t + \varphi_0$; in den ursprünglichen Koordinaten erhalten wir

$$x_1 = a \cos(t + \varphi_0),$$
$$x_2 = a \sin(t + \varphi_0).$$

Wegen $x_1^2 + x_2^2 = a^2$ handelt es sich um einen mit t parametrisierten Kreis um den Nullpunkt der $x_1 - x_2$-Ebene.

∎

Diesem Beispiel kann entnommen werden, daß explizite nichtlineare Differentialgleichungen 1.Ordnung mindestens zwei Typen von invarianten Mengen besitzen:

1) *Fixpunkte*, d.h. Lösungen mit $\dot{\mathbf{x}} = \mathbf{0}$,
2) *Grenzzyklen*, d.h. eine periodische Lösung, in deren Umgebung keine weitere periodische Lösung existiert.

Bemerkung 6.15: Im Sinne von 2) ist die periodische Lösung des linearen harmonischen Oszillators $\ddot{x} + \omega^2 x = 0$ kein Grenzzyklus, weil die periodischen Lösungen die ganze $x - \dot{x}$-Ebene überdecken.

■

Während man zur Bestimmung von Fixpunkten eine Bestimmungsgleichung angeben kann, gibt es so etwas für Grenzzyklen nicht. Handelt es sich um eine nichtautonome Differentialgleichung $\dot{\mathbf{x}} = \mathbf{f}(\mathbf{x}, t)$, die eine periodische rechte Seite in t mit der Periode T hat, dann kann man *hoffen*, daß es auch eine periodische Lösung gibt; die Periode muß in solchen Fällen aber nicht gleich T sein.

Beispiel 6.24: 1) (Chua [6.123], Beispiel 18) Die Beschreibungsgleichung des in Bild 6.23a) gezeigten Netzwerkes, dessen nichtlinearer Widerstand die in Bild 6.23 b) gezeigte Kennlinie besitzt, lautet

$$\dot{u}_C = g(U_0 \sin t - u_C).$$

Da $g(u_R) \geq 0$ für alle u_R ist, kann die Spannung u_C nur monoton ansteigen oder konstante bleiben. Eine periodische Lösung existiert trotz der periodischen Anregung nicht.

2) Die speziellen Zustandsgleichungen für das in Bild 6.24a) gezeigte Netzwerk mit der in Bild 6.24 b) gezeigten konstitutiven Relation des nichtlinearen Widerstandes lauten

$$\frac{du_C}{dt} = i_L,$$
$$\frac{di_L}{dt} = i_L - \frac{4}{3}i_L^3 - u_C + \cos 3t.$$

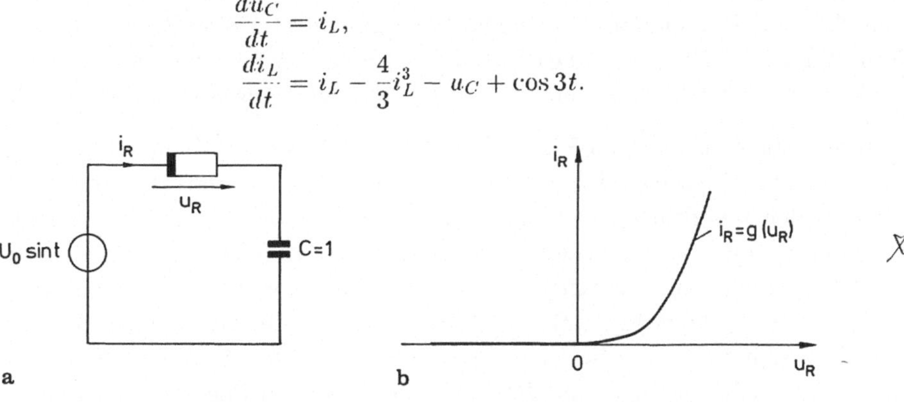

Bild 6.23. a) Netzwerk, b) Kennlinie

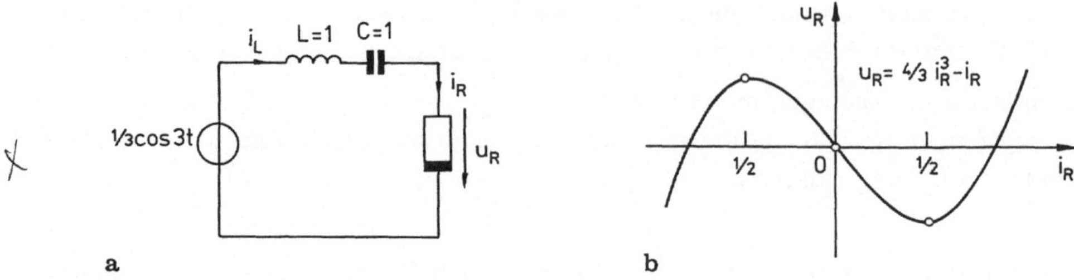

Bild 6.24. a) Netzwerk, b) Kennlinie

Man kann durch Einsetzen nachweisen, daß es mindestens drei verschiedene periodische Lösungen gibt

$$u_C(t) = \sin(t + \frac{2\pi}{3}k)$$

$$i_L(t) = \cos(t + \frac{2\pi}{3}k)$$

mit $k = 0, 1, 2$, die nicht mit der anregenden Frequenz übereinstimmen und im Unterschied zu linearen Differentialgleichungen sogar unterhalb der Anregungsfrequenz liegen.

∎

Auf die Bestimmung der Fixpunkte wollen wir nicht näher eingehen, weil wir diese Lösungen schon in Abschnitt 6.2 und 6.3 bei den nichtlinearen Widerstandsnetzwerken besprochen hatten. Die Gleichung $\mathbf{f(x)} = \mathbf{0}$ kann, wie bereits ausgeführt, als Widerstandsnetzwerk interpretiert werden; es entsteht aus dem vollständigen RLC-Netzwerk, in dem man die Induktivitäten durch einen Kurzschluß und die Kapazitäten durch einen Leerlauf ersetzt. Außerdem wird diese Problemstellung auch im Abschnitt 6.8.3 über die Kleinsignalanalyse angesprochen. Wenn man sich ein Bild über das Lösungsverhalten der Fixpunkte machen will, dann genügt es nach dem Satz von Hartman und Grobman (Abschnitt 6.11.1 über die Stabilitätsanalyse) in bestimmten Fällen, das linearisierte System zu untersuchen. In diesem Abschnitt wollen wir uns noch etwas genauer mit der Existenz von Grenzzyklen beschäftigen.

Während die Existenz von Fixpunkten zumindest keine prinzipiellen Schwierigkeiten bereitet, da es eine Bestimmungsgleichung gibt, ist das Existenzproblem bei Grenzzyklen wesentlich schwieriger. Man kann nämlich an den Koeffizienten einer autonomen Differentialgleichung nicht ablesen ob die Gleichung einen Grenzzyklus besitzt. Bei einigem Nachdenken ist das auch nicht erstaunlich, denn Grenzzyklen sind, im Gegensatz zu Fixpunkten, globale Objekte. Die Gewinnung globaler Aussagen ist aber immer ein sehr schwieriges mathematisches Problem. Nur für den Fall der Differentialgleichungen im $I\!R^2$ gibt es den Satz von Poincaré und Bendixon, mit dem die Existenz eines Grenzzyklus nachgewiesen werden kann. Die beiden Sätze findet man bei Guckenheimer und Holmes ([6.124], S.44). Eine leichter verständliche Formulierung und einige Anwendungen des Satzes geben Jordan und Smith ([6.125], S.293ff) an. Eine vollständige theoretische Behandlung wird bei Amann ([6.40], §24) und Coddington und Levenson ([6.126], §16) angegeben.

Satz 6.21: (Poincaré, Bendixon) Sei $\mathbf{g}_t$ ein Fluß einer Differentialgleichung $\dot{\mathbf{x}} = \mathbf{f}(\mathbf{x})$ einer einmal stetig differenzierbaren Funktion auf dem $I\!R^2$, dann enthält jede nichtleere beschränkte und abgeschlossene ω- oder α-Grenzmenge von $\mathbf{g}_t$, in der kein Fixpunkt liegt, einen Grenzzyklus.

Beweis: Hirsch, Smale ([6.127], S.248f).

■

Diese etwas abstrakte Aussage ist geometrisch sehr anschaulich: Eine bei $t_0 = 0$ startende Trajektorie, die vollständig innerhalb eines endlichen Bereiches $D \subset I\!R^2$ verläuft, die keinen Fixpunkt enthält, ist entweder selbst ein Grenzzyklus oder strebt für $t \to \infty$ spiralförmig gegen einen Grenzzyklus.

Bei der Anwendung dieses Satzes wird üblicherweise ein ringförmiger Bereich gesucht, etwa um einen Fixpunkt herum, der von zwei geschlossenen Kurven begrenzt wird. Dabei benutzt man in der Praxis oft eine störungstheoretisch ermittelte periodische Näherungslösung (siehe Abschnitt 6.10), schließt diese mit geschlossenen Kurven ein und beweist, daß das Vektorfeld (rechte Seite der Differentialgleichungen) auf der äußeren als auch auf der inneren Kurve in das Ringgebiet hinein zeigt. Auf diese Weise kann die exakte Lösung sukzessive eingeschlossen werden. Allerdings ist es nicht immer ganz leicht, geeignete geschlossene Kurven zu finden, die den genannten Voraussetzungen genügen. Dennoch gibt es verschiedene Gleichungstypen, bei denen der Satz von Poincaré und Bendixon erfolgreich angewendet werden konnte. Einige Beispiele findet man bei Jordan und Smith ([6.125], S.295ff).

Beispiel 6.25: Zu zeigen ist, daß das System von Differentialgleichungen

$$\begin{pmatrix} \dot{x} \\ \dot{y} \end{pmatrix} = \begin{pmatrix} 1 & 1 \\ -1 & 1 \end{pmatrix} \begin{pmatrix} x \\ y \end{pmatrix} - \begin{pmatrix} x^3 \\ y^3 \end{pmatrix} =: \begin{pmatrix} f_1(x,y) \\ f_2(x,y) \end{pmatrix}$$

mindestens einen Grenzzyklus im $I\!R^2$ besitzt. Wir verwenden ein Verfahren von Andronov, Witt und Chaikin ([6.128], S.352f). Dabei betrachten wir eine parametrisierte Familie von Kreisen um den Ursprung $x^2 + y^2 = r(x,y)$ und untersuchen die Änderung des Radius mit der Zeit

$$\frac{1}{2}\frac{dr}{dt} = x\dot{x} + y\dot{y};$$

wenn $x(t)$ und $y(t)$ Lösungskurven sind, dann können wir $\dot{x}$ und $\dot{y}$ durch f_1 bzw. f_2 ersetzen

$$\frac{1}{2}\frac{dr}{dt} = x(y + x - x^3) + y(-x - y - y^3) = 2(x^2 + y^2 - x^4 - y^4).$$

Wird der Radius kleiner ($dr/dt < 0$), dann laufen die Trajektorien nach innen, und wird er größer, dann laufen sie nach außen. Man kann leicht zeigen, daß hier gilt

$$\frac{dr}{dt} > 0 \quad \text{für} \quad x^2 + y^2 < 1,$$

$$\frac{dr}{dt} < 0 \quad \text{für} \quad x^2 + y^2 > 2;$$

d.h. für $x^2 + y^2 < 2$ existiert ein Grenzzyklus.

∎

Umgekehrt ist es oft wichtig zu wissen, ob ein System oder Netzwerk in einem gewissen Bereich des (ebenen) Zustandsraumes keine periodischen Lösungen besitzt. So ist man beim Entwurf eines Flip-Flop-Netzwerkes natürlich nicht daran interessiert, daß das Netzwerk oszillatorische Lösungen besitzt. Das herauszufinden, dazu dient das Kriterium von Bendixon.

Satz 6.22: (Bendixon-Kriterium) Wenn in einem einfach zusammenhängen Gebiet $D \subset I\!\!R^2$ (dort gibt es zwischen irgend zwei Punkten immer einen verbindenden Weg, der ganz in D liegt) der durch $\partial f_1/\partial x + \partial f_2/\partial y$ definierte Ausdruck nicht verschwindet und auch das Vorzeichen sich nicht ändert, dann hat die Gleichung in D keine Grenzzyklen.

Beweis: Dazu wird der Integralsatz von Green für die Ebene benutzt (Guckenheimer, Holmes ([6.124], S.44).

∎

Bemerkung 6.16: 1) Eine Verallgemeinerung des Bendixon-Kriteriums stammt von Dulac (Andronov, Witt, Chaikin ([6.128], S.321). 2) Ein weiteres Ausschlußkriterium ist das Folgende: besitzt die Differentialgleichung keine Fixpunkte, dann können auch keine Grenzzyklen vorkommen (siehe Zitat 1).

∎

Wir haben bisher nur zwei Klassen nicht wandernder Mengen von Differentialgleichungen betrachtet: Fixpunkte und Grenzzyklen. Bei Andronov, Witt und Chaikin wird noch eine weitere Klasse angegeben: die sogenannten *Trennkurven*; sie bestehen aus Fixpunkten und Trajektorien, die diese Fixpunkte verbinden. Man nennt sie *heterokline Orbits*, wenn sie verschiedene Punkte verbinden und *homokline Orbits*, wenn ein Punkt mit sich selbst verbunden wird. Diese Orbits sind, lokal von einem Fixpunkt aus gesehen, Verallgemeinerungen der stabilen und instabilen Teilräume (Abschnitt 4.12.1) und werden stabile und instabile Mannigfaltigkeit genannt. Diese Fixpunkte müssen Sattelpunkte sein, weil sich in der Umgebung von Quellen und Senken nur wandernde Punkte befinden. Demnach besitzt ein Sattelpunkt im nicht-linearen Fall eine stabile und eine instabile Mannigfaltigkeit. In Abschnitt 6.9.4 werden wir zeigen, daß das sogenannte chaotische Verhalten nichtlinearer Differentialgleichungen eng mit den homoklinen Orbits zusammenhängt.

6.9.2 Grenzzyklen und Abbildungsgrad

Mit den bisher diskutierten Sätzen kann die Existenz von Grenzzyklen nur für Differentialgleichungen im $I\!R^2$ gezeigt werden; eine Verallgemeinerung auf höhere Dimensionen ist nicht möglich (Bemerkungen dazu bei Amann ([6.40], S.377)). Das liegt vor allem daran, daß zum Beweis der Jordansche Kurvensatz benutzt werden muß, dessen Anwendung nur im $I\!R^2$ Sinn hat.

Können wir zusätzliche Voraussetzungen angeben, dann lassen sich natürlich auch weitergehende Ergebnisse erzielen. Handelt es sich dabei um nichtautonome Differentialgleichungen 1.Ordnung

$$\dot{\mathbf{x}} = \mathbf{f}(\mathbf{x}, t) \tag{6.46}$$

mit $\mathbf{x} \in I\!R^n$ und einer periodischen rechten Seite $\mathbf{f}(\mathbf{x}, t + T) = \mathbf{f}(\mathbf{x}, t)$ mit $(T > 0)$, dann können wir das Existenzproblem für einen Grenzzyklus der Periode T auf ein Nullstellenproblem zurückführen. Dazu benötigen wir den folgenden Satz von Poincaré.

Satz 6.24: Betrachten wir eine nichtautonome Differentialgleichung mit periodischer rechter Seite nach (6.46). Sei $\mathbf{u}(t, t_0, \mathbf{x}_0)$ eine Lösung des Anfangswertproblems, dann nennen wir

$$\mathbf{u}_T(\mathbf{x}_0) := \mathbf{u}(T, 0, \mathbf{x}_0)$$

die *Zeit-T-Abbildung*; der Anfangszeitpunkt wird zu $t_0 = 0$ gewählt.

Dann gilt, daß die Differentialgleichung genau dann einen Grenzzyklus mit der Periode T besitzt, wenn die Zeit-T-Abbildung $\mathbf{u}_T$ einen Fixpunkt besitzt, d.h. $\mathbf{u}_T(\mathbf{x}_0) = \mathbf{x}_0$.

Beweis: Amann ([6.40], S.302f).

∎

Bemerkung 6.17: Eine Funktion $f : I\!R \to I\!R$ hat einen Fixpunkt, wenn es ein x_0 gibt mit $f(x_0) = x_0$; dies kann auch als Nullstellenproblem $f(x) - x = 0$ aufgefaßt werden.

■

In dem Buch von Amann ([6.40], §22) findet man eine ausführliche Behandlung solcher Fixpunktprobleme im Zusammenhang mit der Existenz von Grenzzyklen von nichtautonomen Differentialgleichungen. Einen Überblick über diese Methoden gibt Lloyd [6.129]. Wir formulieren jetzt einen Satz, der als ein Kriterium für die Existenz eines Fixpunktes und damit eines Grenzzyklus dient; er wird mit dem in Abschnitt 6.3 definierten Abbildungsgrad von Funktionen formuliert.

Satz 6.23: Sei $\mathbf{f} : I\!R^n \times I\!R \to I\!R^n$ eine einmal stetig differenzierbare und mit Periode T periodische Funktion, sei $\mathbf{u}_T$ die Zeit-T-Abbildung der Differentialgleichung $\dot{\mathbf{x}} = \mathbf{f}(\mathbf{x}, t)$ und ist $D \subset I\!R^n$ eine offene und beschränkte Menge, so daß gilt

1) $\mathbf{u}_T(\mathbf{x}_0)$ ist für $0 \le t \le T$ und $\mathbf{x}_0 \in \overline{D}$,
2) $\mathbf{F}(\mathbf{x}) := \mathbf{f}(\mathbf{x}, 0) \ne \mathbf{0}$ für alle $\mathbf{x}$ auf dem Rand ∂D von D,
3) alle Punkte $\mathbf{x}_0$ sind in T nicht wiederkehrend, d.h. es gilt $\mathbf{u}_T(\mathbf{x}_0) \ne \mathbf{x}_0$ für $0 \le t \le T$,

dann gilt für den Abbildungsgrad von $\mathbf{g}$ mit $\mathbf{g}(\mathbf{x}_0) := \mathbf{u}_T(\mathbf{x}_0) - \mathbf{x}_0$

$$d(\mathbf{g}, D, \mathbf{0}) = d(\mathbf{F}, D, \mathbf{0}).$$

Beweis: Wir definieren mit einer Lösung der Differentialgleichung eine mit t parametrisierte Familie von Funktionen durch

$$v_t : \mathbf{x}_0 \longmapsto \mathbf{x}(t, 0, \mathbf{x}_0) - \mathbf{x}_0,$$

wobei $v_T = \mathbf{g}$ ist. Für kleine t gilt (Taylorreihe in t)

$$\mathbf{x}(t, 0, \mathbf{x}_0) = \mathbf{x}_0 + t\mathbf{f}(\mathbf{x}_0, 0) + \mathcal{O}(t^2);$$

daraus folgt mit der Homotopieinvarianz des Abbildungsgrades von Familien von Funktionen die Behauptung.

■

Damit können wir einen Existenzsatz für Grenzzyklen formulieren.

Satz 6.25: Es gelten die Voraussetzungen von Satz 6.24, dann hat $\dot{\mathbf{x}} = \mathbf{f}(\mathbf{x}, t)$ mindestens einen Grenzzyklus mit der Periode T, wenn außer den dort genannten Voraussetzungen gilt

$$d(\mathbf{F}, D, \mathbf{0}) \ne 0.$$

Beweis: Folgerung aus Satz 6.24.

■

Die Schwierigkeiten bei der Anwendung dieses Satzes liegen natürlich in der Prüfung seiner Voraussetzungen. Krasnosel'skii hat eine Variante dieses Existenzsatzes bewiesen, der auf der Existenz einer Ljapunov-Funktion (Abschnitt 6.11.1) mit bestimmten Eigenschaften basiert. Diesen Satz findet man zusammen mit einem Beweis bei Amann ([6.40], S.335f).

Damit wollen wir die Ausführungen über Existenzsätze von Grenzzyklen im wesentlichen abschließen. Im folgenden Abschnitt werden wir die sogenannte Poincaré-Abbildung einführen, die für theoretische und numerische Zwecke sehr nützlich ist, weil man sich damit viele Situationen sehr gut veranschaulichen kann (bei mehr als drei Dimensionen natürlich in einem abstrakten Sinne). Wir wollen jedoch darauf hinweisen, daß wir auf das Existenzproblem von Grenzzyklen in Abschnitt 6.11.2 im Zusammenhang mit qualitativen Veränderungen in parametrisierten Familien von nichtlinearen Differentialgleichungen noch einmal zurückkommen. Insbesondere erweist sich, die auf Überlegungen von Poincaré zurückgehende Andronov-Hopf-Bifurkation als ein interessantes Hilfsmittel beim theoretischen als auch numerischen Nachweis von Grenzzyklen.

6.9.3   Die Poincaré-Abbildung

Eine geometrische Interpretation der Zeit-T-Abbildung $\mathbf{u}_T$ ist die Poincaré-Abbildung. Dazu betrachten wir den Grenzzyklus $\mathbf{x}_g$ einer autonomen Differentialgleichung $\dot{\mathbf{x}} = \mathbf{f}(\mathbf{x})$ und schneiden ihn mit einer Fläche (bei mehr als drei Dimensionen mit einer Hyperfläche). Eine Veranschaulichung dieses Vorganges im $I\!R^3$ wird in Bild 6.25 gezeigt; für mehr als drei Dimensionen kann diese Darstellung weiter benutzt werden, sie wird dann aber abstrakt geometrisch interpretiert. Startet man eine Trajektorie in der Nähe des "Durchstoßpunktes" des Grenzzyklus, dann kann die nichtlineare Differentialgleichung linearisiert werden. Nach Abschnitt 5.8.1 (6.11.1) können

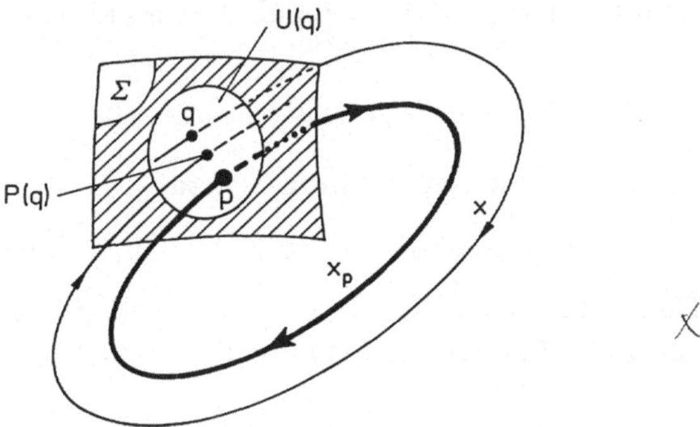

Bild 6.25. Poincaré-Abbildung

wir das Stabilitätsproblem von Grenzzyklen auf die Stabilitätsuntersuchung einer linearen Differentialgleichung mit periodischen Koeffizienten zurückführen; dazu wird die diskrete Übergangsmatrix $\boldsymbol{\Phi}_D(T)$ verwendet. Analog dazu definieren wir mit der Poincaré-Abbildung eine nichtlineare "Version" der diskreten Übergangsmatrix.

Definition 6.9: (Poincaré-Abbildung) Sei $\dot{\mathbf{x}} = \mathbf{f}(\mathbf{x})$ eine autonome Differentialgleichung 1.Ordnung im $I\!\!R^n$ mit dem Fluß $\mathbf{g}_t$ und $\mathbf{x}_p$ ein Grenzzyklus dieser Gleichung mit der Bildmenge $M_p = \mathbf{g}_p(I\!\!R)$ (die Menge aller Punkte des Grenzzyklus in $I\!\!R^n$). An der Stelle $\mathbf{q} \in M_p$ schneiden wir den Grenzzyklus mit einer Hyperfläche Σ; die Hyperfläche soll so gewählt werden, daß sie den Grenzzyklus an keiner Stelle tangiert.

In einer Umgebung U_q von $\mathbf{q}$ definieren wir die Poincaré-Abbildung $P : U_q \to \Sigma$

$$P(\mathbf{q}) := \mathbf{g}_\tau(\mathbf{q})$$

für alle $\mathbf{q} \in U_q$. Dabei ist $\tau = \tau(\mathbf{q})$ die von $\mathbf{q}$ abhängige Zeit, nach der der Grenzzyklus $\mathbf{x}_p(t)$ zum ersten Male wieder auf die Fläche Σ zurückkehrt. Es ist dabei zu beachten, daß τ von $\mathbf{q}$ anhängt und nicht mit der Periode $T = T(\mathbf{q})$ von $\mathbf{x}_p$ übereinstimmen muß.

∎

Wie die diskrete Übergangsmatrix $\boldsymbol{\Phi}_D(T)$, bei linearen periodisch zeitvarianten Differentialgleichungen, kann die Poincaré-Abbildung nur dann explizit bestimmt werden, wenn $\dot{\mathbf{x}} = \mathbf{f}(\mathbf{x})$ explizit gelöst werden kann.

Beispiel 6.26: (Guckenheimer, Holmes ([6.124], S.24f)) Für das nichtlineare Differentialgleichungssystem

$$\dot{x} = x - y - x(x^2 + y^2),$$
$$\dot{y} = x + y - y(x^2 + y^2)$$

wählen wir die Fläche $\Sigma = \{(x, y) \in I\!\!R^2 \mid x > 0, y = 0\}$. Transformieren wir diese Differentialgleichung mit $r := \sqrt{x^2 + y^2}$ und $\Theta := \arctan(y/x)$, dann erhalten wir

$$\dot{r} = r(1 - r^2),$$
$$\dot{\Theta} = 1;$$

die Fläche Σ ergibt sich in diesen Koordinaten zu

$$\Sigma = \{(r, \Theta) \in I\!\!R^+ \times S^1 \mid r > 0, \Theta = 0\},$$

wobei S^1 der Einheitskreis im $I\!\!R^2$ ist. Da diese Gleichung explizit gelöst werden kann, läßt sich auch die Poincaré-Abbildung P für $\tau = 2\pi$ angeben

$$P(r_0) = \left(1 + \left(\frac{1}{r^2} - 1\right) e^{-4\pi}\right)^{-(1/2)}.$$

∎

Bei Guckenheimer und Holmes ([6.124], S.24f) wird, die unseren Vorüberlegungen entsprechende Vermutung, bestätigt, daß die linearisierte Poincaré-Abbildung und die diskrete Übergangsmatrix $\Phi_D(T)$ eng verwandt sind. Des weiteren können wir uns mit der Poincaré-Abbildung die Ergebnisse des letzten Abschnittes besser veranschaulichen. So besitzt die Differentialgleichung $\dot{\mathbf{x}} = \mathbf{f}(\mathbf{x})$ genau eine periodische Lösung, wenn die Poincaré-Abbildung genau einen Fixpunkt hat. Es kann aber auch ein kompliziertes Lösungsverhalten, wie mehrfache Periodizität und sogar chaotisches Verhalten, mit dieser Abbildung sehr gut studiert werden. Mit dem Software-Labor von Koçak [6.130] kann die Poincaré-Abbildung auch numerisch bestimmt werden. Wir machen im folgenden Abschnitt 6.9.4 im Zusammenhang mit Erklärungsansätzen des chaotischen Verhaltens bei nichtlinearen Differentialgleichungen davon Gebrauch.

6.9.4 Weitere Lösungstypen und chaotisches Verhalten

Nach dem wir uns in den letzten beiden Abschnitten im wesentlichen mit der Existenz von Grenzzyklen befaßt haben, wenden wir uns nun Lösungtypen von nichtlinearen Differentialgleichungen zu, die im Linearen ebenfalls nicht vorkommen. Im folgenden Beispiel 6.27 zeigen wir, daß es explizite Differentialgleichungen 1.Ordnung mit einer Variablen gibt, deren Vektorfeld auf ganz $I\!R$ wohldefiniert ist, aber deren Lösungen nicht für alle Zeiten $t > 0$ existieren. Außerdem wird gezeigt, daß die Eindeutigkeit der Lösungen verloren gehen kann, wenn die rechte Seite an einer irgendeiner Stelle nicht differenzierbar ist; die (lokale) Eindeutigkeit ist nur dann gewährleistet, wenn das Vektorfeld ein sogenannte *Lipschitz-Bedingung* erfüllt (siehe Tikhonov, Vasil'eva und Sveshnikov ([6.131], S.31ff)).

Beispiel 6.27: 1) (Arnol'd ([6.132], S.29f)) Wie suchen die allgemeine Lösung von $\dot{x} = x^2$, wobei die rechte Seite auf ganz $I\!R$ definiert ist. Eine Integration liefert die Lösung

$$x(t) = -\frac{1}{t - t_0};$$

es gibt demnach eine Lösung für $t < t_0$ und eine für $t > t_0$. An der Stelle $t = t_0$ wächst $x(t)$ über alle Grenzen. 2) Sei $\dot{x} = \sqrt{x}$ mit $x(0) = 0$ ein Anfangswertproblem, dann kann man durch Einsetzen leicht zeigen, daß die triviale Lösung $x(t) \equiv 0$ und $x(t) = t^2/4$ das Anfangswertproblem erfüllen. Durch die nicht vorhandene Differenzierbarkeit der rechten Seite an der Stelle $x = 0$ sind die Lösungen nicht eindeutig; man kann nämlich zeigen, daß das Vektorfeld $f(x) = \sqrt{x}$ in der Nähe des Nullpunktes keine Lipschitz-Bedingung erfüllt.

∎

Bemerkung 6.18: 1) Besitzt ein Anfangswertproblem $\dot{\mathbf{x}} = \mathbf{f}(\mathbf{x})$ mit $\mathbf{x}(0) = \mathbf{x}_0$ eine Lösung, die für ein t^* einen Pol besitzt, dann spricht man von einer Differentialgleichung mit *Forward-Escape-Time*; erreicht man den Pol nach einer "Zeitumkehr", dann spricht man von *Backward-Escape-Time*. In der Arbeit von Chua und Green [6.133] wird eine Klasse von Netzwerken angegeben, deren beschreibende Differentialgleichungen keine Forward-Escape-Time besitzen. Dazu wird gefordert, daß keine Maschen *und* Schnittmengen von Kapazitäten und Induktivitäten auftreten, diese Netzwerkelemente reziprok und *schließlich stark lokal passiv* und alle aus Widerständen und Quellen zusammengesetzten Netzwerkelemente *schließlich passiv* sind. 2) Man kann zeigen (Arnol'd ([6.132], S.31)), daß die Lösungen von Differentialgleichungen $\dot{\mathbf{x}} = \mathbf{f}(\mathbf{x})$ auf ganz $I\!R$ existieren, wenn die Bedingung $\|\mathbf{f}(\mathbf{x})\| < \alpha\|\mathbf{x}\| + \beta$ erfüllt ist. 3) Netzwerk-Realisierungen für diese Standardbeispiele findet man in dem State-of-the-Art Artikel von Chua [6.123], der auch eine Zusammenfassung der wichtigsten Ergebnisse der nichtlinearen Netzwerktheorie (bis Mitte 1980) enthält.

■

Wir wollen nun sogenannte *Gradientensysteme* betrachten, die folgende Form besitzen

$$\dot{\mathbf{x}} = -grad(V(\mathbf{x})),$$

mit $\mathbf{x} \in I\!R^n$. Solche Differentialgleichungen können nur zwei Typen von nicht wandernden Mengen besitzen, nämlich Fixpunkte und Grenzzyklen, wenn gilt (Guckenheimer, Holmes ([6.124], S.49f):

1) Die Anzahl der Fixpunkte und Grenzzyklen ist endlich und die Koeffizientenmatrix der linearen Variationsgleichung hat nur Eigenwerte mit negativem Realteil bzw. die diskrete Übergangsmatrix hat nur charakteristische Multiplikatoren vom Betrag kleiner als Eins,

2) die stabile und die instabile Mannigfaltigkeit berühren sich nicht tangential, d.h. sie schneiden sich transversal.

Insbesondere kann man zeigen, daß bei Gradientensystemen im $I\!R^2$

$$\dot{x} = -\frac{\partial V}{\partial x}, \qquad \dot{y} = -\frac{\partial V}{\partial y}$$

nur Fixpunkte und keine Grenzzyklen oder homokline Orbits als nicht wandernde Mengen vorkommen. Das für die Netzwerktheorie von besonderer Bedeutung, weil die Brayton-Moser-Gleichungen für reine RC-Netzwerke und RL-Netzwerke Gradientensysteme sind. Daher kann man folgern, daß vollständige nichtlineare RC- bzw. RL-Netzwerke zu einem oszillatorischen Verhalten nicht fähig sind.

Kompliziertere Lösungstypen treten auf, wenn man Differentialgleichungen auf 2-dimensionalen Untermannigfaltigkeiten des $I\!R^3$ betrachtet. Dazu genügt es, die *li-*

neare Differentialgleichung

$$\dot{\Theta} = \omega_1, \qquad \dot{\Phi} = \omega_2$$

zu untersuchen, wobei Θ und Φ Koordinaten auf einem Torus im $I\!R^3$ sind. Ein solches System wird z.B. durch zwei nicht gekoppelte Pendel realisiert, wobei Θ und Φ die Auslenkungswinkel der Pendel darstellen. Im Fall, daß ω_1 und ω_2 in einem rationalen Verhältnis stehen, erhält man bekanntlich Lissajous-Figuren. Ist der Quotient von ω_1 und ω_2 irrational, dann kommt die an irgendeinem Punkt startenden Trajektorie jedem anderen Punkt des Torus beliebig nahe. Simuliert man diese Situation mit Hilfe eines Oszilloskopes oder mit dem schon mehrfach erwähnten Programm *PHA-SER* (Koçak [6.130]) und beobachtet die Trajektorie in einem Koordinatensystem (Karte), die als Abwicklung der Torus-Oberfläche in die Ebene gedeutet weden kann, dann beobachten wir, wie sich das Rechteck mit anwachsender Zeit immer mehr von den Trajektorien ausgefüllt wird. Mit den Begriffen in Abschnitt 6.7.2 ausgedrückt heißt das, jeder Punkt des Torus ist ein nicht wandernder Punkt. Daneben können auch nicht wandernde Mengen wie Fixpunkte oder Grenzzyklen auftreten. Nach diesen Hinweisen auf zwei spezielle Gleichungstypen und deren Lösungstypen wollen wir uns jetzt mit einigen Aspekten von Differentialgleichungen mit drei Variablen beschäftigen.

Wir haben bereits vorher auf das chaotische Verhalten bei nichtlinearen Differentialgleichungen hingewiesen. Dabei handelt es sich um ein Phänomen, daß bei Differentialgleichungen in *zwei* Variablen nicht auftreten kann. Der Grund ist sehr einfach; erfüllt eine Differentialgleichung die Voraussetzungen für lokale Existenz und Eindeutigkeit der Lösungen, dann können in der Ebene nur Fixpunkte, Grenzzyklen und Orbits beider Typen auftreten, sowie Trajektorien, die sich diesen nicht wandernden Mengen annähern oder davon entfernen. Andernfalls würden sich zwei verschiedene Trajektorien schneiden können, so daß die Eindeutigkeit der Lösungen verletzt wird. Im einem 3-dimensionalen Raum ist aber ein beliebig kompliziertes "Wollknäuel" einer nicht wandernden Menge möglich, ohne daß die Eindeutigkeit an irgend einer Stelle verletzt ist. So einfach diese Überlegung zu verstehen ist, so schwierig ist die Untersuchung von nichtlinearen Differentialgleichungen, die eine solche nicht wandernde Menge besitzen. Man muß sogar soweit gehen, daß die Vielfältigkeit der dabei auftretenden Feinheiten mathematisch bisher nicht verstanden sind. Dennoch gibt es schon verschiedene Monographien auf verschiedenem Niveau, welche diese Phänomene beschreiben; das Buch von Schuster [6.134] hat eher einen einführenden Charakter in dieses Gebiet, denn dort sind selbst schwierige Zusammenhänge außerordentlich klar beschrieben, so daß dieses Buch eine ideale Einführung in das Gebiet "Deterministisches Chaos" darstellt. Die Bücher von Guckenheimer und Holmes [6.124] und Lichtenberg und Liebermann [6.135] sind wohl erst für den fortgeschrittenen Leser geeignet. Aber sie bieten sehr viele wichtige Details, die zum Teil erst seit wenigen Jahren bekannt sind. Schließlich wollen wir auf die ebenfalls einführende Beschreibung in dem Lehrbuch von Jordan und Smith ([6.125],

§12) hinweisen. In der Netzwerktheorie hat es in den letzten Jahren einen gewaltigen Aufschwung in diesem Gebiet gegeben. Seit 1985 gibt auf jedem Jahrestreffen der IEEE-Mitglieder, Sektion Circuit and Systems, mindestens eine Session zum Thema *Chaos*. Auch in den letzten Jahrgängen der Zeitschrift von IEEE-CAS sind zahlreiche Arbeiten und Sonderhefte erschienen, die sich mit diesem Gebiet beschäftigen. Federführend bei diesen Aktivitäten ist Professor Leon Chua aus Berkeley/Kalifornien, dem die nichtlineare Netzwerktheorie schon viele wegweisende Beiträge zu verdanken hat. Als Übersicht zum Thema "Chaos in dynamischen Systemen" seien die Bücher von Mees ([6.105], §2.1) und Hasler, Neirynck ([6.21], S.283ff) sowie die Arbeiten von Schwarz [6.136] und Ott [6.137] genannt. Wir wollen allerdings noch darauf hinweisen, daß Ueda [6.138] bereits in den siebziger Jahren erste Untersuchungen von elektrischen Systemen vorgestellt hat, die durch die Duffinggleichung beschrieben werden.

Bevor wir mit einigen Einzelheiten der Erklärung des Phänomens "Chaos" beschäftigen, beschreiben wir ein typisches *Szenario* bei der Duffingschen Differentialgleichung mit Anregung; dabei stellen wir einige Ergebnisse entsprechender Computersimulationen vor.

Beispiel 6.28: Wir betrachten die Duffingsche Differentialgleichung mit Anregung

$$\ddot{x} + k\dot{x} - x + x^3 = \Gamma \cos \omega t$$

mit $r \in I\!R$, die als gedämpfter Oszillator mit nichtlinearer Rückstellkraft und sinusförmiger Anregung interpretiert werden kann. Mit Hilfe einer Autonomisierung zeigt man, daß der Zustandsraum die notwendigen drei Dimensionen besitzt.

Des weiteren kann man nachrechnen, daß die Fixpunkte bei $x_0 = \pm 1$ und Null liegen, wobei Null ein Sattelpunkt ist und die beiden anderen stabile Fixpunkte sind.

Mit Hilfe eines störungstheoretischen Ansatzes, der von einer Darstellung

$$x(t) = c(t) + a(t) \cos \omega t + b(t) \sin \omega t$$

ausgeht, wobei $a(t)$ und $b(t)$ "langsam" veränderlich sind, zeigt sich, daß die Amplitude $r = \sqrt{a^2 + b^2}$, die Dämpfung k, die Frequenz ω, der nicht periodische Anteil c als auch die Amplitude Γ der Anregung miteinander in Beziehung stehen

$$r^2((-1 - \omega^2 + 3c^2 + \frac{3}{4}r^2)^2 + k^2\omega^2) = \Gamma^2. \tag{6.47}$$

Wir erhalten zwei *Mengen* von Lösungen von (6.47) für $r^2 \leq \sqrt{2/3}$ und eine *Menge* von Lösungen für $r^2 > \sqrt{2/3}$. Stabilitätsuntersuchungen zeigen, daß *Jumpeffekte* und Hystereseverhalten auftreten kann.

Das Verhalten der, auf einem Computer berechneten, Lösungen ist aber weitaus komplizierter:

- Wenn $\Gamma = 0$ ist ($\omega = 1,2$; $k = 0,3$), dann gibt es stabile Grenzzyklen mit der Periode $2\pi/\omega$.
- Daran ändert sich nichts, wenn $\Gamma \neq 0$ und kleiner als $0,27$ ist.
- Bei $\Gamma = 0,28$ erhalten wir eine Periodenverdopplung $2(2\pi/\omega)$ (Subharmonische halber Frequenz).
- Bei $\Gamma \approx 0,29$ tritt wiederum eine Periodenverdopplung $4(2\pi/\omega)$.
- Nach weiteren Periodenverdopplungen ist zwischen $\Gamma \approx 0,3$ und $\Gamma \approx 0,36$ kein reguläres Verhalten zu beobachten.
- oberhalb von $\Gamma \approx 0,36$ werden ungeradzahlige Perioden beobachtet.

Bestimmt man die Poincaré-Abbildung mit einer passenden Fläche transversal zur Lösung dieses Prozesses, dann sieht man, wie sich der Punkt der Periode $1 \cdot (2\pi/\omega)$ in zwei Punkte aufspaltet, diese in jeweils zwei (insgesamt vier) und so fort, bis sich oberhalb von $0,3$ ein ganzes Gebiet oder eine Kurve von Punkten ergibt. Dieses Gebiet nennt man den *seltsamen Attraktor* (strange attraktor) und er gilt als ein Anzeichen, daß sich das System chaotisch verhält. Analysiert man das Frequenzspektrum der Lösung in Abhängigkeit von Γ, dann sieht man, daß sich die diskreten Linien im periodischen Bereich zu einem kontinuierlichen Spektrum im chaotischen Bereich verbreitern. Das ist ein weiteres Kennzeichen für Chaos (Schuster ([6.134], S.8)). Aufgrund des "breiten Spektrums" kann man auch auf den Gedanken kommen, daß es sich um einen Rauschvorgang handelt. Man sollte aber bedenken, daß es ein rein deterministisches System untersucht wurde.

■

Das im Beispiel beschriebene Szenario ist experimentell in zahlreichen Schaltungen nachgewiesen worden; wir verweisen auf die Arbeit von Freire, Franquelo und Aracil [6.139], die auch zahlreiche Oszillogramme von Messungen enthält; die Autoren beschreiben Versuche, die an einem modifizierten van Pol-Oszillator durchgeführt worden sind. Diese Schaltung ist nach Meinung des Autors (siehe Fischer [6.140]) auch für eigene Versuche sehr gut geeignet, da der Aufbau unproblematisch ist. Danach ist sich der Autor ganz sicher, daß chaotische Vorgänge von Elektrotechnikern schon seit langem beobachtet worden sind und mit Instabilitäten oder Rauschvorgängen verwechselt wurden.

Eine weitere Möglichkeit des Studiums von Systemen mit chaotischem Verhalten besteht darin, nichtlineare Differenzengleichungen (zeitdiskrete dynamische Systeme) zu studieren; das ist sogar mit einem programmierbaren Taschenrechner möglich. Auf diese Weise hat Feigenbaum verschiedene fundamentale Eigenschaften solcher Systeme entdeckt (siehe Schuster ([6.134], §3)), in dem er sich zunächst die "Wahrscheinlichkeit" für die Gültigkeit seiner Hypothesen numerisch ermittelt, und anschließend einen mathematischen Beweis formuliert hat. Die Gleichung, die er zunächst untersucht hat, ist eine parametrisierte Familie von *logistischen Gleichungen*

$$x_{n+1} = r\ x_n(1 - x_n)$$

mit $x \in [0,1]$ und $0 < r < 4$. So einfach diese nichtlineare Differenzengleichung 1.Ordnung auch aussehen mag, sie zeigt ein außerordentlich komplexen Lösungsverhalten. Startet man den Iterationsprozeß mit einem Punkt $x \in [0.1]$ und läßt r von 0 bis 4 ansteigen, gelangt über eine Periodenverdopplung zum Punkt $r_\infty = 3,5699456\ldots$, jenseits dessen die Lösungen chaotisch sind. Umfassende Untersuchungen einer Klasse von Differenzengleichungen, die auch die logistische Gleichung enthält, findet man bei Schuster [6.134] sowie Collet und Eckmann [6.141]. Als Platzgründen müssen wir leider auf eine Darstellung der Einzelheiten verzichten, obwohl die Ergebnisse sehr wichtig sind, weil Poincaré-Abbildungen auch als nichtlineare diskrete Systeme interpretiert werden können.

Stattdessen wollen wir einige Ansätze diskutieren, die verständlich machen sollen, warum es bei der Duffingschen Differentialgleichung mit Anregung (autonomisiert und in eine Differentialgleichung 1.Ordnung transformiert)

$$\dot{u} = v,$$
$$\dot{v} = u - u^3 - kv + \Gamma \cos \omega \Theta,$$
$$\dot{\Theta} = 1$$

mit $(u, v, \Theta) \in I\!R^2 \times S^1$, zu einem derart komplizierten Verhalten der Lösungen kommt.

Dazu betrachten wir zunächst einmal die stabile und die instabile Mannigfaltigkeit des Sattelpunktes $(0,0)$ (Guckenheimer, Holmes ([6.124], S.85)) des Vektorfeldes der Duffingschen Differentialgleichung mit Dämpfung und ohne Anregung ($\Gamma = 0$) in Bild 6.26; wobei sich die instabile Mannigfaltigkeit jeweils den Fixpunkten bei ± 1

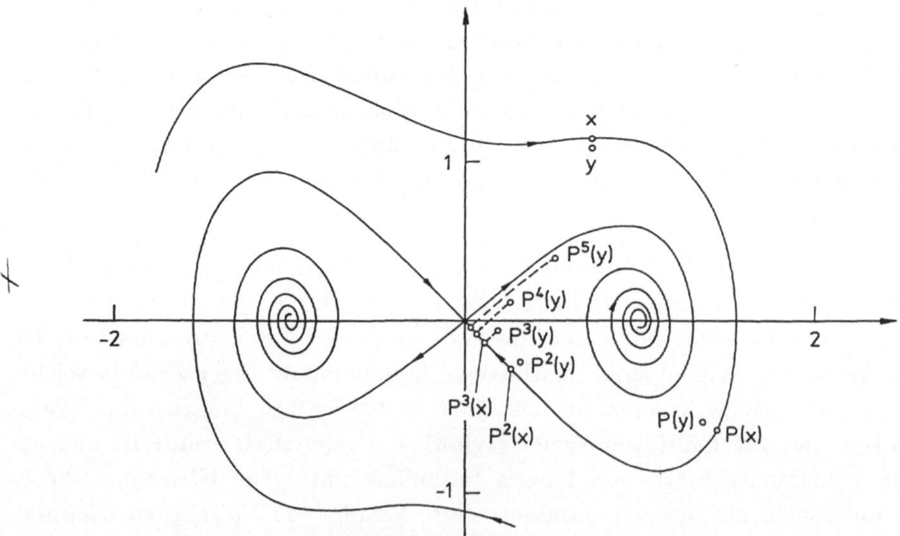

Bild 6.26. Zur Duffing-Gleichung ($\Gamma = 0$) nach [6.124]

asymptotisch nähern. Wir verwenden nun die Fläche $\Sigma = \{(u,v,\Theta) \in I\!\!R^2 \times S^1\}$ und betrachten die Poincaré-Abbildung $P : \Sigma \to \Sigma$. Da die $u-v$-Ebene gewählt wurde, stimmt das Bild des Flusses für den Fall ohne Anregung ($\Gamma = 0$) mit den invarianten Mannigfaltigkeiten überein. Wie man es erwartet, laufen alle durch P erzeugten Trajektorien entlang der instabilen Mannigfaltigkeit in die stabilen Fixpunkte ± 1 ein. Interessant ist die "Bewegung" zweier dicht zusammenliegender Punkte, die mit Hilfe der Poincaré-Abbildung P transportiert werden. Der Punkt $\mathbf{x}$, der auf stabilen Mannigfaltigkeit startet, nähert sich mit abnehmender "Geschwindigkeit" dem Sattelpunkt $(0,0)$, während der Punkt, der in der Nähe der stabilen Mannigfaltigkeit startet, der stabilen Mannigfaltigkeit folgend, sich asymptotisch dem Sattelpunkt nähert. Für "kleine" periodische Anregungen $\Gamma \neq 0$ werden sich die stabile und die instabile Mannigfaltigkeit nicht wesentlich ändern; nur die Fixpunkte verschieben sich in der $u-v$-Ebene und dadurch auch die Mannigfaltigkeiten. Es zeigt sich nun, daß sich die stabile und die instabile Mannigfaltigkeit mit wachsendem Γ immer weiter annähern, bis sie sich für $\Gamma = 0,28$ schneiden. Es entsteht also ein geschlossener Orbit, der den Sattelpunkt mit sich selbst verbindet. Damit ist also ein homokliner Orbit entstanden; der Schnittpunkt heißt homokliner Punkt. Die Art des Schneidens (siehe Bild 6.27) zeigt, daß es zwei Schnittpunkte gibt. Es läßt sich dann begründen, daß sogar abzählbar viele Schnittpunkte existieren müssen (siehe Guckenheimer, Holmes ([6.124], §5.1)).

Wir wollen nun einige Hinweise geben, daß derartige Situationen zu einem sehr komplizierten Lösungsverhalten Anlaß geben: es kommt zu einem *Horseshoe*, wenn man die Bewegung von ganzen Punktmengen in der Nähe des neu entstandenen homoklinen Orbits verfolgt. Die folgende Argumentation stammt aus einer Arbeit von Holmes.

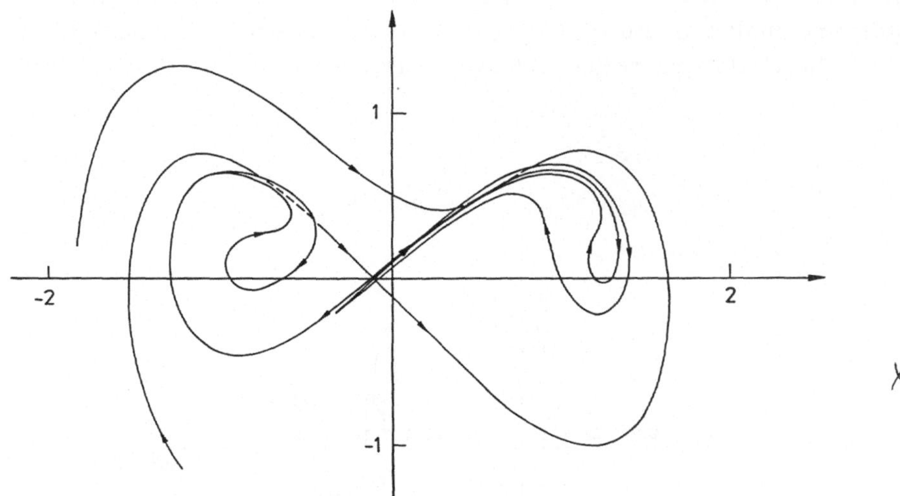

Bild 6.27. Zur Duffing-Gleichung ($\Gamma \neq 0$) nach [6.124]

Wir betrachten den in Bild 6.28 gezeigten homoklinen Orbits, der eine *starke Vereinfachung* der tatsächlichen Situation bei der Duffinggleichung darstellt. Sei U eine Menge in der Umgebung der instabilen Mannigfaltigkeit. Man kann sich leicht über legen, daß sich alle Punkte in Richtung weg vom Sattelpunkt "beschleunigen", daß sich aber diejenigen, die von der Mannigfaltigkeit etwas mehr entfernt sind, sich außerdem noch auf sie zu bewegen. Das führt dazu, daß das ursprüngliche Rechteck in Richtung der Bewegung gestreckt wird, weil die "Beschleunigung" der Punkte, die vom Sattelpunkt weiter entfernt sind, größer ist, als die der anderen, und quer zur "Bewegung" gestaucht wird. Wir interessieren uns für den "Zeitpunkt", zu dem die gestreckte und gestauchte Menge die beiden homoklinen Punkte überlappt; diese Situation wurde von Smale [6.142] Horseshoe genannt. Der Transport des Rechtecks sei mit einer n-fachen Iteration von P erreicht worden, d.h. der Horseshoe ist die Menge $P^n(U)$. Betrachten wir nun die umgekehrte Situation und fragen danach, wie die Menge U einige Iterationsschritte vorher ausgesehen hat. Aus den Überlegungen von oben folgt, daß U bei einer Rückwärtsiteration in Richtung der "Bewegung" gestaucht und quer dazu gestreckt gewesen sein muß. Schließlich ist die Punktmenge $P^{-m}(U)$ längs der stabilen Mannigfaltigkeit verteilt. Durch passende Wahl der Menge U gelingt es, daß die Menge $P^{-m}(U)$ beide Schenkel des Horseshoe schneidet. Da es abzählbar viele Schnittpunkte gibt, entstehen durch die Oszillation der Instabilen um die stabile Mannigfaltigkeit abzählbar viele Horseshoe-Situationen. Wenn wir die Schnittmenge von $P^n(U)$ und $P^{-m}(U)$ genauer untersuchen, dann kann sicherlich die Möglichkeit entstehen, daß ein Punkt $x \in P^{-m}(U)$ nach $n + m$ Iterationen wieder auf diesen Punkt trifft, d.h. es gilt $P^{n+m}(x) = x$. Damit können sich Grenzzyklen mit der Periode $(n + m), 2(n + m), \ldots$ und außerdem nichtperiodische Lösungen entstehen. Mit Hilfe der Horseshoe-Abbildung, die ein Modell für die eben diskutierte Situation sein soll, kann man zeigen (Guckenheimer, Holmes ([6.124], §5.1) und Jordan, Smith ([6.125], §12.8)), daß sogar eine *überabzählbare Menge* entsteht, die *Cantor-Menge* genannt wird. Diese Menge ist *selbstähnlich*, was mit der

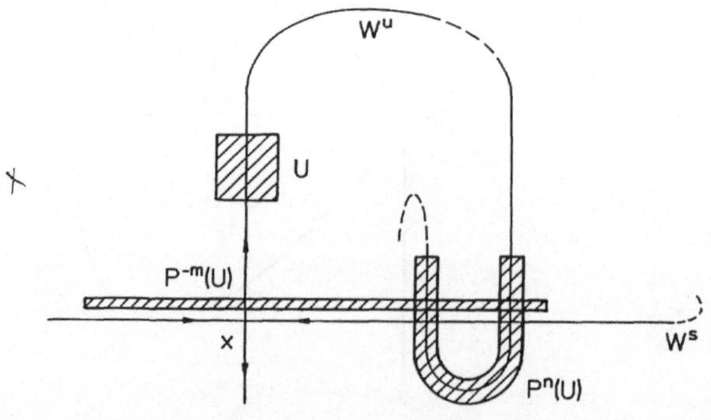

Bild 6.28. Smale's Horseshoe

auch experimentell beobachteten Selbstähnlichkeit bei chaotischen Phänomenen in Zusammenhang gebracht werden kann.

Diese skizzenhaften Überlegungen müssen genügen, um die Komplexität der Dynamik von nichtautonomen Differentialgleichungen 2.Ordnung oder autonomen mit drei Variablen darzustellen. Es soll nicht verschwiegen werden, daß es noch kompliziertere Situationen bei Differentialgleichungen im $I\!R^4$ gibt, die sogenannte *Arnol'd-Diffusion* (Schuster ([6.134], S.148f)), die auch in der Netzwerktheorie schon erste Anwendungen im Bereich der Starkstrom-Netzwerke gefunden hat (siehe Salam, Marsden, Varaiya [6.143]). Salam [6.144] hat sich dabei insbesondere mit der *Melnikov-Funktion* beschäftigt, die als Abstandsmaß von stabiler und instabiler Mannigfaltigkeit interpretiert werden kann (siehe auch Guckenheimer, Holmes ([6.124], §4.5), und mit der sich der Beginn des chaotischen Verhaltens studieren läßt. Eine beispielhafte Einführung geben Kunick und Steeb ([6.145], S.118f). Des weiteren gibt es auch noch andere Möglichkeiten, den Übergang zum chaotischen Verhalten, die sogenannte *Intermittency Route* zum Chaos; Einzelheiten dazu findet man Schuster ([6.134], §4). Zum Abschluß sei noch erwähnt, daß Matsumoto und Chua [6.146] [6.147] ein elektrisches Netzwerk untersucht haben, dessen seltsamer Attraktor eine geometrisch besonders schöne Form hat; sie nannten sie *Double Scroll*. Die Beschreibungsgleichungen dieses Netzwerkes sind genau untersucht worden und stückweise linear modelliert worden. Dadurch konnte das Problem auf Differenzengleichungen zurückgeführt werden, also auf einen Gleichungstyp, der bezüglich des chaotischen Verhaltens besser untersucht ist.

6.10 Weitere quantitative Lösungsverfahren

6.10.1 Problemstellung störungstheoretischer Methoden

Wir haben bereits in Abschnitt 2.1 darauf hingewiesen, daß man nichtlineare Differentialgleichungen nur in seltenen Fällen *explizit* lösen kann. Daher muß man entweder zu analytischen Nährungsverfahren übergehen oder man verwendet numerische Algorithmen und löst die Beschreibungsgleichungen mit dem Rechner. Ein Designer für hochintegrierte Schaltkreise hat es in den meisten Situationen mit Schaltungen zu tun, die durch nichtlineare Netzwerke modelliert werden müssen, damit die rechnergestützte Schaltkreissimulation hinreichend genaue Ergebnisse liefert und der Designer schon nach dem Entwurf die möglichen Eigenschaften der Schaltung kennt.

Die heutigen Schaltkreissimulatoren, wie etwa SPICE2, berechnen im wesentlichen einzelne Lösungstrajektorien. Ist man an bestimmten Eigenschaften interessiert, welche sich i.a. nicht aus einer Lösung berechnen lassen, dann muß der Anwender dieser Programme eine größere Anzahl von Trajektorien berechnen, und aufgrund dieser

Daten auf die ihn interessierende Eigenschaft schließen. Es genügt also nicht, wenn man eine Lösung für bestimmte *Werte* der Netzwerkparameter kennt, sondern man muß aufgrund der Fertigungstoleranzen ganze Intervalle von Werten betrachten. Somit ist klar, daß man zu sehr aufwendigen Rechnungen kommt. Auch mit der Empfindlichkeitsanalyse (siehe DC-Empfindlichkeit in Abschnitt 6.5) kommt man nicht immer zu brauchbaren Ergebnissen, weil es sich oft um Approximationen 1.Ordnung handelt. Allerdings stehen einem Designer derzeitig kaum sinnvolle Alternativen zur Verfügung.

Aus den vorangegangenen Überlegungen folgt, daß ein Designer oder Netzwerktheoretiker es i.a. nicht mit *einem* Netzwerk sondern mit einer parametrisierten Familie zu tun hat. Man kann sich nun Fragen, ob es effiziente mathematische Analysemethoden für solche Familien gibt. Derartige Methoden sind natürlich wohl bekannt. Man faßt sie unter dem Begriff *störungstheoretische Methoden* zusammen. In diesem Abschnitt wollen wir verschiedene Methoden diskutieren und die wesentlichen Grundgedanken dieser Verfahren nerausstellen. Zunächst werden wir an die Vorstellung anknüpfen, daß mathematische Methoden vor allem zur Berechnung expliziter Lösungen von Problemen verwendet werden. Für diesen Zweck kennt man zahlreiche Methoden. Es gibt viele Monographien, die sich damit beschäftigen, Näherungslösungen für nichtlineare Differentialgleichungen zu berechnen. Wir stellen im nächsten Abschnitt einige dieser Verfahren vor.

Spätestens seit Poincaré und Ljapunov war klar, daß man auf explizite Lösungen einer interessanten Klasse nichtlinearer Differentialgleichungen nicht hoffen kann. Deshalb haben sie mit der Entwicklung qualitativer Analysemethoden für diese Probleme begonnen. Dabei kommt der hier betonte Gesichtspunkt, parametrisierte Familien von Netzwerken zu untersuchen, der auf Poincaré zurückgeht, voll zur Geltung. Zwar hat sich der Stabilitätsbegriff von Ljapunov auch in den Anwendungen weitgehend durchgesetzt (siehe Abschnitt 6.11.1), aber die von Poincaré stammenden qualitativen Methoden haben in der Netzwerktheorie bisher nur wenig Beachtung gefunden. Insbesondere für den Anwender wären derartige Methoden außerordentlich nützlich; dazu müßten sie in einem größeren Umfang als heute bekannt sein und bei der Netzwerkanalyse eingesetzt werden. Wir werden in Abschnitt 6.11.2 ein Verfahren vorstellen.

6.10.2 Direkte störungstheoretische Methoden

Der Grundgedanke dieser Vorgehensweise liegt darin, die Bestimmung einer expliziten Lösung $\bar{\mathbf{x}}(t)$ für eine Differentialgleichung

$$\dot{\mathbf{x}} = \mathbf{f}(\mathbf{x}) \tag{6.47}$$

dadurch zu lösen, daß man (6.47) in eine geeignete parametrisierte Familie von Gleichungen *einbettet* und bezüglich des Einbettungsparameters linearisiert; die Lösung dieser Gleichung ist dann die Näherungslösung. Man beachte, daß es sich dabei um eine andere Art der Linearisierung handelt, als in der Kleinsignaltheorie oder bei den linearen Variationsgleichungen (Abschnitt 6.11.1). Die Art der Einbettung ist natürlich von ganz entscheidender Bedeutung, weil sie die "Güte" der Näherung bestimmt. In der Praxis gibt es oft Netzwerkparameter, die zur Definition einer parametrisierten Familie von Netzwerken geeignet sind. Der Familienparameter kann aber auch formal in die Gleichung eingeführt werden, wenn das zu einer interpretierbaren Lösung führt. Wir beschränken uns zunächst auf o.E.d.A. auf autonome Differentialgleichungen mit $\mathbf{x} \in I\!\!R^n$; nichtautonome Gleichungen können durch Autonomisierung (Abschnitt 6.9.1) in diese Form gebracht werden.

Wie betten $\dot{\mathbf{x}} = \mathbf{f}(\mathbf{x})$ mit $\mathbf{x} \in I\!\!R^n$ in die mit ε parametrisierte Familie von Differentialgleichungen $\dot{\mathbf{x}} = \mathbf{F}(\mathbf{x}, \varepsilon)$ mit $\mathbf{F}(\mathbf{x}, 0) = \mathbf{f}(\mathbf{x})$ ein, wobei es eine Schranke ε_0 gibt, mit $0 \le \varepsilon \le \varepsilon_0$. Wenn die Koordinatenfunktionen von $\mathbf{F}$ für $(\mathbf{x}, \varepsilon) \in G \subset I\!\!R^n \times I\!\!R^+$ stetig sind und $\tilde{\mathbf{x}}(t, \varepsilon)$ eine mit ε parametrisierte Familie von Lösungen der Familie von Gleichungen ist, wobei $\mathbf{x}_0$ auf dem *endlichen* Intervall $t_0 \le t \le T$ definiert ist, dann gilt, daß sich die rechten Seiten $\mathbf{F}$ und $\mathbf{f}$ für kleine ε auch nur um kleine Größen voneinander unterscheiden. Wir sind aber mehr an dem Unterschied zwischen $\tilde{\mathbf{x}}(t, \varepsilon)$ und der Lösung $\mathbf{x}_0(t)$ von $\dot{\mathbf{x}} = \mathbf{f}(\mathbf{x})$ für kleine ε interessiert. Mit diesen Bezeichnungen formulieren wir den folgenden Satz.

Satz 6.26:

1) Ist $\mathbf{F}(\mathbf{x}, \varepsilon)$ in G stetig differenzierbar in $\mathbf{x}$ und stetig bezüglich ε, dann ist die Lösung $\tilde{\mathbf{x}}(t, \varepsilon)$ für hinreichend kleine Werte von ε auf dem *endlichen Intervall* (t_0, T) definiert und es gilt

$$\tilde{\mathbf{x}}(t, \varepsilon) = \mathbf{x}_0(t) + \mathbf{R}_0(t, \varepsilon),$$

wobei das *Restglied* $\mathbf{R}_0(t, \varepsilon) \to \mathbf{0}$ für $\varepsilon \to 0$ gleichmäßig bezüglich (t_0, T).

2) Ist $\mathbf{F}(\mathbf{x}, \varepsilon)$ in G bezüglich $\mathbf{x}$ und ε m-mal stetig differenzierbar, dann erhalten wir

$$\tilde{\mathbf{x}} = \mathbf{x}_0(t) + \varepsilon\mathbf{x}_1(t) + \cdots + \varepsilon^{m-1}\mathbf{x}_{m-1}(t) + \mathbf{R}_m(t, \varepsilon)$$

mit $\mathbf{R}_m(t, \varepsilon) \to \mathbf{0}$ wie ε^m gleichmäßig bezüglich (t_0, T).

3) (Satz von Poincaré) Ist $\mathbf{F}(\mathbf{x}, t)$ in G analytisch in $\mathbf{x}$ und ε, dann erhalten wir

$$\tilde{\mathbf{x}}(t, \varepsilon) = \mathbf{x}_0(t) + \sum_{m=1}^{\infty} \varepsilon^m \mathbf{x}_m(t),$$

wobei die Summe gleichmäßig auf (t_0, T) konvergiert.

Beweis: Lefschetz ([6.48], S.44f).

■

Wir weisen nachdrücklich darauf hin, daß die Aussagen in Satz 6.26 für ein *endliches* Intervall gelten. Für unendliche Intervalle gibt es Gegenbeispiele.

Beispiel 6.29: Wir betrachten einen verlustlosen LC-Schwingkreis, der durch

$$L\frac{d^2 i}{dt^2} + \frac{1}{C}i = 0$$

beschrieben wird. Eine Einbettung in eine parametrisierte Familie von verlustbehafteten LC-Schwingkreisen mit dem Parameter R (Verlustwiderstand) erhält man durch

$$L\frac{d^2 i}{dt^2} + R\frac{di}{dt} + \frac{1}{C}i = 0;$$

es wird deutlich, daß man auf einem passenden endlichen Intervall eine gute Nährung erreichen kann; da für ein unendliches Intervall jede Lösung für $R \neq 0$ verschwindet, kann man keine vernünftige Näherung bekommen.

■

Die Koeffizientenfunktionen $\mathbf{x}_i$ $(i = 1, 2, \ldots)$ des von 2) und 3) in Satz 6.26 können berechnet werden, wenn man die Darstellung von $\tilde{\mathbf{x}}(t, \varepsilon)$ in die Differentialgleichung einsetzt, und nach einer Zwischenrechnung nach den Potenzen in ε ordnet und diese Koeffizienten dieser Entwicklung einzeln gleich Null setzt, da sie für beliebige ε gelten soll (Identitätssatz von Potenzreihen; siehe Grauert,Lieb ([6.149], S.117)).

Beispiel 6.30: Wir betrachten den linearen harmonischen Oszillator $\ddot{x} + x = 0$, dessen allgemeine Lösung $x_0(t)$ ist. Wir betten diese Gleichung in eine Familie von Duffingschen Differentialgleichungen

$$\ddot{x} + x + \varepsilon x^3 = 0 \tag{6.48}$$

ein, und suchen einen Grenzzyklus von (6.48). Wenn ε als hinreichend klein vorausgesetzt wird, dann können wir den Ansatz

$$\tilde{\mathbf{x}}(t, \varepsilon) = \mathbf{x}_0(t) + \varepsilon \mathbf{x}_1(t) + \mathcal{O}(\varepsilon^2),$$

machen, weil die Voraussetzungen von Satz 6.26 2) erfüllt sind. Setzen wir diese Darstellung in die parametrisierte Familie ein, so erhalten wir nach kurzer Rechnung und Ordnung nach den Potenzen von ε

$$\ddot{x}_0 + x_0 + \varepsilon(\ddot{x}_1 + x_1 + x_1^3) + \mathcal{O}(\varepsilon^2) = 0.$$

Da die ersten beiden Terme verschwinden ($x_0(t)$ ist Lösung), bleibt

$$\varepsilon(\ddot{x}_1 + x_1 + x_1^3) + \mathcal{O}(\varepsilon^2) = 0.$$

Teilen wir durch $\varepsilon(\neq 0)$ und vernachlässigen die Terme $\mathcal{O}(\varepsilon) = \mathcal{O}(\varepsilon^2)/\varepsilon$, so erhalten wir bis auf Terme in erster Ordnung in ε die Gleichung $\ddot{x}_1 + x_1 = -x_0^3$, die elementar gelöst werden kann. Dabei muß implizit angenommen werden, daß diese Lösung nur auf einem passenden Intervall (t_0, T) gültig ist, so daß wir dort die $\mathcal{O}(\varepsilon)$ vernachläßigen können. Wenn man das mißachtet, dann ergeben sich Schwierigkeiten mit der Interpretation der Lösung. Setzen wir $x_0(t) = a\cos(t + \phi_0)$ in die Differentialgleichung für x_1 ein und berechnen eine spezielle Lösung, dann ergibt sich

$$x_1(t) = -\frac{3}{8}a^3 t \, \sin(t + \phi_0) + \frac{1}{3}a^3 \, \cos(3t + \phi_0).$$

Da $(x_0(t))^3$ einen Term $\cos(t + \phi_0)$ enthält, ergeben sich Terme der Form $t\sin(t + \phi_0)$, weil die "Anregungsfrequenz" mit der Eigenfrequenz übereinstimmt; diese Terme werden *säkulare Terme* genannt.

Bemerkung 6.19: 1) Dieses Problem wurde bei der Bemerkung über die Verlässigung von $\mathcal{O}(\varepsilon)$ bereits angedeutet. Der Grund für diese Schwierigkeit ist leicht einsehbar; entwickelt man $\exp t$ in eine Taylorreihe $\exp t = 1 + t + t^2/2 + \mathcal{O}(t^3)$ die auf ganz $I\!R$ konvergiert, dann ist die Vernachlässigung von Termen $\mathcal{O}(t^3)$ nur dann erlaubt, wenn man sich bei vorgegebenen Fehler auf ein Intervall beschränkt, da die Näherung für $t \to \infty$ über alle Grenzen wächst. 2) Setzt man Analytizität voraus, dann wird bei der direkten störungstheoretische *eine* nichtlineare Differentialgleichung durch ein *System* linearer Differentialgleichungen ersetzt; wir nennen das System *Störungsgleichungen*.

■

Bei der direkten Störungsmethode enthält man bei autonomen Differentialgleichungen säkulare Terme, die zu Schwierigkeiten führen, wenn man die Näherungslösung auf ganz $I\!R$ betrachtet. Formal hat das damit zu tun, daß die Störungsgleichungen lineare Gleichungen sind und deshalb Resonanz auftreten kann. Bei nichtlinearen Differentialgleichungen ist das nicht möglich, weil Frequenz und Amplitude voneinander abhängen. Die Resonanzkurve, die bei einem ungedämpften harmonischen Oszillator mit Anregung bekanntlich einen Pol bei der Eigenfrequenz hat, kippt zur Seite, wenn man die Nichtlinearität εx^3 hinzu nimmt (siehe Bild 6.29; siehe Jordan, Smith ([6.125], S.128)). Man kann nun das direkte Verfahren so modifizieren, daß die säkularen Terme nicht auftreten. Bei dem Verfahren von Poincaré und Lindstedt werden zusätzliche Parameter in die Gleichung eingebracht, in dem man neben der Lösung $\tilde{x}(t, \varepsilon)$ auch die Frequenz $\omega = \omega(\varepsilon)$ in eine Reihe $1 + \varepsilon\omega_1 + \mathcal{O}(\varepsilon^2)$ entwickelt. Die neuen Parameter $\omega_1, \omega_2, \ldots$ werden nun so festgelegt, daß auf den rechten Seiten der Störungsgleichungen alle Terme eliminiert werden, die die gleiche Frequenz wie die der zugehörigen homogenen Gleichung besitzen. Die Methode der *Renormalisierung* entfernt die unerwünschten Terme erst in den *Lösungen* der Störungsgleichungen, in dem eine neue Zeitvariable $\tau/\omega := t$ eingeführt wird und ω wiederum in eine Reihe in ε entwickelt. zahlreiche Beispiele zu diesem Verfahren findet man bei Nayfeh ([6.150], S.118ff, S.139ff).

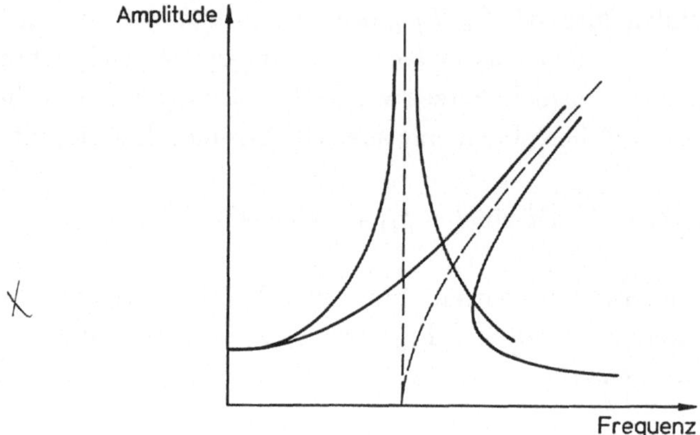

Bild 6.29. Amplitudenverlauf bei der Duffing-Gleichung

Die bisher genannten Methoden benutzen eine Eigenschaft der Lösungsmannigfaltigkeit aus, nämlich die, daß keine Resonanzeffekte auftreten können, und entwickeln Ad-hoc-Methoden, um die durch die Resonanz der linearen Störungsgleichungen auftretenden säkularen Terme zu eliminieren. Auf diese Weise wird versucht, den Satz 6.26, der nur für endliche Intervalle mit möglicherweise sehr kleiner Intervalllänge gilt, zu umgehen. Im folgenden Abschnitt werden wir eine andere störungstheoretische Methode kennenlernen, die Kenntnisse über die Lösung selbst ausnutzt, um das Auftreten von säkularen Termen zu verhindern.

Bei Differentialgleichungen mit periodischer Anregung ergeben sich neben den säkularen und zusätzliche unerwünschte Terme, die wir jetzt diskutieren wollen. Konnte man die einzelnen Frequenzanteile einer Eingangsgröße bei linearen zeitinvarianten Netzwerken getrennt behandeln, so ergaben sich bereits bei den linearen periodisch zeitvarianten Netzwerken mit Anregung Kopplungen zwischen den Frequenzen (siehe Abschnitt 5.7). Das ist bei nichtlinearen Netzwerken mit Anregung ebenso, nur treten außer den *superharmonischen* Frequenzanteilen, deren Frequenz höher als die Eingangsfrequenz ist, noch *subharmonische* Anteile auf, deren Frequenz kleiner ist als die anregende Frequenz. Diese Anteile müssen demnach nicht einmal in einem ganzzahligen Verhältnis zueinander stehen. Das Auftreten subharmonischer Anteile ist übrigens leicht plausibel zu machen, denn in einer linearen Differentialgleichung mit Anregung $\ddot{x} + \omega^2 x = \Gamma \cos(m\omega t)$ treten durch die Lösung der homogenen Gleichung auch schon subharmonische Anteile auf, die allerdings bei einer kleinen Dämpfung, asymptotisch verschwinden. Da man bei einer nichtlinearen Differentialgleichung zwischen homogenem und nichthomogenem Anteil aufgrund der Kopplungen zwischen den Frequenzen nicht mehr unterscheiden kann, sind die subharmonischen Anteile leicht erklärlich. Im folgenden Beispiel wollen wir nun den linearen harmonischen Oszillator in eine parametrisierte Familie von Duffingschen

Diffentialgleichungen mit Anregung einbetten, und die Terme mit *kleinem Nenner* (small divisor terms) studieren.

Beispiel 6.31: (Nayfeh ([6.150], S.191ff)) Wir untersuchen den linearen harmonischen Oszillator mit Anregung $\ddot{x} + x = \Gamma \cos \omega t$, der in die mit ε parametrisierte Familie von Duffingschen Differentialgleichungen mit Anregung

$$\ddot{x} + x + \varepsilon(2\mu\dot{x} + x^3) = \Gamma \cos \omega t \qquad (6.49)$$

eingebettet ist. Machen wir den Lösungsansatz $\tilde{x}(t,\varepsilon) = x_0(t) + \varepsilon x_1(t) + \mathcal{O}(\varepsilon^2)$, wobei $x_0(t)$ die Lösung für $\varepsilon = 0$ ist, und setzen den Ansatz in (6.49) ein, so erhalten wir nach einer Ordnung nach Potenzen in ε

$$\ddot{x}_0 + x_0 - \Gamma \cos \omega t + \varepsilon(\ddot{x}_1 + x_1 + 2\mu\dot{x}_0 + x_0^3) + \mathcal{O}(\varepsilon^2) = 0$$

mit der gleichen Argumentation wie in Beispiel 6.30 folgende Störungsgleichungen (unter Vernachlässigung von $\mathcal{O}(\varepsilon)$)

$$\ddot{x}_0 + x_0 = \Gamma \cos \omega t, \qquad (6.50)$$
$$\ddot{x}_1 + x_1 = -2\mu\dot{x}_0 - x_0^3. \qquad (6.51)$$

Die allgemeine Lösung von (6.50) lautet

$$x_0(t) = a \cos(t + \phi) + \frac{\Gamma}{1 - \omega^2} \cos \omega t.$$

Setzt man diese Lösung in (6.51) ein, dann erhält man nach einigen Zwischenrechnungen (siehe Nayfeh)

$$x_1(t) = -\mu a t \cos(t + \phi) + \frac{2\mu\omega\Gamma}{(1 - \omega^2)^2} \sin \omega t +$$

$$+ \frac{1}{32} a^3 \cos(3t + 3\phi) - \frac{3}{4} a \left(\frac{a^2}{2} + \frac{\Gamma^2}{(1 - \omega^2)^2} \right) t \sin(t + \phi) -$$

$$- \frac{\Gamma^3}{4(1 - \omega^2)^3(1 - 9\omega)} \cos(3\omega t) - \frac{3\Gamma}{2(1 - \omega^2)^2} \left(a^2 + \frac{\Gamma^2}{2(1 - 1\omega^2)^2} \right) \cos \omega t +$$

$$+ \frac{3a\Gamma}{4(1 - \omega^2)(3 + 4\omega + \omega^2)} \cos((2 + \omega)t + 2\phi) +$$

$$+ \frac{3a\Gamma}{4(1 - \omega^2)(3 - \omega)(1 - \omega)} \cos((2 - \omega)t + 2\phi) +$$

$$+ \frac{3a\Gamma}{16(1 - \omega^2)^2(\omega^2 + \omega)} \cos((1 + 2\omega)t + \phi) +$$

$$+ \frac{3a\Gamma}{16(1 - \omega^2)^2(\omega^2 - \omega)} \cos((1 - 2\omega)t + \phi) + \mathcal{O}(\varepsilon^2)$$

Man sieht, daß außer den säkularen Termen weitere Terme auftreten, deren Nenner in der Nähe bestimmter Werte von ω ($\omega = 0, 1/3, 1, 3, \dots$) sehr klein werden können.

Man spricht für $\omega \approx 1$ von *primärer Resonanz* und bei den anderen Werten von *sekundärer Resonanz*.

■

Für die neuen Resonanzeffekte gibt es wiederum Methoden, mit denen diese unerwünschten Terme eliminiert werden können. Eine ausführliche Darstellung dieser Methoden und verschiedene Beispiele findet man ebenfalls bei Nayfeh ([6.150], S.193ff).

Treten Anregungen mit zwei Frequenzen ω und Ω auf, die nicht in einem rationalen Verhältnis zueinander stehen, dann können die Lösungen nicht mehr periodisch aber dennoch stabil sein; solche Lösungen nennt man *fastperiodisch* und sie lassen sich in folgender Weise darstellen (Maak [6.151])

$$x(t) = \sum_{m=-\infty}^{\infty} \sum_{n=-\infty}^{\infty} x_{mn} e^{j\Omega_{mn}t},$$

wobei $\Omega_{mn} := m\omega + n\Omega$ ist. Wir waren auf solche Funktionen bereits in Abschnitt 5.7 bei linearen zeitvarianten Input-Output-Systemen gestoßen. Sie spielen auch bei nichtlinearen Netzwerken eine wichtige Rolle. Anwendungen findet vor allem die Wirkleistungsbeziehungen von Manley und Rowe [6.152] bei parametrischen Verstärkern, bei der Modulation und der Demodulation (Hasler, Neirynck ([6.21], S.398ff) und Carson [6.153]). Es handelt sich bei diesen Beziehungen um Energieerhaltungssätze für Kapazitäten und Induktivitäten. Zur Ableitung geht man von einem inneren Produkt auf dem Vektorraum der fast periodischen Funktionen aus (ähnlich (4.74))

$$P = (u \mid i) := \lim_{T \to \infty} \frac{1}{T} \int_0^T u(\tau) i(\tau) d\tau, \qquad (6.52)$$

wobei u und i fast periodische Funktionen sind. Bestimmt man mit (6.52) die Leistung einer nichtlinearen Kapazität, wobei man von einer fastperiodischen Ladungsvariablen

$$q(t) = \sum_{m,n=-\infty}^{\infty} Q_{mn} e^{j\Omega_{mn}t}$$

ausgeht und benutzt, daß für eine injektive Funktion f auch $u = f(q)$ eine fastperiodische Funktion ist (Hasler, Neirynck ([6.21], S.392), dann kann man für die Wirkleistung P_{mn} bei der Frequenz Ω_{mn} die Beziehung von Manley und Rowe

$$\sum_{m,n=0} \frac{n}{m\omega + n\Omega} P_{mn} + \sum_{m,n=1} \frac{-n}{m\omega - n\Omega} P_{m(-n)} = 0$$

ableiten (Hasler, Neirynck ([6.21], S.396ff). Eine entsprechende Formel gibt es auch für nichtlineare Induktivitäten. Die Beziehungen bedeuten, daß die mittlere Wirkleistung an der Reaktanz genommen über alle Frequenzen verschwindet; daraus folgt, daß eine nichtlineare Reaktanz bei einer festen Frequenz durchaus Leistung abgeben kann. Aus diesen Wirkleistungsbeziehungen können nun für die oben angegeben Anwendungen interessante Schlüsse gezogen werden.

6.10.3 Mittelungsmethoden

Im letzten Abschnitt haben wir uns mit direkten Methoden der Störungstheorie befaßt, die auf dem Satz 6.26 von Poincaré basiert. Dabei zeigte sich, daß es bei einer Interpretation der Näherungslösungen über das zugehörige Zeitintervall hinaus, aufgrund der säkularen Terme sehr schnell zu erheblichen Approximationsfehlern kommt. Mit Hilfe verschiedener Ad-hoc-Verfahren können diese unerwünschten Terme bis zu einer bestimmten Fehlerordnung eliminiert werden, wobei gewisse Eigenschaften der Lösungsmannigfaltigkeit nichtlinearer Differentialgleichungen als Information eingehen. Die Mittelungsmethoden, die in diesem Abschnitt diskutiert werden, benutzten, statt allgemeiner Eigenschaften, spezielle Eigenschaften der zu approximierenden Lösung. Das ist bei periodischen Lösungen besonders leicht verständlich, weshalb wir uns auf diesen Lösungstyp beschränken. Einen Überblick über allgemeinere Anwendungen findet man z.B. bei Myschkis ([6.154], S.632ff). Mittelungsmethoden wurden in der Netzwerktheorie zuerst von van der Pol [6.155] angewendet, um eine periodische Lösung der nach ihm benannten nichtlinearen Differentialgleichung für einen Röhrenoszillator zu bestimmen; sie lautet (als Dgln-System 1.Ordnung)

$$\begin{pmatrix} \dot{x} \\ \dot{y} \end{pmatrix} = \begin{pmatrix} 0 & 1 \\ -1 & 0 \end{pmatrix} \begin{pmatrix} x \\ y \end{pmatrix} + \begin{pmatrix} 0 \\ \mu(1 - x^2) \end{pmatrix} \tag{6.53}$$

mit den Anfangsbedingungen $x(0,\mu) = x_0$ und $y(0,\mu) = 0$. Seine Vorgehensweise entspricht jedoch der auf Euler und Lagrange zurückgehenden Methode der Variation der Konstanten, die zum Beweis der in Abschnitt 4.5 zitierten gleichnamigen Lösungsformel (4.26) angewendet wird. Anders ausgedrückt, es handelt sich um eine Koordinatentransformation $x =: 2z_1 \cos(t + z_2)$ und $y =: -2z_1 \sin(t + z_2)$, die wegen der gewünschten periodischen Lösung naheliegt. Sie kann natürlich in jedem Fall durchgeführt werden, aber sie ist nur dann sinnvoll, wenn die gesuchte Lösung "etwa" die Form eines Kreises (in der $z_1 - z_2$-Ebene) hat. Zuerst erhält man ein Gleichungssytem, das wesentlich komplizierter aussieht

$$\dot{z}_1 = \mu \frac{z_1}{2}\left(1 - \frac{z_1^2}{4}\right) \mu \left(-\frac{z_1}{2}\cos(2t + 2z_2) + \frac{z_1^3}{8}\cos(4t + 4z_2)\right),$$

$$\dot{z}_2 = \mu \left(\frac{1}{2}\left(1 - \frac{z_1^2}{2}\right)\sin(2t + 2z_2) - \frac{z_1^2}{8}\sin(4t + 4z_2)\right),$$

mit den Anfangsbedingungen $z_1(0,\mu) = x_0$ und $z_2(0,\mu) = 0$. Bei genauerer Betrachtung fällt auf, daß die zweite Gleichung nur periodische Funktionen in z_2 und die erste zwei solcher Terme besitzt. Eine heuristische Vorgehensweise besteht nun darin, über die Variable z_2 zu mitteln und somit diese Variable zu eliminieren; da

μ "klein" ist, sollte der Fehler nicht sehr groß sein. Wir erhalten die gemittelten Gleichungen

$$\dot{\xi}_1 = \mu\xi_1(1 - \xi^2), \qquad \dot{\xi}_2 = 0 \tag{6.54}$$

mit $\xi_1 = x_0$ und $\xi_2 = 0$. Die Fixpunkte dieser Gleichung lauten $\xi_{10} = 0$ bzw. $\xi_{20} = +1, -1$. In erster Näherung erhalten wir die Lösungen $x(t) = 2\cos t$ und $y(t) = -2\sin t$, d.h. ein Kreis mit dem Radius zwei; diese Lösung ist für kleine μ eine gute Approximation, wie Computerrechnungen zeigen. Interessant ist, daß die Amplitude nicht von μ abhängt, wenn $\mu \neq 0$ ist. Wir skizzieren nun einen Weg, wie man die Mittelungsmethode begründen kann. Der mathematische Aufwand ist aber so hoch, daß wir uns auf einige prinzipielle Ideen beschränken müssen. Eine ausführliche Behandlung findet man bei Kirchgraber und Stiefel [6.156] und bei Mathis [6.157].

Wir gehen davon aus, daß eine mit ε parametrisierte Familie von nichtlinearen Differentialgleichungen vorliegt, in die der lineare harmonische Oszillator für $\varepsilon = 0$ eingebettet ist

$$\dot{\mathbf{y}}_1 = \begin{pmatrix} 0 & \omega_0 \\ -\omega_0 & 0 \end{pmatrix} \mathbf{y}_1 + \varepsilon\mathbf{f}_1(\varepsilon, \mathbf{y}_1, \mathbf{y}_2),$$
$$\dot{\mathbf{y}}_2 = \mathbf{f}_2(\varepsilon, \mathbf{y}_1, \mathbf{y}_2)$$

mit $\mathbf{y}_1 \in I\!R^2$ und $\mathbf{y}_2 \in I\!R^{n-2}$. Diese Form kann man entweder durch physikalisch sinnvolle Wahl der Variablen (es muß ein LC-Schwingkreis vorkommen) oder in systematischer Weise mit Transformationsmethoden erreichen, wenn die erste Gleichung zunächst in der Form

$$\dot{\bar{\mathbf{y}}}_1 = \mathbf{A}\bar{\mathbf{y}}_1 + \tilde{\mathbf{f}}_1(\varepsilon, \mathbf{y}_1, \mathbf{y}_2)$$

vorliegt. Wir fordern, daß $\mathbf{A}$ die Eigenwerte $\pm j$ besitzt; das ist aber nur für bestimmte Werte der Netzwerkparameter möglich. Um diese Parameterwerte p_i zu bestimmen, stellt man die Forderung

$$\mathbf{T}^{-1}\mathbf{A}(p_1, \ldots, p_k)\mathbf{T} = \begin{pmatrix} 0 & \omega_0 \\ -\omega_0 & 0 \end{pmatrix}$$

auf und legt $p_1, \ldots, p_k$ fest. Auf diese Weise haben wir $\mathbf{f}_1$ ermittelt.

Beispiel 6.32: (Wien-Brücken-Oszillator) Die Beschreibungsgleichungen des in Bild 6.30 gezeigten Netzwerkes lauten für die Spannungen u_1 und u_2

$$\begin{pmatrix} \dot{u}_1 \\ \dot{u}_2 \end{pmatrix} = \omega_0 \begin{pmatrix} -1 & -1 \\ -1 & -2 \end{pmatrix} \begin{pmatrix} u_1 \\ u_2 \end{pmatrix} + \omega_0(\alpha u_2 + \beta u_2^3) \begin{pmatrix} 1 \\ 1 \end{pmatrix},$$

mit $\omega_0 = 1/RC$. Die Transformationsmatrix kann mit Hilfe eines Eigenwertproblems (Zurmühl,Falk I([6.158], §20.6)) ermittelt werden

$$\mathbf{T} = \begin{pmatrix} 1 & 1 \\ 0 & 1 \end{pmatrix};$$

für $\alpha = 3$ erhalten wir die gewünschte Form für den linearen Anteil. Insgesamt ergibt sich

$$\begin{pmatrix} \dot{y}_1 \\ \dot{y}_2 \end{pmatrix} = \begin{pmatrix} 0 & \omega_0 \\ -\omega_0 & 0 \end{pmatrix} \begin{pmatrix} y_1 \\ y_2 \end{pmatrix} + \begin{pmatrix} 0 \\ \omega_0(\alpha - 3)y_2 + \omega_0\beta y_2^2 \end{pmatrix} .$$

Man beachte, daß der lineare Anteil der Störfunktion für $\alpha = 3$ verschwindet.

■

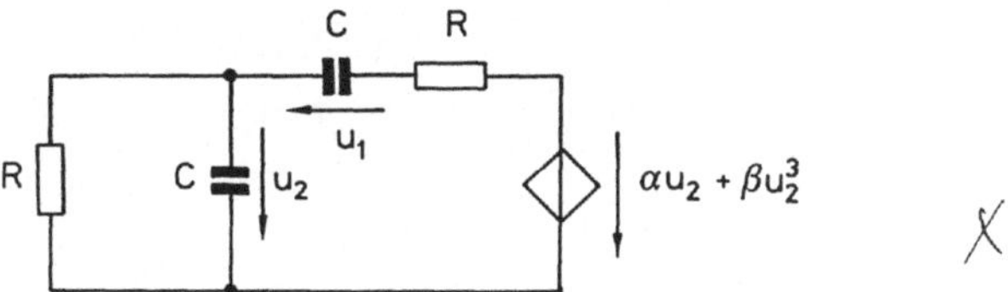

Bild 6.30. Wien-Brücken-Oszillator

Der Familienparameter ε wird nun so eingeführt, daß bei $\varepsilon = 0$ der lineare harmonische Oszillator vorliegt. Für das Beispiel 6.32 heißt das, man darf nicht einfach den nichtlinearen Anteil in der Ausgangsgleichung als Störterm interpretieren. Für $\varepsilon = 0$ liegt natürlich keine brauchbare Approximation vor, denn ein linearer Oszillator hat eine periodische Lösung aber *keinen* Grenzzyklus, d.h. sein qualitatives Verhalten ist wesentlich verschieden von der jedes anderen Mitgliedes der Familie. Wir benötigen daher eine bessere Aufteilung von $\mathbf{f}$ in einen signifikanten und einen nicht signifikanten Anteil $\mathbf{f}_1(\mathbf{x}, \varepsilon) = \varepsilon \mathbf{f}_{s1}(\mathbf{x}) + \mathbf{f}_{ns1}(\varepsilon, \mathbf{x})$ in der ersten Ordnung, so daß bereits $\mathbf{f}_{s1}$ das *qualitative* Verhalten richtig bestimmt und außerdem eine "gute" Näherung liefert. Die Mittelungsmethoden sind ein Hilfsmittel, systematisch eine solche Zerlegung durchzuführen.

Der erste Schritt besteht in dem bereits oben beschriebenen Koordinatenwechsel. Allgemeiner formuliert haben wir folgende Aufgabe vorliegen: Die Ausgangsgleichung $\dot{\mathbf{y}} = \mathbf{f}(\varepsilon, \mathbf{y})$ soll mit Hilfe der Transformation $\mathbf{y} =: \mathbf{U}_e(\mathbf{x})$ in die neue Gleichung $\dot{\mathbf{x}} = \mathbf{h}(\varepsilon, \mathbf{x})$ überführt werden; die neue rechte Seite erhält man

$$\mathbf{h}(\varepsilon, \mathbf{x}) = \left(\frac{\partial \mathbf{U}_e}{\partial \mathbf{x}}(\mathbf{x}) \right)^{-1} \mathbf{f}(\mathbf{U}_e(\mathbf{x})) \tag{6.55}.$$

Beispiel 6.33: Im Fall des Wien-Brücken-Oszillators von Beispiel 6.32 erhalten wir mit $y_1 = a\sin\Phi$ und $y_1 = -a\cos\Phi$ und

$$\frac{\partial \mathbf{U}_e}{\partial \mathbf{x}} = \begin{pmatrix} a\cos\phi & a\sin\phi \\ -a\sin\phi & a\cos\phi \end{pmatrix}$$

die Gleichungen

$$\dot{a} = \quad +\varepsilon\left(\left(-\frac{1}{2}\tilde{\alpha} - \frac{1}{4}\tilde{\beta}a^2\right)\sin 2\Phi - \frac{1}{8}\tilde{\beta}a^2\sin 4\Phi\right),$$

$$\dot{\Phi} = \omega_0 + \varepsilon\left(\frac{1}{2}\tilde{\alpha}a + \frac{3}{8}\tilde{\beta}a^3 + \left(\frac{1}{2}\tilde{\alpha}a + \frac{1}{2}\tilde{\beta}a^3\right)\cos 2\Phi + \frac{1}{8}\tilde{\beta}a^3\cos 4\Phi\right),$$

wobei $\tilde{\alpha} := \omega_0(\alpha - 3)$ und $\tilde{\beta} := \omega_0\beta$ sind. Das transformierte System hat die allgemeine Form

$$\begin{aligned}
\dot{\mathbf{a}} &= \quad +\varepsilon\mathbf{T}(\varepsilon,\Phi,\mathbf{a}), \\
\dot{\Phi} &= \omega + \varepsilon R(\varepsilon,\Phi,\mathbf{a}),
\end{aligned} \tag{6.56}$$

■

Mit Hilfe einer weiteren sogenannten fast-identischen Transformation $\mathbf{x} = \mathbf{U}(\tilde{\mathbf{x}})$ (Stiefel, Kirchgraber [6.156] wird eine Zerlegung von $\mathbf{T}$ und R erreicht. Die rechte Seite von $\dot{\tilde{\mathbf{x}}} = \tilde{\mathbf{f}}(\tilde{\mathbf{x}},\varepsilon)$ erhält man in gleicher Weise wie in (6.55). Dazu entwickelt man $\tilde{\mathbf{f}}(\tilde{\mathbf{x}},\varepsilon)$, $\mathbf{f}(\mathbf{x},\varepsilon)$ und $\mathbf{U}(\tilde{\mathbf{x}},\varepsilon)$ in eine Potenzreihe in ε und erhält die $\tilde{\mathbf{f}}_0, \tilde{\mathbf{f}}_1, \ldots$ durch Koeffizientenvergleich der jeweiligen Potenzen ε. Die Koeffizientenfunktionen $\mathbf{u}_i$ von $\mathbf{U}$ werden dabei so bestimmt, daß sich ein möglichst einfaches Gleichungssystem ergibt. Das führt bei dieser klassischen Vorgehensweise zu recht unübersichtlichen Ausdrücken, weshalb man nur in seltenen Fällen über die erste Störungsordnung hinausgeht. Benutzt man aber eine fast-identische Transformation mit Lie-Reihen (Kirchgraber, Stiefel [6.156], Mathis, Voigt [6.159], Mathis [6.157]), dann erhält man sehr systematisch aufgebaute Ausdrücke für die neuen rechten Seiten, so daß man für die elementare aber außerordentlich aufwendigen Auswertungen ein symbolisch arbeitendes Rechenprogramm (z.B. REDUCE) einsetzen kann (Mathis [6.160]). Neben dieser systematischen Vorgehensweise, deren Diskussion den Rahmen dieses Buches überschreitet, gibt es das bereits am Anfang erwähnte Rezept zur Ermittlung der rechten Seiten in einfachen Fällen für die 1.Ordnung, wobei wir von (6.56) ausgehen

$$\begin{aligned}
\tilde{\mathbf{T}}(\mathbf{a}) &= \lim_{T\to\infty}\frac{1}{T}\int_0^T \mathbf{T}(\varepsilon,\Phi,\mathbf{a})d\Phi, \\
\tilde{R}(\mathbf{a}) &= \lim_{T\to\infty}\frac{1}{T}\int_0^T R(\varepsilon,\Phi,\mathbf{a})d\Phi,
\end{aligned} \tag{6.57}$$

Beispiel 6.34: In unserem Beispiel 6.33 erhalten wir die gemittelten Gleichungen mit (6.57) zu

$$\dot{a} = \varepsilon\left(\frac{1}{2}\tilde{\alpha}\tilde{a} + \frac{3}{8}\tilde{\beta}\tilde{a}^3\right),$$

$$\dot{\Phi} = \omega_0,$$

wobei wir ausgenutzt haben, daß die Integrale über die Sinus- und Kosinusfunktionen verschwinden. Die Fixpunkte (stationären Amplituden) sind $\tilde{a} = 0$ und $\tilde{a} = \sqrt{-(4\tilde{\alpha}/3\tilde{\beta})}$; dabei ist zu beachten, daß $\tilde{\beta} < 0$ ist.

■

Es gibt zwar auch Varianten des Rezeptes für höhere Störungsordnungen, aber die Auswertung ist außerordentlich aufwendig, so daß die Verwendung des Mittelungsverfahrens mit Lie-Reihen und Rechner wesentlich besser geeignet ist.

Wir wollen noch etwas über die Güte der Approximation bei Mittelungsverfahren sagen. Eine umfassende theoretische Behandlung mit zahlreichen Sätzen zu diesem Thema findet man bei Bogoliubov und Mitropolski [6.161], von wo auch die Idee der fast-identischen Transformation stammt. Eine spezielle Monographie über die neueren Ergebnisse der Begründung der Mittelungsmethode auf der Grundlage asymptotischer Entwicklungen haben Sanders,Verhulst [6.162] vorgelegt. Dort findet man auch Ergebnisse zu den nichtautonomen Differentialgleichungen. Eine sehr elegante Methode zum Beweis der Gültigkeit von Mittelungsmethoden ist die Anwendung der Theorie der *Integralmannigfaltigkeit*; dabei handelt es sich bei einer Integralmannigfaltigkeit um ein geometrisches Objekt, das man sich leicht veranschaulichen kann. Im Fall der van der Pol-Gleichung (6.53) zeigt die erste Gleichung daß alle Lösungen asymptotisch in den genäherten Grenzzyklus mit dem Radius 2 einlaufen, denn für $\xi_1^2 < 1$ ist die Änderung des Radius $\dot{\xi}_1 > 0$ und für $\xi_1^2 > 1$ ist $\dot{\xi}_1 < 0$. Erweitert man den $z_1 - z_2$-Zustandsraum um die Zeitkoordinate (Autonomisierung), dann laufen alle Lösungen auf den von dem Kreis erzeugten Zylinder um die Zeitachse zu. Eine Integralmannigfaltigkeit ist nun so definiert, daß jede Trajektorie, die auf dieser Menge startet, für alle $t > t_0$ dort bleibt. Mit dem Satz über die Existenz von Integralmannigfaltigkeiten kann man nun einen Satz über die Mittelungsmethode beweisen. Eine ausgezeichnete einführende Arbeit über Integralmannigfaltigkeiten mit Anwendungen in der Netzwerktheorie stammt von Odyniec und Chua [6.163]; dort ist auch der Satz angeben. Eine umfassende Diskussion über den Zusammenhang von Integralmannigfaltigkeiten und Mittelungsmethoden findet man auch bei Kirchgraber und Stiefel [6.156]. Kürzlich ist ein zusammenfassender Artikel über die Anwendung von Mittelungsmethoden bei schwach nichtlinearen Oszillatoren von Bernstein,Chua [6.177] erschienen, der ebenfalls auf den Überlegungen von Bogoliubov und Mitropolski [6.161] basiert.

Abschluß dieses Abschnittes wollen wir noch kurz auf die anderen Methoden zur Approximation von Grenzzyklen in schwach nichtlinearen Systemen eingehen. Eine sehr einfache und daher sehr beliebte Methode ist die *harmonische Balance*. Im einfachsten Fall nimmt man an, daß die zu untersuchende mit ε parametrisierte Familie von nichtlinearen Differentialgleichungen $\ddot{x} + x + \varepsilon h(\dot{x}, x) = 0$, in der auch der lineare harmonische Oszillator für $\varepsilon = 0$ eingebettet ist, eine periodische Lösung der Form $x(t) = a\cos\omega t$ besitzt, setzt diese in die Gleichung ein und erhält, nach dem Nullsetzen der Koeffizienten der Sinus- und Kosinusfunktionen, nichlineare gekoppelte Gleichungen in a und ω. Damit haben wir das Problem auf ein Nullstellenproblem reduziert. Diese heuristische Vorgehensweise ist nicht notwendig erfolgreich; i.a. müssen kompliziertere Ansätze gemacht werden. Nach Abschnitt 6.9.2 liegt es aber nahe, den Abbildungsgrad von Funktionen für eine Begründung der Methode heranzuziehen. Das ist von verschieden Autoren durchgeführt worden; Einzelheiten dazu findet man bei Mees ([6.105], S.128ff). In der Regelungstechnik wird gern eine Sonderform der harmonischen Balance verwendet, die Methode der Describing-Funktion. Damit können amplitudenabhängige Frequenzgänge, die Describing-Funktionen, für nichtlineare Übertragungsglieder errechnet und und tabelliert werden. Einzelheiten dazu findet man ebenfalls bei Mees ([6.105], S.138ff). Ein Vorteil wird darin gesehen, daß die Anwendung der Methode graphisch erfolgen kann, ähnlich wie das bei Stabilitätsuntersuchung mit der Nyquist-Kurve der Fall ist. Mit diesen Bemerkungen wollen wir die Ausführungen über Mittelungsverfahren abschließen.

6.11 Qualitative Theorie nichtlinearer Netzwerke

6.11.1 L-Stabilität und asymptotische Stabilität

In der in Abschnitt 4 behandelten linearen zeitinvarianten dynamischen Netzwerktheorie konnten die Beschreibungsgleichungen in allgemeiner Form gelöst werden. Damit können die Stabilitätseigenschaften der Lösungen direkt an den Lösungsformeln abgelesen werden. Schon in der linearen zeitvarianten Theorie dynamischer Systeme und Netzwerke ist es in den meisten Fällen nicht mehr möglich. explizite Lösungen der Beschreibungsgleichungen zu ermitteln. Daraus entstehen auch für die qualitative Theorie dieser Systemklasse erhebliche Probleme. Es lassen sich keine leicht nachprüfbaren Stabilitätskriterien mehr angeben. Bei nichtlinearen Netzwerken ist das nicht viel anders. Auch in dieser Netzwerkklasse sind explizite Lösungsformeln die Ausnahme. Es treten aber noch zusätzliche Schwierigkeiten auf, die in diesem Abschnitt diskutiert werden sollen.

Nach Abschnitt 4.12.1 konnte die Untersuchung der L-Stabilität auf die Untersuchung der L-Stabilität der Nullösung der Differentialgleichung

$$\dot{\mathbf{x}} = \mathbf{h}(\tilde{\mathbf{x}}, t) \tag{6.58}$$

mit $\mathbf{h}(\tilde{\mathbf{x}}, t) := \mathbf{f}(\mathbf{x}(t) + \tilde{\mathbf{x}}, t) - \mathbf{f}(\mathbf{x}(t), t)$ zurückgeführt werden, wobei $\mathbf{x}(t)$ diejenige Lösung ist, welche in Hinsicht auf L-Stabilität untersucht werden soll. Während diese Gleichung im linearen Fall nicht von $\mathbf{x}(t)$ abhängig war. ist das im nichtlinearen Fall nicht mehr richtig. Die Gleichung (6.58), die ebenfalls nichtlinear ist, wird *nichtlineare Variationsgleichung* genannt. Auch die Untersuchung einer Lösung auf asymptotische Stabilität kann im Nichtlinearen auf die Untersuchung der asymptotischen Stabilität der Nullösung von (6.58) reduziert werden. Dazu muß (6.58) für $\tilde{\mathbf{x}}(t) \equiv \mathbf{0}$ linearisiert werden; die entsprechende Gleichung heißt *lineare Variationsgleichung*. Da $\mathbf{x}(t)$ i.a. nicht bekannt ist, kann der Linearisierungsprozeß explizit nicht durchgeführt werden. Man kann allenfalls eine approximative Stabilitätsuntersuchung vornehmen, wenn man eine hinreichend genaue Näherungslösung kennt. Nach Abschnitt 6.10.2 können solche Näherungslösungen vor allem für Grenzzyklen (periodische Lösungen) nichtlinearer Differentialgleichungen ermittelt werden. Der Wert dieser Vorgehensweise wird noch weiter verringert, weil aus der L-Stabilität der Nullösung, anders als im linearen Fall, bestenfalls auf die L-Stabilität der Lösung der nichtlinearen Gleichung geschlossen werden kann.

Beispiel 6.35: Für die sogenannte Duffingsche Differentialgleichung mit periodischer Anregung

$$\ddot{x} + x + \varepsilon x^3 = a \cos \omega t$$

kann eine Näherungslösung $x_0(t) = \hat{x}_0 \cos \omega t$ für den Grenzzyklus angegeben werden. Die zugehörige lineare Variationsgleichung lautet

$$\ddot{\tilde{x}} + (1 + 3x_0^2(t))\tilde{x} = 0.$$

Setzt man $x_0(t)$ in diese Gleichung ein, dann erhalten wir

$$\ddot{\tilde{x}} + (\alpha + \beta \cos \omega 2t)\tilde{x} = 0$$

mit $\alpha := 1 + (3\varepsilon a^2)/2$ und $\beta := (3\varepsilon a^2)/2$. Dabei handelt es sich um die lineare periodisch zeitvariante Mathieusche Differentialgleichung, deren Stabilitätsverhalten bereits in Abschnitt 5.6 diskutiert wurde.

■

Das Ergebnis in Beispiel 6.35 ist typisch; die linearen Variationsgleichungen sind vielfach lineare zeitvariante Differentialgleichungen, wenn zeitabhängige Lösungen auf Stabilität untersucht werden sollen. In Abschnitt 5.8.1 haben wir gesehen, daß es nicht leicht ist, das Stabilitätsverhalten derartiger Gleichungen zu untersuchen. Nur im Fall linearer periodisch zeitvarianter Differentialgleichungen kann man die Stabilitätsaufgabe auf die Untersuchung der diskreten Übertragungsmatrix $\mathbf{\Phi}_D(T)$ bzw. deren Eigenwerte zurückführen. Eine geometrische Interpretation von $\mathbf{\Phi}_D(T)$ führt im wesentlichen auf die Abschnitt 6.9.3 definierte Poincaré-Abbildung.

Die bisherigen Aussagen lassen den Schluß zu, daß die Untersuchung von Lösungen nichtlinearer Differentialgleichungen auf L-Stabilität bzw. asymptotische Stabilität nicht exakt ausgeführt werden können und das man im Einzelfall auf große Schwierigkeiten treffen kann.

Wir wollen nun den Satz von Hartman und Grobman formulieren, die Grundlage zur Beurteilung des lokalen Stabilitätsverhaltens eines nichtlinearen autonomen Systems $\dot{\mathbf{x}} = \mathbf{f}(\mathbf{x})$ in der Nähe eines Fixpunktes.

Satz 6.27: (Hartman, Grobman) Sei $\dot{\mathbf{x}} = \mathbf{f}(\mathbf{x})$ mit $\mathbf{x} \in I\!R^n$ eine autonome Differentialgleichung und $\mathbf{x}_0$ ein Fixpunkt, der eine Lösung von $\mathbf{f}(\mathbf{x}) = \mathbf{0}$ ist; des weiteren sei $\mathbf{J}_f(\mathbf{x}_0)$ die Jacobi-Matrix an der Stelle $\mathbf{x}_0$ und

$$\dot{\tilde{\mathbf{x}}} = \mathbf{J}_f(\mathbf{x}_0)\,\tilde{\mathbf{x}} \tag{6.59}$$

die lineare Variationsgleichung mit dem Fluß $g_t = exp(t\mathbf{J}_f(\mathbf{x}_0))$.

Wenn $\mathbf{J}_f(\mathbf{x}_0)$ keine Eigenwerte auf der imaginären Achse besitzt, dann gibt es eine stetige, umkehrbar eindeutige Abbildung $\phi : \mathbf{U} \to I\!\!R^n$, die in einer Umgebung von $\mathbf{x}_0$ definiert ist, sodaß in U eine eindeutige Zuordnung von Trajektorien der nichtlinearen Gleichung und der linearen Variationsgleichung möglich ist.

Beweis: Amann ([6.40], S.287).

∎

Bemerkung 6.20: 1) Wenn $\mathbf{J}_f(\mathbf{x}_0)$ keine Eigenwerte auf der imaginären Achse besitzt, dann nennt man $\mathbf{x}_0$ *hyperbolisch* oder *nicht degeneriert*. 2) Der Satz 6.27 besagt, daß das asymptotische Verhalten von Lösungen in der Nähe eines hyperbolischen $\mathbf{x}_0$ durch die lineare Variationsgleichung (6.59) bestimmt wird. 3) In der Nähe eines nicht hyperbolischen Fixpunktes kann man mit (6.59) *keine* Aussage machen.

∎

Bevor wir ein Beispiel für die Aussage 3) in der Bemerkung 6.20 geben können, geben wir ein weiteres Stabilitätskriterium an. Im Unterschied zu den bisherigen Aussagen erhält man bei dieser Vorgehensweise Ergebnisse, die unter bestimmten Voraussetzungen nicht nur lokal sondern auch global gelten.

Satz 6.28: (Ljapunov-Funktion) Sei $\mathbf{x}_0$ ein Fixpunkt von $\dot{\mathbf{x}} = \mathbf{f}(\mathbf{x})$. Wenn eine reellwertige Funktion $V : D \to I\!\!R$ mit $D \subset I\!\!R^n$ existiert, die in einer Umgebung $U_x \subset D$ von $\mathbf{x}_0$ folgende Eigenschaften besitzt

1) $V(\mathbf{x}_0) = 0$,
2) $V(\mathbf{x}) > 0$ für $\mathbf{x} \neq \mathbf{x}_0$,
3) $\dot{V}(\mathbf{x}) \leq 0$ in $U_x - \{\mathbf{x}_0\}$,

dann ist $\mathbf{x}_0$ L-stabil.

Ist sogar

4) $\dot{V}(\mathbf{x}) < 0$ für $U_x - \{\mathbf{x}_0\}$

erfüllt, dann ist $\mathbf{x}_0$ asymptotisch stabil.

Beweis: Amann ([6.40], S.260f).

∎

Bemerkung 6.21: 1) $\dot{V}(\mathbf{x})$ ist die Ableitung entlang einer Lösungskurve

$$\dot{V}(\mathbf{x}) = \sum_{i=1}^{n} \frac{\partial V}{\partial x_i}(\mathbf{x}) f_i(\mathbf{x}),$$

wobei $\dot{\mathbf{x}}$ durch $\mathbf{f}(\mathbf{x})$ ersetzt wurde. 2) Eine Erweiterung dieser Ergebnisse auf nichtautonome Differentialgleichungen findet man bei Amman ([6.40], S.262f) und Sánchez ([6.164], §5.4).

∎

Eine wesentliche Schwierigkeit der Methode der Ljapunov-Funktion ist, daß man bei nichtlinearen Differentialgleichungen keine Konstruktionsverfahren zur Ermittelung der Ljapunov-Funktion V kennt. Eine Ausnahme bilden mechanische Systeme, bei denen die Energiefunktion oft die Voraussetzungen von Satz 6.28 erfüllt. Eine weitere Ausnahme sind die *Gradientensysteme*; das sind nichtlineare Differentialgleichungen der Form

$$\dot{\mathbf{x}} = -\frac{\partial V}{\partial \mathbf{x}}(\mathbf{x}). \tag{6.60}$$

Mit 1) aus der Bemerkung 6.21 erhält man

$$\dot{V} = -\left\| \frac{\partial V}{\partial \mathbf{x}}(\mathbf{x}) \right\|^2,$$

so daß $V(\mathbf{x}) - V(\mathbf{x}_0)$ eine Ljapunov-Funktion ist; $V(\mathbf{x}_0)$ muß abgezogen werden, damit die Voraussetzung 1) in Satz 6.28 eingehalten werden kann.

∎

In Abschnitt 6.7.3 haben wir gesehen, daß RC-Netzwerke und RL-Netzwerke Gradientensysteme sind, wenn R und L größer gleich Null sind. Wir kommen nach dem folgenden Beispiel darauf zurück.

Beispiel 6.36: Wir untersuchen die nichtlineare Differentialgleichung

$$\begin{pmatrix} \dot{x} \\ \dot{y} \end{pmatrix} = \begin{pmatrix} 0 & -1 \\ 1 & 0 \end{pmatrix} \begin{pmatrix} x \\ y \end{pmatrix} - \begin{pmatrix} x^3 \\ y^3 \end{pmatrix}$$

auf Stabilität. Der einzige Fixpunkt ist $\mathbf{x}_0 := (x_0, y_0) = (0,0)$. Man prüft leicht nach, daß $V(x,y) = -(x^2 + y^2)$ eine Ljapunov-Funktion ist; wir erhalten $\dot{V}(x,y) = -(x^4 + y^4)$. Da $\dot{V}(x,y) < 0$ für $I\!R^2 - \{(0,0)\}$ gilt, ist $\mathbf{x}_0$ ein asymptotisch stabiler Fixpunkt.

Man beachte, daß man dieses Ergebnis aus den bei $\mathbf{x}_0$ linearisierten Gleichungen

$$\begin{pmatrix} \dot{\tilde{x}} \\ \dot{\tilde{y}} \end{pmatrix} = \begin{pmatrix} 0 & -1 \\ 1 & 0 \end{pmatrix} \begin{pmatrix} \tilde{x} \\ \tilde{y} \end{pmatrix}$$

nicht erhalten kann, weil die Koeffizientenmatrix die Eigenwerte $\pm j$ besitzt, und deshalb $\mathbf{x}_0$ ein nicht hyperbolischer Fixpunkt ist.

∎

Wir betrachten nun zwei Stabilitätsresultate, die für reziproke nichtlineare RLC-Netzwerke von Brayton [6.75] auf der Grundlage der Ergebnisse von Moser [6.64] sowie Brayton und Moser [6.65] bewiesen worden sind. Wir erinnern daran, daß die Brayton-Moser-Gleichungen für reziproke Netzwerke lauten (siehe Abschnit 6.6.3)

$$
\begin{aligned}
\mathbf{L}(\mathbf{i}_L)\frac{d i_L}{dt} &= -\frac{\partial P(\mathbf{u}_C, \mathbf{i}_L)}{\partial \mathbf{i}_L}, \\
\mathbf{C}(\mathbf{u}_C)\frac{d \mathbf{u}_L}{dt} &= \frac{\partial P(\mathbf{u}_C, \mathbf{i}_L)}{\partial \mathbf{u}_C}.
\end{aligned}
\tag{6.61}
$$

Satz 6.29: Wir betrachten ein reziprokes nichtlineares RLC-Netzwerk, das mit den Brayton-Moser-Gleichungen (6.61) beschrieben wird; dabei ist

$$
P(\mathbf{i}_L, \mathbf{u}_C) = -\frac{1}{2}(\mathbf{i}_L \mid \mathbf{A}\mathbf{i}_L) + \mathbf{f}(\mathbf{u}_C) + (\mathbf{i}_L \mid \mathbf{\Gamma}\mathbf{u}_C - \mathbf{a})
\tag{6.62},
$$

wobei $\mathbf{A}$ positiv definit ist und es gilt $(\mathbf{f}(\mathbf{u}_C) + \|\mathbf{\Gamma}\mathbf{u}_C\|) \to \infty$ für $\|\mathbf{u}_C\| \to \infty$.

Jede Lösung von (6.61) ist asymptotisch stabil, wenn gilt

1) $\mathbf{L}(\mathbf{i}_L)$ und $\mathbf{C}(\mathbf{u}_C)$ sind positiv definit,
2) $\| \mathbf{L}^{(1/2)}(\mathbf{i}_L)\mathbf{A}^{-1}\mathbf{\Gamma}\mathbf{C}^{(1/2)}(\mathbf{u}_C) \| < 1$.

Beweis: Brayton, Moser [6.65].

■

Man beachte, daß die Bedingung 2) für asymptotische Stabilität nicht von den Nichtlinearitäten abhängt. Für etwas allgemeinere RLC-Netzwerke kann der folgende Satz formuliert werden.

Satz 6.30: Wir betrachten ein reziprokes nichtlineares RLC-Netzwerk, daß durch (6.61) beschrieben wird, wobei

$$
p(\mathbf{i}_L, \mathbf{u}_C) = -\mathbf{g}(\mathbf{i}_L) + \mathbf{f}(\mathbf{u}_C) + (\mathbf{i}_L \mid \mathbf{\Gamma}\mathbf{u}_C - \mathbf{a})
$$

das gemischte Potential ist.

Jede Lösung von (6.61) ist asymptotisch stabil, wenn gilt

1) $\mathbf{L}$ und $\mathbf{C}$ sind konstante, positiv definite Matrizen,
2) $P^*(\mathbf{i}_L, \mathbf{u}_C) \to \infty$ für $\|\mathbf{i}_L\| + \|\mathbf{u}_C\| \to \infty$
   mit

$$
p^*(\mathbf{i}_L, \mathbf{u}_C) = \left(\frac{\mu_1 - \mu_2}{2}\right) P(\mathbf{i}_L, \mathbf{u}_C) + \frac{1}{2}\left(\frac{\partial P}{\partial \mathbf{i}_L}, \mathbf{L}^{-1}\frac{\partial P}{\partial \mathbf{i}_L}\right) + \frac{1}{2}\left(\frac{\partial P}{\partial \mathbf{u}_C}, \mathbf{C}^{-1}\frac{\partial P}{\partial \mathbf{u}_C}\right),
$$

wobei μ_1 und μ_2 die kleinsten Eigenwerte von

$$\mathbf{L}^{-(1/2)} \left(\frac{\partial^2 \mathbf{g}}{\partial \mathbf{i}_L^2} \right) \mathbf{L}^{-(1/2)} \quad \text{bzw.} \quad \mathbf{C}^{-(1/2)} \left(\frac{\partial^2 \mathbf{f}}{\partial \mathbf{u}_C^2} \right) \mathbf{C}^{-(1/2)}$$

sind,

3) $\mu_1 + \mu_2 > 0$.

Beweis: Brayton, Moser [6.65].

■

Bemerkung 6.22: Die in den Sätzen 6.29 und 6.30 formulierten Stabilitätsergebnisse für die Brayton-Moser-Gleichungen sind hinreichend aber nicht notwendig. Brayton [6.75] bemerkt dazu, daß man wohl nur dann bessere Ergebnisse erzielen kann, wenn man weitere Eigenschaften der Klasse von Netzwerken voraussetzt.

■

Zum Abschluß dieses Abschnittes wollen wir noch auf einen weiteren Unterschied zu den linearen Systemen und Netzwerken hinweisen. In Abschnitt 4.12.1 haben wir gezeigt, daß man prinzipiell nur globale Stabilitäts- oder Instabilitätsaussagen im linearen Fall erhält. Im Zusammenhang mit der Methode der Ljapunov-Funktion haben wir gesehen, daß man auch bei nichtlinearen Netzwerken zu globalen Stabilitätsaussagen kommen kann, wenn der Definitionsbereich D von V gleich $I\!R^n$ ist. Allerdings ist die Menge D i.a. eine echte Teilmenge des $I\!R^n$. Die Menge aller Punkte, von denen aus eine Trajektorie starten kann und für $t \to \infty$ in eine Fixpunkt einläuft, heißt *Einzugsgebiet* dieses Fixpunktes. Es ist eine sehr wichtige aber auch schwierige Aufgabe, für einen gegebenen Fixpunkt, das Einzugsgebiet zu bestimmen. Das Problem des asymptotischen Verhaltens von Lösungen wird bei Guckenheimer und Holmes ausführlich behandelt ([6.124], S.33ff). Hasler und Neirynck ([6.2], S.286ff) geben eine sehr gute Einführung in diese Problematik und diskutieren sie anhand von netzwerktheoretischen Beispielen. In Abschnitt 6.9.4 im Zusammenhang mit einer einführenden Betrachtung des sogenannten chaotischen Verhaltens von nichtlinearen Netzwerken darauf eingegangen.

6.11.2 Die Andronov-Hopf-Bifurkation

In Abschnitt 6.9.2 haben wir den Nachweis der Existenz von Grenzzyklen mit dem Satz von Poincaré und Bendixon diskutiert und danach gezeigt, daß man das Existenzproblem als Nullstellenproblem interpretieren kann und den Abbildungsgrad von Funktionen zum Nachweis eines Grenzzyklus verwenden kann. Die Anwendung dieser Methoden ist in praxisrelevanten Fällen nicht immer ganz einfach, zumal der Satz von Poincaré und Bendixon ohnehin auf den $I\!R^2$ beschränkt ist. Deshalb wird beim praktischen Entwurf von schwach nichtlinearen Oszillator-Netzwerken (Sinusoszillatoren) bis heute die Frequenz anhand des linearisierten Netzwerkes durchgeführt (Barkhausen-Kriterium); dazu legt man die Eigenfrequenz einfach auf die imaginäre Achse. Aber gerade für diesen Fall gibt es kein theoretisches Fundament, wie die Bemerkung 6.20 im Anschluß an den Satz von Hartman und Grobman zeigt (Abschnitt 6.11.1). In der Praxis wird dann durch weitere Ad-hoc Annahmen das Auftreten *stabiler Grenzzyklen* im nichtlinearen Netzwerk "erklärt"; die gestellten Forderungen bezüglich Amplitude und Frequenz werden dann durch "Anpassungsmaßnahmen" beim praktischen Aufbau der Schaltung sichergestellt. Im folgenden soll eine mathematische Methode zur Bestimmung der Existenz eines Grenzzyklus in schwach nichtlinearen Netzwerken vorgestellt werden, die wenigstens einen Teil der ingenieurmäßigen Vorgehensweise rechtfertigt. Diese Methode basiert auf einem Satz von Andronov (1929) und Hopf (1942), der auf Arbeiten von Poincaré zurückgeht. Zur Motivation der Aufgabenstellung beginnen wir mit einem einfachen Beispiel.

Beispiel 6.37: (Casti ([6.165], S.146)) Wir untersuchen die mit μ parametrisierte Familie nichtlinearer Differentialgleichungen

$$\begin{pmatrix} \dot{x}_1 \\ \dot{x}_2 \end{pmatrix} = \begin{pmatrix} 0 & 1 \\ -1 & \mu \end{pmatrix} \begin{pmatrix} x_1 \\ x_2 \end{pmatrix} - \begin{pmatrix} 0 \\ x_2^2 \end{pmatrix} \tag{6.63}$$

auf periodische Lösungen in Abhängigkeit von μ. Dazu betrachten wir zunächst die Fixpunkte von (6.63); durch Nullsetzen der rechten Seite erhält man $(x_1, x_2) = (0,0)$ als einzigen Fixpunkt. Wir bestimmen die Eigenwerte $\lambda(\mu)$ der linearen Variationsgleichungen

$$\begin{pmatrix} \dot{\xi}_1 \\ \dot{\xi}_2 \end{pmatrix} = \begin{pmatrix} 0 & 1 \\ -1 & \mu \end{pmatrix} \begin{pmatrix} \xi_1 \\ \xi_2 \end{pmatrix}$$

zu $\lambda_{1,2}(\mu) = (1/2)(\mu \pm \sqrt{\mu^2 - 4})$. Daraus folgt, daß $\Re\{\lambda_{1,2}(\mu)\} < 0$ für $\mu < 0$ ist und nach Abschnitt 6.11.1 ein stabiler Fixpunkt ist, für $\mu = 0$ kann keine Aussage gemacht werden ($\lambda_{1,2} = \pm j$) und für $\mu > 0$ ein instabiler Fixpunkt vorliegt, weil der Realteil größer als Null ist (man mache sich die Bewegung der Eigenwerte anhand der Wurzelortskurven in $\mathbb{C}$ klar). Der Satz von Andronov und Hopf besagt, daß in diesem Fall ein stabiler Grenzzyklus entsteht, wenn der Fixpunkt $(0,0)$ instabil wird. Die Existenz eines Grenzzyklus für $\mu > 0$ kann bei diesem einfachen Problem auch mit dem Satz von Poincaré und Bendixon nachgewiesen werden (siehe Beispiel 6.25); wir erhalten $(1/2)dr/dt = \mu x_2^2 - x_2^4$; für $\mu > 0$ ist dr/dt zunächst größer als Null (Radiusvergrößerung) bis der Schnittpunkt bei $y = \sqrt{\mu}$ erreicht ist; danach ist dr/dt kleiner als Null (Radiusverkleinerung). Damit haben wir für $\mu > 0$ einen Grenzzyklus mit dem Radius $\sqrt{\mu}$ nachgewiesen.

∎

Die in Beispiel 6.37 gemachte Beobachtung wird im Satz von Andronov und Hopf präzisiert. Wir formulieren ihn der Einfachheit halber im $\mathbb{R}^2$ (Casti ([6.165], S.145)).

Satz 6.31: (Andronov, Hopf) Sei $\dot{\mathbf{x}} = \mathbf{f}(\mathbf{x}, \mu)$ mit $\mathbf{x} \in I\!R^2$ und $\mathbf{f} : I\!R^2 \times I\!R \rightarrow I\!R^2$ eine mit μ parametrisierte Familie von Differentialgleichungen mit dem Anfangswert $\mathbf{x}(0) = \mathbf{x}^0$; wir setzen voraus, daß $\mathbf{f}$ mindestens 4-mal differenzierbar in $\mathbf{x}$ und ε ist und es gilt $\mathbf{f}(0, \mu) = 0$; weiterhin habe die Jacobische Matrix $\mathbf{J}_f(\mathbf{x})$ an der Stellen $\mathbf{x} = 0$ zwei verschiedene komplex konjugierte Eigenwerte λ_1 und $\lambda_2 = \overline{\lambda_1}$, so daß für $\mu > 0$ der Realteil $\Re\{\lambda(\mu)\} > 0$ ist. Unter der Voraussetzung

$$\frac{d}{d\mu}\left(\Re\{\lambda(\mu)\}\right)\bigg|_{\mu=0} > 0$$

gilt:

1) Es gibt eine zweimal differenzierbare Funktion $\mu : (-\varepsilon, \varepsilon) \rightarrow I\!R$, so daß der Anfangswert $((x_1^0, 0), \mu(x_0^1)) \in I\!R^2 \times I\!R$ ein Grenzzyklus mit einer Periode $2\pi / \mid \lambda(\mu) \mid$ und dem Radius $\sqrt{\mu}$ für $x_1^0 \neq 0$ und $\mu(0) = 0$ ist.

2) Es gibt eine Umgebung $U_{(0,0)} \subset I\!R^2 \times I\!R$, in der jeder Grenzzyklus die Bedingungen 1) erfüllt.

3) Wenn der Nullpunkt $0 \in I\!R^2$ ein asymptotisch stabiler Fixpunkt für $\mu = 0$ ist, dann ist $\mu(x_1^0) > 0$ für alle $x_1^0 \neq 0$ und sämliche Grenzzyklen sind ebenfalls asymptotisch stabil.

Beweis: (Arnol'd ([6.116], S.269ff)) Zum Verständnis dieses Satzes ist die Beweisidee sehr wichtig. Deshalb geben wir eine kurze Skizze. Im Prinzip handelt es sich um eine spezielle Anwendung der Störungstheorie für den Punkt $\mu = 0$. Allerdings kann die Störungsrechnung auf die Ausgangsgleichung nicht direkt angewendet werden, weil dort nach Vorausetzung die lineare Variationsgleichung ein Eigenwertpaar $\lambda_{1,2} = \pm j$ besitzt, so daß dort keine Aussagen möglich sind. Für die Eigenwerte gilt aber an dieser Stellen $\mu = 0$ die Beziehung $\lambda_1 + \lambda_2 = 0$ (man spricht von Resonanz). Unter diesen Umständen kann man zeigen, daß die Ausgangsgleichung durch eine *reelle* Koordinatentransformation in die Normalform von Poincaré und Dulac gebracht werden kann

$$\dot{\zeta} = \lambda(\mu)\zeta + c(\mu)\zeta \mid \zeta \mid^2 + \mathcal{O}(\mid \zeta^5 \mid)$$

mit $\lambda = j$ und $c \in \mathbb{C}$. Wir können nun eine Gleichung für den Radius $\rho = r^2 := \mid \zeta \mid^2$ bestimmen

$$\dot{\rho} = \dot{\zeta}^* + \zeta\dot{\zeta}^* = 2\rho\left(\Re\{\lambda(\mu)\} + \rho\Re\{c(\mu)\} + \mathcal{O}(\rho^2)\right).$$

Vernachlässigen wir $\mathcal{O}(\rho^2)$, dann haben wir das Problem auf ein 1-dimensionales reduziert

$$\dot{\rho} = 2\rho\left(\Re\{\lambda(\mu)\} + \rho\Re\{c(\mu)\}\right),$$

deren stabile Fixpunkte ($\rho \neq 0$) einem stabilen Grenzzyklus entsprechen. Einen ausführlichen Beweis findet man bei Hassard, Kazarinofff und Wan [6.181].

∎

Bemerkung 6.23: 1) Ein gewisser Nachteil dieses Satzes liegt darin, daß über den Bereich der erlaubten μ keine Aussage gemacht wird. 2) Eine Verallgemeinerung auf den n-dimensionalen Fall ist möglich; dazu müssen die Differentialgleichungen im einfachsten Fall in ein 2-dimensionales und in ein (n-2)-dimensionales Problem zerlegt werden; das 2-dimensionale Problem ist dann auf der sogenannten Zentrumsmannigfaltigkeit definiert. Einzelheiten dazu findet man z.B. bei Arnol'd ([6.116] S.271f); eine ausführliche Behandlung dieser Problemstellung gibt auch Amann ([6.40], S.428ff).

∎

Obwohl der Satz 6.31 von Andronov in den frühen dreißiger Jahren auf netzwerktheoretische Problemstellungen angewendet wurde ("Mitnahmeerscheinigung", siehe z.B. Elsner ([6.13], S.118ff), hat man ihn lange Zeit vergessen und erst 1979 erschien eine Arbeit von Mees und Chua [6.166] über die Andronov-Hopf-Bifurkation (ohne daß die Arbeiten von Andronov erwähnt werden; dazu auch Arnol'd ([6.116], S.271)), die im Frequenzbereich formuliert wird (siehe auch Mees ([6.105], §6)).

Eine gewisse Schwierigkeit bei der Anwendung dieses Satzes besteht darin, einen netzwerktheoretisch sinnvollen Familienparameter μ (Bifurkationsparameter) zu finden. Mathis und Weghorst [6.167] konnten zeigen, daß bei Oszillator-Netzwerken, die einen aktiven 3-Pol enthalten, der in ein passives Netzwerk eingebettet ist (Spence ([6.168], S.284ff)), der Lastwiderstand der einzig sinnvolle Parameter ist. Das entspricht aber gerade der Vorgehensweise eines Oszillator-Designers bei der *Maximum-Loading-Methode* (Spence [6.169]), bei welcher der Lastwiderstand solange verändert wird, bis eine "stabile Schwingung" entsteht. Wenn die Bedingungen des Satzes 6.31 erfüllt sind, dann handelt es sich um einen stabilen Grenzzyklus (im Modell). Es sei noch angemerkt, daß die *Barkhausen-Bedingung* eine notwendige (aber keineswegs hinreichende) Voraussetzung des Satzes 6.31 ist. Damit kann der Bifurkationssatz von Andronov und Hopf zur Rechtfertigung der praktischen Vorgehensweise beim Entwurf von Oszillatoren im Sinne der Maximum-Loading-Methode dienen. Allerdings scheint der Satz an Bedeutung zu gewinnen, da die analogen Oszillatoren auf hochintegrierten Schaltkreisen nicht mehr explizit aufgebaut werden können und somit ein "Ausprobieren" nicht mehr möglich ist.

Beispiel 6.38: Wir kommen noch einmal auf das Beispiel 6.37 zurück und prüfen nach, ob die Voraussetzungen des Bifurkationssatzes erfüllt. Es ist klar, daß $\mathbf{f}(\mathbf{0}, \mu) = \mathbf{0}$ ist und wir haben bereits errechnet, daß die Jacobische Matrix $\mathbf{J}_f(\mathbf{0})$ konjugiert komplexe Eigenwerte besitzt, deren Realtiel für $\mu > 0$ auch größer als Null ist. Es bleibt die Ableitungsbedingung zu testen; wegen

$$\frac{d}{d\mu}\left(\Re\{\lambda(\mu)\}\right)\Big|_{\mu=0} = \left(\frac{1}{2} \pm \frac{2\mu}{\sqrt{\mu^2 - 4}}\right)\Big|_{\mu=0} = \frac{1}{2}$$

ist diese Bedingung ebenfalls erfüllt.

∎

6.12   Input-Output-Beschreibung und Stabilität

In den Abschnitten 4.10 und 5.7 haben wir Input-Output-Beschreibung für lineare Systeme und Netzwerke diskutiert. Im Fall eines linearen zeitinvarianten Systems ergibt sich bekanntlich eine Faltungsbeziehung (4.26), die mit dem HY-Kalkül explizit algebraisch formuliert werden kann. Im linearen zeitvarianten Fall konnten zwar ebenfalls noch Integralbeziehungen zwischen der Eingangs- und Ausgangsgröße angegeben werden, aber die "Integralkerne" (Impulsantworten) in diesen Integralen konnten i.a. nicht mehr explizit bestimmt werden, da das mit einer expliziten Lösung der Beschreibungsgleichungen des Systems verbunden ist. Da auch für die Beschreibungsgleichungen eines nichtlinearen dynamischen Systems in "fast allen" keine explizite Lösung angegeben werden kann, erwarten wir, daß sich eine mögliche Input-Output-Beschreibung auch hier nur selten explizit berechnen läßt. Als Grundlage für eine Input-Output-Beziehung dient die *Volterra-Entwicklung* von linearen Funktionalen (siehe Abschnitt 6.7.3), die auf einem passenden Funktionenraum M_f, der die gewünschte Klasse von Eingangsfunktionen umfaßt, definiert sind, und in die reellen Zahlen abbilden. Da für eine ausführliche Diskussion entsprechender Darstellungssätze von Funktionalen eingehenden Kenntnisse der Funktionalanalysis notwendig sind (siehe Sandberg [6.170]), können die folgenden Bemerkungen nur informellen Charakter haben. In mathematischer Terminologie formuliert, handelt es sich bei diesen Darstellungssätzen, die auf Fréchet zurückgehen, um Verallgemeinerungen des aus der Analysis einer reellen Veränderlichen bekannte Satz von *Weierstraß* (Dreszer ([6.171], S.980), nach dem jede auf dem Intervall $[0,1]$ definierte stetige Funktion beliebig genau (im Sinne der Maximum-Norm) durch eine Folge von Polynomen approximiert werden kann. In ähnlicher Weise kann jedes Funktional $F : M_f \rightarrow I\!R$, wobei M_f die Menge der auf $[a,b] \subset I\!R$ definierten reellwertigen Funktionen $u : [a,b] \rightarrow I\!R$ sind, unter gewissen Voraussetzungen beliebig genau durch eine *Volterra-Summe*

$$y(t) = F(u,t) = k_0 + \sum_{i=1}^{n} \int_a^b \cdots \int_a^b k_i(t; \tau_1, \ldots, \tau_i) u(\tau_1) \cdots u(\tau_i) d\tau_1 \cdots d\tau_i \qquad (6.64)$$

angenähert werden. Wenn F nicht explizit von der Zeit t abhängt, dann kann man die Integrale in (6.64) als verallgemeinerte Faltungsintegrale notieren

$$\int_a^b \cdots \int_a^b k_i(\tau_1, \ldots, \tau_i) u(t - \tau_1) \cdots u(t - \tau_i) d\tau_1 \cdots d\tau_i$$

Damit erhält man im Fall $n = 1$ gerade das Faltungsintegral der Input-Output-Beziehung linearer zeitinvarianter Systeme und Netzwerke, so daß die Volterra-Reihe als eine Verallgemeinerung dieser Beziehung interpretiert werden kann. Wie bei den anderen Input-Output-Beziehungen in Integralform werden auch bei der Volterra-Reihe ($n \rightarrow \infty$) die Integralkerne $k_i(\tau_1, \ldots, \tau_i)$ benötigt. Diese Berechnung ist selbst dann noch außerordentlich aufwendig, wenn man von schwach nichlinearen Netzwerkelementen ausgeht. Wir wollen daher nur einige wesentliche Punkte der Analyse mit Volterra-Reihen besprechen, die üblicherweise nicht beachtet werden. Eine praktische Analyse (z.B. Intermodulation) kann nur mit einem Rechnerprogramm ausgeführt werden; dazu kann etwa das Programm von Haug [6.172] benutzt werden, der voraussetzt, daß die Beschreibungsgleichungen eine spezielle Form der Zustandsgleichungen besitzen; das ist in vielen praktische Fällen erfüllt. Der an praktischen Ergebnissen interessierte Leser sollte auch das Buch von Weiner und Spina [6.173] heranziehen, das sich mit der Analyse und Modellbildung schwach nichtlinearer Netzwerke bei sinusförmiger Anregung beschäftigt; es enthält auch zahlreiche anwendungsorientierte Literaturhinweise. Eine elementare Einführung in das Gebiet der Volterra-Reihen findet man bei Elsner ([6.13], §6). Eine weitere für die Praxis wichtige Methode ist die Anwendung der $\mathcal{L}$-Transformation für Funktionen mit mehreren Veränderlichen (Rugh ([6.174], §2).

In den meisten anwendungsorientierten Arbeiten werden keine Hinweise gegeben, ob die Volterra-Reihen, deren erste Terme berechnet werden sollen, überhaupt existiert oder, wenn ja, auch konvergiert; des weiteren bleiben Fragen über die Güte der Approximation völlig unbeantwortet. Ausgangspunkt müßten daher die Beschreibungsgleichungen eines nichtlinearen dynamischen Input-Output-Systems sein und es wäre zu prüfen, ob die Lösung bezüglich eines (oder mehrerer) gewählter Eingangs-Ausgangspaares existiert, konvergiert (und wo) und ein bestimmtes Gütekriterium erfüllt. Es war wieder einmal (wie so oft in der Netzwerktheorie) Irwin Sandberg, anknüpfend an seine frühen Arbeiten, in einer Serie von weiteren Arbeiten seit 1982 diese Problemstellung aufgriffen und zahlreiche Ergebnisse erzielt hat, die teilweise sogar alte Fragen beantworten. In seinem Überblicksartikel [6.170] von 1984 werden seine eigenen Arbeiten aber auch die seiner Vorläufer genannt und diskutiert. Sandberg weist darauf hin, daß neben der bloßen *Annahme* der Existenz einer Volterra-Reihe auch noch unbegründete Verallgemeinerungen vorgenommen werden. Das liegt natürlich daran, daß·in den Anwendungen oft die mathematischen Objekte und ihr Definitionsbereich nur selten eindeutig definiert werden, d.h. die "Rechenmethoden" besitzen in solche Fällen nur formale Bedeutung.

Wir wollen diesem Abschnitt einige Hinweise auf die Resultate Sandbergs sowie Boyd und Chua geben, die vor kurzem ebenfalls einige interessante Ergebnisse erzielt haben. Sandberg betrachtet rückgekoppelte Systeme, die durch die Gleichungen

$$\mathbf{x} = \mathbf{A}\mathbf{u} + \mathbf{C}\mathbf{y},$$
$$\mathbf{y} = \mathbf{f}(\mathbf{x}),$$
$$\mathbf{w} = \mathbf{D}\mathbf{u} + \mathbf{B}\mathbf{y}$$

beschrieben werden, wobei $\mathbf{u}$ der Eingangsvektor, $\mathbf{w}$ der Ausgangsvektor und $\mathbf{x}$ bzw. $\mathbf{y}$ der Eingang bzw. der Ausgang des nichtlinearen Subsystems ist, und $\mathbf{A}, \mathbf{B}, \mathbf{C}, \mathbf{D}$ konstante Matrizen sind und $\mathbf{f}$ eine nichtlineare Funktion darstellt, die das nichtlineare Subsystem beschreibt. Sandberg konnte für eine große Klasse linearer zeitinvarianter Systeme zeigen, daß

1) eine Input-Output-Bechreibung

$$\mathbf{w}(t) = \sum_{i=1}^{\infty} \int_{-\infty}^{t} \cdots \int_{-\infty}^{t} h_i(t - \tau_1, \ldots, t - \tau_i) u(\tau_1, \ldots, \tau_i) d\tau_1 \cdots d\tau_i$$

existiert,

2) wenn $\|\mathbf{u}(t)\| < \delta$ für alle t und eine fastperiodische Funktion ist (siehe Abschnitt 5.7), dann ist auch das Ausgangssignal $\mathbf{w}$ fastperiodisch,

3) unter bestimmten Annahmen der Beschränktheit an $\mathbf{u}$ und $\mathbf{x}$ geht die Ausgangsgröße $\mathbf{w}$ gegen Null, wenn $\|\mathbf{u}\| \to 0$ für $t \to \infty$.

Da er seine Ergebnisse für eine allgemeinere Situation bewiesen hat, als hier dargestellt, können sie auf viele interessante Systemklassen angewendet werden.

Zum Abschluß wollen wir noch auf die Arbeiten von Boyd und Chua eingehen, die in der Dissertation von Boyd [6.175] zusammengefaßt sind und in verschiedenen Heften von IEEE-CAS seit 1984 abgedruckt sind. Dort wird zunächst die umgekehrte Frage beantwortet, nämlich für welche Systemklasse ist die Volterra-Reihe zur Darstellung der Lösungen geeignet. Dabei präzisierten sie eine schon lange bekannte, jedoch unklar definierte Eigenschaft von Systemen, die das Konzept *Fading Memory* (vorgängliches Gedächtnis) genannt wird und bedeutet, daß die Ausgangsgröße eines Systems von der Vergangenheit der Eingangsgröße "asymptotische unabhängig" wird. Wenn ein Input-Output-Operator T mit $y = T(x)$ linear ist, dann ist diese Voraussetzung gleichbedeutend damit, daß er eine Faltungsdarstellung besitzt; aufgrund des Integrals werden "weit zurückliegende" Abschnitte der Eingangsgröße immer unwichtiger.

Ein weiteres wichtiges Ergebnis hat mit folgender Aufgabe zu tun, die zuerst im linearen Fall diskutiert werden soll. Wenn man zwei lineare rückwirkungsfreie Subsysteme zu einem System hintereinander schaltet, dann kann man aus dem Input-Output-Verhalten nicht mehr auf die Reihenfolge der Subsysteme schließen. Etwas allgemeiner ausgedrückt, es gibt viele äquivalente Netzwerkrealisierungen eines vorgegebenen Input-Output-Verhaltens. Im nichtlinearen Fall ist das anders; das Konzept der äquivalenten Netzwerke scheint dort nicht so erfolgreich zu sein. Boyd und Chua [6.176] haben gezeigt, daß diese Beobachtung einen prinzipiellen Grund hat. Sie bewiesen, daß die Verbindungsstruktur durch das Input-Output-Verhalten des Systems schon weitgehend festgelegt sit. Betrachtet man z.B. ein lineares 2-Tor, das mit einem nichtlinearen Widerstand am Ausgang beschaltet ist, dann müssen die 2-Tore dazu äquivalenter Netzwerke, bei vorgegebenem Verhalten an dem anderen Tor, im wesentlichen gleich sein (bis auf eine Skalierung und eine Verzögerungstransformation). Daraus folgt z.B., daß eine Lokalisierung bestimmter Subsysteme in einem nichtlinearen Netzwerk sehr viel einfacher sein sollte, als im linearen Fall. Mit diesem kleinen Ausblick auf weitere Anwendungen der Resultate von Boyd und Chua, wollen wir diesen Abschnitt beenden.

Anhang A: Grundlagen und Elemente der linearen Algebra

1.1 (Mengenlehre) In diesem Buch nehmen wir den Standpunkt der *naiven* Mengenlehre ein (Behnke, Bachmann, Fladt, Süß([1.13], §7): Unter einer *Menge* verstehen wir jede Zusammenfassung M von bestimmten wohlunterschiedenen Objekten zu einem Ganzen. Mögliche Definition einer Menge: $M := \{m|m$ besitzt Eigenschaft $E_M\}$; Element einer Menge: $m \in M$. *Teilmenge*: $N \subset M$ genau dann, wenn gilt $n \in N \Rightarrow n \in M$ (wenn es ein $m \in M$ mit $m \not\subset N$ gibt, dann spricht man von *echter* Teilmenge). Mengenoperationen: *Vereinigung*: $M, N \subset X$, $M \cup N := \{v|v \in N$ oder $v \in M\}$. *Durchschnitt*: $M, N \subset X$, $M \cap N := \{d|d \in M$ und $d \in N\}$. *Komplement*: $M \subset X$, $\bar{M} := \{k|k \in X, k \notin M\}$. *Leere Menge*: $\emptyset$. *Disjunkte Mengen* M und N: Bedingung $M \cap N = \emptyset$. *Kartesisches Produkt*: $M \times N := \{(m,n)|m \in M, n \in N\}$. *Differenz*: $M - N := M \cap \bar{N}$.

1.2 (Wichtige Mengen) $I\!N$: natürliche Zahlen mit Null. $Z\!\!\!Z$: ganze Zahlen. $I\!R$: reelle Zahlen. $I\!R^+$: positive reelle Zahlen mit Null. $\mathbb{C}$: komplexe Zahlen. K^n: n-Tupel $\mathbf{v} = (v_1, \ldots, v_n)^T$ mit $v_i \in K = I\!R, \mathbb{C}$. $K^{n \times n}$: Raum der $n \times n$-Matrizen $\mathbf{A} = (a_{ij})$ $(i, j = 1, \ldots, n)$ mit $a_{ij} \in K = I\!R, \mathbb{C}$.

1.3 (Abbildungen und Funktionen) Siehe Definitionen 1.2 und 1.3. $f : M \to N$; *Bild* von f: Bild$(f) = \{n|f(m) = n; m \in M\}$. *Urbild* von $D \subset N$ unter f: $f^-(D) := \{m|f(m) \in D\}$. *Injektivität* von f: Bedingung $f(x_1) = f(x_2) \Rightarrow x_1 = x_2$. *Surjektivität* von f: für jedes $n \in N$ gibt es ein $m \in M$ mit $f(m) = n$. *Bijektivität* von f: f ist injektiv und surjektiv. *Umkehrabbildung* von f: für injektives f existiert f^{-1}; ist f noch surjektiv, dann ist f^{-1} auf N definiert, d.h. f^{-1} ist bijektiv, und es gilt $(f^{-1})^{-1} = f$.

1.4 (Hintereinanderschaltung von Abbildungen) $f : M \to N$ und $g : N \to K$, $g \circ f : M \to K$ definiert durch $(g \circ f)(m) = g(f(m))$. Sind f, g bijektiv, dann gilt: $g \circ f$ bijektiv und $(g \circ f)^{-1} = f^{-1} \circ g^{-1}$. Speziell: $f^{-1} \circ f = id_M$, $f \circ f^{-1} = id_N$.

1.5 (Topologischer Raum, Hausdorffraum) Menge M mit $\mathcal{P}(M)$, der Menge aller Teilmengen von M (Potenzmenge). *Struktur*: Es existiert eine Klasse von Teilmengen $\mathcal{B}$ von M mit: 1) $\emptyset, M \in \mathcal{B}$, 2) $(\bigcap_{i=1}^{n} B_i) \in \mathcal{B}$, 3) $(\bigcup_{i \in I} B_i) \in \mathcal{B}$ (I : beliebige Indexmenge); $\mathcal{B}$ heißt *Topologie* oder ein System von *offenen Mengen* von M. $(M, \mathcal{B})$ heißt topologischer Raum. Bedeutung: Struktur für Definition des Grenzwertes und der Stetigkeit notwendig. *Hausdorffraum* H: $(H, \mathcal{B})$ topologischer Raum mit: für $x, y \in H$ gibt es offene disjunkte Teilmengen B_x und B_y mit $x \in B_x$ und $y \in B_y$. (Trennung von Punkten durch offene Mengen möglich); Bedeutung: Grenzwerte sind *eindeutig* bestimmt. *Kompakte Menge* in H: $K \subset H$ ist kompakt, wenn jede Überdeckung von K durch offene Mengen eine Überdeckung mit endlich vielen Mengen enthält. *Abgeschlossene Menge* $A \subset H$: es gibt ein $B \in \mathcal{B}$ mit $A = H - B$.

1.6 (Vektorraum) Motivation und Definition in Abschnitt 1.5. Bedeutung: Behandlung linearer Problemstellungen. Literatur: Koecher [4.46], Beiglböck [4.78], Zurmühl, Falk [4.27] (Theorie und Numerik).

1.7 (Metrischer Raum) Menge M mit Abbildung $d(\cdot, \cdot) : M \times M \to I\!R^+$, so daß gilt: 1) $d(m_1, m_2) = 0 \Leftrightarrow m_1 = m_2$, 2) $d(m_1, m_2) = d(m_2, m_1)$, 3) $d(m_1, m_2) \leq d(m_1, m_3) + d(m_3, m_2)$, $m_3 \in M$; $d(\cdot, \cdot)$ heißt *Metrik*.

1.8 (Normierter Raum) Vektorraum N mit Abbildung $\| \cdot \| : N \to I\!R^+$, so daß gilt: 1) $\|n\| = 0 \Leftrightarrow n = 0$, 2) $\|\lambda n\| = |\lambda| \|n\|$ ($\lambda \in I\!R$), 3) 1) $\|n_1 + n_2\| \leq \|n_1\| + \|n_2\|$ (Dreiecksungleichung); $\| \cdot \|$ heißt *Norm*. *Induzierte Metrik*: $d(n_1, n_2) := \|n_1 - n_2\|$. $V = \mathbb{C}^n$: z.B. $\|\mathbf{x}\| := \sqrt{\sum_{i=1}^{n} |x_i|^2}$, $V = \mathbb{C}^{n \times n}$: z.B. $\|\mathbf{A}\| := Sp(\mathbf{A}^*\mathbf{A})$ (siehe 1.15); für $V = I\!R^n$ und $V = I\!R^{n \times n}$ entsprechend. Bedeutung: Struktur wird zur Definition der Differenzierbarkeit benötigt.

1.9 (Unitärer und Euklidischer Raum) Vektorraum U mit dem Körper $\mathbb{C}$ und der Abbildung $\langle \cdot | \cdot \rangle$. $U \times U \to \mathbb{C}$, so daß gilt ($\lambda_1, \lambda_2 \in \mathbb{C}$): 1) $\langle \lambda_1 u_1 + \lambda_2 u_2 | u_3 \rangle = \lambda_1 \langle u_1 | u_3 \rangle + \lambda_2 \langle u_2 | u_3 \rangle$, 2) $\langle u_1 | u_2 \rangle = \langle u_2 | u_1 \rangle^*$, 3) für $u \neq 0 \Rightarrow \langle u|u \rangle > 0$, die Abbildung $\langle \cdot | \cdot \rangle$ heißt *hermitesches inneres Produkt*. $V = I\!R^n$: z.B. $\langle \mathbf{x} | \mathbf{y} \rangle := \mathbf{x}^* \mathbf{y} = \sum_{i=1}^{n} x_i^* y_i$, $V = \mathbb{C}^{n \times n}$: z.B. $\langle \mathbf{A} | \mathbf{B} \rangle := Sp(\mathbf{A}^* \mathbf{B})$. *Induzierte Norm*: $\|u\| := \sqrt{\langle u|u \rangle}$. Es gelten folgende Aussagen: 1) $\langle u_3 | \lambda_1 u_1 + \lambda_2 u_2 \rangle = \lambda_1^* \langle u_3 | u_1 \rangle + \lambda_2^* \langle u_3 | u_1 \rangle$, 2) $|\langle u_1 | u_2 \rangle| \leq \|u_1\| \cdot \|u_2\|$ (Schwarzsche Ungleichung); $(U, \mathbb{C}, \langle \cdot | \cdot \rangle)$ heißt *unitärer Raum*. Benutzt man den Körper $I\!R$ für den Vektorraum E, dann heißt die Abbildung $(\cdot | \cdot) : E \times E \to I\!R$ (mit entsprechenden Eigenschaften wie $\langle \cdot | \cdot \rangle$) *inneres Produkt* und $(E, I\!R, (\cdot | \cdot))$ *euklidischer Raum*.

1.10 (Bildung neuer Vektorräume) V, V_1, V_2 sind Vektorräume. Definitionen für den *dualen Vektorraum* V^*, die *direkte Summe* $V_1 \oplus V_2$ (strukturgleich mit $V_1 \times V_2$) und das *Tensorprodukt* $V_1 \otimes V_2$ findet man in Abschnitt 1.5. *Summenraum* $(U + V)$: U und V Untervektorräume von W. $U + V := \{u + v|u \in U, v \in V\}$ (im Unterschied zur direkten Summe wird die Addition in W ausgeführt.

1.11 (Lineare Abbildung, Matrizen) V, W seien Vektorräume mit $Dim(V) = n$ und $Dim(W) = m$. Definition linearer Abbildungen $\varphi : V \to W$ in Abschnitt 1.5. Nach Auswahl von Basen (Abschnitt 1.5) in V und W können die Vektoren $v \in V$ und $w \in W$ als n-Tupel und die linearen Abbildungen als $m \times n$-Matrizen aufgefaßt werden (Matrizen können auch als algebraische Objekte für sich definiert werden). *Standardbasis* in $V = I\!R^n$: $\{e_1 := (1, 0, \ldots, 0)^T, e_2 := (0, 1, 0, \ldots, 0)^T, \ldots, e_n := (0, \ldots, 0, 1)^T\}$. *Operationen* für Matrizen: Addition, skalare Multiplikation ($m \times n$-Matrizen bilden Vektorraum); Matrizenmultiplikation (Dimensionsbedingung muß erfüllt sein), $n \times n$-Matrizen bilden Algebra. *Transponierte Matrix* von $\mathbf{A} = (a_{ij})$: $\mathbf{A}^T := (a_{ji})$.

1.12 (Grundaufgaben der linearen Algebra) V, W seien Vektorräume. 1) Für gegebene lineare Abbildung $\varphi : V \to W$ und gegebenes Bild $w_0 \in W$ soll Urbild $\varphi^-(\{w_0\})$ bestimmt werden; üblicherweise wird die "Bestimmungsgleichung" $\varphi(v) = w_0$ notiert. *Homogener Fall*: $w_0 = 0$. *Inhomogener Fall*: $w_0 \neq 0$. 2) Mit Hilfe von $\varphi : V \to V$ wird eine Familie parametrisierter Abbildungen $(\varphi - \lambda id_V)$ definiert ($\lambda \in \mathbb{C}$) definiert; gesucht werden die Urbilder $(\varphi - \lambda id_V)^-(\{0\})$ für diejenigen Parameterwerte der Familie, die nicht nur den Nullvektor 0 enthalten; üblicherweise notiert man die "Eigenwertgleichung" $\varphi v = \lambda v$. Diese Parameter heißen *Eigenwerte* und die Vektoren $x (\neq 0)$ der Urbilder *Eigenvektoren*; man spricht von der *Eigenwertaufgabe*. Wird id_V durch eine beliebige lineare Abbildung $\psi : V \to V$ ersetzt, dann spricht man von der *verallgemeinerten* Eigenwertaufgabe.

1.13 (Inverse Matrix) V ist n-dimensionaler Vektorraum, $\varphi : V \to V$ und $\psi : V \to V$ lineare Abbildungen mit den Matrizen $\mathbf{A}$ und $\mathbf{B}$ bezüglich der (Standard)Basis. Die Determinanten-Funktion) ist eine *multilineare* Abbildung $\det(\cdot) : K^{n \times n} \to K$ mit $K = I\!R$ oder C (siehe Koecher ([4.46], S.99ff)); der Bildwert $\det(\mathbf{A})$ heißt *Determinante* von $\mathbf{A}$. Eigenschaften: 1) $1 \in K^{n \times n} \Rightarrow \det(1) = 1$, 2) $\mathbf{A} \in K^{n \times n} \Rightarrow |\det(\mathbf{A})| < \infty$ für $|a_{ij}| < \infty$, 3) $\det(\mathbf{AB}) = \det(\mathbf{A}) \cdot \det(\mathbf{B})$. Bedingung für Existenz der *Inversen* $\mathbf{A}^{-1}$ von $\mathbf{A}$: $\det(1) = \det(\mathbf{AA}^{-1}) = \det(\mathbf{A}) \cdot \det(\mathbf{A}^{-1}) = 1$ ($\det(\mathbf{A}) \neq 0$).

1.14 (Matrizenklassen) Bedingungen für 1) *symmetrische* Matrizen: $\mathbf{A} = \mathbf{A}^T$, 2) *Hermitesche* Matrizen: $\mathbf{A} = (\mathbf{A}^*)^T$, 3) *orthogonale* Matrizen: $\mathbf{A}^{-1} = \mathbf{A}^T$, 4) *unitäre* Matrizen: $\mathbf{A}^{-1} = (\mathbf{A}^*)^T$. *Vertauschbare* Matrizen: $[\mathbf{AB}\text{-}\mathbf{BA}] = 0$ (Kommutator). *Positiv (semi)definite* Matrizen: Eigenwerte von $\mathbf{A}$ sind größer (oder gleich) Null.

1.15 (Spur, Rang, Kern) V: n-dimensionaler Vektorraum, $\varphi : V \to V$ mit Matrix $\mathbf{A}$ (bezüglich Basis). *Spur*: $Sp(\mathbf{A}) := \sum_{i=1}^{n} a_{ii}$. *Rang* von φ bzw. $\mathbf{A}$: Dimension des Bildes von φ; bei Matrizen: Anzahl der linear unabhängigen Zeilen oder Spalten; Bezeichnung: $Rang(\varphi)$ oder $Rang(\mathbf{A})$. *Kern*: Spezielles Urbild $Kern(\varphi) := \varphi^-(\{0\})$.

1.16 (Exakte Abbildungspaare und Matrizen) V, W, Z seien Vektorräume mit $Dim(V) = m$, $Dim(W) = k$, $Dim(Z) = b$, $\psi : V \to Z$ und $\varphi : Z \to W$ seien lineare Abbildungen mit den Matrizen $\mathbf{B}$ und $\mathbf{A}$ bezüglich (Standard)Basen. (φ, ψ) exakt $\Rightarrow Bild(\varphi) = Kern(\psi)$ oder 1) $\varphi \circ \psi = 0$, 2) $Rang(\varphi) + Rang(\psi) = b$ (bei Matrizen: 1) $\mathbf{AB} = 0$, 2) $Rang(\mathbf{A}) + Rang(\mathbf{B}) = b$).

1.17 (Simultane homogene Gleichungen mit exakten Matrizenpaar) Voraussetzung wie in 1.16. Die Lösungen der homogenen Gleichungen $\mathbf{Ax} = 0$ und $\mathbf{B}^T\mathbf{y} = 0$ mit $(\mathbf{A},\mathbf{B})$ exakt können in folgender Form dargestellt werden: $\mathbf{x} = \mathbf{Bj}$ ($\mathbf{j} \in K^m$) und $\mathbf{y} = \mathbf{A}^T\mathbf{u}$ ($\mathbf{u} \in K^k$), denn $\mathbf{ABj} = 0$ und wegen $((\mathbf{A},\mathbf{B})$ exakt $\Rightarrow (\mathbf{B}^T, \mathbf{A}^T)$ exakt) gilt $\mathbf{B}^T\mathbf{A}^T\mathbf{u} = 0$. Wenn φ und die *duale* Abbildung ψ^* von ψ nicht surjektiv sind, dann sind $\mathbf{j}$ und $\mathbf{u}$ natürlich nicht eindeutig, weil $\mathbf{A}(\mathbf{Bj} + \mathbf{v}_a) = 0$ mit $\mathbf{v}_a \in Kern(\mathbf{A})$ und $\mathbf{B}^T(\mathbf{A}^T\mathbf{u} + \mathbf{v}_b) = 0$ mit $\mathbf{v}_b \in Kern(\mathbf{B}^T)$ gilt.

Anhang B: Differenzierbare Mannigfaltigkeiten, Tangential- und Kotangentialraum

1.1 (Motivation) Eine differenzierbare Mannigfaltigkeit ist ein Hausdorffraum (Anhang A), der "lokal" wie ein $I\!R^n$ "aussieht". Beispiele: 1) Eine in den $I\!R^3$ "eingebettete" Fläche sieht lokal aus wie ein $I\!R^2$. 2) Eine in den $I\!R^3$ "eingebettete" Kurve sieht lokal aus wie ein $I\!R$.

1.2 (Karten oder (lokale) Koordinatensysteme) $(M, \mathcal{B})$ sei ein Hausdorffraum zusammen mit einer Klasse von Abbildungen $\varphi_\alpha : U_\alpha \to I\!R^n$, die für alle $\alpha \in A$ (A: Indexmenge) auf offenen Mengen $U_\alpha \subset M$ definiert sind. *Verträgliche Karten*: Die φ_α ($\alpha \in A$) sind bijektiv und für je zwei φ_α und φ_β mit $U_\alpha \cap U_\beta \neq \emptyset$ sei $\varphi_\alpha \varphi_\beta^{-1}$ p-mal stetig differenzierbar (p= ∞ möglich); man sagt $\varphi_\alpha \varphi_\beta^{-1}$ ist ein Diffeomorphismus. *Atlas*: $(M, (\varphi_\alpha), A)$ mit 1) alle $m \in M$ werden von einer Karte abgebildet, 2) je zwei φ_α, φ_β sind verträglich. *Differenzierbare Struktur*: Äquivalenzklasse von Atlanten (siehe Arnol'd ([1.15], S.234)). Die Dimension der differenzierbaren Mannigfaltigkeit ist n.

1.3 (Beispiel: Sphäre S^2 im $I\!R^3$) $S^2 := \{(x_1, x_2, x_3) \in I\!R^3 | x_1^2 + x_2^2 + x_3^2 = 1\}$, wobei n der Nordpol und s der Südpol sein soll. Karten: die offenen Mengen $U_1 = S^2 - \{n\}$ und $U_2 = S^2 - \{s\}$; die stereographische Projektion auf die Ebenen am Südpol bzw. Nordpol definieren Karten $\varphi_1 : U_1 \to I\!R^2$ und $\varphi_2 : U_2 \to I\!R^2$.

1.4 (Abbildungen zwischen Mannigfaltigkeiten) M_1, M_2 seien differenzierbare Mannigfaltigkeiten. $f : M_1 \to M_2$ ist differenzierbar genau dann, wenn sie lokal eine differenzierbare Funktion ist, d.h. sind $\varphi_i : U_i \to I\!R^n$ (i=1,2) Karten von M_1 bzw. M_2 und wird $x \in U_1$ durch f in $f(x) \in U_2$ abgebildet, dann muß $\varphi_2 \circ f \circ \varphi_1^{-1} : I\!R^n \to I\!R^n$ differenzierbar sein. Existiert außerdem $f^{-1} : M_1 \to M_2$ und ist sie differenzierbar, dann ist f ein Diffeomorphismus. Speziell: $M_1 = I\!R$ ($\varphi = id_{I\!R}$) und $M_2 = M$ (φ_α : Karten), dann ist $\gamma : I\!R \to M$ eine Kurve mit $\gamma(t) \in M$; $\varphi_\alpha \circ \gamma : I\!R \to I\!R^n$ sind Kurven im $I\!R^n$.

1.5 (Tangential- und Kotangentialraum) Sei $(M, (\varphi_\alpha), A)$ eine differenzierbare Mannigfaltigkeit der Dimension n. Die Menge der Funktionen $f : M \to I\!R$ bilden einen Ring, d.h. sie können in üblicher Weise addiert und multipliziert werden; eine Teilmenge $F(M)$ dieser Funktionen sei unendlich oft differenzierbar (im Sinne von 1.4). Eine lineare Abbildung $v : F(M) \to I\!R$ heißt Tangentialvektor an der Stelle $m \in M$, wenn $v(f \cdot g) = v(f)g(m) + v(g)f(m)$ mit $f, g \in F(M)$ erfüllt ist. Die Abbildungen v an einem Punkt bilden einen Vektorraum, der *Tangentialraum* von M an der Stelle m heißt und mit $T_m M$ bezeichnet wird. Basis (siehe Abschnitt 1.6): $\{(\partial/\partial x_i)|_{x=m}\}$, wenn $\{x_i\}$ die Koordinaten der Karten $\varphi : U \to I\!R^n$ ($U \subset M$, offen) sind. Die Vereinigung aller Tangentialräume $\bigcup_{m \in M} T_m M$ wird *Tangentialbündel* genannt. Bildet man den dualen Vektorraum $T_m^* M$ von $T_m M$, so erhält man den *Kotangentialraum* an $m \in M$; die Vereinigung aller Kotangentialräume heißt Kotangentialbündel. Basis (siehe Abschnitt 1.6): $\{dx_i|_{x=m}\}$ bei entsprechender Kartenwahl. Rechnungen mit Elementen des Tangentialraumes und des Kotangentialraumes findet man in den Abschnitten 2.1 und 6.7.3.

1.6 (Bemerkungen zur Literatur) Es gibt zahlreiche einführende und fortgeschrittene Bücher über differenzierbare Mannigfaltigkeiten. Eine Schwierigkeit ist, daß es verschiedene Konstruktionen gibt und damit die Bezeichnungen nicht einheitlich sind. Des weiteren werden oft zur besseren Unterscheidung der mathematischen Objekte zahlreiche Indizes eingeführt, die später aus Gründen der Bequemlichkeit weggelassen werden. Diese eigentlich sinnvolle Vorgehensweise erschwert dem Anfänger das Erlernen der Theorie. Man sollte daher zunächst mit *einem* Autor starten und erst langsam andere Bücher konsultieren. Folgende Monographien sind für den Anfänger recht nützlich: Guillemin, Pollack [6.85], Arnol'd [1.15], Klingenberg [6.114] sowie Kowalski, O: Elemente der Analysis auf Mannigfaltigkeiten. BSB B.G. Teubner

Verlagsgesellschaft, Leipzig 1981 und Field, M.J.: Differential Calculus and its Application. Van Nostrand Reinhold Comp. Ltd., New York – Cicinnati – Toronto – London – Melbourne 1976 und Hermann, R.: Differential Geometry and The Calculus of Variantions. Academic Press, New York – London 1968. Der fortgeschrittene Leser kann das Lehrbuch Dieudonné, J.: Grundzüge der modernen Analysis, Band 3. Deutscher Verlag der Wissenschaften, Berlin 1976 benutzen.

Anhang C: Einiges aus der Graphentheorie

1.1 (gerichteter Graph) Seien N und E nichtleere Mengen und $f : E \to N \times N$ eine Abbildung. Das Tripel $G :=$ (N, E, f) heißt *gerichteter Graph*. Die Elemente $n \in N$ heißen *Knoten* und $e \in E$ *Zweige*. Die Abbildung f heißt *(Zweig-)Verbindungsfunktion*; sei e ein Zweig mit $f(e) = (n_1, n_2)$, dann heißt n_1 *Startknoten* und n_2 *Zielknoten* von e. *Orientierung*: der Zweig ist auf den Zielknoten *zu* und vom Startknoten *weg* gerichtet (in graphischen Darstellungen von Graphen verwendet man deshalb *Pfeile*). Die Elemente e mit $f(e) = (n, n)$ nennen wir *Schleifen*.

1.2 (ungerichteter Graph) Durch eine passende Äquivalenzklassenbildung (siehe Abschnitt 1.4) kann man einem gerichteten Graph einen *ungerichteten Graph* zuordnen.

1.3 (Beispiel) $G = (N, E, f)$ mit $N = \{n_1, n_2, n_3\}$, $E = \{e_1, e_2, e_3, e_4\}$; f sei definiert durch die Bilder $f(e_1) = (n_1, n_2)$, $f(e_2) = (n_3, n_1)$, $f(e_3) = (n_3, n_2)$ und $f(e_4) = (n_1, n_1)$. Man gebe die zugehörige graphische Darstellung von G mit Pfeilen an.

1.4 (Teilgraph) Sei $G = (N, E, f)$ ein Graph. $\tilde{G} = (\tilde{N}, \tilde{E}, \tilde{f})$ heißt *Teilgraph* von G, wenn gilt $\tilde{N} \subset N$, $\tilde{E} \subset E$ und $\tilde{f} = f|_{\tilde{E}}$.

1.5 (Schnittmenge) Sei $G = (N, E, f)$ ein Graph. Sei $A \subset N$, dann ist $\omega^+(A) := \{e | f(e) = (n, m)$ mit $n \in A$ und $m \notin A\}$ (Startknoten liegt in A) und $\omega^-(A) := \{e | f(e) = (n, m)$ mit $n \notin A$ und $m \in A\}$ (Zielknoten liegt in A). $\omega(A) :=$ $\omega^+(a) \cup \omega^-(A)$ ist die Menge der mit A verbundenen Zweige; sie wird *Schnittmenge* genannt. Im Fall $A = \{n\}$ mit $n \in N$ heißt $\omega(\{n\})$ *elementare* Schnittmenge.

1.6 (Kette, zusammenhängender Graph, Masche) Sei $G = (N, E, f)$ ein Graph. Eine endliche Folge von k Zweigen $e_{i_1}, \ldots, e_{i_k}$ aus E heißt *Kette*, wenn der Start- und der Zielknoten von e_{j}, entweder mit dem Start- oder dem Zielknoten von e_{j+1} und von e_{j+1} zusammenfallen und jeder Zweig von G nur einmal auftritt. Eine Kette wird *elementar* genannt, wenn jeder Knoten von G nur einmal von den Zweigen der Folge berührt wird. Ein Graph heißt *zusammenhängend*, wenn für je zwei Knoten $n_1, n_2 \in N$ eine elementare Kette existiert, die diese Knoten verbindet; andernfalls zerfällt der Graph in zusammenhängende *Komponenten*. Eine (elementare) Kette, bei der der Startknoten von e_{i_1} mit dem Zielknoten von e_{i_k} zusammen fällt, heißt (elementare) *Masche*. Die Durchlaufungsrichtung der Folge von Zweigen legt die *Orientierung einer Masche* fest. Klassifikation der Zweige einer Masche: $\mu^+ = \{$Orientierung von Masche und Zweig *gleich* $\}$ und $\mu^- = \{$Orientierung von Masche und Zweig *verschieden* $\}$; $\mu = \mu^+ \cup \mu^-$ ist die Menge aller Zweige einer Masche.

1.7 (Vektordarstellung von Maschen und Schnittmengen) Sei $G = (N, E, f)$ ein Graph mit z Zweigen (Anzahl der Elemente von E). Jeder Masche μ ordnen wir eine Vektor $\vec{\mu} = (\mu_1, \ldots, \mu_z)^T$ zu mit

$$\mu_i := \begin{cases} 0, & e_i \notin \mu^+ \cup \mu^-; \\ +1, & e_i \in \mu^+; \\ -1, & e_i \in \mu^-, \end{cases}$$

durch den μ eindeutig bestimmt ist; $\vec{\mu}$ wird ebenfalls Masche genannt. Entsprechen können wir einer Schnittmenge von A $\omega(A)$ einen Vektor $\vec{\omega} = (\omega_1, \ldots, \omega_z)^T$ zuordnen mit

$$\omega_i := \begin{cases} 0, & e_i \notin \omega^+ \cup \omega^-; \\ +1, & e_i \in \omega^+; \\ -1, & e_i \in \omega^-, \end{cases}$$

durch den eine Schnittmenge eindeutig bestimmt ist; $\vec{\omega}(A)$ wird ebenfalls Schnittmenge genannt. Damit können die Begriffe aus der linearen Algebra (Unabhängigkeit, Basis, usw.) auf Maschen und Schnittmengen übertragen werden. Die Menge aller Maschen bzw. Schnittmengen spannen demnach einen Teilraum des $I\!R^z$ auf. Zur Beschreibung eines Graphen sucht man sinnvollerweise aus den m Maschen und s Schnittmengen eine minimale Anzahl unabhängiger Maschen und Schnittmengen aus. Für ein systematisches Auffinden kann das Baum- und das Kobaumkonzept von 1.8 benutzt werden.

1.8 (Baum, Kobaum) Sei $G = (N, E, f)$ ein Graph. *Baum (Kobaum)*: Teilgraph $\tilde{G} = (\tilde{N}, \tilde{E}, \tilde{f})$ von G, der keine Maschen (Schnittmengen) enthält und nach dem Hinzufügen eines Zweiges zu $\tilde{E}$ eine Masche (Schnittmenge) entsteht. Auf diese Weise können *systematisch* Maschen und Schnittmengen erzeugt werden.

1.9 (Sätze von Euler und von Weyl) Sei $G = (N, E, f)$ ein zusammenhängender Graph mit k Knoten und z Zweigen. 1) *Euler*: Es existieren genau $(z - k + 1)$ unabhängige elementare Maschen und $(k - 1)$ unabhängige elementare Knoten. 2)

385

Weyl: Es gilt $(\vec{\mu}|\vec{\omega}(A)) = 0$ für beliebige Maschen μ und Schnittmengen $\omega(A)$, wobei das innere Porodukt des $I\!R^z$ verwendet wird. Dieser Satz wird in der Netzwerktheorie nach Weyl und Tellegen benannt und hat zahlreiche Anwendungen bei Netzwerken mit nur galvanischen Kopplungen.

2.0 (Matrizendarstellung von Maschen und Schnittmengen) Sei $G = (N, E, f)$ ein Graph mit k Knoten und z Zweigen, der keine Schleifen besitzt. Die *Knoten-Zweig-Inzidenzmatrix* $\mathbf{A} = (a_{ij})$ ist definiert durch

$$a_{ij} := \begin{cases} 0, & f(e_j) = (m, n); \\ +1, & f(e_j) = (n_i, m); \\ -1, & f(e_j) = (m, n_i), \end{cases}$$

wobei $n, m, n_i \in N$ $(n, m \neq n_i)$ und $e_j \in E$ sind. Die *Maschen-Zweig-Inzidenzmatrix* $\mathbf{B}^T = (b_{ji})$ ist definiert durch

$$b_{ji} := \begin{cases} 0, & e_j \text{ liegt nicht in } \mu_j; \\ +1, & e_i \text{ liegt in } \mu_j \text{ (Orient. gleich)}; \\ -1, & e_i \text{ liegt in } \mu_j \text{ (Orient. verschieden)}, \end{cases}$$

wobei μ_j die j-te Masche $(j = 1, \ldots, s)$ von G ist. Eigenschaft: $(\mathbf{A}, \mathbf{B})$ ist ein exaktes Matrizenpaar.

2.1 (Bewertete Graphen) Die *Netzwerkgraphen* in der Netzwerktheorie sind *bewertete* gerichtete Graphen (ebenso wie bei der Behandlung von Transportproblemen), d.h. es existieren Abbildung $\varphi : N \rightarrow I\!R\,(\mathbb{C})$ und $\rho : E \rightarrow I\!R\,(\mathbb{C})$, die jedem Knoten bzw. jedem Zweig eine Zahl zuordnen. Die Bewertungsfunktionen werden in der Netzwerktheorie als Ströme, Spannungen und Potentiale interpretiert.

2.2 (Literatur) Graphentheorie: Walter, H.. Anwendungen der Graphentheorie. Friedr. Vieweg & Sohn, Braunschweig – Wiesbaden 1979 (dort findet man zahlreiche weitere Literaturstellen), Leßner, G.: Elemente der Topologie und Graphentheorie. Herder, Freiburg – Basel – Wien 1980 (Einführung), Sachs, H.: Einführung in die Theorie der endlichen Graphen. Carl Hansen Verlag, München 1971. Netzwerkgraphen: Balabanian, Bickert, Seshu [3.30].

Literatur

[1.1] Wunsch, G.: Geschichte der Systemtheorie. Akademie-Verlag, Berlin 1985
[1.2] Chua, L.O.: Nonlinear Circuits. IEEE CAS-31(1984)69-87
[1.3] Landolt, M.: Komplexe Zahlen und Zeiger. Springer-Verlag, Berlin 1936
[1.4] Misner, C.W.;K.S. Thorne; J.A. Wheeler: Gravitation. W.H. Freeman and Comp., San Francisco 1973
[1.5] Smale, S.: On the mathematical foundations of electrical circuit theory. J. Diff. Equat. 7(1972)193-210
[1.6] Brockett, R.: Some geometric questions in theory of linear systems. IEEE AC-21(1976)449-455
[1.7] Hermann, R.; C. Martin: Applications of Algebraic Geometry to System Theory – Part I. IEEE AC-22(1977)19-25
[1.8] Crounch, P.E.: Geometric structures in system theory. IEE Proc. 128-D(1981)242-252
[1.9] Cauer, W.: Theorie der linearen Wechselstromschaltungen. Akademie-Verlag, Berlin 1954
[1.10] Wunsch, G.; H. Schreiber: Digitale Systeme, Grundlagen. VEB Verlag Technik, Berlin 1986
[1.11] Peschel, M.: Moderne Anwendungen algebraischer Methoden. VEB Verlag Technik, Berlin 1971
[1.12] Meschkowski, H: Mathematik verständlich dargestellt (3. Aufl.). Piper, München 1986
[1.13] Behnke, H.; F. Bachmann; K. Fladt; W. Süß: Grundzüge der Mathematik I. Grundlagen – Arithmetik – Algebra. Vandenhoeck & Rupprecht, Göttingen 1962
[1.14] Lidl, R.: Algebra für Naturwissenschaftler und Ingenieure. Walter de Gruyter, Berlin – New York 1975
[1.15] Arnol'd, V.I.: Gewöhnliche Differentialgleichungen. Springer-Verlag, Berlin – Heidelberg – New York 1980
[1.16] Belevitch, V.: Summary of the History of Circuit Theory. Proc IRE 50(1962)848-855
[1.17] Mathis, W.: Wilhelm Cauer. Zeitschrift Technikgeschichte (VDI); im Druck
[1.18] Mathis, W.: Geschichte der Netzwerktheorie. In Vorbereitung
[1.19] Mathis, W.; W.Marten: New Algebraic Methods in Linear Time-invariant System Theory. Proc. ECCTD'87, Paris 1987

[2.1] Hofstadter, D.R.: Gödel, Escher, Bach. Ernst Klett Verlag – J.G. Cotta'sche Buchhandlung, Stuttgart 1985
[2.2] Kaiser, W.: Einleitung. In: Boltzmann, L.: Vorlesungen über Maxwells Theorie der Electricität und des Lichtes, I. und II. Teil (Erweit. Nachdruck der 1891-1883 bei Ambrosius Barth (Leipzig) erschienen Ausgabe) Akademische Druck- und Verlagsanstalt, Graz, Friedr. Vieweg & Sohn, Braunschweig – Wiesbaden 1982
[2.3] Wunsch, G. wie [1.1]
[2.4] Mayne, D.Q.; R.W. Brockett (Eds.): Geometric Methods in System Theory. Reidel Publishing, Dordrecht (The Netherlands) 1973
[2.5] Prigogine, I.: Vom Sein zum Werden. R.Piper& Co. Verlag, München – Zürich 1979
[2.6] Ludwig, G.: Einführung in die Grundlagen der Theoretischen Physik, Band 1: Raum, Zeit, Mechanik. Bertelsmann Universitätsverlag, Düsseldorf 1974
[2.7] Arnol'd, V.I. wie [1.15]
[2.8] Elsner, R.: Nichtlineare Schaltungen. Springer-Verlag, Berlin – Heidelberg – New York 1981
[2.9] Philippow, E.: Nichtlineare Elektrotechnik Akademische Verlagsgesellschaft Geest& Portig K.-G., Leipzig 1971
[2.10] Schüßler, H.W.: Netzwerke, Signale und Systeme, Band II: Theorie kontinuierlicher und diskreter Signale und Systeme. Springer-Verlag, Berlin – Heidelberg – New York – Tokyo 1984
[2.11] Locke, M.: Grundlagen einer Theorie allgemeiner dynamischer Systeme. Akademie-Verlag, Berlin 1984
[2.12] Mesarovic, M.D.;Y. Takahara: General Systems Theory: The Mathematical Foundations. Academic Press, New – San Francisco - London 1975
[2.13] Mathis, W.; W. Marten: Complex Numbers in Steady State Analysis – An Operator Approach. Proc. 29th Midwest Symposium of Circuits and Systems. M. Ismail (Ed.), North Holland, Amsterdam, 1987 (Lincoln (Ne), USA, August 11-12,1986)
[2.14] Bruton, L.T.: RC-Active Circuits. Prentice-Hall, Inc., Englewood Cliffs, New Jersey 1980
[2.15] Bowden, C.M.; M. Ciftan; H.R. Robl: Optical Bistability. Plenum Press, New York – London 1981
[2.16] Schaedel, H.M.: Fluidische Bauelemente und Netzwerke. Friedr. Vieweg & Sohn, Braunschweig – Wiesbaden 1979
[2.17] Mathis, W.; W. Marten: A Unified Theory of Electrical Networks. Proc. 29th Midwest Symposium of Circuits and Systems. M. Ismail (Ed.), North Holland, Amsterdam, 1987 (Lincoln (Ne), USA, August 11-12,1986)
[2.18] Chua, L.O.; J.D. McPherson: Explicit topological formulation of Lagrangian and Hamiltonian equations for nonlinear networks. IEEE CT-21(1974)277-286

[2.19] Szatkowski, A.: Remark on "Explicit Topological Formulation of Langrangian and Hamiltonian Equations for Nonlinear Networks". IEEE CAS-26(1979)358-360

[2.20] Wonham, W.M.: Linear Multivariable Control: A Geometric Approach. Springer-Verlag, New York – Berlin – Heidelberg 1985

[2.21] Tietze, U.; C. Schenk: Halbleiterschaltungstechnik. Springer-Verlag, Berlin – Heidelberg – New York 1980

[2.22] Koçak, H.: Differential and Difference Equations through Computer Experiments. Springer-Verlag, New York – Berlin – Heidelberg – Tokyo 1986

[2.23] Arnol'd, V.I.: Catastrophe Theory. Springer-Verlag, Berlin – Heidelberg – New York – Tokyo 1986

[2.24] Hermann, R.; C. Martin wie [1.7]

[2.25] Brockett, R.: Nonlinear Systems and Differential Geometry. Proc. IEEE 64(1976)61-72

[2.26] Friedrichs, K.O.: Fundamentals of Poincaré's Theory. In: Proc. Symp. Nonlin. Circ. Anal., Polytech. Inst. Brooklyn, New York, April 23-24, 1953

[2.27] Smale, S. wie [1.5]

[2.28] Matsumoto, T.: On the dynamics of electrical networks. J. Diff. Equat. 21(1976)179-196

[2.29] Ichiraku, S.: On the transversality conditions in electrical circuits. Yohohama Math. J. 25(1977)85-89

[2.30] Saeks, R. Literatur siehe [2.47]

[2.31] Mees, A.: Dynamics of Feedback Systems. John Wiley & Sons, Chichester – New York – Brisbane – Toronto 1981

[2.32] Schmidt, G.; A. Tondl: Non-Linear Vibrations. Akademie-Verlag, Berlin 1986

[2.33] Hayashi, C.: Nonlinear Oscillations in Physical Systems. McGraw-Hill, New York 1964

[2.34] Chua, L.O.: Dynamical nonlinear networks: State of the art. IEEE CAS-27(1980)1059-1087

[2.35] Nafeh, A.H.; D.T. Mook: Nonlinear Oscillations. John Wiley & Sons, New York 1979

[2.36] Pippard, A.B.: Response and Stability. Cambridge University Press, Cambridge 1985

[2.37] Schuster, H.G.: Deterministic Chaos. Physik-Verlag GmbH, Weinheim (BRD) 1984

[2.38] Guckenheimer, J.; P. Holmes: Nonlinear Oscillations, Dynamical Systems, and Bifurcations of Vector Fields. Springer-Verlag, New York – Heidelberg – Berlin 1983

[2.39] Ueda, Y.: Random phenomena resulting from nonlinearity – In the system described by Duffing's equation. Trans IEE Japan 98-A(1978)167-173

[2.40] Chua, L.O.; M. Hasler; J. Neirynck; P. Verburgh: Dynamics of a piecewise-linear resonant circuit. IEEE CAS-29(1982)535-547

[2.41] Tang, Y.S.; A.I. Mees, L.O. Chua: Sychronization and chaos. IEEE CAS-30(1983)620-626

[2.42] Freire, E.; L.G. Franguelo; J. Aracil: Periodicity and chaos in an autonomous electronic system. IEEE-CAS (1984)

[2.43] Chua, L.O.; M. Komuro; T. Matsumoto: The Double Scroll Family – Part I, Part II. IEEE CAS-33(1986)1072-1097,1097-1118

[2.44] Matsumoto, T.; L.O. Chua; M. Komuro: The Double Scroll Bifurcations. Int.J.Cir.Theor.Appl. 14(1986)117-146

[2.45] Andronow, A.A.; A.A. Witt; S.E. Chaikin: Theorie der Schwingungen, Teil I. Akademie-Verlag, Berlin 1965

[2.46] Henze, E.: Einführung in die Maßtheorie. Bibliographisches Institut, Mannheim – Wien – Zürich 1971

[2.47] DeCarlo, R.A.; R. Saeks: Interconnected Dynamical Systems. Marcel Dekker, Inc., New York – Basel 1981

[2.48] Bronstein, I.N.; K.A. Semendjajew: Taschenbuch der Mathematik (20.Aufl.) Verlag Harri Deutsch, Thun und Frankfurt/M. 1981

[2.49] Poincaré, H.: Les Méthodes Nouvelles de la Mécanique Céleste II. Gauthiers-Villars, Paris 1893

[2.50] Richter, S.L.; R.A. DeCarlo: Continuation Methods: Theory and Applications. IEEE CAS-30(1983)347-352

[2.51] Katzenelson, J.: An algorithmen for solving nonlinear resistive networks. Bell Syst. Tech. J. 44(1965)1605-1620

[2.52] Warmer, G.: Ein Beitrag zur Relisierung aktiver Filter für Anwendungen bei höheren Frequenzen. Dissertation, Braunschweig 1986

[2.53] Mathis, W.; G. Warmer: Anwendung eines Einbettungsverfahrens beim Entwurf aktiver RC-Filter. In Vorbereitung.

[3.1] Lorentz, H.A.: The Theory of Electrons (2. Auflage von 1915). Dover Publ., Inc., New York 1952

[3.2] Abraham, M.: Theorie der Elektrizität, 2.Band: Elektromagnetische Theorie der Strahlung. B.G. Teubner, Leipzig – Berlin 1920

[3.3] Maxwell, J.C.: Treatise on Electricity and Magnetism. Deutsche Fassung: Die Elektrizität in elementarer Behandlung (Übersetzung von L. Graetz). Friedr. Vieweg und Sohn, Braunschweig 1883

[3.4] Meetz, K.; W.L. Engl: Elektromagnetische Felder. Springer-Verlag, Berlin – Heidelberg – New York 1980

[3.5] Ludwig, G.: Einführung in die Grundlagen der Theoretischen Physik, Band 2: Elektrodynamik, Zeit, Raum, Kosmos. Bertelsmann Universitätverlag, Düsseldorf 1974

[3.6] Chua, L.O.: Device Modeling Via Basic Nonlinear Circuit Elements. IEEE CAS-27(1980)1014-1044

[3.7] van Roosbroeck, W.V.: Theory of flow of Electrons and Holes in Germanium and Other Semiconductors. Bell Syst. Techn. J. 29(1950)560- 607

[3.8] Selberherr, S.: Analysis and Simulation of Semiconductor Devices. Springer-Verlag, Wien – New York 1984

[3.9] Fritsch, G.: Transport. Akademische Verlagsgesellschaft, Wiesbaden 1979

[3.10] Haug, A.: Theoretische Festkörperphysik, Band I. Franz Deuticke, Wien 1964

[3.11] Sze, S.M.: Physics of Semiconductor Devices (2. Auflage). John Wiley & Sons, New York – Chichester – Brisbane – Toronto – Singapore 1981

[3.12] Markowich, P.A.: The Stationary Semiconductor Device Equations. Springer-Verlag, Wien – New York 1986

[3.13] Engl. W.L.; H.K. Dirks; B. Meinershagen: Device Modeling. Proc. IEEE 71(1983)10-33

[3.14] Arendt, A.: Modelle für Halbleiter-Bauelemente unter Verwendung diskretisierter Ersatzschaltbilder. Dissertation, Aachen 1971

[3.15] Getreu, I.E.: Modeling the Bipolar Transistor. Elsevier Scient. Publ. Comp., Amsterdam – Oxford – New York 1978

[3.16] Pooch, H. (Herausg.): Richtfunktechnik. Fachverlag Schiele & Schön GmbH, Berlin 1974

[3.17] Chua, L.O.; Y.W. Sing: A nonlinear circuit model for Gunn diodes. Int. J. Circ. Theor. Appl. 6(1978)375-408

[3.18] Kurokawa, P.: Transient behavior of high-field domains in bulk semiconductors. Proc. IEEE 55(1967)1615-1616

[3.19] Ahlers, H.; J. Waldmann: Entwurf elektronischer Bauelemente und Schaltkreise. VEB Verlag Technik, Berlin 1984

[3.20] Wessel, W.: Über den Einfluß des Verschiebungsstromes auf den Wechselstromwiderstand einfacher Schwingkreise. Ann. Phys. 28(1933)59-70

[3.21] Wessel, W.: Über den Einfluß des Verschiebungsstromes auf den Wechselstromwiderstand. Zeitschr. f. techn. Phys. 17(1936)472-475

[3.22] Brainerd, J.G.: Inductance at High Frequencies and its Realtion to the Circuit Equations. Proc. IRE 22(1934)395

[3.23] Hallén, E.: über die elektrischen Schwingungen in drahtförmigen Leitern. Uppsala Universitets Årsskrift 1930

[3.24] Leonhard, W.: Wechselstrom und Netzwerke. Friedr. Vieweg & Sohn, Braunschweig 1972

[3.25] Frazer, R.A.; W.J. Duncan; A.R. Collar: Elementary Matrices (Reprint 1947). Cambridge at the University Press, 1965

[3.26] Carlin, H.J.; A.B. Giordano: Network Theory: An Introduction to Reciprocal and Nonreciprocal Circuits. Prentice-Hall, Inc., Englewood Cliffs, N.J. 1964

[3.27] Erdei, M.: Duality of non-planar electrical circuits without the use of ideal transformers. Proc. Phys. Soc. 79(1962)599-604

[3.28] Belevitch, V.: Classical Network Theory. Holden-Day, San Francisco 1968

[3.29] Unbehauen, R.: Elektrische Netzwerke. Springer-Verlag, Berlin – Heidelberg – New York 1981

[3.30] Balabanian, N.; T.A. Bickert; S. Seshu: Electrical Network Theory. John Wiley & Sons, Inc., New York – London – Sydney – Toronto 1969

[3.31] Okada, S.; R. Onodera: Theory of Interlinked Electromagnetic Networks and Fields in the Tensor Geometry of Linear Space. In: Kondo, K. (Ed.): Memoirs of the Unifying Study of the Basic Problems in Engineering Sciences by means of Geometry, Vol. I. Gakujutsu Bunken Fukyu-kai, Tokyo 1955

[3.32] Zeren, T.: Ideal Transformer Networks. Rehabilition Thesis, Ankara 1969

[3.33] Mathis, W.; W. Marten wie [2.17]

[3.34] Mathis, W.; W. Marten: Foundations of Network Theory. In Vorbereitung

[3.35] Weyl, H.: Distribution of Current in a Conduction Network (Inhalt einer Vorlesung; Zürich 1918). Text: englische Übersetzung (J. Friedman im Rahmen des George Washington University Logistics Research Project (1951)) einer später veröffentlichten Arbeit: Repartición de Corriente en una Red Conductora. Rev. Mat. Hispano-Americana 5(1923)153-164

[3.36] Tellegen, B.D.H.: A General Network Theorem, with Applications. Philips Res. Rept. 7(1952)259-269

[3.37] Cauer, W. wie [1.9]

[3.38] Ghenzi, A.G.: Studien über die algebraischen Grundlagen der Theorie der elektrischen Netzwerke. Promotionsarbeit, Zürich 1953

[3.39] Cauer, W.: Topologische Dualitätssätze und Reziprozitätstheoreme der Schaltungstheorie. Z. angew. Math. Mech. 14(1934)349-350

[3.40] Minty, G.J.: On the axiomatic foundations of the theories directed linear graphs, electrical networks and network-programming. J. Math. Mech. 15(1966)485-520; siehe auch: Minty, G.J.: On the Duality-Principle of Electrical Network Theory. In: Intern. Symp. Theory of Graphs, Rome, juillet 1966. Dumond, Paris; Gordon & Breach, New York 1967

[3.41] Bruno, J; L. Weinberg: Generalized networks: Networks embedded on a matroid, Part 1, Part 2. Networks 6(1976)53-94, 231-272

[3.42] Petersen, B.: Investigating Solvability and Complexity of Linear Active Networks by Means of Matroids. IEEE CAS-26(1979)330-342

[3.43] Bloch A.: On Methods for the Construction of Networks Dual to Non-Planar Networks. Proc. Phys. Soc. 58(1946)677-694

[4.1] Belevitch, V.: Four-Dimensional Transformations of 4-Pole Matrices with Applications to the Synthesis of Reactance 4-Poles. IRE CT-3(1956)105-111

[4.2] Preuß, W.; A. Bleyer; H. Preuß: Distributionen und Operatoren. Springer-Verlag, Wien – New York 1985

[4.3] Laugwitz, D.: Zahlen und Kontinuum. Bibliographisches Institut, Mannheim – Wien – Zürich 1986

[4.4] Richter, M.M.: Ideale Punkte, Monaden und Nichtstandard-Methoden. Friedr. Vieweg & Sohn, Braunschweig – Wiesbaden 1982

[4.5] Chua, L.O. wie [3.6]

[4.6] Chua, L.O.: Memristor – The missing circuit element. IEEE CT-18(1971)507-519

[4.7] Carlin, H.J.: Singular network elements. IEEE CT-11(1964) 67-72

[4.8] Carlin, H.J.; D.C. Youla: Network synthesis with negative resistors. Proc. IRE 49(1961)907-920

[4.9] Tellegen, B.D.H.: On nullators and norators. IEEE CT-13(1966)466-469

[4.10] Davies, A.C.: The Significance of Nullators, Norators and Nullors in Active-network Theory. Radio Electr. Eng. 34(1967)259-267

[4.11] Bruton, L.T. wie [2.14]

[4.12] Unbehauen, R. wie [3.29]

[4.13] Moschytz, G.S.: Linear Integrated Networks, Fundamentels. Van Nostrand Reinhold Comp., New York – Cincinnati – Toronto – London – Melbourne 1974

[4.14] Chua, L.O.: Synthesis of new nonlinear network elements. Proc. IEEE 56(1968)1325-1340

[4.15] Brockett, R.W.; J.R. Wood: Electrical Networks Containing Controlled Switches. In: Desoer, C.A.; R.W. Brockett; J.R. Wood; R. Hirschhorn; A.S. Willsky; G. Blankenship; S.I. Marcus: Applications of Lie Group Theory to Nonlinear Network Problems. Supplement to IEEE Int. Sym. Circuit Theory, April 1974, San Francisco

[4.16] Arnol'd, V.I.: On Matrices Depending on Parameters. Russian Math. Surveys 26(1971)29-43

[4.17] Gilmore, R.: Catastrophe Theory for Scientists and Engineers. John Wiley & Sons, New York – Chichester – Brisbane – Toronto 1981

[4.18] Balabanian, N.; T.A. Bickert; S.Seshu wie [3.30]

[4.19] Edelmann, H.: Vollständige Nullteiler und ihre Anwendung in der elektrischen Netzwerktheorie. Arch. f. Elektrotechn. 62(1980)57-62

[4.20] Fischer, H.D.: Enhancement of Classical Methods for Electrical Network Analysis by Complete Annihilators. Siemens Forsch.- u. Entwickl.-Ber. 15(1986)246-252

[4.21] Hachtel, G.D.; R.K. Brayton; F.G. Gustavson: The sparse tableau approach to network analysis and design. IEEE CT-18(1971)101-113

[4.22] Horneber, E.-H.: Simulation elektrischer Schaltungen auf dem Rechner. Springer-Verlag, Berlin – Heidelberg – New York – Tokyo 1985

[4.23] Ho, C.-W.; A.E. Ruehli; P.A. Brennan: The Modified Nodal Approach to Network Analysis. IEEE CAS-22(1975)504-509

[4.24] Vlach, J.; K. Singhal: Computer Methods for Circuit Analysis and Design. Van Nostrand Reinhold Comp., New York – Cincinnati – Toronto – London – Melbourne 1983

[4.25] Faddejew, D.K.; W.N. Faddejewa: Numerische Methoden der linearen Algebra. Deutscher Verlag der Wissenschaften, Berlin 1973

[4.26] Chua, L O.; P.-M. Lin: Computer-Aided Analysis of Electronic Circuits. Prentice-Hall, Inc., Englewood Cliffs, N.J. 1975

[4.27] Zurmühl, R.; S.Falk: Matrizen und ihre Anwendung, Teil 1: Grundlagen; Teil 2: Numerische Methoden. Springer-Verlag, Berlin – Heidelberg – New York – Tokyo 1984 und 1986

[4.28] Dongarra, J.J.; Bunch; C.B. Moler, Stewart: LINPACK Users Guide. Soc. Industr. Appl. Math. (SIAM), Philadelphia 1979

[4.29] Garbow, B.S.; J.M. Boyle, J.J. Dongarra; C.B. Moler: Matrix Eigensystem Routines – EISPACK Guide Extension. Springer-Verlag, Berlin – Heidelberg – New York 1977

[4.30] Rump, S.M.: Kleine Fehlerschranken bei Matrixproblemen. Dissertation, Karlsruhe 1980

[4.31] Kulisch, U.; Ch. Ullrich (Herausg.): Wissenschaftliches Rechnen und Programmiersprachen. B.G. Teubner, Stuttgart 1982

[4.32] Kamitz, R.; W. Mathis; M. Kahmann: Die Kulisch-Arithmetik für hochgenaue Lösungseinschließungen – Der Computer wird zum mathematischen Werkzeug. In: Schumny, H.: PC Praxis. Friedr. Vieweg & Sohn, Braunschweig – Wiesbaden 1986

[4.33] Wilkinson, J.H.: Rundungsfehler. Springer-Verlag, Berlin – Heidelberg – New York 1969

[4.34] Michlin, S.G.: Fehler in numerischen Prozessen. Akademie-Verlag, Berlin 1985

[4.35] von Neumann, J.: Some matrix-inequalities and metrization of matrix-space. Bull. Inst. Math. Mecan. Univ. Kouybycheff Tomks 1(1935)286-300

[4.36] Wilkinson, J.H.: The Algebraic Eigenvalue Problem. Clarendon Press, Oxford 1965

[4.37] Wunsch, G.: Zum Anfangswertproblem der Laplace-Transformation. Nachrichtentechnik 12(1962)271

[4.38] Reinschke, K.; P. Schwarz: Verfahren zur rechnergestützten Analyse linearer Netzwerke. Akademie-Verlag, Berlin 1976

[4.39] Arnol'd, V.I. wie [1.15]

[4.40] Amann, H.: Gewöhnliche Differentialgleichungen. Walter de Gruyter, Berlin – New York 1983

[4.41] Tikhonov, A.N.; A.B. Vasil'eva; A.G. Sveshnikov: Differential Equations. Springer-Verlag; Berlin – Heidelberg – New York – Tokyo 1985

[4.42] Dziurla, B.; R.W. Newcomb: The Drazin Inverse and Semistate Equations. Proc. 4th Int. Symp. Math. Theory of Networks and Systems, Delft, The Netherlands, S. 283-289, Juli 1979

[4.43] Verghese, G.C.; B.C. Lévy; T. Kailath: A Generalized State-Space for Singular Systems. IEEE AC-26(1981)111-129

[4.44] Mathis, W.: Zur Theorie und Numerik verallgemeinerter Zustandsgleichungen im Frequenzbereich und deren Anwendung bei der Netzwerkanalyse. Dissertation, Braunschweig 1984

[4.45] Unbehauen, R.: In: Wunsch, G. (Herausg.): Handbuch der Systemtheorie. R.Oldenbourg Verlag München – Wien 1986, Abschnitt 2.1

[4.46] Koecher, M.: Lineare Algebra und analytische Geometrie. Springer-Verlag, Berlin – Heidelberg – New York – Tokyo 1983

[4.47] Hermann, R.; C. Martin wie [1.7]

[4.48] Hirsch, M.; S. Smale: Differential Equations, Dynamical Systems and Linear Algebra, Academic Press, New York 1974

[4.49] Campbell, S.L.; C.D. Meyer Jr.: Generalized Inverses of Linear Transformations. Pitman, London – San Francisco – Melbourne 1979

[4.50] Gantmacher, F.R.: Matrizentheorie. Springer-Verlag, Berlin – Heidelberg – New York – Tokyo 1986

[4.51] Kuh, E.S.; R.A. Rohrer: Theory of Linear Active Networks. Holden-Day, San Francisco – Cambridge – London – Amsterdam 1967

[4.52] Reza, F.M.: On Passivity, Reciprocity, and Linear Operators. In: Kalman, R.E.; N. DeClaris (Ed.): Aspects of Network and System Theory. Holt, Rinehart and Winston, Inc., New York – Chicago – San Francisco – Atlanta – Dallas – Montreal – Toronto – London – Sydney 1971

[4.53] Föllinger, O.: Laplace- und Fourier-Transformation. AEG-Telefunken A.G., Berlin – Frankfurt/M. 1980

[4.54] Achilles, D.: Die Fourier-Transformation in der Signalverarbeitung. Springer-Verlag, Berlin – Heidelberg – New York 1978

[4.55] Posthoff, Ch.; E.-G. Woschni: Funktionaltransformationen der Informationstechnik. Akademie-Verlag, Berlin 1984

[4.56] Wunsch, G.: Moderne Systemtheorie. Akademische Verlagsgesellschaft Geest & Portig, Leipzig 1962

[4.57] Wunsch, G. wie [1.1]

[4.58] Hayashi, S.: Periodically Interrupted Electric Circuits. Denki-Shoin, Inc., Kyoto (Japan) 1961

[4.59] Freudenthal, H.: Operatorenrechnung – von Heaviside bis Mikusiński. In: Laugwitz, D. (Herausg.): Überblicke der Mathematik, Band 2. Bibliographisches Institut, Mannheim – Zürich 1969

[4.60] Laugwitz, D.: Ein Jahrzehnt Operatorenrechung. wie [4.59]

[4.61] Sain, M.K.: The Growing Algebraic Presence in Systems Engineering: An Introduction. IEEE Proc. 64(1976)96-111

[4.62] Vielhauer, P.: Mikusinski-Operatoren. Eine neue einfache Methode zur Behandlung elektrischer Schaltvorgänge. Nachrichtentech. 11(1961)358-361. Siehe auch: Passive lineare Netzwerke. VEB Verlag Technik, Berlin 1974

[4.63] Heaviside, O.: On induction between parallel wires. Journ. Soc. Telegr. Engineers 9(1881)427ff

[4.64] Bromwich, T.J.I.A.: Normal coordinates in dynamical systems. Proc. Lond. Math. Soc. II Ser. 15(1916)401-408

[4.65] Carson, J.R.: The Heaviside operational calculus. Bell. Syst. Tech. J. 1(1922)43-55

[4.66] Doetsch, G.: Theorie und Anwendung der Laplace-Transformation. Verlag Julius Springer, Berlin 1937

[4.67] Mikusiński, J.: Le calcul opérationel d'intervalle fini. Studia Math. 15(1956)225-251

[4.68] Mikusiński, J.: Operatorenrechnung. VEB Deutscher Verlag der Wissenschaften, Berlin 1957

[4.69] Yosida, K.: Operational Calculus. Springer-Verlag, New York – Berlin – Heidelberg – Tokyo 1984

[4.70] Mathis, W.; W. Marten wie [1.19]

[4.71] Mathis, W.; W. Marten wie [2.13]

[4.72] Courant, R.; D. Hilbert: Methoden der Mathematischen Physik II (1. Auflage erschien 1937) Springer-Verlag, Berlin – Heidelberg – New York 1968

[4.73] Desoer, C.A.; E.S. Kuh: Basic Circuit Theory. McGraw-Hill Book Comp., New York – St. Louis – San Francisco – Düsseldorf – London – Mexico – Panama – Sydney – Toronto, Kogakusha Comp., Ltd., Tokyo 1969

[4.74] Schwartz, E.: Bemerkungen zu der Arbeit "Anwendung des Energieerhaltungssatzes auf entartete (anomale) Netzwerke". AEÜ 28(1974)513-515

[4.75] Mildenberger, O.: Übertragungsfunktionen bei periodisch zeitvarianten Netzwerken mit sprungförmig sich ändernden Bauelementen. AEÜ 25(1971)243-251

[4.76] Hayashi, S.: A General Analytical Method of Transient Phenomena in Periodically Interrupted Electric Circuits. J. IEE (Japan), 1942

[4.77] Wunsch, G.: Theorie und Anwendung linearer Netzwerke, Band 2. Akademische Verlagsgesellschaft Geest & Portig, Leipzig 1964

[4.78] Beiglböck, W.D.: Lineare Algebra. Springer-Verlag, Berlin – Heidelberg – New York – Tokyo 1983

[4.79] Nomizu, K.: Fundamentals of Linear Algebra. McGraw-Hill, New York 1966

[4.80] Mathis, W.; W.Marten: Algebraic Methods in Linear Time-invariant System Theory. In Vorbereitung

[4.81] Behnke, H.; F. Bachmann; K. Fladt; W. Süß wie [1.13]

[4.82] Spence, R.: Linear Active Networks. John Wiley & Sons, Ltd., (Wiley– Interscience), London – New York – Sydney – Toronto 1970

[4.83] Brayton, R.K.: Nonlinear Reciprocal Networks. In: Mathematical Aspects of Electrical Network Analysis. American Mathematical Society, Providence, Rhode Island, 1971

[4.84] Brockett, R.W.: Poles, zeros, and feedback: state space interpretation. IEEE AC-10(1965)129-135

[4.85] Sandberg, I.W.; H.C. So: A Two-Sets-of-Eigenvalue Approach to the Computer Analysis of Linear Systems. IEEE CT-16(1969) 509-517

[4.86] van Dooren, P.M.: The Generalized Eigenstructure Problem in Linear System Theory. IEEE AC-26(1981)111-129

[4.87] Mathis, W. wie [4.44]

[4.88] Schwartz, E.: Symbolic Analysis of Active RC-Networks with a Minicomputer. AEÜ 32(1978)456-462

[4.89] Klein, W.: Theorie elektrischer Schaltungen, Teil 1: Mehrtortheorie. Akademie-Verlag, Berlin 1970

[4.90] Lin, P.-M.: Formulation of Hybrid Matrices for Linear Multiports Containing Controlled Sources. IEEE CAS-21(1974)169-175

[4.91] DeCarlo, R.A.; R. Saeks wie [2.47]

[4.92] Sonderheft IEEE CAS-26(1979)

[4.93] Mathis, W.: Netzwerktheoretische Methoden des Analogtestens. In Vorbereitung

[4.94] Fischer, H.-C.: Untersuchungen zum Testen von analogen Schaltungen. Diplomarbeit am IAE, TU Braunschweig, 1986

[4.95] Forsythe, G.E.; C.B. Moler: Computer-Verfahren für lineare algebraische Systeme. R.Oldenbourg Verlag, München - Wien 1971

[4.96] Jordan, D.W.; P. Smith: Nonlinear Ordinary Differential Equations (2. Auflage). Clarendon Press, Oxford 1987

[4.97] Koçak, H. wie [2.22]

[4.98] Golub, G.H.; C.F. van Loan: Matrix Computations. North Oxford Academic, Oxford 1983

[4.99] Schüßler, H.W. wie [2.10]

[4.100] Leonhard, W.: Einführung in die Regelungstechnik. Friedr. Vieweg & Sohn, Braunschweig, Akademische Verlagsgesellschaft, Frankfurt, 1969

[4.101] Campbell, S.L. wie [4.104]

[4.102] Takens, F.: Constrained equations; a study of impicit differential equations and their discontinous solutions. In: Manning, A. (Ed.): Dynamical Systems, Warrick, 1974. Springer-Verlag, Berlin - Heidelberg - New York 1974, S.143-233

[4.103] Cobb, D.: Feedback and Pole Placement in Descriptor Variable Systems. Intern. J. Contr. 33(1981)1135-1146

[4.104] Campbell, S.L.: Singular Systems of Differential Equations. Pitman, San Francisco - London - Melbourne 1982

[4.105] Sannuti, P.: Singular Perturbations in the State Space Approach of Electrical Networks. Int. J. Cir. Theor. Appl. 9(1981)47-57

[4.106] Kalman, R.E.: Mathematical Description of Linear Dynamical Systems. J. SIAM, Ser. A, 1(1963)152-192

[4.107] Ludyk, G.: Theorie dynamischer Systeme. Elitera-Verlag, Berlin 1977

[4.108] Willems, J.L.: Stabilität dynamischer Systeme. R.Oldenbourg Verlag, München - Wien 1973

[4.109] Thoma, M.: Theorie linearer Regelsysteme. Friedr. Vieweg & Sohn, Braunschweig 1973

[4.110] Prof. J. Mucha, Univ. Hannover: private Mitteilung

[4.111] Ranson, M.N.; R. Saeks: The Connection Function - Theory and Application. Int. J. Circ. Theor. Appl. 3(1975)3-21

[4.112] Mathis, W.: Bestimmung von Übertragungsfunktionen linearer Netzwerke als 2-faches verallgemeinertes Eigenwertproblem. In: Proc. ASIM 87 - 4. Symp. Simulationstechnik, Zürich, Sept. 8-11, Springer-Verlag, New York - Berlin - Heidelberg - Tokyo 1987

[4.113] Moore, D.H.: Heaviside Operational Calculus - An Elementary Foundation. American Elsevier Publ. Comp., Inc., New York 1971

[5.1] D'Angelo, H.: Linear Time-Varying Systems: Analysis and Synthesis. Allyn and Bacon, Boston 1970

[5.2] Zadeh, L.A.: Circuit Analysis of Linear Varying-Parameter Networks. J. Appl. Phys. 21(1950)1171-1177

[5.3] Darlington, S.: An introduction to time-variable networks. Proc. Symp. on Circuit Analysis, University of Illinois, Urbana 1955. Siehe auch: Darlington, S.: Linear Time-Varying Circuits - Matrix Manipulations, Power Relations, and Some Bounds on Stability. Bell Syst. Techn. J. 42(1963)2575-2620

[5.4] Taft, W.A.: Fragen zur Theorie der Netzwerke mit veränderlichen Parametern. Akademische Verlagsgesellschaft Geest & Portig K.-G., Leipzig 1962

[5.5] Wunsch, G.: Systemtheorie der Informationstechnik. Akademische Verlagsgesellschaft Geest & Portig, Leipzig 1971

[5.6] Meadows, H.E.: Solution of systems of linear ordinary differential equations with periodic coefficients. Bell Syst. Techn. J. 41(1962)1275-1294

[5.7] Kim, W.H.; H.E. Meadows, Jr.: Modern Network Analysis. John Wiley & Sons, Inc., New York - London - Sydney - Toronto 1971

[5.8] Richards, J.A.: Analysis of Periodically Time-Varying Systems. Springer-Verlag, Berlin - Heidelberg - New York 1983

[5.9] Anderson, B.D.; D.A. Spaulding; R.W. Newcomb: The Time-Varying Transformer. Proc. IEEE (1965)634

[5.10] Moschytz, G.S. (Ed.): MOS Switched-Capacitor Filters: Analysis and Design. IEEE Press, New York 1984

[5.11] Balabanian, N.; T.A. Bickert; S. Seshu wie [3.30]

[5.12] Wasow, W.: Asymptotic Expansions for Ordinary Differential Equations. Interscience Publ., New York 1965

[5.13] Bellmann, R.: Introduction to Matrix Analysis. McGraw-Hill Book Comp., Inc., New York - Toronto - London 1960

[5.14] Arnol'd, V.I. wie [1.15]

[5.15] Coddington, E.A.; N. Levinson: Theory of Ordinary Differential Equations (Originalausgabe ist 1955 erschienen) TATA McGraw-Hill Publ. Co. Ltd., New Dehli 1982

[5.16] Nafeh, A.H.: Introduction to Perturbation Techniques. John Wiley & Sons, New York - Chichester - Brisbane - Toronto 1981

[5.17] Pipes, L.A.: Analysis of Linear Time-Varying Circuits by the Brillouin-Wentzel-Kramers Method. Transac. AIEE, Commun. Electr., 11(1954)93-96. Siehe auch: Pipes, L.A.: Applied Mathematics for scientists and Engineers (2.Aufl.). McGraw-Hill, New York 1958

[5.18] Sánchez, D.A.: Ordinary Differential Equations and Stability Theory: An Introduction. Dover Publ., Inc., New York 1968

[5.19] Kirchgraber, U.; E. Stiefel: Methoden der analytischen Störungsrechnung und ihre Anwendung. Teubner-Verlag, Stuttgart 1978

[5.20] Brockett, R.W.; J.R. Wood wie [4.15]

[5.21] Ćuk, S.; R.D. Middlebrook: A General Unified Approach to Modelling Switching DC-to-DC Converters in Discountinuous Conduction Mode. Proc. IEEE Power Electron. Spec. Conf., Palo Alto, CA, June 14-16, 1977

[5.22] Pipes, L.A.: Matrix Solution of Equations of the Mathieu-Hill Type. J. Appl. Phys. 24(1953)902-910

[5.23] Carson, J.R.: Notes on the Theory of Modulation. Proc. IRE 10(1922)57-64

[5.24] Myschkis, A.D.: Angewandte Mathematik für Physiker und Ingenieure. Verlag Harri Deutsch, Thun und Frankfurt/M. 1981

[5.25] Stäblein, F.; W. Stäblein: Stationäre erzwungene Schwingungen in Schwingkreisen mit periodisch veränderlichen Koeffizienten. Arch. Elektr. 13(1927)175-189

[5.26] Aseltine, J.A.: A Transform Method for Linear Time-Varying Systems. J. Appl. Phys. 25(1954)761-764

[5.27] Gerardi, F.R.: Application of Mellin and Hankel Transforms to Networks with Time-Varying Parameters. IRE CT-6(1959)197-208

[5.28] Zadeh, L.A.: Frequency Analysis of Variable Networks. Proc. IRE 38(1950)291-299

[5.29] Zadeh, L.A.: The Determination of the Impulsive Response of Variable Networks. J. Appl. Phys. 21(1950)642-645

[5.30] Zadeh, L.A.: Band-Pass Low-Pass Transformation in Varibale Networks. Proc. IRE 38(1950)1339-1341

[5.31] Zadeh, L.A. wie [5.2]

[5.32] Schweizer, G.: Regelkreise mit periodisch sich verändernden Parametern, Teil I und Teil II. Regelungstechnik 11(1963)165-169,196-201

[5.33] Unbehauen, R.: Über die Analyse von Regelkreisen mit periodisch sich ändernden Parametern. Regelungstechnik 13(1965)318-325

[5.34] Mildenberger, O. wie [4.75]

[5.35] Claasen, T.A.C.M.; W.F.G. Mecklenbräuker: On Stationary Linear Time-Varying Systems. IEEE CAS-29 (1982)169-184

[5.36] Maak, W.: Fastperiodische Funktionen. Springer-Verlag, Heidelberg – Berlin – New York 1967

[5.37] Awipi, M.; H.E. Meadows: Immittances of periodically Time-Varying Lossless Networks. Proc. 4. Annual Princeton Conf. Inform. Scien. Syst., March 26-27, 1970

[5.38] Desoer, C.A.; A. Paige: Linear time-varying G-C networks; stable and unstable. IEEE CT-10(1963)180-190

[5.39] Willems, J.L. wie [4.108]

[5.40] Stern, T.E.: Theory of Nonlinear Networks and Systems. Addison-Wesley Publ. Comp., Inc., Reading, Massachusetts – Palo Alto – London – New York – Dallas – Atlanta – Barrington, Illinois 1965

[5.41] Kuh, E.S.: Time-Varying Networks – The State Variables, Stability, Energy Bounds. Proc. Intern. Conf. Microwaves, Circ. Theor. and Inform. Theor., Tokyo, Sept. 1964

[5.42] Mathis, W.: A Comparison of Stability Approximations for Linear Periodical Switch Dynamical Networks. Electr. Letters; in Vorbereitung

[5.43] Silvermann, L.M.; B.D.O. Anderson: Controllability, Observability and Stability of Linear Systems. SIAM J. Control 6(1968)121-130

[5.44] Zadeh, L.A.: On Stability of Linear Varying-Parameter Systems. J. Appl. Phys. 22(1951)402-405

[5.45] Tucker, D.G.: Circuits with Periodically-Varying Paramters. MacDonald, London 1964

[6.1] Duinker, S.: Search for a complete set of basic elements for the synthesis of non-linear electrical networks. In: Deards, S.R. (Ed.): Recent Developments in Network Theory. Proc. Symp., College of Aeronautics, Cranfield, Sept. 1961, Pergamon Press, Oxford 1963

[6.2] Chua, L.O.: Synthesis of new nonlinear network elements. Proc. IEEE 56(1968)1325-1340

[6.3] Duinker, S. wie [6.1]

[6.4] Duinker, S.: Traditors, a new class of non-energetic nonlinear network elements. Philips Res. Repts. 14(1959)29-51

[6.5] Duinker, S.: Conjunctors, another a new class of non-energetic nonlinear network elements. Philips Res. Repts. 17(1962)1-19

[6.6] Chua, L.O.: Nonlinear Circuit Theory. In: Brayton, R.K.; L.O. Chua; J.D. Rhodes; R. Spence: Modern Network Theory – An Introduction. Georgi Publ. Comp. – St.Sathorin (Schweiz) 1978

[6.7] Chua, L.O.: Linear tranformation converter and its application to the synthesis of nonlinear networks. IEEE CT-17(1970)584-594

[6.8] Duinker, S. wie [6.4]

[6.9] Kuh, E.S.; I.N. Hajj: Nonlinear Circuit Theory: Resistive Networks. Proc. IEEE 59(1971)340-355

[6.10] Hayashi, S. wie [4.58]

[6.11] Philippow, E. wie [2.9]

[6.12] Chua, L.O.: Introduction to Nonlinear Network Theory, vol.3: Dynamic Nonlinear Networks. Robert E. Krieger Publ. Comp., Huntington, New York 1978

[6.13] Elsner, R. wie [2.8]

[6.14] Chua, L.O.; C.A. Desoer; E.S. Kuh: Linear and Nonlinear Circuits. McGraw-Hill Book Comp., New York – St.Louis – San Francisco – Auckland – Bogotá – Hamburg – Johannesburg – London – Madrid – Mexico – Milan – Montreal – New Dehli – Panama – Paris – Sao Paulo – Singapore – Sydney – Tokyo – Toronto 1987

[6.15] Willson, A.N. Jr.: Nonlinear Networks: Theory and Analysis. IEEE Press, New York 1975

[6.16] Duffin, R.J.: Nonlinear Networks IIa. Bull. Americ. Math. Soc. 53(1947)963-971

[6.17] Desoer, C.A.; J. Katzenelson: Nonlinear RLC Networks. Bell Syst. Techn. J. 44(1965)161-198

[6.18] Sandberg, I.W.; A.N. Willson: Existence and uniqueness of solutions for the equations of nonlinear dc networks. SIAM J. Appl. Math. 22(1972)173-186

[6.19] Willson, A.N.: Vorwort in [6.15]

[6.20] Desoer, C.A.; F.F. Wu: Nonlinear Monotone Networks. SIAM J. Appl. Math. 26(1974) 315-333

[6.21] Hasler, M.; J. Neirynck: Nonlinear Circuits. Artech House, Inc., Norwood 1986

[6.22] Willson, A.N.: New Theorems on the equations of nonlinear dc networks. Bell Syst. Tech. J. 49(1970)1713-1738

[6.23] Nielsen, R.O.; A.N. Willson: A Fundamental Result Concerning the Topology of Transistor Circuits with Multiple Equilibria. Proc. IEEE 68(1980)196-208

[6.24] Baranyi, A.; R.W. Newcomb: Multiple dc solution one-transistor circuits. IEEE CT-19(1972)626-628

[6.25] Nishi, T.; L.O. Chua: Uniqueness of Solutio for Nonlinear Resistive Circuits Containing CCCS's or VCVS's Whose Controlling Coefficients are Finite. IEEE CAS-33(1986)381-387

[6.26] Nishi, T.; L.O. Chua: Topological Proof of the Nielsen-Willson Theorem. IEEE CAS-33(1986)398-405

[6.27] Willson, A.N.: On the Topology of FET Circuits and the Uniqueness of Their DC Operating Points. IEEE CAS-27(1980)1045-1051

[6.28] Barkhausen, H.: Warum kehren sich die für den Lichtbogen gültigen Stabilitätsbedingungen bei Elektronenröhren um. Phys. Zeitschr. 27(1926)43-46

[6.29] Trajković, L.: Negative Differential Resistance in Transistor Circuits. Ph.D. Thesis, University of California, Los Angeles 1986

[6.30] Trajković, L.; A.N. Willson: A Two-Transistor Circuit having no Resistors cannot model an SCR. Proc. IEEE Intern. Symp. Circ. Syst., Philadelphia, May 4-7, 1987, S.888-891

[6.31] Hairer, E.; S.P. Nørsett, G. Wanner: Solving Ordinary Differential Equations I, Nonstiff Problems. Springer-Verlag, Berlin – Heidelberg – New York – London – Paris – Tokyo 1987

[6.32] Kubiček, M.; M. Marek: Computational Methods in Bifurcation Theory and Dissipation Structures. Springer-Verlag, New York – Berlin – Heidelberg – Tokyo 1983

[6.33] Rheinboldt, W.C.: Numerical Analysis of Parametrized Nonlinear Equations. John Wiley & Sons, New York – Chichester – Brisbane – Toronto – Singapore 1986

[6.34] DeCarlo, R.A.; R. Saeks wie [2.47]

[6.35] Wasserstrom, E.: Numerical Solutions by the Continuation Method. SIAM Rev. 15(1973)89-119

[6.36] Chao, K.-S.; R. Saeks: Continuation Methods in Circuit Analysis. Proc. IEEE 65(1977)1187-1194

[6.37] DeCarlo, R.A.; S.L. Richter wie [2.50]

[6.38] Chua, L.O.; N.N. Wang: On the application of degree theory to the analysis of resistive nonlinear networks. Int. J. Circ. Theor. Appl. 5(1977)35-68

[6.39] Hasler, M.; J. Neirynck wie [6.21]

[6.40] Amann, H. wie [4.40]

[6.41] Lloyd, N.G.: A Survey of Degree Theory: Basic and Development. IEEE CAS-30(1983)607-616

[6.42] Hirsch, W.M.: Differetial Topology. Springer-Verlag, New York – Berlin – Heidelberg – Tokyo 1976

[6.43] Schwartz, E.: Der Störungssatz für Gleichstromnetzwerke. AEÜ 15(1961)402-410

[6.44] Director, S.W.; R.A. Rohrer: The generalized adloint network and network sensitivities. IEEE CT-16(1969)318-323

[6.45] Vallese, L.M.: Incremental Versus Adloint Models for Network Sensitivity Analysis. IEEE CAS-21(1974)46-49

[6.46] Ho, C.W.: Modified Nodal Approach to DC Sensitivity Computation. IBM J. Res. Develop. (1975) 565-574

[6.47] Katzenelson, J. wie [2.51]

[6.48] Chua, L.O.; L.P. Ying: Canonical Piecewise-Linear Analysis. IEEE CAS-30(1983)125-141

[6.49] Oberg, H.J.: Berechnung nichtlinearer Schaltungen. B.G. Teubner, Stuttgart 1973

[6.50] Stern, T.E. wie [5.40]

[6.51] Stern, T.E.; R.M. Lerner: A Circuit for the Square Root of the Sum of the Squares. Proc. IEEE 15(1963)593-596

[6.52] Chua, L.O.; S.M. Kang: Section-Wise Piecewise-Linear Functions: Canonical Representation, Properties, and Applications. Proc. IEEE 65(1977)915-929

[6.53] Bronstein, I.N.; K.A. Semendjajew wie [2.48]

[6.54] Lee, S.-M.; K.-S. Chao: Multiple Solutions of Piecewise-Linear Resistive Networks. IEEE CAS-30(1983)84-89

[6.55] van Bokhoven, W.M.G: Piecewise-Linear Modelling and Analysis. Dissertation, Eindhoven (Holland) 1981

[6.56] Hayashi, S. wie [4.58]

[6.57] Chua, L.O; P.-M. Lin wie [4.26]

[6.58] Desoer, C.A.; J. Katzenelson wie [6.17]

[6.59] Kuh, E.S.; R.A. Rohrer: The State-Variable Approach to Network Analysis. Proc. IEEE (1965)672-686

[6.60] Chua, L.O.; R.A. Rohrer: On the Dynamic Equations of a Class of Nonlinear RLC Networks. IEEE CT-12(1965)475-489

[6.61] Stern, T.E.: On the Equations of Nonlinear Networks. IEEE CT-13(1966)74-81

[6.62] Ohtsuki, T.; H. Watanabe: State-Variable Analysis of RLC Networks Containing Coupling Elements. IEEE CT-16(1969)26-38

[6.63] Chua, L.O.: Analysis of Nonlinear RLC Networks with Controlled Sources. Proc. IEEE Int. Symp. Circ. Theor., Atlanta, 1970, S.89-90

[6.64] Moser, J.K.: Bistable Systems of Differential Equations with Applications to Tunnel Diode Circuits. IBM J. Res. Develop. 5(1961)226-240

[6.65] Brayton, R.K.; J.K. Moser: A Theory of Nonlinear Networks I, II. Quart. Appl. Math. 22(1964)1-33, 81-104

[6.66] Smale, S. wie [1.5]

[6.67] Desoer, C.A.; F.F. Wu: Trajectories of Nonlinear RLC Networks: A Geometric Approach. IEEE CT-19(1972)562-571

[6.68] Martienssen, O: Über neue Resonanzerscheinungen in Wechselstromkreisen. Phys. Zeitschr. 11(1910)448-460

[6.69] Weber, E.: Introduction. In: Proc. Symp. Nonlin. Circ. Anal., New York, April 25-27, 1956, Polytech. Inst. Brooklyn (New York), Interscience Publ., New York – London 1957

[6.70] Takens, F. wie [4.102]

[6.71] Haggman, B.C.; P.R. Bryant: Solutions of Singular Constrained Differential Equations: A Generalization of Circuits Containing Capacitor-only Loops and Inductor-only Cutsets. IEEE CAS-31(1984)1015-1029

[6.72] Sastry, S.S.; C.A. Desoer: Jump Behavior of Circuits and Systems. IEEE CAS-28(1981)1109-1124

[6.73] Mathis, W.; W. Marten wie [3.34]

[6.74] Snell, B.: Die Entdeckung des Geistes. Studien zur Entstehung des europäischen Denkens bei den Griechen (4. Aufl.). Vandenhoeck & Rupprecht, Göttingen 1975

[6.75] Brayton, R.K. wie [4.83]

[6.76] Matsumoto, T. wie [2.28]

[6.77] Matsumoto, T.: On Several Geometric Aspects of Nonlinear Networks. J. Frankl. Inst. 301(1976)203-225

[6.78] Arnol'd, V.I.: Mathematical Methods of Classical Mechanics. Springer-Verlag, New York – Berlin – Heidelberg 1978

[6.79] Meixner, J.: Network Theory in its Relation to Thermodynamics. In: Proc. Symp. Generalized Networks, New York, April 12-14, 1966, Polytech. Inst. Brooklyn (New York), Polytechnic Press, 1966

[6.80] Belevitch, V. wie [3.28]

[6.81] Mathis, W.; W. Marten wie [2.17]

[6.82] Ghenzi, A.G. wie [3.38]

[6.83] Ichiraku, S. wie [2.29]

[6.84] Chua, L.O.; T. Matsumoto; S. Ichiraku: Geometric properties of resistive nonlinear n-ports: transversality, structural stability, reciprocity, and anti-reciprocity. IEEE CAS-27(1980)577-603

[6.85] Guillemin, V.; A. Pollack: Differential Topology. Prentice-Hall, Inc., Englewood Cliffs, N.J., 1974

[6.86] Cartan, H.: Differentialformen. Bibliographisches Institut, Mannheim – Wien – Zürich 1974 (siehe auch: Heil, E.: Differentialformen und Anwendungen auf Vektoranalysis, Differentialgleichungen, Geometrie. Bibliographisches Institut, Mannheim – Wien – Zürich 1974

[6.87] Holmann, H.; H.K. Rummler: Alternierende Differentialformen. Bibliographisches Institut, Mannheim – Wien – Zürich 1972

[6.88] Balasubramanian, N.V.; J.W. Lynn; D.P.S. Gupta: Differential Forms on Electromagnetic Networks. Butterworths, London 1970

[6.89] Meetz, K.; W.L. Engl wie [3.4]

[6.90] Chua, L.O.; Y.-F. Lam: A Theory of Algebraic n-Ports. IEEE CT-20(1973)370-382

[6.91] Zeren, T. wie [3.32]

[6.92] Millar, W.: The Nonlinear Resistive 3-Pole: Some-General Concepts. In: Proc. Sympos. Nonlin. Circ. Anal., New York, April 25-27, 1956, Polytechn. Inst. Brooklyn (New York), Interscience Publ., New York – London 1957

[6.93] Stern, T.E. wie [5.40]

[6.94] Chua, L.O.: Stationary principles and potential functions for nonlinear networks. J. Frankl. Inst. 296(1973)91-114

[6.95] Horneber, E.-H.: Analyse nichtlinearer RLCÜ-Netzwerke mit Hilfe der gemischten Potentialfunktion mit einer systematischen Darstellung der Grundlagen der Analyse nichtlinearer dynamischer Netzwerke. Dissertation, Kaiserslautern 1976

[6.96] Goldstein, H.: Klassische Mechanik. Aula-Velag, Wiesbaden 1985

[6.97] Millar, W.: Some General Theorems of Non-linear Systems Possessing Resistance. Phil. Mag. 13(1951)1150-1160

[6.98] Sandberg, I.W.: A Perspective on System Theory. IEEE CAS-31(1984)88-103

[6.99] Willson, A.N.: Some Aspects of the Theory of Nonlinear Networks. Proc. IEEE 61(1973)1092-1113

[6.100] Chua, L.O. wie [1.2]

[6.101] Falk, G.: Theoretische Physik, Band II: Allgemeine Dynamik, Thermodynamik. Springer-Verlag, Berlin – Heidelberg – New York 1968

[6.102] Chua, L.O.; J.D. McPherson wie [2.18]

[6.103] Kwatny, H.G.; F.M. Massimo; L.Y. Bahar: The Generalized Lagrange Formulation for Nonlinear RLC Networks. IEEE CAS-29(1982)220-233

[6.104] Szatkowski, S. wie [2.19]

[6.105] Mees, A. wie [2.31]

[6.106] Miranker, W.L.: Numerical Methods for Stiff Equations and Singular Perturbation Problems. D. Reidel Publ. Comp., Dordrecht, Holland – Boston, USA – London, England 1981

[6.107] Dziurla, B.; R.W. Newcomb wie [4.42]

[6.108] Campbell, S.L. Singular Systems of Differential Equations. Pitman, San Francisco – London – Melbourne 1980

[6.109] Chua, L.O.; G.R. Alexander: The Effects of Parasitic Reactances on Nonlinear Networks. IEEE CT-18(1971)502-532

[6.110] Tikhonov, A.N.; A.B. Vasil'eva; A.G. Sveshnikov wie [4.41]

[6.111] Habets, P.: A Consistency Theory of Singular Perturbations of Differential Equations. SIAM J. Appl. Math. 26(1974)136-153

[6.112] Sannuti, P. wie [4.105]

[6.113] Desoer, C.A.; M.J. Shensa: Networks with Very Small and Very Large Parasitics: Natural Frequencies and Stability. Proc. IEEE 58(1970)1933-1938

[6.114] Klingenberg, W.: Eine Vorlesung über Differentialgeometrie. Springer-Verlag, Berlin – Heidelberg – New York 1973

[6.115] Wu, F.F.: Existence of an Operating Point for a Nonlinear Circuit Using the Degree of Mapping. IEEE CAS-21(1974)671-677

[6.116] Arnol'd, V.I.: Geometrical Methods in the Theory of Ordinary Differential Equations. Springer-Verlag, New York – Heidelberg – Berlin 1983

[6.117] Newcomb, R.W.: The Semistate Description of Nonlinear Time-Variable Circuit. IEEE CAS-28(1981)62-71

[6.118] Campbell, S.L. wie [6.108]

[6.119] Campbell, S.L. wie [4.104]

[6.120] Takens, F.: Implicit differential equations: Some open problems. In: Singularitiés d'Applications Differentiables Plans-sur-Bex. Springer-Verlag, New York – Berlin – Heidelberg – Tokyo 1975, S.237-253

[6.121] Guckenheimer, J.: Dynamics of the Van der Pol Equation. IEEE CAS-27(1980)983-989

[6.122] Gollub, J.P.; E.J. Romer; J.E. Socolar: Trajectory Divergence for Coupled Relaxation Oscillators: Measurements and Models. J. Stat. Phys. 23(1980)321-333

[6.123] Chua, L.O. wie [2.34]

[6.124] Guckenheimer, J.; P. Holmes wie [2.38]

[6.125] Jordan, D.W.; P. Smith wie [4.96]

[6.126] Coddington, E.A.; N. Levinson wie [5.15]

[6.127] Hirsch, M.; S. Smale wie [4.48]

[6.128] Andronow, A.A.; A.A. Witt; S.E. Chaikin wie [2.45]

[6.129] Lloyd, N.G. wie [6.41]

[6.130] Koçak, H. wie [2.22]

[6.131] Tikhonov, A.N.; A.B. Vasil'eva; A.G. Sveshnikov wie [4.41]

[6.132] Arnol'd, V.I. wie [1.15]

[6.133] Chua, L.O.; D.N. Green: A Qualitative Analysis of the Behavior of Dynamic Nonlinear Networks: Stability of Autonomous Networks. IEEE CAS-23(1976)355-379

[6.134] Schuster, H.G. wie [2.37]

[6.135] Lichtenberg, A.J.; M.A. Liebermann: Regular and Stochastic Motion. Springer-Verlag, New York – Heidelberg – Berlin 1983

[6.136] Schwarz, W.: Chaos in elektronischen Systemen. Nachrichtentech., Elektron. 34(1984)435-439

[6.137] Ott, E.: Strange attractors and chaotic motions of dynamical systems. Rev. Mod. Phys. 53(1981)655-671

[6.138] Ueda, Y. wie [2.39]

[6.139] Freire, E.; L.G. Franguelo; J. Aracil wie [2.42]

[6.140] Fischer, H.-C.· Experimentelle Untersuchungen der Periodenvervielfachung und des chaotischen Verhaltens eines modifizierten van der Pol-Oszillators. Entwurfsarbeit am IAE, TU Braunschweig, 1985

[6.141] Collet, P.; J.-P. Eckmann: Iterated Maps on the Interval as Dynamical Systems. Birkhäuser, Basel – Boston – Stuttgart 1980

[6.142] Smale, S.: Differentiable Dynamical Systems. Bull. Amer. Math. Soc. 73(1967)747-

[6.143] Salam, F.M.A.; J.E. Marsden; P. Varaiya: Chaos and Arnold Diffusion in dynamical systems. IEEE CAS-30(1983)697-708

[6.144] Salam, F.M.A.: Chaos and Arnold diffusion in dynamical systems with applications to power systems. Ph.D. thesis, University of California, Berkeley 1982

[6.145] Kunick, A.; W.-H. Steeb: Chaos in dynamischen Systemen. Bibliographisches Institut, Mannheim – Wien – Zürich 1986

[6.146] Chua, L.O.; M. Komuro; T. Matsumoto wie [2.43]

[6.147] wie [6.146]

[6.148] Lefschetz, S.: Differential Equations: Geometric Theory (2. Aufl. erschienen 1963). Dover Publ., Inc., New York 1977

[6.149] Grauert, H.; I. Lieb: Differential- und Integralrechnung I. Springer-Verlag, Berlin – Heidelberg – New York 1973

[6.150] Nafeh, A.H. wie [5.16]

[6.151] Maak, W. wie [5.36]

[6.152] Manley, J.M.; H.E. Rowe: Some General Properties of Nonlinear Elements – Part I. General Energy Relations. Proc. IRE 44(1956)904-913

[6.153] Carson, J.R. wie [5.23]

[6.154] Myschkis, A.D. wie [5.24]

[6.155] van der Pol, B.L.: A theory of the amplitude of free and forced triode vibrations. The Radio Review 1(1920)701-710

[6.156] Kirchgraber, U.; E. Stiefel wie [5.19]

[6.157] Mathis, W.: Averaging Method with Lie Series. In Vorbereitung

[6.158] Zurmühl, R.; S. Falk wie [4.27]

[6.159] Mathis, W.; B. Voigt: Applications of Lie Series Averaging in Nonlinear Oscillation. Proc. IEEE Intern. Symp. Circ. Syst., Philadelphia, May 4-7, 1987, S.911-914

[6.160] Mathis, W.: Calculation of Perturbation Equations with a Symbol Manipulator Programm. In Vorbereitung

[6.161] Bogoliubov, N.N.; J.A. Mitropolski: Asymptotische Methoden in der Theorie der nichtlinearen Schwingungen. Akademie-Verlag, Berlin 1965

[6.162] Sanders, J.A.; F. Verhulst: Averaging Methods in Nonlinear Dynamical Systems. Springer-Verlag, New York – Berlin – Heidelberg – Tokyo 1985

[6.163] Odyniec, M.; L.O. Chua: Integral manifolds for non-linear circuits. Int. J. Circ. Theor. Appl. 12(1984)293-328

[6.164] Sánchez, D.A. wie [5.18]

[6.165] Casti, J.: Connectivity, Complexity, and Catastrophe in Large-Scale Systems. John Wiley & Sons, Chichester – New York – Brisbane – Toronto 1979

[6.166] Mees, A.I.; L.O. Chua: The Hopf bifurcation theorem and its application to nonlinear oscillations in circuits and systems. IEEE CAS-26(1979)235-254

[6.167] Mathis, W.; I. Weghorst: A Nonlinear Theory for Maximum-Loaded-Oscillators with the Andronov-Hopf-Bifurcation Theorem. SIAM Fall Meeting, Tempe (Arizona), October 28-30

[6.168] Spence, R. wie [4.82]

[6.169] Spence, R.: A theory of maximally loaded oscillators. IEEE CT-13(1966)226-230

[6.170] Sandberg, I.W. wie [6.98]

[6.171] Dreszer, J.: Mathematik Handbuch. Verlag Harri Deutsch, Zürich – Frankfurt/M. – Thun 1975

[6.172] Hauk, W.: Zum rechnergestützten Entwurf quasilinearer Systeme. Dissertation, München 1981

[6.173] Weiner, D.D.; J.F. Spina: Sinusiodal Analysis and Modeling of Weakly Nonlinear Circuits. Van Nostrand Reinhold Comp., New York – Cincinnati – Atlanta – Dallas – San Francisco – London – Toronto – Melbourne 1980

[6.174] Rugh, W.J.: Nonlinear System Theory. The Johns Hopkins University Press, Baltimore – London 1981

[6.175] Boyd, S.P.: Volterra Series: Engineering Fundamentals. Ph.D. thesis, University of California, Berkeley 1985

[6.176] Boyd, S.P.; L.O. Chua: Uniqueness of a basic nonlinear structure. IEEE CAS-30(1983)648-651

[6.177] Bernstein, G.M.; L.O. Chua: Weakly Non-Linear Oscillator Circuit and Averaging: A General Approach. Int. J. Circ. Theor. Appl. 15(1987)251-269

[6.178] Göldner, K.; S. Kubik: Nichtlineare Systeme der Regelungstechnik. Verlag VEB Technik, Berlin 1978

[6.179] Ortega, J.M.; W.C. Rheinboldt: Iterative Solution of Nonlinear Equations in Several Variables. Academic Press, New York – San Francisco – London 1970

[6.180] Mishchenko, E.F.; N.K. Rozov: Differential Equations with Small Parameters and Relaxation Oscillations. Plenum Press, New York – London 1980

[6.181] Hassard, B.D.; N.D. Kazarinoff; Y.-H. Wan: Theory and Applications of Hopf Befurcation. Cambridge University Press, Cambridge – London – New York – New Rochelle – Melbourne – Sydney 1981

Weitere Bücher über Grundlagen der Netzwerktheorie und nichtlineare Netzwerktheorie:

[1] Slepian, P.: Mathematical Foundations of Network Analysis. Springer-Verlag, Berlin – Heidelberg – New York 1968

[2] Seshu, S.; M.B. Reed: Linear Graphs and Electrical Networks. Addison-Wesley, Reading 1961

[3] Sain, M.K.: Introduction to Algebraic System Theory. Academic Press, New York – London – Toronto – Sydney – San Francisco 1981

[4] Dolezal, V.: Nonlinear Networks. Elsevier Scientific Publ. Comp., Amsterdam – New York – Oxford 1977

[5] Clay, R.: Nonlinear Networks and Systems. John Wiley & Sons, Inc., New York – London – Sydney – Toronto 1971

[6] Simonyi, K.: Theoretische Elektrotechnik, §3.14, 3.15. VEB Deutscher Verlag der Wissenschaften, Berlin 1971

[7] Feintuch, A; R. Saeks: System Theory: A Hilbert Space Approach. Academic Press, New York – London – Paris – San Diego – San Francisco – Sydney – Tokyo – Toronto 1982

[8] Charkewitsch, A.A.: Nichtlineare und parametrische Erscheinungen in der Radiotechnik (russ.). Gostechisdat 1956

[9] Migulin, V.V.; V.I. Medvedev (Ed.), E.R. Mustel; V.N. Parygin: Basic Theory of Oscillations. Mir Publ.; Moscow 1983 (Mit zahlreichen elektrotechnischen Anwendungen)